土建类"十三五"重点规划教材

广联达BIM 系列教程

BIM 招投标
与合同管理

冯 伟 张俊玲 李 娟 主 编

狄文全 主 审

U0222783

化学工业出版社

·北京·

本书共九个模块，分别从工程招投标概述、企业诚信管理、招标策划、资格审查、工程招标、工程投标、开标评标定标、合同管理与索赔等方面进行详细介绍。本书理论结合实践，理论精炼，案例可读性强，引用了最新的法律法规，在实践部分突出了BIM技术在工程招投标各环节的应用，首次提出了以工程招投标流程构件、功能构件的相关信息数据为基础，进行工程招投标管理行为模型的建立，操作步骤详细。

本书既可供高等院校工程类各专业人员学习参考，也可为招投标行业从业人员在实际工作中提供指导帮助。

图书在版编目（CIP）数据

BIM招投标与合同管理/冯伟，张俊玲，李娟主编. —北京：化学工业出版社，2018.7 （2022.9重印）
土建类"十三五"重点规划教材　广联达BIM系列教程
ISBN 978-7-122-32541-9

Ⅰ.①B… Ⅱ.①冯… ②张… ③李… Ⅲ.①建筑工程—招标—应用软件—高等学校—教材 ②建筑工程—投标—应用软件—高等学校—教材 ③建筑工程—经济合同—管理—应用软件—高等学校—教材 Ⅳ.①TU723-39

中国版本图书馆CIP数据核字（2018）第145360号

责任编辑：吕佳丽
责任校对：王素芹　　　　　　　　　　　　　　装帧设计：张　辉

出版发行：化学工业出版社（北京市东城区青年湖南街13号　邮政编码100011）
印　　装：中煤（北京）印务有限公司
787mm×1092mm　1/16　印张25　字数633千字　2022年9月北京第1版第5次印刷

购书咨询：010-64518888　　　　　　　　　售后服务：010-64518899
网　　址：http://www.cip.com.cn
凡购买本书，如有缺损质量问题，本社销售中心负责调换。

定　　价：59.00元

编委会名单

赵玉强　齐鲁理工学院

牛　萍　内蒙古建筑职业技术学院

王秀燕　山西财经大学

张加暄　山东城市建设职业技术学院

鲍振华　福建工程学院

马驰瑶　昆明理工大学

刘晓勤　湖州职业技术学院

张忠扩　盐城工学院

刘冬学　辽宁建筑职业学院

编写人员名单

主 编	冯 伟	北京经济管理职业学院
	张俊玲	天津市职业大学
	李 娟	湖北城市建设职业技术学院
副主编	张朝伟	天津海运职业学院
	徐仲莉	广联达科技股份有限公司
	王光思	广联达科技股份有限公司
参 编	豆叶青	郑州工商学院
	王本刚	吉林农业科技学院
	王妙灵	重庆大学城市科技学院
	杨传光	陕西工商职业学院
	王 浩	重庆大学城市科技学院
	余 波	成都市建筑职业中专校
	罗 涛	龙岩学院资源工程学院
	陈荣平	江苏联合职业技术学院东台分院
	庞业涛	房地产职业学院
	张爱东	兰州现代职业学院
	高 鑫	重庆大学城市科技学院
	李 冬	甘肃建筑职业技术学院
	刘静乐	河西学院土木工程学院
	付式敏	聊城职业技术学院
	魏春林	辽宁工程技术大学
	周永娜	青岛滨海学院
	李 霄	河南建筑职业技术学院
	文 真	重庆房地产职业学院
	侯文婷	内蒙古建筑职业技术学院
	高婷婷	山东电子职业技术学院
	曹筱琼	海南职业技术学院

序

欣闻广联达科技股份有限公司为进一步满足建筑类高等院校工程招投标人才培养的需求，积极开拓"理实一体化"人才培养路径，面向工程类专业，推出了《BIM招投标与合同管理》一书，这不仅是工程招投标行业专家、学者努力的结果，更是广联达科技股份有限公司为工程招投标行业改革创新做出的新贡献。

党的十九大明确指出必须坚持依法治国、依法执政、依法行政共同推进，坚持法治国家、法治政府、法治社会一体建设。要全面实施市场准入全面清单制度，清理废除妨碍统一市场和公平竞争的各种规定和做法。要进一步增强改革创新本领，保持锐意进取的精神风貌，善于结合实际创造性推动工作，善于运用互联网技术和信息化手段开展工作。建设工程招投标行业更是新时代"法治"的重点领域，这就要求必须深入贯彻和落实党的十九大精神，以实际行动推动行业的蓬勃发展。因此，在一定层面上人才培养模式的创新尤显重要，《BIM招投标与合同管理》的出版对建设工程招投标人才培养及行业的影响有其积极意义和实践指导作用。

随着国家"放管服"改革不断深化，招投标行业面临着新形势、新情况，诸如招标采购规范标准体系的建设、电子招标投标的推广、信用评价的应用、行业自律评价制度的建立，以及行业前瞻性、制度性问题的研究等，无一不是招投标有识之士努力研究的方向。2017年国家发展改革委、工业和信息化部、住房城乡建设部、交通运输部、水利部、商务部又联合推出了《"互联网＋"招标采购行动方案（2017～2019年）》（发改法规 [2017]357号），更是指导各地区、各行业全面推行电子化招标采购的重要文件。该文件规划了招标采购与互联网深度融合发展的时间表和路线图，分年度提出了建立完善制度标准和平台体系架构，各类信息平台互联互通、资源共享，全面实现全流程信息化、智能化招标采购的行动目标。《BIM招投标与合同管理》的出版，也可以说是为推进《"互联网＋"招标采购行动方案（2017～2019年）》做出了有益的探索！

本书以模块介绍的方式，从工程招投标概述、企业诚信管理，到招标策划、资格审查、工程招标、工程投标、开标评标定标，再到合同管理与索赔；从知识目标、能力目标的定位，到驱动问题的设置，再到有效学时的建议，理论部分精炼，案例可读，尤其法律法规、行业发展注意了及时更新，诸如电子招投标系统、"四库一平台"的建设工程，以及BIM技术等招投标最新发展趋势都有较为详尽的介绍，做到了与时俱进。需要指出的是实践部分突出了BIM技术在工程招投标各环节的应用，首次提出了以工程招投标流程构件、功能构件的相关信息数据为基础，进行工程招投标管理行为模型的建立，并通过一系列实训辅件，以仿真方式模拟工程招投标全过程管理所具有的真实信息，这是较为具体的创新实践，有必要深入研究和推广。

本书既可供高等院校工程类各专业人员学习参考，也可为招投标行业从业人员在实际工作中提供指导帮助。

中国土木工程学会建筑市场与招标投标研究分会

2018 年 5 月

前　言

为顺应招投标事业的发展，更好地切合建筑类高等院校人才培养的需求，积极探究"理实一体化"人才培养路径，广联达科技股份有限公司在广泛调研的基础上，再一次推出《BIM招投标与合同管理》，这是集招投标行业专家、学者智慧之大成，是尝试，更是努力。本书以2015年10月出版的《工程招投标理论与综合实训》为基础，以全国500多所高校实际使用反馈意见、经验及行业动态为借鉴依据，结合最新法律法规的变化，重新做了修订。一是模块做了浓缩，精炼了内容；二是设置了驱动问题和建议学时，起到了引导作用；三是理论部分吸纳了最新的法律法规内容，强化了与时俱进；四是增加了案例导入及分析，丰富了可读性；五是实践部分引入BIM技术，突出了BIM技术在工程招投标各环节的应用；六是对教材中某些用词和提法进行了修改，使之更加严谨和规范。本书可以进一步丰富老师教案，使教学课堂更活泼，在更高层面上吸引学生，解放老师，方便学校，体现出新时代高等职业教育人才培养的规格和质量。

本书继续由广联达科技股份有限公司工程招投标课程及沙盘开发院校指导专家、南昌工程学院狄文全老师担任主审。

本书可用作工程类本科各专业及高职高专相关专业的教材，也可作为招投标行业从业人员专业素养及技能培训教程，还可供其他学科学习工程招投标专业时使用。

在本书编写中，参阅和借鉴了众多专家学者的科研成果，谨向他们表示最真诚的谢意。尤其感谢中国土木工程学会建筑市场与招标投标研究分会安秘书长百忙之中为本书作序。本书的出版得到了化学工业出版社的大力支持和帮助，在此一并表示感谢。

限于编者水平，书中难免存在不妥之处，恳请专家、学者和广大读者批评指正。

编者
2018 年 5 月

目　　录

模块一　工程招投标概述

知识目标

1. 了解我国建筑市场的基本情况。
2. 熟悉我国建筑市场主体和客体。
3. 了解我国建筑市场的资质管理方式。
4. 熟悉我国建设工程项目工程承发包模式。
5. 了解建设工程招标投标制度的概念、特点、发展历史。
6. 掌握建设工程招标投标主要形式和分类，以及招投标代理制度。
7. 了解我国电子招投标、BIM 招投标、四库一平台建设等工程招投标发展趋势。

能力目标

1. 能够在建筑市场中完成各种建设手续申报工作。
2. 能够结合具体项目界定招标人、投标人及建设工程招标代理机构的权利和义务。

驱动问题

1. 什么是广义的建筑市场？
2. 项目业主的产生方式主要有哪几种？
3. 承包商从事建设生产一般需具备哪些方面的条件？
4. 承包商的实力主要包括哪些方面？
5. 建设工程交易中心的性质和作用。
6. 常见的建设工程承发包模式及特点。
7. 什么是建设工程招标和投标？
8. 我国建设工程招标投标活动应当遵循的基本原则主要有哪些？
9. 建设工程招标人的权利和义务有哪些？
10. 建设工程投标人的权利和义务有哪些？

建议学时：4～6 学时。

 **导入案例**

上海某房地产开发商甲与承包方乙签订了《工程总承包合同》，约定由承包方乙承包开发商甲开发的某高层住宅小区的施工工程。工程范围包括桩基、基础围护等土建工程和室内电话排管、排线等安装工程。合同中双方还约定，开发商甲可以指定分包大部分安装工程和一部分土建工程。对于不属于总包单位乙承包的范围，但需要总包方乙方进行配合的项目，乙方可以收取 2% 的配合费；工程工期为 455 天，质量必须全部达到优良，反之，开发商则按未达优良工程建筑面积每平方米 10 元处罚承包方；分包单位的任何违约或疏忽，均视为总包单位的违约或疏忽。

总包单位乙方如约进场施工，甲方也先后将包括塑钢门窗、铸铁栏杆、防水卷材在内的

24 项工程分包出去。然而在施工过程中，由于双方对合同中关于某些工程"可以指定分包"的理解发生争执，甲方拖延支付进度款，乙方也相应停止施工。数次协商未果，乙方起诉到上海市某区人民法院，要求甲方给付工程款并赔偿损失，同时要求解除工程承包合同。

法庭调查发现，甲方分包出去的 24 项工程分别为：塑钢门窗，铸铁栏杆，防水卷材，保温工程，防火防盗门，分户门，消防室内立管，干挂大理石，伸缩缝不锈钢板，屋顶水箱，锻钢栏杆，污水处理池，底层公用部位地砖，下水道，绿化，商场大理石及楼梯踏步、扶手，喷毛，小区道路，商场地下室配电箱、柜安装，地下室水泵房控制柜出线安装，用户站各单元配电箱出线安装、母线槽到各楼层控制箱电线及金属软管安装，各单元住宅和灯箱安装，地下室水泵房涂锌钢管安装。

法院认为，除绿化项目外，其他项目都在或应在总承包项目中，所以甲方在没有经过总承包方同意的情况下就擅自剥离直接发包，并非真正意义上的指定分包，而是肢解发包的行为。因此，双方在合同中约定的一部分工程可以由甲方指定分包的条款由于违反法律法规有关"建设单位不得指定分包"的规定而被法院确认无效。由于甲方的肢解发包行为，使得乙方在没有与其他施工单位签订任何分包合同的情况下，无任何依据约束相关单位的行为，因此，乙方仅需在自己的施工范围内承担责任，无须就开发商肢解发包的项目承担责任。最终甲方败诉，除归还拖欠的工程款外，还要支付拖欠工程款利息和赔偿总包单位乙方因此造成的损失。

分析答案见后面导入案例解析。

一、建筑市场

（一）建筑市场概述和管理体制

1. 建筑市场的概念

建筑市场是指以建筑工程承发包交易活动为主要内容的市场，也称作建设市场或建筑工程市场。

建筑市场可分狭义建筑市场和广义建筑市场。狭义建筑市场一般指有形建筑市场，有固定的交易场所。广义建筑市场是工程建设生产和交易关系的总和，包括有形建筑市场和无形建筑市场，由以下几方面内容组成。

① 与工程建设有关的技术、租赁、劳务等各种要素市场；

② 为工程建设专业服务的有关组织体系和通过各种方式成交的各种交易活动；

③ 建筑商品生产过程及流动过程的经济联系和经济关系等。

建设工程产品具有生产周期长、价值量大、生产过程的不同阶段对承包商要求不同的特点，决定了建设市场交易贯穿于建设工程产品生产的整个过程。从工程建设的咨询、设计、施工任务的发包，到工程竣工、保修期结束，发包方和承包方、分包方进行的各种交易以及建筑施工、混凝土供应、配件生产供应、建筑机械租赁等活动都是在建筑市场中进行的。这种生产活动和交易活动交织在一起的特点，使得建筑市场在许多方面不同于其他产品市场。主要表现以下几点。

① 交易方式为买方向卖方直接订货，并一般以招投标为主要方式。

② 交易价格以工程造价为基础，企业竞争是企业信誉、技术力量和施工质量等方面的竞争。

③ 交易行为受严格的法律、规章、制度的约束和监督，一般以公开化的方式交易。

目前，我国已基本形成以发包方、承包方和中介服务方为市场主体，以建筑产品和建筑生产过程为市场客体，以招投标为主要交易形式的市场竞争机制，以资质管理为主要内容的市场监督管理手段，具有中国特色的社会主义建设市场体系。

2. 建筑市场的管理体制

目前全国大部分地级以上城市已普遍建立了有形建筑市场（建设工程交易中心），多数有形建筑市场与政府管理部门实现了机构分设、职能分离、监督与服务分开，服务功能进一步健全，管理运作进一步规范。在此基础上又将信息管理技术应用于有形建筑市场。同时已建立了"中国工程建设信息网"，并与全国半数以上的省、自治区、直辖市和地级城市实现了联网。信息网络的建成，逐步实现了网上信息公开和网上报名投标，提高了工程交易透明度，强化了建筑市场监管力度，这对防止腐败、保证工程质量、促进建筑业的健康有序发展，发挥了积极作用。

（二）建筑市场的主体和客体

1. 建筑市场的主体

参与建筑生产交易过程的各方就称为建设市场的主体。包括业主、承包商、分包商、材料供应商、设计单位、设备供应单位、咨询机构、商品混凝土供应单位、构配件生产商、机械租赁商等。

（1）业主（建设单位）　业主是指既有某项工程建设要求，又有该项工程建设相应的建设资金和各种准建手续，在建筑市场中发包该工程建设的勘察、设计、施工任务，并最终得到建筑产品的政府部门、企业单位或个人。

业主在我国也称为建设单位。业主作为建筑市场的主体具有不确定性，只有发包工程或组织工程建设时方成为市场的主体。在我国对于业主的管理不实行资质管理，而实行项目法人责任制管理（业主责任制），指由项目法人对项目建设全过程负责管理，主要包括进度控制、质量控制、投资控制、合同管理和组织协调等内容。

（2）承包商　承包商是指拥有一定数量的建筑设备、流动资金、工程技术经济管理人员，取得建设资质证书和营业执照的，能按业主的要求提供不同形态的建筑产品，并最终得到相应工程价款的施工企业。

相对于业主而言，承包商作为建筑市场主体是长期和持续存在的，因此，在我国对承包商实行从业资格管理。承包商可按其所从事的专业分为建筑、机电、市政、公路、铁路、水利、港口、园林等专业公司。在市场经济条件下，承包商需要通过市场竞争取得施工项目，需要依靠自身实力赢得市场。

（3）工程咨询服务机构　工程咨询服务机构是指具有一定注册资金和工程技术人员、经济管理人员，取得建设咨询证书和营业执照的，能对工程建设提供估算测量、管理咨询、建设监理等智力型服务并获取相应费用的企业。

工程咨询服务包括勘察设计、工程造价（测量）、工程管理、招标代理、工程监理等多种业务。在我国，目前数量最多并有明确资质标准的是工程设计院、工程监理公司和工程造价（工程测量）事务所。咨询单位受聘于业主，承担项目的重要责任，同时承担来自业主、承包商及职业的风险。

2. 建设市场的客体

建筑市场的客体，一般称作建筑产品，是建设市场的交易对象，既包括有形建筑产品，也包括无形产品，即各类智力型服务。

在不同的生产交易阶段，建筑产品表现为不同的形态，可以是咨询公司提供的咨询报告、咨询意见或其他服务；可以是勘测设计单位提供的设计方案、施工图纸、勘察报告；可以是生产厂家提供的混凝土构件；也可以是承包商建造的房屋和各类构筑物。

建筑产品的质量标准是以国家标准、国家规范等形式颁布实施的，从事建筑产品生产必须遵守这些标准规范的规定，违反了这些标准规范的将受到国家法律的制裁。

工程建设标准涉及面很广，包括房屋建筑、交通运输、水利、电力、通信、采矿冶炼、石油化工、市政公用设施等方面。在具体形式上，工程建设标准包括了标准、规范、规程等。工程建设标准是指对工程勘察、设计、施工、验收、质量检验等各个环节的技术要求。

（三）建筑市场的资质管理

建筑业作为我国经济的重要支柱产业，关系到国民经济的健康发展及人民的生产生活。我国通过资质管理对建筑市场起到规范和督促作用。建筑市场的资质管理是以维护行业秩序为目标，以对行业管理提出强制性要求为手段。建筑市场中的资质管理包括两类：一类是对从业企业的资质管理；另一类是对专业人员的资格管理。

1. 从业企业的资质管理

《中华人民共和国建筑法》规定，对从事建筑活动的勘察单位、设计单位、施工单位和工程咨询机构（含工程监理单位等）实行资质管理。

（1）工程勘察设计企业资质管理　我国工程勘察设计资质分为工程勘察资质、工程设计资质。

① 工程勘察资质管理　根据住房和城乡建设部制定的《工程勘察资质标准》规定，工程勘察资质分为工程勘察综合资质、工程勘察专业资质、工程勘察劳务资质。

② 工程设计资质管理　工程设计资质分为工程设计综合资质、工程设计行业资质、工程设计专业资质和工程设计专项资质四类。

建设工程勘察、设计企业应当按照其拥有的注册资本、专业技术人员、技术装备和业绩等条件申请资质，经审查合格，取得建设工程勘察、设计资质证书后，方可在资质等级许可范围内从事建设工程勘察、设计活动。

（2）建筑企业资质管理　我国最新的《建筑业企业资质管理规定》是由中华人民共和国住房和城乡建设部令第22号发布，自2015年3月1日起施行。规定所称建筑业企业，是指从事土木工程、建筑工程、线路管道设备安装工程的新建、扩建、改建等施工活动的企业。

建筑业企业资质分为施工总承包资质、专业承包资质、施工劳务资质三个序列。施工总承包企业资质等级标准包括12个类别，即建筑工程施工总承包、公路工程施工总承包、铁路工程施工总承包、港口与航道工程施工总承包、水利水电工程施工总承包、电力工程施工总承包、矿山工程施工总承包、冶金工程施工总承包、石油化工工程施工总承包、市政公用工程施工总承包、通信工程施工总承包、机电工程施工总承包，施工总承包资质一般分为四个等级（特级、一级、二级、三级）；专业承包企业资质等级标准包括36个类别，一般分为三个等级（一级、二级、三级）；劳务分包企业资质不分类别与等级。

施工总承包工程应由取得相应施工总承包资质的企业承担。取得施工总承包资质的企业可以对所承接的施工总承包工程内各专业工程全部自行施工，也可以将专业工程依法进行分包。对设有资质的专业工程进行分包时，应分包给具有相应专业承包资质的企业。施工总承包企业将劳务作业分包时，应分包给具有施工劳务资质的企业。

设有专业承包资质的专业工程单独发包时，应由取得相应专业承包资质的企业承担。取得专业承包资质的企业可以承接具有施工总承包资质的企业依法分包的专业工程或建设单位依法发包的专业工程。取得专业承包资质的企业应对所承接的专业工程全部自行组织施工，劳务作业可以分包，但应分包给具有施工劳务资质的企业。取得施工劳务资质的企业可以承接具有施工总承包资质或专业承包资质的企业分包的劳务作业。取得施工总承包资质的企业，可以从事资质证书许可范围内的相应工程总承包、工程项目管理等业务。

（3）工程咨询单位资质管理 我国对工程咨询单位也实行资质管理。已有明确资质等级评定条件的有：工程监理、工程造价等咨询机构。其中对工程监理企业资质管理情况介绍如下。

工程监理企业资质分为综合资质、专业资质和事务所三个序列。综合资质只设甲级。专业资质原则上分为甲、乙、丙三个级别，并按照工程性质和技术特点划分为 14 个专业工程类别；除房屋建筑、水利水电、公路和市政公用四个专业工程类别设丙级资质外，其他专业工程类别不设丙级资质。事务所不分等级。

综合资质可以承担所有专业工程类别建设工程项目的工程监理业务。专业甲级资质可承担相应专业工程类别建设工程项目的工程监理业务；专业乙级资质可承担相应专业工程类别二级以下（含二级）建设工程项目的工程监理业务；专业丙级资质可承担相应专业工程类别三级建设工程项目的工程监理业务。事务所资质可承担三级建设工程项目的工程监理业务，但是，国家规定必须实行强制监理的工程除外。

工程监理企业可以开展相应类别建设工程的项目管理、技术咨询等业务。

2. 专业人员的资格管理

由于各国情况不同，专业人员的资格有的由学会或协会负责（以欧洲一些国家为代表）授予和管理，有的由政府负责确认和管理。我国专业人员制度是近几年才从发达国家引入的。目前，已经确定和将要确定的专业人员有：注册建造师、注册建筑师、注册结构工程师、注册监理工程师和注册造价工程师等。资格和注册条件为：大专以上的专业学历；参加全国统一考试，成绩合格；相关专业的实践经验。值得注意的是近几年随着国家深化简政放权、放管结合，取消了一些职业资格许可和认定事项，这是降低制度性交易成本、推进供给侧结构改革的重要举措，也是为大中专毕业生就业创业。

（四）建设工程交易中心

自 20 世纪 90 年代中期，各地相继设立的有形建筑市场，即建设工程交易中心。经过近 20 年的发展，已经初步形成场所设施完备、人员素质较高、管理信息化的公开透明的交易平台。在当前我国建筑市场的运行环境下，建设工程交易中心在促进市场体系的发展和完善方面起着不可替代的作用。

1. 建设工程交易中心的性质和作用

（1）建设工程交易中心的性质 建设工程交易中心是服务型机构，不是政府管理部门，也不是政府授权的监督机构，本身并不具备监督管理职能。但建设工程交易中心不是一般意义上的服务机构，其设立需要得到政府或政府授权主管部门的批准，并非任何单位和个人可以随意成立。建设工程交易中心是不以赢利为目的，经批准收取一定服务费的服务性机构。

（2）建设工程交易中心的作用

① 按我国有关规定，符合要求的建设项目要在建设工程交易中心内报建、发布招标信

息、合同授予、申领施工许可证。

② 对国有投资的监督制约机制的建立,规范建设工程承发包行为和将建筑市场纳入法制轨道,促进招标投标制度的推行,遏制违法违规行为、防腐,提高管理透明度。

2. 建设工程交易中心的基本功能

我国的建设工程交易中心是按照以下三大功能进行构建的。

(1)信息服务功能 我国建设工程交易中心的信息服务主要包括收集、存储和发布各类工程信息、法律法规、造价信息、建材价格、承包商信息、咨询单位和专业人士信息等,在设施上配备有大型电子墙、计算机网络工作站,为承发包交易提供广泛的信息服务。

(2)场所服务功能 对于政府部门、国有企业、事业单位的投资项目,我国法律明确规定,一般情况下都必须进行公开招标,只有特殊情况下才允许采用邀请招标。所有建设项目进行招标投标必须在有形建筑市场内进行,必须由有关管理部门进行监督。按照这个要求,工程建设交易中心必须为工程承发包交易双方包括建设工程的招标、评标、定标、合同谈判等提供设施和场所服务。住房和城乡建设部的建设工程交易中心管理办法规定,建设工程交易中心应具备信息发布大厅、洽谈室、开标室、会议室及相关设施以满足业主和承包商、分包商、设备材料供应商之间的交易需要。同时,要为政府有关管理部门进驻集中办公、办理有关手续和依法监督招标投标活动提供场所服务。

(3)集中办公功能 由于众多建设项目要进入有形建筑市场进行报建、招标投标交易和办理有关批准手续,这样就要求政府有关建设管理部门进驻建设工程交易中心,集中办理有关审批手续和进行管理,建设行政主管部门的各职能机构也进驻建设工程交易中心。受理申报的内容一般包括工程报建、招标登记、承包商资质审查、合同登记、质量报检、施工许可证发放等。进驻建筑工程交易中心的相关管理部门集中办公,公布各自的办事制度和程序,既能按照各自的职责依法对建设工程交易活动实施有力监督,又方便当事人办事,有利于提高办公效率。

3. 建设工程交易中心的运行原则

为了保证建设工程交易中心能够有良好的运行秩序和市场功能的充分发挥,必须坚持市场运行的一些基本原则。主要包括以下几点。

(1)信息公开原则 建设工程交易中心必须充分掌握政策法规,工程发包商、承包商和咨询单位的资质、造价指数、招标规则、评标标准、专家评委库等各项信息,并保证市场各方主体都能及时获得所需要的信息资料。

(2)依法管理原则 建设工程交易中心应严格按照法律、法规开展工作,尊重建设单位依照法律规定选择投标单位和选定中标单位的权利,尊重符合资质条件的建筑业企业提出的招标要求和接受邀请参加投标的权利。任何单位和个人不得非法干预交易活动的正常进行。监察机关应当进驻建设工程交易中心实施监督。

(3)公平竞争原则 建设公平竞争的市场秩序是建设工程交易中心的一项重要原则。进驻的有关行政监督管理部门应严格监督招标、投标单位的行为,防止地方保护、行业垄断和部门垄断等各种不正当竞争,不得侵犯交易活动各方的合法权益。

(4)属地进入原则 按照我国有形建筑市场的管理规定,建设工程交易实行属地进入。每个城市原则上只能设立一个建设工程交易中心,特大城市可以根据需要,设立区域性分中心,在业务上受中心领导。对于跨省、自治区、直辖市的铁路、公路、水利等工程,可在政府有关部门的监督下,在项目所在地的交易中心发布招标公告、组织招投标。

(5)办事公正原则 建设工程交易中心是政府建设行政主管部门批准建设的服务性机

构，须配合各行政管理部门做好相应的工程交易活动管理和服务工作。要建立监督制约机制，公开办事规则和程序，制定完善的规章制度和工作人员守则，一旦发现建设工程交易活动中的违法违章行为，应当向政府有关管理部门报告，并协助处理。

4. 建设工程交易中心的运行程序

① 拟建工程得到立项批准后，到中心办理报建备案手续；

② 报建工程由招标监督部门依据《中华人民共和国招标投标法》和有关规定确定招标方式；

③ 招标人依据《中华人民共和国招标投标法》和有关规定，履行建设项目的招标投标程序；

④ 自中标之日起 30 日内，发包单位与中标单位签订合同；

⑤ 按规定进行质量、安全监督登记；

⑥ 统一交纳有关工程前期费用；

⑦ 领取建设工程施工许可证。

5. 政府部门对招标投标活动进行监督的目的

① 净化市场环境，保证招标投标活动的公开、公平、公正，促进建筑市场和国民经济的健康发展；

② 防止腐败，维护国家和政府的形象；

③ 节省建设投资，防止国有资产的流失，维护国家利益、社会公共利益和招标投标活动当事人的合法权益；

④ 保证项目质量，减少不良事故的发生。

（五）工程承发包模式

1. 工程发包的概念

工程发包是指建设单位采用一定的方式，在政府管理部门的监督下，遵循公开、公平、平等竞争的原则，择优选定设计、勘察、施工等单位的活动。

建筑工程依法实行招标发包，对不适于招标发包的可以直接发包。

2. 工程承包的概念

工程承包指承包单位通过一定的方式取得工程项目建设合同的活动。

分包指从事工程总承包的单位将所承包的建设工程的一部分依法发包给具有相应资质的承包单位的行为，该总承包人并不退出承包关系，其与第三人就第三人完成的工作成果向发包人承担连带责任。

工程承包方有程勘察设计单位、施工单位、工程设备供应或制造商等。

3. 工程承发包模式

工程承发包亦称工程招标承包制，通过招标、投标的一定程序建立工程买方与卖方、发包与承包的关系。目前我国工程承发包模式主要有工程总承包（EPC）模式、项目管理承包（PMC）模式、设计 - 建造（DB）模式、平行发包（DBB）模式、施工管理承包（CM）模式、建造 - 运营 - 移交（BOT）模式、公共部门与私人企业合作（PPP）模式。

（1）工程总承包（EPC）模式　EPC（Engineering Procurement Construction）模式，即工程总承包模式，又称为设计、采购、施工一体化模式。它是指在项目决策阶段以后，从设计开始，经招标、委托一家工程公司对设计 - 采购 - 建造进行总承包。在这种模式下，由工程总承包公司按照承包合同约定负责对工程项目的进度、费用、质量、安全进行管理和控制，并按合同约定完成工程。

其优点是业主把工程的设计、采购、施工和开工服务工作全部托付给工程总承包商负责组织实施，业主只负责整体的、原则的、目标的管理和控制，总承包商更能发挥主观能动性，能运用其先进的管理经验为业主和承包商自身创造更多的效益；提高了工作效率，减少了协调工作量；设计变更少，工期较短；由于采用的是总价合同，基本上不用再支付索赔及追加项目费用；项目的最终价格和要求的工期具有更大程度的确定性。

其缺点是业主不能对工程进行全程控制；总承包商对整个项目的成本工期和质量负责，加大了总承包商的风险，总承包商为了降低风险获得更多的利润，可能通过调整设计方案来降低成本，可能会影响长远意义上的质量；由于采用的是总价合同，承包商获得业主变更费及追加费用的弹性很小。

（2）项目管理承包（PMC）模式　PMC（Project Management Consultant）模式，即项目管理承包。它是指项目管理承包商代表业主对工程项目进行全过程、全方位的项目管理，包括进行工程的整体规划、项目定义、工程招标、选择 EPC 承包商，并对设计、采购、施工、试运行进行全面管理，一般不直接参与项目的设计、采购、施工和试运行等阶段的具体工作。

其优点是可以充分发挥管理承包商在项目管理方面的专业技能，统一协调和管理项目的设计与施工，减少矛盾；有利于建设项目投资的节省；该模式可以对项目的设计进行优化，可以实现在该项目生存期内达到成本最低；在保证质量优良的同时，有利于承包商获得对项目未来的契股或收益分配权，可以缩短施工工期，在高风险领域，通常采用契股这种方式来稳定队伍。

其缺点是业主参与工程的程度低，变更权力有限，协调难度大；业主方很大的风险在于能否选择一个高水平的项目管理公司。

（3）设计 - 建造（DB）模式　DB（Design And Build）模式，即设计 - 建造模式，在国际上也称交钥匙模式（Turn-Key-Operate），在我国称为设计 - 施工总承包模式（Design-Construction）。它是在项目原则确定之后，业主选定一家公司负责项目的设计和施工。这种方式在投标和订立合同时是以总价合同为基础的。设计 - 建造总承包商对整个项目的成本负责，总承包商首先选择一家咨询设计公司进行设计，然后采用竞争性招标方式选择分包商，当然也可以利用本公司的设计和施工力量完成一部分工程。

其优点是和承包商密切合作，完成项目规划直至验收，减少了协调的时间和费用；承包商可在参与初期将其材料、施工方法、结构、价格和市场等知识和经验融入设计中；有利于控制成本，降低造价。国外经验证明：实行 DB 模式，平均可降低造价 10% 左右；有利于进度控制，缩短工期；责任单一。从总体来说，建设项目的合同关系是业主和承包商之间的关系，业主的责任是按合同规定的方式付款，总承包商的责任是按时提供业主所需的产品，总承包商对于项目建设的全过程负有全部的责任。

其缺点是对最终设计和细节控制能力较低；承包商的设计对工程经济性有很大影响，在DB 模式下承包商承担了更大的风险；质量控制主要取决于业主招标时功能描述时的质量标准，而且总承包商的水平对设计质量有较大影响；时间较短，缺乏特定的法律、法规约束，没有专门的险种；方式操作复杂，竞争性较小。

（4）平行发包（DBB）模式　DBB（Design-Bid-Build）模式，即设计 - 招标 - 建造模式，它是一种在国际上比较通用且应用最早的工程项目发包模式之一。它是指由业主委托建筑师或咨询工程师进行前期的各项工作（如进行可行性研究等），待项目评估立项后再进行设计。

在设计阶段编制施工招标文件，随后通过招标选择承包商；而有关单项工程的分包和设备、材料的采购一般都由承包商与分包商和供应商单独订立合同并组织实施。在工程项目实施阶段，工程师则为业主提供施工管理服务。这种模式最突出的特点是强调工程项目的实施必须按照 D-B-B 的顺序进行，只有一个阶段全部结束另一个阶段才能开始。

其优点表现在管理方法较成熟，各方对有关程序都很熟悉，业主可自由选择咨询设计人员，对设计要求可控制，可自由选择工程师，可采用各方均熟悉的标准合同文本，有利于合同管理、风险管理和减少投资。

其缺点是项目周期较长，业主与设计、施工方分别签约，自行管理项目，管理费较高；设计的可施工性差，工程师控制项目目标能力不强；不利于工程事故的责任划分，由于图纸问题产生争端多、索赔多等。

（5）施工管理承包（CM）模式　CM（Construction Management Approach）模式，即施工管理承包模式，又称"边设计、边施工"方式。分阶段发包方式或快速轨道方式，CM 模式是由业主委托 CM 单位，以一个承包商的身份，采取有条件的"边设计、边施工"，着眼于缩短项目周期，也称快速路径法。即 Fast Track 的生产组织方式来进行施工管理，直接指挥施工活动，在一定程度上影响设计活动，而它与业主的合同通常采用"成本 + 利润"方式的这样一种承发包模式。此方式通过施工管理商来协调设计和施工的矛盾，使决策公开化。

由业主和业主委托的工程项目经理与工程师组成一个联合小组共同负责组织和管理工程的规划、设计和施工。完成一部分分项（单项）工程设计后，即对该部分进行招标，发包给一家承包商，无总承包商，由业主直接按每个单项工程与承包商分别签订承包合同。

其优点是在项目进度控制方面，由于 CM 模式采用分散发包，集中管理，使设计与施工充分搭接，有利于缩短建设周期；CM 单位加强与设计方的协调，可以减少因修改设计而造成的工期延误；在投资控制方面，通过协调设计，CM 单位还可以帮助业主采用价值工程等方法向设计提出合理化建议，以挖掘节约投资的潜力，还可以大大减少施工阶段的设计变更。在质量控制方面，设计与施工的结合和相互协调，在项目上采用新工艺、新方法时，有利于工程施工质量的提高；分包商的选择由业主和承包人共同决定，因而更为明智。

其缺点是对 CM 经理以及其所在单位的资质和信誉的要求都比较高；分项招标导致承包费可能较高；CM 模式一般采用"成本加酬金"合同，对合同范本要求比较高。

（6）建造 - 运营 - 移交（BOT）模式　BOT（Build-Operate-Transfer）模式，即建造 - 运营 - 移交模式。它是指一国财团或投资人为项目的发起人，从一个国家的政府获得某项目基础设施的建设特许权，然后由其独立式地联合其他方组建项目公司，负责项目的融资、设计、建造和经营。在整个特许期内，项目公司通过项目的经营获得利润，并用此利润偿还债务。在特许期满之时，整个项目由项目公司无偿或以极少的名义价格移交给东道国政府。

BOT 模式的最大特点是由于获得政府许可和支持，有时可得到优惠政策，拓宽了融资渠道。BOOT、BOO、DBOT、BTO、TOT、BRT、BLT、BT、ROO、MOT、BOOST、BOD、DBOM 和 FBOOT 等均是标准 BOT 操作的不同演变方式，但其基本特点是一致的，即项目公司必须得到政府有关部门授予的特许权。该模式主要用于机场、隧道、发电厂、港口、收费公路、电信、供水和污水处理等一些投资较大、建设周期长和可以运营获利的基础设施项目。

其优点是可以减少政府主权借债和还本付息的责任；可以将公营机构的风险转移到私营承包商，避免公营机构承担项目的全部风险；可以吸引国外投资，以支持国内基础设施的建设，解决了发展中国家缺乏建设资金的问题；BOT 项目通常都由外国的公司来承包，这会给项目所在国带来先进的技术和管理经验，既给本国的承包商带来较多的发展机会，也促进了国际经济的融合。

其缺点是在特许权期限内，政府将失去对项目所有权和经营权的控制；参与方多，结构复杂，项目前期过长且融资成本高；可能导致大量的税收流失；可能造成设施的掠夺性经营；在项目完成后，会有大量的外汇流出；风险分摊不对称等。政府虽然转移了建设、融资等风险，却承担了更多的其他责任与风险，如利率、汇率风险等。

（7）公共部门与私人企业合作（PPP）模式　PPP 模式即民间参与公共基础设施建设和公共事务管理的模式，统称为公私（民）伙伴关系（Public Private Partnership，简称 PPP）。具体是指政府、私人企业基于某个项目而形成的相互间合作关系的一种特许经营项目融资模式。由该项目公司负责筹资、建设与经营。政府通常与提供贷款的金融机构达成一个直接协议，该协议不是对项目进行担保，而是政府向借贷机构做出的承诺，将按照政府与项目公司签订的合同支付有关费用。这个协议使项目公司能比较顺利地获得金融机构的贷款。而项目的预期收益、资产以及政府的扶持力度将直接影响贷款的数量和形式。采取这种融资形式的实质是，政府通过给予民营企业长期的特许经营权和收益权来换取基础设施加快建设及有效运营。实践中 PPP 模式也在不断创新。

PPP 模式适用于投资额大、建设周期长、资金回报慢的项目，包括铁路、公路、桥梁、隧道等交通项目，电力煤气等能源项目及电信网络等通信项目等。PPP 模式无论是在发达国家或发展中国家，应用越来越广泛。项目成功的关键是项目的参与者和股东都已经清晰了解了项目的所有风险、要求和机会，才有可能充分享受 PPP 模式带来的收益。

其优点是公共部门和私人企业在初始阶段就共同参与论证，有利于尽早确定项目融资可行性，缩短前期工作周期，节省政府投资；可以在项目初期实现风险分配，同时由于政府分担一部分风险，使风险分配更合理，减少了承建商与投资商风险，从而降低了融资难度；参与项目融资的私人企业在项目前期就参与进来，有利于私人企业一开始就引入先进技术和管理经验；公共部门和私人企业共同参与建设和运营，双方可以形成互利的长期目标，更好地为社会和公众提供服务；使项目参与各方整合组成战略联盟，对协调各方不同的利益目标起关键作用；政府拥有一定的控制权。

其缺点是对于政府来说，如何确定合作公司给政府增加了难度，而且在合作中要负有一定的责任，增加了政府的风险负担；组织形式比较复杂，增加了管理上协调的难度；如何设定项目的回报率可能成为一个颇有争议的问题。

4.《中华人民共和国建筑法》关于工程承发包的规定

（1）关于建设工程承发包合同形式的规定　《中华人民共和国建筑法》、《中华人民共和国合同法》及其他有关法规都规定：建设工程承发包合同必须采用书面形式。

（2）关于总承包与分包的规定　《中华人民共和国建筑法》中提倡对建筑工程实行总承包，规定建筑工程的发包单位可以将建筑工程的勘察、设计、施工、设备采购一并发包给一个工程总承包单位，也可以将建筑工程勘察、设计、施工、设备采购的一项或者多项发包给一个工程总承包单位。

经发包人同意，可以将承包工程中的部分工程发包给具有相应资质条件的分包单位。

建筑工程主体结构的施工必须由总承包单位自行完成，禁止将应当由一个承包单位完成的建筑工程肢解成若干部分发包给几个承包单位，禁止总承包单位将工程分包给不具备相应资质条件的单位，禁止分包单位将其承包的工程再分包。

（3）关于不得指定材料设备供应商的规定　按照合同约定，建筑材料、建筑构配件和设备由工程承包单位采购的，发包单位不得指定。

（4）关于禁止越级承包的规定 禁止建筑施工企业超越本企业资质等级许可的业务范围或者以任何形式用其他建筑施工企业的名义承揽工程。禁止建筑施工企业以任何形式允许其他单位或者个人使用本企业的资质证书、营业执照，以本企业的名义承揽工程。

（5）关于联合承包的规定 《中华人民共和国建筑法》中规定大型建筑工程或者结构复杂的建筑工程，可以由两个以上的承包单位联合共同承包。共同承包的各方对承包合同的履行承担连带责任。

（6）关于转包的规定 《中华人民共和国建筑法》禁止非法转包、违法分包和肢解发包。

非法转包是指建设工程的承包人不行使承包者的管理职能，将其承包的建设工程倒手转让给第三人，使该第三人实际上成为该建设工程新的承包人的行为。

违法分包是指发包人将工程分包后，未在施工现场设立项目管理机构和派驻相应人员，并未对该工程的施工活动进行组织管理。

肢解发包是指建设工程发包人将应当由一个承包人完成的建设工程肢解成若干部分分别发包给几个承包人或建设工程承包人将其承包的全部建设工程以分包名义分别转包给第三人的行为。

《中华人民共和国建筑法》第二十八条规定："禁止承包单位将其承包的全部建筑工程转包给他人，禁止承包单位将其承包的全部建筑工程肢解以后以分包的名义分别转包给他人。"

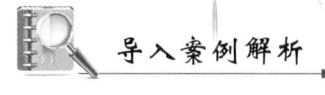

导入案例解析

我国在法律规定中明确禁止建设单位肢解发包。《中华人民共和国建筑法》第24条规定："提倡对建筑工程实行总承包，禁止将建筑工程肢解发包。建筑工程的发包单位可以将建筑工程的勘察、设计、施工、设备采购一并发包给一个工程总承包单位，也可以将建筑工程勘察、设计、施工、设备采购的一项或者多项发包给一个工程总承包单位；但是，不得将应当由一个承包单位完成的建筑工程肢解成若干部分发包给几个承包单位。"这是法律对禁止肢解发包的原则性规定。

《建设工程质量管理条例》中第七十八条对肢解发包做了定义性的规定："肢解发包，是指建设单位将应当由一个承包单位完成的建设工程分解成若干部分发包给不同的承包单位的行为"。

法律法规本身虽然给肢解发包下了定义，但对于什么是应当由一个承包单位完成的建设工程，并未作出进一步的界定，这在肢解发包的认定上给了法官一定的自由裁量权。在现实中，对于高层建筑物来讲，所涉及的专业很多，专业化程度也非常高，施工常包含桩基工程、基础工程、主体工程、装修工程、电梯及设备安装工程，有时还有玻璃幕墙、网架等专业工程。而当总承包方不能独自完成所有工作量时，建设单位将这些工程的某些部分平行发包给其他有资质的施工企业进行施工就是合法的发包行为。但是，如果将诸如桩基工程这种本来应该由一个施工企业完成的工程分包给几个施工企业进行施工，则很大程度上会导致由于施工企业之间配合产生的问题而出现工程质量和工期等诸多隐患，所以此种情况下认定为肢解发包就是合理的。

在本案中，法院在认定肢解发包的问题上主要依据了建设单位与总承包方签订的《工程承包合同》中对于施工范围的约定。即如果施工范围已将基础工程、主体工程、装修工程等包含其中，而建设单位又自行将结构加固、铝合金门窗安装等项目发包出去，所以认定为肢解发包。如果建设单位将不属于《工程承包合同》中约定施工范围的工程发包给其他施工企业，将不被视作肢解发包。法院在本案中认定开发商的行为属于肢解发包是正确的，但主要依赖《工程总承包合同》来进行认定未免不尽合理。因为即使建设单位发包的某些工程不在总承包方的施工范围内，但依然有可能构成肢解发包，关键是看所发包的工程能否分包给不同的施工企业，分包之后是否会导致建筑工程的质量责任不明确、安全隐患及工期延误等问题。

二、工程招投标

（一）工程招投标在我国的推行

十一届三中全会前，我国实行高度集中的计划经济体制，招标投标作为一种竞争性市场交易方式，缺乏存在和发展所必需的经济体制条件。1980 年 10 月，国务院发布《关于开展和保护社会主义竞争的暂行规定》，提出对一些合适的工程建设项目可以试行招标、投标。随后，吉林省和深圳市于 1981 年开始工程招标投标试点。1982 年，鲁布革水电站引水系统工程是我国第一个利用世界银行贷款并按世界银行规定进行项目管理的工程，极大地推动了我国工程建设项目管理方式的改革和发展。1983 年，原城乡建设环境保护部出台建筑安装工程招标投标试行办法。20 世纪 80 年代中期以后，根据党中央有关体制改革精神，国务院及国务院有关部门陆续进行了一系列改革，企业的市场主体地位逐步明确，推行招标投标制度的体制性障碍有所缓解。

1992 年 10 月，十四大提出了建立社会主义市场经济体制的改革目标，进一步解除了束缚招标投标制度发展的体制障碍。1994 年 6 月，原国家计委牵头启动列入八届人大立法计划的《中华人民共和国招标投标法》起草工作。1997 年 11 月 1 日，全国人大常委会审议通过了《中华人民共和国建筑法》，在法律层面上对建筑工程实行招标发包进行了规范。

我国引进招标投标制度以后，自 1984 年原国家计委、城乡建设环境保护部联合下发了《建设工程招标投标暂行规定》，经过 33 年的发展，一方面积累了丰富的经验，为国家层面的统一立法奠定了实践基础。另一方面，招标投标活动中暴露的问题也越来越多，如招标程序不规范、做法不统一，虚假招标、泄漏标底、串通投标、行贿受贿等问题较为突出，特别是政企不分问题仍然没有得到有效解决。针对上述问题，九届全国人大常委会于 1999 年 8 月 30 日审议通过了《中华人民共和国招标投标法》。这是我国第一部规范公共采购和招标投标活动的专门法律，标志着我国招标投标制度进入了一个新的发展阶段。

2005 年 9 月 10 日中国招标投标协会成立。中国招标投标协会是由我国从事招标投标活动的企事业单位、社会中介组织，进行招标投标理论研究的机构、团体、专家学者，以及招标投标从业人员自愿组成的，为把整个招投标工作和招投标体系很好地统筹和协调起来，维护和规范市场经济秩序，促进我国招投标事业健康发展的非盈利性的行业组织；是对外代表中华人民共和国招标投标行业的协会，现有会员 1200 多家。协会业务主管部门是国家发展和改革委员会，业务工作接受国家发展和改革委员会的指导和民政部的监督管理。

中国招标投标协会的主要业务范围如下。

（1）宣传贯彻《中华人民共和国招标投标法》和国家相关法律、法规及方针政策，及时向政府主管部门反映会员单位和招标投标主体在招标投标实践工作中遇到的重大问题、愿望和意见，并提出解决问题的措施建议；

（2）组织开展调查研究，为政府制定有关招标投标的法律法规、政策措施、行业发展战略、改革方案等重大决策提供建议；

（3）建立行业自律机制，研究制定招标投标行规行约、职业道德准则、业务统计规则和职业标准规范等，并组织实施；

（4）接受政府有关部门委托，做好招标代理机构的备案及资格管理工作；

（5）接受政府有关部门委托，建立国家招标投标从业人员执业资格和专业技术等级制度，促进从业人员专业素质和业务技能的提高；

（6）接受政府有关部门委托，组建国家评标专家库，为招标投标工作提供服务；

（7）为企事业单位提供工程、货物和服务等各类招标投标及相关工作的咨询；

（8）收集、提供国内外招标投标信息，编辑出版招标投标方面的刊物、教材、书籍、资料，建立相关信息网络系统，举办展览和论坛等活动，为企事业单位提供招标投标活动信息服务；

（9）组织开展多种形式的招标投标业务、管理知识的培训活动，提高从业人员素质和业务水平；

（10）定期组织招标投标业务及行业管理的经验交流活动，宣传、表彰全国招标投标优秀单位和先进工作者；

（11）维护会员合法权益，协助政府部门调查处理有关招标投标的投诉举报，协调招标投标活动中出现的矛盾和纠纷；

（12）加强与国内外相关组织的联系，组织、开展招标投标国际交流与合作；

（13）法律、法规规定或主管部门委托的其他事项。

（二）工程招投标的概念

招标投标是在市场经济条件下进行工程建设、货物买卖、财产出租、中介服务等经济活动的一种竞争形式和交易方式，是引入竞争机制订立合同（契约）的一种法律形式。它是指招标人对工程建设、货物买卖、劳务承担等交易业务，事先公布选择采购的条件和要求，招引他人承接，若干或众多投标人做出愿意参加业务承接竞争的意思表示，招标人按照规定的程序和办法择优选定中标人的活动。

建设工程招标是指招标人在发包建设项目之前，公开招标或邀请投标人，根据招标人的意图和要求提出报价，择日当场开标，以便从中择优选定中标人的一种经济活动。

建设工程投标是建设工程招标的对称概念，指具有合法资格和能力的投标人根据招标条件，经过初步研究和估算，在指定期限内填写标书，提出报价，并等候开标，决定能否中标的经济活动。

从法律意义上讲，建设项目招标一般是建设单位（或业主）就拟建的工程发布通告，用法定方式吸引建设项目的承包单位参加竞争，进而通过法定程序从中选择条件优越者来完成工程建设任务的法律行为。建设项目投标一般是经过特定审查而获得投标资格的建设项目承包单位，按照招标文件的要求，在规定的时间内向招标单位填报投标书，并争取中标的法律行为。

（三）工程招投标的分类

建设项目招标投标多种多样，按照不同的标准可以进行不同的分类。

1. 按工程建设程序分类

按照工程建设程序，可以将建设项目招标投标分为以下几种：

（1）建设项目前期咨询招标投标；

（2）勘察设计招标；

（3）材料设备采购招标；

（4）工程施工招标；

（5）建设项目全过程工程造价跟踪审计招标；

（6）工程项目监理招标。

2. 按工程项目承包的范围分类

按工程承包的范围可将工程招标划分为：项目全过程总承包招标、工程分包招标及专项工程承包招标。

（1）项目全过程总承包招标 项目全过程总承包招标，即选择项目全过程总承包人招标，这种又可分为两种类型：其一是指工程项目实施阶段的全过程招标；其二是指工程项目建设全过程的招标。前者是在设计任务书完成后，从项目勘察、设计到施工交付使用进行一次性招标；后者则是从项目的可行性研究到交付使用进行一次性招标，业主只需提供项目投资和使用要求及竣工、交付使用期限，其可行性研究、勘察设计、材料和设备采购、土建施工设备安装及调试、生产准备和试运行、交付使用，均由一个总承包商负责承包，即所谓"交钥匙工程"。承揽"交钥匙工程"的承包商被称为总承包商，绝大多数情况下，总承包商要将工程部分阶段的实施任务分包出去。

（2）工程分包招标 工程分包招标是指中标的工程总承包人作为其中标范围内的工程任务的招标人，将其中标范围内的工程任务，通过招标投标的方式，分包给具有相应资质的分承包人，中标的分承包人只对招标的总承包人负责。

（3）专项工程承包招标 专项工程承包招标是指在工程承包招标中，对其中某项比较复杂或专业性强、施工和制作要求特殊的单项工程进行单独招标。

3. 按行业类别分类

按与工程建设相关业务性质的不同，分为勘察设计招标、材料设备采购招标、土木工程招标、建筑安装工程招标、生产工艺技术转让招标和工程咨询服务招标等。

（四）工程招投标的意义

招标是我国建筑市场或设备供应走向规范化、完善化的重要举措，是计划经济向市场经济转变的重要步骤，对控制项目成本、保护相关员工廉政廉洁有着重要意义。

（1）推行招投标制基本形成了由市场定价的价格机制，使工程价格更加趋于合理。

推行招投标制最明显的表现是若干投标人之间出现激烈竞争（相互竞标），这种市场竞争最直接、最集中的表现就是在价格上的竞争。通过竞争确定出工程价格，使其趋于合理或下降，这将有利于节约投资、提高投资效益。

（2）推行招投标制能够不断降低社会平均劳动消耗水平，使工程价格得到有效控制。

在建筑市场中，不同投标者的个别劳动消耗水平是有差异的。通过推行招投标，总是那些个别劳动消耗水平最低或接近最低的投标者获胜，这样便实现了生产力资源较优配置，也对不同投标者实行了优胜劣汰。面对激烈竞争的压力，为了自身的生存与发展，每个投标者都必须切实在降低自己个别劳动消耗水平上下功夫，这样将逐步而全面地降低社会平均劳动消耗水平，使工程价格更合理。

（3）推行招投标制使供求双方更好地相互选择，使工程价格更加符合价值基础，进而更好地控制工程造价。

由于供求双方各自出发点不同，存在利益矛盾，因而单纯采用"一对一"的选择方式，成功的可能性较小。采用招投标方式就为供求双方在较大范围内进行相互选择创造了条件，为需求者（如建筑单位、业主）与供给者（如勘察设计单位、施工企业）在最佳点上结合提供了可能。需求者对供给者选择（即建设单位、业主对勘察设计单位和施工单位的选择）的基本出发点是"择优选择"，即选择那些报价较低、工期较短、具有良好业绩和管理水平的供给者，这样即为合理控制工程造价奠定了基础。

（4）推行招投标制有利于规范价格行为，使公开、公平、公正的原则得以贯彻。

我国招投标活动有特定的机构进行管理，有严格的程序必须遵循，有高素质的专家支持系统、工程技术人员的群体评估与决策，能够避免盲目过度的竞争和营私舞弊现象的发生，对建筑领域中的腐败现象也是强有力的遏制，使价格形成过程变得透明而较为规范。

（5）推行招投标制能够减少交易费用，节省人力、物力、财力，进而使工程造价有所降低。

我国目前从招标、投标、开标、评标直至定标，均有一些法律、法规规定，已进入制度化操作。招投标中，若干投标人在同一时间、地点报价竞争，在专家支持系统的评估下，以群体决策方式确定中标者，必然减少交易过程的费用，这本身就意味着招标人收益的增加，对工程造价必然产生积极的影响。

（五）工程招投标活动的基本原则

《中华人民共和国招标投标法》第五条规定："招标投标活动应当遵循公开、公平、公正和诚实信用的原则"。可见，工程招投标活动应遵守以下基本原则。

（1）公开原则　公开原则就是招标活动要具有较高的透明度，在招标过程中要将招标信息、招标程序、评标办法、中标结果等按相关规定公开。

（2）公平原则　公平原则就是招标投标过程中所有的潜在投标人和正式投标人均享有同等的权利、履行同等的义务。并采用统一的资审条件、评标办法和评标标准来进行评审。

（3）公正原则　在招标过程中，招标人的行为应当公正，对所有的投标竞争者都应平等对待，不能有特殊倾向。

（4）诚实信用原则　遵循诚实信用原则，就是要求招标投标当事人在招标投标活动中应当以诚实守信的态度行使权利、履行义务，不得通过弄虚作假、欺骗他人来争取不正当利益，不得损害对方、第三者或者社会公共利益。

（六）工程招投标的主体

建设工程招投标的主体包括：建设工程招标人、建设工程投标人、建设工程招标代理机构和建设工程招投标行政监管部门。

1. 建设工程招标人

按照《中华人民共和国招标投标法》第八条规定，招标人是依照本法规定提出招标项目、进行招标的法人或者其他组织。

法人是指依法注册登记，具有独立的民事权利能力和民事行为能力，依法独立享有民事权利和承担民事义务的组织。包括企业法人、机关、事业单位，及社会团体法人。其他组织是指依法成立，有一定组织机构和财产，但又不具备法人资格的组织。例如依法登记领取营业执照的合伙组织、企业的分支机构等。

2. 建设工程投标人

按照《中华人民共和国招标投标法》第二十五条规定，投标人是响应招标、参加投标竞争的法人或者其他组织。依法招标的科研项目允许个人参加投标的，投标的个人适用本法有关投标人的规定。

投标人分为三类：一是法人；二是其他组织；三是自然人（科研项目）。

3. 建设工程招标代理机构

建设工程招标代理，是指建设工程招标人，将建设工程招标事务，委托给相应中介服务机构，由该中介服务机构在招标人委托授权的范围内，以委托的招标人的名义，同他人独立进行建设工程招标投标活动，由此产生的法律效果直接归属于委托的招标人的一种制度。

4. 建设工程招投标行政监管部门

（1）国家发展改革委员会（指导协调部门）　国家发展改革委员会指导和协调全国招投标工作，具体职责包括：会同有关行政主管部门拟定《招标投标法》配套法规、综合性政策和必须进行招标的项目的具体范围、规模标准以及不适宜进行招标的项目，报国务院批准；指定发布招标公告的报刊、信息网络或其他媒介；国家发展改革委员会作为项目审批部门，负责依法核准应报国家发展改革委员会审批和由其核报国务院审批项目的招标方案（包括招标范围、招标组织形式、招标方式）；组织国家重大建设项目稽查特派员，对国家重大建设项目建设过程中的工程招投标进行监督检查。

（2）有关行业或产业行政主管部门（行业监督部门）　按照国务院确定的职责分工，对于招投标过程中泄露保密资料、泄露标底、串通招标、串通投标、歧视排斥投标等违法活动的监督执法，分别由有关行业行政主管部门负责并受理投标人和其他利害关系人的投诉。按照这一原则，工业和信息、水利、交通、铁道、民航等行业和产业项目的招投标活动的监督执法，分别由有关行业行政主管部门负责；各类房屋建筑及其附属设施的建造和与其配套的线路、管道、设备的安装项目和市政工程项目的招投标活动的监督执法，由建设行政主管部门负责；进口机电设备采购项目的招投标活动的监督执法，由商务行政主管部门负责。

三、我国工程招投标发展趋势

（一）电子招投标系统

招投标制度从发展距今已经有 30 多年的时间，目前已经是我国工程建设行业中的重要内容，经过这么多年的发展和完善，已经有了较好的成果。随着我国经济的深化和改革，各行各业的改革是非常有必要的。电子化招投标就是传统招投标制度的改革及发展趋势，也是促进招投标制度的可持续发展的基础。

电子化招投标就是在传统招投标的基础上使用现代信息技术，以数据电文为载体，以此实现招投标的全过程。通俗地说，就是部分或者全部抛弃纸质文件，借助计算机和网络完成招标投标活动。目前我国的电子化招投标还正处于迅猛发展阶段，其优点是有目共睹的，但也存在一系列问题。

1. 工程建设电子招投标在我国发展现状

十八大以来，国家对电子化招投标给予高度重视，频繁出台相应的规范和办法，从政策上给予引导和支持。

2013 年 2 月，以国家发改委牵头的八部委联合发布《电子招标投标办法》（第 20 号），《电子招标投标办法》是中国推行电子招投标的纲领性文件，是我国招投标行业发展的一个重要里程碑。

2014 年 8 月，国家发展和改革委员会等六部委发出《关于进一步规范电子招标投标系统建设运营的通知》（发改法规 [2014]1925 号），进一步规范电子招标投标系统建设运营，确保电子招标投标健康有序发展。

2015 年 7 月，国家发展和改革委员会等六部委发出《关于扎实开展国家电子招标投标试点工作的通知》（发改法规 [2015]1544 号），在招投标领域探索实行"互联网＋监管"模式，深入贯彻实施《电子招标投标办法》，不断提高电子招标投标的广度和深度，促进招标投标市场健康可持续发展。

2015 年 8 月，国家认监委等七部委发布关于《电子招标投标系统检测认证管理办法（试行）》的通知（国认证联 [2015]53 号），规范电子招标投标系统检测认证活动，根据《中华人民共和国产品质量法》、《中华人民共和国招标投标法》及其实施条例、《中华人民共和国认证认可条例》、《电子招标投标办法》等法律法规规章，开展电子招标投标系统检测认证工作。唯有检测认证通过的平台，才可以推广运营。

2015 年 8 月 10 日，国务院办公厅印发关于《整合建立统一的公共资源交易平台工作方案》的通知（国办发〔2015〕63 号），工作方案深入贯彻党的十八大和十八届二中全会、十八届三中全会、四中全会精神，落实《国务院机构改革和职能转变方案》部署。整合工程建设项目招标投标、土地使用权和矿业权出让、国有产权交易、政府采购等交易市场，建立统一的公共资源交易平台，有利于防止公共资源交易碎片化，加快形成统一开放、竞争有序的现代市场体系；有利于推动政府职能转变，提高行政监管和公共服务水平；有利于促进公共资源交易阳光操作，强化对行政权力的监督制约，推进预防和惩治腐败体系建设。

2. 工程建设电子化招投标的优势

（1）节约招标采购资金　实施电子化招投标，实现了电子化的招投标文件，节约了招标文件的印刷费，不使用纸张大大减少了环境污染，促进了节能减排；并且在开标的时候不需要投标人亲临现场，而是通过网络直播就可以，节约了投标人的来回费用、会议费等；还可实现电子化的评标，进一步提高了评标效率。

（2）提高招标信息的透明度　电子化招投标实现了招标信息的透明化目的，创建招投标信息档案库，提高了参与招投标的信息真实度。有效地规范了招投标流程，避免了在招投标过程中的人为干扰和虚假行为，实现了公平、公正、公开原则。电子化招投标要求投标人通过网上报名、下载招标文件及缴纳招标保证金等，有效地拦截了围标、串标的信息源，防止了围标、串标的行为。还能够方便招投标部门对招投标过程的监督和管理，通过专门的账户能够实时地对项目的动态进行管理和掌控，也规范了监督模式。

（3）实现了招投标的集中化管理　首先创建电子化招投标系统，内部实现了供应商、招标、评标等一系列的数据信息的资源共享，便于集中化管理。另外电子化招投标使用的人性化的操作模式，一些高难度的人为工作通过计算机实现，降低了人为工作的失误率，提高了招投标过程的效率。

3. 工程建设电子化招投标的发展趋势

电子化招投标已经是招投标的发展趋势，但是在电子化招投标发展的过程中存在着一系列的问题，要想使电子化招投标可持续发展，就要完善其中的问题。

（1）制定有效的电子化招投标制度和规范　依据法律规定规范电子化招投标的过程，将其能够真实、可靠地反映出来，使电子化招投标过程中的各个程序都能够相互整合、兼容协调地运行。电子化招投标系统使用的是电子信息技术，能够有效地使招标人规范、便捷地进行招标采购任务和满足招标项目之后的信息管理需求，系统保障了招标信息的开放性和及时性，所以就要根据法律保障投标、评标等方面的安全性和保密性，保障电子化的招标文件和操作流程只能根据指定的人员、时间阅读和修改，不可对其进行任意修改或者销毁。

（2）创建电子化招投标交易平台　电子化招投标交易平台目的就是为了能够使不同的电子化招标项目能够与服务管理系统相互连通，使招标信息及公共性的交易能够实时共享，并且具有开放性，还要创建科学、有效的招投标监督和管理机制，规范招投标管理机构的监督方式，使其具备全面、实时性的服务信息网络平台。只要是与招投标相关的管理部门、人员，都要进行身份加密，在网上进行招投标的时候，也应该进行身份加密，保障招投标活动的安全性及保密性。

（二）互联网 + 招标采购

对招投标长期困惑的基本原因是市场没有建立一体化信息共享体系。市场没有一体化的信息共享体系，以至于无法建立一体化的市场公平竞争机制及其主体诚信自律体系。受传统体制分割和传统纸质媒介传播信息的局限，以至于招标市场信息长期处于分割、分散、失真、静态、单向、独享的传播状态。这种状态导致无法实现立体流通、双向互动、动态跟踪、聚合共享和对称公开，因此就难以满足市场统一开放、公平竞争以及主体自律、公众监督的基本要求。在招标投标交易和合同履行中，各个部门、各个环节都处于相互分割独立的状态，但是它们之间又必须是相互对接交合。由于信息割裂、静态、封闭，各自无法联通交互、核实印证、比较分析和动态跟踪其项目实施全过程及其市场交易信息，以致市场中存在许多漏洞缝隙、黑色通道、壁垒障碍。这些障碍既大大地增加了市场主体获取市场真实信息和公平竞争的难度，使市场虚假和黑色信息、暗箱操作不但大有可乘之机，而且还限制了行政和公众公开聚合监督、客观判断及有效惩防的作用，削弱了市场主体诚信自律的外部约束，使得违法失信行为能够轻易逃避惩戒。

公开、公平、公正和诚实信用是招标投标市场的核心价值目标；开放、互联、透明、共享是互联网的优势特征，这两者之间的"先天"优势决定两者需要相互融合。只有这样才能建立一体化开放共享的市场信息体系，才能够真正实现招标投标市场信息互联互通、动态跟踪、透明高效、开放共享、永久追溯、立体监督；才能突破市场信息条块分割、静态、封闭、单向传播的困境，逐步消除真伪难别、暗箱操作、弄虚作假、违法失信等市场扭曲现象；才能够真正实现招标投标市场的核心价值目标。

同时，"互联网 +"和电子招投标的深度融合，会改变传统纸质招投标的业务运行和组织的管理模式，改变独立分散、隔离、单向、独享、静态、简单、粗放的运行和管理状态；通过改造完善电子招标投标系统及其交易平台，大力推进交易平台市场化、专业化和集约化发展，改变和消除各种技术壁垒、独立孤岛、简单流程和"人机重复"的低水平、低效率运营状态。因此，应当使市场化与专业化、标准化与个性化相互结合，按照开放、互联、共享、透明、高效、融合的要求，努力推进互联网技术、招标采购业务和组织监管体系三者之间的深度融合，使其协同一体高效运行。

随着"互联网 +"和电子招投标融合的深度发展，实现各个系统平台之间无障碍，互联、互通、共享、网络化；实现使用者与平台系统之间无阻碍；易用、高效、智能、人性化；实现市场主体之间无壁垒，公开、公平、公正、竞争一体化；实现监督者与市场主体之间无屏障，依法、客观、监督、透明化。

（三）BIM 技术在工程招投标环节的应用

BIM 是指基于先进三维数字设计解决方案所构建的可视化的数字建筑模型（即 Building Information Modeling，简称 BIM），BIM 技术已经成为工程建设行业的大趋势。BIM 技术作为建筑业信息化的重要组成部分，给施工行业的发展带来了强大推力，有利于推动绿色建筑，优化绿色施工方案，优化项目管理，提高工程质量，降低成本和安全风险，提升工程项目的效益和效率。

《2016～2020年建筑业信息化发展纲要》的发展目标中明确指出："十三五时期，全面提高建筑业信息化水平，着力增强 BIM、大数据、智能化、移动通信、云计算、物联网等信息技术集成应用能力"；同时，在施工类企业发展主要任务中指出："管理信息现代化升级换代，普及项目管理信息系统，开展施工阶段的 BIM 基础应用。有条件的企业应研究 BIM 应用条件下的施工管理模式和协同工作机制，建立基于 BIM 的项目管理信息系统"。

BIM 技术的推广与应用，极大地促进了招投标管理的精细化程度和管理水平。在招投标过程中，招标方根据 BIM 模型可以编制准确的工程量清单，达到清单完整、快速算量、精确算量，有效地避免漏项和错算等情况，最大程度地减少施工阶段因工程量问题而引起的纠纷。投标方根据 BIM 模型快速获取正确的工程量信息，与招标文件的工程量清单比较，可以制定更好的投标策略。

在招标控制环节，准确和全面的工程量清单是核心关键。而工程量计算是招投标阶段耗费时间和精力最多的重要工作。而 BIM 是一个富含工程信息的数据库，可以真实地提供工程量计算所需要的物理和空间信息。借助这些信息，计算机可以快速对各种构件进行统计分析，从而大大减少根据图纸统计工程量带来的人工操作和潜在错误，在效率和准确性上得到显著提高。

利用 BIM 技术可以提高招标投标的质量和效率，有力地保障工程量清单的全面和精确，促进投标报价的科学、合理，加强招投标管理的精细化水平，减少风险，进一步促进招标投标市场的规范化、市场化、标准化的发展。可以说 BIM 技术的全面应用，将为建筑行业的科技进步产生无可估量的影响，大大提高建筑工程的集成化程度和参建各方的工作效率。同时，也为建筑行业的发展带来巨大效益，使规划、设计、施工乃至整个项目全生命周期的质量和效益得到显著提高。

四、BIM 招投标综合实训简介

BIM 招投标综合实训是《BIM 招投标与合同管理》实践环节的重要组成部分，是建筑工程造价专业、工程（项目）管理、建筑施工技术的一门专业技能课程。该课程以建筑工程招投标专业理论为架构，吸纳了 BIM 技术最新研究成果，以工程招投标流程构件、功能构件的相关信息数据为基础，进行工程招投标管理行为模型的建立，通过一系列实训辅件，以仿真方式模拟工程招投标全过程管理所具有的真实信息。通过 BIM 招投标管理行为模型，可以集结工程招投标与合同管理利益相关各方精英团队，以军事兵棋推演的形式，通过一系列招投标工作任务，全面再现了工程招投标管理全过程的博弈对决，尤其突显了发包方与承包方之间决策博弈、手段博弈、利益博弈、品性博弈的市场竞争态势，也是工程招投标与合同管理利益相关各方实现各自利益最大化的博弈平台和有效工具。目前，该课程教学过程采用任务驱动式教学方法，将招投标各阶段的工作任务化，学生组建招投标项目团队，借助招投标沙盘实物道具，研究分析、推演决策任务点，形成招标投标决策方案，通过电子招投标相关软件工具，实现 BIM 招投标线上业务模拟＋线下技能实操的功能，全面强化学生就业岗位的业务与技能锻炼。

（一）课程教学目标

1. 专业能力目标

① 熟悉 BIM 招投标完整的业务流程、各阶段主要工作项及时间把控。

② 掌握 BIM 招投标业务中招标文件、投标文件的编制方法和编制技巧。

③ 掌握投标报价策略及技巧的运用。

④ 能够运用 BIM 技术进行工程虚拟建造模拟和述标演示。

⑤ 熟悉 BIM 招投标工作岗位分工及岗位职责。

⑥ 了解并熟悉招投标相关企业、人员各类证件资料内容。

⑦ 具备编制和制定工程合同条款的能力。

⑧ 具备能够进行工程招投标风险管理的能力。

2. 社会能力目标

① 能初步适应建筑行业的环境。

② 具有较强的招投标项目组织能力和团队协作能力。

③ 具有较强的与人沟通和交流的能力。

3. 情感目标

① 培养学生细致耐心，一丝不苟的工作作风。

② 培养学生语言表达能力及社交能力。

③ 锻炼学生逻辑思维能力及实验动手操作能力。

（二）课前准备

1. 硬件准备

（1）多媒体设备　投影仪、教师电脑、授课 PPT。

（2）实训电脑　学生用实训电脑配置要求如下：

① IE 浏览器 8 及以上。

② 安装 OFFICE 办公软件 2007 及以上版本。

③ 电脑操作系统：windows 7 或 windows 8。

（3）网络环境　机房内网或校园网内网环境。

（4）实训物资　工程招投标实训教材、工程招投标沙盘实物道具、签字笔、广联达软件加密锁。

2. 软件准备

（1）广联达 BIM 招投标沙盘执行评测系统 V3.0。

（2）广联达工程交易管理服务平台（GBP）。

（3）广联达电子投标文件编制工具 V6.0。

（4）广联达电子招标文件编制工具 V6.0。

（5）广联达开评标系统教育版或广联达网络远程评标系统软件。

模块二　企业诚信管理

知识目标

　　1. 了解诚信平台。

　　2. 掌握企业备案流程。

　　3. 熟悉团队建设中的角色分工。

能力目标

　　1. 能够组织企业备案。

　　2. 能够通过角色分工完成招标文件投标文件的编制工作。

驱动问题

　　1. 企业备案应遵循的流程是什么？

　　2. 招标人岗位职责是什么？

　　3. 投标人岗位职责是什么？

　　4. 团队建设的概念是什么？

　　5. 如何进行团队建设？

建议学时：2 学时。

项目一　理论知识

一、诚信平台简介

　　建筑业是国民经济的支柱产业之一，建筑业的诚信是整个社会信用体系的重要组成部分。目前，我国经济社会正处于全面转型期，建筑市场呈现了大量违法、失信行为，导致建筑业诚信危机，致使建筑市场信用关系严重扭曲以及普遍的道德风险行为。由于我国建筑市场信用制度不健全，建筑业中存在的信用环境恶化、失信行为普遍、失信惩罚不力、信用法制建设滞后等诸多问题开始凸现。如何构建完善的建筑业诚信体系，并将诚信体系评价应用到招投标中，以规范建筑市场并促进建筑行业的健康持续发展，已成为当前亟需研究的问题。

　　2009 年 8 月，中央办公厅、国务院办公厅联合发文要求"健全诚信体系、完善工程建设领域信誉评价、项目考核、合同履约、黑名单等市场信用记录。建立健全失信惩戒和守信激励制度，严格市场准入"。党的十七届六中全会提出，把诚信建设摆在突出位置，大力推进政务诚信、商务诚信、社会诚信和司法公信建设，抓紧建立健全覆盖全社会的征信系统，加大对失信行为惩戒力度，在全社会广泛营造守信光荣、失信可耻的氛围。2010 年 8 月 13 日，住建部提出要加强建筑市场诚信体系建设，建立有效的诚信激励和失信惩戒机制。

　　建立使用统一的企业诚信库，是进一步提高招投标监管水平，推进诚信体系建设，打击围标串标，培育建立依法竞争、合理竞争、诚实守信的招投标市场环境的有效手段。诚信库一般都记录并展示核验地区、核验人、核验通过时间等有关信息,办理入库核验人员会认真履行核验职责,拒绝不完整、错误或虚假信息的入库请求。投标企业对诚信库信息的及时性、完整性、真实性负责,对在核验过程中帮助企业弄虚作假、徇私舞弊、谋取利益的,依纪依法追究相关人员责任。

按住房和城乡建设部要求 2015 年年底建成的"四库一平台"暨住房和城乡建设部全国建筑市场监管与诚信发布平台,包括企业库、人员库、项目库、信用库,四库互联互通,以身份证可以查人员,以单位名可以查人员,以人员可查单位。作用是解决数据多头采集、重复录入、真实性核实、项目数据缺失、诚信信息难以采集、市场监管与行政审批脱离、"市场与现场"两场无法联动等问题,保证数据的全面性、真实性、关联性和动态性,全面实现全国建筑市场"数据一个库、监管一张网、管理一条线"的信息化监管目标。

(一)四库主要内容

(1)企业数据库基本信息 主要包括:取得住房城乡建设主管部门颁发的工程勘察资质、工程设计资质、建筑业企业资质、工程监理企业资质、工程招标代理机构资格、工程设计施工一体化企业资质、工程造价咨询企业资质、施工图审查机构名录、质量检测机构资质等企业的基本信息和资质信息。

(2)注册人员数据库基本信息 主要包括:取得全国(或省级)注册建筑师管理委员会颁发的注册建筑师注册证书,以及取得住房城乡建设主管部门颁发的勘察设计注册工程师、注册监理工程师、注册建造师、造价工程师等注册证书的注册人员的注册信息。

(3)工程项目数据库基本信息 主要包括:各类工程项目名称、类型、规模、造价等信息;参与工程项目建设的建设、勘察、设计、施工、监理、招标代理等单位及其注册建筑师、勘察设计注册工程师、注册监理工程师、注册建造师、造价工程师等注册人员信息;参与工程项目建设的现场管理人员信息;工程项目招投标、合同备案、施工图审查、施工许可、现场管理、竣工验收等环节的监管信息。

(4)诚信信息数据库基本信息 主要包括:企业诚信信息、注册人员诚信信息等,分为不良行为信息和良好行为信息。不良行为信息是指企业和注册人员所受到的行政处罚、行政处理、通报等信息。良好行为信息是指企业或注册人员获得省部级以上奖项、市级以上行政主管部门评优、社会认可的信用中介机构评级、科技创新、获取专利、参加社会公益行为等信息。

(二)四库主要应用

(1)基础数据库可应用于建筑市场权威数据信息发布 住房和城乡建设部在门户网站上设立发布平台,整合各级住房城乡建设主管部门上报采集的建筑市场监管与诚信信息,建立与工商、税务、社保、教育、安监等部门的信息共享机制,共同构建全国建筑市场监管与诚信权威信息发布管理体系,供各级住房城乡建设主管部门、相关行政管理部门和社会公众查询使用。

(2)基础数据库可应用于建筑市场监管 各级住房城乡建设主管部门应将建筑市场监管与诚信信息数据作为各地实施建筑市场监管、行政处罚的有效法律依据,应将建筑市场监管与诚信信息数据作为权威监管数据用于对企业和人员资质资格进行行政审批、企业人员资质资格动态监管、企业和人员跨省承接业务管理、投标企业资信评估、企业和人员资质资格证书电子化管理等,优化完善现有业务管理流程,提升建筑市场监管效能。

(3)基础数据库可为建筑市场监管提供统计分析和决策支持 各级住房城乡建设主管部门可对企业、人员、工程项目等发布情况进行统计分析,实现动态监测及供求预测,进行政策研究,及时制定调整建筑市场监管与诚信体系建设等相关政策。

（三）对工程项目投标的影响

各个地区不同专业的投标要求虽然不尽相同，但一般都会要求在投标文件中对项目经理做详细介绍和相关证明文件，例如：身份证、建造师证、安全证、毕业证书、社保证明、工程业绩等。目前有些企业为了提高中标的概率，不排除会大量提供虚假材料，有的业主方为了避免一个建造师挂多项目的情况，要求投标方出具建造师原件，而投标企业不排除会克隆出建造师证书，以对付业主方和评标委员会。业主方和评标专家对投标方资料的真伪评定难度非常大，"四库一平台"建立后，这种情况将大大改观，相关信息都可以很方便地查询到。例如：项目数据库中注册建造师与项目信息关联，某建造师做了多少项目，是否存在同时间出任不同项目的项目经理，则一目了然。

同时企业的上缴利税、营业收入、诚信情况等基本信息，都通过与工商、税务等主管部门信息共享后，很方便地在平台中查询到。信息平台建立之后，企业将在市场中成为一个透明的企业。

（四）对项目建设过程的影响

随着"四库一平台"系统的建立，未来将会对工程项目进行动态监管，建造师、现场管理人员等相关人员是否在项目现场，项目具体进展及人员情况等均可通过刷取身份证的方式进行监管，对于在投标中的项目人员构成监管更加精确，从而在源头上避免行业的各种乱象，保证工程项目保质保量地完成。

二、企业备案流程

在中华人民共和国境内实施对建筑业企业资质监督管理。建筑业企业应当按照其拥有的注册资本、专业技术人员、技术装备和已完成的建筑工程业绩等条件申请资质，经审查合格，取得建筑业企业资质证书后，方可在资质许可的范围内从事建筑施工活动。

建筑施工企业如果想要在当地招投标交易中心进行投标活动，必须到当地建设行政主管部门招投标管理办公室或者相关部门进行企业资质等的备案。

招标人（招标代理机构）从事招标活动，也要到当地建设行政主管部门招投标管理办公室进行备案。

（一）企业首次申报诚信档案

① 新用户注册；
② 填写企业及企业人员相关信息；
③ 提交企业档案。

（二）诚信档案变更操作流程

① 增加变更记录；
② 编辑企业变更信息；
③ 提交变更。

（三）新注册企业备案流程

① 用户注册；
② 填写档案相关信息；
③ 提交；

④ 携带证明材料；

⑤ 至交易中心信用档案室进行审核；

⑥ 办理 CA 锁；

⑦ 档案室写 CA 锁并发布企业。

三、团队建设

项目团队建设是指将肩负项目管理使命的团队成员按照特定的模式组织起来，协调一致，以实现预期项目目标的持续不断的过程。它是项目经理和项目管理团队成员的共同职责，团队建设过程中应创造一种开放和自信的气氛，使全体团队成员有统一感和使命感。

（一）项目团队建设的重要性

项目团队建设就是要创造一个良好的氛围与环境，使整个项目管理团队为实现共同的项目目标而努力奋斗。项目团队建设的重要性主要体现在以下几方面。

① 使团队成员确立明确的共同目标，增强吸引力、感召力和战斗力。

② 做到合理分工与协作，使每个成员明确自己的角色、权力、任务和职责，以及与其他成员之间的关系。

③ 建立高度的凝聚力，使团队成员积极热情地为项目成功付出必要的时间和努力。

④ 加强团队成员之间的相互信任，促使成员间相互关心、彼此认同。

⑤ 实现成员间有效的沟通，形成开放、坦诚的沟通气氛。

（二）项目团队建设中的意识

一个成功的项目团队应树立五种意识，即目标意识、团队意识、服务意识、竞争意识和危机意识。

（1）目标意识　应该做到目标到人、个人目标与组织目标相结合、具有强烈的责任心和自信心。

（2）团队意识　包括团队成功观念，树正气、刹歪风，个人利益和团队利益相结合。

（3）服务意识　包括面向客户的服务、面向团队内部的服务及面向维修保养人员的服务。

（4）竞争意识　包括责权利均衡，论功行赏，处理好主角与配角的关系。

（5）危机意识　包括使命感，行业、市场的危机，团队的危机。

（三）项目团队建设的阶段

（1）形成阶段　在这一阶段，主要依靠项目经理来指导和构建团队。团队形成需要两个基础，即以整个运行的组织为基础，一个组织构成一个团队的基础框架，团队的目标为组织的目标，团队的成员为组织的全体成员；在组织内的一个有限范围内完成某一特定任务或为一共同目标等形成的团队。

（2）磨合阶段　磨合阶段是团队从组建到规范阶段的过渡过程，主要指团队成员之间，成员与内外环境之间，团队与所在组织、上级、客户之间进行的磨合。

在这个阶段，由于项目任务比预计的更繁重、困难，成本或进度的计划限制可能比预计的更紧张，项目经理部成员会产生激动、希望、怀疑、焦急和犹豫的情绪，会有许多矛盾，而且可能有的团队成员因不适应而退出团队，为此，团队要进行重新调整与补充。在实际工作中，应尽可能地缩短磨合时间，以便使团队早日形成合力。

（3）规范阶段　经过磨合阶段，团队的工作开始进入有序化状态，团队的各项规则经过建立、补充与完善，成员之间经过认识、了解与相互定位，形成了自己的团队文化、新的工作规范，培养了初步的团队精神。

（4）表现阶段　经过上述三个阶段，团队进入了表现阶段。这是团队最佳状态的时期，团队成员彼此高度信任，配合默契，工作效率有大的提高，工作效果明显，这时团队已经比较成熟。

（5）休整阶段　休整阶段包括休止和整顿两方面的内容。团队休止是指团队经过一个时期的工作，工作任务即将结束，团队将面临总结、表彰等工作，所有这些都暗示着团队前一时期的工作已经基本结束，团队可能面临解散的状况，团队成员要考虑自己的下一步工作。

团队整顿是指团队的原工作任务结束后，团队准备接受新的任务时，要进行调整和整顿，包括工作作风、工作规范、人员结构等方面的调整与整顿。如果这种调整比较大，实际上是构建一个新的团队。

（四）项目团队能力的持续改进方法

① 改善工作环境；
② 团队的评价、表彰与奖励；
③ 人员培训与文化管理；
④ 反馈与调整。

在本课程中要求以团队的形式，模拟建筑工程施工招投标从发布招标公告到最后发布中标通知书签订合同为止的完整过程。既让学生模拟招标人，又模拟投标人，使学生能够体验、掌握招投标实际业务的全部角色与工作，全部自行动手，老师只作为辅导者与引导者。

四、角色分工及职能划分

以学生为主体，围绕招投标两大主要角色，通过四个职能岗位展开，分别是项目经理、市场经理、技术经理和商务经理。

（一）招标人岗位

（1）项目经理　负责组织协调项目组成员完成招标策划、资审文件的编制，招标文件的编制；负责资格审查办法、评标办法标准的制定；负责招标业务流程的各类审批、汇总工作。

（2）市场经理　负责资格预审文件中企业门槛的设置；负责招标文件中市场条款的制定；资信标的门槛设置。

（3）技术经理　负责资格预审文件中企业人员门槛的设置；负责招标文件中技术标准的制定；负责其他招标业务流程的实施。

（4）商务经理　负责资格预审文件中经营状况的门槛设置；负责招标文件中商务条款的制定、工程量清单编制、经济标评分标准的制定。

（二）投标人岗位

（1）项目经理　负责组织协调项目组成员完成资格预审申请文件的编制，投标文件的编制；负责中标后的合同谈判、签订；负责投标业务流程的各类审批、汇总工作。

（2）市场经理　负责组织资格审查、现场踏勘、投标预备会和开标评标会；负责其他投标业务流程的实施。

（3）技术经理　负责资格预审申请文件中人员资格、机械设备的资料准备；负责投标文件中技术标的编制。

（4）商务经理　负责资格预审申请文件中财务状况、工程业绩的资料准备；负责投标文件中经济标（商务标）的编制。

项目二　实践任务

实训目的

1. 团队分工与协作能力。

2. 熟悉企业各类证件。

3. 了解电子招投标企业诚信注册备案操作。

实训任务

任务一　团队组建

任务二　获取并熟悉招标工程案例

任务三　招标人（招标代理）企业资料完善及网上注册、备案

任务四　完善投标人企业资料并进行网上注册、备案

一、沙盘引入

主要指明在沙盘面上要完成的具体任务。如图 2-1 所示。

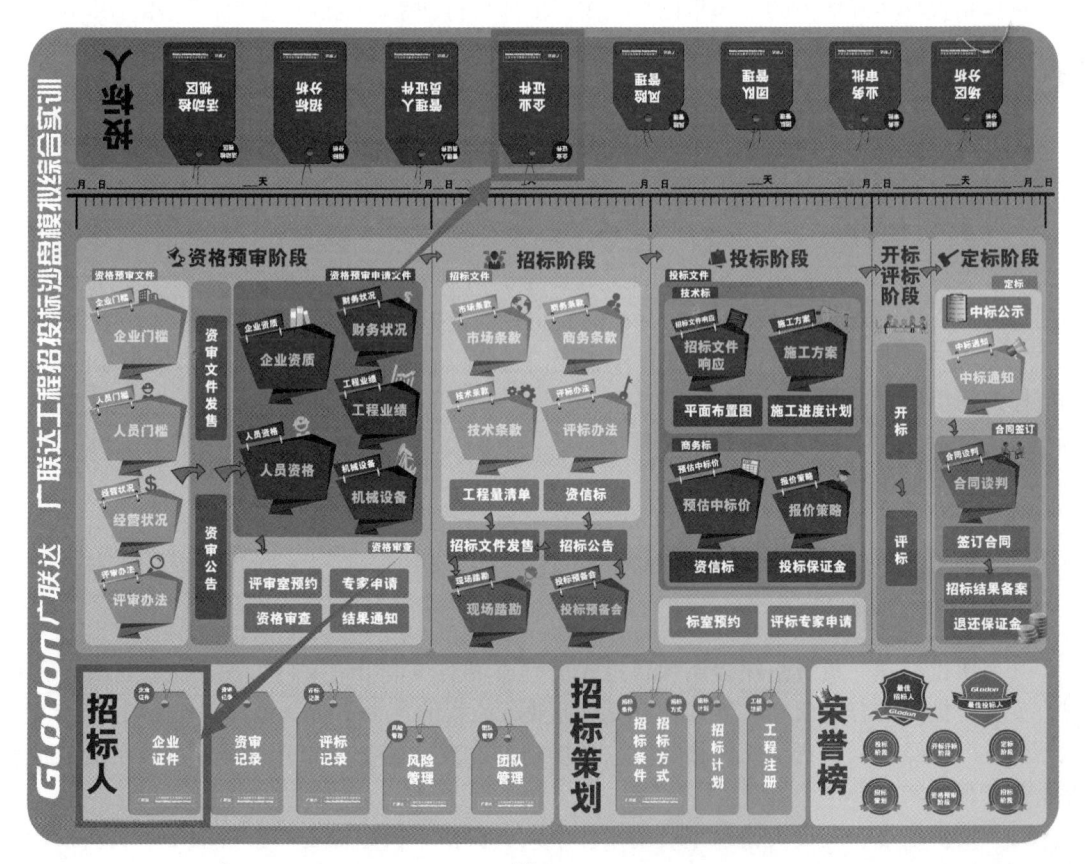

图 2-1

二、道具探究

1. 招标人（招标代理）证件

（1）企业营业执照　如图 2-2 所示。

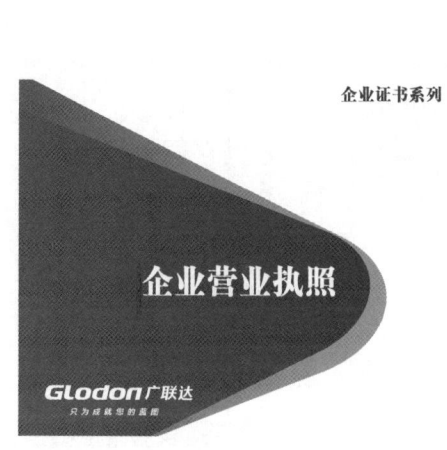

图 2-2

（2）开户许可证　如图 2-3 所示。

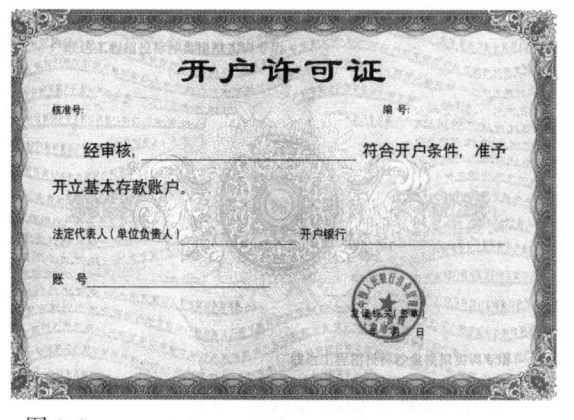

图 2-3

2. 投标人证件

（1）企业营业执照　如图 2-2 所示。

（2）开户许可证　如图 2-3 所示。

（3）企业资质证书　如图 2-4 所示。

图 2-4

（4）安全生产许可证　如图 2-5 所示。

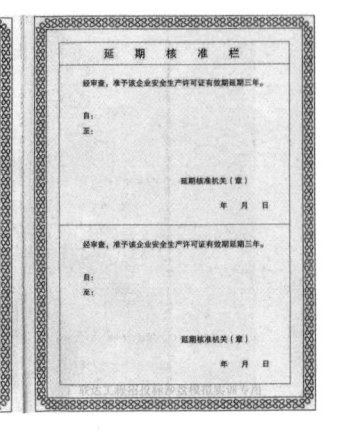

图 2-5

（5）三个体系（环境、职业健康、质量）　如图 2-6 ～图 2-8 所示。

图 2-6

企业证书系列

图 2-7

企业证书系列

图 2-8

（6）企业资信等级证书　如图 2-9 所示。

图 2-9

三、角色扮演

1. 招标人（或招标代理）
① 每个学生团队都是一个招标人公司（或招标代理公司）。
② 组建招标人公司（或招标代理公司），确定公司名称及法定代表人。
③ 完善招标人公司（或招标代理公司）企业证件资料信息。

2. 行政监管人员
① 每个学生团队中由项目经理指定一名成员，担任本团队的行政监管人员。
② 负责工程交易管理服务平台的诚信业务审批。

3. 投标人
① 每个学生团队都是一个投标人公司。
② 组建投标人公司，确定公司名称及法定代表人。
③ 完善投标人公司企业证件资料信息。

小贴士：学生选择成立招标人公司（或招标代理公司），取决于实训案例的性质是自行招标还是委托招标。

四、时间控制

建议学时 2 ～ 3 学时。

五、实训步骤

【任务一　团队组建】

（一）任务说明
（1）根据班级人数进行小组划分，每个小组 4 ～ 6 人（推荐随机划分方式）。

（2）每个小组完成以下内容。

① 确定队伍名称。

② 选举组长。

③ 设计队伍徽标。

④ 设计队伍口号。

⑤ 成果展示。

（二）操作过程

组织学生进行小组划分，小组划分也可以在课程开始之前，老师通知学生事先自行分好小组，上课的时候按小组坐好，便于上课。

（1）每个小组有 4 ～ 6 名学生（以平均每个班 40 人为例，可划分为 8 ～ 10 个组）

① 小组描述：将学生每 4 ～ 6 人分为一组，在整体实训过程中为一不变小组。

② 选组长：每组自行推荐出一名组长。

推荐方法：由小组内成员在老师统一的指导下，按投票方式，得票多的担任组长（如果各组推选时间过长，可以用"指定"法来指定）。

③ 岗位分工：各小组学生分别担任项目经理、技术经理、商务经理、市场经理四个不同工作岗位。

④ 岗位职责：在整个招投标实训过程中，工作岗位一旦确定不发生改变，不同角色时的工作职责发生变化（如同一名学生，确定工作岗位为技术经理，在担任招标人和投标人时依然为技术经理，只是岗位职责发生变化，但是工作岗位不变）。岗位职责具体内容详见本模块团队建设、企业备案相关理论知识。

⑤ 自由分工：小组成员根据上述岗位职责描述，自由选取自己感兴趣的岗位；如果产生分歧，由组长进行协调解决。

（2）每个小组讨论，确定小组"口号"、设计队徽（用水笔在 A3 白纸上绘出），以及如何成功地赢得最后的最佳招标人和最佳投标人。

（3）每个小组在实训结束后最终完成一份完整的文件（招标策划文件、资格预审文件、招标文件、资格预审申请文件、投标文件），在最终定稿讨论会上，各个小组之间可进行知识问答或者抢答，增进互动（视小组数量选择问答或者抢答）。

（三）组长职责

① 组织小组学习讨论；

② 保证每个人都要参与；

③ 代表小组和老师协调沟通；

④ 负责将本小组最终编制的内容在讨论会上进行讲解；

⑤ 负责整理本小组出的题目，并与团队成员讨论确定本团队最终要提出的知识竞答问题，并记录结果。

（四）团建活动

老师可以通过 1 ～ 2 个团建小活动，增加小组的凝聚力。

活动内容可参考本书附录 4：团队建设活动。

【任务二 获取并熟悉招标工程案例】

（一）任务说明

① 获取招标工程资料。

② 熟悉工程案例背景资料，确定招标组织形式。

（二）操作过程

1. 获取招标工程资料

（1）第一种方式：老师从广联达 BIM 招投标沙盘执行评测系统中指定某一个工程案例，学生团队进入到该工程案例进行获取。本教材以"教学楼工程资格预审"案例为例进行操作讲解。

① 打开"广联达 BIM 招投标沙盘执行评测系统"，选择"BIM 招投标操作系统"模块。如图 2-10 所示。

图 2-10

② 点击"新建"按钮，弹出"选择案例"对话框，选择"教学楼工程资格预审"练习模式。如图 2-11 所示。

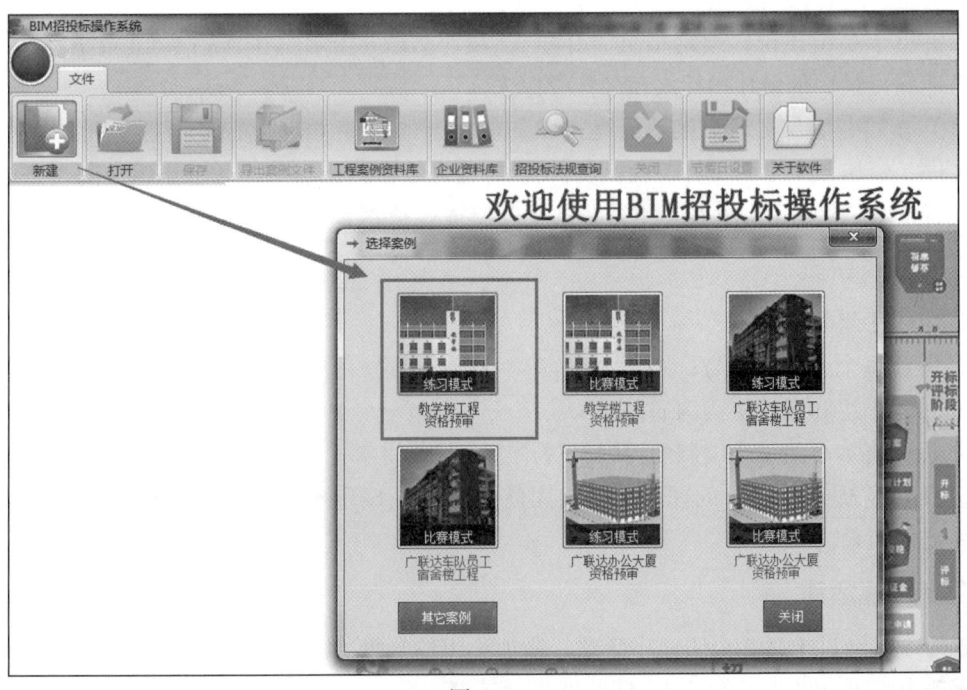

图 2-11

③ 弹出"保存案例"对话框，选择保存路径，输入相应案例名称。如图 2-12 所示。

图 2-12

④ 保存后，弹出"项目登录"对话框，输入用户名及密码。其中用户名可以以小组名称命名，密码建议简单，后续每次打开工程文件都需再次输入用户名和密码。如图 2-13 所示。

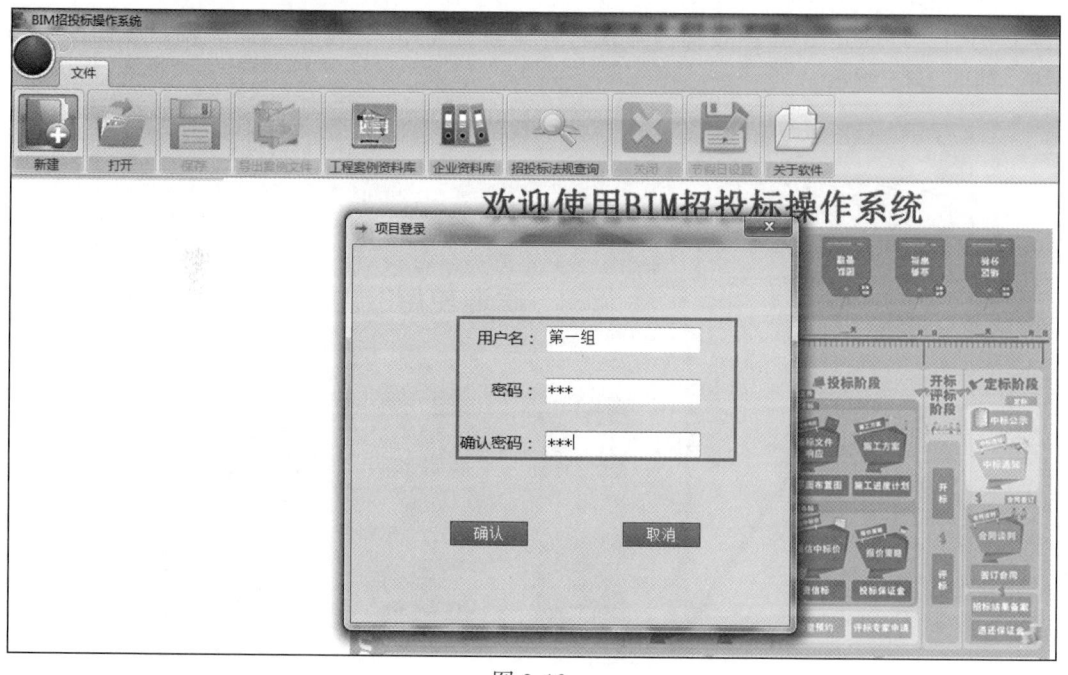

图 2-13

⑤ 点击"导出案例文件"，选择案例工程文件的保存位置（建议保存在方便查找的位置），保存成功后会在设置的保存位置生成一个"教学楼工程案例文件"的压缩文件夹，解压后即可获得相应案例工程的资料。如图 2-14 所示。

（2）第二种方式：每个学生团队从老师那领取工程文件格式为".cas"的案例文件，将领取的案例文件导入到广联达 BIM 招投标沙盘执行评测系统 V3.0，获取工程案例背景资料。

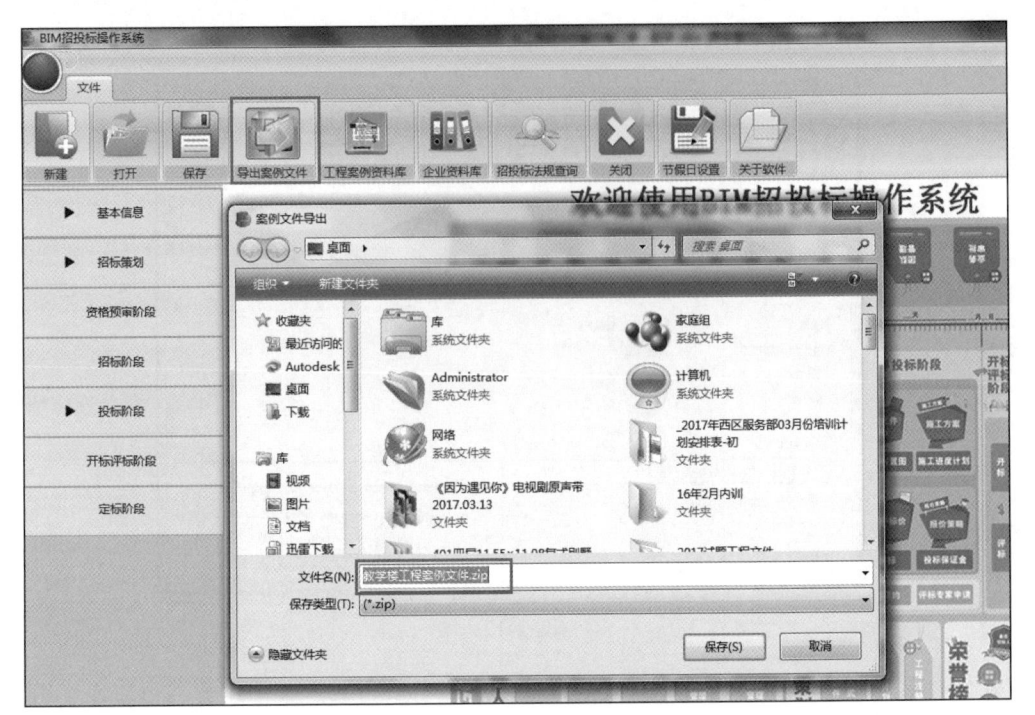

图 2-14

① 打开"广联达 BIM 招投标沙盘执行评测系统 V3.0",选择" BIM 招投标操作系统"模块。如图 2-15 所示。

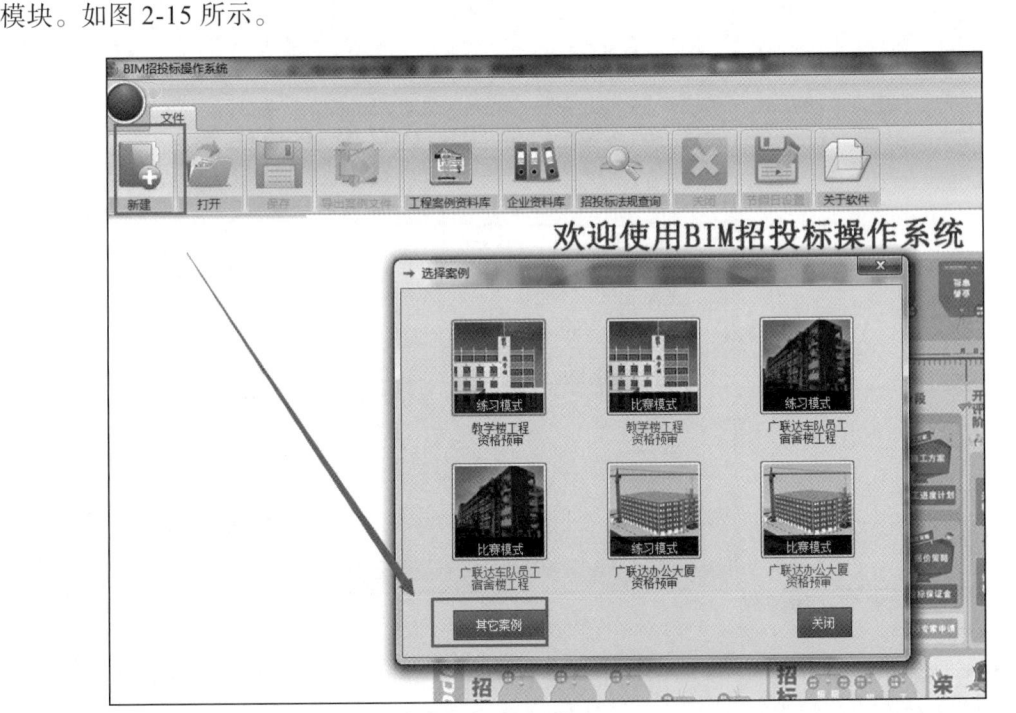

图 2-15

② 点击"新建"按钮,弹出"选择案例"对话框,选择"其他案例",找到从老师处获得的后缀名为".cas"的案例工程文件。如图 2-16 所示。

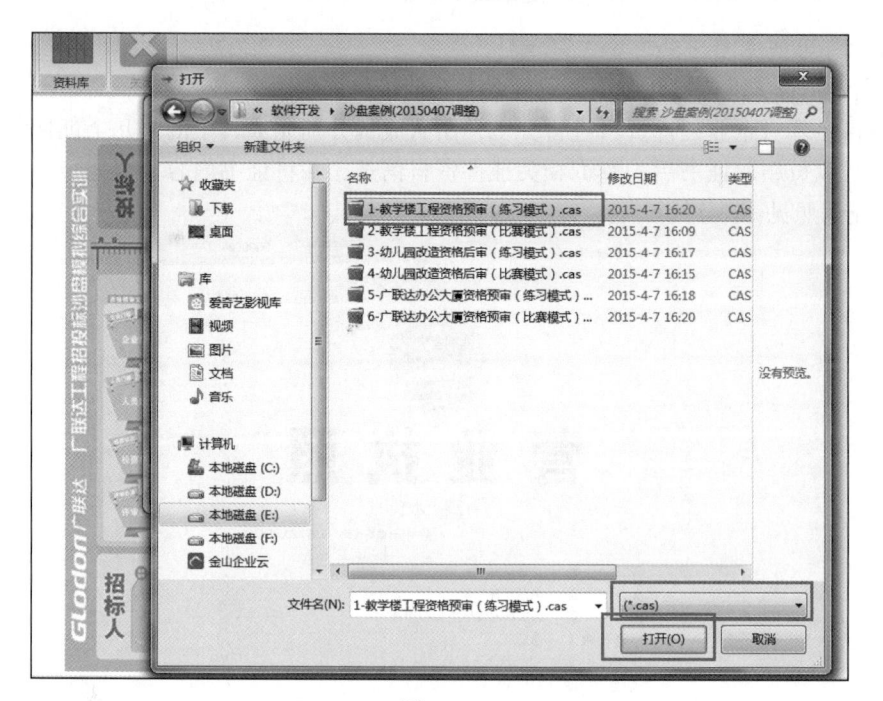

图 2-16

③ 弹出"保存案例"的窗口，选择保存路径，并输入相应的案例工程名称，最后点击"保存"，则在相应的路径生成一个后缀名为".san"的文件。

④ 其余操作同第一种方式。

2. 熟悉工程案例背景资料

项目经理带领团队成员，对获取到的工程招标项目信息进行阅读并了解。

将保存的"教学楼工程案例文件"压缩包解压后，查看文件夹里的各类工程信息资料，包括不限于以下文件：

① 工程背景资料介绍；

② 工程图纸。

【任务三 招标人（招标代理）企业资料完善及网上注册、备案】

（一）任务说明

① 每个团队成立一个招标人（招标代理）公司，确定公司的基本信息资料。

② 完善招标人（招标代理）公司的各类企业证件资料。

③ 完成企业信息网上注册、备案，并提交一份企业信息备案文件。

（二）操作过程

（1）每个团队成立一个招标人（招标代理）公司，确定公司的基本信息资料。

1）项目经理组织团队成员，讨论确定公司名称、企业法定代表人、成立日期等基本信息资料。

2）根据招标人企业相关属性，确定代表企业相关属性的各类证件，诸如企业营业执照、开户许可证等；找出需要完善的证件资料内容。

① 企业营业执照见图 2-2。

② 开户许可证见图 2-3。

（2）完善招标人（招标代理）公司的各类企业证件资料。

1）项目经理对企业证件资料进行分工，团队成员分别完成其中的某几个证件资料。

2）团队成员领取证书后，查询相关证件资料信息，并将证书内容填写完善。

① 营业执照见图 2-17。

图 2-17

② 开户许可证见图 2-18。

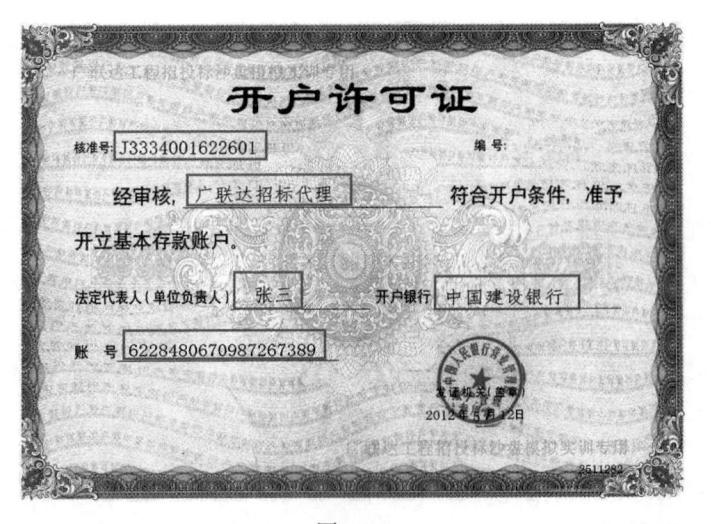

图 2-18

3）证书填写完成后，交由项目经理进行审核。

4）项目经理审核无误后，将证件资料置于招投标沙盘盘面对应位置处。如图 2-19 所示。

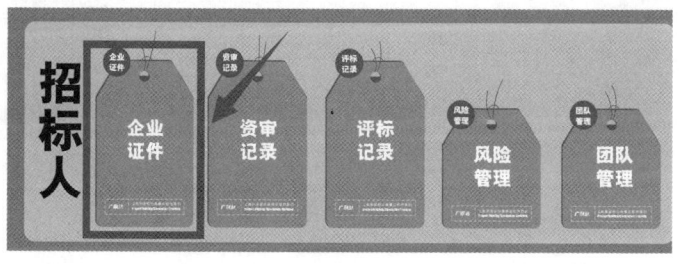

图 2-19

✎ **小贴士**：项目经理在进行证书审核时，需重点关注以下内容。

① 不同证书之间企业名称、企业法定代表人名字等同类信息是否一致；

② 企业证书是否在有效期内。

（3）完成企业信息网上注册、备案，并提交一份企业信息备案文件。

1）招标人（招标代理）登录"广联达工程交易管理服务平台"，注册招标人（招标代理）账号。

① 招标人（招标代理）登录"广联达工程交易管理服务平台"。如图 2-20 所示。

② 点击"诚信管理系统"，此时进入"诚信信息平台"界面，点击右下角"注册"按钮，进入注册界面。如图 2-21 所示。

图 2-20

③ 企业注册时，招标代理和建设单位二选一即可（根据工程案例招标形式），组织机构代码格式为 ×××××××××-×，其中 × 为阿拉伯数字，只能是唯一的，注册过的无法注册，注册完成后，务必记住单位名称以及相应的密码，之后登录的时候会用到。如图 2-22 所示。

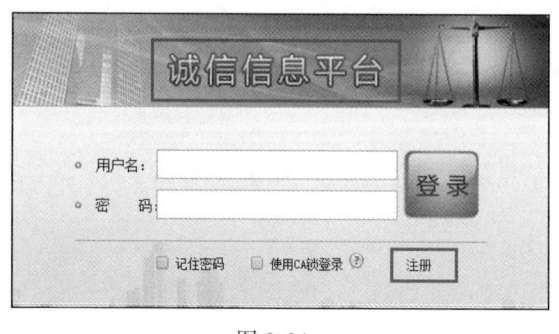

图 2-21

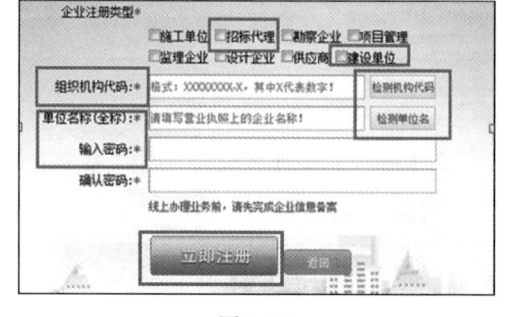

图 2-22

2）招标人（招标代理）完成"学生信息"、"基本信息"、"企业人员"的信息登记，凡是带红色标记的为必填项；如果存在无法提交的情况，则是带红色标记的未全部填写完整或填写有误。如图 2-23 所示。

① 招标代理进入"导航菜单"栏，接着进入"学生信息"界面，完成全部红色标记的信息，录入完成之后点击"保存"，接下来切换至"基本信息"界面，完成红色带标记重要信息的录入，信息录入完成之后，点击"保存"，并且点击"提交"。如图 2-24、图 2-25 所示。

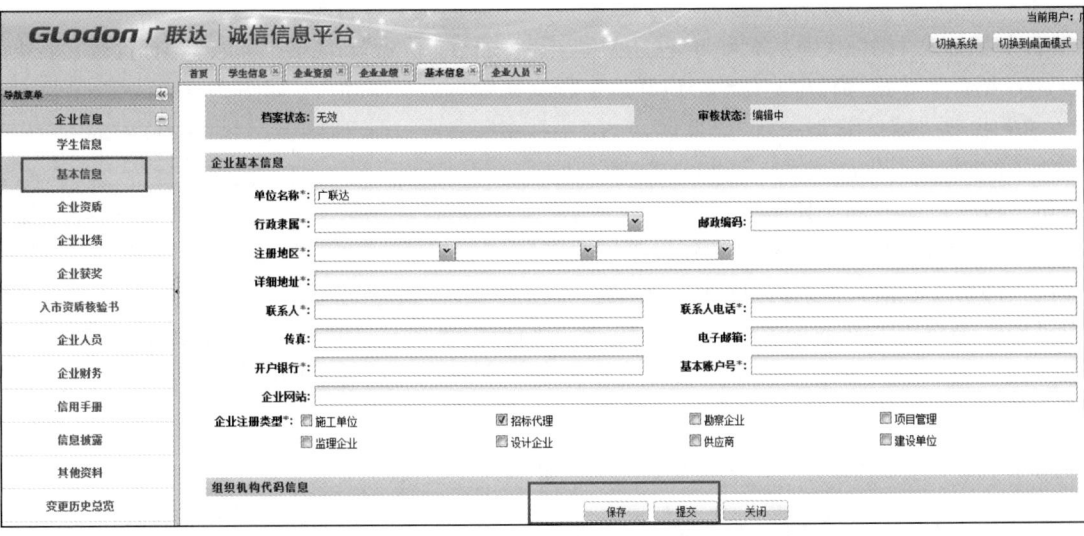

图 2-23 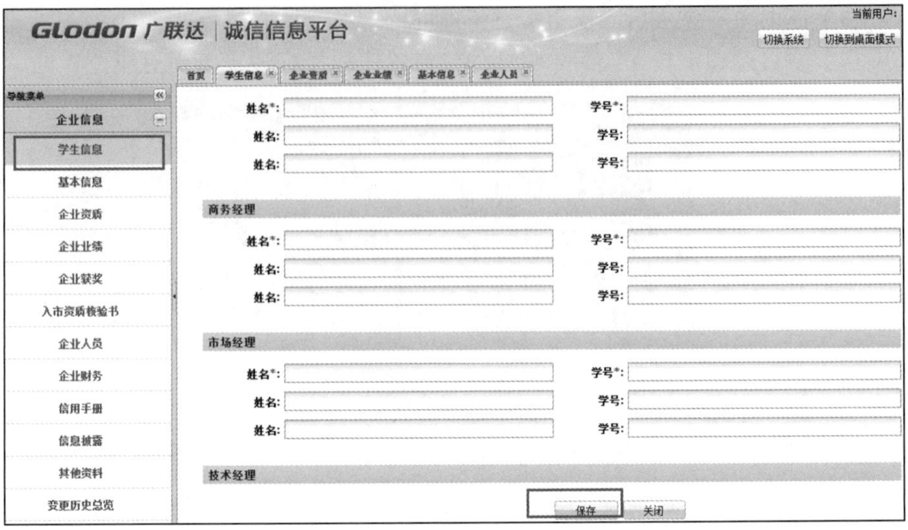 图 2-24

图 2-25

② 切换至"企业人员",点击"新增人员",信息录入之后,点击"保存"。如图 2-26、图 2-27 所示。

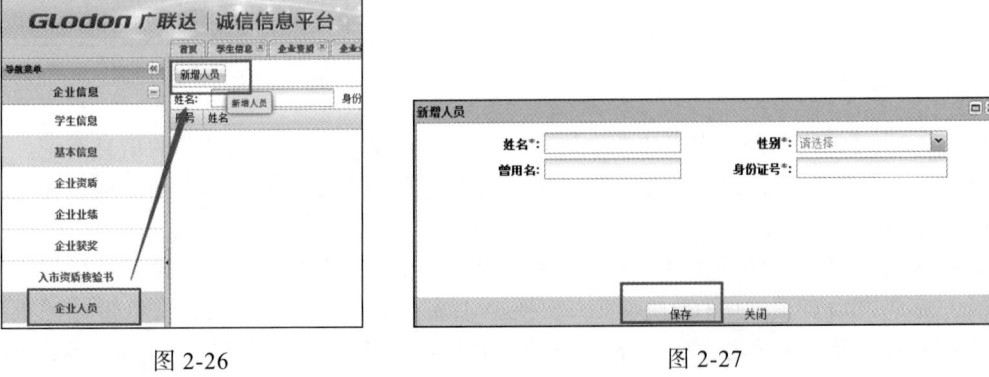

图 2-26 图 2-27

3）行政监管人员登录工程交易管理平台，以初审监管员账号登录诚信信息平台，审批招标人（招标代理）提交的基本信息、企业人员。重点注意事项：每一项企业信息内容完成后，均需提交审核，只有审核通过，才属于企业备案成功，才能够在"电子招投标项目交易平台"进行操作；审核人员由每个团队选取一人兼任，审批自己团队企业的信息。

① 行政监管人员登录"广联达工程交易管理服务平台"，进入"诚信管理平台"，输入监管人员账号，点击"登录"。如图 2-28 所示。

② 进入"企业审核"界面，找到相应的工程，在工程右侧点击"打开"，对工程进行查看，检查无误，点击"审核"，进入"企业基本信息审核"界面，选择"通过"，添加审批意见，完成后点击"提交"。如图 2-29 ～图 2-32 所示。

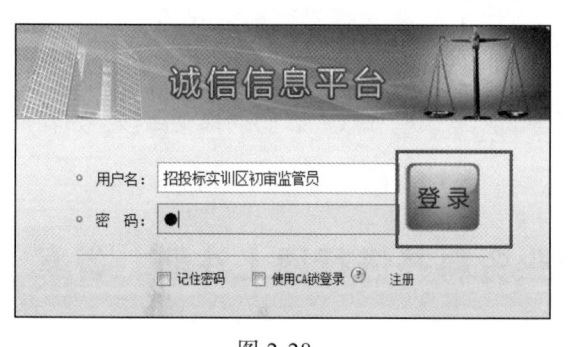

图 2-28

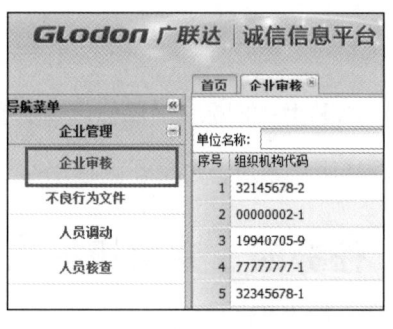

图 2-29

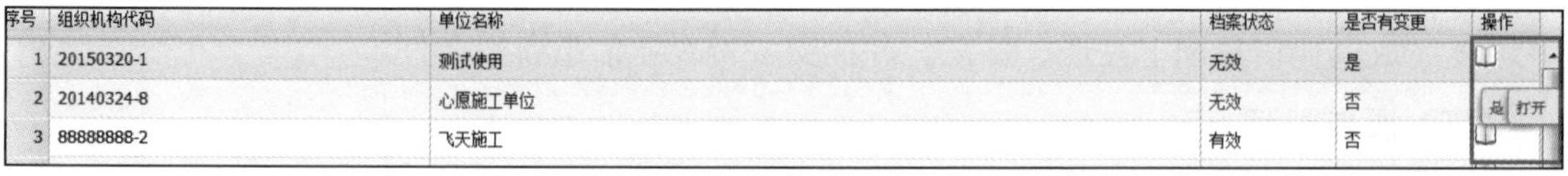

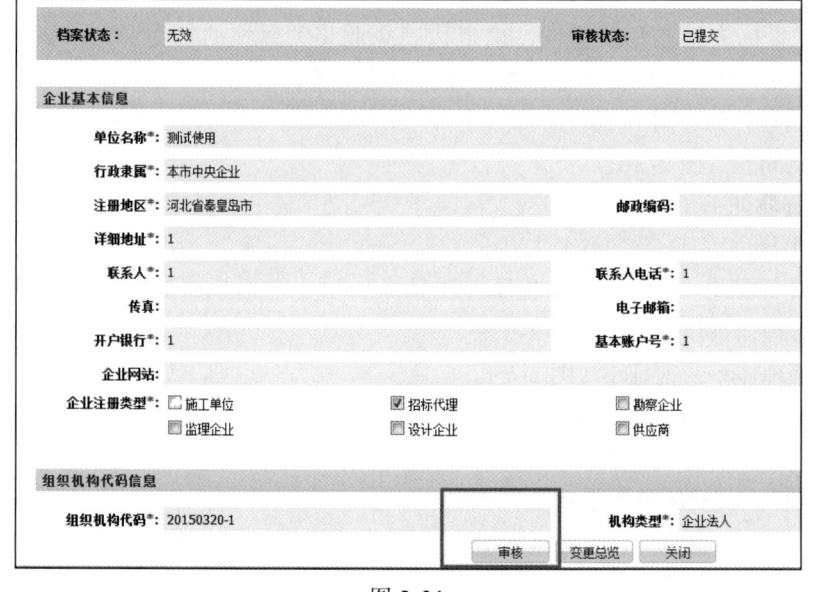

图 2-30

图 2-31

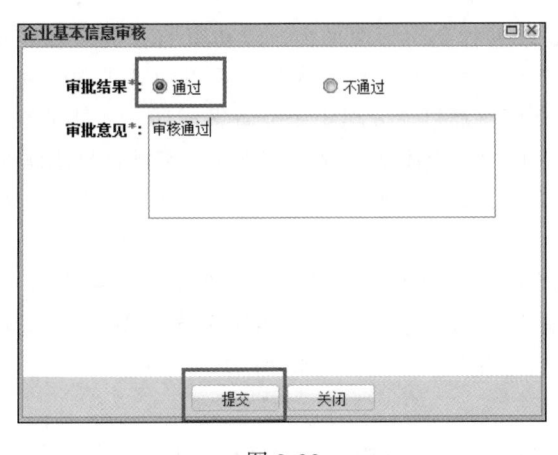

图 2-32

 小贴士：招标人（招标代理）的每一项内容填写完成后，必须提交审核；只有经过初审监管员审核通过，才属于企业备案成功。

【任务四 完善投标人企业资料并进行网上注册、备案】

（一）任务说明

① 每个团队成立一个投标人公司，确定公司的基本信息资料。

② 完善投标人公司的各类企业证件资料。

③ 完成企业信息网上注册、备案，并提交一份企业信息备案文件。

（二）操作过程

1. 每个团队成立一个投标人公司，确定公司的基本信息资料

（1）项目经理组织团队成员，讨论确定公司名称、企业法定代表人、成立日期等基本信息资料。

（2）根据投标人企业相关属性，确定代表企业相关属性的各类证件，诸如企业营业执照、开户许可证、企业资质证书等；找出需要完善的证件资料内容。

1）企业营业执照（图 2-2）。

2）开户许可证（图 2-3）。

3）企业资质证书（图 2-4）。

4）安全生产许可证（图 2-5）。

5）三个体系证书（环境、职业健康、质量）。

① 质量管理体系认证证书（图 2-7）。

② 环境管理体系认证证书（图 2-6）。

③ 职业健康管理体系认证证书（图 2-8）。

6）企业资信等级证书（图 2-9）。

2. 完善投标人公司的各类企业证件资料

（1）项目经理对企业证件资料进行分工，团队成员分别完成其中的某几个证件资料。

（2）团队成员领取证书后，查询相关证件资料信息，并将证书内容填写完善。

① 营业执照（图 2-33）。

图 2-33

② 开户许可证（图 2-34）。

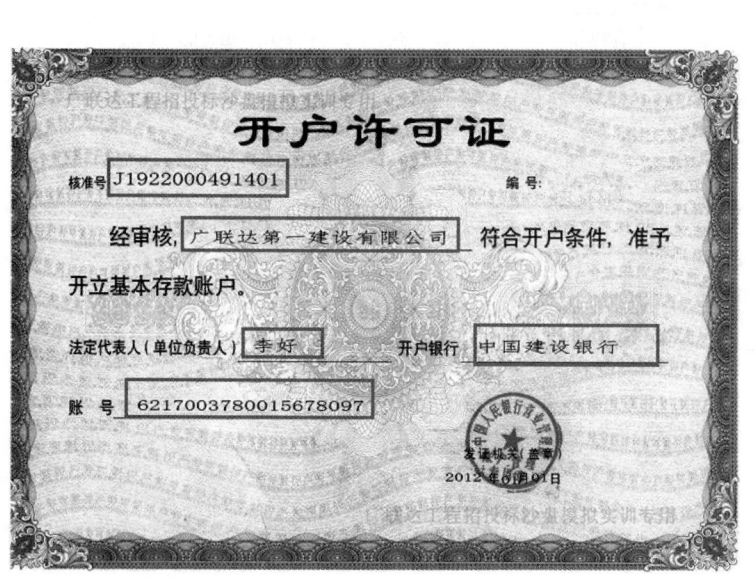

图 2-34

③ 企业资质证书（图 2-35）。

企业名称	广联达第一建设有限公司		
详细地址	北京市东城区文化路2号		
建立时间	2012-05-12		
注册资本金	5000万元整		
营业执照注册号	J28764567836758		
注册经济类型	有限责任公司		
主项资质等级	房屋建筑工程施工总承包二级		
证书编号	B2987654567873-2/2		
法定代表人		职务	职称
企业负责人		职务	职称
技术负责人		职务	职称
备注：			

承 包 工 程 范 围

可承担下列建筑工程的施工：

(1) 高度100m以下的工业、民用建筑工程；

(2) 高度120m以下的构筑物工程；

(3) 建筑面积4万平方米以下的单体工业、
民用建筑工程；

(4) 单跨跨度39m以下的建筑工程。

发证机关（章）

2012 年 05 月 12 日

图 2-35

④ 安全生产许可证（图 2-36）。

安全生产许可证

（副本）

编号：（京）JZ安许证字〔2008〕010008-04

单 位 名 称：广联达第一建设有限公司

主 要 负 责 人：××

单 位 地 址：北京市东城区文化路2号

经 济 类 型：有限责任公司

许 可 范 围：建筑施工

有 效 期：2014年06月15日至2017年06月14日

发证机关

201 年 06 月 15 日

国家安全生产监督管理总局 监制

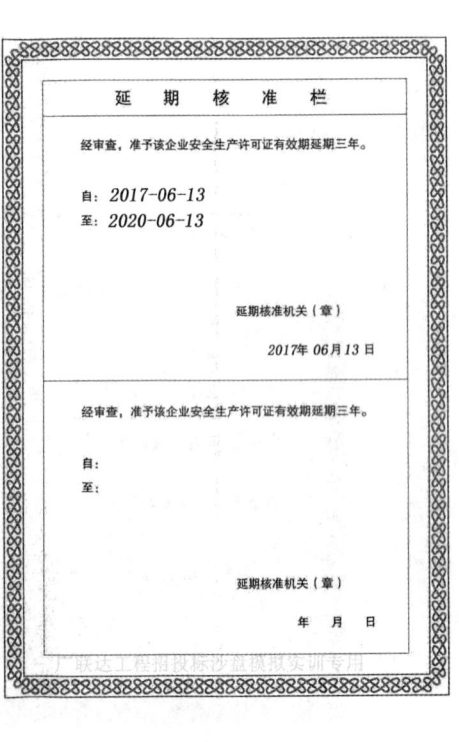

延 期 核 准 栏

经审查，准予该企业安全生产许可证有效期延期三年。

自：2017-06-13
至：2020-06-13

延期核准机关（章）

2017年 06月 13日

经审查，准予该企业安全生产许可证有效期延期三年。

自：

至：

延期核准机关（章）

年 月 日

图 2-36

⑤ 职业健康安全管理体系认证证书（图 2-37）。

⑥ 环境管理体系认证证书（图 2-38）。

图 2-37

图 2-38

⑦ 质量管理体系认证证书（图 2-39）。

⑧ 企业信用等级证书（图 2-40）。

图 2-39

图 2-40

（3）证书填写完成后，交由项目经理进行审核。

（4）项目经理审核无误后，将证件资料置于招投标沙盘盘面对应位置处。如图 2-41 所示。

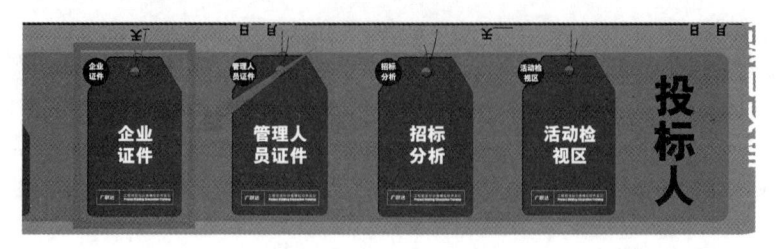

图 2-41

 小贴士：项目经理在进行证书审核时，需重点关注以下内容。

① 不同证书之间企业名称、企业法定代表人名字等同类信息是否一致；

② 企业证书是否在有效期内；

③ 投标人公司的企业资质证书、营业执照的经营范围要保持一致。

3. 完成企业信息网上注册、备案，并提交一份企业信息备案文件

（1）投标人登录广联达工程交易管理服务平台，注册投标人账号。

① 投标人登录"广联达工程交易管理服务平台"（图 2-20）。

② 企业在线注册：进入"诚信信息平台"之后，点击"注册"（图 2-21）。

③ 企业注册时，选择"施工单位"，组织机构代码格式为 ×××××××××-×，其中 × 为阿拉伯数字，只能是唯一的，注册过的无法注册，信息录入完成后，点击"立即注册"。注册完成后，务必记住单位名称以及相应的密码。如图 2-42 所示。

（2）投标人完成"学生信息"、"基本信息"、"安全生产许可证"、"企业资质"、"企业人员"的信息登记，凡是带红色标记的为必填项；如果存在无法提交的情况，则是带红色标记的未全部填完或填写有误。施工企业必须填写"安全生产许可证"信息及在"企业人员"处增加"建造师"内容，否则在投标报名时无法进行下一步的操作。"学生信息"、"基本信息"的操作参考招标代理的操作。如图 2-43 所示。

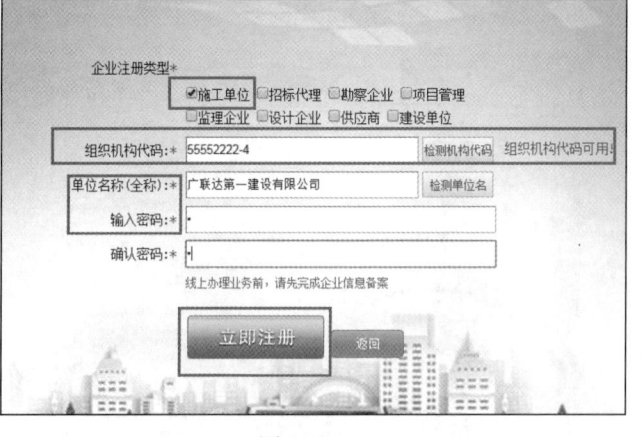

图 2-42

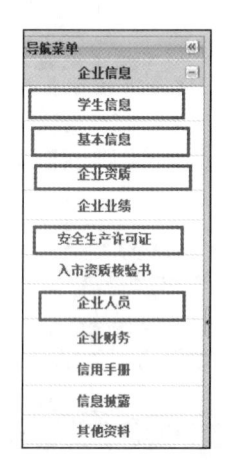

图 2-43

① 切换至"企业资质"界面，点击"新增资质"，所有信息录入完成之后，点击"保存"，并且"提交"。如图 2-44、图 2-45 所示。

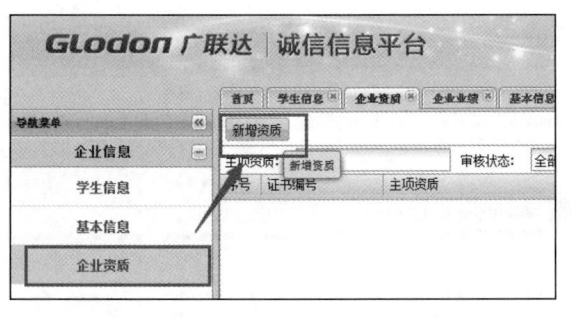

图 2-44

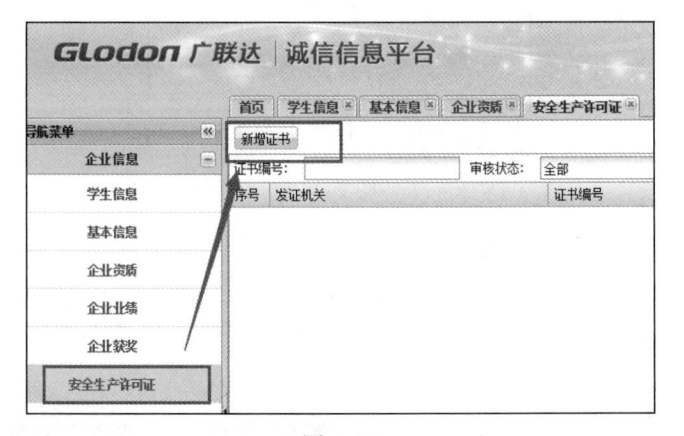

图 2-45

② 进入"安全生产许可证"界面，点击"新增证书"。如图 2-46 所示。

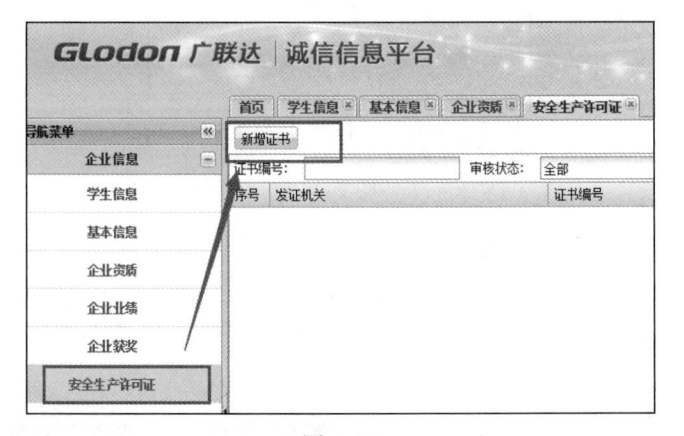

图 2-46

③ 信息录入完成之后，添加安全生产许可证扫描件，把鼠标放到"安全生产许可证"的位置，点击"添加文件"，文件添加完成之后，点击"加载"，加载结束后，点击"保存"，并且"提交"。如图 2-47 所示。

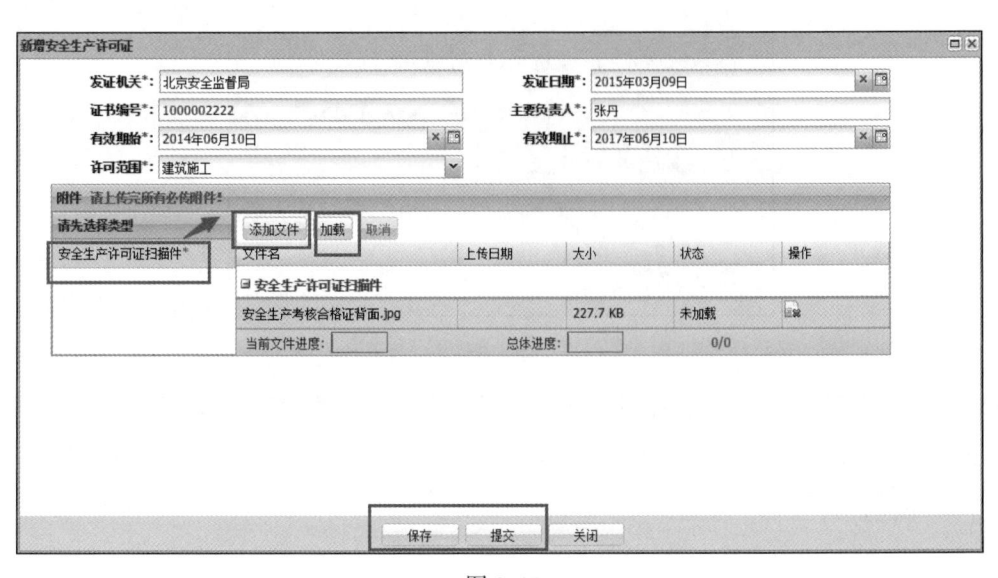

图 2-47

④ 进入"企业人员"界面,点击"新增人员",人员信息录入完成之后,点击"保存",此时跳转到人员详细信息界面。进入"基本信息"界面,施工企业在"企业人员"界面,必须完善"基本信息"、"资格证书"、"安全生产考核证",三者缺一不可。如图 2-48～图 2-50 所示。

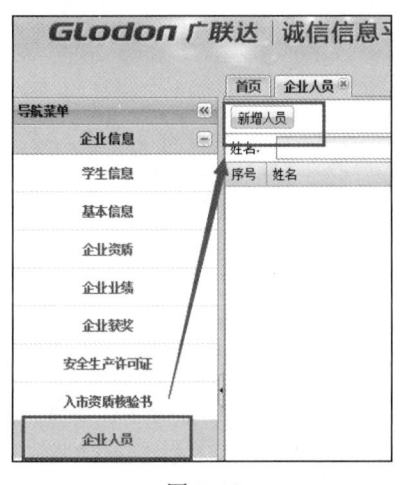

图 2-48

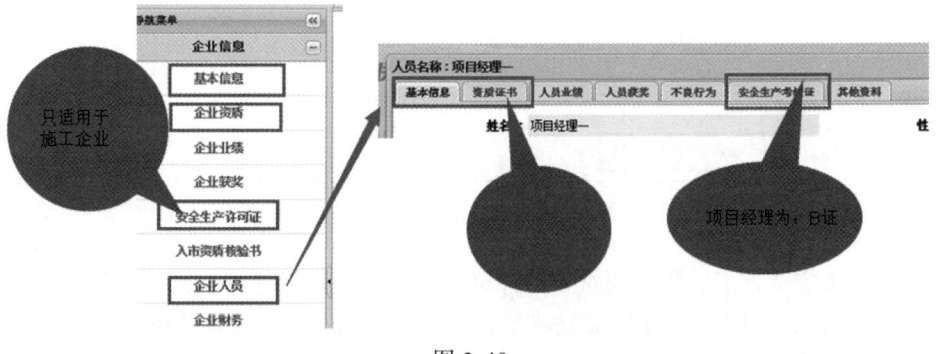

图 2-49

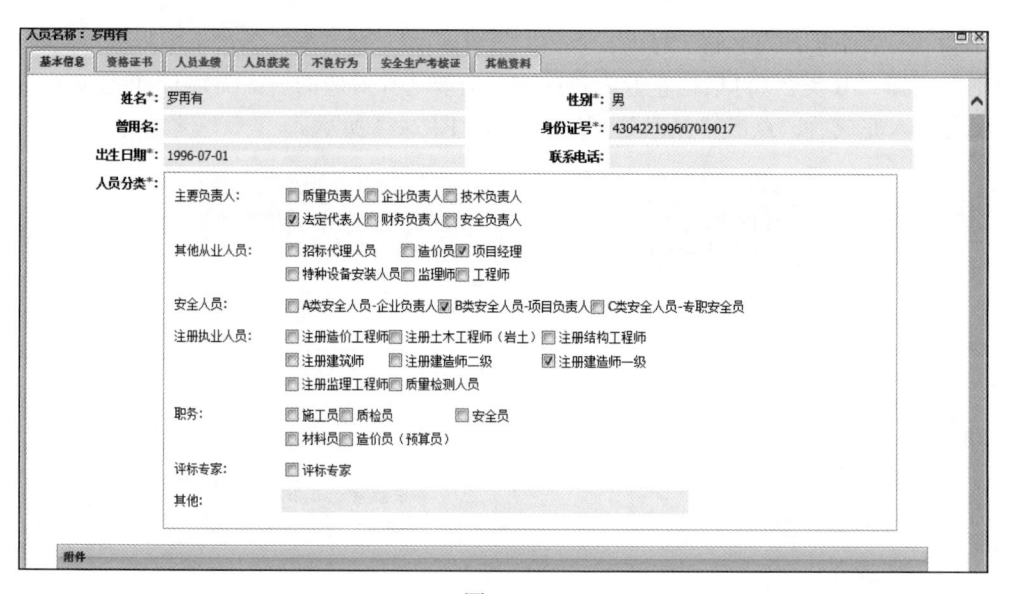

图 2-50

⑤ 基本信息录入完成之后，切换到"资格证书"界面，点击"新增资格证书"，接着弹出"新增证书"界面，此时注意证书为"建筑工程注册建造师一级"（可根据案例需要选择所需的资格名称），继续完善其他信息，信息录入完成之后，点击"保存"，保存完成后，点击"关闭"，关闭此界面。如图 2-51、图 2-52 所示。

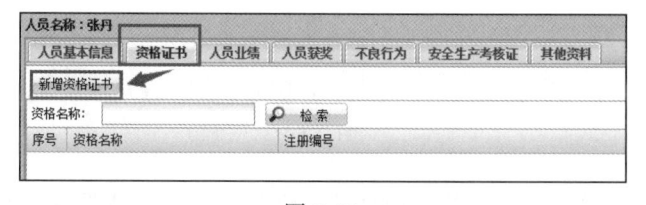

图 2-51

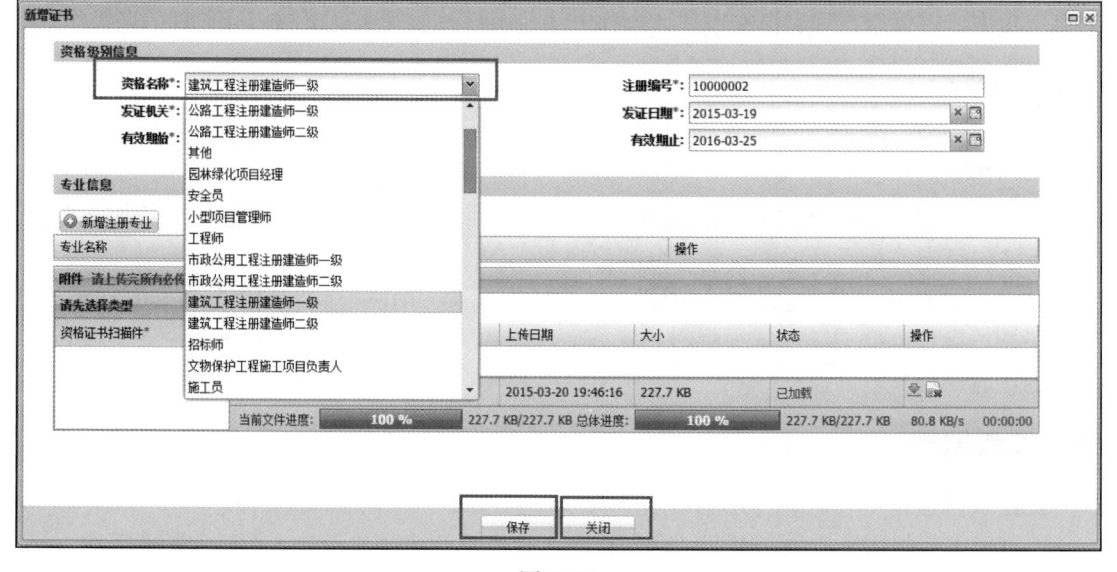

图 2-52

⑥ 进入"安全生产考核证"界面，点击"新增证书"，接着进入新增证书界面，此时，"持证类别"选择"B 类"（可根据企业人员的岗位需要选择对应的持证类别），并且完善其他信息，信息录入完成后，点击"保存"。如图 2-53、图 2-54 所示。

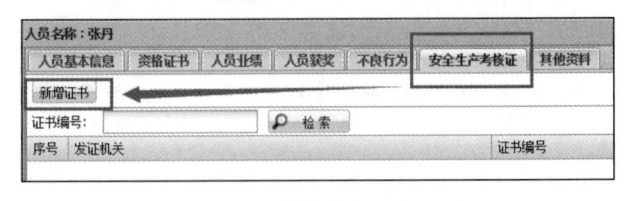

图 2-53

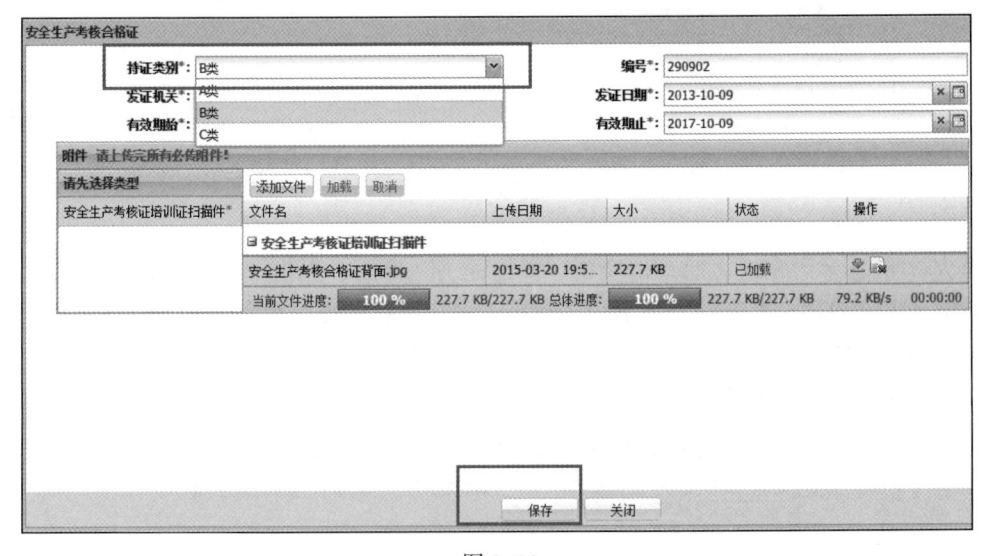

图 2-54

（3）行政监管人员登录"广联达工程交易管理平台"，以初审监管员账号登录诚信信息平台，审批投标人提交的"基本信息"、"安全生产许可证"、"企业资质"、"企业人员"。尤其注意每一项内容完成后，均需提交审核，操作方法参考行政监管人员审核招标代理信息操作。

  小贴士：

① 投标人的每一项内容填写完成后，必须提交审核；只有经过初审监管员审核通过，才属于企业备案成功。

② 投标人的企业人员中必须含有至少一名建造师人员，并且具备安全生产许可证 B 证，否则无法进行电子招投标项目交易平台的投标报名工作。

③ 投标人的企业资质证书内容需符合工程招投标实训所需投标人资质条件，否则无法进行电子招投标项目交易平台的投标报名工作。在投标人企业资质注册的时候，不要忘记选择正确的企业资质。

六、沙盘展示

1. 团队自检

项目经理带领团队成员，对照沙盘操作表，检查自己团队的各项工作任务是否完成。

（1）招标人（或招标代理机构） 见表 2-1。

表 2-1　沙盘操作表（招标人）

序号	任务清单	完成请打"√"	
		使用单据/表/工具	完成情况
1	招标人企业证件：营业执照	企业证书系列	□
2	招标人企业证件：开户许可证	企业证书系列	□
3	招标人诚信备案：基本信息	诚信信息平台	□
4	招标人诚信备案：企业人员	诚信信息平台	□

（2）投标人　见表 2-2。

表 2-2　沙盘操作表（投标人）

序号	任务清单	完成请打"√"	
		使用单据/表/工具	完成情况
1	投标人企业证件：营业执照	企业证书系列	□
2	投标人企业证件：开户许可证	企业证书系列	□
3	投标人企业证件：安全生产许可证	企业证书系列	□
4	投标人企业证件：企业资质证书	企业证书系列	□
5	投标人企业证件：质量管理体系认证证书	企业证书系列	□
6	投标人企业证件：环境管理体系认证证书	企业证书系列	□
7	投标人企业证件：职业健康管理体系认证证书	企业证书系列	□
8	投标人企业证件：企业资信等级证书	企业证书系列	□
9	投标人诚信备案：基本信息	诚信信息平台	□
10	投标人诚信备案：企业资质	诚信信息平台	□
11	投标人诚信备案：企业人员	诚信信息平台	□
12	投标人诚信备案：安全生产许可证	诚信信息平台	□

2. 沙盘盘面内容展示与分享

（1）招标人展示（图 2-55）

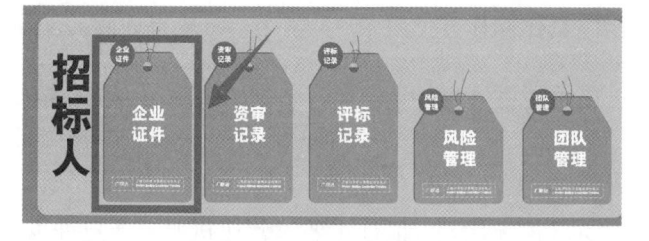

图 2-55

（2）投标人展示（图 2-56）

图 2-56

3. 作业提交

（1）招标人（招标代理）企业注册备案文件

① 生成企业注册备案文件　招标人（招标代理）登录电子招投标系统，进入电子招投标项目交易平台，进入"工程注册"—"项目登记"，如图 2-57 所示，此时点击"导出评分文件"，即可生成一份招标人（招标代理）的企业注册备案文件。

② 提交作业　将企业注册备案文件拷贝到 U 盘中提交给老师，或者使用在线文件递交（文件在线提交系统或电子邮箱等方式）提交给老师。

（2）投标人企业注册备案文件

① 生成企业注册备案文件　投标人登录电子招投标系统，进入电子招投标项目交易平台，进入"投标业务"—"已报名标段"，如图 2-58 所示，此时点击"导出评分文件"，即可生成一份投标人的企业注册备案文件。

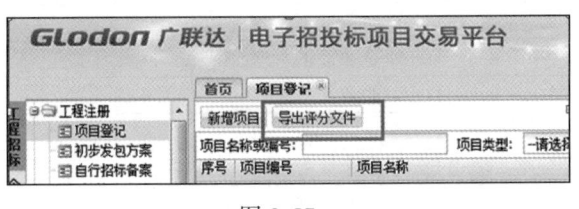

图 2-57

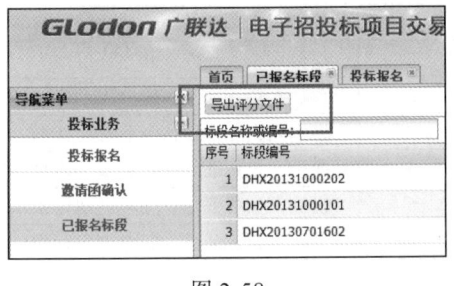

图 2-58

② 提交作业　将企业注册备案文件拷贝到 U 盘中提交给老师，或者使用在线文件递交（文件在线提交系统或电子邮箱等方式）提交给老师。

七、实训总结

1. 教师评测

（1）评测软件操作　具体操作详见附录 3：学生学习成果评测。

（2）学生成果展示　具体操作详见附录 3：学生学习成果评测。

2. 学生总结

小组讨论 3 分钟，写下该环节你认为需要完善的内容及心得，并进行分享。

八、拓展练习

在本模块中，招标人（招标代理）证件主要对营业执照、开户许可证等证件资料做强化训练，学生还需要了解的其他相关证件资料，如法人资格证明书、企业信用证明等。

投标人证件主要对营业执照、开户许可证、资质证书、安全生产许可证、三个体系（环境、职业健康、质量）等证件资料做强化训练，学生还需要了解其他相关证件资料，如法人资格证明书、企业信用证明、项目经理（建造师）证书、"八大员"岗位证书、业绩获奖证书等。

模块三　招标策划

项目一　理论知识

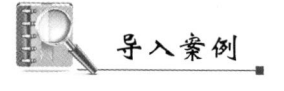

导入案例

　　某国有植物油厂项目，占地24000m²，总投资3亿元人民币，全部由政府投资。该项目为该市建设规划的重要项目之一，且已列入地方年度固定资产投资计划，概算已经主管部门批准，征地工作尚未全部完成，施工图及有关技术资料齐全。现决定对该项目进行施工招标。

　　该项目系在内地某市郊区新征地上新建，项目地址至已经建好的公路网25km，不具备施工机械进场条件。项目建设涉及项目规划区域内的部分农舍拆除及厂内土地平整等前期工作，包括厂区建设及由国家公路干线至该厂的一条25km的三级公路，及路边2m宽一条排水沟。项目法人为某植物油厂有限责任公司。项目审批核准部门已经对项目进行了核准。其厂区内建设项目概况见表 3-1。

表 3-1 厂区内建设项目概况

序号	工程名称		结构形式	建设规模	特殊设备
1	办公区	综合办公楼	框架结构	2600m²	电梯 2 座
2	生产区	原料库	钢筋混凝土筒仓	50000t	皮带输送机、斗式提升机成套设备
3		预处理车间	钢结构	1200m²	清理、计量成套设备，轧胚机 1 台
4		浸出车间		1800m²	浸出、蒸发成套设备
5		精炼车间		2200m²	脱磷、脱酸、脱色、脱臭工艺成套设备
6		灌装车间	砖混结构	800m²	灌装、包装成套设备
7		成品油罐	钢结构	40000m³	油泵、输油管成套设备
8	辅助区	机修车间	砖混结构	1000m²	车床、刨床、钻床各 1 台
9		10kV 配电间	框架结构	240m²	10kV 变压器 1 台
10		锅炉房		580m²	20t 蒸汽锅炉 1 个
11		职工食堂		800m²	厨具 1 套
12		消防泵房	砖混结构	120m²	消防泵 2 台
13		门卫室		2×24m²	
14	其他	暖气沟道		460m²	
15		厂内上水管		480m	
16		厂内下水管		510m	
17		厂内电缆沟		620m	
18		厂内道路		620m	
19		停车场		600m²	
20		厂区绿化		2400m²	
21		围墙		660m	电动门 2 个

　　规划区域内场地较开阔，单体建筑间隔均在 10m 以上，其中，办公区、辅助区与生产区之间有一条宽 6m 厂区主道路，路两边设有 4m 宽绿化带及地上照明设施。

　　工程建设管理模式采用勘察、设计、施工及特殊设备平行发包模式。批准的建设工期十分紧张，计 18 个月，需按照地上建筑工程同时开工，然后进行厂内管网、管线建设的程序组织，并在设备安装前组织设备的采购及进场安装。

　　分析答案见后面导入案例解析。

　　招标策划的内容包括落实开展建设工程招标活动所需具备的条件、调研潜在承包商市场、分析招标项目的标段划分及招标要求、编制招标进度计划、研究以往招标经验、编制评标办法等。

一、招标条件

　　在工程建设项目招标之前，招标人必须完成必要的准备工作，具备招标所需的条件。

（一）建设单位自行招标应当具备的条件

　　《中华人民共和国招标投标法》第十二条规定：招标人具有编制招标文件和组织评标能力的，可以自行办理招标事宜。《工程建设项目自行招标试行办法》（2013 年修订版，2013 年 5 月 1 日起执行）第四条对此也有规定：招标人自行办理招标事宜，应当具有编制招标文件和组织评标的能力，具体包括以下几点。

① 具有项目法人资格（或者法人资格）；

② 具有与招标项目规模和复杂程度相适应的工程技术、概预算、财务和工程管理等方面专业技术力量；

③ 有从事同类工程建设项目招标的经验；

④ 拥有 3 名以上取得招标职业资格的专职招标业务人员；

⑤ 熟悉和掌握招标投标法及有关法规规章。

（二）招标代理机构应当具备的条件

招标人不具备自行招标条件时可以委托招标代理机构进行招标。

招标代理机构是依法设立、从事招标代理业务并提供相关服务的社会中介组织。

招标人有权自行选择招标代理机构，委托其办理招标事宜。任何单位和个人不得以任何方式为招标人指定招标代理机构。

《中华人民共和国招标投标法》（2017 年征求意见稿）第十三条规定，招标代理机构应当具备下列条件。

① 有从事招标代理业务的营业场所和相应资金；

② 有能够编制招标文件和组织评标的相应专业力量。

（三）工程建设项目施工招标应该具备的条件

《工程建设项目施工招标投标办法》（七部委 30 号令，2013 年 4 月修订版）第八条规定，依法必须招标的工程建设项目，应当具备下列条件才能进行施工招标。

1. 招标人已经依法成立

招标人是指依照《中华人民共和国招标投标法》规定提出招标项目、进行招标的法人或者其他组织。鉴于招标采购的项目通常标的大，耗资多，影响范围广，招标人责任较大，为了切实保障招投标各方的权益，该法未赋予自然人成为招标人的权利。即招标人须是法人或其他组织，自然人不能成为招标人。

我国民法通则规定，法人是具有民事权利能力和民事行为能力，依法独立享有民事权利和承担民事义务的组织。法人应当具备下列条件：① 依法成立；② 有必要的财产或者经费；③ 有自己的名称、组织机构和场所；④ 能够独立承担民事责任。按照民法通则的规定，法人包括企业法人、事业单位法人、机关法人和社会团体法人。企业法人包括公司和其他具有法人资格的企业。根据民法通则和《中华人民共和国招标投标法》第八条的规定，各种所有制形式的有限责任公司和股份有限公司，国有独资公司，公司以外其他类型的国有企业和集体所有制企业，以及依法取得法人资格的中外合作经营企业、外资企业等，都具有作为招标人参加招标投标活动的权利能力；有独立经费的各级国家机关和依法取得法人资格的事业单位、社会团体等，也都具有作为招标人参加招标投标活动的权利能力。

其他组织是指除法人以外的其他实体，包括合伙企业、个人独资企业和外国企业以及企业的分支机构等。这些企业和机构也可以作为招标人参加招标投标活动。

虽然《中华人民共和国招标投标法》未赋予自然人成为招标人的权利，但这并不意味着个人投资的项目不能采用招标的方式进行采购。个人投资的项目，可以成立项目公司作为招标人。

2. 初步设计及概算应当履行审批手续的，已经批准

设计概算是工程建设项目在初步设计阶段依据图纸确定的投资额，是初步设计文件的重要组成部分，是国家控制基本建设投资的依据。政府投资的项目在施工招标时，初步设计文件及设计概算应经当地相关部门批准。

3. 有相应资金或资金来源已经落实

招标人应当有进行招标项目的相应资金或者有确定的资金来源，这是招标人对项目进行招标并最终完成该项目的物质保证。招标项目所需的资金是否落实，不仅关系到招标项目能否顺利实施，而且对投标人利益关系重大。投标人为获得招标项目，通常进行了大量的准备工作，在资金上也有较多的投入，中标后如果没有资金保证，势必造成不能开工或开工后中途停工，或者中标后作为货主的招标人无钱买货，这将损害投标人的利益。如果是涉及大型基础设施、公用事业等工程，还会给公共利益造成损害。因此，工程建设项目进行施工招标必须强调招标人在招标时应有与项目相适应的资金保障。从目前的实践看，招标项目的资金来源一般包括：国家和地方政府的财政拨款、企业的自有资金及包括银行贷款在内的各种方式的融资，以及外国政府和有关国际组织的贷款。招标人在招标时必须确实拥有相应的资金或者有能证明其资金来源已经落实的合法性文件为保证，并应当将资金数额和资金来源在招标文件中如实载明。

4. 有招标所需的设计图纸及技术资料

进行施工招标的招标人，需要具备满足招标需要的施工图纸及其他技术资料，且图纸需经图纸审查机构审查通过。

二、建设工程招标方式

工程建设项目招标方式在国际上通行的有公开招标、邀请招标和议标，但《中华人民共和国招标投标法》未将议标作为法定的招标方式，即法律所规定的强制招标项目不允许采用议标方式。《中华人民共和国招标投标法》第十条明确规定，招标分为公开招标和邀请招标。

（一）公开招标

公开招标是指招标人以招标公告的方式邀请不特定的法人或者其他组织投标。

公开招标从其本质上来讲，属于无限竞争性招标，招标单位应当在国家指定的报刊和信息网络上发布招标公告，有投标意向的承包人均可参加投标资格审查，审查合格的承包人可购买或领取招标文件，进而参加投标。

1. 公开招标的特点

公开招标的优点是：投标的承包人多、竞争范围大，业主有较大的选择余地，有利于降低工程造价，提高工程质量和缩短工期。

公开招标的缺点是：由于投标的承包人多，招标工作量大，组织工作复杂，需投入较多的人力、物力，招标过程所需时间较长，因而此类招标方式主要适用于投资额度大、工艺、结构复杂的较大型工程建设项目。公开招标的特点一般表现为以下几个方面。

① 公开招标是最具竞争性的招标方式。

② 公开招标是程序最完整、最规范、最典型的招标方式。

③ 公开招标也是所需费用最高、花费时间最长的招标方式。其竞争激烈、程序复杂，组织招标和参加投标需要做的准备工作和需要处理的实际事务比较多，特别是编制、审查有关招标投标文件的工作量很大。

综上所述，不难看出，公开招标有利有弊，但优越性十分明显。

2. 公开招标存在的问题

我国在推行公开招标实践中，存在不少问题，主要是公开招标的公告方式具有广泛的社会公开性，但公开招标的公平、公正性受到限制，招标评标实际操作方法不规范等，这些均需要认真加以探讨和解决。

（二）邀请招标

邀请招标是指招标人以投标邀请书的方式邀请特定的法人或者其他组织投标。

邀请招标从其本质上来讲，属于有限竞争性招标，这种方式不发布公告，发包人根据自己的经验和所掌握的各种信息资料，向具备承担施工招标项目的能力、资信良好的特定的法人或者其他组织发出投标邀请书，收到邀请书的单位有权利选择是否参加投标。邀请招标与公开招标一样都必须按规定的招标程序进行，要制订统一的招标文件，投标人都必须按招标文件的规定进行投标。

1. 邀请招标的特点

邀请招标的优点是：参加竞争的承包人数目可由招标单位控制，目标集中，招标的组织工作较容易，工作量比较小。其缺点是：由于参加的投标单位相对较少，竞争范围较小，使招标单位对投标单位的选择余地较小，如果招标单位在选择被邀请的承包人前所掌握信息资料不足，则会失去发现最适合承担该项目的承包人的机会。

2. 邀请招标存在的问题

邀请招标也存在明显缺陷。它限制了竞争范围，由于经验和信息资料的局限性，会把许多可能的竞争者排除在外，不能充分展示自由竞争、机会均等的原则。鉴于此，国际上和我国都有邀请招标的适用范围和条件。

3. 公开招标和邀请招标的比较

公开招标和邀请招标是有区别的，主要表现在以下几点。

① 邀请招标的程序比公开招标简化，如无招标公告及投标人资格审查的环节。

② 邀请招标在竞争程度上不如公开招标强。邀请招标参加人数是经过选择限定的，被邀请的承包人数目在 3 ～ 10 个，不能少于 3 个，也不宜多于 10 个。由于参加人数较少，易于控制，因此其竞争范围没有公开招标大，竞争程度也明显不如公开招标强。

③ 邀请招标在时间和费用上都比公开招标节省。邀请招标可以省去发布招标公告费用、审查费用和可能发生的更多的评标费用。

（三）其他招标方式

在实际实施过程中除了公开招标和邀请招标两种方式外，还有议标和两阶段招标等招标方式。

1. 议标

我国实践中特别是在建筑领域里还有一种使用较为广泛的采购方法，被称为"议标"，实质上即为谈判性采购，是采购人和被采购人之间通过一对一谈判而最终达到采购目的的一种采购方式。它不具有公开性和竞争性，因而不属于《中华人民共和国招标投标法》所称的招标投标采购方式。

从实践上看，公开招标和邀请招标的采购方式要求对报价及技术性条款不得谈判，议标则允许就报价等进行一对一的谈判。因此，有些项目比如一些小型建设项目采用议标方式目标明确，省时省力，比较灵活；对服务招标而言，由于服务价格难以公开确定，服务质量也需要通过谈判解决，采用议标方式不失为一种恰当的采购方式。但议标因不具有公开性和竞争性，采用时容易产生幕后交易，暗箱操作，滋生腐败，难以保障采购质量。《中华人民共和国招标投标法》根据招标的基本特性和我国实践中存在的问题，未将议标作为一种招标方式予以规定。议标不是一种法定的招标方式，其主要适用于造价较低、工期紧、专业性强或有特殊要求的军事保密工程。

2. 两阶段招标

《中华人民共和国招标投标法实施条例》第三十条规定，对技术复杂或者无法精确拟定技术规格的项目，招标人可以分两阶段进行招标。两阶段招标即综合性招标或两步招标，是综合无限竞争招标和有限竞争招标的方式，即先用公开招标，再用选择性招标，分两阶段进行。

第一阶段，投标人按照招标公告或者投标邀请书的要求提交不带报价的技术建议，招标人根据投标人提交的技术建议确定技术标准和要求，编制招标文件。该阶段实质是招标文件的准备阶段，潜在投标人不需要递交有实质约束力的投标报价。第二阶段，招标人向在第一阶段提交技术建议的投标人提供招标文件，投标人按照招标文件的要求提交包括最终技术方案和投标报价的投标文件。两阶段招标的优点是公开、公正、公平、优中选优；缺点是耗时较长。

三、招标范围

（一）强制招标的项目范围

《中华人民共和国招标投标法》和《必须招标的工程项目规定》（国家发改委发布，2018年6月1日起施行）均对强制招标的范围做了非常明确的规定。

《中华人民共和国招标投标法》（2017年征求意见稿）第三条规定，在中华人民共和国境内进行下列工程建设项目（包括项目的勘察、设计、施工、监理以及与工程建设有关的重要设备、材料等）的采购，必须进行招标：

① 大型基础设施、公用事业等关系社会公共利益、公众安全的项目；

② 全部或者部分使用国有资金投资或者国家融资的项目；

③ 使用国际组织或者外国政府贷款、援助资金的项目。

依据《必须招标的工程项目规定》（国家发改委发布，2018年6月1日起施行）第二条至第四条的规定，各类项目的具体内容如下。

1. 全部或者部分使用国有资金投资或者国家融资的项目

全部或者部分使用国有资金投资或者国家融资的项目包括：① 使用预算资金200万元人民币以上，并且该资金占投资额10%以上的项目；② 使用国有企业事业单位资金，并且该资金占控股或者主导地位的项目。

2. 使用国际组织或者外国政府贷款、援助资金的项目

使用国际组织或者外国政府贷款、援助资金的项目包括：① 使用世界银行、亚洲开发银行等国际组织贷款、援助资金的项目；② 使用外国政府及其机构贷款、援助资金的项目。

3. 大型基础设施、公用事业等关系社会公共利益、公众安全的项目

不属于前两条规定情形的大型基础设施、公用事业等关系社会公共利益、公众安全的项目，必须招标的具体范围由国务院发展改革部门会同国务院有关部门按照确有必要、严格限定的原则制订，报国务院批准。

（二）强制招标项目的规模标准

《必须招标的工程项目规定》（国家发改委发布，2018年6月1日起施行）对必须招标项目的规模标准也做了明确的规定。其第五条规定，本规定第二条至第四条规定范围内的项目，其勘察、设计、施工、监理以及与工程建设有关的重要设备、材料等的采购达到下列标准之一的，必须招标：

① 施工单项合同估算价在 400 万元人民币以上；

② 重要设备、材料等货物的采购，单项合同估算价在 200 万元人民币以上；

③ 勘察、设计、监理等服务的采购，单项合同估算价在 100 万元人民币以上。

同一项目中可以合并进行的勘察、设计、施工、监理以及与工程建设有关的重要设备、材料等的采购，合同估算价合计达到前款规定标准的，必须招标。

(三) 邀请招标的项目范围

《中华人民共和国招标投标法》、《中华人民共和国招标投标法实施条例》和《工程建设项目施工招标投标办法》（七部委 30 号令，2013 年 4 月修订）均对采用邀请招标方式进行招标的情况做了明确规定。

《中华人民共和国招标投标法》第十一条规定，国务院发展计划部门确定的国家重点项目和省、自治区、直辖市人民政府确定的地方重点项目不适宜公开招标的，经国务院发展计划部门或者省、自治区、直辖市人民政府批准，可以进行邀请招标。

《中华人民共和国招标投标法实施条例》第八条规定，国有资金占控股或者主导地位的依法必须进行招标的项目，应当公开招标；但有下列情形之一的，可以邀请招标：

① 技术复杂、有特殊要求或者受自然环境限制，只有少量潜在投标人可供选择；

② 采用公开招标方式的费用占项目合同金额的比例过大。

《工程建设项目施工招标投标办法》（七部委 30 号令，2013 年 4 月修订）第十一条规定，依法必须进行公开招标的项目，有下列情形之一的，可以邀请招标：

① 项目技术复杂或有特殊要求，或者受自然地域环境限制，只有少量潜在投标人可供选择；

② 涉及国家安全、国家秘密或者抢险救灾，适宜招标但不宜公开招标；

③ 采用公开招标方式的费用占项目合同金额的比例过大。全部使用国有资金投资或者国有资金投资占控股或者主导地位的并需要审批的工程建设项目的邀请招标，应当经项目审批部门批准，但项目审批部门只审批立项的，由有关行政监督部门审批。

(四) 可以不招标的项目范围

在实际操作过程中，有些项目虽然属于强制招标的范围，但因存在时间、保密等限制，允许采用非招标的方式进行发包。《中华人民共和国招标投标法》、《中华人民共和国招标投标法实施条例》和《工程建设项目施工招标投标办法》（七部委 30 号令，2013 年 4 月修订）均对可以不招标进行发包的情况做了规定。

《中华人民共和国招标投标法》第六十六条规定，涉及国家安全、国家秘密、抢险救灾或者属于利用扶贫资金实行以工代赈、需要使用农民工等特殊情况，不适宜进行招标的项目，按照国家有关规定可以不进行招标。

《中华人民共和国招标投标法实施条例》第九条规定，除招标投标法第六十六条规定的可以不进行招标的特殊情况外，有下列情形之一的，可以不进行招标：① 需要采用不可替代的专利或者专有技术；② 采购人依法能够自行建设、生产或者提供；③ 已通过招标方式选定的特许经营项目投资人依法能够自行建设、生产或者提供；④ 需要向原中标人采购工程、货物或者服务，否则将影响施工或者功能配套要求；⑤ 国家规定的其他特殊情形。招标人为适用前款规定弄虚作假的，属于招标投标法第四条规定的规避招标。

《工程建设项目施工招标投标办法》（七部委 30 号令，2013 年 4 月修订）第十二条规定，依法必须进行施工招标的工程建设项目有下列情形之一的，可以不进行施工招标：① 涉及国家安全、国家秘密、抢险救灾或者属于利用扶贫资金实行以工代赈需要使用农民工等特殊情况，不适宜进行招标；② 施工主要技术采用不可替代的专利或者专有技术；③ 已通过招标方式选定的特许经营项目投资人依法能够自行建设；④ 采购人依法能够自行建设；⑤ 在建工程追加的附属小型工程或者主体加层工程，原中标人仍具备承包能力，并且其他人承担将影响施工或者功能配套要求；⑥ 国家规定的其他情形。

四、建设工程招标标段划分

标段划分是指招标人在充分考虑工程规模、工期安排、资金情况、潜在投标人状况等因素的基础上，将一个建设工程拆分为若干个工程段落进行招标并组织施工的行为。标段划分是招标规划的核心工作内容，既要满足招标项目技术经济和管理的客观需要，又要遵守相关法律法规的规定。

标段划分要遵循质量责任明确、成本责任明确、工期责任明确和经济高效、具有可操作性、符合实际的原则，要根据建设工程的投资规模、建设周期、工程性质等具体情况，将建设工程分段分期实施，以达到缩短工期的目的。

（一）标段划分的法律规定

《中华人民共和国招标投标法实施条例》第二十四条规定："招标人对招标项目划分标段的，应当遵守招标投标法的有关规定，不得利用划分标段限制或者排斥潜在投标人。依法必须进行招标的项目的招标人不得利用划分标段规避招标"。即招标人不得利用划分标段限制或者排斥潜在投标人或者规避招标。一是通过规模过大或过小的不合理划分标段，保护有意向的潜在投标人，限制或者排斥其他潜在投标人。二是通过划分标段，将项目化整为零，使标的合同金额低于必须招标的规模标准而规避招标；或者按照潜在投标人数量划分标段，使每一潜在投标人均有可能中标，导致招标失去意义。

《工程建设项目施工招标投标办法》（七部委 30 号令，2013 年 4 月修订）第二十七条规定："施工招标项目需要划分标段、确定工期的，招标人应当合理划分标段、确定工期，并在招标文件中载明。对工程技术上紧密相连、不可分割的单位工程不得分割标段。招标人不能以不合理的标段或工期限制或者排斥潜在投标人或者投标人。依法必须进行施工招标的项目的招标人不得利用划分标段规避招标"。

（二）建设工程招标的内容范围

建设工程招标内容和范围主要包括工程施工现场准备、土木建筑工程和设备安装工程等。

（1）工程施工现场准备　指工程建设必须具备的现场施工条件，包括通路、通水、通电、通信，乃至通气、通热，以及施工场地平整，各种施工和生活设施的建设等。

（2）土木建筑工程　指房屋、市政、交通、水利水电、铁路等永久性的土木建筑工程，包括土石方工程、基础工程、混凝土工程、金属结构工程，装饰工程、道路工程、构筑物工程等。

（3）设备安装工程　包括机械、化工、冶金、电气、自动化仪表、给排水等通用和专用设备和管线安装，计算机网络、通信、消防、声像系统以及检测、监控系统的安装等。

工程施工招标内容、范围应正确描述工程施工范围、数量、工作内容、施工边界条件等。其中，施工的边界条件包括地理边界条件以及与周边工程承包人的工作分工、衔接、协调配合等内容。

（三）标段划分考虑因素

工程施工招标应该依据工程建设项目管理承包模式、工程设计进度、工程施工组织规划和各种外部条件、工程进度计划和工期要求、各单项工程之间的技术管理关联性以及投标竞争状况等因素，综合分析研究划分标段，并结合标段的技术管理特点和要求设置投标人的资格能力条件标准，以及投标人可以选择投标标段的空间。招标标段划分主要考虑以下相关因素。

1. 法律法规

《中华人民共和国招标投标法》、《中华人民共和国招标投标法实施条例》和《必须招标的工程项目规定》对必须招标项目的范围、规模标准和标段划分做了明确规定，这是确定工程招标范围和划分标段的法律依据，招标人应依法、合理地确定项目招标内容及标段规模，不得通过拆分项目、化整为零的方式规避招标。

2. 工程承包管理模式

工程承包模式采用总承包合同与多个平行承包合同对标段划分的要求有很大差别。采用工程总承包模式，招标人期望把工程施工的大部分工作都交给总承包人，并且希望有实力的总承包人投标。同时，总承包人也期望发包的工程规模足够大，否则不能引起其投标的兴趣。因此，总承包方式发包的一般是较大标段工程，否则就失去了总承包的意义。而多个平行承包模式是将一个工程建设项目分成若干个可以独立、平行施工的标段，分别发包给若干个承包人承担，工程施工的责任、风险随之分散。但是工程施工的协调管理工作量随之加大。

3. 工程管理力量

招标项目划分标段的数量，确定标段规模，与招标人的工程管理力量有关。标段的数量、规模决定了招标人需要管理合同的数量、规模和协调工作量，这对招标人的项目管理机构设置和管理人员的数量、素质、工作能力都提出了要求。如果招标人拟建立的项目管理机构比较精简或管理力量不足，就不宜划分过多的标段。

4. 竞争格局

工程标段规模的大小和标段数量，与招标人期望引进的承包人的规模和资质等级有关，除具备总承包特级资质的承包人之外，施工承包人可以承揽的工程范围、规模取决于其工程承包资质类别、等级和注册资本金的数量。同时，工程标段规模过大必然减少投标承包人的数量，从而会影响投标竞争的效果。

5. 技术层面

从技术层面考虑标段的划分有三个基本因素。

（1）工程技术的关联性　凡是在工程技术和工艺流程上关联性比较密切的部位，无法分别组织施工，不适宜划分给两个以上的承包人去完成。

（2）工程计量的关联性　有些工程部位或分部、分项工程，虽然在技术和工艺流程方面可以区分开，但在工程量计量方面则不容易区分，这样的工程部位也不适合划分为不同的标段。

（3）工作界面的关联性　划分标段必须要考虑各标段区域及其分界线的场地容量和施工界面能否容纳两个承包人的机械和设施的布置及其同时施工，或者更适合于哪个承包人进场施工。如果考虑不周，则有可能制约或影响施工质量和工期。

6. 工期与规模

工程总工期及其进度松紧对标段划分也会产生很大的影响。标段规模小，标段数量多，进场施工的承包人多，容易集中投入资源，多个工点齐头并进赶工期，但需要发包人有相应的管理措施和充足、及时的资金保障。划分多个标段虽然能引进多个承包人进场，但也可能标段规模偏小，发挥不了规模效益，不利于吸引大型施工企业前来投标，也不利于发挥特种大型施工设备的使用效率，从而提高工程造价，并容易导致产生转包、分包现象。

（四）标段划分的具体方法

建设工程一般可划分为单项工程、单位工程、分部工程和分项工程。对招标项目的标段划分，应与建设工程划分相一致，这样可以使招标标段在实施过程中与施工验收规范、质量验收标准、档案资料归档要求保持一致，从而清晰地划清招标人与承包人、承包人与承包人之间的责任界限，避免因责任不清引起争议和索赔。由于单位工程具有独立施工条件并能形成独立使用功能，因此对工程技术紧密相连、不可分割的单位工程不得划分标段，一般应以单位工程作为标段划分的最小单位。在施工现场允许的情况下，也可将专业技术复杂、工程量较大且需专业施工资质的分部工程作为单独的标段进行招标，或者将虽不属于同一单位工程但专业相同的分部工程作为单独的标段进行招标。由于分项工程一般不具备独立施工条件，所以应尽量避免以分项工程为标段，从而减少各标段之间的干扰。

在招标过程中，若整个建设项目包括若干个单项工程，可以将几个单项工程划分为一个标段，也可以将几个单项工程中的单位工程划分为一个标段，同时也可以将几个单项工程中可单独发包的分部工程划分为一个标段。

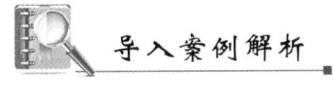 **导入案例解析**

1. 招标条件

因本项目征地工作尚未全部完成，尚不具备施工招标的必要条件，因而尚不能进行施工招标。

2. 招标方式

《工程建设项目施工招标投标办法》（七部委 30 号令，2013 年 4 月修订版）第十一条规定，依法必须进行公开招标的项目，有下列情形之一的，可以邀请招标：① 项目技术复杂或有特殊要求，或者受自然地域环境限制，只有少量潜在投标人可供选择；② 涉及国家安全、国家秘密或者抢险救灾，适宜招标但不宜公开招标；③ 采用公开招标方式的费用占项目合同金额的比例过大。第十二条又规定，依法必须进行施工招标的工程建设项目有下列情形之一的，可以不进行施工招标：① 涉及国家安全、国家秘密、抢险救灾或者属于利用扶贫资金实行以工代赈需要使用农民工等特殊情况，不适宜进行招标；② 施工主要技术采用不可替代的专利或者专有技术；③ 已通过招标方式选定的特许经营项目投资人依法能够自行建设；④ 采购人依法能够自行建设；⑤ 在建工程追加的附属小型工程或者主体加层工程，原中标人仍具备承包能力，并且其他人承担将影响施工或者功能配套要求；⑥ 国家规定的其他情形。本项目涉及的招标采购项目，均不满足以上可以不招标或进行邀请招标条件，只能采用公开招标方式。

3. 招标组织方式

《工程建设项目自行招标试行办法》（2013 年修订版，2013 年 5 月 1 日起执行）第四条规定：

招标人自行办理招标事宜，应当具有编制招标文件和组织评标的能力。具体包括：① 具有项目法人资格（或者法人资格）；② 具有与招标项目规模和复杂程度相适应的工程技术、概预算、财务和工程管理等方面专业技术力量；③ 有从事同类工程建设项目招标的经验；④ 拥有 3 名以上取得招标职业资格的专职招标业务人员；⑤ 熟悉和掌握招标投标法及有关法规规章。本项目招标人设有专门的建设管理机构，其人员满足此文件要求，可以采用自行招标方式。

4. 招标程序和标段划分

本案例背景资料表明，本项目：① 项目建设地距公路网有 25km，为保证工程建设的实施，需要优先解决由公路网至项目建设地所需的工程设备、材料及人员的运输问题，故在完成工程勘查招标后，需优先安排由国家公路网至工程建设地的公路设计及施工招标条件，然后进行厂区工程设计、施工监理招标，满足公路施工及后续施工项目的监理工作；② 待设计总平面图设计完成后，依据场地平整要求，组织场地平整工程施工招标；③ 因工程地处郊外，为便于工程管理及场内材料、设备及人员安全管理，场地平整后，需要及时安排厂区围墙的施工招标；④ 按照厂内建筑安装工程施工顺序，组织厂区内的建筑工程施工及工程设备安装招标工作；⑤ 因单位建筑工程外装修施工完毕，脚手架拆除后才能组织厂内管网、管线、道路、停车场等项目的施工，故可以在厂区单位工程施工安装过程中组织厂内管网、管线、道路、停车场的施工招标工作，然后组织地上照明设施安装招标；⑥ 在厂内单位工程完工清场前两个月，组织厂内绿化工程施工招标，即厂区绿化工程招标作为最后一个招标批次。

其中工程一般按照以下原则划分标段：① 满足现场管理和工程进度需求的条件下，以能独立发挥作用的永久工程为标段划分单元；② 专业相同、考核业绩相同的项目，可以划分为一个标段。

按照工程建设程序，本案例中招标时间的先后次序可以设置如下：

工程勘察招标→公路干线至厂区公路设计招标→厂区工程设计招标→工程施工监理招标→公路干线至厂区公路施工招标→厂区工程场地平整招标→厂区围墙招标→厂区建筑工程施工招标→工程特殊设备采购及安装招标→厂区管网、管线施工招标→厂区道路施工招标→停车场施工招标→地上照明设施安装招标→厂区绿化招标。以上各招标批次在实际招标采购过程中，有些还需要进一步依据项目给定条件进一步划分标段，其中项目工程标段可以按如下划分。（1）工程勘察招标：1 个标段；（2）公路干线至厂区公路设计招标：1 个标段；（3）公路干线至厂区公路施工招标：1 个标段；（4）厂区工程设计招标：1 个标段；（5）厂区工程场地平整招标：1 个标段；（6）厂区建筑工程施工招标：2 个标段，即办公区和辅助区 1 个标段，生产区 1 个标段；（7）工程施工监理招标：2 个标段，即公路工程施工监理和厂区建设项目施工监理各 1 个标段。

五、建设工程招标的程序

招标与投标是一个整体活动，涉及业主和承包商两个方面，招标作为整体活动的一部分，主要是从业主的角度揭示其工作内容，但同时又要注意招标与投标活动的关联性，不能将二者撕裂开来。建设工程施工招标程序主要是指招标工作在时间和空间上应遵循的先后顺序，在此以资格预审方式为例进行介绍，资格后审与预审的主要区别在于资格审查的时间点不同，具体区别详见模块四。

招标程序（资格预审）主要流程如图 3-1 所示，下面主要介绍上述招标程序中几项重点工作任务的主要内容。

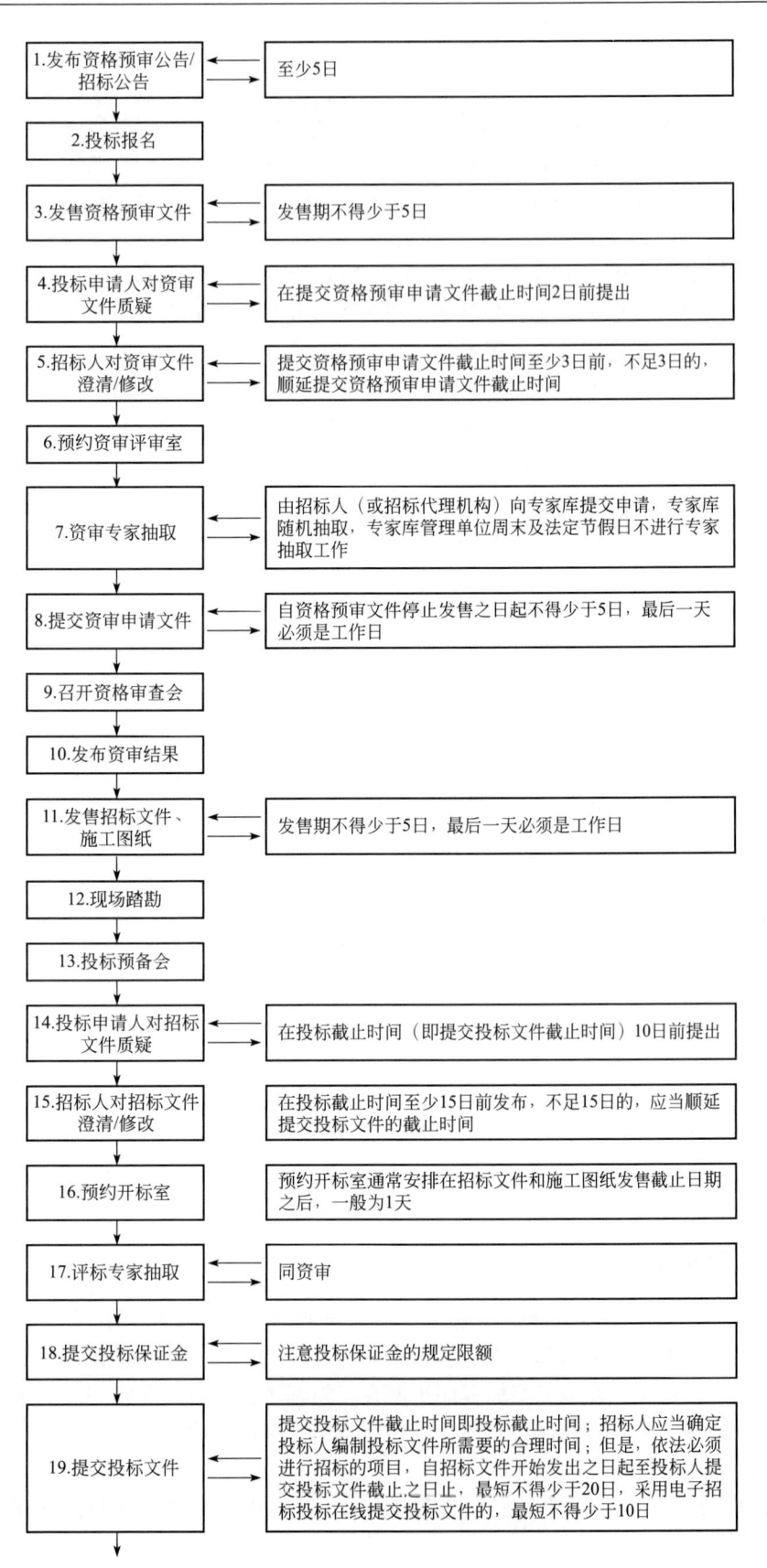

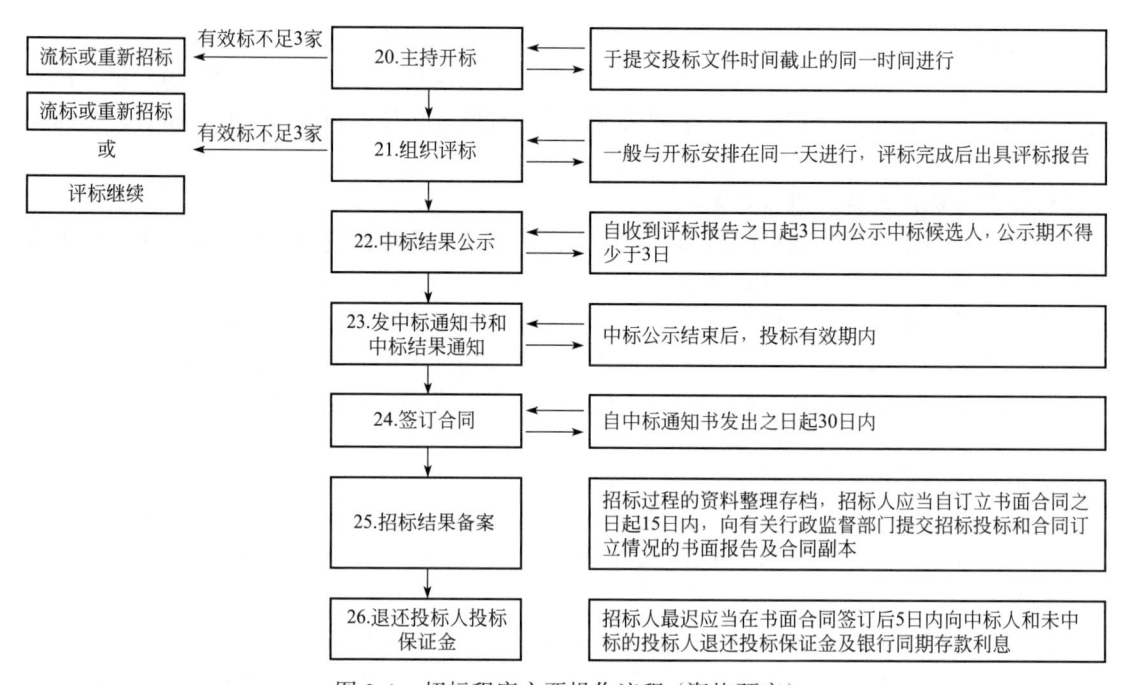

图 3-1　招标程序主要操作流程（资格预审）

1. 发布资格预审公告、招标公告或投标邀请书

招标项目采用公开招标方式的，在招标之初首先应发布招标公告；招标人采用资格预审办法对潜在投标人进行资格审查的，应当发布资格预审公告代替招标公告。《招标公告和公示信息发布管理办法》（国家发改委 2017 年 10 号令）第八条规定，依法必须招标项目的招标公告和公示信息应当在"中国招标投标公共服务平台"或者项目所在地省级电子招标投标公共服务平台发布。

招标项目采用邀请招标方式的，招标人要向 3 个及以上具备承担生产能力的、资信良好的、特定的承包人发出投标邀请书，邀请他们申请投标资格审查，参加投标。

2. 资格预审

由招标人对申请参加投标的潜在投标人进行资质条件、业绩、信誉、技术、资金等多方面情况进行资格审查，只有被认定为合格的投标人，才可以参加投标。

3. 发售招标文件，收取投标保证金

招标人应当按照资格预审公告、招标公告或者投标邀请书规定的时间、地点发售资格预审文件或者招标文件。招标人发售资格预审文件、招标文件收取的费用应当限于补偿印刷、邮寄的成本支出，不得以营利为目的。招标文件一旦售出，不予退还。资格预审文件或者招标文件的发售期不得少于 5 日。招标文件从开始发出之日起至投标人提交投标文件截止之日止不得少于 20 日，采用电子招标投标在线提交投标文件的，最短不得少于 10 日。投标人收到招标文件、图纸和有关技术资料后应认真核对，核对无误后应以书面形式向招标人予以确认。

招标人可以对已发出的招标文件进行必要的澄清或者修改。澄清或者修改的内容可能影响投标文件编制的，招标人应当在提交投标截止时间至少 15 日前，以书面形式通知所有获取招标文件的潜在投标人；不足 15 日的，招标人应当顺延提交投标文件的截止时间。

另外，招标人在招标文件中可以要求投标人提交一定的投标保证金，投标保证金不得超过招标项目估算价的 2%。

4. 现场踏勘

招标人根据招标项目的具体情况，组织投标人踏勘现场，向其介绍工程场地和相关环境的有关情况。投标人依据招标人介绍的情况做出的判断和决策，由投标人自行负责。招标人不得组织单个或部分潜在投标人踏勘项目现场。

5. 召开投标预备会、招标文件答疑

投标人应在招标文件规定的时间前，以书面形式将提出的问题送达招标人，由招标人以投标预备会或以书面答疑的方式澄清。

招标文件中规定召开投标预备会的，招标人按规定时间和地点召开投标预备会，澄清投标人提出的问题。预备会后，招标人需要在招标文件中规定的时间之前，将对投标人所提问题的澄清以书面形式通知所有购买招标文件的投标人。投标人对招标文件有异议的，应当在投标截止时间 10 日前提出。

6. 投标文件提交

投标人根据招标文件的要求，编制投标文件，并进行密封和标记，在投标截止时间前按规定的地点提交至招标人。招标人应当如实记载投标文件的送达时间和密封情况，并存档备查。

7. 开标

招标人在招标文件中规定的提交投标文件截止时间的同一时间，在招标文件中预先确定的地点，按照规定的流程进行公开开标。参加开标会议的人员，包括招标人、招标代理机构、投标人法定代表人或其委托代理人、招标投标管理机构的监管人员和招标人邀请的公证机构的人员等。开标会议由招标人或招标代理机构组织，由招标人或招标代理机构人员主持，并在招标投标管理机构的监督下进行。

8. 评标

由招标人组建评标委员会，在招标投标监管机构的监督下，依据招标文件规定的评标标准和方法，对投标人的报价、工期、质量、主要材料用量、施工方案或施工组织设计等方面进行评价，形成书面评标报告，向招标人推荐中标候选人或在招标人的授权下直接确定中标人。

9. 定标

评标结束产生定标结果，招标人依据评标委员会提出的书面评标报告和推荐的中标候选人确定中标人，也可授权评标委员会直接确定中标人。招标人应当自定标之日起 15 日内向招标投标管理机构提交招标投标情况的书面报告。

10. 发出中标通知书

中标人选定后由招标投标监管机构核准，获批后在招标文件中规定的投标有效期内招标人以书面形式向中标人发出"中标通知书"，同时将中标结果通知所有未中标的投标人。

11. 签订合同

招标人和中标人应当在投标有效期内并在自中标通知书发出之日起 30 日内，按照招标文件和中标人的投标文件订立书面合同。招标人和中标人不得再行订立背离合同实质性内容的其他协议。同时，招标文件要求中标人提交履约保证金的，中标人应当提交。招标人最迟应当在与中标人签订合同 5 日内，向中标人和未中标的投标人退还投标保证金及银行同期存款利息。

六、工程项目登记与备案

招标项目按照国家有关规定需要履行审批手续的，应当先履行审批手续，取得批准。按照国家有关规定需要履行项目审批、核准手续的，依法必须进行招标的项目，其招标范围、招标方式、招标组织形式应当报项目审批、核准部门审批核准。项目审批、核准部门应当及时将审批、核准确定的招标范围、招标方式、招标组织形式通报有关行政监督部门。

依法必须招标的工程建设项目，必须满足招标投标相关法律法规所规定的条件。所招标的工程建设项目必须到当地招标投标监管机构登记备案核准。

项目二 实践任务

实训目的

1. 通过案例，结合单据背面的提示功能，让学生掌握项目招投标应该具备的条件、学会分析如何选择招标方式。

2. 通过招标计划编制，让学生熟悉完整的招投标业务流程、时间控制。

实训任务

任务一　确定招标组织方式；进行招标条件、招标方式界定

任务二　编制招标计划

任务三　工程项目的备案与登记

招投标沙盘操作如下。

一、沙盘引入

主要指明在沙盘面上要完成的具体任务。如图 3-2 所示。

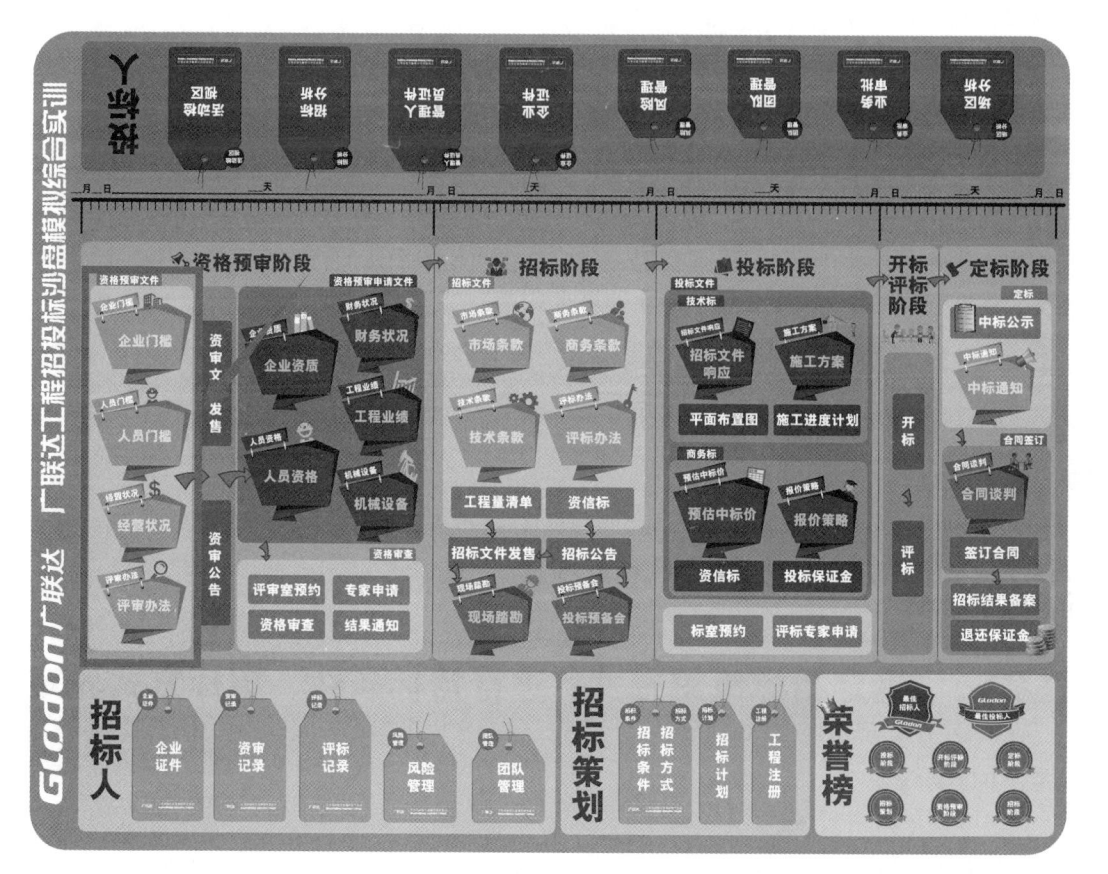

图 3-2

二、道具探究

单据：项目招标条件、招标方式分析表，如图 3-3 所示。

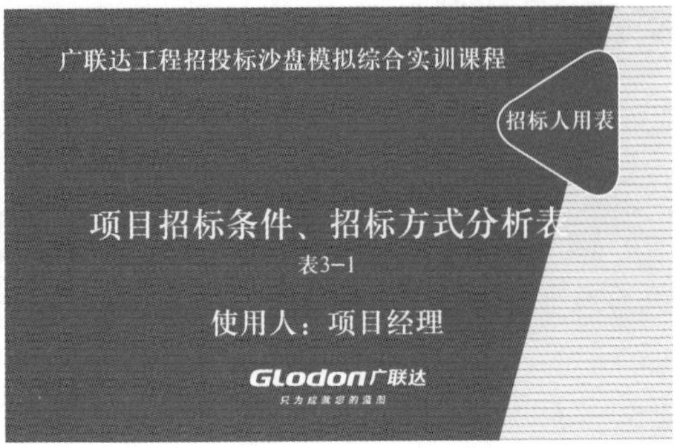

表3-1 项目招标条件、招标方式分析表

项目名称	招标组织形式		招标条件	招标方式
具体内容	□ 自行招标　□ 委托招标		□ 招标人已经依法成立	□ 公开招标
	□ 具有项目法人资格(或者法人资格)		□ 项目立项书	□ 资格预审 □ 资格后审
	□ 具有与招标项目规模和复杂程度相适应的工程技术、概预算、财物和工程管理等方面专业技术		□ 可行性研究报告	
			□ 规划申请书	
	□ 有从事同类工程建设项目招标的经验		□ 初步设计及概算应当履行审批手续的，已经批准	□ 邀请招标
	□ 拥有3名以上取得招标职业资格的专职招标业务人员		□ 有招标所需的设计图纸	□ 直接发包/议标
			□ 有招标所需的技术资料	
	□ 熟悉和掌握招标投标法及有关法规规章		□ 有相应资金或资金来源已经落实	

填表人：　　　　　　会签人：　　　　　　审批人：

图 3-3

三、角色扮演

1. 招标人

① 招标人即建设单位，由老师临时客串；

② 负责对招标代理公司提出的招标条件问题进行解答、出具相关的证明资料。

2. 招标代理

① 每个学生团队都是一个招标代理公司；

② 承接招标人（或建设单位）的工程招标委托任务；

③ 确认工程招标项目的招标条件是否满足；

④ 完成工程招标项目在线注册、备案。

3. 行政监管人员

① 每个学生团队中由项目经理指定一名成员，担任本团队的行政监管人员；

② 负责工程交易管理服务平台的业务审批。

小贴士：如项目招标由招标人自行完成，则不设招标代理角色，其相关工作由招标人完成，并由学生团队担当。

四、时间控制

建议学时 2 ～ 3 学时。

五、实训步骤

【任务一　确定招标组织方式；进行招标条件、招标方式界定】

备注：适用于由招标代理完成招标工作。

（一）任务说明

① 确定招标组织形式；

② 判断本工程是否满足招标条件。

（二）操作过程

1. 确定招标组织形式

① 项目经理带领团队成员讨论，在熟悉招标工程案例背景信息的基础上，根据自己公司的企业性质、人力资源能力、招标工程建设信息等，对照项目招标条件、招标方式分析表（图3-3），确定本次招标的组织形式。

② 市场经理负责将确定的招标组织形式结论记录到项目招标条件、招标方式分析表中。

2. 判断本工程是否满足招标条件

① 依据单据项目招标条件、招标方式分析表（图3-3）中的招标条件进行。

② 项目经理带领团队成员讨论，查看本招标工程的案例背景资料，与项目招标条件、招标方式分析表里的招标条件进行对比，将满足招标条件的选项勾选出来；对不满足招标条件的，与招标人（或建设单位）进行沟通，索取相关证明资料。

③ 如果对招标人（或建设单位）提供的某些招标条件证明资料有疑问，可以随时和招标人（或建设单位）进行沟通解决。

 小贴士：

① 填表人：表格由谁填写，即由谁在填表人处签署自己的姓名。

② 审批人：审批人只能由项目经理签字；如果项目经理认可表格填写内容，即签署自己的姓名，反之，需要填表人重新修改表格内容，直至项目经理认可；如果填表人是项目经理，审批人处空白即可。

③ 会签人：除了填表人和审批人，小组内其他团队成员如果认可表格填写内容，即签署自己的姓名，反之，需要小组讨论表格内容，直至团队成员均认可。

3. 签字确认

市场经理负责将结论记录到项目招标条件、招标方式分析表（图3-4），经团队其他成员和项目经理签字确认后，置于招投标沙盘盘面招标人区域的对应位置处。如图3-5所示。

组别：第一组	表3-1 项目招标条件、招标方式分析表		日期：2017.11
项目名称	**1、招标组织形式**	**2、招标条件**	**3、招标方式**
具体内容	☐自行招标　　☑委托招标	☑招标人已经依法成立	☑公开招标
	自行招标条件：☐具有项目法人资格（或者法人资格）	☑项目立项书	☑资格预审 ☐资格后审
	☐具有与招标项目规模和复杂程度相适应的工程技术、概预算、财物和工程管理等方面专业技术力量	☑可行性研究报告	
		☑规划申请书	
	☐有从事同类工程建设项目招标的经验	☑初步设计及概算应当履行审批手续的，已经批准	☐邀请招标
	☐拥有3名以上取得招标职业资格的专职招标业务人员	☑有招标所需的设计图纸	
		☑有招标所需的技术资料	
	☐熟悉和掌握招标投标法及有关法规规章	☑有相应资金或资金来源已经落实	☐直接发包/议标
填表人：周XX		会签人：李XX 张XX	审批人：刘XX

图 3-4

4. 将确认后的结果录入到广联达 BIM 招投标沙盘执行评测系统

打开之前新建的案例工程，在"招标策划"模块中的"招标条件与招标方式"中录入项目招标条件、招标方式分析表（图 3-4）中的确定内容。如图 3-6 所示。

图 3-5

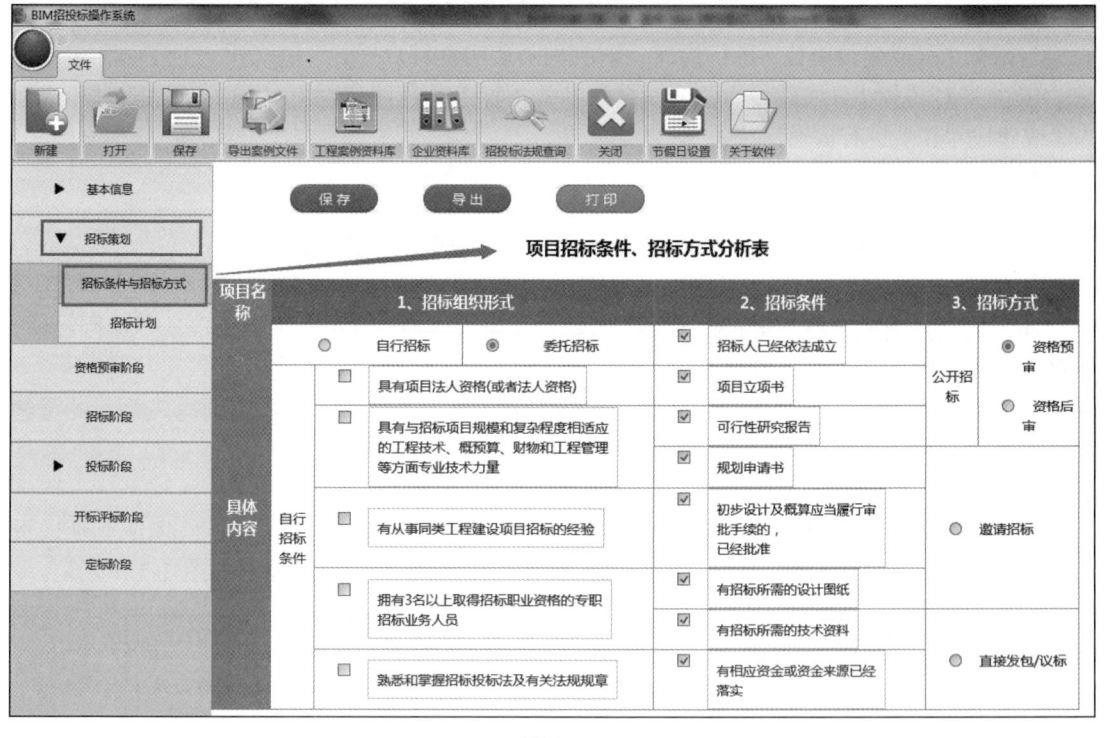

图 3-6

【任务二　编制招标计划】

（一）任务说明

① 熟悉招标计划的工作项内容及其时间要求；
② 每个团队完成一份本工程的招标计划方案。

（二）操作过程

1. 熟悉招标计划的工作项内容及其时间要求

（1）项目经理组织团队成员，仔细研究招标计划工作项的内容
① 每一个工作项的备注说明含义。
② 熟悉每一个工作项的时间要求：开始日期、截止日期、与其他工作项的关联关系等。
（2）软件操作说明　打开之前新建的案例工程，选择"招标计划"编制页面。如图 3-7 所示。

图 3-7

小贴士：了解招标计划编制的关键工作项及时间要求，软件已做注解，如鼠标放置在第一项"发布资格预审公告/发布招标公告"处，软件则出现"以公告中公示的时间为准，有效期至少5天，与报名同步。注：本课程设定至少包含2个工作日，最后一天必须是工作日"，在开始时间与结束时间中按照工作项的要求录入合理的开始时间与结束时间。如图3-8所示。

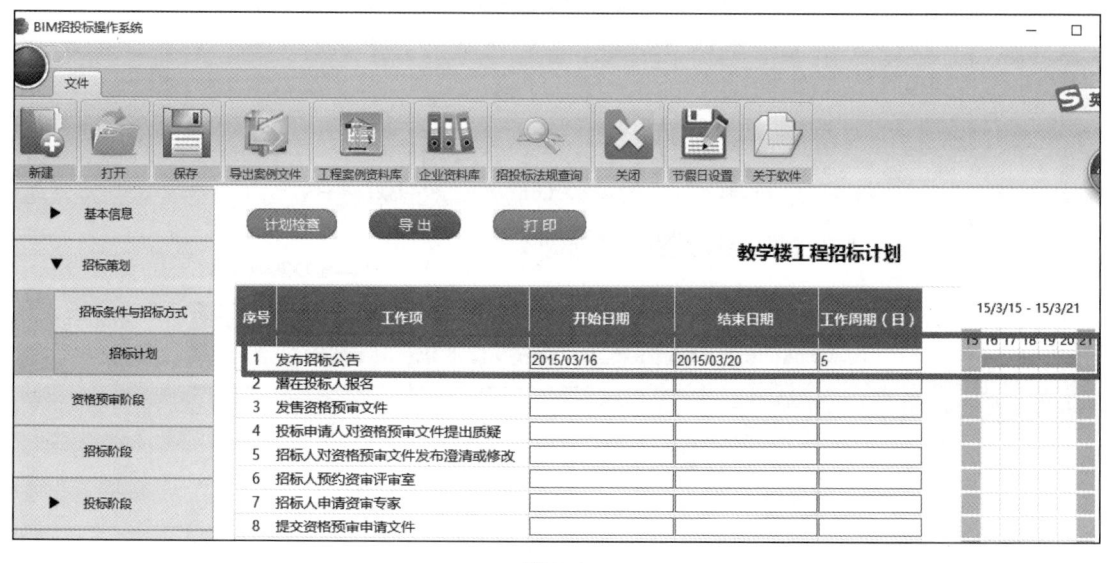

图 3-8

2. 每个团队完成一份本工程的招标计划方案

（1）项目经理组织团队成员，共同完成一份招标计划。

（2）招标计划编制操作说明，下面将以资格预审第 1 ~ 10 项为例对招标计划的编制思路做一个说明。

首先打开广联达 BIM 招投标沙盘执行评测系统 V3.0 中的招标计划编制页面。如图 3-9 所示。

图 3-9

① 确定第一个工作项"发布资格预审公告 / 招标公告"的开始及结束时间。第一个工作项的开始时间的确定来源于案例背景资料或老师的设定；如假设开始时间为 2017/07/24，结束时间按照工作项的有效期至少 5 天，且至少包含两个工作日，最后一天必须是工作日的要求，则确定第一项工作的结束时间为 2017/07/28，结束日期如遇非工作日则需顺延。如图 3-10 所示。

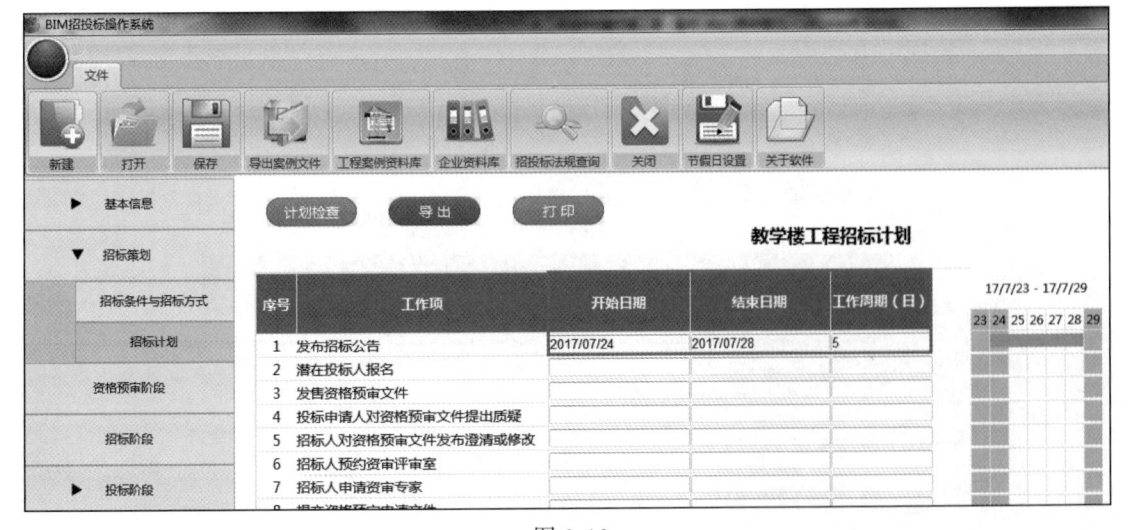

图 3-10

②确定第二个工作项"潜在投标人报名"的开始及结束时间。根据工作项的时间要求说明"以公告中公示的时间为准，公告期内进行，公告发布日期结束即截止报名"，则第二个工作项的开始与结束时间与第一个工作项相同，如图 3-11 所示。

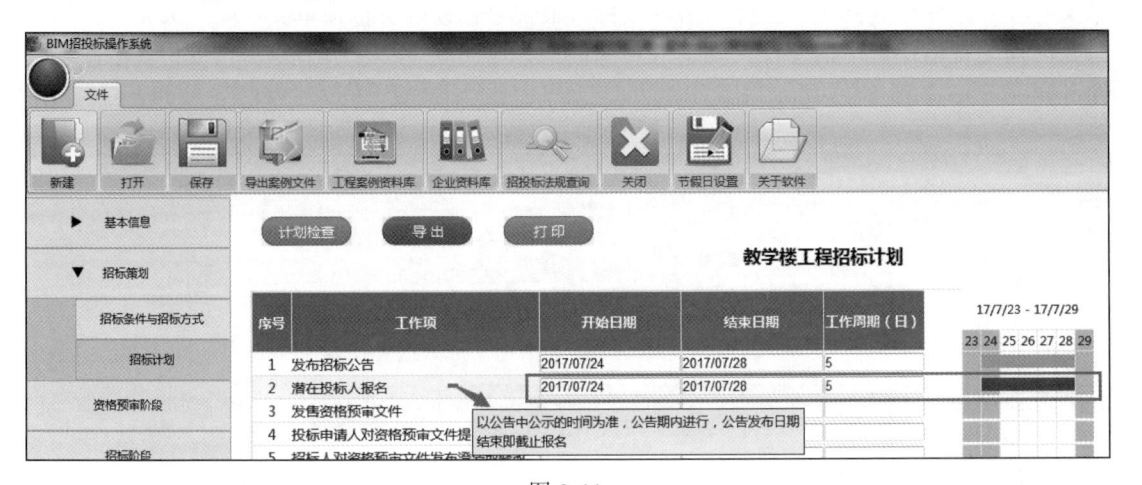

图 3-11

③确定第三个工作项"发售资格预审文件"的开始及结束时间。根据工作项的时间要求说明"发售期不得少于 5 日，与公告、报名同步"，则第三工作项的开始与结束时间同第一、第二工作项，如图 3-12 所示。

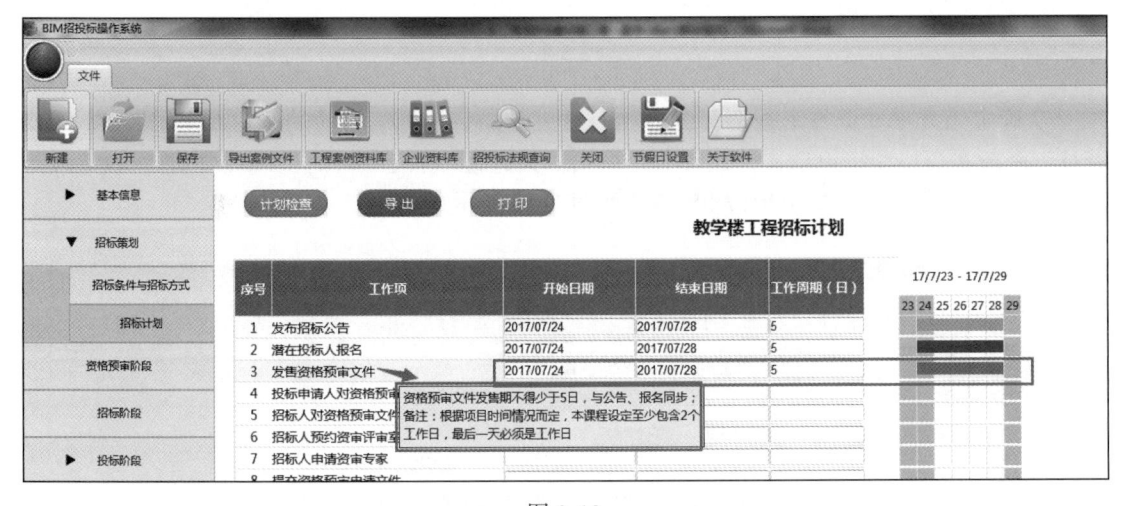

图 3-12

④确定第四个工作项"投标申请人对资格预审文件提出质疑"的开始及结束时间。根据工作项的时间要求说明"投标申请人对资格预审文件有异议的，在提交资格预审申请文件截止日期 2 日前提出，本工程假设投标人提出异议"，则要先确定第八项工作"提交资格预审申请文件"的截止日期，因此该工作项的时间先空置，待确定第八项后再确定。

⑤第五项工作与第四项同理，先空置，待确定第八项后再确定。

⑥确定第八项"提交资格预审申请文件"的开始及结束时间。按照工作项时间要求提示，第六、第七项工作与第九项工作有关联，第九项与第八项工作有关，进而直接跳转，先确定

第八项的开始与结束时间，按照时间要求提示"自资格预审文件停止发售之日起不得少于 5
日；备注：即提交资格预审申请文件的截止时间，本课程设定至少包含 2 个工作日，最后一
天必须是工作日"，则确定该项工作的结束日期为 2017/08/2，开始日期为 2017/07/24（因招
标人一旦开始发售资格预审文件，潜在投标人最快可在领取资格预审文件同一天完成文件编
制并可提交资格预审申请文件，则第八项的最早开始时间为 2017/07/24，与发售资格预审文
件可同一天），如图 3-13 所示。

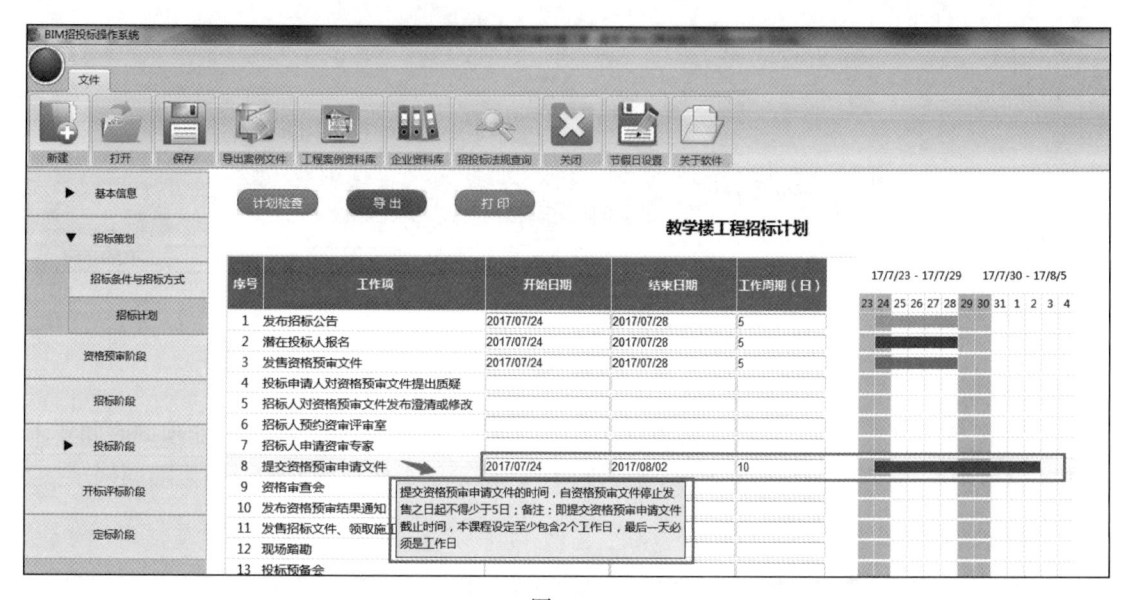

图 3-13

⑦ 确定第九项"资格审查会"的开始及结束日期。根据工作项的时间要求说明"1 天或
更长，一般在资格预审申请文件递交截止后第二天进行；备注：本课程设定评审时间为 1 天"，
则开始与结束时间均可选为 2017/08/03，如图 3-14 所示。

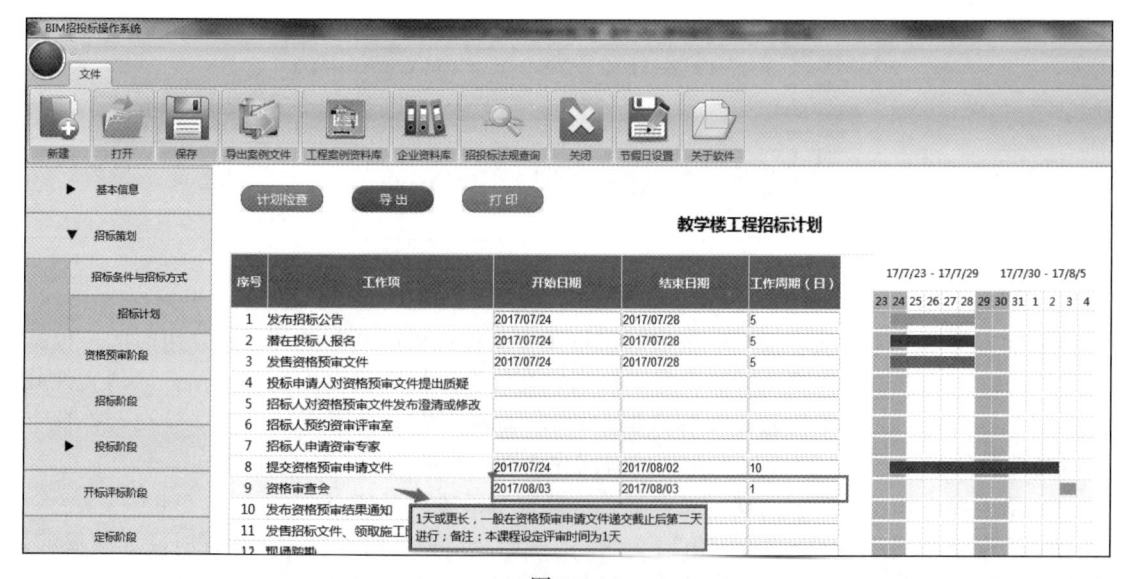

图 3-14

⑧ 确定第四项"投标申请人对资格预审文件提出质疑"的开始及结束日期。根据第八项的结束时间，投标申请人最早可在拿到资格预审文件当天提出质疑，则确定第四项工作的开始时间为 2017/07/24，结束时间为 2017/07/31，如图 3-15 所示。

图 3-15

⑨ 确定第五项"招标人对资格预审文件发布澄清或修改"的开始及结束日期。根据第八项工作的结束时间，则确定第五项工作的开始时间为 2017/07/24，结束时间为 2017/07/30，如图 3-16 所示。

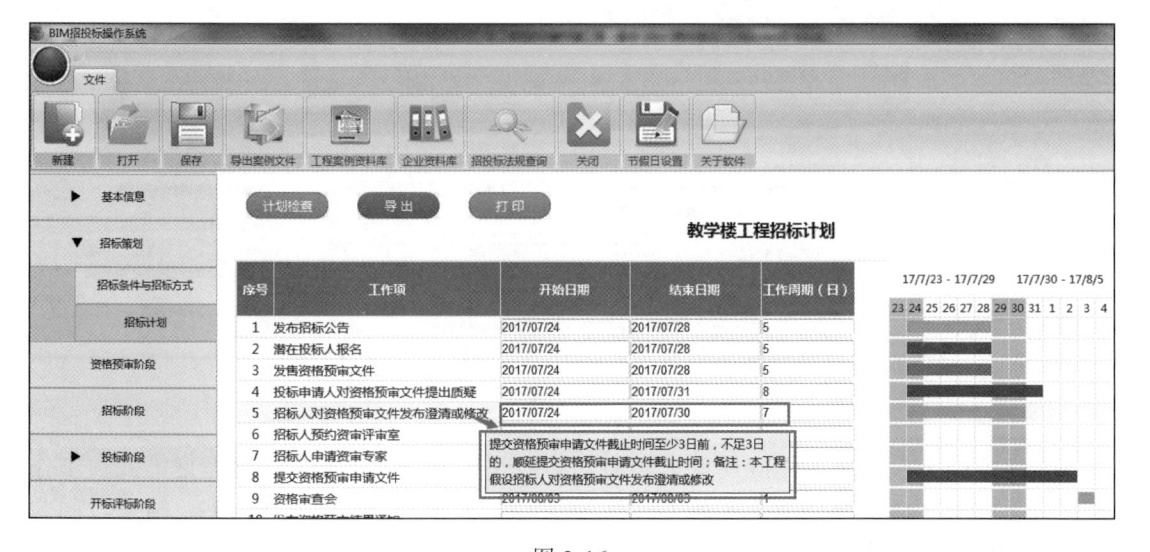

图 3-16

⑩ 确定第六项"招标人预约资审评审室"的开始及结束日期。综合考虑第九项工作的时间与该项工作的时间要求，确定第六项工作的开始时间为 2017/07/31，结束时间为 2017/07/31，如图 3-17 所示。

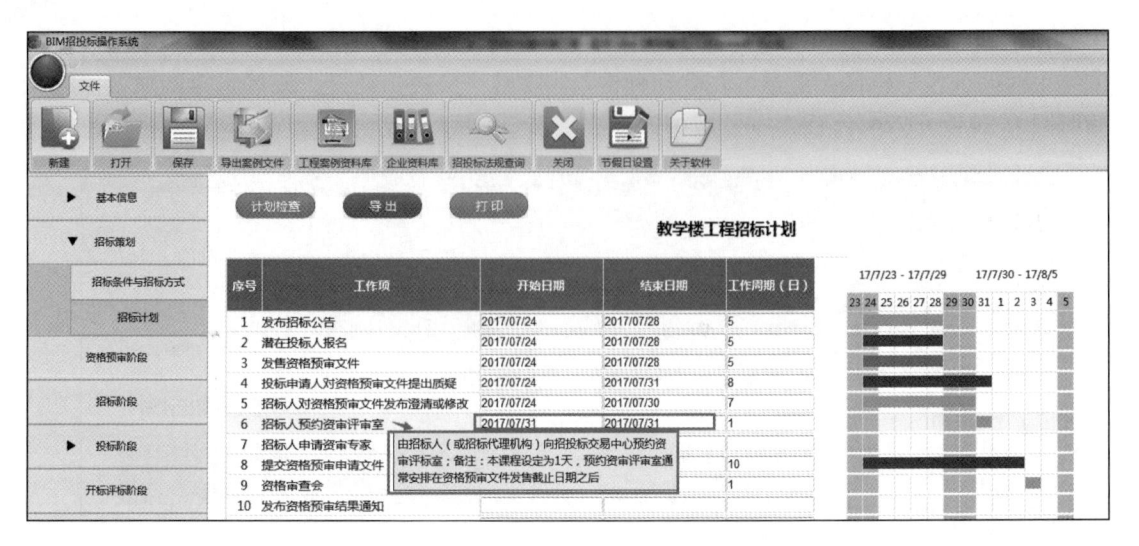

图 3-17

⑪ 确定第七项"招标人申请资审专家"的开始及结束日期。综合考虑第九项工作的时间与该项工作的时间要求，确定第七项工作的开始时间为 2017/08/02，结束时间为 2017/08/02，如图 3-18 所示。

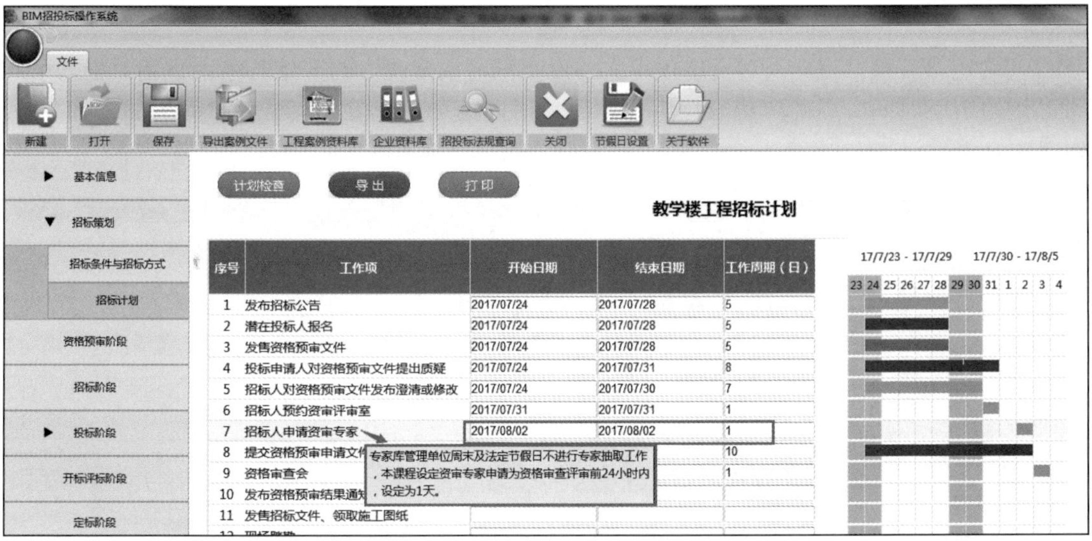

图 3-18

⑫ 确定第十项"发布资格预审结果通知"的开始及结束日期。综合考虑第九项工作的时间与该项工作的时间要求，确定第十项工作的开始时间为 2017/08/04，结束时间为 2017/08/04，如图 3-19 所示。

⑬ 各小组按照相同思路完成剩余工作项的开始与结束时间的确定，最终完成一份合理的招标计划。

注：招标计划的编制，没有唯一的标准答案，而是在满足招投标相关法律法规及工作项提示内容的基础上，合理即可。

图 3-19

3. 成果提交

（1）每个团队生成一份招标策划成果文件

1）练习模式

① 练习模式下，确定所有工作项的开始与结束时间后，先对小组的招标计划进行"计划检查"，检查出有误的工作项按照提示进行调整，直至无误。如图 3-20 所示。

图 3-20

② 检查无误后，保存招标计划。如图 3-21 所示。

2）比赛模式：招标计划编制完成，自行检查确认无误后，点击"提交"按钮，一旦点击提交按钮，将无法再对文件内容进行修改。

图 3-21

（2）由项目经理将招标策划成果文件提交给老师。

【任务三 工程项目的备案与登记】

（一）任务说明

① 完成招标工程项目的在线项目登记；
② 完成招标工程项目的在线初步发包方案备案；
③ 完成招标工程项目的在线自行招标备案或者委托招标备案。

（二）操作过程

1. 完成招标工程项目的在线项目登记

（1）招标人（或招标代理）在线项目登记　招标人（或招标代理）登录工程交易管理服务平台，用招标人（或招标代理）账号进入电子招投标项目交易管理平台，完成招标工程的项目登记并提交审批。

① 登录工程交易管理服务平台，用招标人（或招标代理）账号进入电子招投标项目交易管理平台。如图 3-22 所示。

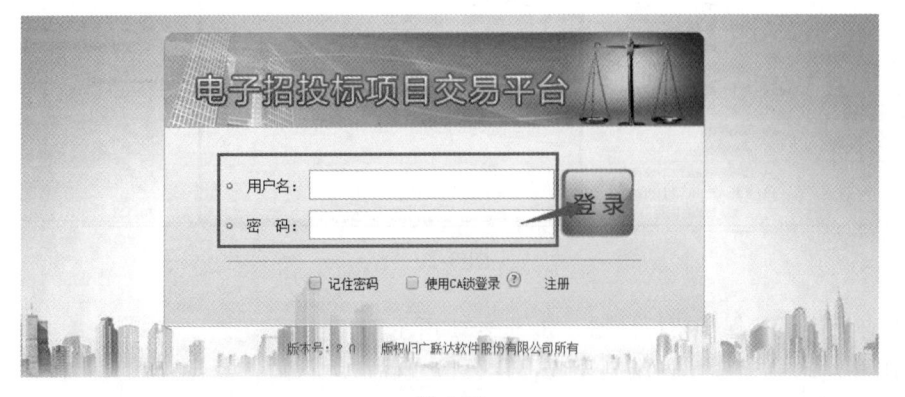

图 3-22

② 选择"项目登记"模块，点击"新增项目"，如图 3-23 所示。

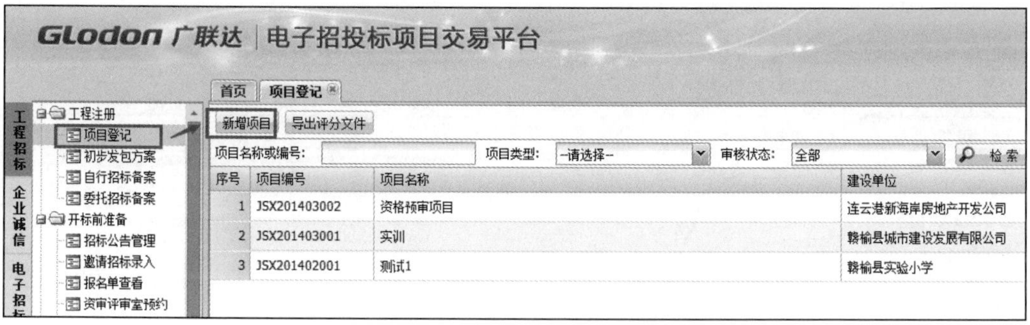

图 3-23

③ 弹出"新增项目"窗口，根据案例工程背景资料，完成带"＊"部分的填写。如图 3-24 所示。

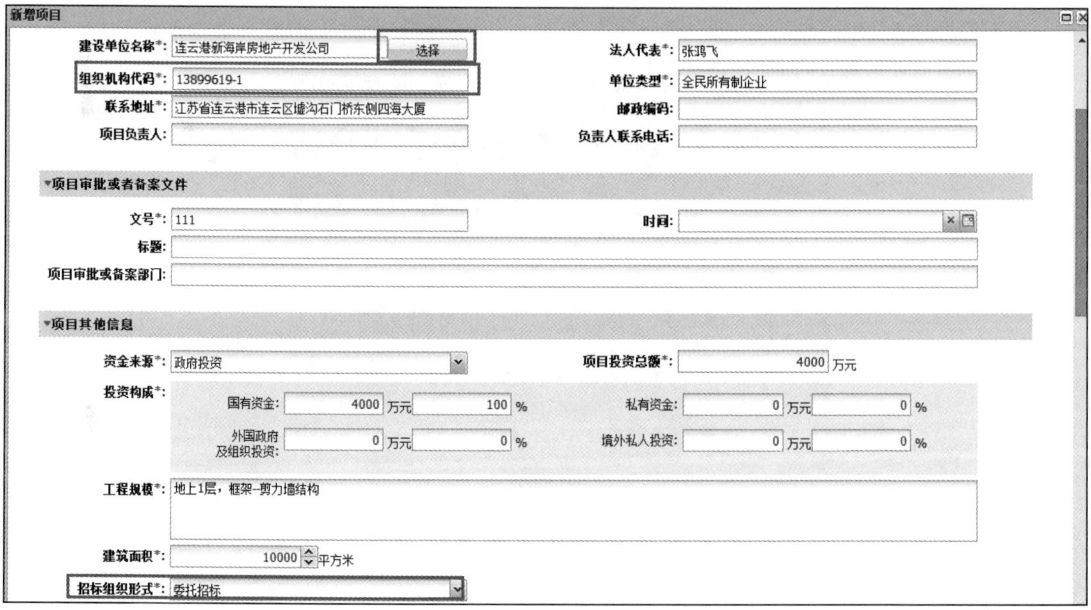

图 3-24

其中的"建设单位名称"，直接点击"选择"，选择一项平台中存在的单位，或者由老师指定某学生按照诚信平台操作完成工程案例给出的建设单位的信息备案以供选取。招标组织形式按照任务一确定的招标组织方式，选择自行招标或者委托招标。

④ 上传项目相应的"立项批准文件"及"资金来源证明"，无误后点击"保存"及"提交"。如图 3-25 所示。

（2）行政监管人员在线审批 行政监管人员登录工程交易管理服务平台，用初审监管员账号进入电子招投标项目交易管理平台，完成招标工程的项目登记审批工作。

① 登录工程交易管理服务平台，用初审监管员账号进入电子招投标项目交易管理平台。如图 3-26 所示。

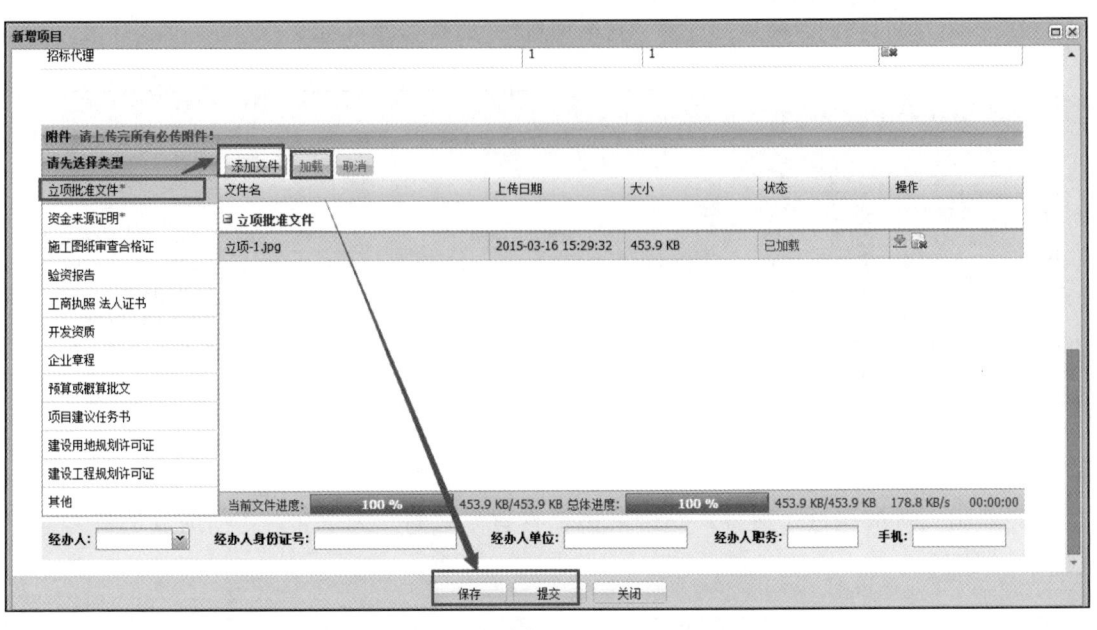

图 3-25

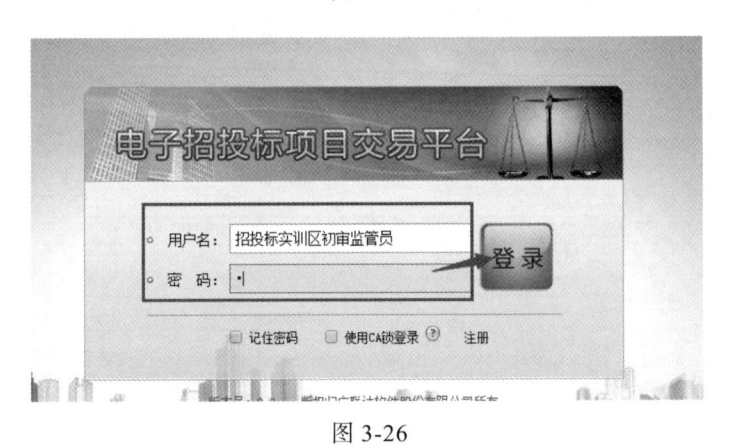

图 3-26

② 切换至"项目登记审核"模块，找到小组刚进行登记的项目，点击"审核"。如图 3-27、图 3-28 所示。

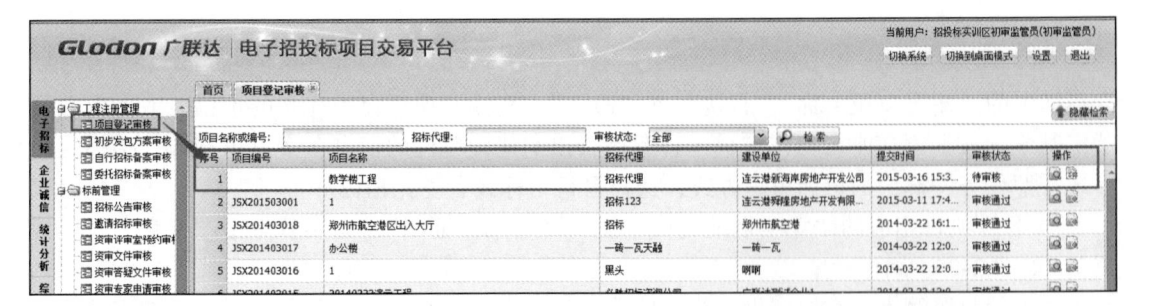

图 3-27

③ 核对项目相应信息，核对后点击"审核"，根据核对结果，给出审核意见并"提交"。如图 3-29 所示。

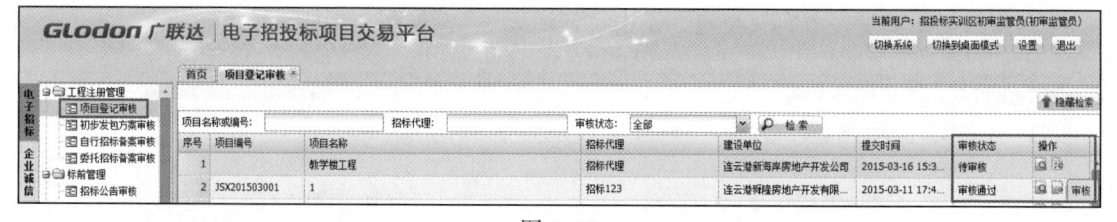

图 3-28

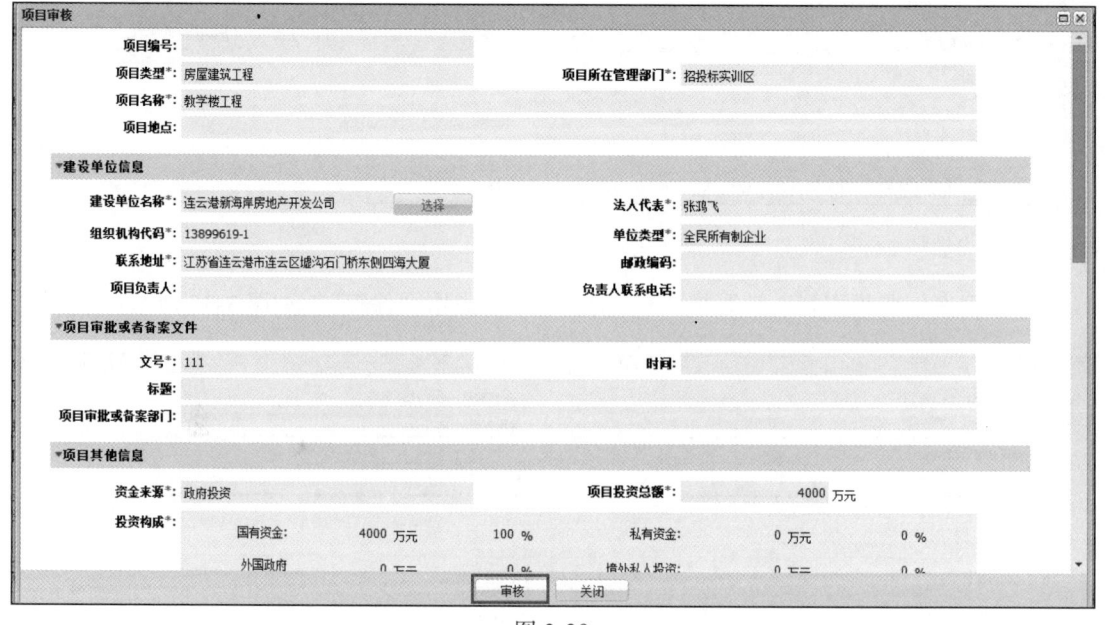

图 3-29

 小贴士： 审核不通过的，要以招标人或招标代理的身份再次登录平台进行修改，并提交，接着进行再次审核。

2. 完成招标工程项目的在线初步发包方案备案

（1）招标人（或招标代理）在线初步发包方案备案　招标人（或招标代理）登录工程交易管理服务平台，用招标人（或招标代理）账号进入电子招投标项目交易管理平台，完成招标工程的初步发包方案并提交审批。

① 登录工程交易管理服务平台，用招标人（或招标代理）账号进入电子招投标项目交易管理平台，切换至"初步发包方案"模块，找到要进行发包的项目，点击"打开"。如图 3-30 所示。

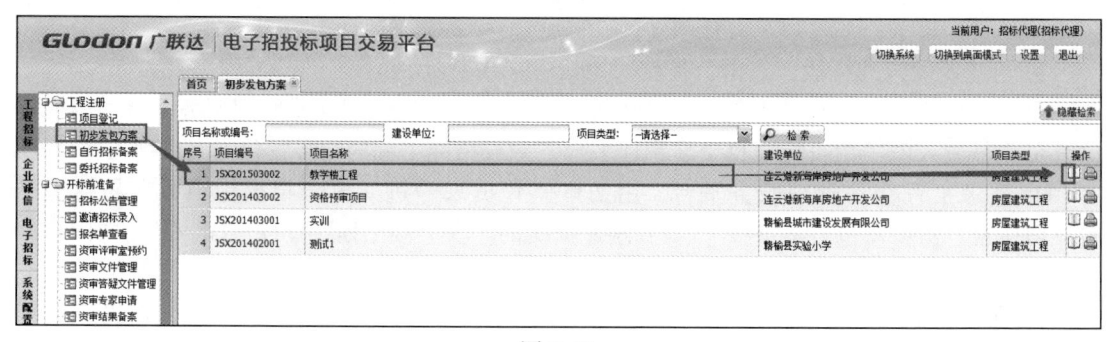

图 3-30

② 弹出"初步发包方案"窗口,点击"新增标段"。如图 3-31 所示。

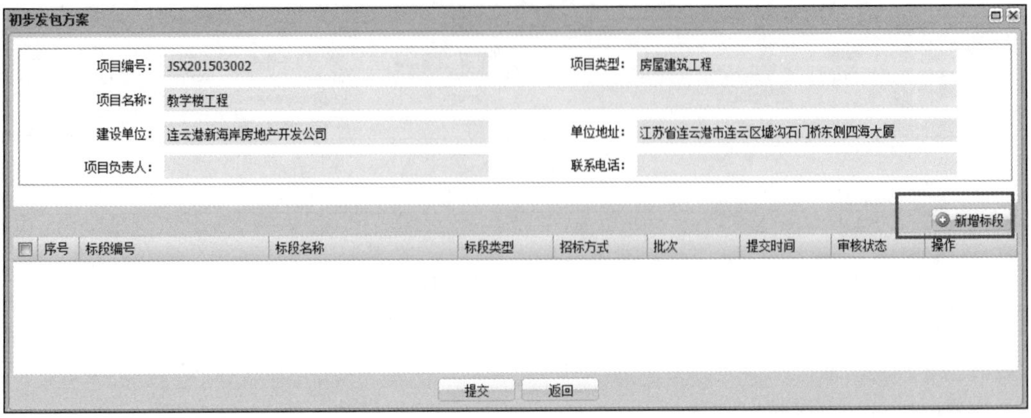

图 3-31

③ 根据案例背景资料,填写带"*"的项,最后点击"保存"。如图 3-32 所示。

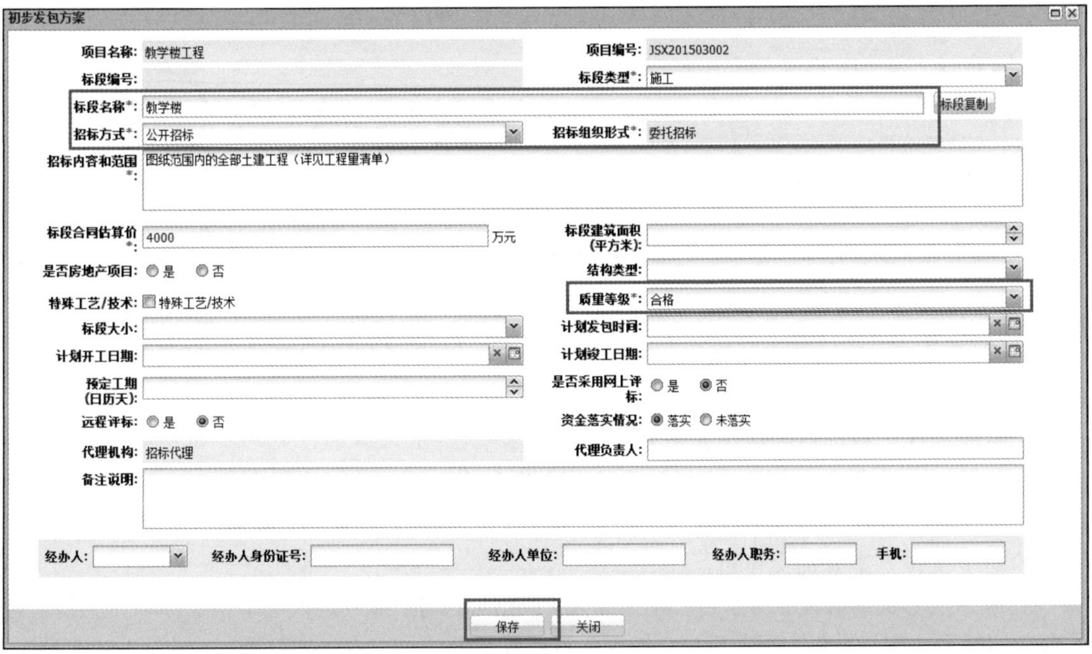

图 3-32

④ 勾选要发包的标段,点击"提交"。如图 3-33 所示。

(2)行政监管人员在线审批　行政监管人员登录广联达工程交易管理服务平台,用初审监管员账号进入电子招投标项目交易管理平台,完成招标工程的初步发包方案审批工作。

① 登录工程交易管理服务平台,用初审监管员账号进入电子招投标项目交易管理平台,切换至"初步发包方案审核",找到刚才提交的"教学楼工程",点击"审核"。如图 3-34 所示。

② 进入审核界面,进行信息核对,并点击"审核",最后给出审核意见并提交。如图 3-35 所示。

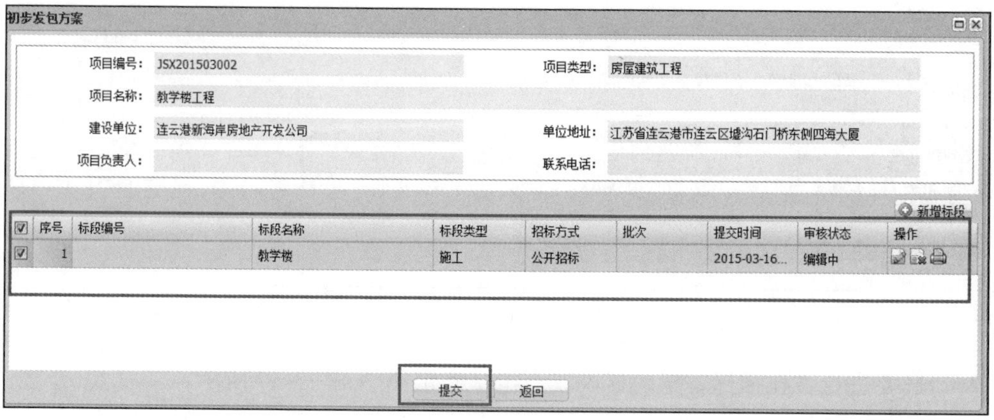

图 3-33

图 3-34

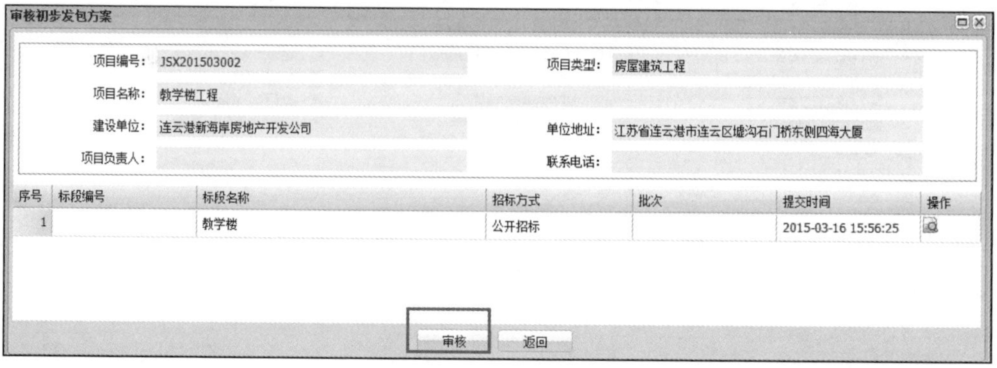

图 3-35

3. 完成招标工程项目的在线自行招标备案或者委托招标备案

（1）招标人（或招标代理）在线自行（或委托）招标备案　招标人（或招标代理）登录工程交易管理服务平台，用招标人（或招标代理）账号进入电子招投标项目交易管理平台，完成招标工程的自行（或委托）招标备案并提交审批。

① 登录工程交易管理服务平台，用招标代理账号进入电子招投标项目交易管理平台，切换至"自行招标备案"或"委托招标备案"模块（具体根据工程案例属于自行招标还是委托招标），案例教学楼工程为委托招标，因此点击"登记委托招标"。如图 3-36 所示。

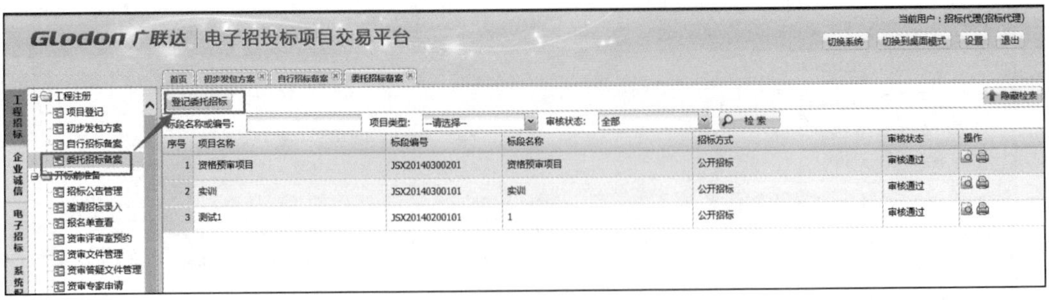

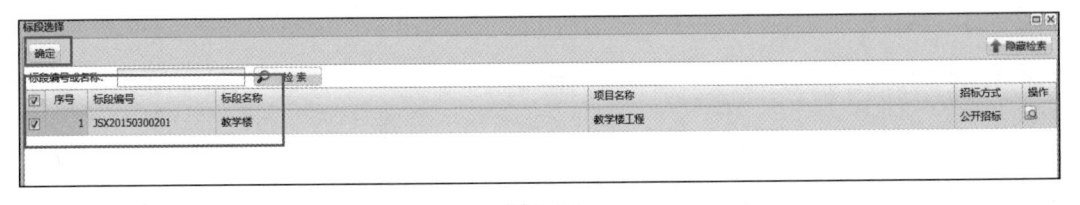

图 3-36

② 勾选要进行委托招标备案的标段，点击"确定"。如图 3-37 所示。

图 3-37

③ 弹出"新增委托招标"窗口，填写相应内容，并上传委托代理合同，最后点击"保存"及"提交"。如图 3-38 所示。

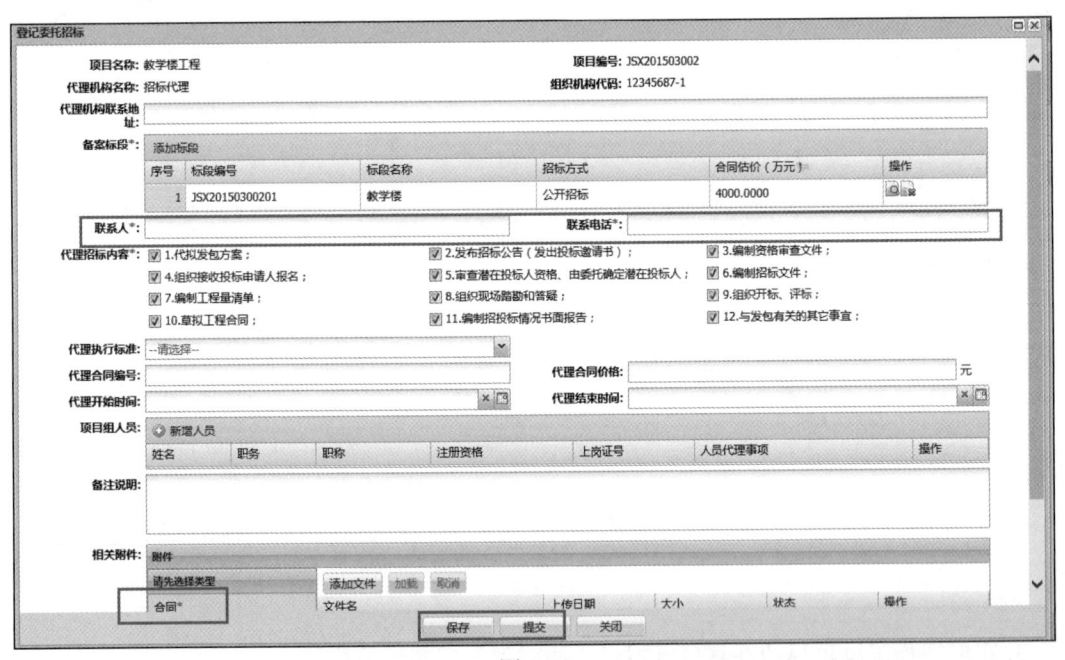

图 3-38

（2）行政监管人员在线审批　行政监管人员登录工程交易管理服务平台，用初审监管员账号进入电子招投标项目交易管理平台，完成招标工程的招标备案审批工作。

① 登录工程交易管理服务平台，用初审监管人员账号进入电子招投标项目交易管理平台，切换至"委托招标备案审核"模块，找到待审核的项目，点击"审核"。如图 3-39 所示。

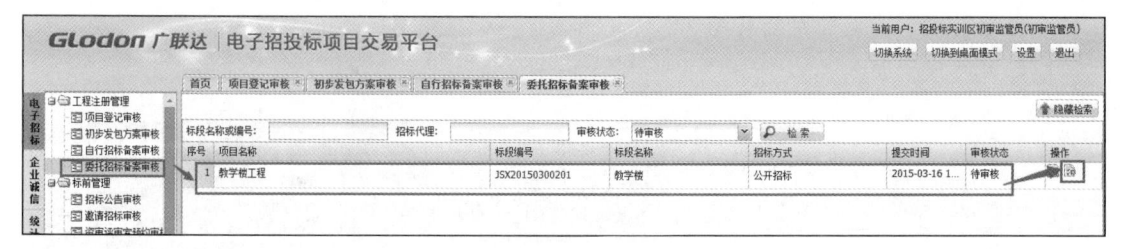

图 3-39

② 弹出"委托招标审核"窗口，核对信息，点击"审核"，最后给出审核意见并提交。如图 3-40 所示。

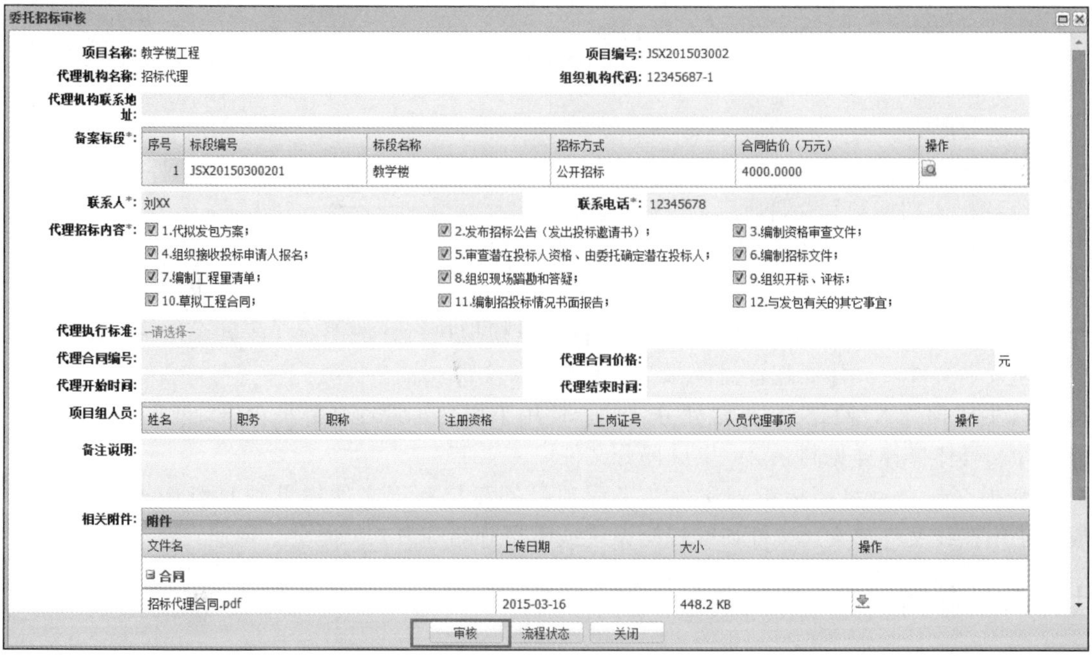

图 3-40

六、沙盘展示

1. 团队自检

项目经理带领团队成员，对照沙盘操作表（表 3-2），检查自己团队的各项工作任务是否完成。

表 3-2　沙盘操作表

序号	任务清单	完成请打"√"使用单据 / 表 / 工具	完成情况
1	招标人确定工程项目符合招标条件、招标方式	项目招标条件、招标方式分析表	☐
2	招标人编制工程项目招标计划	BIM 招投标沙盘执行评测系统（BIM 招投标操作系统）——招标计划表	☐
3	项目登记	电子招投标项目交易平台	☐
4	招标人初步发包方案	电子招投标项目交易平台	☐
5	招标人自行招标备案 / 委托招标备案	电子招投标项目交易平台	☐

2. 沙盘盘面上内容展示与分享

招标人展示，如图 3-41 所示。

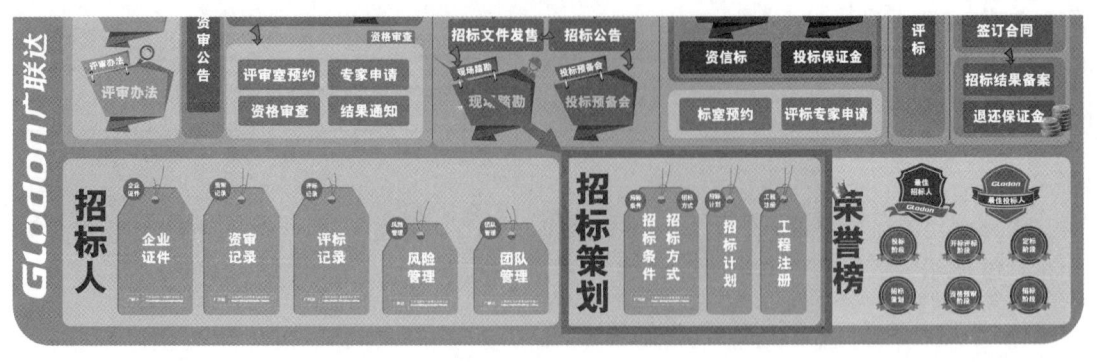

图 3-41

3. 作业提交

（1）作业内容

① 招标人招标策划文件。

② 招标人项目交易平台评分文件。

（2）操作指导

① 生成招标策划文件。使用工程招投标沙盘模拟执行评测系统（沙盘操作执行模块）生成招标策划文件。具体操作详见附录 2：生成评分文件。

② 生成招标人项目交易平台评分文件。使用工程交易管理服务平台生成项目交易平台评分文件。具体操作详见附录 2：生成评分文件。

③ 提交作业。将招标策划文件、工程项目备案与登记文件拷贝到 U 盘中提交给老师，或者使用在线文件递交（文件在线提交系统或电子邮箱等方式）提交给老师。

七、实训总结

1. 教师评测

（1）评测软件操作　具体操作详见附录 3：学生学习成果评测。

（2）学生成果展示　具体操作详见附录 3：学生学习成果评测。

2. 学生总结

小组讨论 3 分钟，写下该环节你认为需要完善的内容及心得，并进行分享。

八、拓展练习

在本实训模块之外需要学生了解的相关知识内容或需要课外思考的问题，具体如下：

① 招标组织方式中除了公开招标外，可以邀请招标、直接发包或议标的条件。

② 选用资格后审招标方式时，招标计划的编制方法。

③ 自行招标和委托招标的相同与不同点。

模块四　资格审查

知识目标

1. 了解招标人资格审查的含义、资格审查的方式。
2. 熟悉招标人资格预审的程序。
3. 掌握资格预审文件的主要内容及编制方法。
4. 掌握资格预审文件的发售时间与条件。
5. 了解建设工程项目投标决策的一般方法。
6. 掌握资格预审申请文件的主要内容及编制方法。
7. 掌握资格审查的办法。
8. 熟悉资格审查的内容。
9. 掌握招标人资格评审的程序。

能力目标

1. 能够结合招标项目具体特点选取适用的资格审查方式及审查办法。
2. 能够熟练进行资格预审文件和资格预审申请文件的编制。
3. 能够进行资格预审公告及资格预审文件的备案与发布。
4. 能够对工程建设项目是否投标进行合理决策。
5. 能够模拟投标人对资格预审文件进行重点内容分析。
6. 能够模拟资格审查委员会成员开展资格审查工作。

驱动问题

1. 招标人开展招标项目资格预审都需要做哪些工作?
2. 针对不同的招标项目,应如何确定资格审查方式及审查办法?
3. 招标人如何能够更好地编制资格预审文件?
4. 投标人面对某一招标项目时,如何进行投标决策?
5. 投标人如何能够更好地编制一份高质量的资格预审申请文件?
6. 招标人重点对资格预审申请人进行哪些方面的审查?

建议学时: 6 ～ 8 学时。

项目一　理论知识

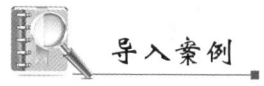 导入案例

　　某地政府投资工程采用委托招标方式组织施工招标。依据相关规定,资格预审文件采用《房屋建筑和市政工程标准施工招标资格预审文件》(建市 [2010]88 号) 编制。招标人共收到

了 16 份资格预审申请文件，其中 2 份资格预审申请文件在资格预审申请截止时间后 2 分钟收到。招标人按照以下程序组织了资格审查。

① 组建资格审查委员会，由审查委员会对资格预审申请文件进行评审和比较。审查委员会由 5 人组成，其中招标人代表 1 人，招标代理机构代表 1 人，政府相关部门组建的专家库中抽取技术、经济专家 3 人。

② 对资格预审申请文件外封装进行检查，发现 2 份申请文件的封装、1 份申请文件封套盖章不符合资格预审文件的要求，于是这 3 份资格预审申请文件被认定为无效申请文件。此外，审查委员会认为只要在资格审查会议开始前送达的申请文件均为有效。这样，2 份在资格预审申请截止时间后送达的申请文件，由于其外封装和标识符合资格预审文件要求，为有效资格预审申请文件。

③ 对资格预审申请文件进行初步审查。发现有 1 家申请人使用的施工资质为其子公司资质，还有 1 家申请人为联合体申请人，其中 1 个成员又单独提交了 1 份资格预审申请文件。审查委员会认为这 3 家申请人不符合相关规定，不能通过初步审查。

④ 对通过初步审查的资格预审申请文件进行详细审查。审查委员会依照资格预审文件中确定的初步审查事项，发现有一家申请人的营业执照副本（复印件）已经超出了有效期，于是要求这家申请人提交营业执照的原件进行核查。在规定的时间内，该申请人将其重新申办的营业执照原件交给了审查委员会核查，确认合格。

⑤ 审查委员会经过上述审查程序，确认了通过以上第③、④两步的 10 份资格预审申请文件通过了审查，并向招标人提交了资格预审书面审查报告，确定了通过资格审查的申请人名单。

分析答案详见后面导入案例解析。

一、招标人资格审查

（一）资格审查的含义

资格审查是指招标人对申请人或潜在投标人的经营资格、专业资质、财务状况、技术能力、管理能力、业绩、信誉等方面进行评估审查，以判定其是否具有投标、订立和履行合同的资格及能力。

资格审查既是招标人的权利，也是建设工程招标投标的必要程序，它对于保障招标人和投标人的利益具有重要作用。

（二）资格审查的方式

工程建设项目施工招标投标时的资格审查分为资格预审和资格后审两种方式。

1. 资格预审

资格预审是指在投标前对潜在投标人进行的资格审查。招标人通过发布资格预审公告，向潜在投标人发出投标邀请。招标人或者由其组织的资格审查委员会按照资格预审文件确定的资格预审条件、标准和方法，对申请人的经营资格、专业资质、财务状况、类似项目业绩、履约信誉等进行评审，确定合格的申请人。

资格预审的主要目的在于：一是为了保证投标参与者都是有履约能力的；二是为项目业主（或总包单位）减轻评标负担；三是通过资格预审可将投标人的数量控制在一定的范围内，保证竞争的适度性和合理性。有些业主往往还通过资格预审试探投标者的兴趣或调查潜在的承包商的数量。

资格预审的优点是可以减少评标阶段的工作量、缩短评标时间、避免不合格的申请人进人投标阶段从而节约投标人的投标成本，同时可以提高投标人投标的针对性、竞争性，提高评标的科学性、可比性，提高评标质量；缺点是延长了招标投标过程，增加了招标人组织资格预审的费用和潜在投标人申请资格预审的费用。

资格预审一般适用于潜在投标人较多或者大型、技术复杂货物的公开招标，以及需要公开选择潜在投标人的邀请招标。属于国家重点工程建设项目或者大中型工程建设项目，一般采用经资格预审的公开招标。

2. 资格后审

资格后审是指在开标后对潜在投标人进行的资格审查。投标人在获取招标文件后，根据招标文件的要求递交包括商务标、技术标、投标人资格证明等文件在内的投标文件。开标后，评标委员会依据招标文件规定的投标资格条件对投标人进行资格审查，对符合资格要求的投标人再进行初步评审和详细评审。

资格后审的优点和缺点恰恰是资格预审的缺点和优点。优点是可以省去招标人组织资格预审和潜在投标人进行资格预审申请的工作环节，从而节约相关费用，缩短招标投标过程，这有利于增加投标人数量，加大串标、围标的难度；缺点是降低投标人投标的针对性和积极性，在投标人过多时会增加社会成本和评标工作量。

资格后审适用于一般性工程建设项目的公开招标。采用这种公开招标方式的招标公告，应详细标明资格和资质条件，以便潜在的投标人事先评估自己是否符合要求，决策是否购买招标文件。由于未进行资格预审，所以在评标过程中首先进行资格后审，对资格后审合格的投标人，再进行深入评标。

(三) 资格预审的程序

资格预审的程序主要涉及以下环节：招标人组织编制资格预审文件→招标人发布资格预审公告→潜在投标人编写、递交资格预审申请文件→招标人组织评审资格预审申请文件→向潜在投标人通知评审结果。

（1）招标人组织编制资格预审文件　由招标人组织有关专家编制资格预审文件，也可委托设计单位、咨询公司编制。资格预审文件的主要内容有：工程项目简介；对投标人的要求；各种附表等。资格预审文件须报招标管理机构审核。

（2）招标人发布资格预审公告　在建设工程交易中心及政府指定的报刊、网络发布工程招标信息，刊登资格预审公告。资格预审公告的内容应包括：工程项目名称，资金来源，工程规模，工程量，工程分包情况，投标人的合格条件，购买资格预审文件日期、地点和价格，递交资格预审申请文件的日期、时间和地点。

（3）潜在投标人编写、递交资格预审申请文件　潜在投标人应严格依据资格预审文件要求的格式和内容编制、签署、装订、密封、标识资格预审申请文件，并应按照资格预审公告中规定的时间和地点递交。招标人有权拒收延期递交的资格预审申请文件。

（4）招标人组织评审资格预审申请文件　由招标人负责组织评审小组，包括财务、技术方面的专门人员对资格预审文件进行完整性、有效性及正确性的资格审查。

（5）向潜在投标人通知评审结果　招标人应向所有参加资格预审的申请人公布评审结果，包括通过的和未通过的。通过资格预审的申请人收到通知后，应以书面方式确认是否参加投标。未通过资格预审的申请人不具有投标资格，不得参加投标。

(四) 资格预审文件的编制

资格预审文件是告知申请人资格预审条件、标准和方法，资格预审申请文件编制和提交要求的载体，是对申请人的经营资格、履约能力进行评审，确定通过资格预审申请人的依据。依法必须进行招标的房屋建筑和市政工程施工招标项目，应使用中华人民共和国住房和城乡建设部发布的《房屋建筑和市政工程标准施工招标资格预审文件》（建市 [2010]88 号），结合招标项目的技术管理特点和需求编制资格预审文件。按照《房屋建筑和市政工程标准施工招标资格预审文件》（建市 [2010]88 号）编写格式，资格预审文件的主要内容应包括资格预审公告、申请人须知、资格审查办法、资格预审申请文件格式和项目建设概况五部分。

1. 招标公告、投标邀请书与资格预审公告

（1）招标公告   招标公告按照《中华人民共和国招标投标法》第十六条第一款规定："招标人采用公开招标方式的，应当发布招标公告。依法必须进行招标的项目的招标公告，应当通过国家指定的报刊、信息网络或者其他媒介发布"。招标人以招标公告的方式邀请不特定的法人或者其他组织投标是公开招标一个最显著的特征。

招标公告内容应当真实、准确和完整。招标公告一经发出即构成招标活动的要约邀请，招标人不得随意更改。《中华人民共和国招标投标法》第十六条第二款规定"招标公告应当载明招标人的名称和地址、招标项目的性质、数量、实施地点和时间以及获取招标文件的办法等事项"的基本内容要求，结合国务院有关部委规章中对招标公告内容的共性规定，招标公告基本内容包括以下几点。

① 招标条件，包括招标项目的名称、项目审批、核准或备案机关名称、资金来源、简要技术要求以及招标人的名称等；

② 招标项目的规模、招标范围、标段的划分或数量；

③ 招标项目的实施地点或交货或服务地点；

④ 招标项目的实施时间，即工程施工工期或货物交货期或提供服务时间等；

⑤ 对投标人或供应商或服务商的资质等级与资格要求；

⑥ 获取招标文件的时间、地点、方式以及招标文件售价；

⑦ 递交投标文件的地点和投标截止日期；

⑧ 联系方式，包括招标人、招标或采购代理机构项目联系人的名称、地址、电话、传真、网址、开户银行及账号等联系方式；

⑨ 其他。

（2）投标邀请书   按照《中华人民共和国招标投标法》第十七条规定："招标人采用邀请招标方式的，应当向三个以上具备承担招标项目的能力、资信良好的特定的法人或者其他组织发出投标邀请书"。投标邀请书的内容和招标公告的内容基本一致，只需增加要求潜在投标人"确认"是否收到了投标邀请书的内容。如按照《房屋建筑和市政工程标准施工招标资格预审文件》（建市 [2010]88 号）中关于"投标邀请书"的条款，就专门要求潜在投标人在规定时间以前，用传真或快递方式向招标人"确认"是否收到了投标邀请书。

（3）资格预审公告   资格预审公告是指招标人通过媒介发布公告，表示招标项目采用资格预审的方式，公开选择条件合格的潜在投标人，使感兴趣的潜在投标人了解招标、采购项目的情况及资格条件，前来购买资格预审文件，参加资格预审和投标竞争。

根据《工程建设项目施工招标投标办法》（七部委 30 号令，2013 年 4 月修订）、《房屋建筑和市政工程标准施工招标资格预审文件》（建市 [2010]88 号）中的规定，工程建设项目资格预审公告内容包括以下几点。

① 招标项目的条件，包括项目审批、核准或备案机关名称、资金来源、项目出资比例、招标人的名称等；

② 项目概况与招标范围，包括本次招标项目的建设地点、规模、计划工期、招标范围、标段划分等；

③ 对申请人的资格要求，包括资质等级与业绩、是否接受联合体申请、申请标段数量；

④ 资格预审方法，表明是采用合格制还是有限数量制；

⑤ 资格预审文件的获取时间、地点和售价；

⑥ 资格预审申请文件的提交地点和截止时间；

⑦ 同时发布公告的媒介名称；

⑧ 联系方式，包括招标人、招标代理机构项目联系人的名称、地址、电话、传真、网址、开户银行及账号等。

招标人按照《房屋建筑和市政工程标准施工招标资格预审文件》（建市 [2010]88 号）中规定的格式发布资格预审公告后，应将实际发布的资格预审公告编入出售的资格预审文件中，作为资格预审邀请。资格预审公告应同时注明发布公告的所有媒介名称。

2. 申请人须知

（1）申请人须知前附表　前附表编写内容及要求如下。

① 招标人及招标代理机构的名称、地址、联系人与电话，便于申请人联系。

② 工程建设项目基本情况，包括项目名称、建设地点、资金来源、出资比例、资金落实情况、招标范围、标段划分、计划工期、质量要求，使申请人了解项目基本情况。

③ 申请人资格条件。告知申请人必须具备的工程施工资质、近年类似业绩、财务状况、拟投入人员、设备等技术力量等资格能力要素条件和近年发生诉讼、仲裁等履约信誉情况以及是否接受联合体申请和投标等要求。

④ 时间安排。明确申请人提出澄清资格预审文件要求的截止时间，招标人澄清、修改资格预审文件的时间，申请人确认收到资格预审文件澄清和修改文件的时间，使申请人知悉资格预审活动的时间安排。

⑤ 申请文件的编写要求。明确申请文件的签字和盖章要求、申请文件的装订及文件份数，使申请人知悉资格预审申请文件的编写格式。

⑥ 申请文件的提交规定。明确申请文件的密封和标识要求、申请文件提交的截止时间及地点、资格审查结束后资格预审申请文件是否退还，以使申请人能够正确提交申请文件。

⑦ 简要写明资格审查采用的方法，资格预审结果的通知时间及确认时间。

（2）总则　总则编写要把招标工程建设项目概况、资金来源和落实情况、招标范围和计划工期及质量要求叙述清楚，声明申请人资格要求，明确申请文件编写所用的语言，以及参加资格预审过程的费用承担者。

（3）资格预审文件　包括资格预审文件的组成、澄清及修改。

1）资格预审文件由资格预审公告、申请人须知、资格审查方法、资格预审申请文件格式、项目建设概况以及对资格预审文件的澄清和修改构成。

2）资格预审文件的澄清。要明确申请人提出澄清的时间、澄清问题的表达形式，招标人的回复时间和回复方式，以及申请人对收到答复的确认时间及方式。

① 申请人通过仔细阅读和研究资格预审文件，对不明白、不理解的意思表达，模棱两可或错误的表述，或遗漏的事项，可以向招标人提出澄清要求，但澄清要求应当在资格预审文件规定的时间前，以书面形式发给招标人。

② 招标人认真研究收到的所有澄清问题后，应在规定时间前以书面形式将资格预审澄清文件发放给所有获取资格预审文件的申请人，但不指明澄清问题的来源。资格预审文件的澄清内容可能影响资格预审申请文件编制的，招标人应当在申请人须知规定的提交资格预审申请文件截止时间至少 3 日前，以书面形式通知所有获取资格预审文件的申请人；不足 3 日的，招标人应当顺延提交资格预审申请文件的截止时间。

③ 申请人应在收到澄清文件后，在规定的时间内以书面形式向招标人确认已经收到。

3）资格预审文件的修改。明确招标人对资格预审文件进行修改、通知的方式及时间，以及申请人确认的方式及时间。

① 招标人可以对资格预审文件中存在的问题、疏漏进行修改，但必须在资格预审文件规定的时间前，将资格预审修改文件以书面形式发放给所有获取资格预审文件的申请人。资格预审文件的修改内容可能影响资格预审申请文件编制的，招标人应当在申请人须知规定的提交资格预审申请文件截止时间至少 3 日前，以书面形式通知所有获取资格预审文件的申请人，不足 3 日的，招标人应当顺延提交资格预审申请文件的截止时间。

② 申请人应在收到修改文件后进行确认。

4）对资格预审文件的异议。资格预审申请人或者其他利害关系人对资格预审文件有异议的，应当在提交资格预审申请文件截止时间 2 日前提出。招标人应当自收到异议之日起 3 日内作出答复；作出答复前，应当暂停招标投标活动。

5）资格预审申请文件的编制。招标人应在本处明确告知申请人，资格预审申请文件的组成内容、编制要求、装订及签字盖章要求。

6）资格预审申请文件的提交。招标人一般在这部分明确资格预审申请文件应按统一的规定要求进行密封和标识，并在规定的时间和地点提交。对于没有在规定地点、截止时间前提交的申请文件，应拒绝接收。

7）资格审查。国有资金占控股或者主导地位的依法必须进行招标的项目，由招标人依法组建的资格审查委员会进行资格审查；其他招标项目可由招标人自行进行资格审查。

8）通知和确认。明确审查结果的通知时间及方式，以及通过资格预审申请人的回复方式及时间。

9）纪律与监督。对资格预审期间的纪律、保密、投诉以及对违纪的处置方式进行规定。

3. 资格审查办法

（1）选择资格预审方法　资格预审的方法有合格制和有限数量制两种，分别适用于不同的条件。

① 合格制　合格制是指设计一些资格条件，每个条件都是对投标人资格的一种限定，投标申请人符合资格审查文件中投标申请人全部条件的，即为合格。

一般情况下，资格审查办法应当采用合格制。采用合格制时，凡符合资格预审文件中规定资格审查标准的申请人均通过资格预审，取得相应投标资格。即合格制中，满足条件的申请人均获得投标资格。

合格制的优点是：投标竞争性强，有利于获得更多、更好的投标人和投标方案；对满足资格条件的所有申请人公平、公正。缺点是：投标人可能较多，从而加大投标和评标工作量，浪费社会资源。

合格制适用于工程项目具有通用技术、性能标准或招标人对技术性能没有特殊要求、投资规模较小的公开招标项目和邀请招标项目。

②　有限数量制　有限数量制是指招标人对符合资格条件的申请人做出数量限制，符合资格预审文件中规定资格审查标准且在规定数量范围内的申请人才能通过资格预审，取得相应投标资格。

当潜在投标人过多时，资格审查办法可采用有限数量制。招标人既要在资格预审文件中规定资格审查标准，又要明确通过资格预审的申请人数量。审查委员会依据资格预审文件中规定的审查标准和流程，对通过初步审查和详细审查的资格预审申请文件进行量化打分，并按得分由高到低的顺序进行排名，最终根据申请人须知前附表确定的申请人数量及得分排名确定哪些申请人具有投标资格。被排除的申请人则不能参加后续投标工作。

有限数量制的优点是：有利于降低招标投标活动的社会综合成本，提高投标的针对性和积极性。缺点是：在一定程度上限制了潜在投标人的范围，使一些潜在投标人失去了中标的机会，相比合格制审查办法投标人更容易串标。

有限数量制一般适用于潜在投标人较多时，或使用国有资金投资、国有资金占控股或主导地位的有特殊要求或总投资在一定规模以上的工程项目。

（2）审查标准　包括初步审查和详细审查的标准，采用有限数量制时的评分标准。

（3）审查程序　包括资格预审申请文件的初步审查、详细审查、申请文件的澄清以及有限数量制的评分等内容和规则。

（4）审查结果　资格审查委员会完成资格预审申请文件的审查，确定通过资格预审的申请人名单，向招标人提交书面审查报告。

4. 资格预审申请文件格式

资格预审申请文件包括以下基本内容和格式。

（1）资格预审申请函　资格预审申请函是申请人响应招标人参加招标资格预审的申请函，并对所提交的资格预审申请文件及有关材料内容的完整性、真实性和有效性做出声明。

（2）法定代表人身份证明或其授权委托书

①　法定代表人身份证明，是申请人出具的用于证明法定代表人合法身份的证明。内容包括申请人名称、单位性质、成立时间、经营期限，法定代表人姓名、年龄、职务等。

②　授权委托书，是申请人及其法定代表人出具的正式文书，明确授权其委托代理人在规定的期限内负责申请文件的签署、澄清、提交、撤回、修改等活动，其活动的后果，由申请人及其法定代表人承担法律责任。

（3）联合体共同投标协议　适合于允许联合体投标的资格预审。联合体各方联合声明共同参加资格预审申请和投标活动签订的联合协议。联合体共同投标协议中应明确牵头人、各方职责分工及协议期限，承诺对提交文件承担法律责任等。

（4）申请人基本情况

①　申请人的名称、企业性质、主要股东、法定代表人、经营范围与方式、营业执照、成立时间、企业资质等级与资格声明，技术负责人、联系方式、开户银行、员工专业结构与人数等。

②　申请人的施工能力：已承接任务的合同项目总价、最大年施工规模能力（产值）、正在施工的规模数量、申请人的施工质量保证体系、拟投入本项目的主要设备仪器情况。

（5）申请人近年财务状况　申请人应提交近年（一般为近3年）经会计师事务所或审计机构审计的财务报表，包括资产负债表、损益表、现金流量表等，用于招标人判断投标人的总体财务状况，进而评估其承担招标项目的财务能力和抗风险能力。必要时，可要求申请人提供银行出具的信用等级证书或银行资信证明。

（6）申请人近年完成的类似项目情况　申请人应提供近年已经完成的与招标项目性质、类型、规模标准类似的工程名称、地址，招标人名称、地址及联系电话，合同价格，申请人的职责定位、承担的工作内容、完成日期，实现的技术、经济和管理目标及使用状况，项目经理、技术负责人等。

（7）申请人拟投入技术和管理人员状况　申请人拟投入招标项目的主要技术和管理人员的身份、资格、能力，包括岗位任职、工作经历、职业资格、技术或行政职务、职称，完成的主要类似项目业绩等证明材料。

（8）申请人正在施工和新承接的项目情况　填报信息内容与"近年完成的类似项目情况"的要求相同。

（9）申请人近年发生的诉讼及仲裁情况　申请人应按资格预审文件要求提供指定年份的合同履行中，发生达到规定的涉案金额的争议或纠纷引起的诉讼、仲裁案件，以及已被明确处罚的主体、处罚种类、处罚范围的违法、违规行为，包括法院或仲裁机构做出的判决、裁决、行政处罚决定等法律文书复印件。

（10）其他材料　申请人提交的其他材料包括两部分：一是资格预审文件的申请人须知、评审办法等有要求，但申请文件格式中没有表述的内容，如 ISO9000、ISO14000、OHSAS18001 等质量管理体系、环境管理体系、职业健康安全管理体系认证证书，企业、工程、产品的获奖、荣获证书等；二是资格预审文件中没有要求提供，但申请人认为对自己通过资格预审比较重要的资料。

5. 项目建设概况

工程建设项目概况的内容应包括项目说明、建设条件、建设要求和其他需要说明的情况。各部分具体编写要求如下。

（1）项目说明　首先应概要介绍工程建设项目的建设任务、工程规模标准和预期效益；其次说明项目的批准或核准情况；再次介绍该工程的项目业主，项目投资人出资比例，以及资金来源；最后概要介绍项目的建设地点、计划工期、招标范围和标段划分情况。

（2）建设条件　主要是描述建设项目所处位置的水文气象条件、工程地质条件、地理位置及交通条件等。

（3）建设要求　概要介绍工程施工技术规范、标准要求，工程建设质量、进度、安全和环境管理等要求。

（4）其他需要说明的情况　需结合项目的工程特点和项目业主的具体管理要求提出。

（五）资格预审文件的发售

资格预审文件编制完成后，即进行发售，招标人应当按照资格预审公告、招标公告或者投标邀请书规定的时间、地点发售资格预审文件。资格预审文件的发售期不得少于 5 日。招标人发售资格预审文件可收取一定的费用，收取的费用应当限于补偿印刷、邮寄的成本支出，不得以营利为目的。

同时招标人应当合理确定提交资格预审申请文件的时间。依法必须进行招标的项目提交资格预审申请文件的时间，自资格预审文件停止发售之日起不得少于 5 日。

·　招标人可以对已发出的资格预审文件进行必要的澄清或者修改。澄清或者修改的内容可能影响资格预审申请文件编制的，招标人应当在提交资格预审申请文件截止时间至少 3 日前，以书面形式通知所有获取资格预审文件的潜在投标人，不足 3 日的，招标人应当顺延提交资格预审申请文件的截止时间。

二、投标人资格申请

（一）投标决策

投标人通过投标取得项目，是市场经济条件下的必然。但是，作为投标人来讲，并不是每标必投，因为投标人要想在投标中获胜，既要中标得到承包工程，又要从承包工程中赢利，这就需要研究投标决策的问题。所谓投标决策，包括三方面内容：其一，针对项目招标是投标或是不投标；其二，倘若去投标，是投什么性质的标；其三，投标中如何采用以长制短、以优胜劣的策略和技巧。投标决策的正确与否，关系到能否中标和中标后的效益，关系到施工企业的发展前景和职工的经济利益。因此，企业的决策班子必须充分认识到投标决策的重要意义，把这一工作摆在企业的重要议事日程上。

投标人的投标决策可以分为两个阶段进行，分别是投标的前期决策和后期决策。

（1）投标的前期决策　投标的前期决策必须在投标人参加投标资格预审前后完成。决策的主要依据是项目招标公告以及投标人对招标工程、项目业主、竞争对手等情况的调研和了解程度。如果是国际工程，还包括对工程所在国和工程所在地的调研和了解程度。前期阶段必须对是否投标做出论证。通常情况下，当投标人面临下列招标项目时应放弃投标。

① 本单位营业范围之外的项目。

② 工程规模、技术要求超过本单位技术等级的项目。

③ 本单位生产任务饱满，且招标项目盈利水平较低或风险较大的项目。

④ 本单位技术水平、业绩、信誉明显不如竞争对手。

（2）投标的后期决策　如果决定投标，即进入投标的后期决策阶段。这个时期是指投标人从申报投标资格预审至投标报价（递交投标书）期间完成的决策研究阶段。主要研究倘若去投标，应该投什么性质的标以及在投标中采取什么样的投标报价策略。

有关投标决策的分类如下。

1）按投标的性质分类，主要有风险标和保险标。

① 风险标　投标人通过前期阶段的调查研究，明知工程承包难度大、风险大，且技术、设备、资金上都有未解决的问题，但由于本企业任务不足、处于窝工状态，或因为工程盈利丰厚，或为了开拓市场而决定参加投标，同时设法解决存在的问题，即是风险标。投标人选择投这种性质的标时，如果投标后问题解决得好，则可取得较好的经济效益，也可锻炼出一支好的施工队伍，使企业更上一层楼；反之，如果问题解决得不好，企业的信誉就会受到损害，严重者可能导致企业亏损甚至破产。因此，投标人投风险标时必须审慎决策。

② 保险标　投标人对可以预见的情况从技术、设备、资金等方面的重大问题都有了解决的对策之后再投标，即是保险标。一般情况下企业经济实力较弱，经不起失误的打击，则往往投保险标。当前，我国施工企业多数都愿意投保险标，特别是在国际工程承包市场。

2）按投标的效益分类，主要有盈利标和保本标。

① 盈利标　投标人如果认为招标工程既是本企业的强项，又是竞争对手的弱项；或建设单位意向明确；或本企业虽任务饱满，但项目本身盈利丰厚，才考虑让企业超负荷运转时，此种情况下可投盈利标。

② 保本标　当企业无后继工程，或已出现部分窝工，必须争取中标，但招标的项目本企

业又无优势而言，竞争对手又是"强大如林"的局面，此时宜投保本标，至多投薄利标。

（二）资格预审申请文件的编制

1. 资格预审申请文件的主要内容

资格预审申请文件的主要内容一般应包括资格预审申请函、法定代表人身份证明、授权委托书、联合体协议书、申请人基本情况表、近年财务状况表、近年完成的类似项目情况表、正在施工的和新承接的项目情况表、近年发生的诉讼及仲裁情况以及其他材料等几部分。具体内容和格式参见《房屋建筑和市政工程标准施工招标资格预审文件》（建市 [2010]88 号）。

2. 资格预审申请文件的编制要求

① 资格预审申请文件应严格按照资格预审文件中规定的格式进行编写，如有必要，可以增加附页作为资格预审申请文件的组成部分。申请人须知前附表规定接受联合体资格预审申请的，联合体各方成员均应填写相应的表格和提交相应的材料。

② 法定代表人授权委托书必须由法定代表人签署。

③ "申请人基本情况表"应附申请人营业执照副本及其年检合格的证明材料、资质证书副本和安全生产许可证等材料的复印件。

④ "近年财务状况表"应附经会计师事务所或审计机构审计的财务会计报表，包括资产负债表、现金流量表、利润表和财务情况说明书的复印件，具体年份要求见申请人须知前附表。

⑤ "近年完成的类似项目情况表"应附中标通知书或合同协议书、工程接收证（工程竣工验收证书）的复印件，具体年份要求见申请人须知前附表。每张表格只填写一个项目，并标明序号。

⑥ "正在施工的和新承接的项目情况表"应附中标通知书或合同协议书的复印件。每张表格只填写一个项目，并标明序号。

⑦ "近年发生的诉讼及仲裁情况"应说明相关情况，并附法院或仲裁机构做出的裁决等有关法律文书复印件，具体年份要求见申请人须知前附表。

⑧ 申请人应按照资格预审文件的要求，编制完整的资格预审申请文件，用不褪色的材料书写或打印，并由申请人的法定代表人或其委托代理人签字或盖单位章。资格预审申请文件中的任何改动之处应加盖单位章或由申请人的法定代表人或其委托代理人签字确认。

3. 资格预审申请文件编制过程中的注意事项

为了顺利通过资格预审，投标人一方面应注意平时做好一般资格预审所需有关资料的积累工作，将其储存在计算机中。因为资格预审申请文件的内容中，关于财务状况、施工经验、人员能力等属于通用审查的内容，在此基础上，补充一些针对某一具体项目要求的其他资料，即可快速完成资格预审申请文件需要填写的内容。

另一方面，在进行填表分析时，投标人既要针对工程特点下功夫填好各个栏目，又要仔细分析针对业主考虑的重点，全面反映出本公司的施工经验、施工水平和施工组织能力。使资格预审申请文件既能达到业主要求，又能反映自己的优势，给业主留下深刻印象。

（三）资格预审申请文件的递交

资格预审申请文件正本一份，副本份数按照申请人须知前附表规定的数量准备。正本和副本的封面上应清楚地标记"正本"或"副本"字样。当正本和副本不一致时，以正本为准。资格预审申请文件正本与副本应分别按要求装订成册，并编制目录。

资格预审申请文件的正本与副本应分开包装，加贴封条，并在封条的封口处加盖申请人单位章。在资格预审申请文件的封套上应清楚地标记"正本"或"副本"字样。

未按要求密封和加写标记的资格预审申请文件，招标人将不予受理。

申请人须按照资格预审文件规定的申请截止时间之前将申请文件送达资格预审文件规定的地点，并在"申请文件递交时间和密封及标识检查记录表"上签字确认。逾期送达或未送达指定地点的资格预审申请文件，招标人将不予受理。

三、资格审查的实施

（一）资格审查办法

《房屋建筑和市政工程标准施工招标资格预审文件》（建市 [2010]88 号）第三章"资格审查办法"分别规定合格制和有限数量制两种资格审查方法，供招标人根据招标项目具体特点和实际需要选择使用。

（二）资格审查的内容

1. 投标人是响应招标、参加投标竞争的法人或者其他组织

投标人应具备下列条件。

① 投标人应具备承担招标项目的能力；国家有关规定或者招标文件对投标人资格条件有规定的，投标人应当具备规定的资格条件。

② 投标人应当按照招标文件的要求编制投标文件，投标文件应当对招标文件提出的要求和条件做出实质性响应。

③ 投标人应当在招标文件所要求提交投标文件的截止时间前，将投标文件送达投标地点。招标人收到投标文件后，应当签收保存，不得开启。招标人对在招标文件要求提交投标文件的截止时间后收到的投标文件，应当原样退还，不得开启。

④ 投标人在招标文件要求提交投标文件的截止时间前，可以补充、修改或者撤回已提交的投标文件，并书面通知招标人。补充、修改的内容为投标文件的组成部分。

⑤ 投标人根据招标文件载明的项目实际情况，拟在中标后将中标项目的部分非主体、非关键性工作交由他人完成的，应当在投标文件中载明。

⑥ 两个以上法人或者其他组织可以组成一个联合体，以一个投标人的身份共同投标。

⑦ 投标人不得相互串通投标报价，不得排挤其他投标人的公平竞争，损害招标人或者其他人的合法权益。

⑧ 投标人不得以低于成本价报价竞标，也不得以他人名义投标或者以其他方式弄虚作假，骗取中标。

2. 资格审查应主要审查潜在投标人或者投标人是否符合下列条件

① 具有独立订立合同的权利。

② 具有履行合同的能力，包括专业、技术资质资格和能力，资金、设备和其他物质设施状况，管理能力，经验、信誉和相应的从业人员。投标人资质条件、能力和信誉等一般包括：资质条件、财务要求、设计业绩要求、施工业绩要求、信誉要求、项目经理的资格要求、设计负责人的资格要求、施工负责人的资格要求、施工机械设备、项目管理机构及人员等方面。

③ 没有处于被责令停业，投标资格被取消，财产被接管、冻结、破产状态。

④ 在最近三年内没有骗取中标和严重违约重大工程质量问题。

⑤ 国家规定的其他资格条件。

资格审查时，招标人不得以不合理的条件限制、排斥潜在投标人或者投标人，不得对潜在投标人或者投标人实行歧视待遇。任何单位和个人不得以行政手段或者其他不合理方式限制投标人的数量。

（三）资格审查的程序

资格预审的评审工作包括组建资格审查委员会、初步审查、详细审查、澄清、评审和编写资格审查评审报告等程序。

1. 组建资格审查委员会

国有资金占控股或者主导地位依法必须进行招标的项目，招标人应当组建资格审查委员会审查资格预审申请文件。资格审查委员会及其成员组成应当遵守《中华人民共和国招标投标法》和《中华人民共和国招标投标法实施条例》中有关评标委员会及其成员的规定，即由招标人的代表和有关技术、经济等方面的专家组成，成员人数为五人以上单数，其中技术、经济等方面的专家不得少于成员总数的三分之二。其他项目由招标人自行组织资格审查。

招标人或招标代理公司在组织资格审查会议之前，在规定时间之内须向当地行政主管部门招投标管理办公室申请预约资格预审评审室，同时在评审之前 1 日到招投标管理办公室抽取评审专家，并办理相关手续。包括资格预审评审专家抽取申请表加盖公章、招标人拟派资格预审评审代表资格条件登记表加盖公章、拟派评审代表劳动合同、社保证明、建筑业相关专业高级职称证书、身份证（出示原件并提供复印件加盖公章）等。

2. 初步审查

初步审查的因素主要有：申请人名称、申请函签字盖章、申请文件格式、联合体申请人等内容。

初步审查一般包括审查申请人名称与营业执照、资质证书、安全生产许可证是否一致；资格预审申请文件是否经法定代表人或其委托代理人签字或加盖单位印章；申请文件是否按照资格预审文件中规定的内容格式编写；联合体申请人是否提交联合体协议书，并明确联合体责任分工等。上述因素只要有一项不合格，就不能通过初步审查。

3. 详细审查

详细审查是资格审查委员会对通过初步审查的申请人的资格预审申请文件进行进一步审查。常见的详细审查因素和标准如下。

（1）营业执照　营业执照的营业范围是否与招标项目一致，执证期限是否有效。包括：公司名称、营业范围、有效期（应覆盖投标有效期）、法定代表人、注册资本。

（2）企业资质等级　企业资质中的专业范围和等级是否满足资格条件要求。

（3）安全生产许可证　安全生产许可范围是否与招标项目一致，执证期限是否有效。

（4）质量管理、职业健康安全管理和环境管理体系认证证书　认证范围是否与招标项目一致，执证期限在招标期间是否有效。

（5）财务状况　申请人的资产规模、营业收入、资产负债率及偿债能力等抵御财务风险的能力是否达到资格审查的标准要求。

（6）类似项目业绩　申请人提供招标人约定年限内完成的类似项目情况应附中标通知书或合同协议书、工程接收证书（工程竣工验收证书）的复印件等证明材料，正在施工或生产和新承接的项目情况应附中标通知书或合同协议书的复印件等证明材料。根据申请人完成类似项目业绩的数量、质量、规模、运行情况，评审其已有类似项目的施工或生产经验的程度。

（7）信誉　申请人近年来发生的诉讼或仲裁情况、质量和安全事故、合同履约情况、银行资信情况等是否满足资格预审文件规定的条件要求。

（8）项目经理和技术负责人的资格　审核项目经理和其他技术管理人员的履历、任职、类似业绩、技术职称、职业资格等证明材料，评定其是否符合资格预审文件规定的资格、能力要求。

（9）联合体申请人　审核联合体协议中联合体牵头人与其他成员的责任分工是否明确；联合体的资质等级是否符合要求；联合体各方有无单独或参加其他联合体对同一标段的投标。

（10）其他　审核资格预审申请文件是否满足资格预审文件规定的其他要求，特别注意是否存在投标人的限制情形。

4. 澄清

在审查过程中，审查委员会可以书面形式，要求申请人对所提交的资格预审申请文件中不明确的内容进行必要的澄清或说明。申请人的澄清或说明采用书面形式，并不得改变资格预审申请文件的实质性内容。申请人的澄清和说明内容属于资格预审申请文件的组成部分。审查委员会不得暗示或者诱导申请人做出澄清、说明。招标人和审查委员会不接受申请人主动提出的澄清或说明。

5. 评审

（1）合格制　满足详细审查标准的申请人，则通过资格审查，获得投标资格。

（2）有限数量制　通过详细审查的申请人不少于3个且没有超过资格预审文件规定数量的，均通过资格预审，不再进行评分；通过详细审查的申请人数量超过资格预审文件规定数量的，审查委员会可以按资格预审文件规定的评审因素和评分标准进行评审，并依据规定的评分标准进行评分，按得分由高到低的顺序进行排序，选择预审文件规定数量的申请人通过资格预审。

6. 编写资格审查评审报告

招标人或资格审查委员会按照上述规定的程序对资格预审申请文件完成审查后，确定通过资格预审的申请人名单，并向招标人提交书面审查报告。

通过详细审查申请人的数量不足3个的，招标人应分析具体原因，采取相应措施后，重新组织资格预审或不再组织资格预审而采用资格后审方式直接招标。

资格审查报告一般包括以下内容：① 基本情况和数据表；② 资格审查委员会名单；③ 澄清、说明、补正事项纪要等；④ 审查程序和时间、未通过资格审查的情况说明、通过评审的申请人名单；⑤ 评分比较一览表和排序；⑥ 其他需要说明的问题。

资格后审一般在评标过程中的初步评审阶段进行。采用资格后审的，对投标人资格审查内容、评审方法和标准与资格预审基本相同，评审工作由招标人依法组建的评标委员会负责。

 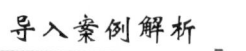**导入案例解析**

1. 资格审查程序

本案例中，招标人组织资格审查的程序不正确。依据《工程建设项目施工招标投标办法》（七部委30号令，2013年4月修订），同时参照《房屋建筑和市政工程标准施工招标资格预审文件》（建市[2010]88号），审查委员会的职责是依据资格预审文件中的审查标准和方法，对招标人受理的资格预审申请文件进行审查。本案例中，资格审查委员会对资格预审申请文件封装和标识进行检查，并据此判定申请文件是否有效的做法属于审查委员会越权。

2. 资格审查做法

在本案例的资格审查过程中，审查委员会第①、②和④步的做法不正确。第①步中，资格审查委员会的构成比例不符合招标人代表不能超过1/3，政府相关部门组建的专家库专家不能少于2/3的规定，因为招标代理机构的代表参加评审被视同为招标人代表；第②步中对

2 份在资格预审申请截止时间后送达的申请文件评审为有效申请文件的结论不正确，不符合市场交易中的诚信原则，也不符合《房屋建筑和市政工程标准施工招标资格预审文件》（建市[2010]88 号）的精神；第④步中查对原件的目的仅在于审查委员会进一步判定原申请文件中营业执照副本（复印件）的有效与否，而不是判断营业执照副本原件是否有效。

3. 资格审查办法

资格审查办法包括合格制和有限数量制两种。当采用有限数量制审查办法时，若通过本案例资格预审③、④两步的申请人数量大于招标人事先规定的有限数量，资格审查委员会应按照资格预审文件中规定的审查标准和程序，对通过初步审查和详细审查的资格预审申请文件进行量化打分，按得分由高到低的顺序确定最终通过资格预审的申请人，而不能由招标人直接确定或者通过抽签的方式确定。

（四）资格审查的注意事项

在满足招标项目要求的前提下，投标人资格条件要使尽可能多的投标人符合条件参与投标竞争。因此，招标人在设置资格条件时，应注意以下几点。

① 规定投标人应具备的资质和资格条件，必须符合国家相关规定，同时也是招标项目特点及其合同履行所必需和合理的条件。一般情况下，不应当要求投标人具有不必要的资格条件，也不应将与招标项目无关的资格证书作为招标项目投标人必须具备的资格条件。

② 规定投标人必须具有某种资格、资质证书时，应该明确颁发相应证书的机关名称和资格、资质的级别及有效范围。

③ 国家已经暂停和停止实施或已经废止的资格、资质不应该作为投标人应该具备的资格条件。

④ 国家行政机关根据行政许可设置和颁发的资格、资质和认证可以作为投标人必须具备的资格条件。例如，国家和地方药监部门颁发的药品生产许可证、建设部门颁发的各类建筑业企业资质、国家质检总局颁发的 CCC 认证，国家有关行政部门颁发的建造师、监理工程师职业资格、招标师职业水平证书等，都可以作为相关招标项目投标人或其从业人员的资格能力条件。

⑤ 国际公认的标准和认证，如 FDA 认证、CE 认证、ISO9000 质量管理体系认证、ISO14000 环境管理体系认证、OHSAS18001 职业健康安全管理体系认证、信息软件开发集成能力成熟度认证（CMMI）等认证证书可以根据招标项目的具体特点和实际需要，选择性地作为投标人的资格条件，但应保证投标人的足够数量，以避免造成不公平的竞争。

⑥ 投标人的资格条件应该准确、清晰、无歧义，避免提出概念含混、模棱两可、无法衡量的要求。

项目二　实践任务

实训目的

1. 通过拆分资格预审知识点，结合案例和操作单据背面的提示功能，让学生掌握资格预审文件的编制方法。

2. 掌握资格预审业务流程、技能知识点。

3. 学习资格预审招标工具中资格预审相关文件的软件操作。

4. 了解投标报名时需要准备的资料内容。

5. 通过拆分资格预审申请文件知识点，结合案例和操作单据背面的提示功能，让学生掌握资格预审申请文件的编制方法。

6. 学习电子投标文件编制工具中资格预审申请文件的软件操作。

7. 熟悉资格审查的业务流程及评审重点。

实训任务

任务一　编制资格预审文件

任务二　发布资格预审公告、发售资格预审文件

任务三　完成资格审查前的准备工作

任务四　完成投标报名、获取资格预审文件

任务五　资格预审申请文件编制

任务六　完成资格预审申请文件递交工作

任务七　完成资格审查工作

招投标沙盘操作如下。

一、沙盘引入

主要指明在沙盘盘面上要完成的具体任务。

（1）招标人工作　如图 4-1 所示。

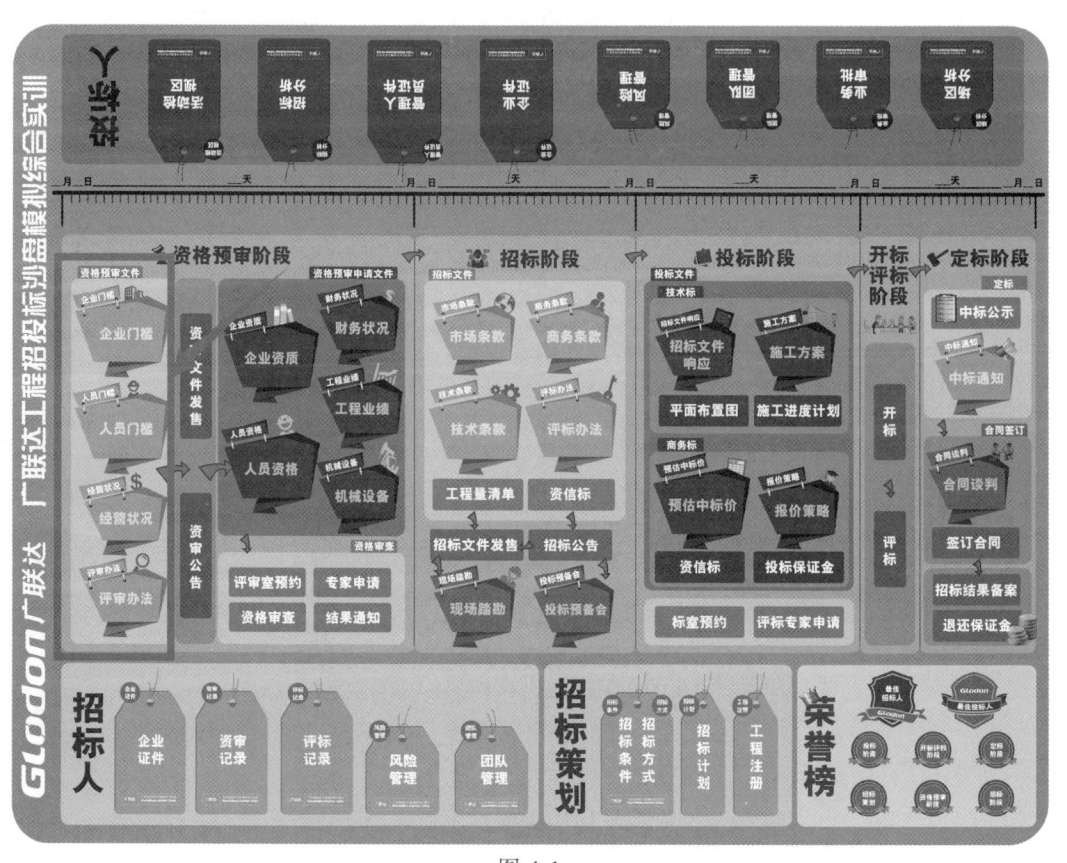

图 4-1

（2）投标人工作　如图 4-2 所示。

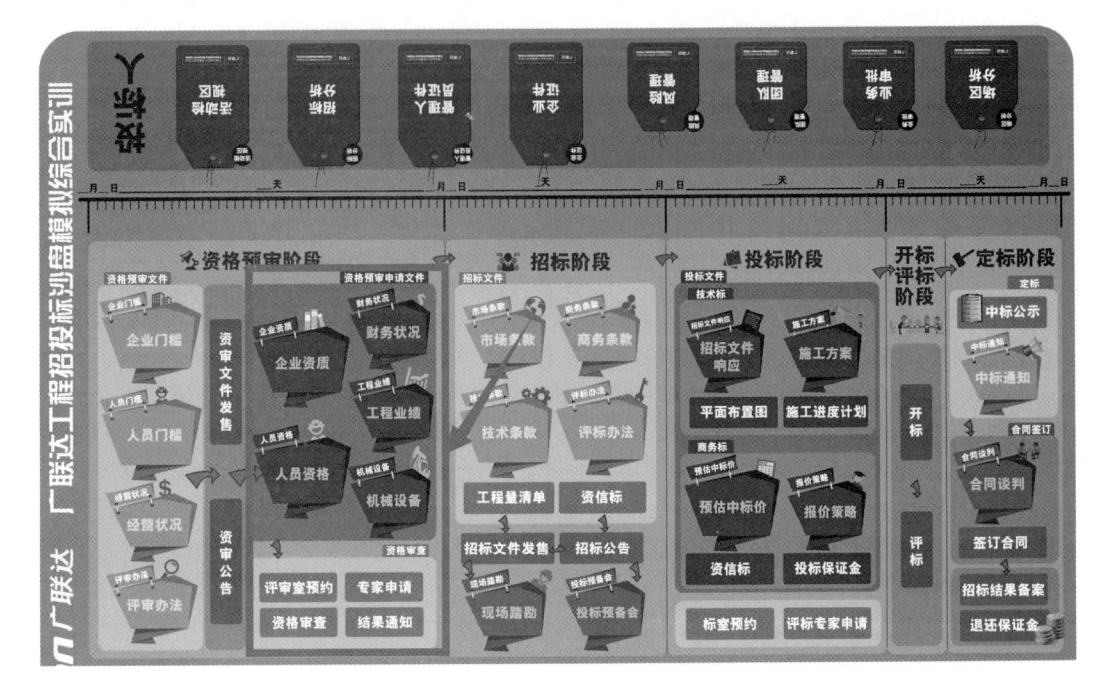

图 4-2

二、道具探究

1. 单据

（1）经营状况表（图 4-3）

组别：		表4-1 经营状况表				日期：		
序号	项目名称	具 体 内 容						
		标段	建筑面积（㎡）	结构类型	层数	跨度（m）	工程造价（万元）	特殊工艺
1	类似工程定义							
2	业绩门槛	类 别	公司业绩	项目负责人业绩		项目技术负责人业绩		
		近__年						
		数 量						

填表人：　会签人：　　　　　　　　　　审批人：

图 4-3

（2）项目负责人资格条件（图 4-4）

组别：	表4-2 项目负责人资格条件				日期：
序号 条件设置	1		2	3	4	5

(表4-2 项目负责人资格条件)

序号 条件设置	1 执业资格		2 职称等级	3 学历	4 安全生产考核 合格证	5 工作 年限
具体内容	专业 □建筑工程专业 □市政公用工程专业 □机电工程专业 □	等级 □一级 建造师 □二级 建造师	□高级 □中级 □初级	□高级工程师 □高级经济师 □工程师 □经济师 □助理工程师 □助理经济师	□硕士 及以上 □本科 □高职 高专	□主要负责人 （A证） □项目负责人 （B证） □专职安全员 （C证）	

填表人：　　　　会签人：　　　　　　　审批人：

图 4-4

（3）资格审查评审方法（图4-5）

组别：	表4-3 资格审查评审方法				日期：	
序号	项目	具体内容				
1	资格 审查 方式	□资格预审	□合格制 □有限数量制，入围_____家			
		□资格后审	□合格制 □评分制			
2	资格 审查 委员 会组 成	总人数 （人）	招标人代 表（人）	评审专家（人）		评标专家所占 比例（%）
				资审专家 总数量	其中： 技术专家	其中： 经济专家	

填表人：　　　　会签人：　　　　　　　审批人：

图 4-5

（4）资格预审文件审查表（图4-6）

组别：	表4-4 资格预审文件审查表		日期：
序号	审查内容	完成情况	需完善内容
1	资格预审公告	□	
2	申请人须知	□	
3	资格审查办法（合格制）	□	
4	资格审查办法（有限数量制）	□	
5	资格预审申请文件格式	□	
6	其他要求	□	

填表人：　　　　会签人：　　　　　　　审批人：

图 4-6

（5）工作任务分配单（图4-7）

组别：	表0-5 工作任务分配单	日期：
工程名称		
工作任务		
具体内容		
责任人		完成日期	

项目经理：　　　　　　任务接收人：

图 4-7

（6）项目部管理人员组织结构（图4-8）

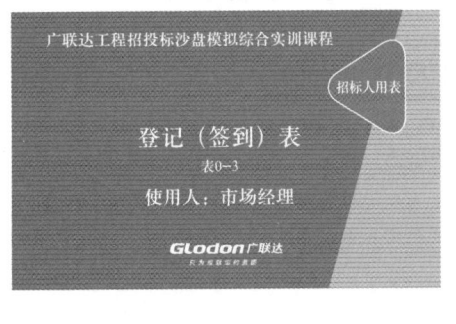

表0-1 项目部管理人员组织结构

组别：					日期：	
序号						
管理人员						
岗位证书						
专业						
学历						
职称						
数量（人）						
工作年限						
工程业绩（近＿＿年）						

填表人： 会签人： 审批人：

图 4-8

（7）授权委托书（图 4-9）

表0-8 授权委托书

授权委托书

本人＿＿＿＿＿（姓名）系＿＿＿＿＿＿＿＿＿（投标人名称）的法定代表人，现委托＿＿＿＿＿＿＿（姓名）为我方代理人。代理人根据授权，以我方名义进行＿＿＿＿＿＿＿（项目名称）＿＿＿＿＿＿标段等事宜，其法律后果由我方承担。

委托期限：自＿＿＿＿年＿＿＿月＿＿＿日 至＿＿＿＿年＿＿＿月＿＿＿日止。
＿＿＿＿＿＿＿＿＿＿＿＿＿＿＿＿＿＿＿＿＿＿＿＿。

代理人无转委托权。

投标人：＿＿＿＿＿＿＿＿＿＿（盖单位章）

法定代表人：＿＿＿＿＿＿＿＿（签字或盖章）

身份证号码：＿＿＿＿＿＿＿＿。

委托代理人：＿＿＿＿＿＿＿＿（签字）

身份证号码：＿＿＿＿＿＿＿＿。

＿＿＿＿年＿＿＿月＿＿＿日

图 4-9

（8）登记表（图 4-10）

表0-3 ＿＿＿＿＿工程＿＿＿＿＿登记（签到）表

序号	单 位	递交（退还、签到）时间	联系人	联系方式	传真
		年 月 日 时 分			
		年 月 日 时 分			
		年 月 日 时 分			
		年 月 日 时 分			
		年 月 日 时 分			
		年 月 日 时 分			
		年 月 日 时 分			
		年 月 日 时 分			
		年 月 日 时 分			
		年 月 日 时 分			

招标人或招标代理经办人：（签字） 第 页共 页

图 4-10

（9）资金、用章审批表（图 4-11）

组别：		表0-6 资金、用章审批表		日期：
项目名称	资金审批		用章审批	
	金额	用途	公章类型	用途
具体内容				

填表人： 审批人：

图 4-11

（10）携带资料清单表（图 4-12）

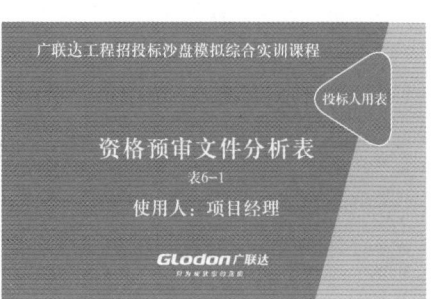

组别：	表0-7 携带资料清单表		日期：
活动名称：			
序号	需携带资料内容	完成情况	需要补充内容
		☐	
		☐	
		☐	
		☐	
		☐	
		☐	

填表人： 会签人： 审批人：

图 4-12

（11）资格预审文件分析表（图 4-13）

组别：	表6-1 资格预审文件分析表	日期：
序号	项目内容	具体要求
1	企业资质条件	
2	资审申请文件递交方式及份数	
3	签字盖章要求	
4	质疑截止日期	
5	资审申请文件递交截止日期	
6	项目负责人条件	
7	项目技术负责人条件	
8	管理人员条件	
9	机械设备条件	
10	需要作出的承诺	
11	业绩要求	
12	财务要求	
13	评审方式	
14	其他要求	

填表人： 会签人： 审批人：

图 4-13

（12）财务状况表（图 4-14）

组名：	表6-2 财务状况表		日期：
序号	项目名称	内容	提供资料
1	近三个年度资产负债率		
2	近三个年度平均资产负债率		提供近三个年度（近三个年度是指20___、20___、20___年度）经过合法审计机构审计的财务审计报告
3	近三个年度净资产额		
4	近三个年度平均净资产额		
5	资信等级		提供加盖公章的资信等级证书复印件

填表人： 会签人： 审批人：

图 4-14

（13）工程业绩统计表（图 4-15）

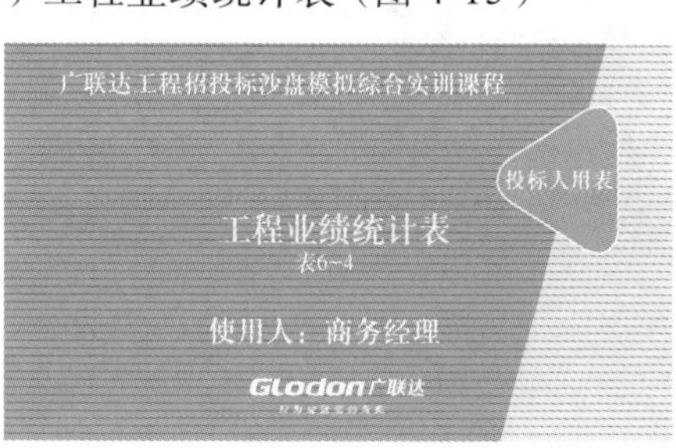

组名：	表6-4 工程业绩统计表						日期：
类别：	☐企业工程业绩			☐项目负责人工程业绩			
序号	工程名称	开工日期	竣工日期	项目经理	工程质量	工程造价（万元）	建筑规模（m²）

填表人： 会签人： 审批人：

图 4-15

（14）资格预审申请文件审查表（图 4-16）

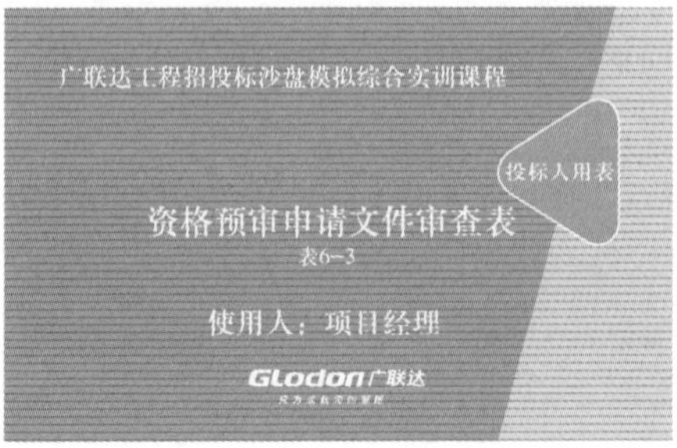

组别　　表6-3 资格预审申请文件审查表　　日期：

序号	审查内容		完成情况	需调整内容	责任人
1	初步审查		□		
2	详细审查		□		
3	评分制	财务状况	□		
		项目经理	□		
		类似项目业绩	□		
		认证体系	□		
		信誉	□		
		拟投入的生产资源	□		
4	其他内容		□		

填表人：　　会签人：　　审批人：

图 4-16

2. 卡片

（1）企业资质类卡片

1）房屋建筑工程施工总承包特级（图 4-17）。

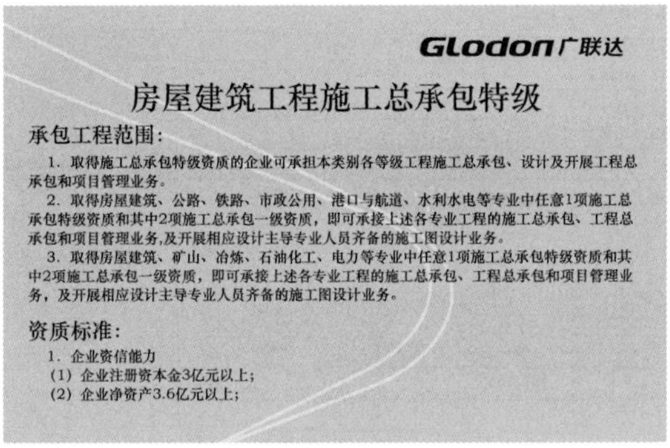

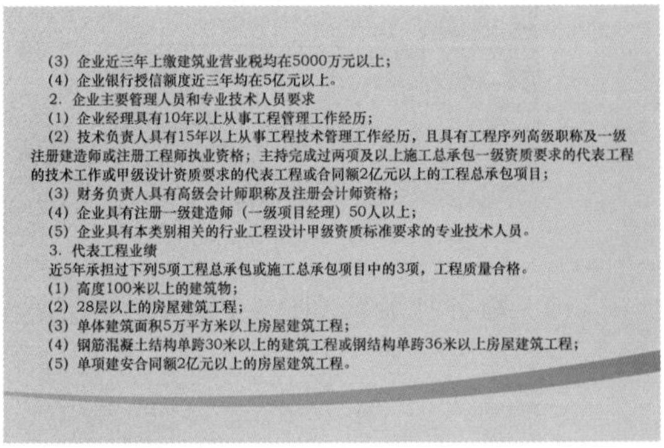

图 4-17

2）房屋建筑工程施工总承包一级（图 4-18）。

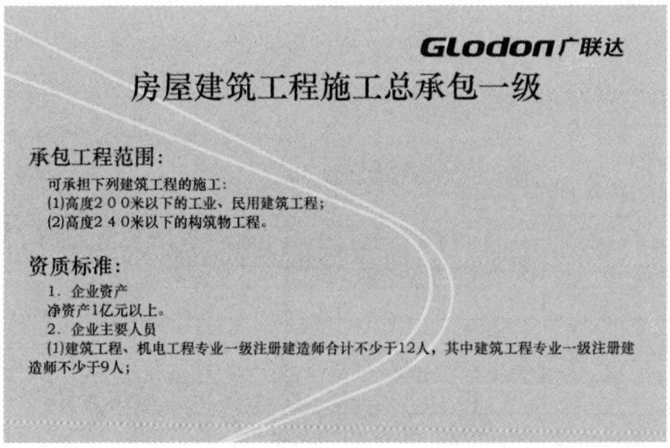

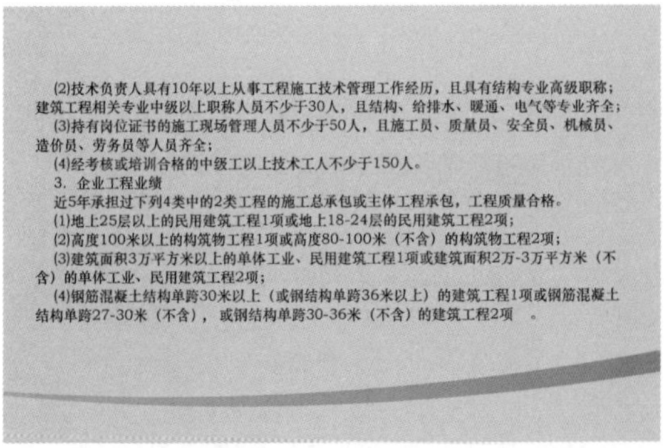

图 4-18

3）房屋建筑工程施工总承包二级（图4-19）。

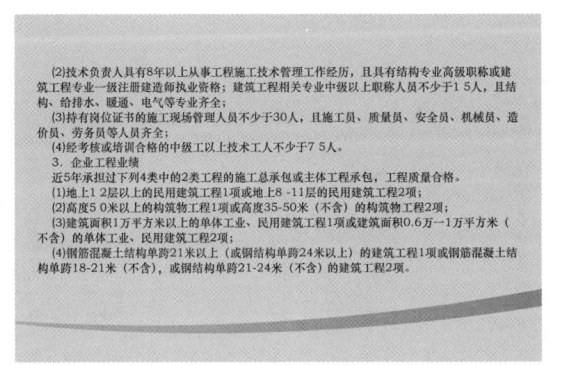

图4-19

4）房屋建筑工程施工总承包三级（图4-20）。

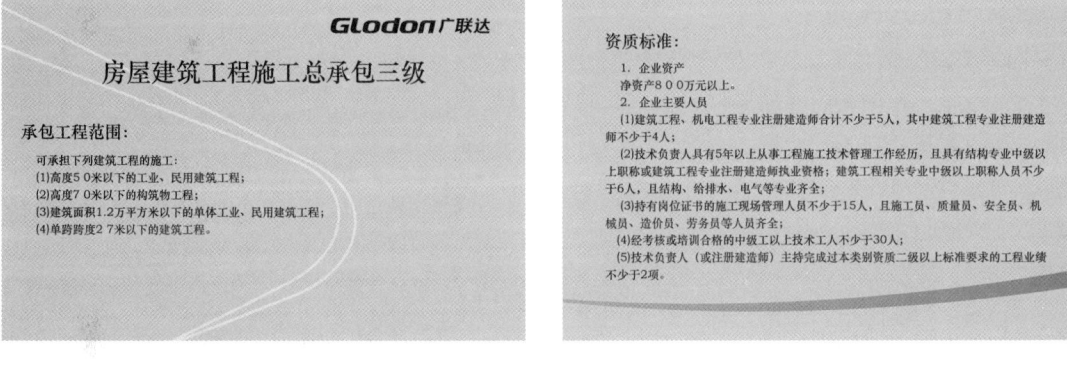

图4-20

（2）项目负责人资格卡片

1）一级建造师（图4-21）。

图4-21

2）二级建造师（图 4-22）。

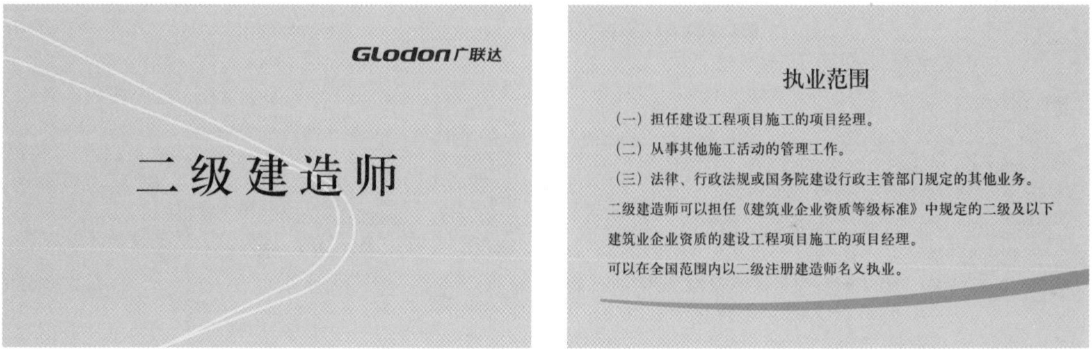

图 4-22

3）建筑工程专业（图 4-23）。

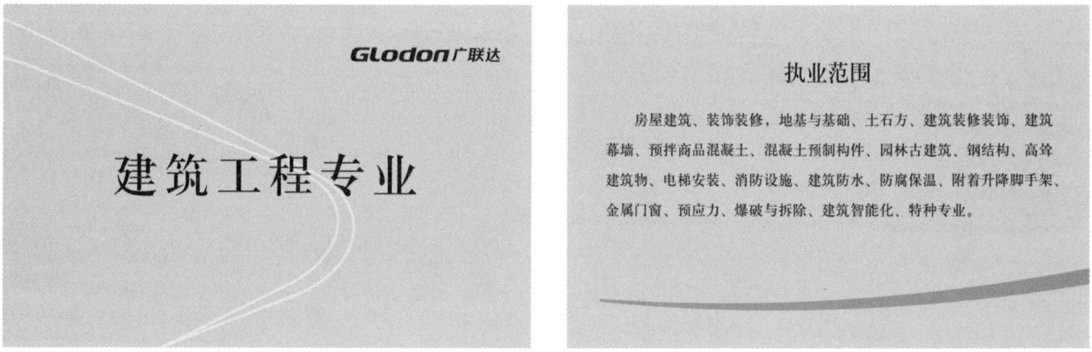

图 4-23

4）机电工程专业（图 4-24）。

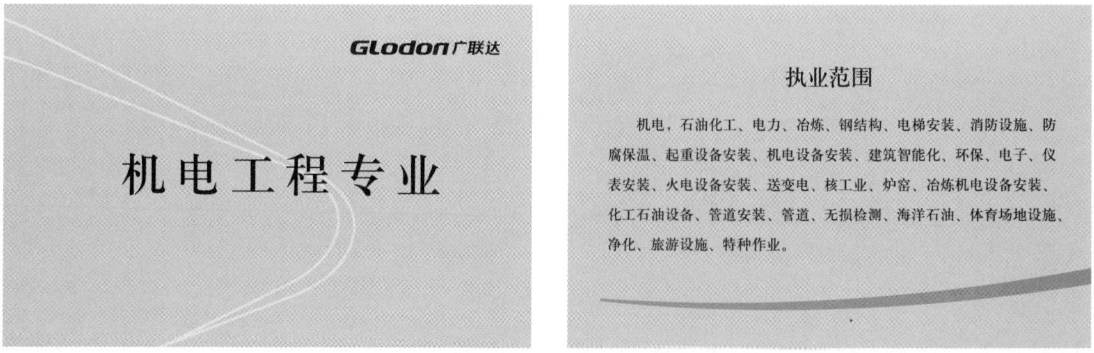

图 4-24

5）市政公用工程专业（图 4-25）。

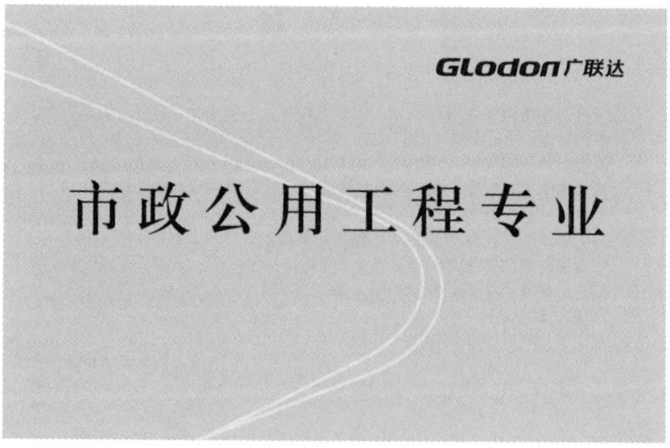

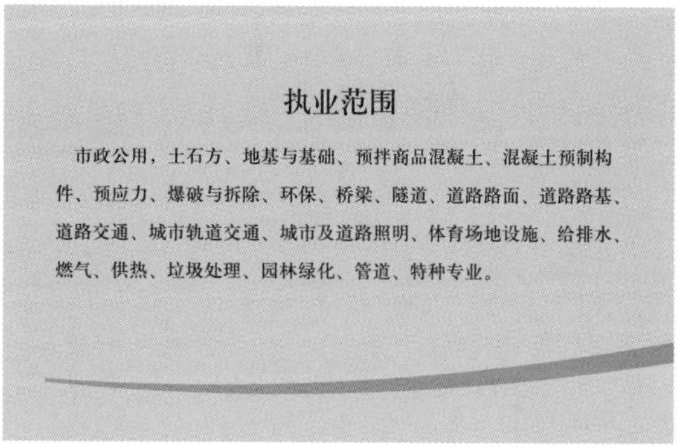

图 4-25

（3）人员职称类卡片
1）高级工程师（图 4-26）。

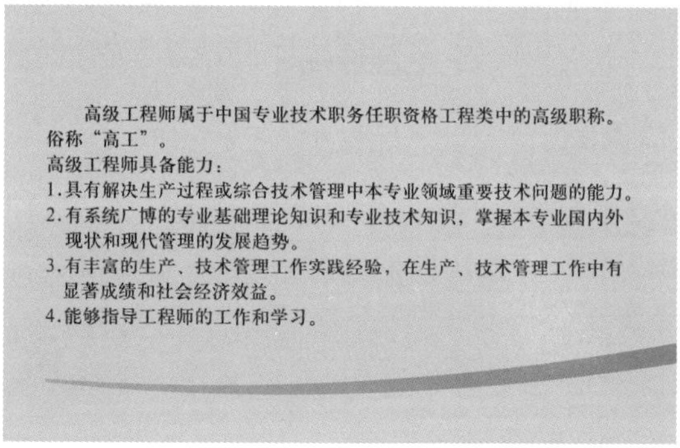

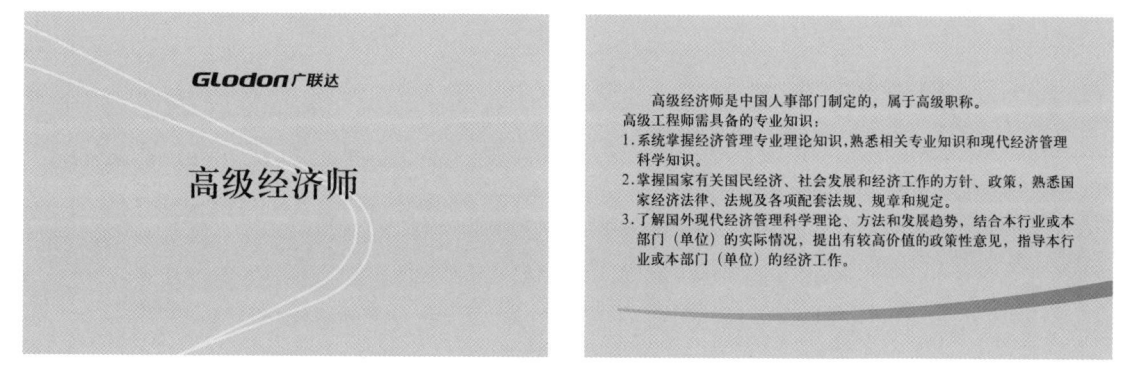

图 4-26

2）高级经济师（图 4-27）。

图 4-27

3）工程师（图 4-28）。

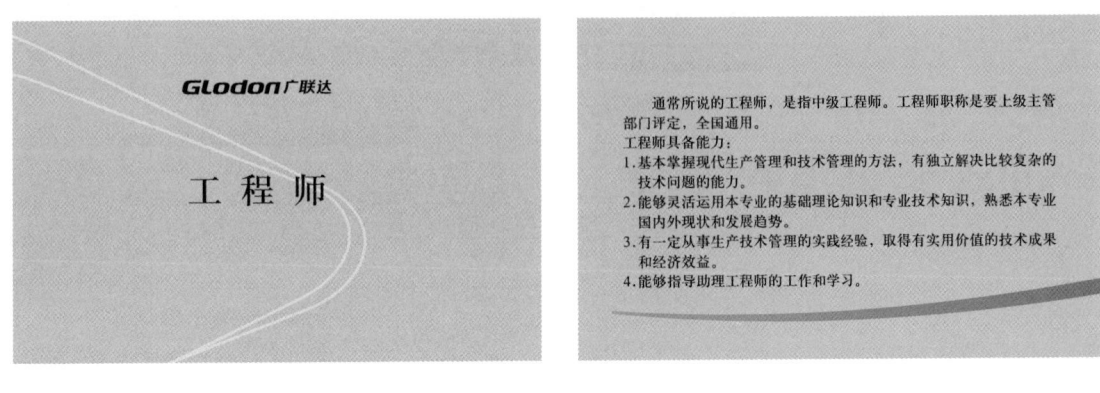

图 4-28

4）经济师（图 4-29）。

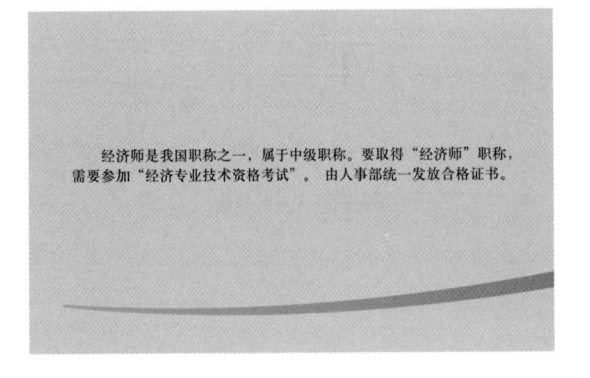

图 4-29

5）助理工程师（图 4-30）。

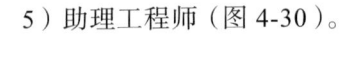

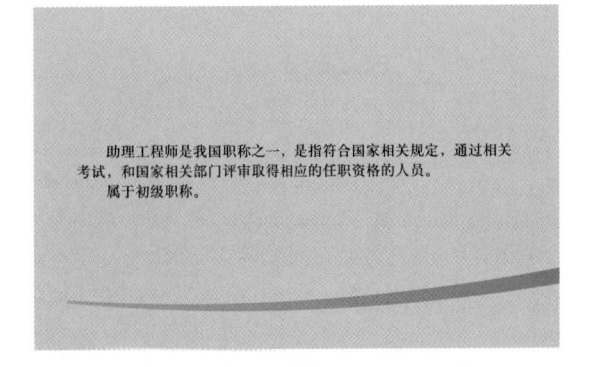

图 4-30

6）助理经济师（图4-31）。

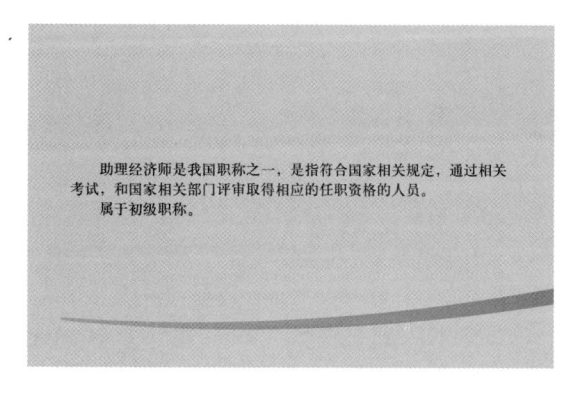

图 4-31

（4）管理人员岗位卡片

1）施工员（图4-32）。

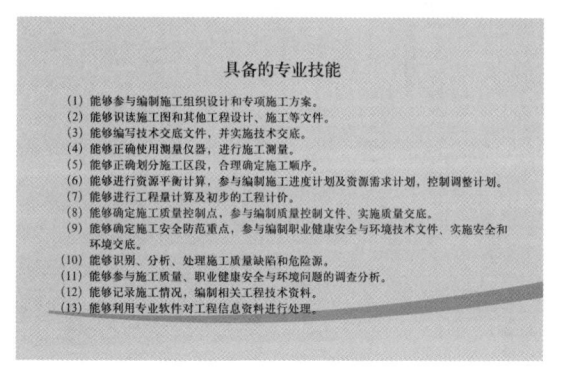

图 4-32

2）质量员（图4-33）。

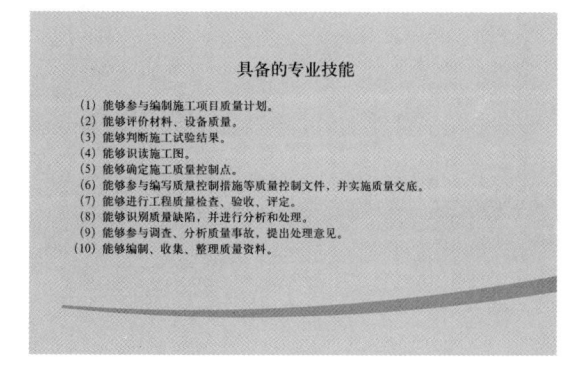

图 4-33

3）安全员（图 4-34）。

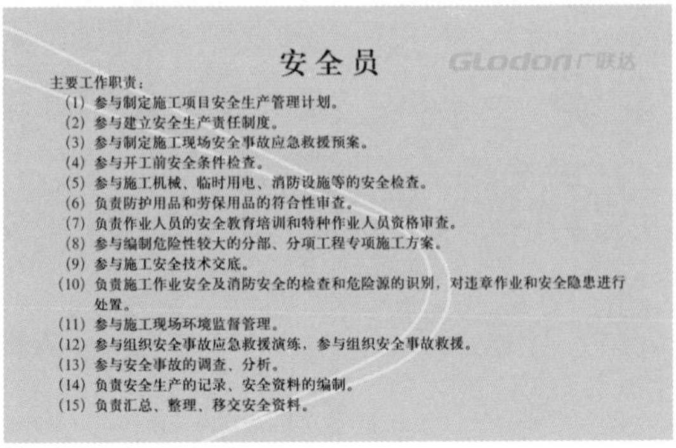

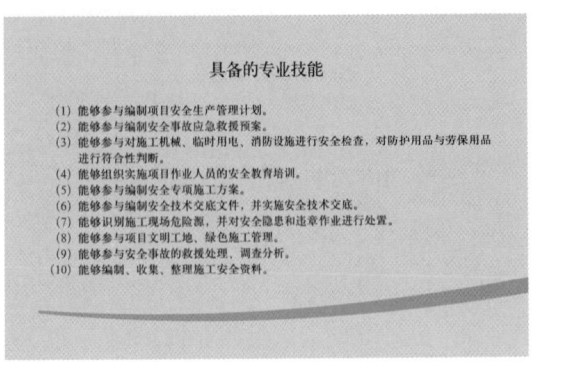

图 4-34

4）材料员（图 4-35）。

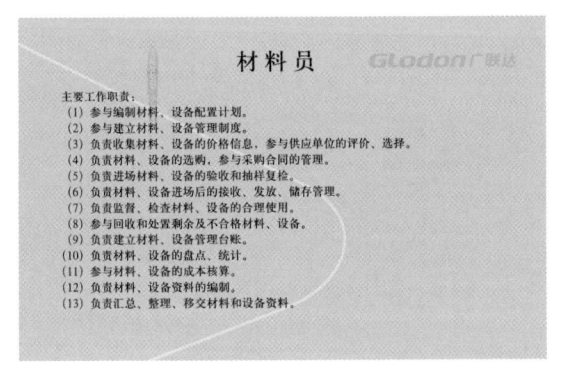

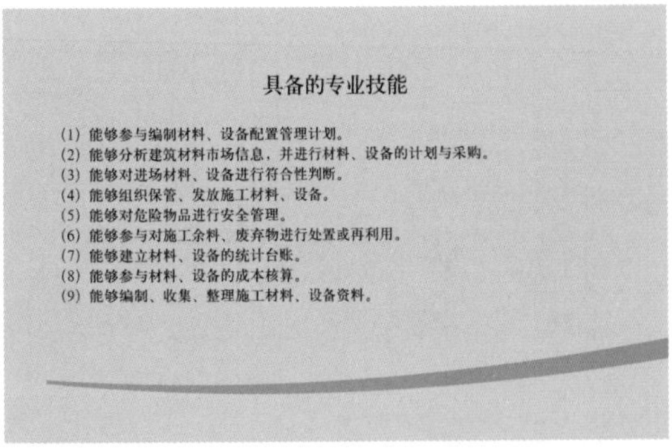

图 4-35

5）机械员（图 4-36）。

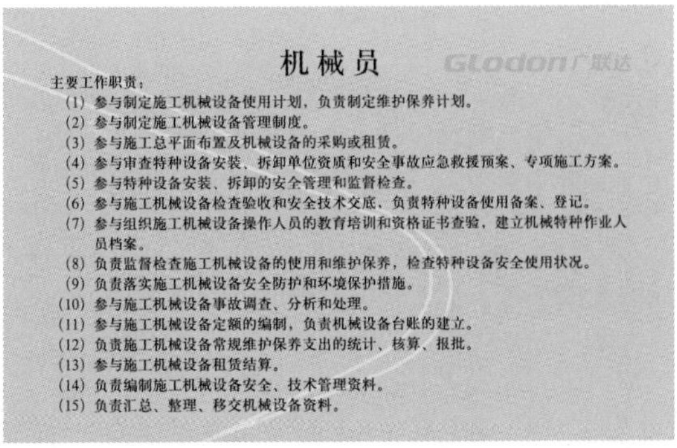

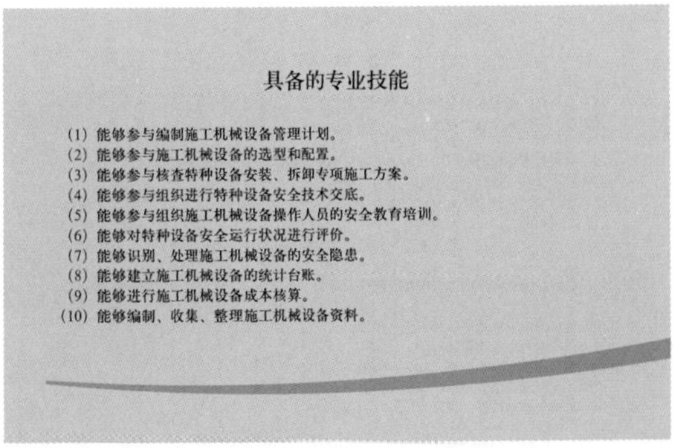

图 4-36

6）资料员（图4-37）。

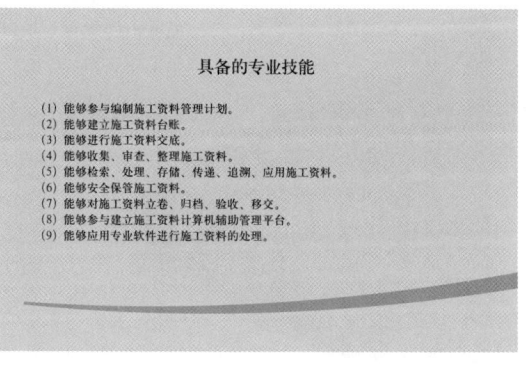

图4-37

7）劳务员（图4-38）。

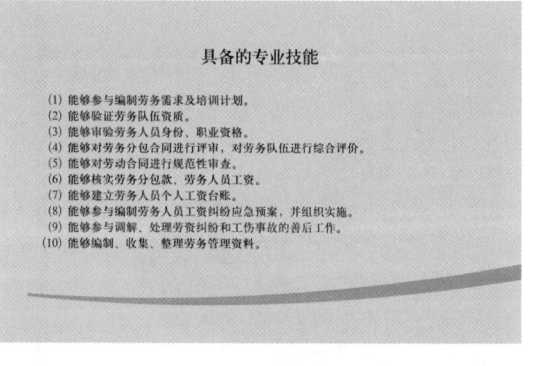

图4-38

8）造价员（图4-39）。

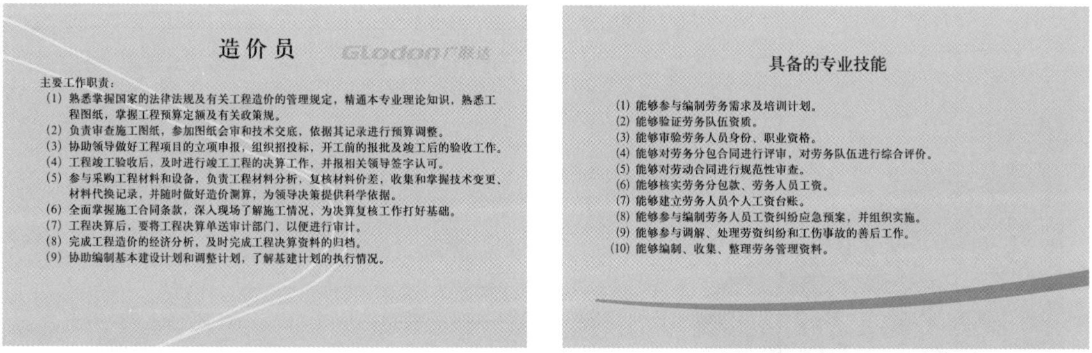

图4-39

3. 人员资格证书资料

（1）岗位证书（图4-40）。

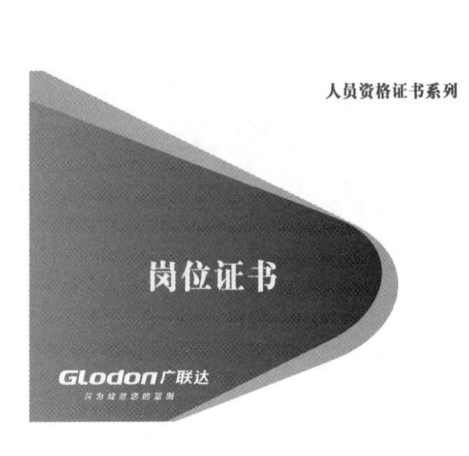

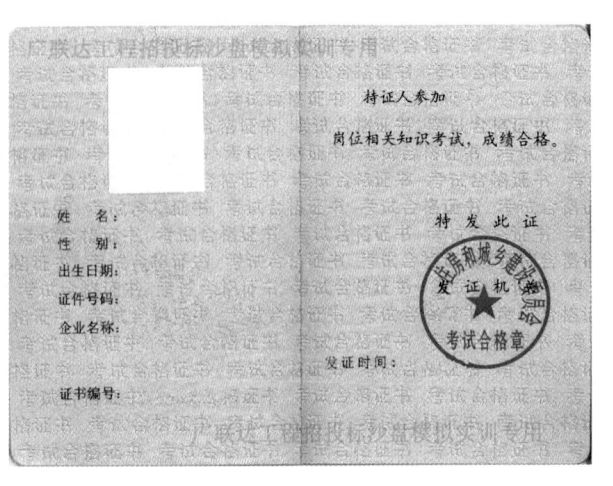

图 4-40

（2）毕业证书（图 4-41）。

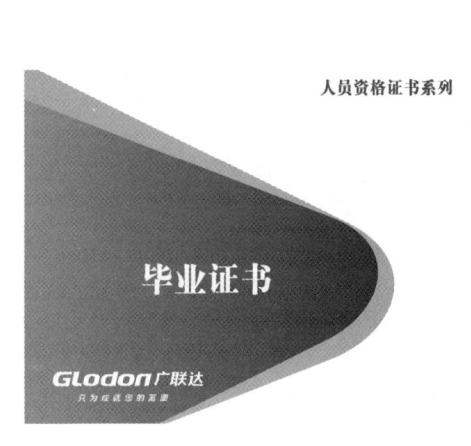

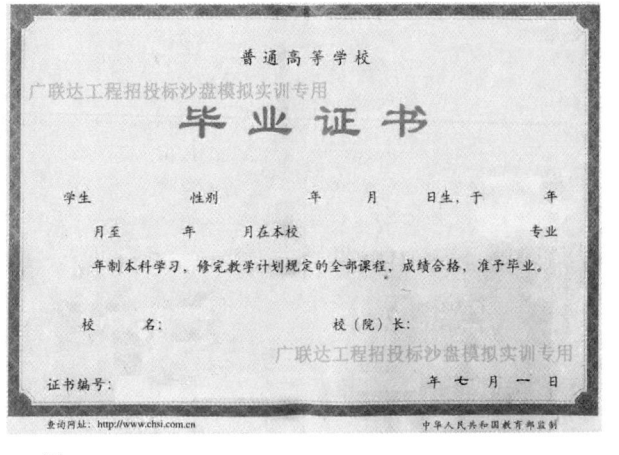

图 4-41

（3）安全生产考核合格证（图 4-42）。

图 4-42

（4）建造师执业资格证书（图4-43）。

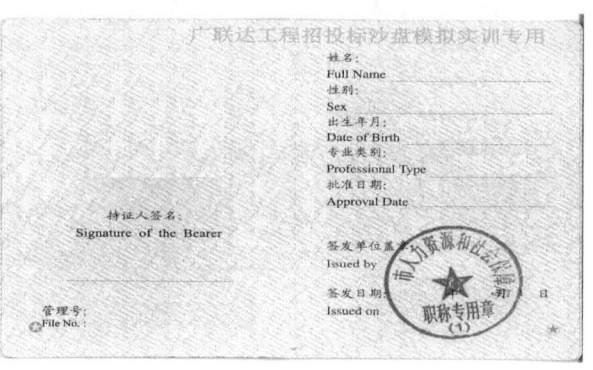

图 4-43

（5）建造师注册证书（图4-44）。

图 4-44

（6）职称证书（图 4-45）。

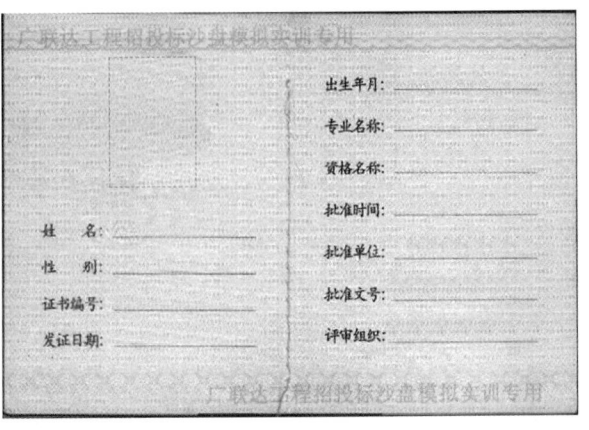

图 4-45

（7）项目部组织机构图（图 4-46）。

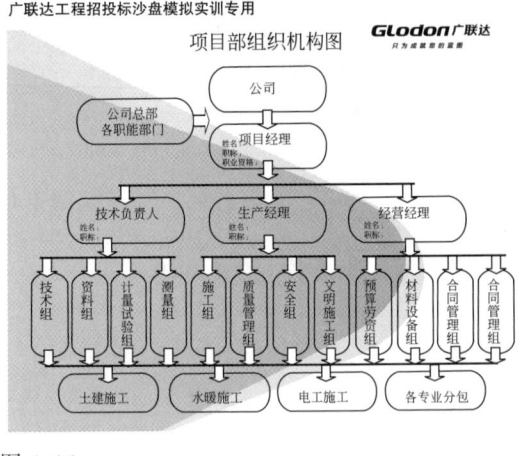

图 4-46

4. 企业证书资料

（1）企业营业执照（图 2-2）

（2）开户许可证（图 2-3）

（3）安全生产许可证（图 2-5）

（4）企业资质证书（图 2-4）

（5）职业健康管理体系认证证书（图 2-8）

（6）质量管理体系认证证书（图 2-7）

（7）环境管理体系认证证书（图 2-6）

（8）企业资信等级证书（图 2-9）

三、角色扮演

1. 招标人

① 招标人即建设单位，由老师临时客串。

② 负责对招标代理公司提出的疑难问题进行解答。

2. 招标代理（资格预审文件编制）

① 在进行资格预审文件编制时的角色担任。

② 每个学生团队都是一个招标代理公司。

③ 完成资格预审文件的编制。

④ 完成工程项目在线招标公告、资审文件的发售。

3. 招标代理（资格预审申请及资格审查）

① 在进行资格预审申请和资格审查时的角色担任，兼职角色。

② 由老师指定 2～4 名学生担任招标代理公司。

③ 辅助招标人完成投标报名、资审文件发售等工作。

④ 辅助招标人完成资格审查工作。

4. 投标人

① 每个学生团队都是一个投标人公司。

② 完成投标报名、获取资格预审文件。

③ 完成资格预审申请文件的编制、递交工作。

5. 行政监管人员

① 每个学生团队中由项目经理指定一名成员，担任本团队的行政监管人员。

② 负责工程交易管理服务平台的业务审批。

 **小贴士**：如项目招标由招标人自行完成，则不设招标代理角色，其相关工作由招标人完成，并由学生团队担当。

四、时间控制

建议学时 8～10 学时。

五、实训步骤

【任务一 编制资格预审文件】

（一）任务说明

招标人（招标代理）主要负责以下工作。

（1）确定潜在投标人的各类门槛条件

① 确定潜在投标人的企业门槛；

② 确定潜在投标人的人员门槛；

③ 确定潜在投标人的经营状况。

（2）确定本招标工程的资格审查评审办法。

（3）完成一份电子版资格预审文件。

（二）任务分配

项目经理将工作任务进行分配，填写工作任务分配单（图 4-47），下发给团队成员，由任务接收人进行签字确认。

任务分配原则如下：

市场经理——确定潜在投标人的企业门槛；

技术经理——确定潜在投标人的人员门槛；

商务经理——确定潜在投标人的经营状况。

组别：第一组	表0-5 工作任务分配单	日期：××年××月××日
工程名称	教学楼工程	
工作任务	确定招标文件商务条款内容	
具体内容	1.完成"安全文明施工" 2.完成"工程量清单错误修正" 3.完成"价格调整" 4.完成"合同预付款与进度款支付" 5.完成工程量清单的编制	
责任人	××× 完成日期	××年××月××日

项目经理：×××   任务接收人：×××

图 4-47

（三）操作过程

1. 确定潜在投标人的各类门槛条件

（1）确定潜在投标人的企业门槛

1）根据招标工程的项目特征、资质标准，确定适合本工程的潜在投标人的企业资质条件，具体操作如下。

① 找出企业资质类卡片，共 4 种（图 4-17～图 4-20）。

② 根据企业资质卡片正面的承包工程范围，结合背面的资质标准详细介绍，确定本招标工程潜在投标人的企业资质条件。

小贴士： 确定企业资质条件需符合"就低不就高"的原则，即如果具备施工总承包二级资质的企业可以承担本招标工程的施工，不可以将潜在投标人的企业门槛提高至施工总承包一级及以上。

2）根据招标工程的项目特征、潜在投标人的企业性质，确定潜在投标人需要提交的企业证件资料，具体操作如下。

① 从投标人企业证件资料中（图 2-2～图 2-9），选出本招标工程需要潜在投标人具备的企业证件类型；

② 确定潜在投标人需要提交企业证件形式，例如证件原件或证件原件扫描件。

3）签字确认。

市场经理负责将确定的投标人企业门槛资料，连同项目经理下发的工作任务分配单，一同提交项目经理进行审查，经团队其他成员和项目经理签字确认后，置于招投标沙盘盘面资格预审阶段区域的对应位置处。如图 4-48 所示。

（2）确定潜在投标人的人员门槛

1）确定项目负责人（项目经理）的资

图 4-48

格门槛。

根据招标工程的项目特征、《注册建造师管理规定》、《注册建造师执业工程规模标准》(建市 [2007]171 号)、工程项目所在地关于建设工程施工现场管理人员配备的管理规定,结合给出的项目负责人资格卡片、人员职称类卡片,确定潜在投标人项目负责人(项目经理)的资格门槛。

具体操作如下。

① 找出项目负责人资格卡片、人员职称类卡片(图 4-21～图 4-31)。

② 根据招标工程的项目特征、《注册建造师执业工程规模标准》、《注册建造师管理规定》,选出适应本招标工程的项目负责人资格卡片。

③ 根据招标工程的项目特征、工程技术系列技术职称评审规定,结合人员职称类卡片背面的介绍,选出适应本招标工程的项目负责人职称等级。

④ 根据招标工程的项目特征,确定项目负责人的其他资格条件门槛,完成单据项目负责人资格条件(图 4-49)。

组别:		表4-2 项目负责人资格条件				日期: X年X月X日
序号	1		2	3	4	5
条件设置	执业资格		职称等级	学历	安全生产考核合格证	工作年限
具体内容	专业	等级	☐高级 ☐高级工程师	☐硕士及以上	☑主要负责人(A证)	
	☑建筑工程专业	☐一级建造师	☐高级经济师			
	☐市政公用工程专业		☑工程师	☑本科	☑项目负责人(B证)	5年及以上
	☐机电工程专业	☑中级	☐经济师			
	☐	☑二级建造师	☐助理工程师	☐高职高专	☐专职安全员(C证)	
	☐	☐初级	☐助理经济师			

填表人:×××　　会签人:×××、×××　　审批人:×××

图 4-49

2)确定技术负责人(技术总工)的资格门槛。

根据招标工程的项目特征、工程项目所在地关于建设工程施工现场管理人员配备的管理规定,结合给出的人员职称类卡片,确定潜在投标人技术负责人的资格门槛。

具体操作如下。

① 根据招标工程的项目特征、工程技术系列技术职称评审规定、工程项目所在地关于建设工程施工现场管理人员配备的管理规定,结合人员职称类卡片背面的介绍,选出适应本招标工程的技术负责人职称等级。

② 根据招标工程的项目特征,确定技术负责人的其他资格条件门槛,完成单据项目部管理人员组织结构(图 4-50)。

组别:第一组	表0-1 项目部管理人员组织结构						日期: X年XX月X日
序号	1	2	3	4	5	6	7
管理人员	项目负责人	技术负责人	施工员	安全员	质量员	材料员	资料员
岗位证书	注册建造师		施工员证	安全员证	质量员证	材料员证	资料员证
专业	建筑工程						
学历	本科及以上	大专及以上	中专及以上	中专及以上	中专及以上	中专及以上	中专及以上
职称	中级工程师	助理工程师	无	无	无	无	无
数量(人)	1	1	1	1	1	1	1
工作年限	5年以上	5年及以上	1年以上	1年以上	1年以上	1年以上	1年以上
工程业绩(近 3 年)	3	3	1	1	1	1	1

填表人:赵XX　　　会签人:张XX、王XX　　审批人:李XX

图 4-50

3）确定施工现场管理人员的资格门槛。

施工现场管理人员的主要工作职责及岗位能力要求，依据《建筑与市政工程施工现场专业人员职业标准》(JGJ/T 250—2011)确定，具体可参考管理人员岗位卡片。

根据招标工程的项目特征、工程项目所在地关于建设工程施工现场管理人员配备的管理规定、《建筑施工企业安全生产管理机构设置及专职安全生产管理人员配备办法》，结合给出的管理人员岗位卡片，确定潜在投标人的现场管理人员的岗位分工及其资格门槛。

具体操作如下。

① 根据招标工程的项目特征、工程项目所在地关于建设工程施工现场管理人员配备的管理规定，结合给出的管理人员岗位卡片，选出适合本招标工程的施工现场管理人员及所需的岗位证书。

② 根据招标工程的项目特征、工程技术系列技术职称评审规定、工程项目所在地关于建设工程施工现场管理人员配备的管理规定，结合人员职称类卡片背面的介绍，选出适应本招标工程的管理人员职称等级。

③ 根据招标工程的项目特征，确定施工现场管理人员的其他资格条件门槛，完成单据项目部管理人员组织结构（图4-50）。

4）签字确认。

技术经理负责将确定的投标人人员门槛资料，连同项目经理下发的工作任务分配单，一同提交项目经理进行审查，经团队其他成员和项目经理签字确认后，置于招投标沙盘盘面资格预审阶段区域的对应位置处。如图4-51所示。

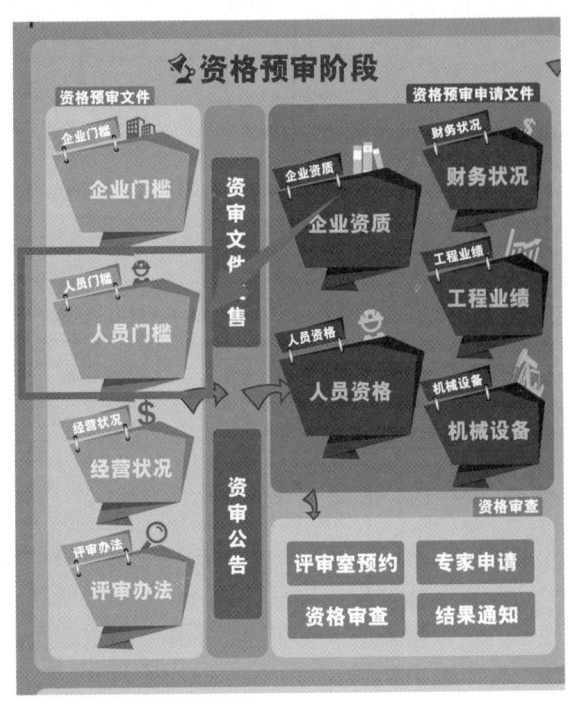

图 4-51

① 工程技术系列技术职称评审规定，在每个地区、企业的管理规定均不相同，可到当地的人事考试网查阅相关规定。

② 施工现场管理人员配备可以参考《建筑工程施工现场关键岗位人员配备标准及管理办法（广联达版）》，详见广联达 BIM 招投标沙盘执行评测系统中的资料库。

（3）确定潜在投标人的经营状况

1）根据招标工程的项目特征，确定本招标工程的类似工程定义。

小贴士： 类似工程指的是工程在建筑面积、结构类型、层数、跨度、特殊施工工艺、特殊施工技术（装饰装修工程还包括造价）等方面与招标工程相类似（面积、层数、跨度、造价等指标差距允许在 20% 以内）。

2）根据招标工程的项目特征，确定潜在投标人企业、项目负责人、项目技术负责人同类工程施工经验的要求。如图4-52所示。

组别：第一组		表4-1　经营状况表				日期：X年X月X日	
序号	项目名称	具　体　内　容					
1	类似工程定义	标段	建筑面积（㎡）	结构类型	层数	跨度（m）	工程造价（万元）	特殊工艺
		1个	6500~9500	框架剪力墙结构	地上1层	10	950-1100	无
2	业绩门槛	类　别	公司业绩	项目负责人业绩		项目技术负责人业绩	
		近　年	3	3		3	
		数　量	7	4		4	
填表：周XX		会签人：赵XX、王XX				审批人：李XX	

图 4-52

3）签字确认。

商务经理负责将确定的投标人经营状况门槛资料，连同项目经理下发的工作任务分配单，一同提交项目经理进行审查，经团队其他成员和项目经理签字确认后，置于招投标沙盘盘面的资格预审阶段区域的对应位置处。如图4-53所示。

2. 确定本招标工程的资格审查评审办法

（1）确定资格审查委员会组成　项目经理带领团队成员讨论，参照资格审查评审方法（图4-54），确定本招标工程的资格审查委员会的组成。

资格审查委员会的组成，在《中华人民共和国招标投标法实施条例》中有明确规定：第十八条　资格预审应当按照资格预审文件载明的标准和方法进行，国有资金占控股或者主导地位的依法必须进行招标的项目，招标人应当组建资格审查委员会审查资格预审申请文件。资格审查委员会及其成员应当遵守招标投标法和本条例有关评标委员会及其成员的规定。

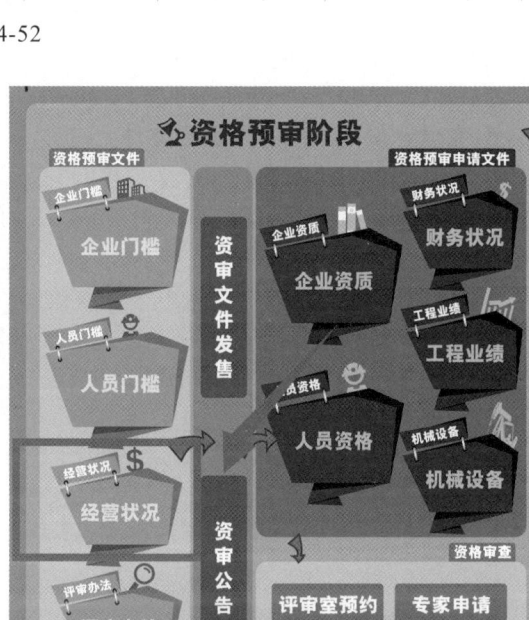

图 4-53

组别：第一组		表4-3　资格审查评审方法				日期：X年X月X日	
序号	项目	具体内容					
1	资格审查方式	☑资格预审	☑合格制				
			☐有限数量制，入围____家				
		☐资格后审	☐合格制				
			☐评分制				
2	资格审查委员会组成	总人数（人）	招标人代表（人）	评审专家（人）			评标专家所占比例（%）
				评审专家总数量	其中：技术专家	其中：经济专家	
		7	1	6	3	3	85%
填表：×××		会签人：×××、×××				审批人：×××	

图 4-54

小贴士：需要查阅的《中华人民共和国招标投标法实施条例》、《中华人民共和国招标投标法》、《评标委员会和评标方法暂行规定》，可以参考广联达 BIM 招投标沙盘执行评测系统中的招投标法规库。

（2）确定资格审查评审办法　项目经理带领团队成员讨论，确定本招标工程的资格审查评审办法。具体设置方法参考本模块项目一中资格审查的实施相关内容。

（3）签字确认　市场经理负责将结论记录到"资格审查评审方法"（图4-54）中，经团队其他成员和项目经理签字确认后，置于招投标盘面沙盘的资格预审阶段区域的对应位置处。如图4-55所示。

3. 完成一份电子版资格预审文件

（1）项目经理组织团队成员，共同完成一份资格预审文件电子版。

（2）操作说明

1）新建工程：双击广联达电子招标文件编制工具，如图4-56所示。

① 进入软件主界面，然后如图所示点击"新建项目"，选择"房屋建筑和市政工程标准施工招标资格预审文件2010年版"模块，进行资格预审文件的编制。如图4-57所示。

② 弹出"另存为"对话框，选择保存路径，输入相应案例名称。如图4-58所示。

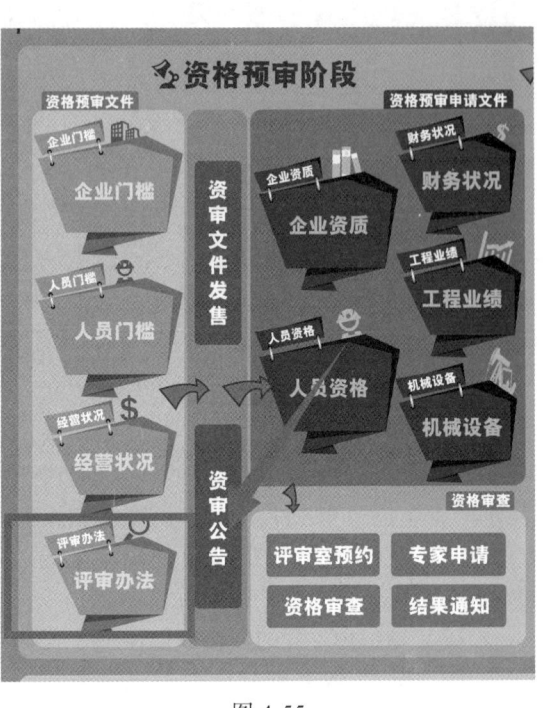

图 4-55

图 4-56

图 4-58

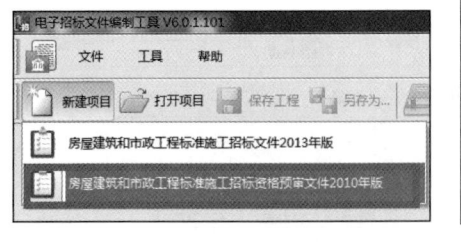

图 4-57

2）填写基本信息。

① 根据招标案例提供的背景资料信息，填写基本信息。如图4-59所示。

②"项目信息"和"招标人信息"相关内容检查通过后才可以进行评标办法的设置。如图4-60所示。

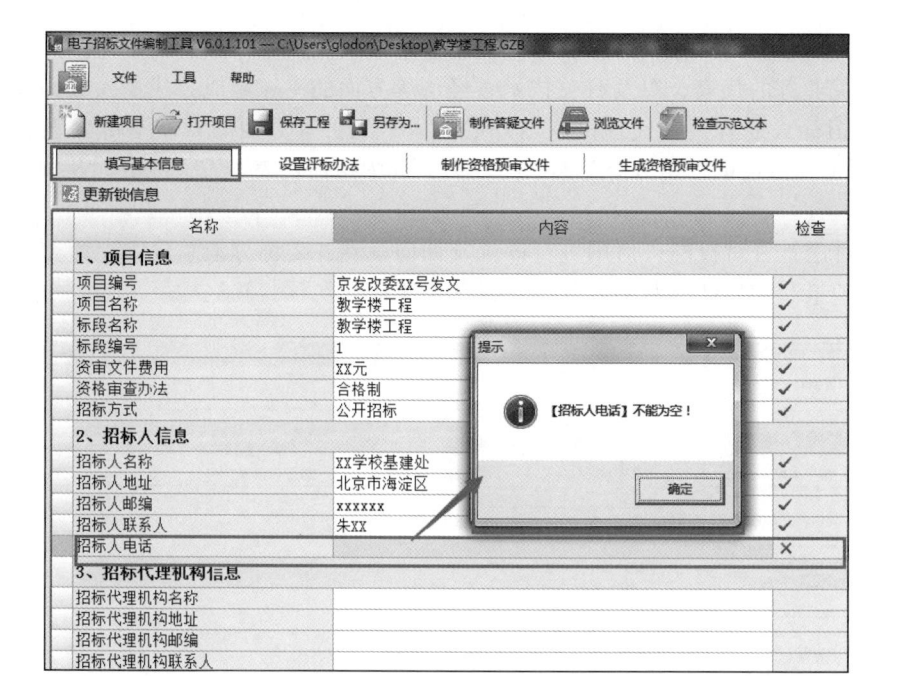

图 4-59

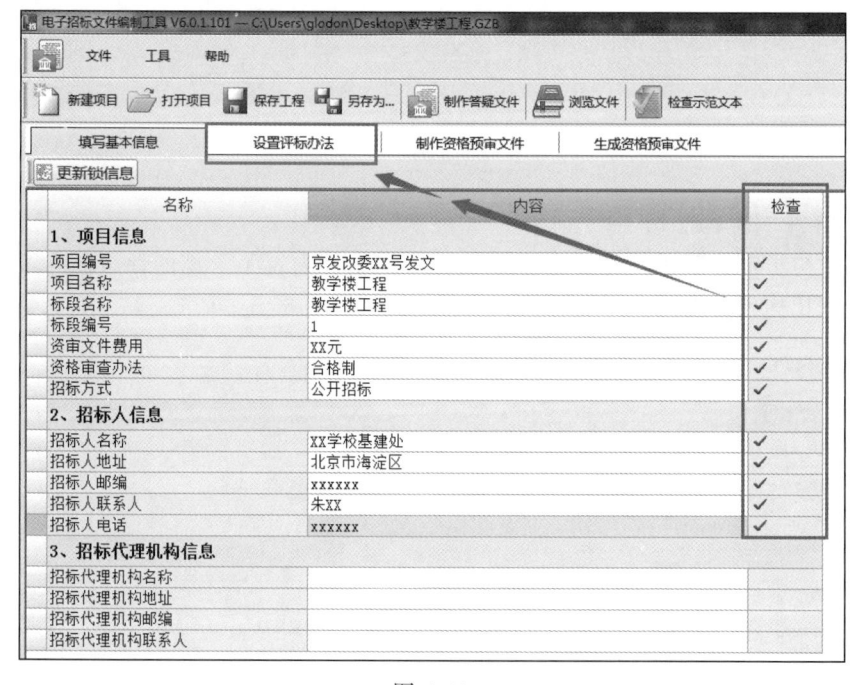

图 4-60

3）点击"设置评标办法"按钮，根据沙盘推演出的数据及有关规定，依次对"参数设置"、"初步审查"、"详细审查"和"废标条款"进行评标办法设置。

① 参数设置。

a. 软件会自动关联"填写基本信息"中设置好的评标办法，不需手动修改。

b. 根据《评标委员会和评标方法暂行规定》第九条规定评标委员会由招标人、招标代理机构熟悉相关业务的代表，以及有关技术、经济等方面的专家组成，成员人数为 5 人以上的单数。其中招标人或者招标代理机构以外的技术、经济等方面的专家不得少于成员人数的 2/3。本案例工程拟定审查委员会总人数为 5 人，其中招标代表 1 人，经济标及技术标专家各 2 人，见图 4-61。

c. 小组讨论是否对投标人信用进行评价及如何设置评委评分汇总规则。评委评分汇总规则需满足去掉最高和最低的专家人数后，剩余专家总人数不小于 3 人。

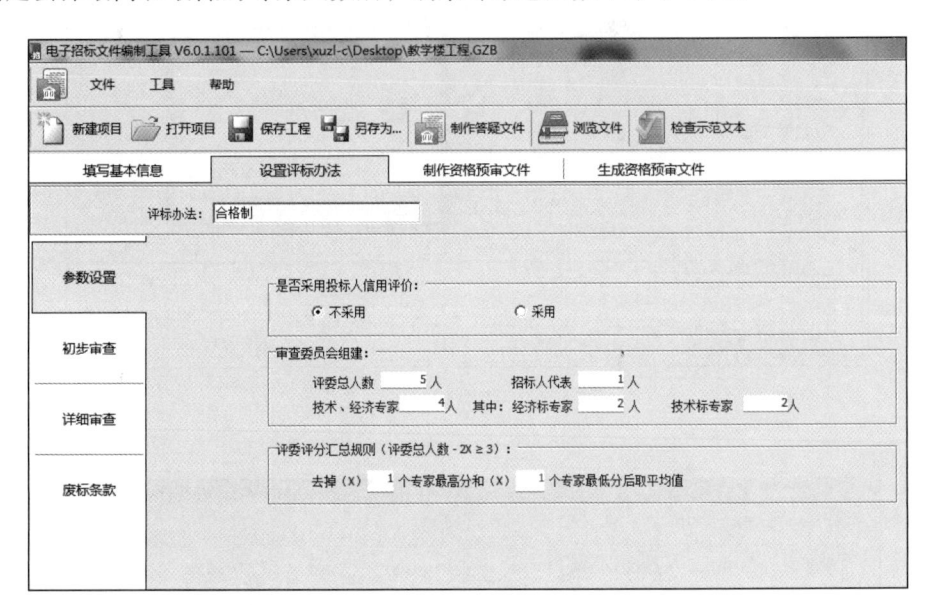

图 4-61

② 初步审查（图 4-62）。

a. 点击"初步审查"进入初步审查设置模块，软件内置了常规的评审因素及评审标准，招标人可根据招标项目情况自行进行添加或者删除。

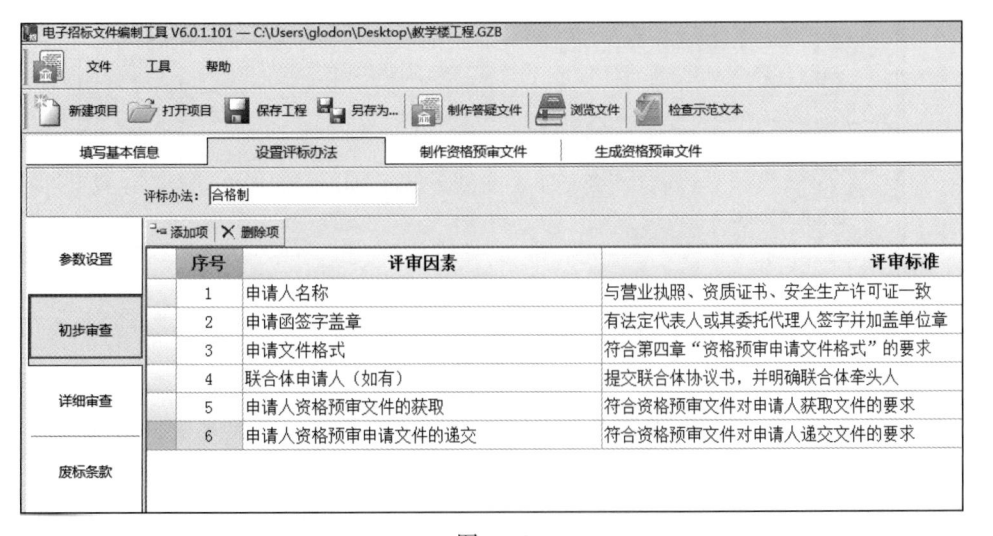

图 4-62

b.点击"添加项",添加第7条评审因素,核对法定代表人身份证明是否在有效期内。如图4-63所示。

图 4-63

c.选择序号4,点击"删除项",弹出确认删除提示框,即可选择是否删除联合体申请人评审因素项,如图4-64所示。

图 4-64

③ 详细审查(图4-65)。点击"详细审查"进入详细审查模块,依次对"详细审查"、"申请人须知规定"、"资格审查办法规定"和"其他审查"进行设置,软件内置了常规的评审因素、评审标准和相关证明材料,招标人有其他评审因素可自行进行添加项、添加子项或者删除,方法同初步审查,此处不做演示。

④ 废标条款(图4-66)。点击"废标条款"进入废标条款设置模块,软件内置了部分常见废标条款,招标人可根据招标项目需要自行进行添加或者删除,方法同初步评审,此处不做演示。

图 4-65

图 4-66

4）制作资格预审文件。

① 封面

a. 点击"制作资格预审文件"按钮，进入资格预审文件编制模块，软件内置了 2010 年房屋建筑和市政工程标准施工招标资格预审文件范本，在此范本中修改相关信息即可。

　　b. 点击"封面"按钮，进入封面信息修改界面，部分基本信息在前面已经设置过，软件会自动关联不需要再次填写，同时软件会自动提示未填写项数量，如图 4-67 所示。

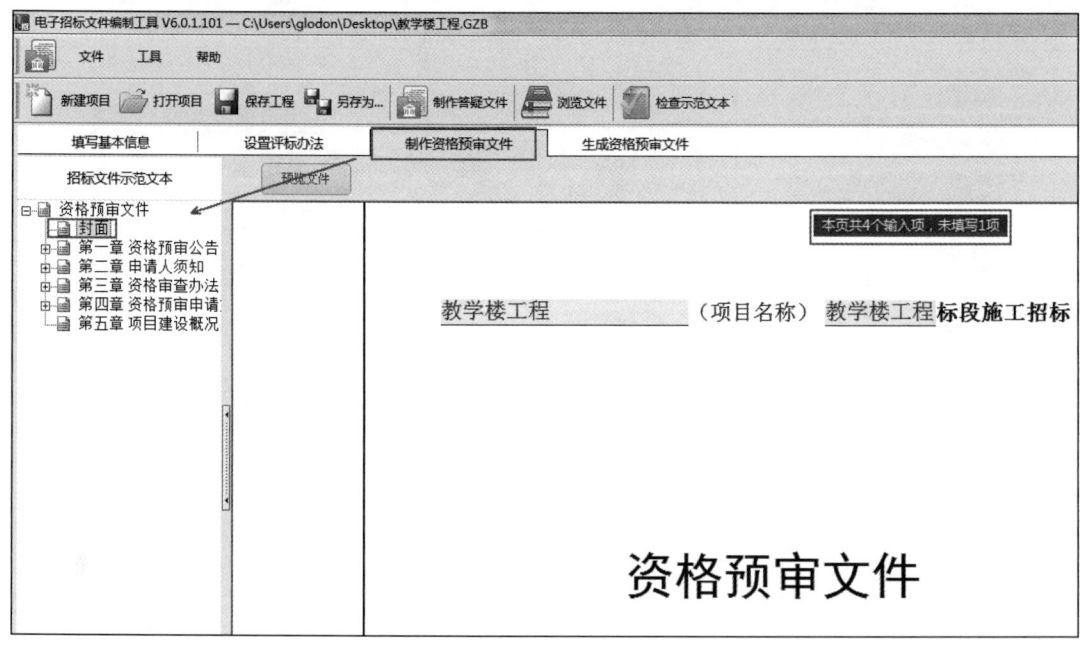

图 4-67

　　c. 下翻文档，找到未填写项为封面时间，此处带"＊"为必填写项，按照广联达沙盘模拟执行系统中编制好的招标计划内相关时间要求，点击进行时间选择。如图 4-68 所示。

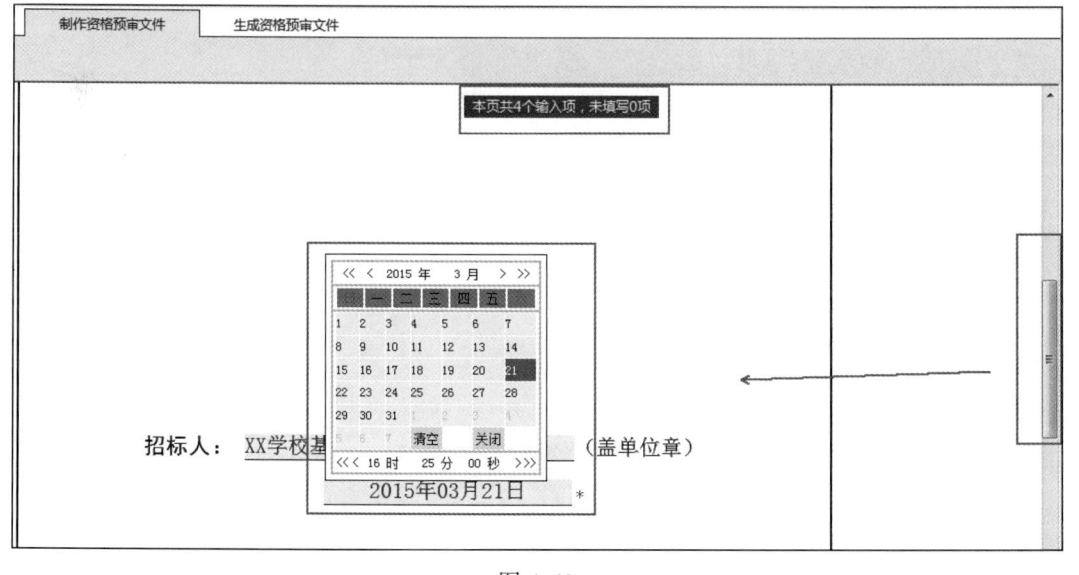

图 4-68

② 资格预审公告

　　a. 双击"第一章　资格预审公告"进入资格预审公告界面，将鼠标移动到填写处，软件会提示填写内容相关备注说明。如图 4-69 所示。

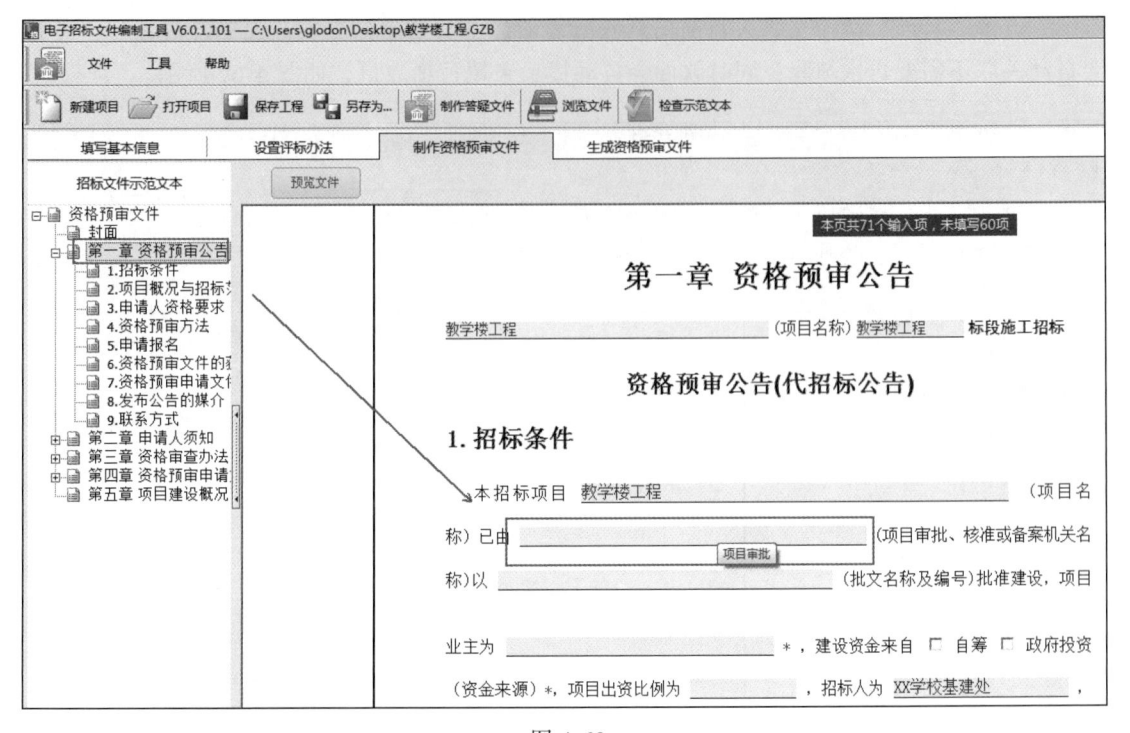

图 4-69

b. 根据背景资料、沙盘推演结果、沙盘执行系统中内置的资料库中相关法律文件和编制好的招标计划时间要求，将资格预审公告相关内容填写完整。如图 4-70 所示。

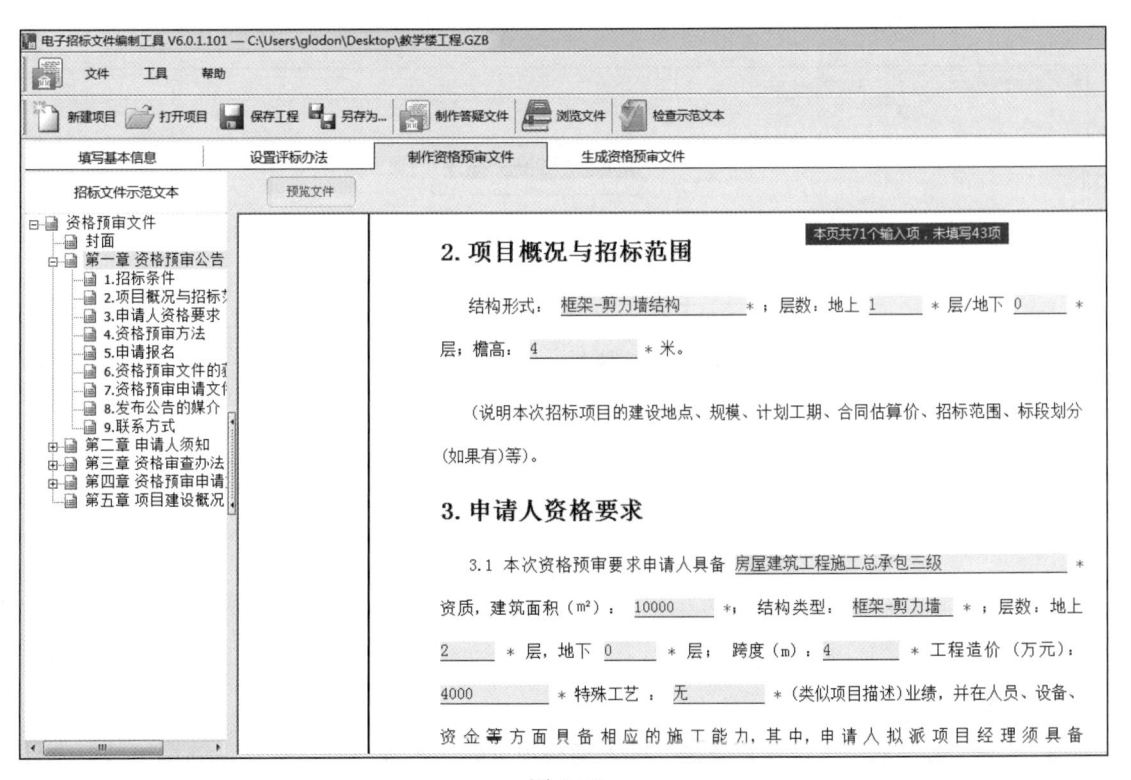

图 4-70

③申请人须知　根据背景资料、沙盘推演结果及沙盘执行系统中内置的资料库中相关法律文件，将申请人须知相关内容填写完整。方法同资格预审公告，此处不做演示。

④资格审查办法　根据背景资料、沙盘推演结果及沙盘执行系统中内置的资料库中相关法律文件，将资格审查办法相关内容填写完整。方法同资格预审公告，此处不做演示。

⑤资格预审申请文件格式　主要是对投标人编制的资格预审申请文件做出格式要求，学生可以通过查看格式要求，了解资格预审申请文件的主要内容。

⑥项目建设概况　招标人对项目建设概况有其他说明的，可在第五章进行填写说明。

5）资格预审文件编制完成后，点击"检查示范文本"，软件自动检查出资格预审文件制作错误信息，可点击相应错误后的"查看"功能进行定位修改，检查通过后才可以进行电子签章，生成资格预审文件，如图4-71所示。

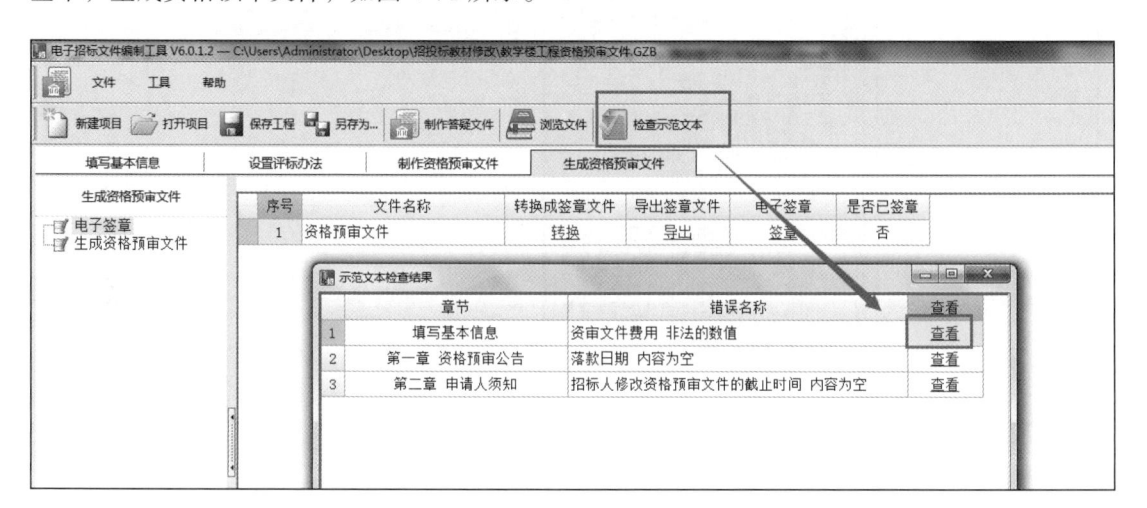

图 4-71

6）示范文本检查通过后，点击"生成资格预审文件"按钮，进行电子签章后，导出资格预审文件。

电子签章操作说明如下。

①在生成资格预审文件模块下，点击"转换"按钮将资格预审文件转换成签章文件。如图4-72所示。

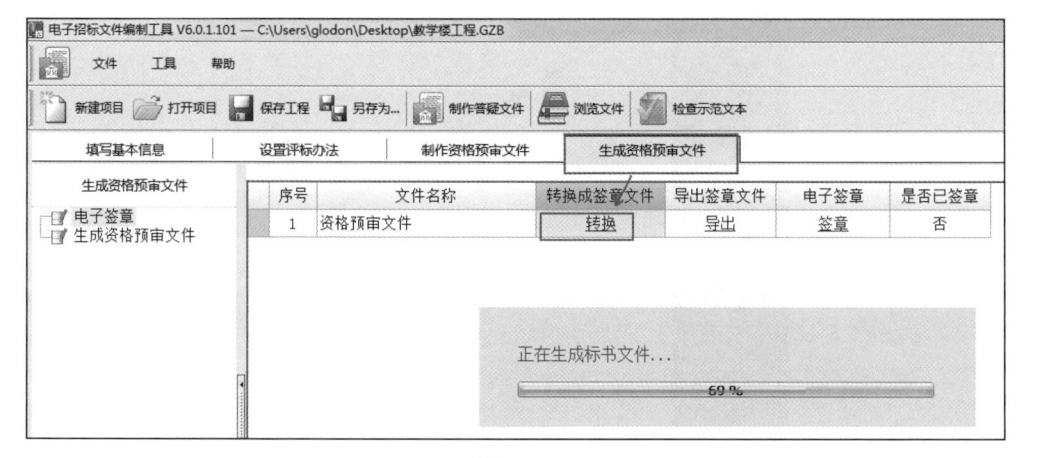

图 4-72

② 转换成功后可以进行电子签章，点击"签章"按钮可以对转换后的 PDF 版文件进行签章或者批量签章，如图 4-73 所示。

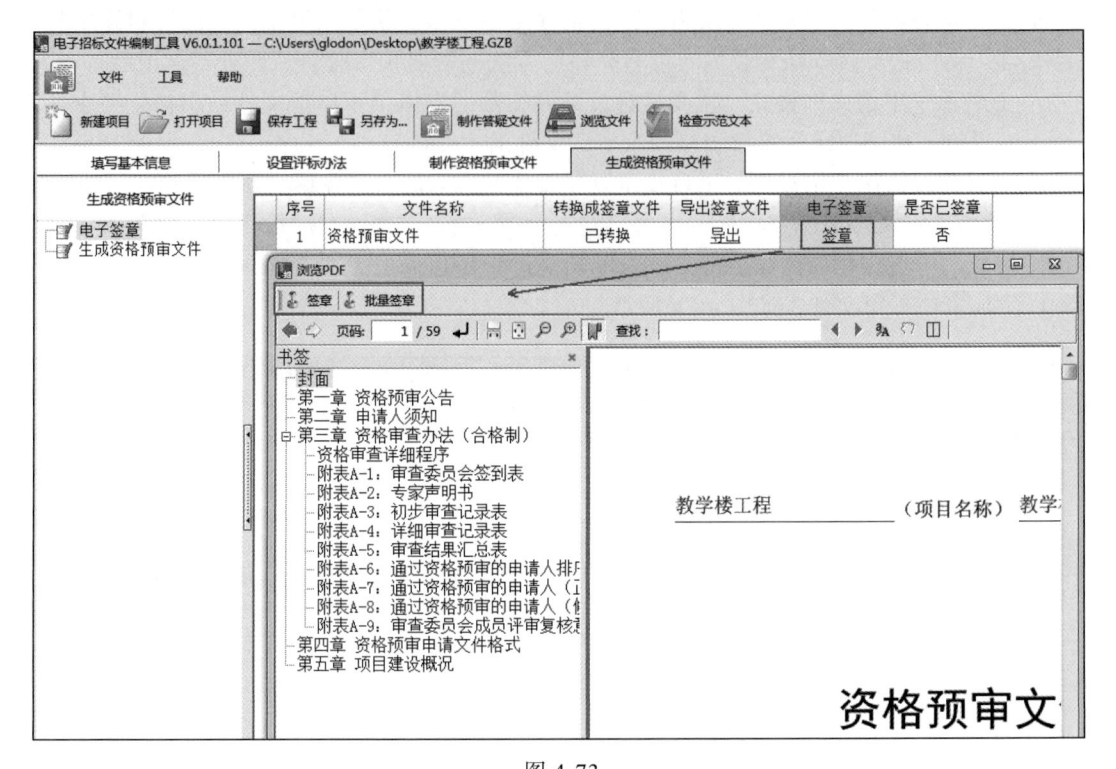

图 4-73

③ 点击"批量签章"，在页面合适的位置进行签章，如图 4-74 所示。

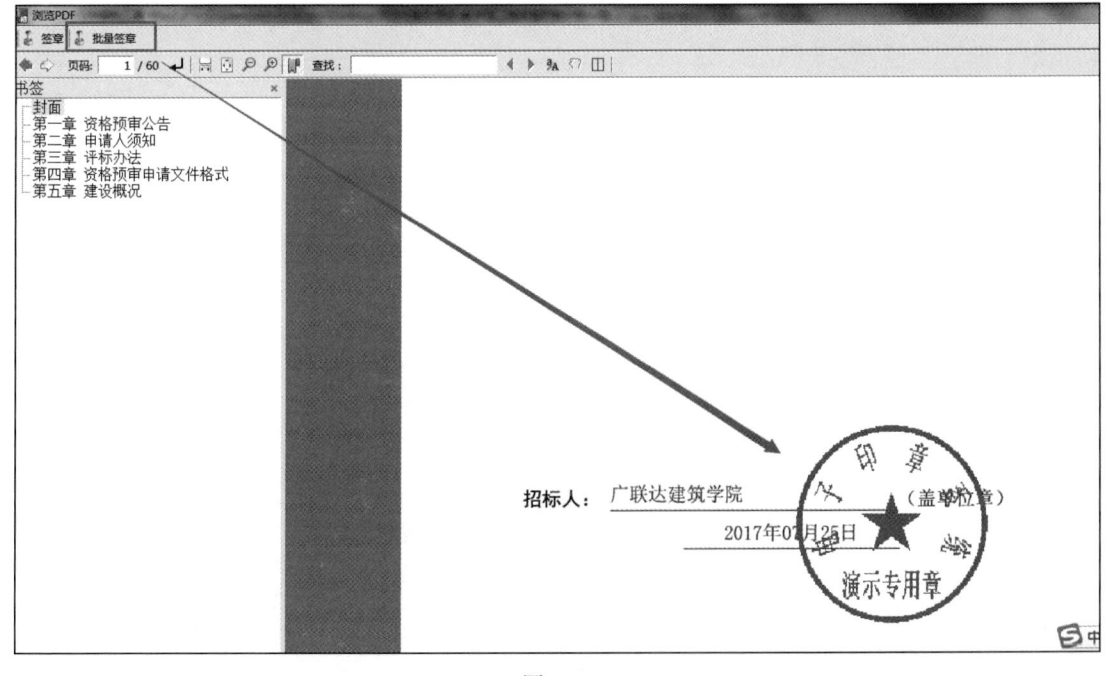

图 4-74

④ 电子签章完成后，关闭 PDF 版资格预审文件浏览窗口，软件显示已签章之后选择"导出"按钮，软件提示选择保存路径，选择保存路径并修改文件名之后点击"保存"。如图 4-75 所示。

图 4-75

⑤ 选择"生成资格预审文件"模块，在"生成资格预审文件"界面下点击"生成"。如图 4-76 所示。

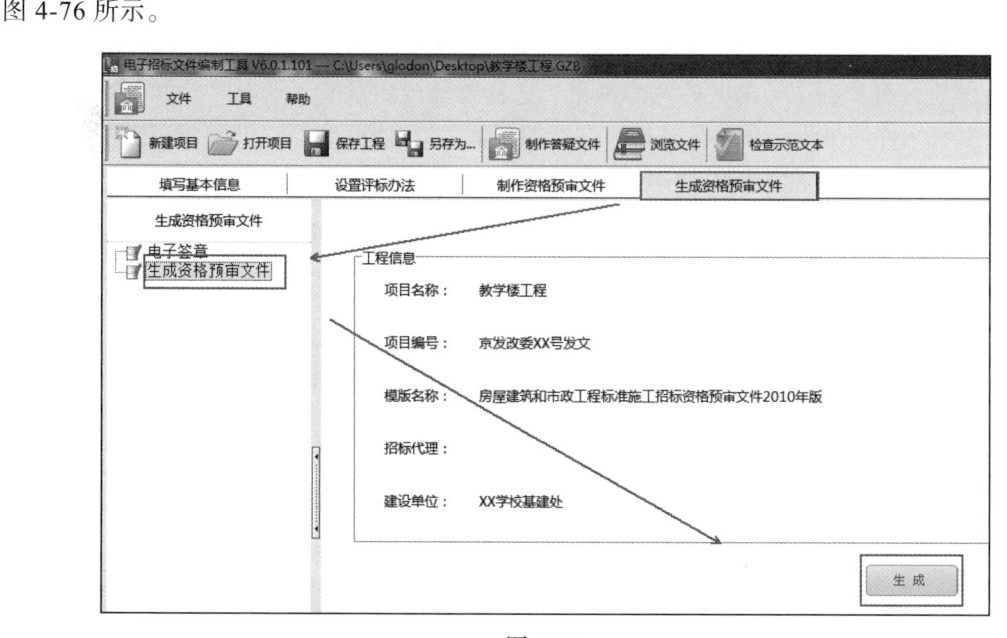

图 4-76

⑥ 弹出保存路径提示框，点击"保存"，将此电子版资格预审文件提交给老师进行评测。如图 4-77 所示。

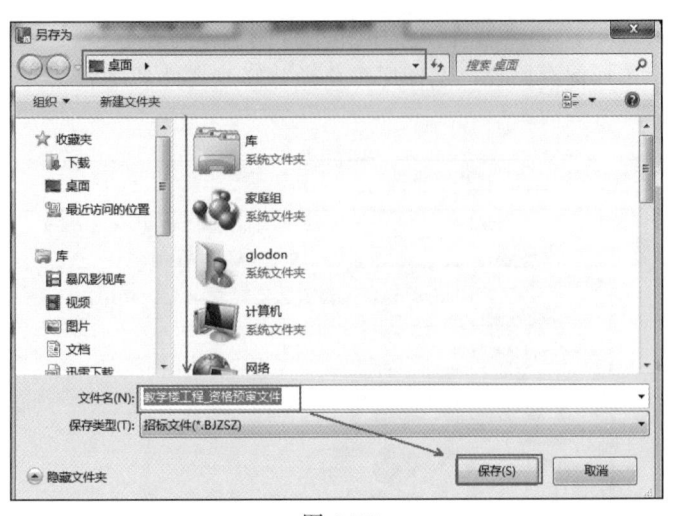

图 4-77

⑦ 将资格预审文件保存，关闭广联达电子招标编制工具，退出系统。在整个资格预审文件编制过程中，一共会生成三种格式文件。文件一为可以进行查看或者打印的 PDF 版资格预审文件；文件二为进行过电子签章的资格预审 BJZSZ 文件（.BJZSZ），此文件可发放给潜在投标人导入广联达电子投标编制工具中进行浏览（不可进行编辑）；文件三为资格预审 GZB 文件（.GZB），此文件为原工程文件，招标人可对资格预审文件进行重新编辑或者制作答疑文件。需要将文件二提交给老师进行评分。如图 4-78 所示。

图 4-78

⑧ 资格预审文件正文部分可导出 word 格式，便于使用者灵活进行自由编辑或与其他文档内容进行整合、排版，满足更多使用者的需求，具体操作为：点击"制作资格预审文件"切换至该模块，可看到"导出文件"的按钮，选择要导出的章节，点击"导出文件"，会有一个正在生成文件的过程，后续会将相应选择的章节生成 word 文档，可对该文档进行编辑、保存等操作。如图 4-79、图 4-80 所示。

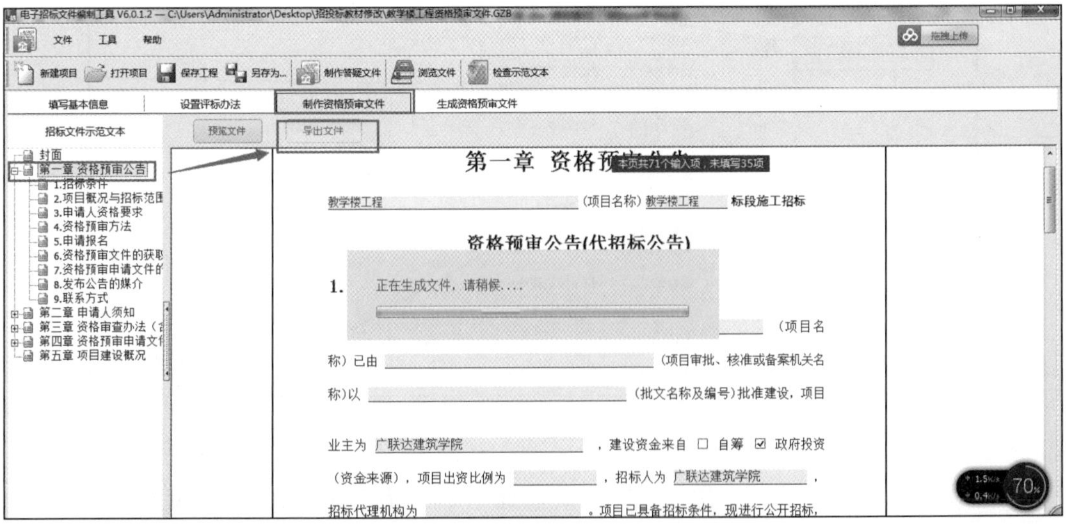

图 4-79

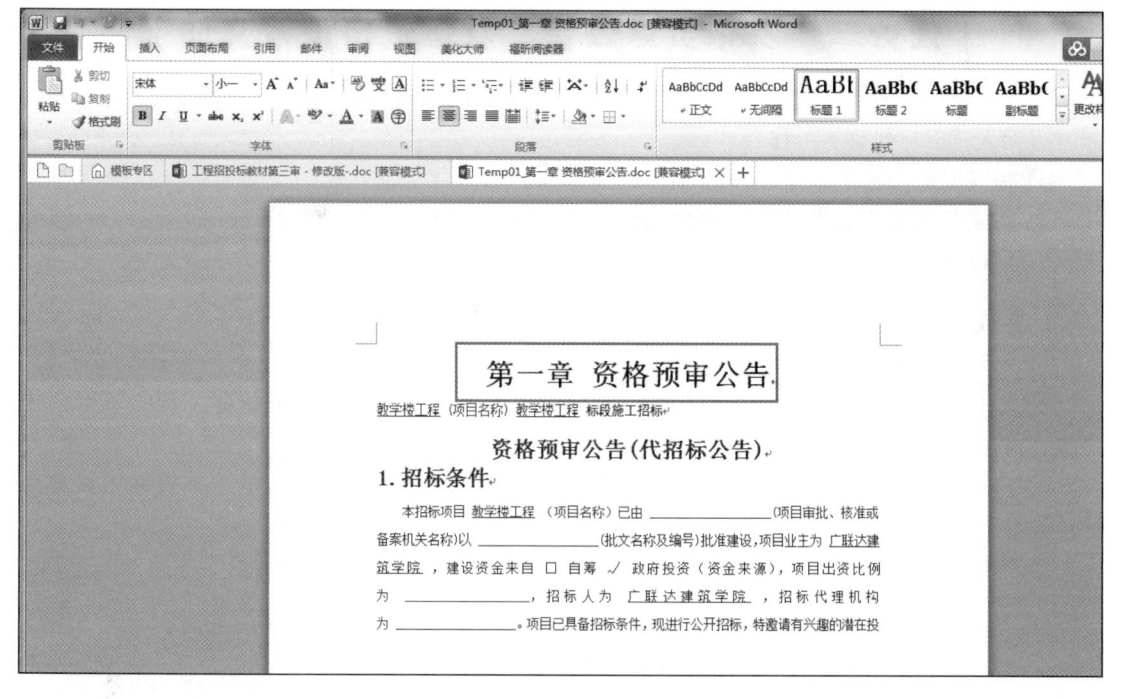

图 4-80

（3）团队自检 资格预审文件电子版完成后，项目经理组织团队成员，利用资格预审文件审查表（图 4-81）进行自检。

组别：	表4-4 资格预审文件审查表		日期：X年X月X日
序号	审查内容	完成情况	需完善内容
1	资格预审公告	☑	无
2	申请人须知	☑	无
3	资格审查办法（合格制）	☑	无
4	资格审查办法（有限数里制）	☑	无
5	资格预审申请文件格式	☑	无
6	其他要求	无	
填表人：周XX		会签人：张X	审批人：李XX

图 4-81

（4）签字确认 市场经理负责将结论记录到资格预审文件审查表（图 4-81）中，经团队其他成员和项目经理签字确认后，置于招投标沙盘盘面的资格预审阶段区域的团队管理处，见图 4-82。

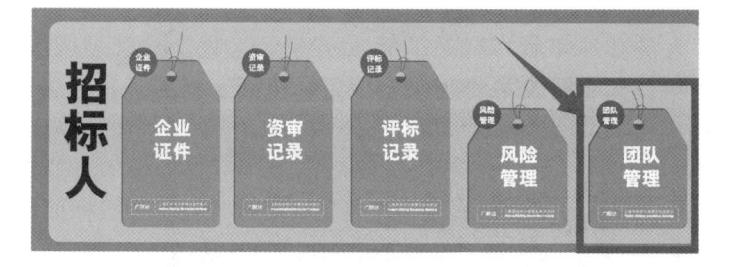

图 4-82

【任务二　发布资审公告、发售资格预审文件】

(一) 任务说明

招标人 (招标代理) 工作:
① 完成资审公告的备案、发布工作;
② 完成资格预审文件备案、发售工作。

(二) 操作过程

1. 完成资审公告的备案、发布工作

(1) 资审公告 (招标公告) 备案　招标人 (或招标代理) 登录工程交易管理服务平台,用招标人 (或招标代理) 账号进入电子招投标项目交易管理平台,完成招标工程的资审公告 (招标公告) 备案并提交审批。

① 登录工程交易管理服务平台,用招标人 (或招标代理) 账号进入电子招投标项目交易管理平台。

② 切换到 "招标公告管理" 模块,点击 "新增公告"。如图 4-83 所示。

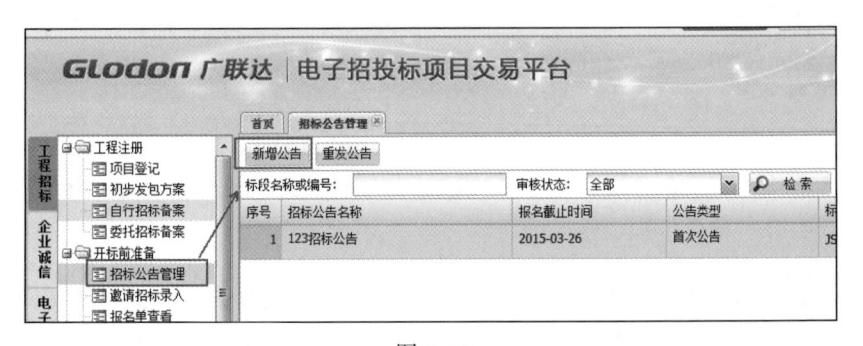

图 4-83

③ 弹出 "标段选择" 窗口,选择标段后点击 "确定" 按钮。如图 4-84 所示。

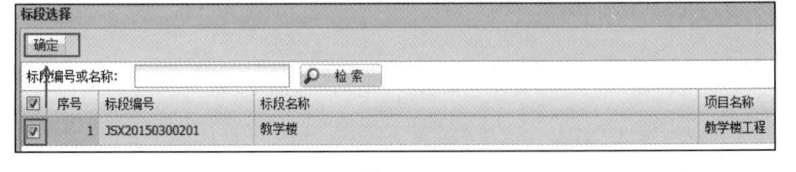

图 4-84

④ 弹出 "新增公告" 窗口,根据背景资料及沙盘推演出的结果,完成带 " * " 部分的填写后,点击 "保存" 及 "提交"。如图 4-85 所示。

(2) 行政监管人员在线审批　行政监管人员登录工程交易管理服务平台,用初审监管员账号进入电子招投标项目交易管理平台,完成招标工程的资审公告 (招标公告) 审批工作。

软件操作指导如下。

① 登录工程交易管理服务平台,用初审监管员账号进入电子招投标项目交易管理平台。

② 切换至 "招标公告审核" 模块,找到小组刚提交的招标公告,点击 "审核"。如图 4-86 所示。

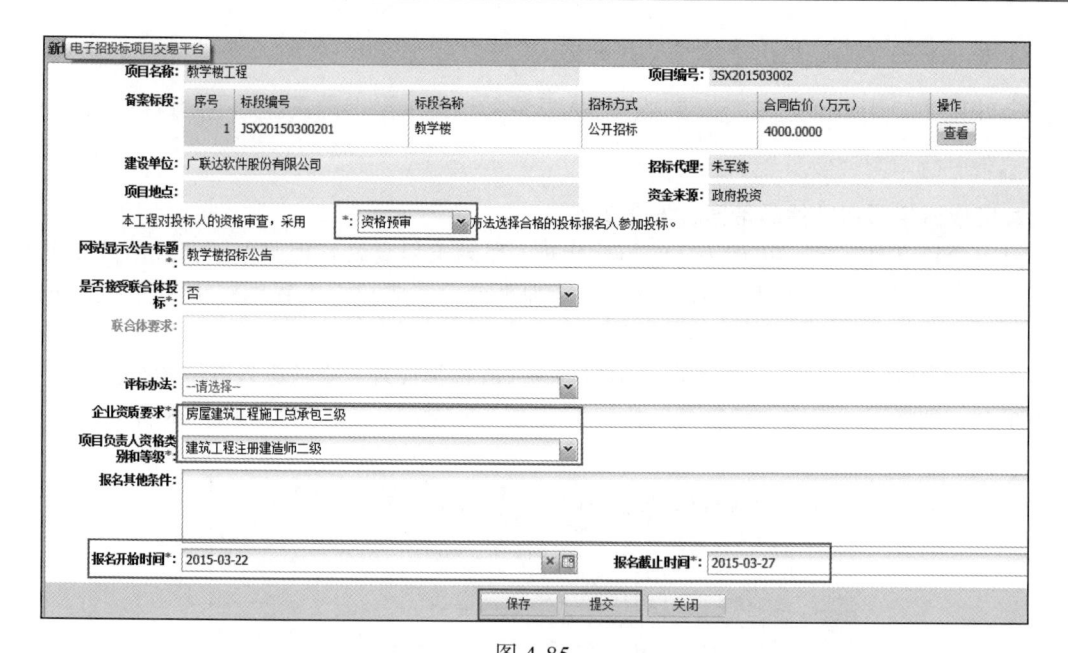

图 4-85

图 4-86

③ 核对项目相应信息，核对后点击"审核"。如图 4-87 所示。

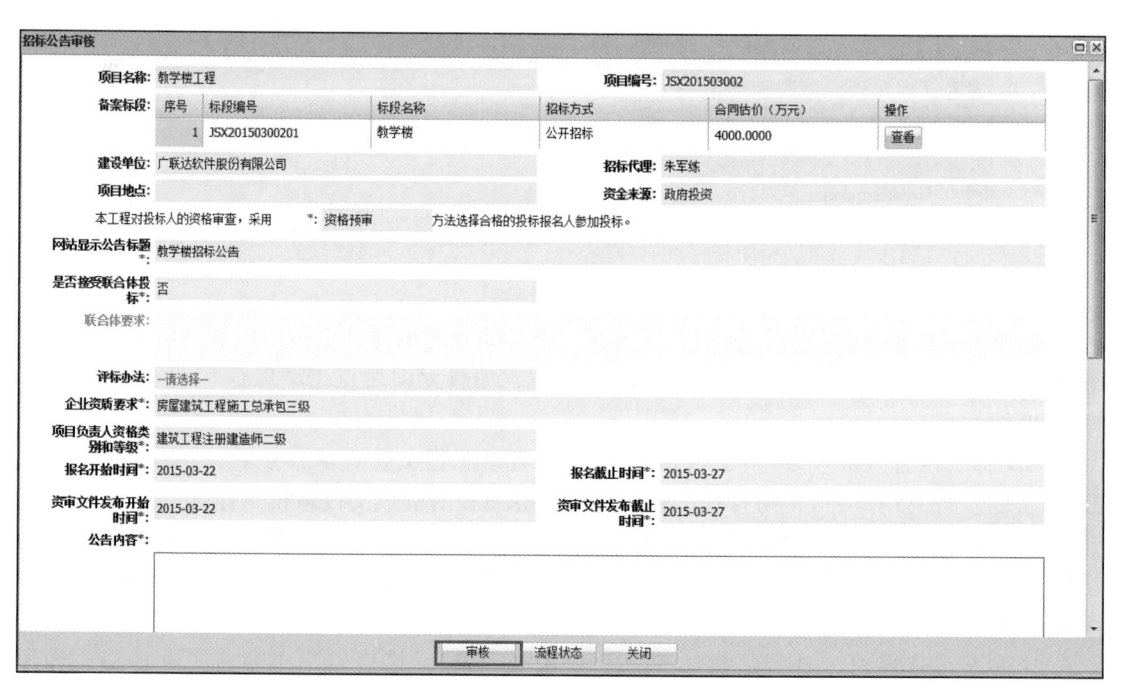

图 4-87

④ 根据核对结果，给出审核意见并提交。

 **小贴士**：审核不通过的，要以招标人或招标代理的身份再次登录平台进行修改，并提交，接着进行再次审核。

2. 完成资格预审文件的备案、发售工作

（1）资审文件备案　招标人（或招标代理）登录工程交易管理服务平台，用招标人（或招标代理）账号进入电子招投标项目交易管理平台，完成招标工程的资审文件备案并提交审批。

① 登录工程交易管理服务平台，用招标人（或招标代理）账号进入电子招投标项目交易管理平台，切换至"资审文件管理"模块，点击"新增资审文件"。如图 4-88 所示。

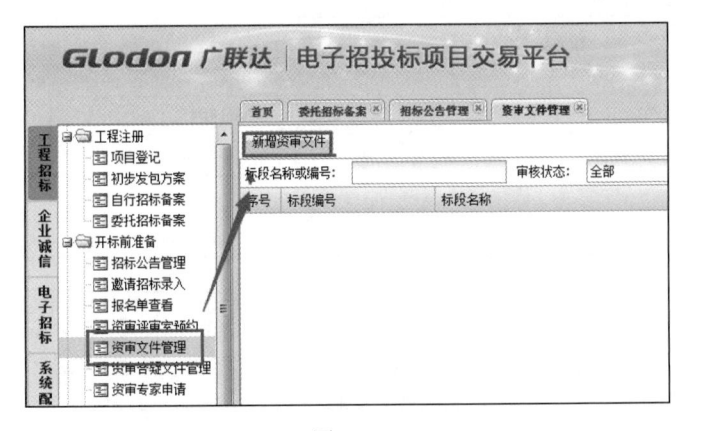

图 4-88

② 弹出"标段选择"窗口，找到相应的标段，点击"确定"。如图 4-89 所示。

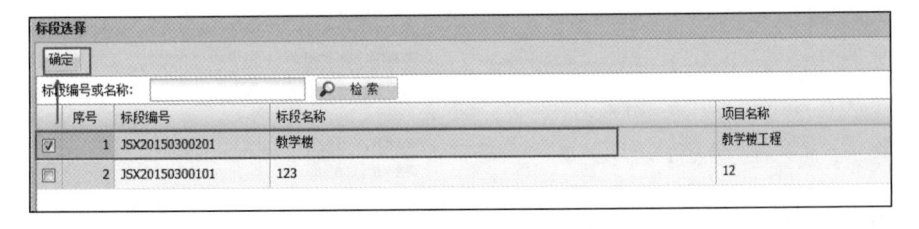

图 4-89

③ 弹出"资审文件管理"窗口，完成带"＊"部分的填写，上传由广联达电子招标工具编制工具生成的资格预审 BJZSZ 文件（.BJZSZ），加载无误后点击"保存"及"提交"。如图 4-90 所示。

（2）行政监管人员在线审批　行政监管人员登录工程交易管理服务平台，用初审监管员账号进入电子招投标项目交易管理平台，完成招标工程的资审文件审批工作。

① 登录工程交易管理服务平台，用初审监管员账号进入电子招投标项目交易管理平台，切换至"资审文件审核"模块，找到刚才提交审核的"教学楼资审文件"，点击"审核"。如图 4-91 所示。

② 进入审核界面，进行信息核对，并点击"审核"，最后给出审核意见并提交。如图 4-92 所示。

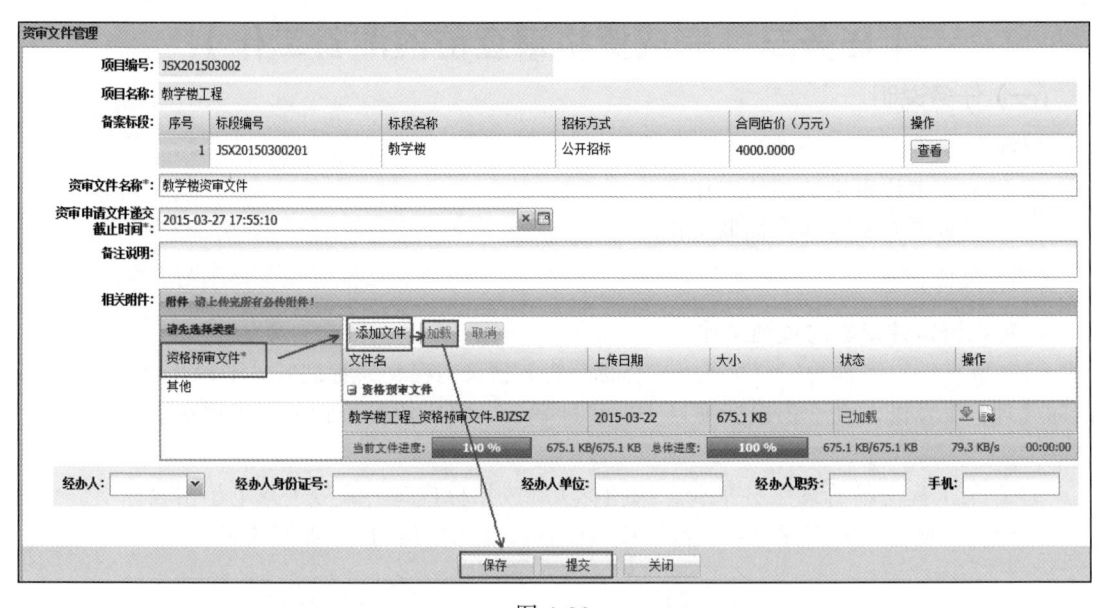

图 4-90

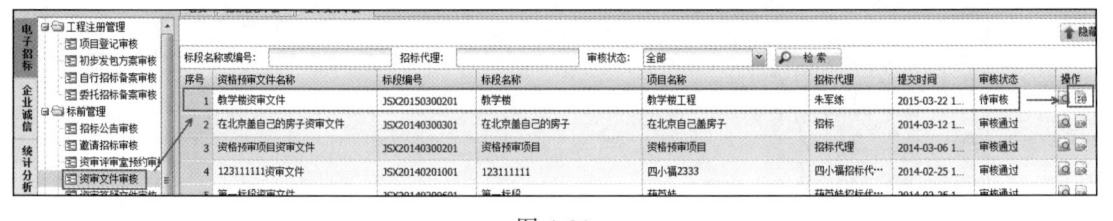

图 4-91

资审文件审核

项目编号：JSX201503002

项目名称：教学楼工程

备案标段	序号	标段编号	标段名称	招标方式	合同估价（万元）	操作
	1	JSX20150300201	教学楼	公开招标	4000.0000	查看

资审文件名称*：教学楼资审文件

资审申请文件递交
截止时间*：2015-03-31 17:55:10

备注说明：

相关附件：附件

文件名	上传日期	大小	操作
□ 资格预审文件			
教学楼工程_资格预审文件.BJZSZ	2015-03-22	675.1 KB	⬇

经办人：　　　　经办人身份证号：　　　　经办人单位：　　　　经办人职务：　　　　手机：

审核记录	序号	业务步骤	操作人员	审核状态	审核意见	操作时间	操作
	1	提交	朱军练	待审核		2015-03-22 18:03:20	

审核　　流程状态　　关闭

图 4-92

 小贴士：本教材给出的是在线完成资审公告、资审文件的备案审批操作指导，如果学校不具备在线备案审批的条件，可参考学校所在地区住建委现场备案审批的工作流程。

【任务三 完成资格审查前的准备工作】

(一) 任务说明

招标人 (招标代理) 工作:

① 完成资审评审室的预约工作;

② 完成资审专家申请、抽取工作。

(二) 操作过程

1. 完成资审评审室的预约工作

(1) 资审评审室预约 招标人 (或招标代理) 登录工程交易管理服务平台, 用招标人 (或招标代理) 账号进入电子招投标项目交易管理平台, 完成招标工程的资审评审室的预约并提交审批。

① 登录工程交易管理服务平台, 用招标人 (或招标代理) 账号进入电子招投标项目交易管理平台, 切换至 "资审评审室预约" 模块, 选择 "标室预约"。如图 4-93 所示。

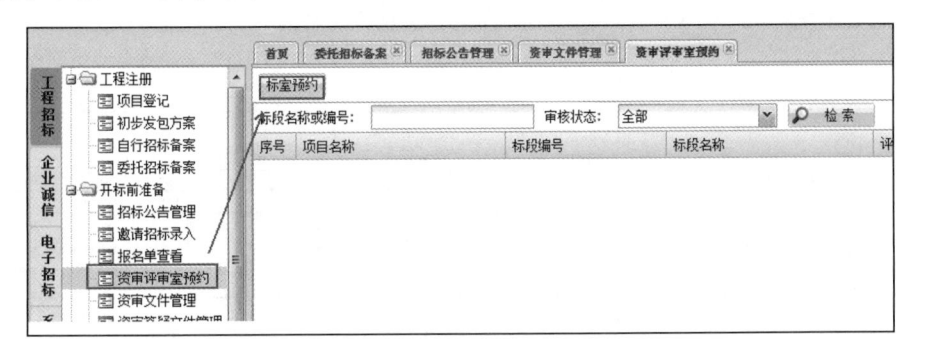

图 4-93

② 弹出 "标段选择" 窗口, 找到相应的标段, 点击 "确定"。如图 4-94 所示。

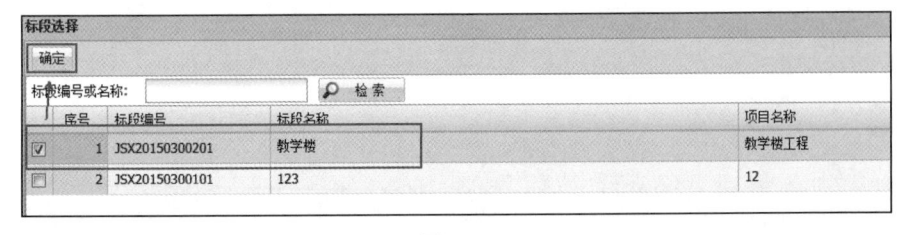

图 4-94

③ 弹出 "新增标室预约" 窗口, 完成带 "＊" 部分的填写, 无误后点击 "保存" 及 "提交"。如图 4-95 所示。

(2) 行政监管人员在线审批 行政监管人员登录工程交易管理服务平台, 用初审监管员账号进入电子招投标项目交易管理平台, 完成招标工程的资审评审室预约的审批工作。

① 登录工程交易管理服务平台, 用初审监管员账号进入电子招投标项目交易管理平台, 切换至 "资审评审室预约审核" 模块, 找到刚才申请预约标室的 "教学楼工程", 点击 "审核"。如图 4-96 所示。

② 进入审核界面, 进行信息核对, 并点击 "审核", 最后给出审核意见并提交。如图 4-97 所示。

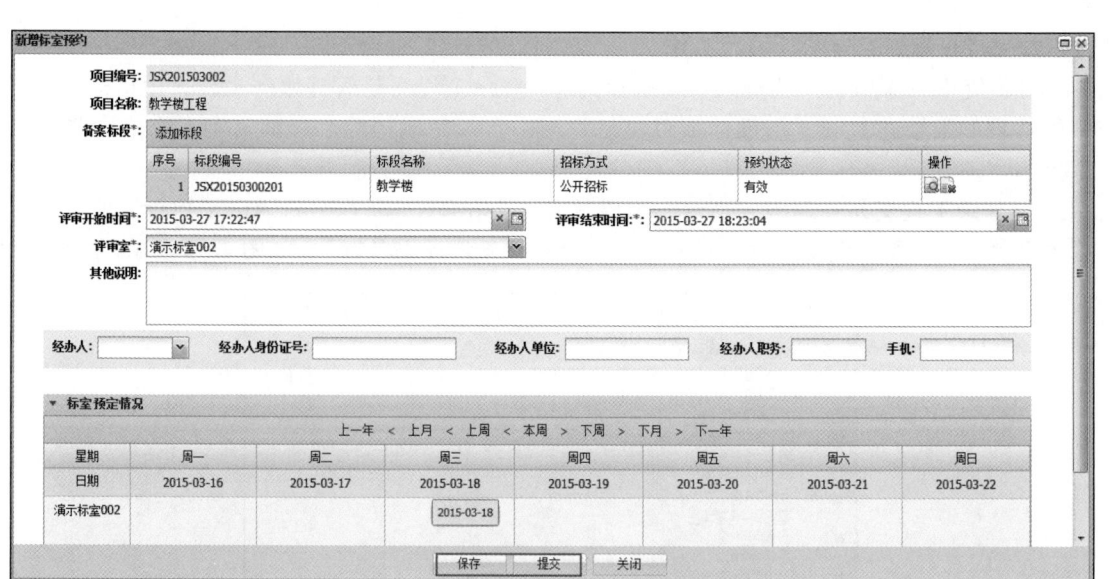

图 4-95

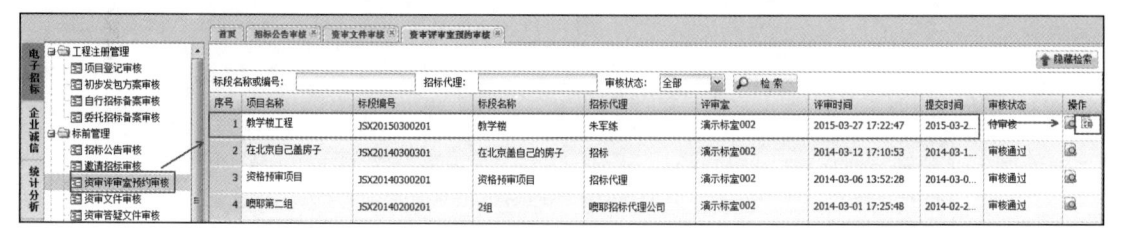

图 4-96

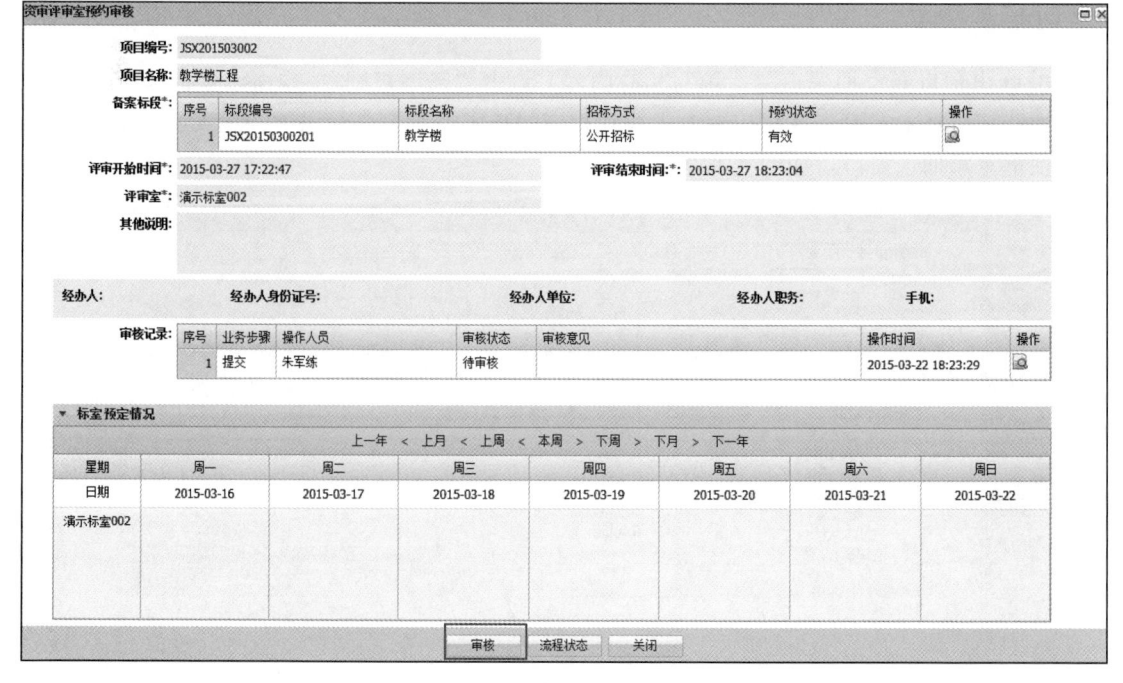

图 4-97

2. 完成资审专家申请、抽取工作

（1）资审专家申请　招标人（或招标代理）登录工程交易管理服务平台，用招标人（或招标代理）账号进入电子招投标项目交易管理平台，完成招标工程的资审专家申请并提交审批。

① 登录工程交易管理服务平台，用招标人（或招标代理）账号进入电子招投标项目交易管理平台，切换至"资审专家申请"模块，选择"新增评委备案"。如图 4-98 所示。

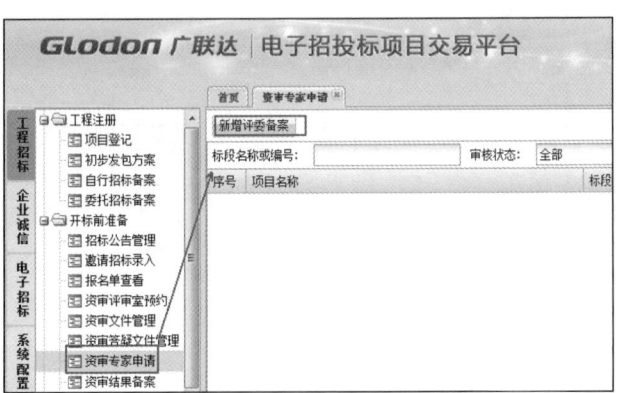

图 4-98

② 弹出"标段选择"窗口，找到相应的标段，点击"确定"。如图 4-99 所示。

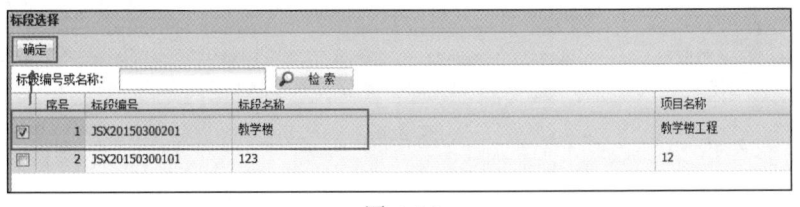

图 4-99

③ 弹出预审专家抽选窗口，填写相应内容，点击"新增规则"，弹出设置抽选规则提示，首先抽选 2 位技术专家，在相应专业中找到相应的技术类专家进行添加，无误后点击"保存"返回预审专家抽选窗口。如图 4-100 所示。

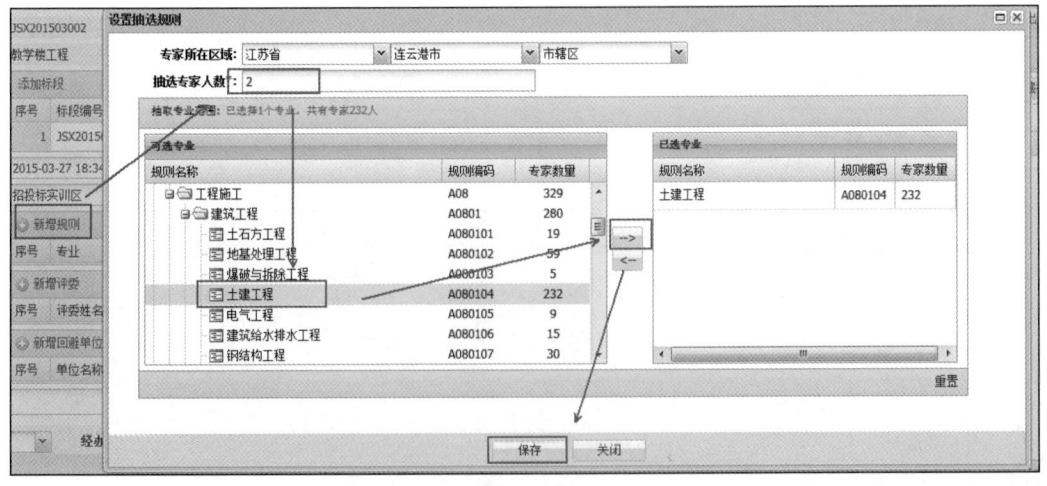

图 4-100

④ 抽选经济类专家同上，弹出设置抽选规则提示，在相应专业中找到相应的经济类专家进行添加，无误后点击"保存"返回预审专家抽选窗口。如图 4-101 所示。

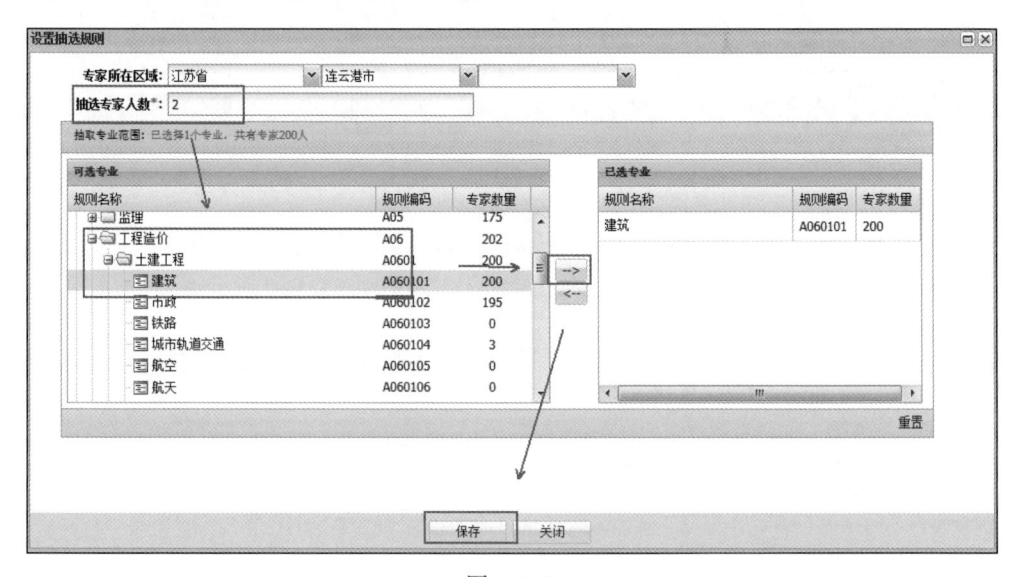

图 4-101

⑤ 点击"新增评委"按钮，新增 1 个招标人评委，组成 5 位评审专家，无误后点击"保存"及"提交"。如图 4-102 所示。

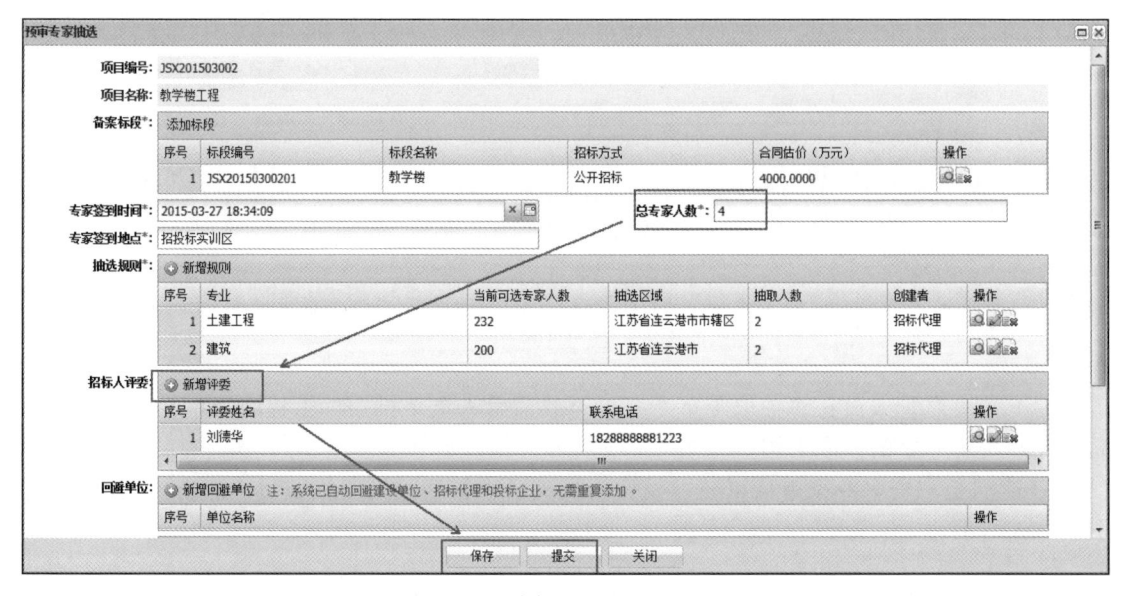

图 4-102

（2）行政监管人员在线审批　行政监管人员登录工程交易管理服务平台，用初审监管员账号进入电子招投标项目交易管理平台，完成招标工程的资审专家申请的审批工作。

① 登录工程交易管理服务平台，用初审监管人员账号进入电子招投标项目交易管理平台，切换至"资审专家申请审核"模块，找到待审核的项目，点击"审核"。如图 4-103 所示。

图 4-103

② 弹出"预审专家抽选审核"窗口，核对信息，点击"审核"，最后给出审核意见并提交。如图 4-104 所示。

图 4-104

（3）行政监管人员在线抽取资审专家　行政监管人员审批招标工程的资审专家申请结束后，完成资审专家的抽取工作。

① 返回至"资审专家申请审核"模块，找到已审核通过的工程项目，点击"抽选"。如图 4-105 所示。

图 4-105

② 弹出"专家抽选"提示框，抽选相应专家，选择"参加"表示经过沟通专家能够参加评审，抽选完成后点击"保存"及"抽选已完成"。如图 4-106 所示。

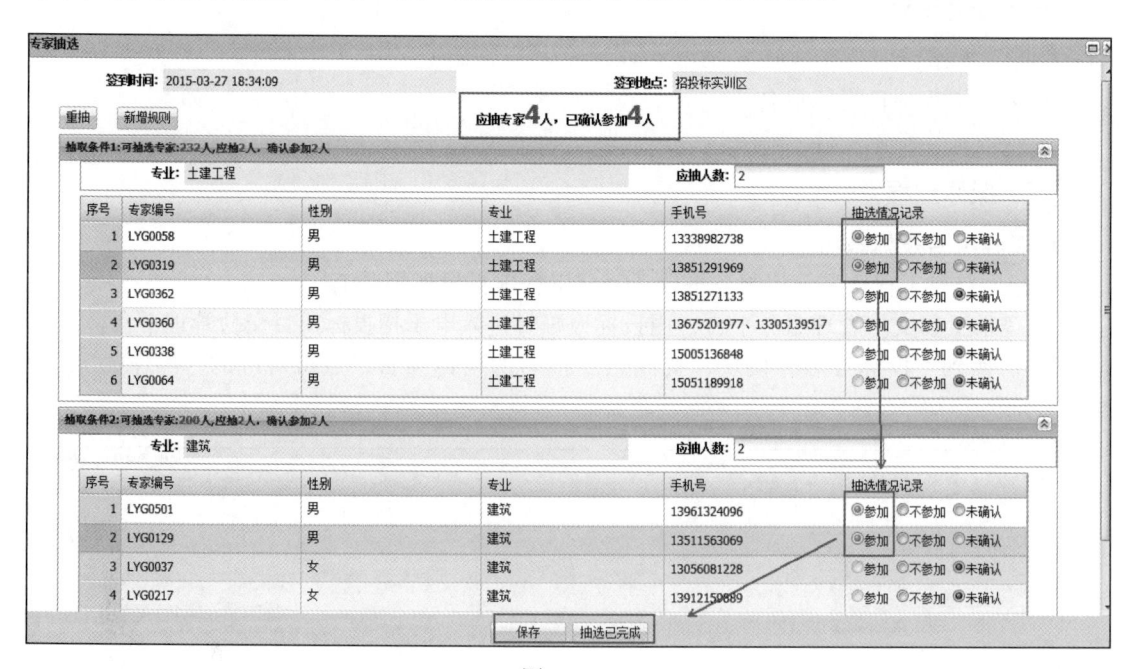

图 4-106

③ 若发现专家抽选时专家库人数过少或未有相应专业的专家可抽取，可通过专家抽选界面的"新增规则"进行专家库新增专家。如图 4-107 所示。

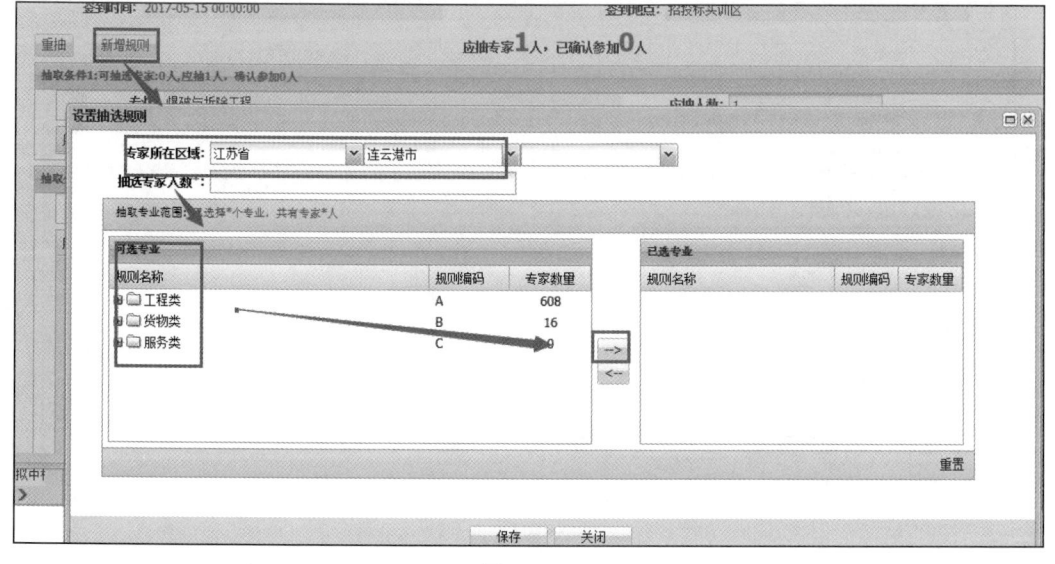

图 4-107

小贴士：本教材给出的是在线完成资审评审室预约、资审专家申请的备案审批操作指导，如果学校不具备在线备案审批的条件，可参考学校所在地区住建委和专家库现场备案审批的工作流程。

【任务四　完成投标报名、获取资格预审文件】

（一）任务说明

投标人工作：

① 完成工程项目投标报名；

② 获取资格预审文件。

（二）操作过程

1. 工程项目投标报名

投标人登录工程交易管理服务平台，完成工程项目投标报名工作。

① 登录工程交易管理服务平台，用投标人账号进入电子招投标项目交易管理平台。

② 切换到"投标报名"模块，找到想要报名的招标项目，点击对应的"操作"。如图4-108 所示。

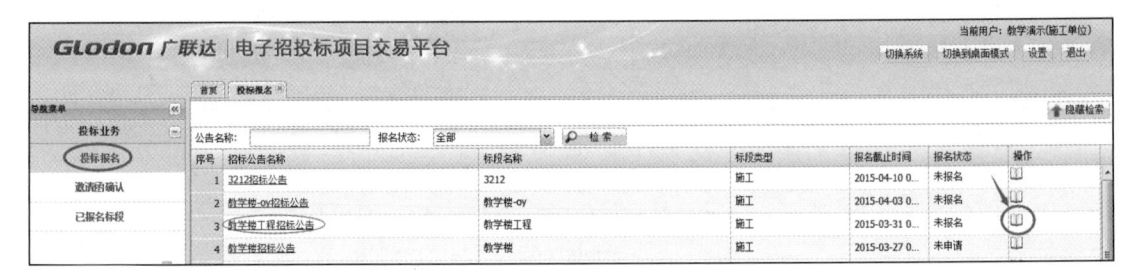

图 4-108

③ 弹出"报名"提示框，选择相应的企业资质及人员资质后点击"提交"，如图 4-109 所示。

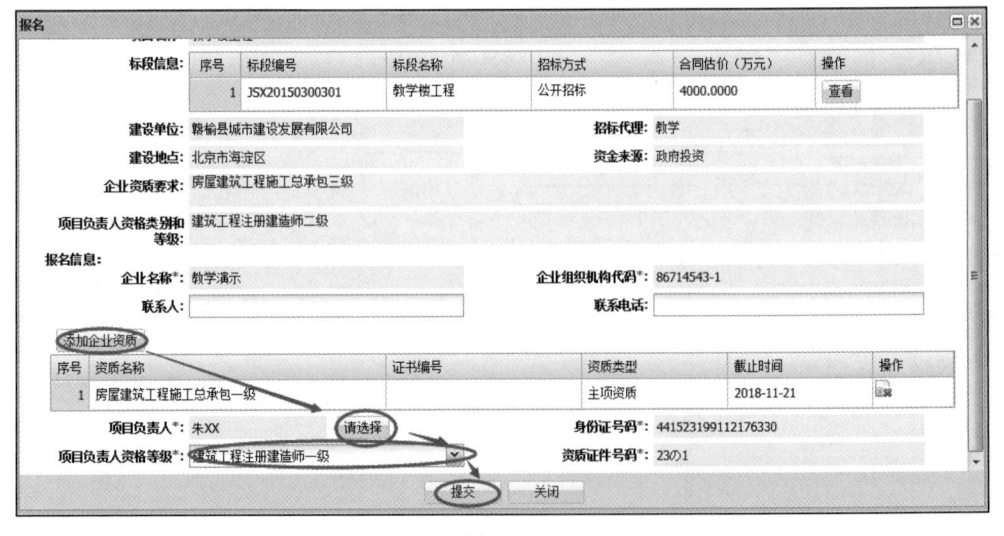

图 4-109

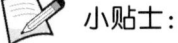 小贴士：

① 在添加企业资质时，要根据招标公告中要求的"企业资质要求"选择投标人企业的企业资质；如果添加的企业资质与招标公告要求的企业资质不匹配，无法完成投标报名工作。

② 在选择项目负责人时，要根据招标公告中要求的"项目负责人资格类别和等级"选择

资格类别和等级相匹配的项目负责人；如果添加的项目负责人资格类别和等级与招标公告要求的不匹配，无法完成投标报名工作。

③ 遇到企业资质或项目负责人资格不符合时，需返回诚信管理系统重新修改或补充企业资质或项目负责人资格。

④ 提示报名成功，点击"确定"。如图 4-110 所示。

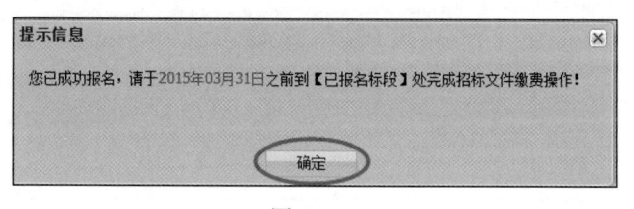

图 4-110

2. 获取资格预审文件

（1）方案一：在线获取。

投标人登录工程交易管理服务平台，完成获取资格预审文件工作。

① 登录工程交易管理服务平台，用投标人账号进入电子招投标项目交易管理平台。

② 切换至"已报名标段"，选择相应标段点击"进入"，如图 4-111 所示。

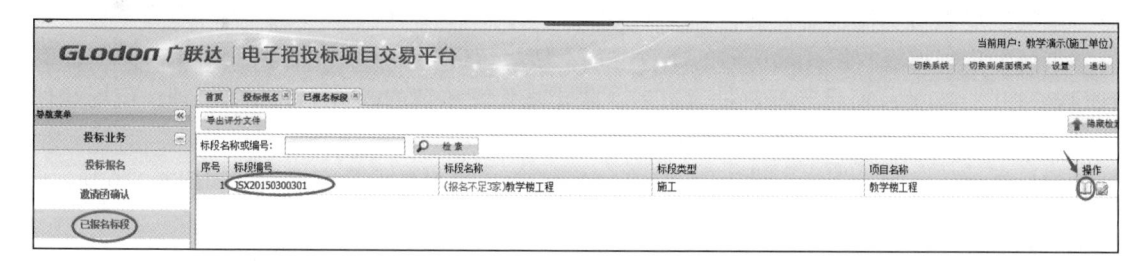

图 4-111

③ 弹出"查看"提示框，可以查看相应的招标公告及报名信息，此时界面显示为未下载状态，点击"下载"即可下载并查看招标文件。如图 4-112 所示。

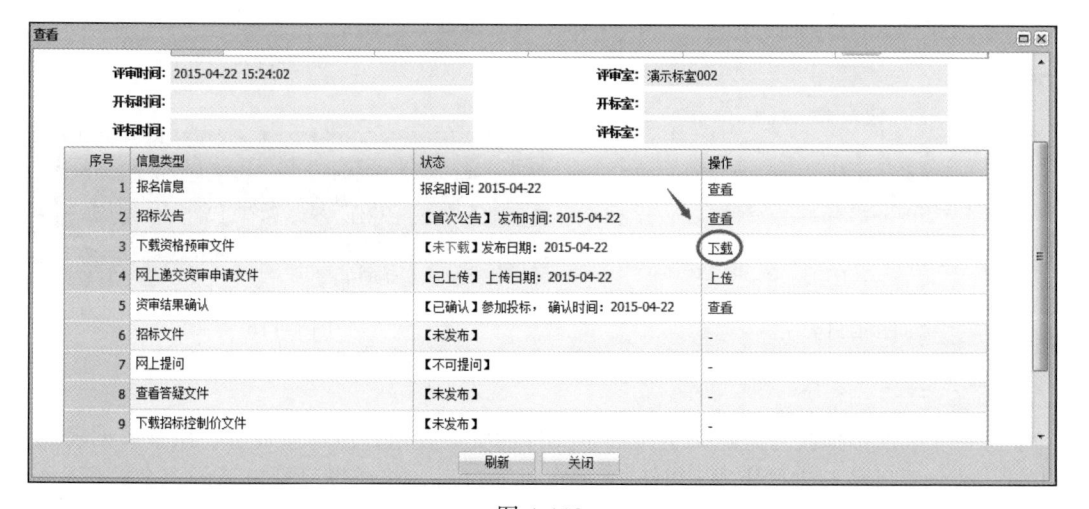

图 4-112

④ 点击“下载”后，弹出“资审文件管理”界面，点击“⬇”即可下载资格预审文件。如图 4-113 所示。

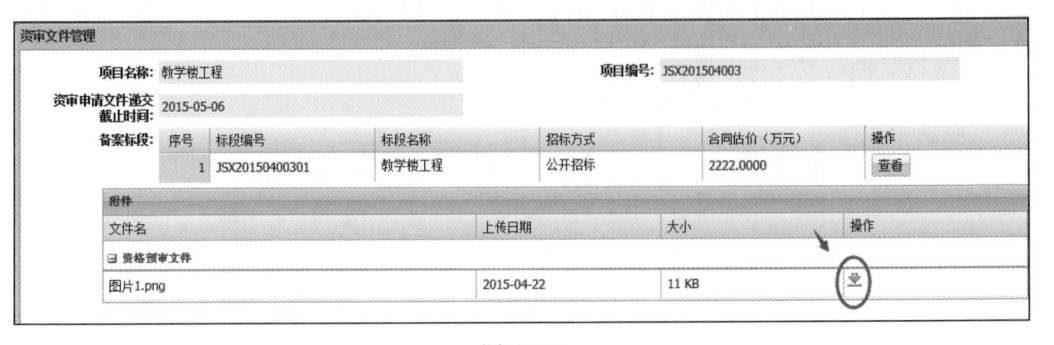

图 4-113

（2）方案二：现场获取。

1）本方案适用于没有电子招投标项目管理平台的情况。

2）投标人按照招标公告的要求，准备相关证件资料。

① 企业、人员证件资料（如果招标公告有要求）。

② 填写“授权委托书”。

市场经理填写“授权委托书”（图 4-114）。

市场经理根据授权委托书所需的印章类型，填写“资金、用章审批表”（图 4-115），提交项目经理进行审批；项目经理审批通过后，将市场经理申请的印章交给市场经理；市场经理拿到印章后，在“授权委托书”上盖章、签字。

项目经理将资金、用章审批表置于沙盘盘面投标人区域的业务审批处。如图 4-116 所示。

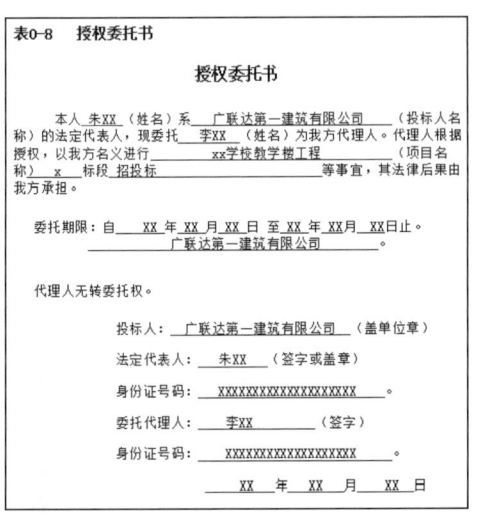

表0-8　授权委托书

授权委托书

本人 朱XX （姓名）系 广联达第一建筑有限公司 （投标人名称）的法定代表人，现委托 李XX （姓名）为我方代理人。代理人根据授权，以我方名义进行 xx学校教学楼工程 （项目名称） x 标段 招投标 等事宜，其法律后果由我方承担。

委托期限：自 XX 年 XX 月 XX 日 至 XX 年 XX月 XX日止。
广联达第一建筑有限公司。

代理人无转委托权。

投标人： 广联达第一建筑有限公司 （盖单位章）
法定代表人： 朱XX （签字或盖章）
身份证号码： XXXXXXXXXXXXXXXXXXXX。
委托代理人： 李XX （签字）
身份证号码： XXXXXXXXXXXXXXXXXXXX。
XX 年 XX 月 XX 日

图 4-114

组别：　　表0-6 资金、用章审批表　　日期：X月X日

项目名称	资金审批		用章审批	
	金额	用途	公章类型	用途
具体内容			单位章	授权委托书用章

填表人：　朱XX　　审批人：　王XX

图 4-115

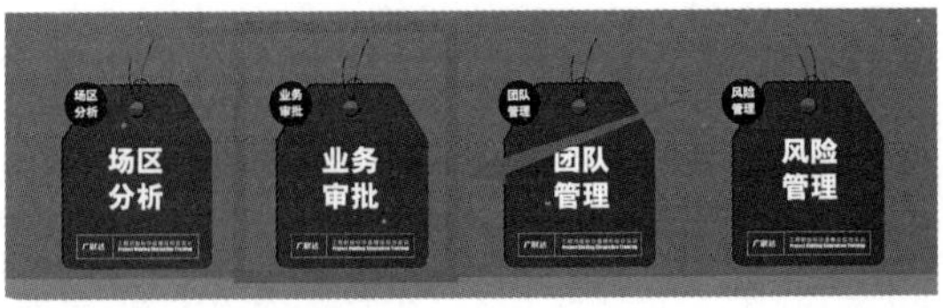

图 4-116

③ 准备资金。

市场经理根据招标公告上购买资格预审文件的资金要求，填写“资金、用章审批表”（图 4-117），提交项目经理进行审批；项目经理审批通过后，将市场经理申请的资金数量交给市场经理。

四种规格代金币如图 4-118 所示。

组别：	表0-6 资金、用章审批表		日期：X月X日	
项目名称	资金审批		用章审批	
	金额	用途	公章类型	用途
具体内容	XX元	购买资格预审文件		

填表人： 朱XX 　　　审批人： 王XX

图 4-117

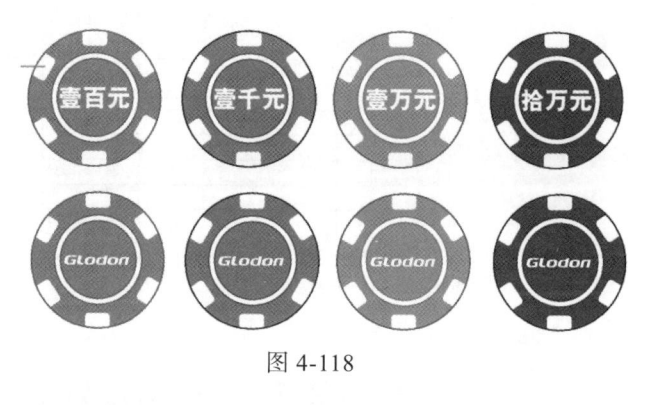

图 4-118

项目经理将资金、用章审批表置于沙盘盘面投标人区域的业务审批处。如图 4-116 所示。

④ 投标人自检。

市场经理将招标公告中有关携带资料的要求，填写到携带资料清单表（图 4-119），并将所准备的相关资料内容（如授权委托书、资金等），一同提交项目经理进行审批；项目经理审批通过后，将市场经理准备的相关资料归还给他，留下携带资料清单表并置于沙盘盘面投标人区域的活动检视区。如图 4-120 所示。

组别：	表0-7 携带资料清单表	日期：X年X月X日	
活动名称：	投标报名及购买资格预审文件		
序号	需携带资料内容	完成情况	需要补充
1	授权委托书	☑	
2	现金	☑	
3	被授权人身份证	☑	
4	授权人身份证（身份证复印件）	☑	
5		☐	
6		☐	

填表人： 周XX 　会签人：张XX、王XX 　审批人：李XX

图 4-119

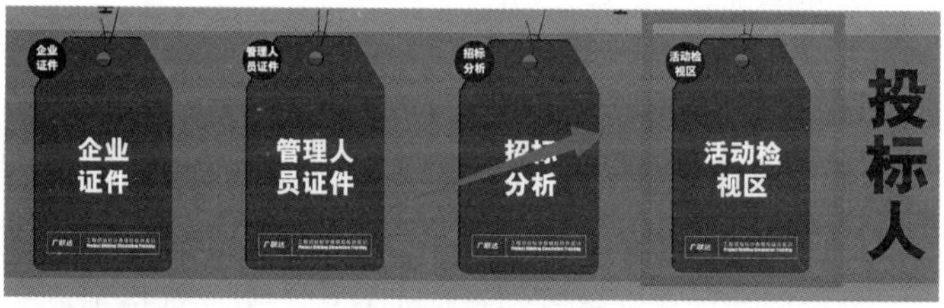

图 4-120

✎ **小贴士**：投标人在进行投标报名、购买招标文件（资格预审文件）时，需要仔细阅读招标公告的要求，严格按照招标公告的内容准备相关证件资料；实际投标人企业在投标报名和购买文件时，因为没有仔细阅读招标公告和检查携带资料是否齐全，经常会丢三落四，导致往返企业和购买场所多次。

实训教材在此增加投标人自检环节，意在培养学生养成一种良好的工作习惯：在参加招标人组织的各类活动时，提前检查一下自己需要携带的资料是否齐全。

3）获取资格预审文件。

① 招标人（或招标代理）现场接受投标报名、发售资审文件；此过程招标人（或招标代理）由老师指定学生担任。

② 投标人（被授权人）携带相关资料，在招标公告规定的时间和地点，进行投标报名、购买资格预审文件。

③ 招标人审核投标人提交的各类资料内容，审核通过后，收取资金，将资格预审文件发放给投标人；投标人在现场的登记表（图 4-121）中填写单位信息。

序号	单 位	递交（退还、签到）时间	联系人	联系方式	传真
1	广联达第一建筑公司	xx年xx月xx日xx时xx分	朱xx	185020150xx	87895xx
		年 月 日 时 分			
		年 月 日 时 分			
		年 月 日 时 分			
		年 月 日 时 分			
		年 月 日 时 分			
		年 月 日 时 分			
		年 月 日 时 分			
		年 月 日 时 分			

表0-3 　教学楼　工程　资格预审文件发放　登记(签到)表

招标人或招标代理经办人：李xx 　　　　　　　　　　第 1页共 1 页

图 4-121

【任务五　资格预审申请文件编制】

（一）任务说明

投标人工作：

（1）阅读资格预审文件，分析并记录资格预审文件重点内容。

（2）准备资格预审申请的各类证明资料。

① 准备企业资质证明资料。

② 准备人员资格证明资料。

③ 准备企业财务状况证明资料。

④ 准备企业、人员工程业绩资料。

⑤ 准备机械设备资料。

（3）完成资格预审申请文件编制。

（二）操作过程

1. 阅读资格预审文件

将资格预审文件导入到投标工具中，阅读资格预审文件。

① 双击广联达电子投标文件编制工具，如图 4-122 所示。

② 选择"新建项目"，弹出"导入文件"提示框，点击"导入文件"按钮导入资格预审文件。如图 4-123 所示。

图 4-122

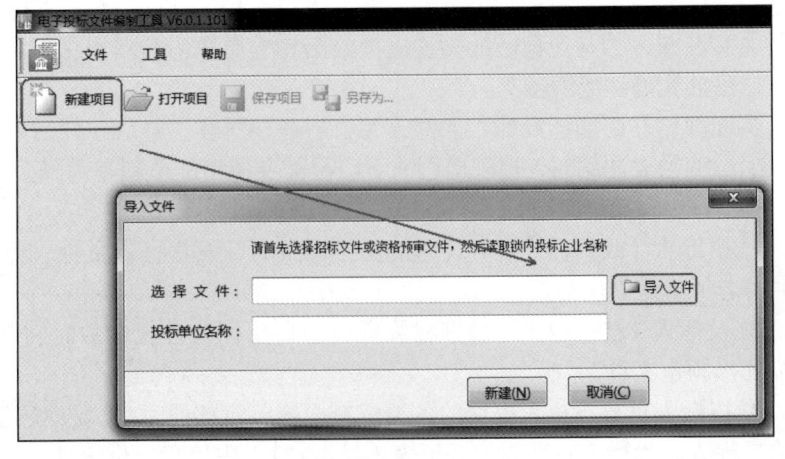

图 4-123

③ 弹出打开文件提示框，将领取的资格预审文件选择之后点击"打开"按钮，将资格预审文件导入。如图 4-124 所示。

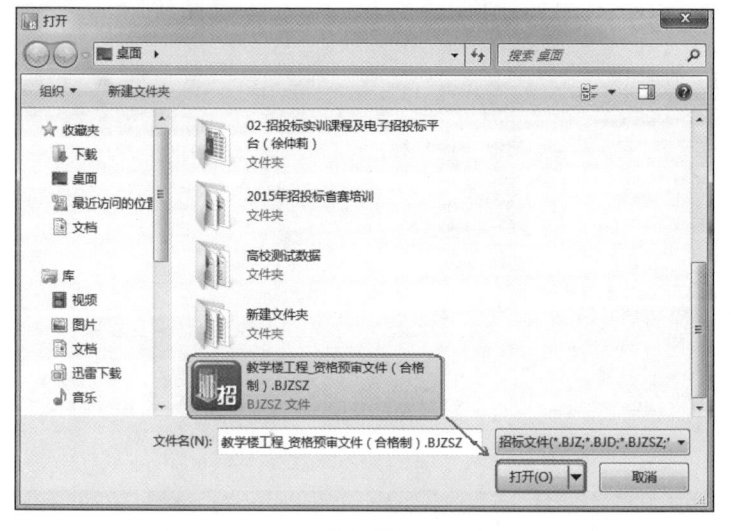

图 4-124

④ 文件选择完成之后，填写投标单位名称，完成后选择"新建"。如图 4-125 所示。

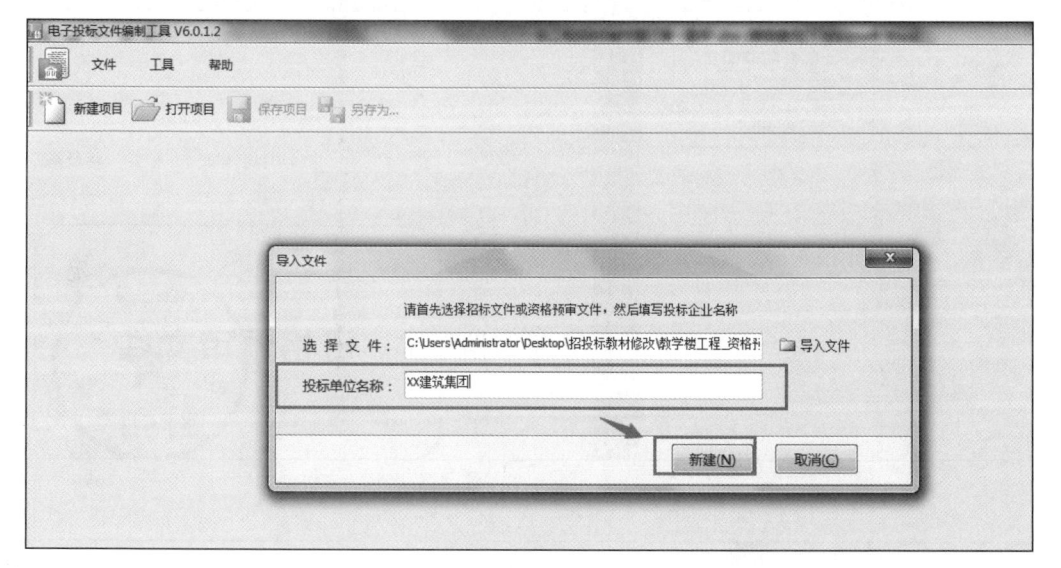

图 4-125

⑤ 软件提示保存文件，选择保存路径，修改文件，名点击"打开"。如图 4-126 所示。

⑥ 新建项目完成之后，即可浏览进行过电子签章的资格预审文件。如图 4-127 所示。

⑦ 选择书签中章节内容可以浏览相应的内容，如第一章　资格预审公告中对申请人的资格要求等。如图 4-128 所示。

2. 对资格预审文件重点内容进行分析、记录

① 项目经理带领团队成员，借助单据"资格预审文件分析表"（图 4-129），对领取的资格预审文件进行分析。

图 4-126

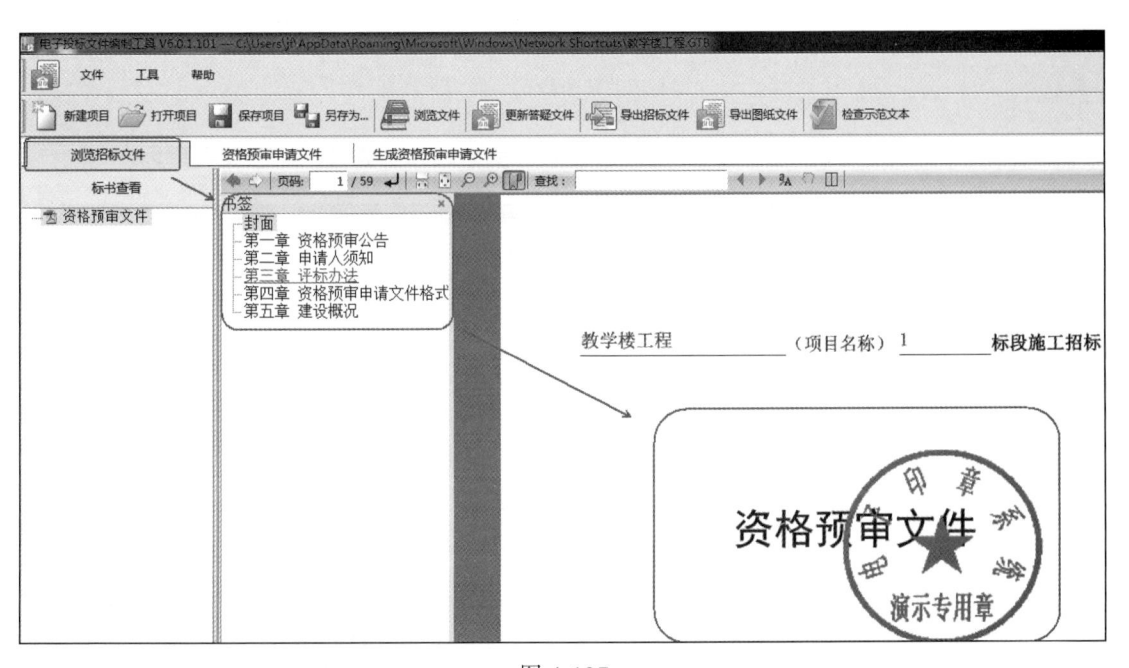

图 4-127

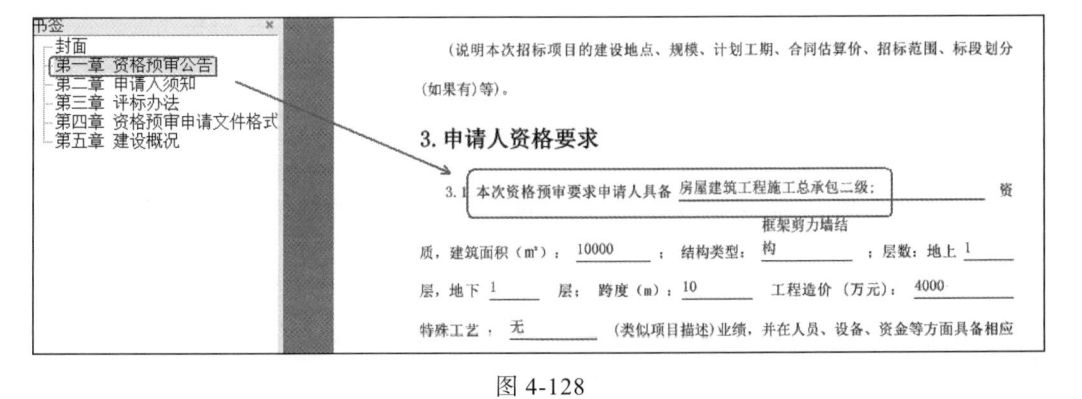

图 4-128

② 完成单据"资格预审文件分析表"（图 4-129）。

序号	项目内容	具体要求
	组别： 表6-1 资格预审文件分析表	日期：xx月xx日
1	企业资质条件	房屋建筑工程施工总承包二级
2	资审申请文件递交方式及份数	电子招投标项目管理平台
3	签字盖章要求	在规定部位加盖企业或个人CA电子印章
4	质疑截止日期	2015年2月13日
5	资审申请文件递交截止日期	2015年2月16日
6	项目负责人条件	建筑工程一级建造师
7	项目技术负责人条件	
8	管理人员条件	安全员、施工员、质检员、造价员、资料员
9	机械设备条件	提交拟投入机械设备表
10	需要作出的承诺	合格
11	业绩要求	近5年类似项目5个
12	财务要求	提供近三年经过审计部门审批的财务报告（含负债表、利润表、现金流量表）
13	评审方式	合格制
14	其他要求	需营业执照、资质证书、安全生产许可证、

填表人：朱XX   会签人：李XX   审批人：王XX

图 4-129

③ 市场经理将分析的结论填写至《资格预审文件分析表》，经过项目团队签字确认后，由市场经理将单据置于沙盘盘面投标人区域的招标分析处。如图 4-130 所示。

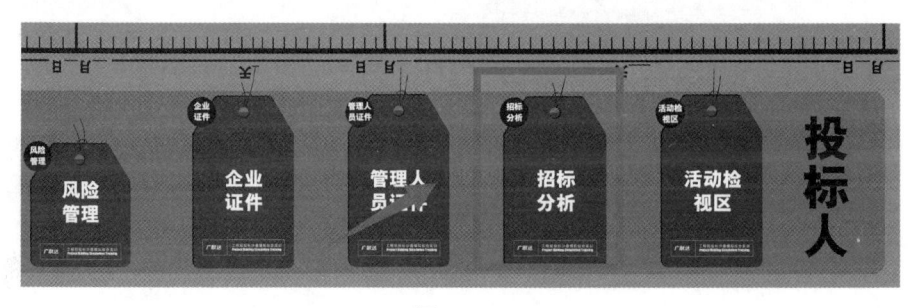

图 4-130

✏️ **小贴士**：俗话讲"磨刀不误砍柴工"，投标人在正式编制资格预审申请文件前，必须要对资格预审文件进行仔细的阅读，了解招标人对资格审查都有哪些规定、需要投标人提交的资料内容、各项工作安排计划及资格审查的详细评审方法等，这样才能做到在编制资格预审申请文件时"有的放矢"，避免产生遗漏。

3. 准备资格预审申请的各类证明资料

项目经理将工作任务进行分配，填写"工作任务分配单"，下发给团队成员，由任务接收人进行签字确认。任务分配原则如下。

市场经理——准备企业资质证明资料。

技术经理——准备人员资格证明资料、机械设备资料。

商务经理——准备企业财务状况证明资料、企业和人员工程业绩资料。

（1）准备企业资质证明资料

① 根据资格预审文件中的相关要求，准备相应的的企业证件资料；

② 市场经理负责将准备的企业证件资料，连同项目经理下发的工作任务分配单，一同提

交项目经理进行审查，经团队其他成员和项目经理签字确认后，置于招投标沙盘盘面资格预审阶段区域的对应位置处。如图 4-131 所示。

（2）准备人员资格证明资料　按照资格预审文件中的相关要求，准备项目管理人员的证件资料。

1）准备项目负责人的证件资料。按照资格预审文件要求，准备建造师注册证书、安全生产考核合格证、职称证、学历证等。如图 4-132 ～图 4-134 所示。

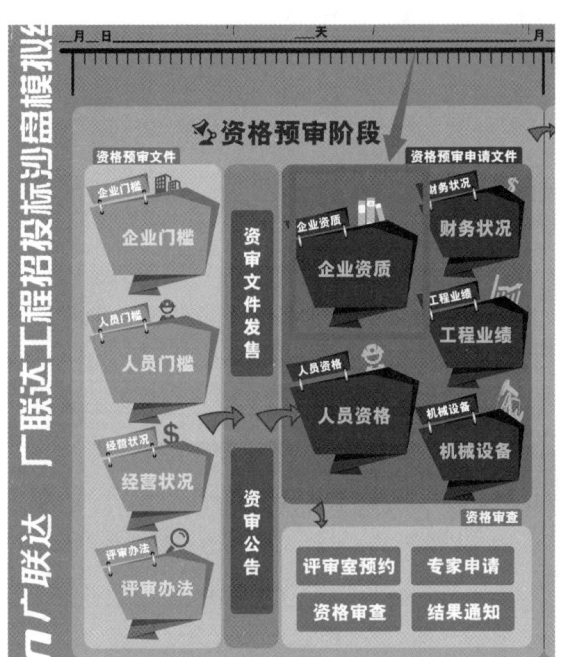

图 4-131

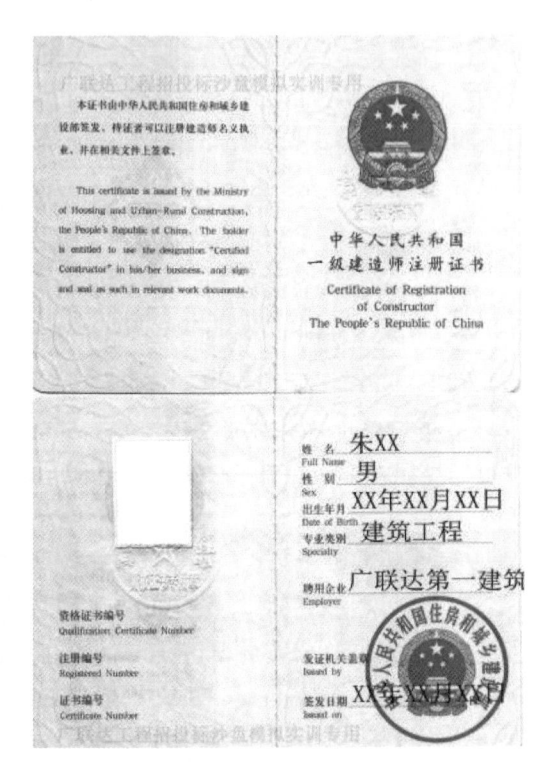

图 4-132

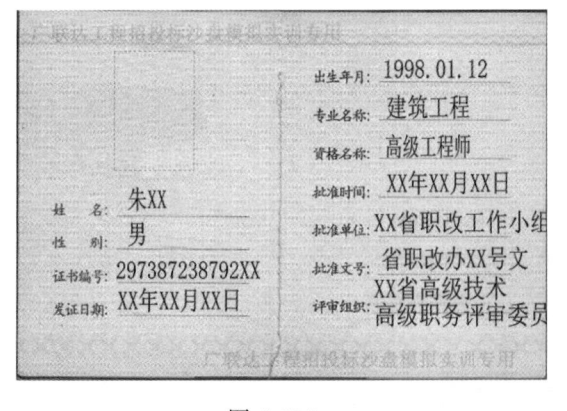

图 4-133

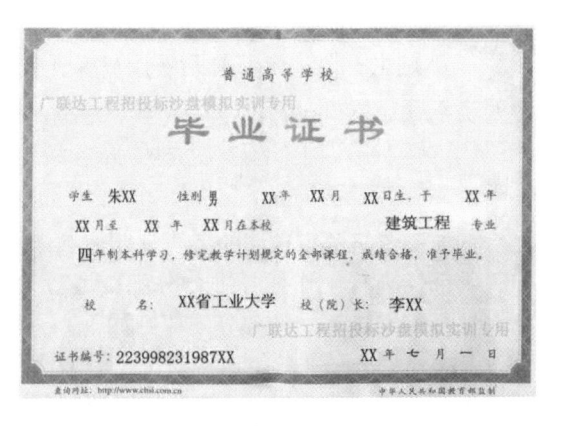

图 4-134

2）准备技术负责人的证件资料。按照资格预审文件要求，准备建造师证、职称证等。如图 4-135 所示。

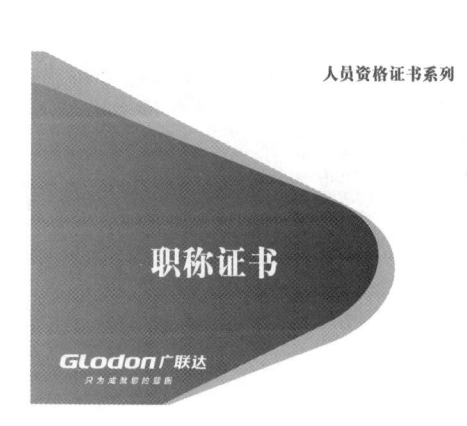
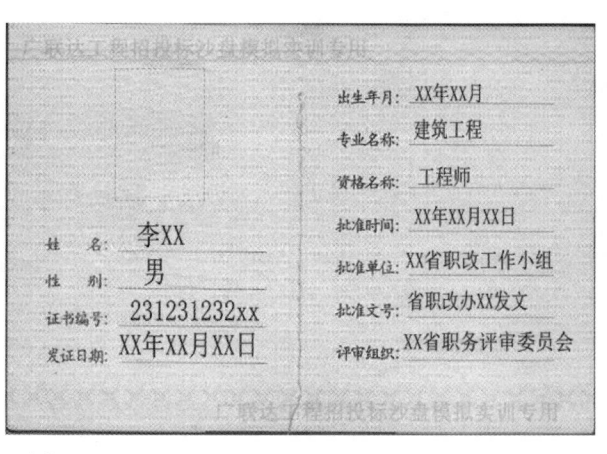

图 4-135

3）准备项目部管理人员的证件资料。根据资格预审文件评审办法、投标工程项目规模、工程项目所在地关于建设工程施工现场管理人员配备的管理规定、《建筑施工企业安全生产管理机构设置及专职安全生产管理人员配备办法》，结合给出的管理人员岗位卡片，确定投标项目部管理人员的组成及资格条件，完成项目部管理人员组织结构、项目部组织机构图。

 小贴士：施工现场管理人员配备可以参考《建筑工程施工现场关键岗位人员配备标准及管理办法（广联达版）》，详见广联达 BIM 招投标沙盘执行评测系统中的资料库。

具体操作如下。

① 根据资格预审文件评审办法、投标工程的项目特征、工程项目所在地关于建设工程施工现场管理人员配备的管理规定，结合给出的管理人员岗位卡片，选出适合本投标工程的施工现场管理人员组成。如图 4-136 所示。

安全员 GLODON 广联达

主要工作职责：
(1) 参与制定施工项目安全生产管理计划。
(2) 参与建立安全生产责任制度。
(3) 参与制定施工现场安全事故应急救援预案。
(4) 参与开工前安全条件检查。
(5) 参与施工机械、临时用电、消防设施等的安全检查。
(6) 负责防护用品和劳保用品的符合性审查。
(7) 负责作业人员的安全教育培训和特种作业人员资格审查。
(8) 参与编制危险性较大的分部、分项工程专项施工方案。
(9) 参与安全技术交底。
(10) 负责施工作业安全及消防安全的检查和危险源的识别，对违章作业和安全隐患进行处置。
(11) 参与施工现场环境监督管理。
(12) 参与安全事故应急救援演练，参与组织安全事故救援。
(13) 参与安全事故的调查、分析。
(14) 负责安全生产的记录、安全资料的编制。
(15) 负责汇总、整理、移交安全资料。

材料员 GLODON 广联达

主要工作职责：
(1) 参与编制材料、设备配置计划。
(2) 参与建立材料、设备管理制度。
(3) 负责收集材料、设备的价格信息，参与供应单位的评价、选择。
(4) 负责材料、设备的选购，参与采购合同的管理。
(5) 负责进场材料、设备的验收和抽样检查。
(6) 负责材料、设备进场后的现场、发放、储存管理。
(7) 负责监督、检查材料、设备的合理使用。
(8) 参与回收和处置剩余及不合格材料、设备。
(9) 负责建立材料、设备管理台账。
(10) 负责材料、设备的盘点、统计。
(11) 参与材料、设备的成本核算。
(12) 负责材料、设备资料的编制。
(13) 负责汇总、整理、移交材料和设备资料。

图 4-136

② 根据资格预审文件评审办法、投标工程的项目特征、工程技术系列技术职称评审规定、工程项目所在地关于建设工程施工现场管理人员配备的管理规定，结合人员职称类卡片背面的介绍，选出适合本投标工程的管理人员职称等级。如图 4-137 所示。

 小贴士：工程技术系列技术职称评审规定，在每个地区、企业的管理规定均不相同，可到当地的人事考试网查阅相关规定。

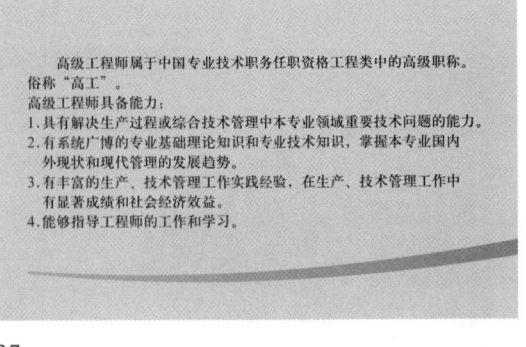

图 4-137

③ 根据确定的项目管理人员组成及资格条件，准备项目管理人员的证件资料：上岗证、职称证等。如图 4-138、图 4-139 所示。

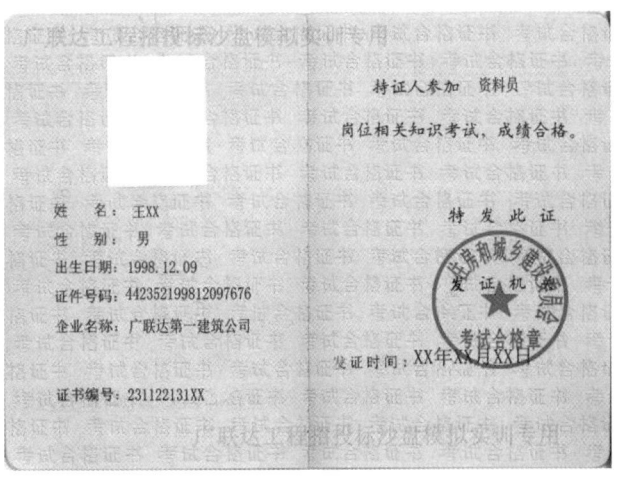

图 4-138

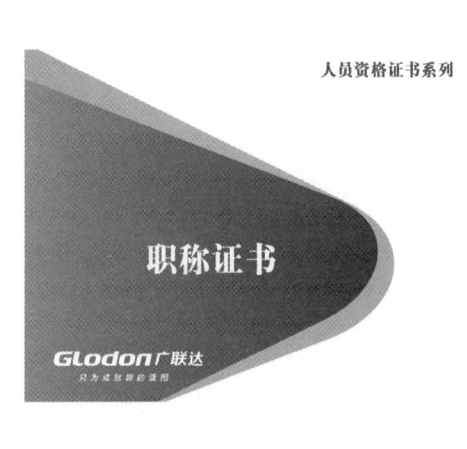
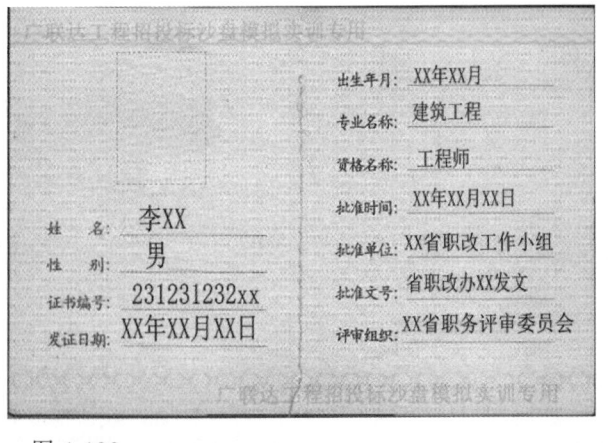

图 4-139

④ 根据资格预审文件评审办法、投标工程的项目特征，确定施工现场管理人员的其他资格条件门槛，完成单据"项目部管理人员组织结构"（图 4-140）、项目部组织机构图（图 4-141）。

组别：第一组		表0-1　项目部管理人员组织结构				日期：X年XX月X日	
序号	1	2	3	4	5	6	7
管理人员	项目负责人	技术负责人	施工员	安全员	质量员	材料员	资料员
岗位证书	注册建造师		施工员证	安全员证	质量员证	材料员证	资料员证
专业	建筑工程						
学历	本科及以上	大专及以上	中专及以上	中专及以上	中专及以上	中专及以上	中专及以上
职称	中级工程师	助理工程师	无	无	无	无	无
数量（人）	1	1	1	1	1	1	1
工作年限	5年以上	5年及以上	1年及以上	1年及以上	1年及以上	1年及以上	1年及以上
工程业绩（近3年）	3	3	1	1	1	1	1

填表人：赵XX　　　　会签人：张XX、王XX　　审批人：李XX

图 4-140

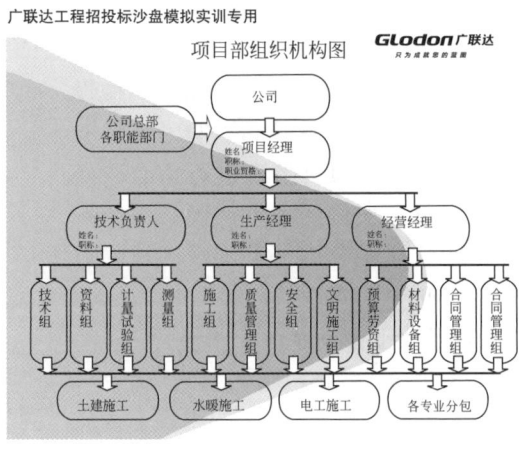

图 4-141

4）签字确认。

技术经理负责将准备的人员资格证明资料，连同项目经理下发的工作任务分配单，一同提交项目经理进行审查，经团队其他成员和项目经理签字确认后，置于招投标沙盘盘面资格预审阶段区域的对应位置处。如图 4-142 所示。

（3）准备机械设备资料

① 根据工程项目规模，确定本投标项目拟投入的施工机械，从提供的机械设备资料卡片中，挑选适合本投标工程项目的施工机械。如图 4-143 所示。

✎ **小贴士**：资审阶段施工机械选取原则：由于在资审阶段，没有施工图纸、工程量清单等招标资料，只有资格预审文件对于招标工程概况的简单介绍，因此投标人在选择施工机械时，需要根据以往同类工程所用施工机械的经验，结合本招标工

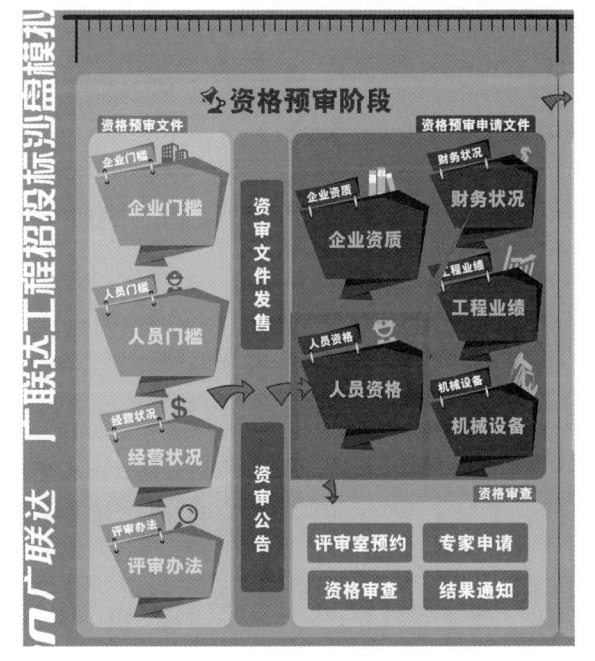

图 4-142

程的工程概况，尽可能多地选择施工机械，以便招标人和资审评审专家在对施工机械评审时，对投标人的机械设备储备情况有清晰的了解。

钢筋调直切断机

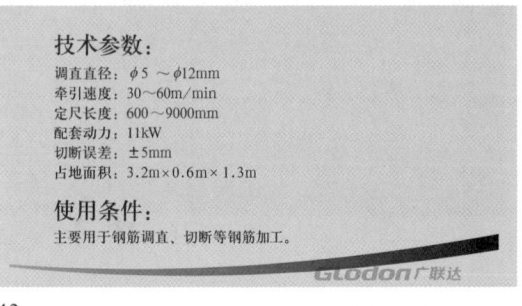

技术参数：
调直直径：$\phi 5 \sim \phi 12$mm
牵引速度：$30 \sim 60$m/min
定尺长度：$600 \sim 9000$mm
配套动力：11kW
切断误差：± 5mm
占地面积：3.2m$\times 0.6$m$\times 1.3$m

使用条件：
主要用于钢筋调直、切断等钢筋加工。

图 4-143

② 技术经理负责将确定的施工机械设备资料卡，连同项目经理下发的工作任务分配单，一同提交项目经理进行审查，经团队其他成员和项目经理签字确认后，置于招投标沙盘盘面资格预审阶段区域的对应位置处。如图 4-144 所示。

（4）准备企业财务状况证明资料

1）根据提供的财务审计报告，结合单据"财务状况表"（图 4-145）的内容，计算企业近三年的净资产额、资产负债率。

小贴士：

① 净资产额计算方法：净资产等于资产减负债（含少数股东权益）。

② 资产负债率计算方法：资产负债率等于负债总额（含少数股东权益）除以资产总额的比率。

③ 净资产额、资产负债率计算时，计算数值取每年的期末值。

2）准备企业资信等级证明证书。如图 4-146 所示。

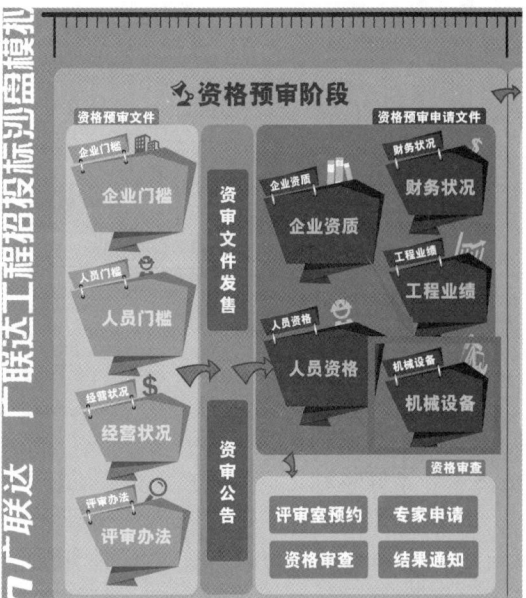

图 4-144

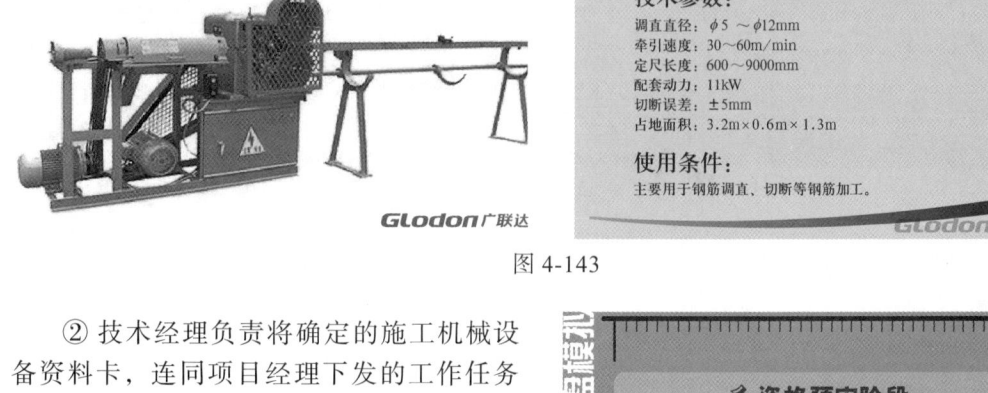

组名：	表6-2 财务状况表		日期：XX月XX日
序号	项目名称	内容	提供资料
1	近三个年度资产负债率	24.15%	提供近三个年度（近三个年度是指20__、20__、20__年度）经过合法审计机构审计的财务审计报告
		32.38%	
		34.12%	
2	近三个年度平均资产负债率	30.22%	
3	近三个年度净资产额	92393102.76	
		84247531.83	
		85339613.56	
4	近三个年度平均净资产额	87326749.38	
5	资信等级	AAA	提供加盖公章的资信等级证书复印件

填表人：朱XX　会签人：李XX　审批人：王XX

图 4-145

资信等级证书

评估编号：[2017] 264号

企业名称：广联达第一建设有限公司

资信等级：AAA级企业

有效期：2017 年 06 月 12 日至 2018 年 06 月 13 日

图 4-146

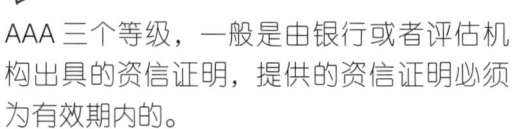 **小贴士：** 企业资信等级分为 A、AA、AAA 三个等级，一般是由银行或者评估机构出具的资信证明，提供的资信证明必须为有效期内的。

3）签字确认。

商务经理负责将完成的财务状况表，连同项目经理下发的工作任务分配单，一同提交项目经理进行审查，经团队其他成员和项目经理签字确认后，置于招投标沙盘盘面资格预审阶段区域的对应位置处。如图 4-147 所示。

（5）准备企业、人员工程业绩证明资料

根据资格预审文件要求，准备企业和人员的工程业绩证明资料。

1）根据资格预审文件相关要求，准备企业以往类似工程业绩证明资料，并完善工程业绩证明资料（合同协议书、中标通知书、竣工验收单等），如图 4-148 ～图 4-150 所示。

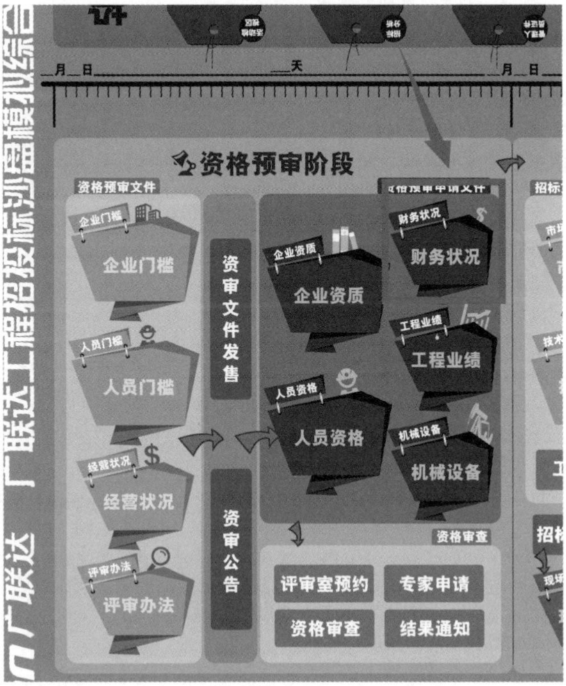

图 4-147

合同协议书

发包人（全称）：___×× 高等职业院校___

承包人（全称）：___广联达第一建筑公司___

根据《中华人民共和国合同法》、《中华人民共和国建筑法》及有关法律规定，遵循平等、自愿、公平和诚实信用的原则，双方就 ×× 学校行政楼工程施工及有关事项协商一致，共同达成如下协议：

一、工程概况

1. 工程名称：___×× 学校行政楼工程___。

2. 工程地点：___北京市海淀区___。

3. 工程立项批准文件：___京发改委 ×× 号文___。

4. 资金来源：___企业自筹___。

5. 工程内容：混凝土工程、砌体、屋面防水、墙地面抹灰、门窗安装，群体工程应附《承包人承揽工程项目一览表》（附件1）。

6. 工程承包范围：

___图纸范围内所有土建工程___

二、合同工期

计划开工日期：_2010_ 年 _03_ 月 _01_ 日。

计划竣工日期：_2010_ 年 _10_ 月 _01_ 日。

工期总日历天数：_200_ 天。工期总日历天数与根据简述计划开竣工日期计算的工期天数不一致的，以工期总日历天数为准。

三、质量标准

工程质量符合 _合格_ 标准。

四、签约合同价与合同价格形式

1. 签约合同价为：

人民币（大写）_肆仟万整_（￥_40000000_ 元）；

其中：

（1）安全文明施工费：

人民币（大写）_壹仟叁佰贰拾万_（￥_13200000_ 元）；

（2）材料和工程设备暂估价金额：

人民币（大写）_壹佰万_（￥_1000000_ 元）；

（3）专业工程暂估价金额：

人民币（大写）_0_（￥_0_ 元）；

图 4-148

（4）暂列金额：

人民币（大写<u>贰佰万</u>）（￥<u>2000000</u>元）。

2. 合同价格形式：　　<u>总价合同</u>　　。

五、项目经理

承包人项目经理：　　<u>朱××</u>　.

六、合同文件构成

本协议书与下列文件一起构成合同文件：

（1）中标通知书（如果有）；

（2）投标函及其附录（如果有）；

（3）专用合同条款及其附件；

（4）通用合同条款；

（5）技术标准和要求；

（6）图纸；

（7）已标价工程量清单或预算书；

（8）其他合同文件。

在合同订立及履行过程中形成的与合同有关的文件均构成合同文件组成部分。

上述各项合同文件包括合同当事人就该项合同文件所作出的补充和修改，属于同一类内容的文件，应以最新签署的为准。专用合同条款及其附件须经合同当事人签字或盖章。

七、承诺

1. 发包人承诺按照法律规定履行项目审批手续、筹集工程建设资金并按履合同约定的期限和方式支付合同货款。

2. 承包人承诺按照法律规定及合同约定组织完成工程施工，确保工程质量和安全，不进行转包及违法分包，并在缺陷责任期及保修期内承担相应的工程维修责任。

3. 发包人和承包人通过招投标形式签订合同的，双方理解并承诺不再就同一工程另行签订与合同实质性内容相背离的协议。

八、词语含义

本协议书中词语含义与第二部分通用合同条款中赋予的含义相同。

九、签订时间

本合同于<u>2010</u>年<u>02</u>月<u>25</u>日签订。

十、签订地点

本合同在<u>北京市海淀区××学校</u>签订。

十一、补充协议

合同未尽事宜，合同当事人另行签订补充协议，补充协议是合同的组成部分。

十二、合同生效

本合同自<u>签订之日</u>起生效。

十三、合同份数

本合同一式 <u>2</u> 份，均具有同等法律效力，发包人执 <u>1</u> 份，承包人执 <u>1</u> 份。

发包人：　　（公章）	承包人：　　　　公章
法定代表人或其委托代理人：	法定代表人或其委托代理人：
（签字）李××	（签字）朱××
组织机构代码：34234323-2	组织机构代码：87645636-8
地址：<u>北京市海淀区</u>	地址：<u>北京市海淀区××××号</u>
邮政编码：<u>010210</u>	邮政编码：<u>010210</u>
法定代表人：李××	法定代表人：_____
委托代理人_____	委托代理人：朱××
电话：××××	电话：××××
传真：××××	传真：××××
电子信箱：××××@163．com	电子信箱：××××@163.com
开启银行：<u>中国银行</u>	开启银行：<u>中国银行</u>
账号：<u>6320 0983 0921 × ×</u>	账号：<u>6321 8723 9831 × ×</u>

图 4-148

2）根据确定的企业类似工程业绩证明资料，完成单据"工程业绩统计表"（图 4-151）。

3）根据资格预审文件相关要求，准备项目负责人以往类似工程业绩证明资料，并完善工程业绩证明资料（合同协议书、中标通知书、竣工验收单等）。填写要求同企业类似工程业绩证明资料。

4）根据确定的项目负责人类似工程业绩证明资料，完成单据"工程业绩统计表"（图 4-152）。

中标通知书

广联达第一建筑公司 （中标人名称）：

你方于 2009年10月12日 （投标日期）所递交的 （项目名称） XX学校行政楼 标段施工投标文件已被我方接受，被确定为中标人。

工程名称	XX学校行政楼	建设规模	1500平方米
建设地点	北京市海淀区		
中标范围	图纸范围内所有土建工程		
中标价格	小写：40000000 元 大写：肆仟万元整		
中标工期	200 日历天	计划开工日期	2010 年 03 月 01 日
		计划竣工日期	2010 年 10 月 01 日
工程质量	合格		
项目经理	朱XX 注册建造师执业资格	一级建造师	
备注			

请你方在接到本通知书后 7 天内到 北京市海淀区XX学校 指定地点）与我方签订施工承包合同，在此之前按招标文件第二章"投标人须知"第7.3款规定向我方提交履约担保。

随附的澄清、说明、补正事项纪要（如果有），是本中标通知书的组成部分。

特此通知。

附：澄清、说明、补正事项纪要

招标人：XX高等职业院校 （盖单位章）

法定代表人：李XX （签字）

2010 年 02 月 15 日

图 4-149

单位（子单位）工程质量竣工验收记录

表C8-1

工程名称	XX学校行政楼	结构类型	框剪结构	层数/建筑面积	地上6层
施工单位	广联达第一建筑公司	技术负责人	王XX	开工日期	2010.3.1
项目经理	朱XX	项目技术负责人	李XX	竣工日期	2010.10.1

序号	项目	验收记录	验收结论
1	分部工程	共 9 分部，经查 9 分部 符合标准及设计要求	经各专业分部工程验收，工程质量符合验收标准要求，通过验收
2	质量控制资料核查	共 30 项，经审查符合要求 30 项 经核定符合规范要求 30 项	质量控制资料经核查共30项，符合有关规范要求，通过验收
3	安全和主要使用功能核查及抽查结果	共核查 20 项，符合要求 20 项 共抽查 15 项，符合要求 15 项 经返工处理符合要求 0 项	安全和主要使用功能共核查20项，符合要求；抽查共15项，使用功能均满足，通过验收
4	观感质量验收	共抽查 20 项，符合要求 20 项 不符合要求 0 项	观感质量验收为"好"
5	综合验收结论	经对本工程综合验收，各分项均满足有关规范和标准要求，通过单位工程竣工验收	

参加验收单位	建设单位（公章）	监理单位（公章）	施工单位（公章）	设计单位（公章）
	单位（项目）负责人：黄XX	总监理工程师：宋XX	单位负责人：朱XX	单位（项目）负责人：张XX

图 4-150

组名： **表6-4 工程业绩统计表** 日期：X年X月

类别： ☑企业工程业绩 □项目负责人工程业绩

序号	工程名称	开工日期	竣工日期	项目经理	工程质量	工程造价（万元）	建筑规模（㎡）
1	XX学校行政楼	xx年xx月	xxx年xx月	朱XX	合格	5000	16500
2	XX学校综合楼	xx年xx月	xxx年xx月	朱XX	合格	4500	15000
3	广联达办公大楼	xx年xx月	xxx年xx月	李XX	合格	5500	20000

填表 朱XX 会签人：李XX 审批人 王XX

图 4-151

组名： **表6-4 工程业绩统计表** 日期：X年X月

类别： □企业工程业绩 ☑项目负责人工程业绩

序号	工程名称	开工日期	竣工日期	项目经理	工程质量	工程造价（万元）	建筑规模（㎡）
1	XX学校行政楼	xx年xx月	xxx年xx月	朱XX	合格	5000	16500
2	XX学校综合楼	xx年xx月	xxx年xx月	朱XX	合格	4500	15000
3	XX办公楼	xx年xx月	xxx年xx月	朱XX	合格	5200	18000

填表 朱XX 会签人：李XX 审批人 王XX

图 4-152

5）签字确认。

商务经理负责将完成的工程业绩统计表、类似工程业绩证明资料等，连同项目经理下发的工作任务分配单，一同提交项目经理进行审查，经团队其他成员和项目经理签字确认后，置于招投标沙盘盘面资格预审阶段区域的对应位置处。如图4-153所示。

4. 完成一份电子版资格预审申请文件

（1）项目经理组织团队成员，共同完成一份资格预审申请文件电子版。

（2）操作说明

①点击"资格预审申请文件"，进入资格预审申请文件编制模块，软件内置了资

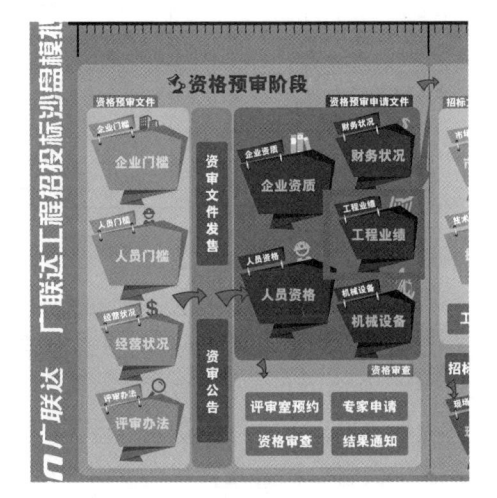

图 4-153

格预审申请文件标准文本，按照相关规定填写相应内容。如图 4-154 所示。

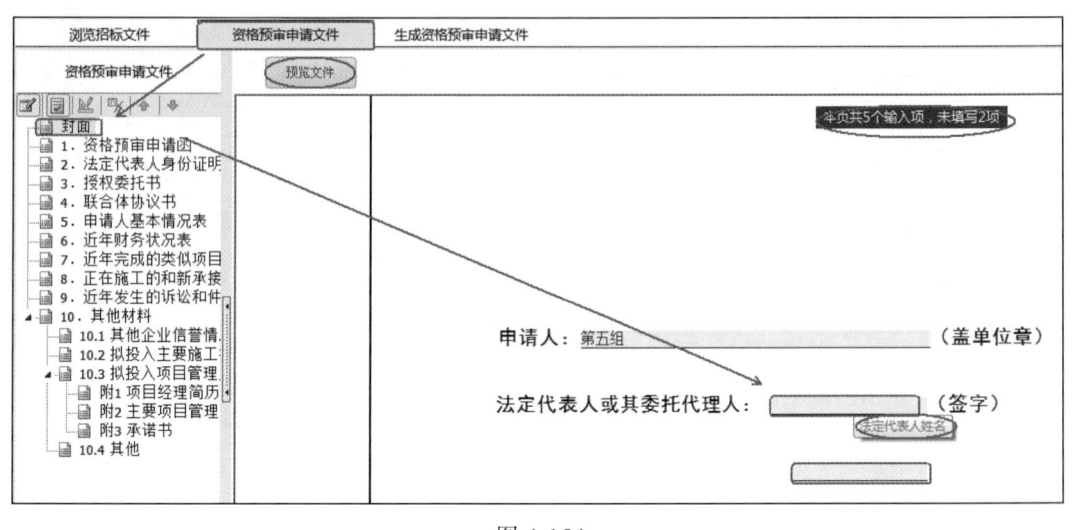

图 4-154

② 如需要添加相应附件，可右键添加子附件；选择"授权委托书"右键点击"添加子附件"。如图 4-155 所示。

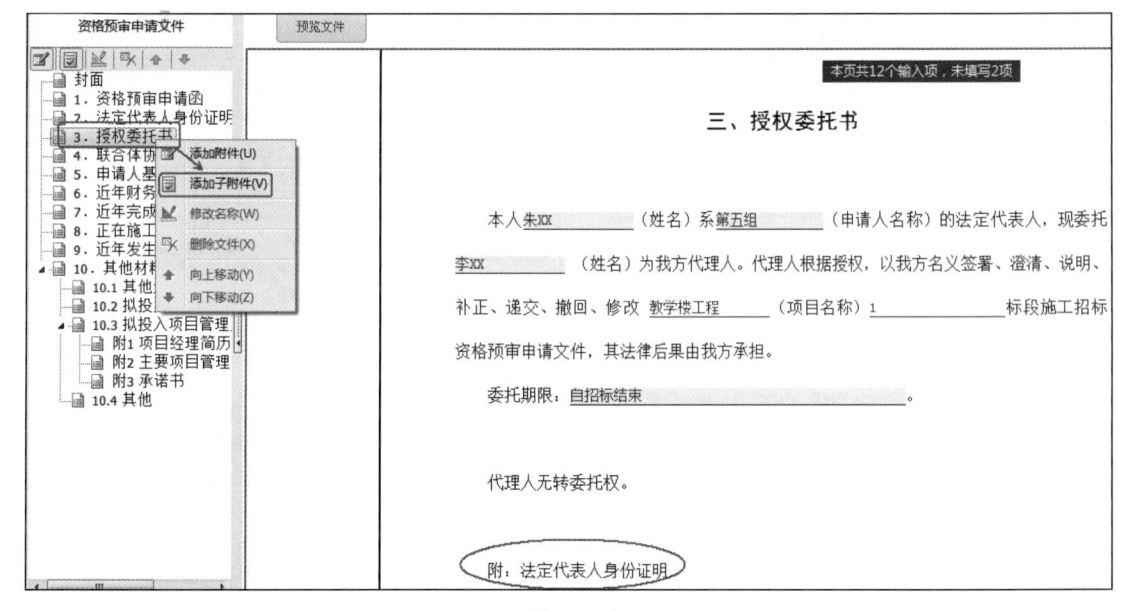

图 4-155

③ 修改子附件名称，点击"导入文件"。如图 4-156 所示。

④ 找到相应文件，点击"打开"。如图 4-157 所示。

⑤ 资格预审申请文件填写完成，点击"检查示范文本"。如图 4-158 所示。

⑥ 根据资格预审文件的要求，将其他内容填写完整。

⑦ 软件会自动检查是否存在强制性填写内容为空，可通过点击"查看"功能进行定位修改。如图 4-159 所示。

图 4-156　　　　　　　　　　　　图 4-157

图 4-158

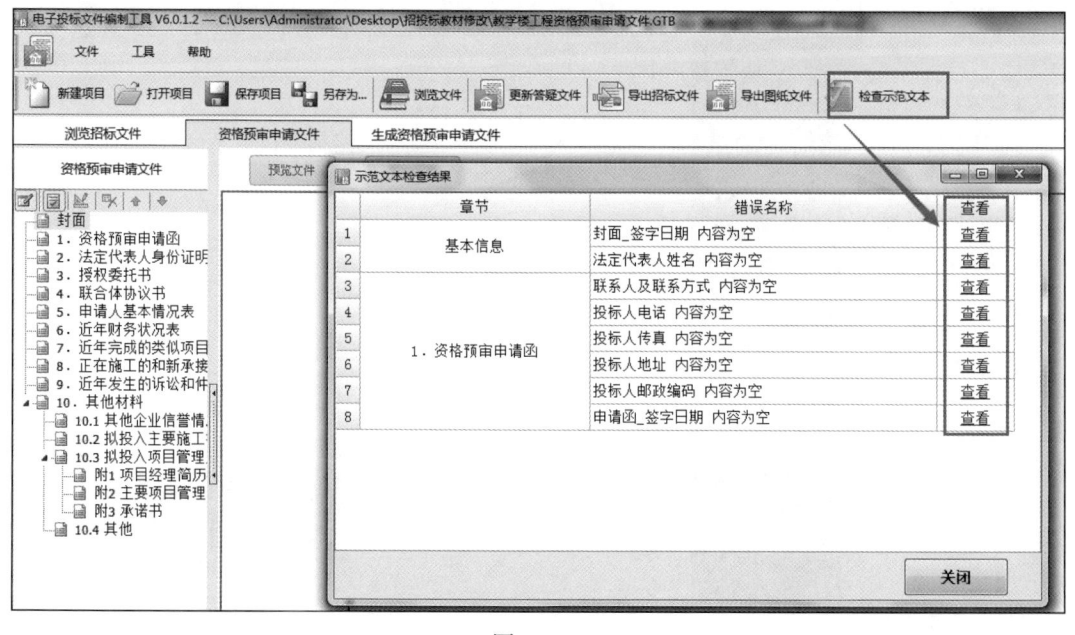

图 4-159

⑧ 将错误内容完善后，再次检查示范文件，检查通过后即可进行电子签章，生成签章文件。注意：示范文本检查通过，并不意味着该投标文件符合招标文件的内容要求。如图 4-160 所示。

⑨ 选择"生成资格预审申请文件"模块，在"电子签章"界面进行签章文件的转换。如图 4-161 所示。

⑩ 转换完成后，点击"签章"，可以对电子文件进行签章。如图 4-162 所示。

⑪ 选择"签章"或"批量签章"，在相应位置进行签章。如图 4-163 所示。

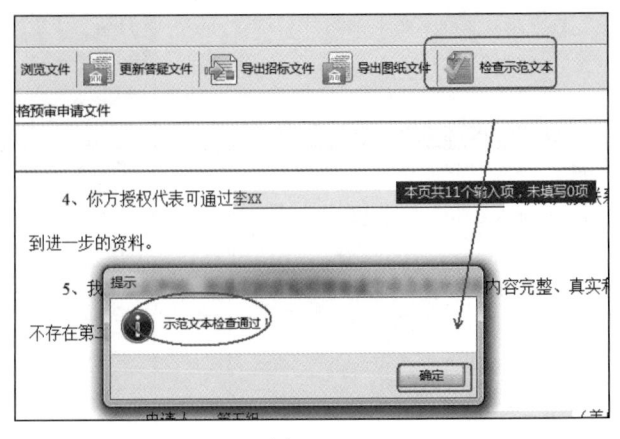

图 4-160

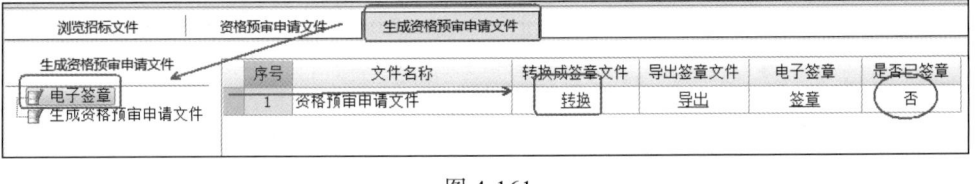

图 4-161

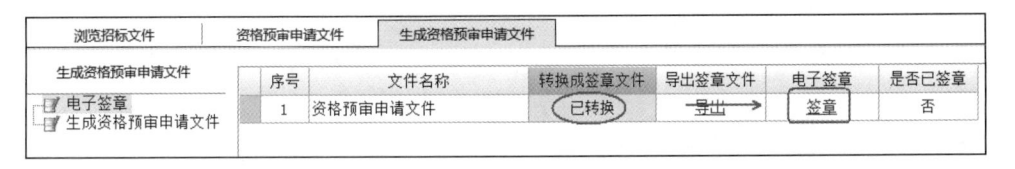

图 4-162

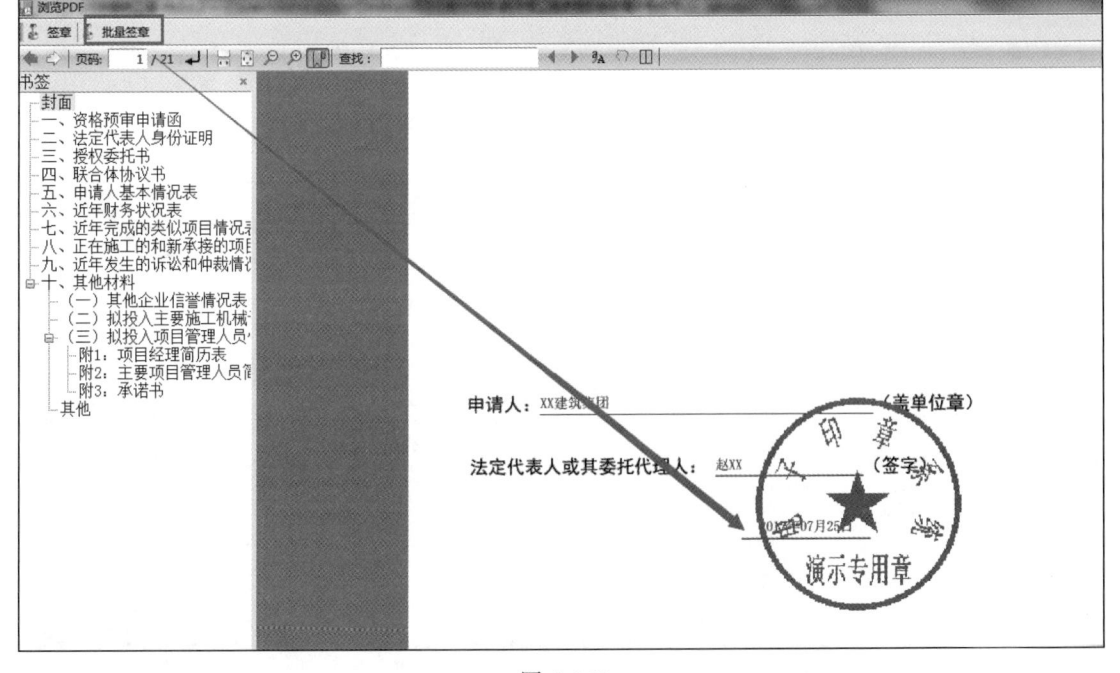

图 4-163

⑫ 签章完成之后即可关闭 PDF 浏览界面。如图 4-164 所示。

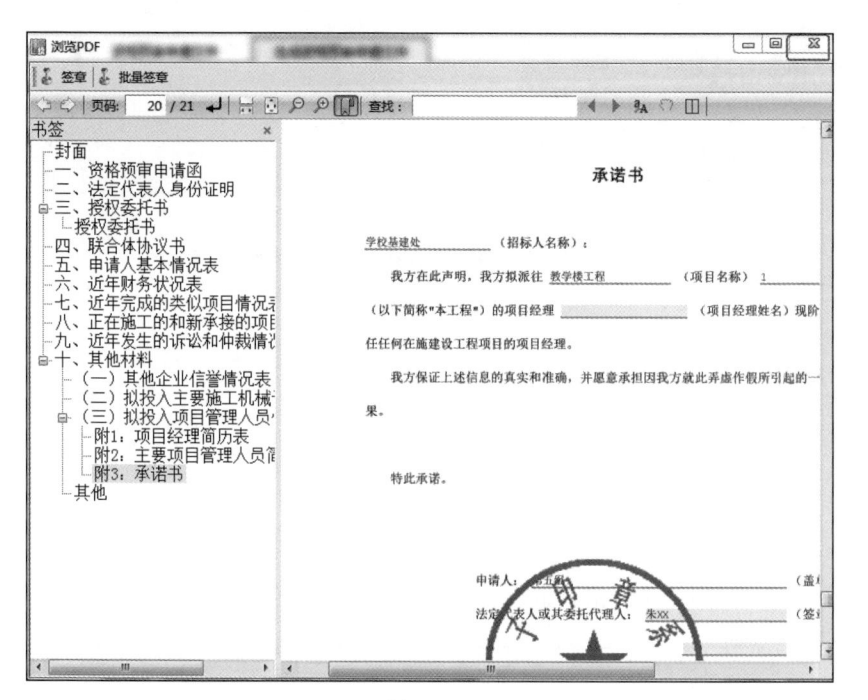

图 4-164

⑬ 生成电子签章文件之后，如果需要将电子标书打印成纸质版标书文件，可将 PDF 版资格预审申请文件导出。如图 4-165 所示。

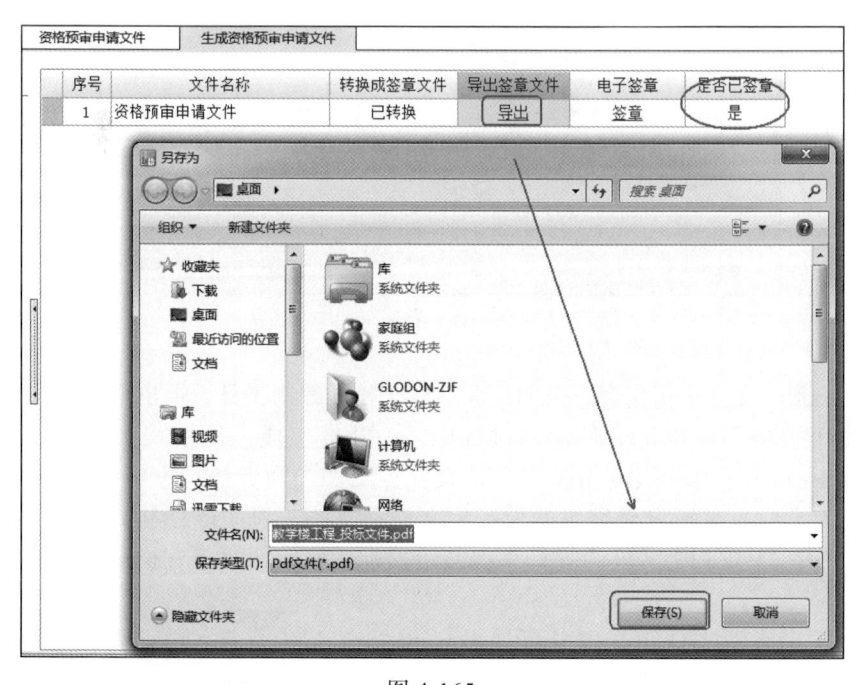

图 4-165

⑭ 选择"生成资格预审申请文件"界面，点击"生成"按钮。如图 4-166 所示。

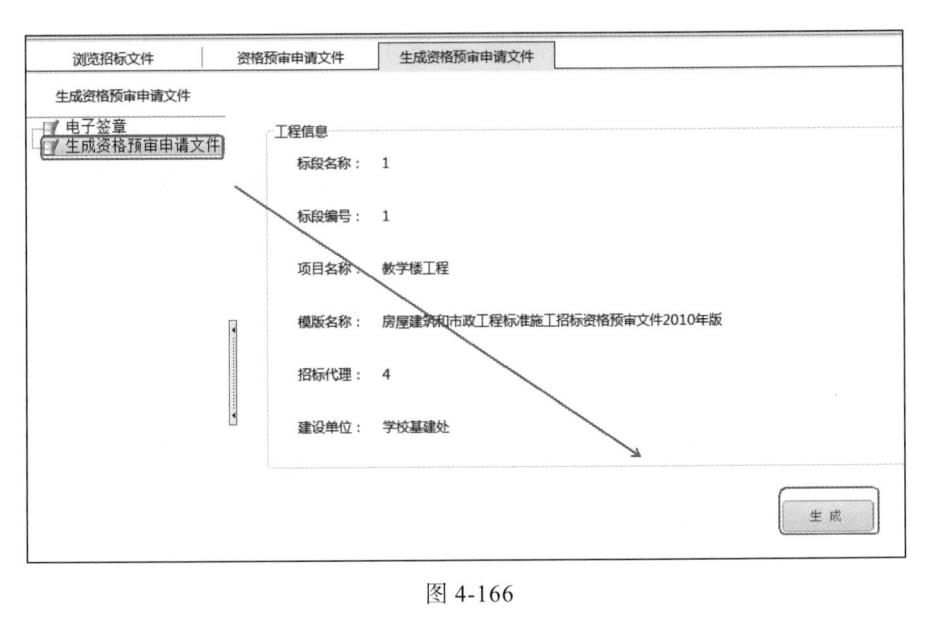

图 4-166

⑮ 将后缀名为 ".BJZST" 格式的电子资格预审申请文件保存。如图 4-167 所示。

图 4-167

⑯ 将资格预审文件工程保存，关闭广联达电子投标编制工具，退出系统。

⑰ 在整个资格预审申请文件编制过程中，一共会生成三种格式文件。文件一为可以进行查看或者打印的 PDF 版资格预审申请文件；文件二为资格预审申请文件 GTB 格式文件，此文件为投标人进行重新编辑的原工程文件；文件三为进行过电子签章的资格预审申请 BJZST2 文件，BJZST2 文件为投标人提交给招标人所用的电子资格预审申请文件。如图 4-168 所示。

⑱ 资格预审申请文件正文部分可导出 word 格式，便于使用者灵活进行自由编辑或与其他文档内容进行整合、排版，满足更多使用者的需求，具体操作为：点击 "资格预审申请文件" 切换至该模块，可看到 "导出文件"

图 4-168

的按钮，选择要导出的章节，点击"导出文件"，会有一个正在生成文件的过程，后续会将相应选择的章节生成 word 文档，可对该文档进行编辑、保存等操作。如图 4-169、图 4-170所示。

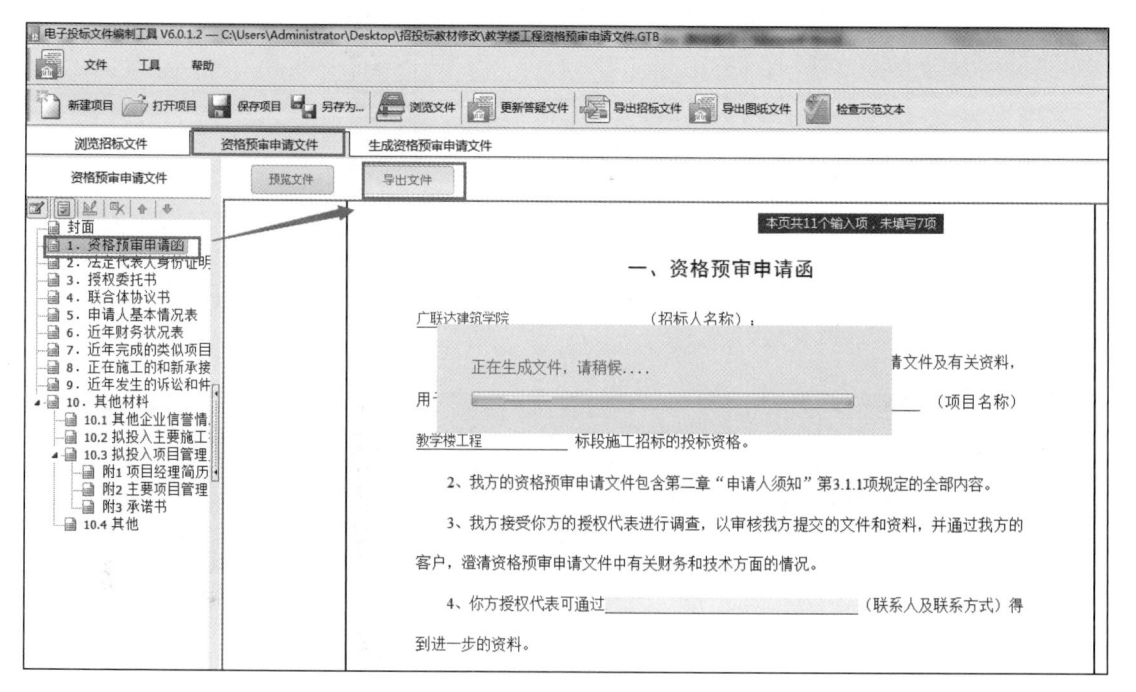

图 4-169

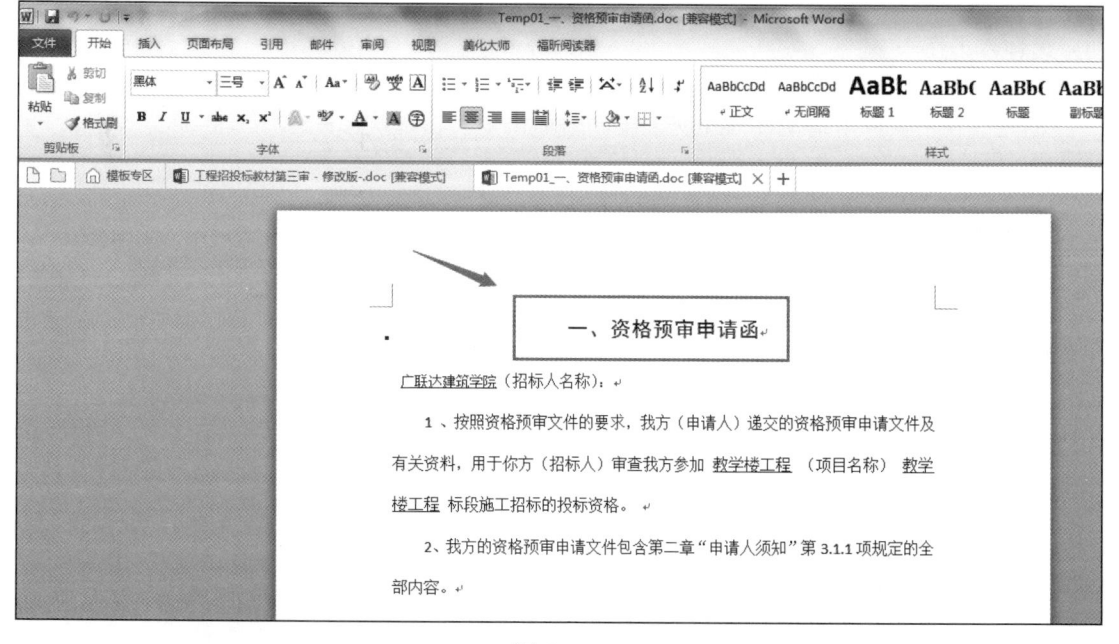

图 4-170

（3）团队自检　资格预审申请文件电子版完成后，项目经理组织团队成员，利用资格预审申请文件审查表（图 4-171）进行自检。

组别	表6-3 资格预审申请文件审查表			日期：XX月XX日	
序号	审查内容		完成情况	需调整内容	责任人
1	初步审查		√		朱XX
2	详细审查		√		朱XX
3	评分制	财务状况	√		朱XX
		项目经理	√		朱XX
		类似项目业绩	√		朱XX
		认证体系	√		朱XX
		信誉	√		朱XX
		拟投入的生产资源	√		朱XX
4	其他内容		☐		朱XX

填表人：朱XX   会签人：李XX   审批人：王XX

图 4-171

（4）签字确认　市场经理负责将结论记录到资格预审申请文件审查表（图4-171），经团队其他成员和项目经理签字确认后，置于招投标沙盘盘面的资格预审阶段区域的对应位置处。如图 4-172 所示。

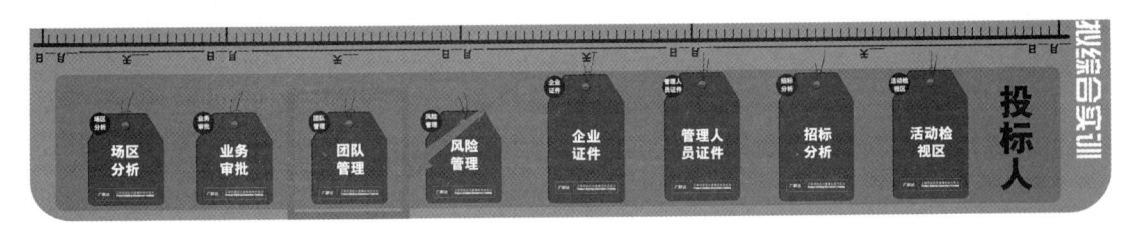

图 4-172

【任务六　完成资格预审申请文件递交工作】

(一) 任务说明

投标人工作：

① 完成资格预审申请文件的封装工作；

② 完成资格预审申请文件的递交工作。

(二) 操作过程

1. 完成资格预审申请文件的封装工作

（1）方案一：网络递交

在投标工具中进行电子签章，生成电子投标文件。

具体操作详见任务五：资格预审申请文件编制。

（2）方案二：现场递交

① 投标人准备一个信封（或密封袋）、封套、多个密封条、胶水（或双面胶）、印章（企业公章、法人印章）、印泥。如图 4-173 ～ 图 4-180 所示。

信封：

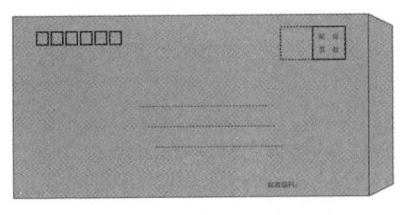

图 4-173

档案袋：

图 4-174

封套：

工程项目名称

招标文件编号：

投标文件

投标文件： 商务标部分

投标人： ______（盖章）

法定代表人： ______（签字或盖章）

编制日期： ____年____月____日

____项目投标文件在____年__月__日__时__分前不得开启。

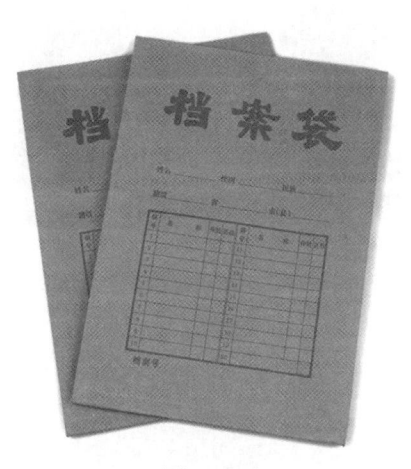

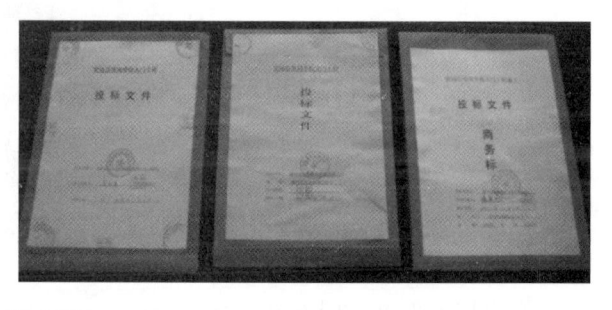

图 4-175

密封条：

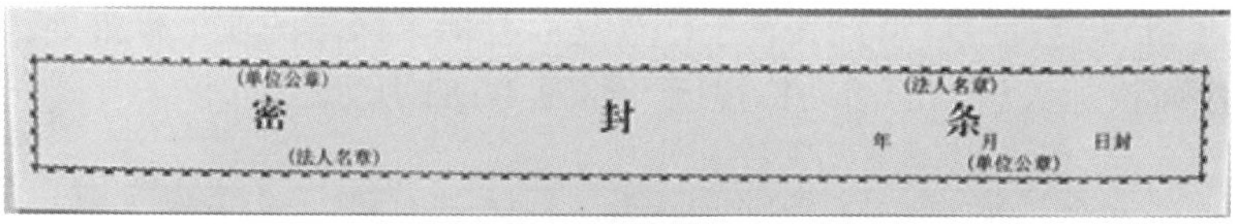

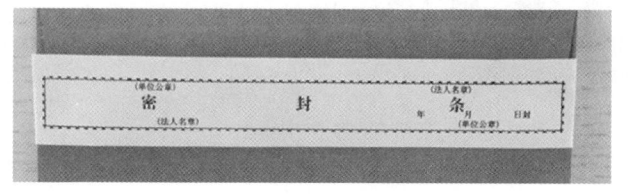

图 4-176

图 4-177

企业公章：

图 4-178

法定代表人章：

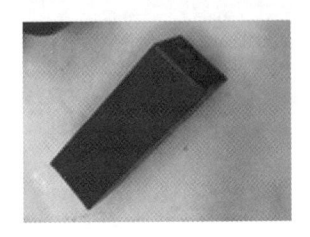

图 4-179

印泥：

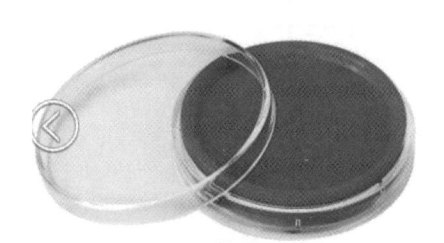

图 4-180

② 投标人将电子标书保存至 U 盘中，并将 U 盘放入信封中。

③ 投标人填写资金、用章审批表，完成标书密封、盖章。

④ 投标人市场经理填写授权委托书、携带资料清单表，并将单据和密封的标书一同提交项目经理审批。

⑤ 结束后，将资金、用章审批表置于沙盘盘面投标人区域的业务审批处；将携带资料清单表置于沙盘盘面投标人区域的活动检视区。如图 4-181 所示。

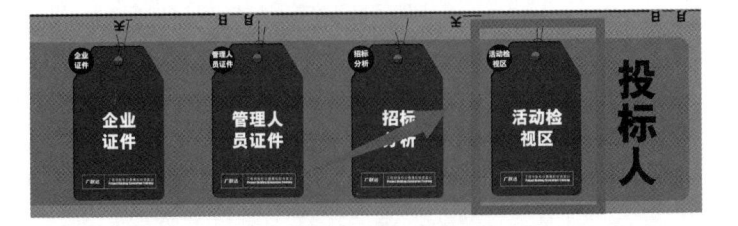

图 4-181

 小贴士：该过程由项目经理组织，市场经理主要负责，团队其他成员辅助完成。

2. 完成资格预审申请文件的递交工作

（1）方案一：网络递交

登录电子招投标项目交易平台，完成资格预审申请文件在线递交工作。

① 登录工程交易管理服务平台，用投标人账号进入电子招投标项目交易管理平台。

② 切换到"已报名标段"模块，找到相应的标段点击"进入"操作。如图4-182所示。

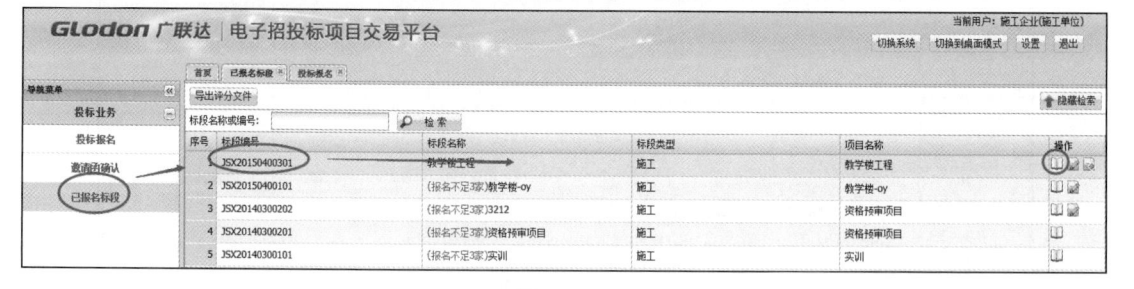

图 4-182

③ 弹出"查看"提示框，点击"上传"进行网上递交资审申请文件工作，如图4-183所示。

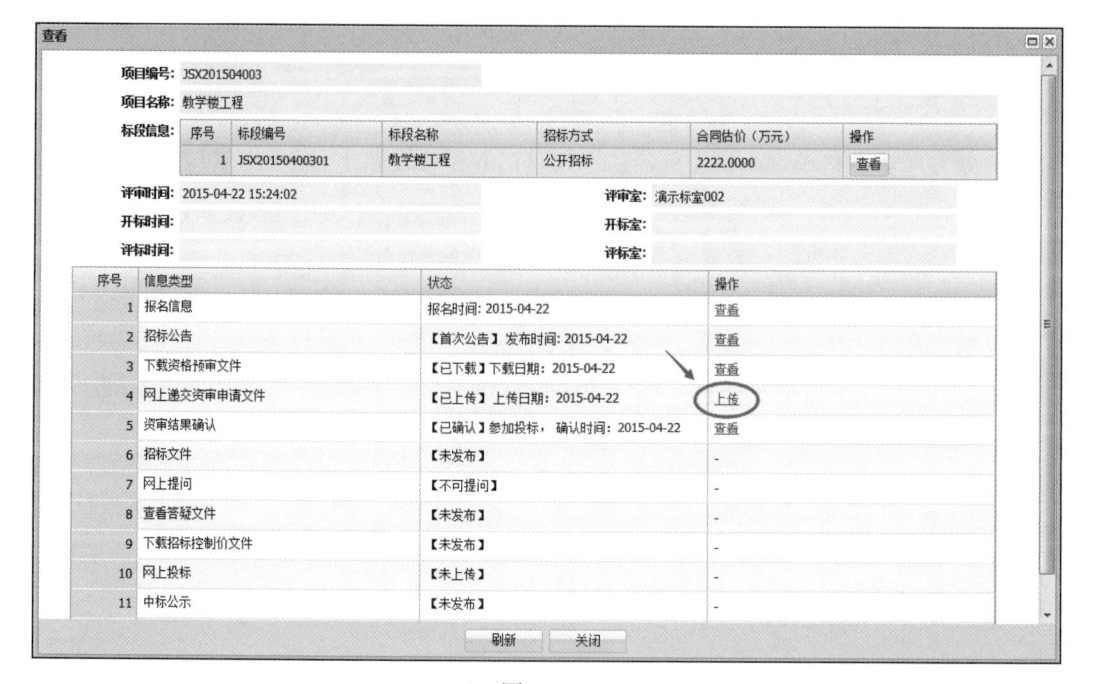

图 4-183

④ 弹出资审申请文件上传提示，选择"上传资审申请文件"按钮，按照要求完善操作人姓名并将资审申请文件添加及加载完成后，点击"保存"完成网上资审文件递交工作。如图4-184所示。

（2）方案二：现场递交

① 投标人（被授权人）携带资审申请文件投标书、授权委托书等，根据资格预审文件规定的时间和地点，现场递交。

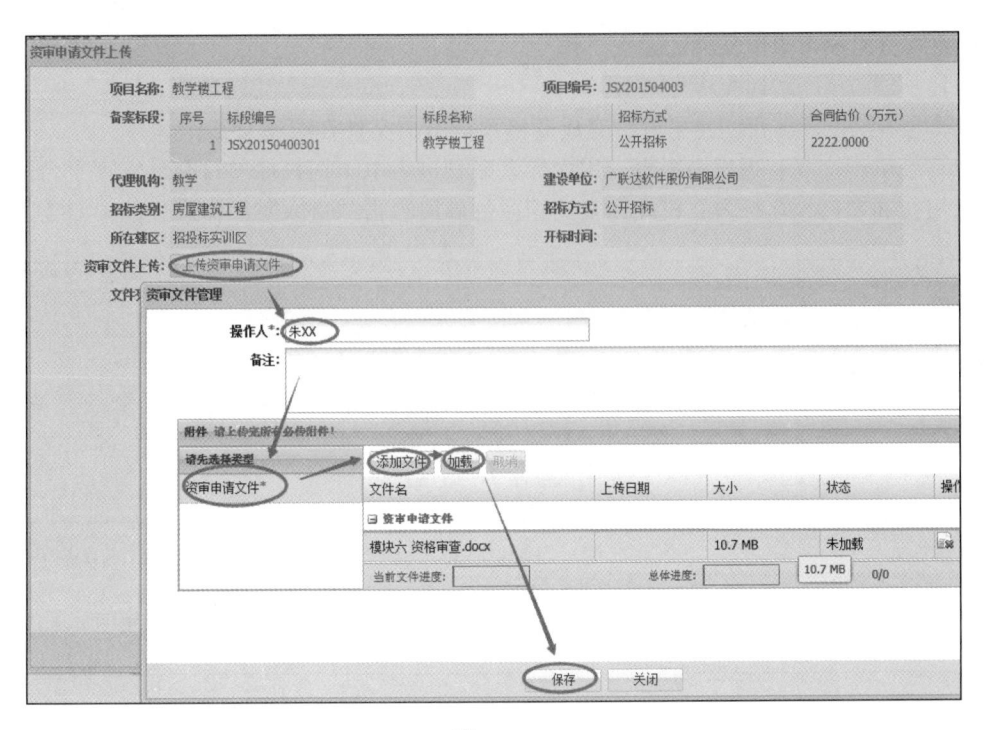

图 4-184

② 投标人递交资格预审申请文件后，在现场的登记表（图 4-185）中填写单位信息。

表0-3	XX学校教学楼 工程 投标 登记(签到)表				
序号	单 位	递交（退还、签到）时间	联系人	联系方式	传真
	广联达第一建筑有限公司	XX 月 XX 日 XX 时XX分	李XX	xxxxxxxx	xxxxxx
		年 月 日 时 分			
		年 月 日 时 分			
		年 月 日 时 分			
		年 月 日 时 分			
		年 月 日 时 分			
		年 月 日 时 分			
		年 月 日 时 分			
		年 月 日 时 分			

招标人或招标代理经办人：（签字）   第　页共　页

图 4-185

③ 招标人由老师指定的学生担任。

【任务七　完成资格审查工作】

（一）任务说明

招标人组织，评审专家评审：
① 完成资格审查工作；
② 完成资格审查结果备案、资审结果确认工作。

（二）操作过程

1. 完成资格审查工作

（1）每个学生团队为一个资审评审专家，资审评审主任由老师指定某一个学生团队；资审评审时，由项目经理组织团队成员共同完成。

（2）登录广联达网络远程评标系统（GBES），完成资格审查工作。

1）招标人上传资格预审申请文件、确定评委。

① 登录广联达网络远程评标系统软件，用招标代理人员身份进入网络远程评标系统。如图 4-186 所示。

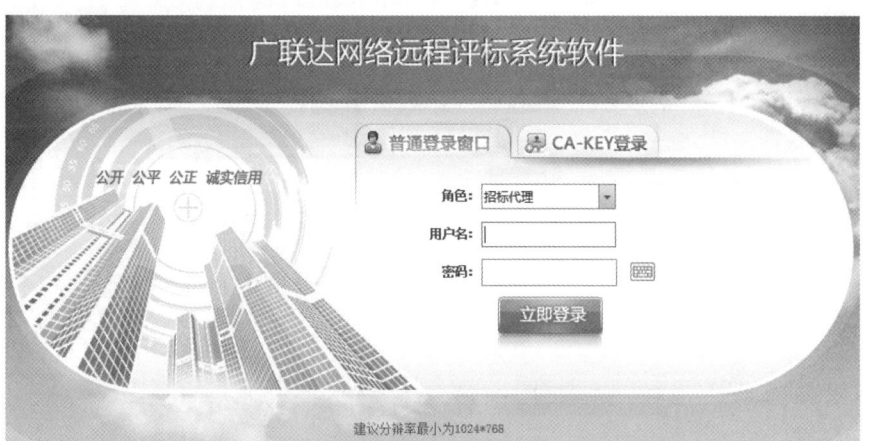

图 4-186

② 进入项目管理模块，选择"房建与市政"，点击"新建项目"。如图 4-187 所示。

③ 可以使用招标文件新建招标项目，点击"使用招标文件新建项目"。如图 4-188 所示。

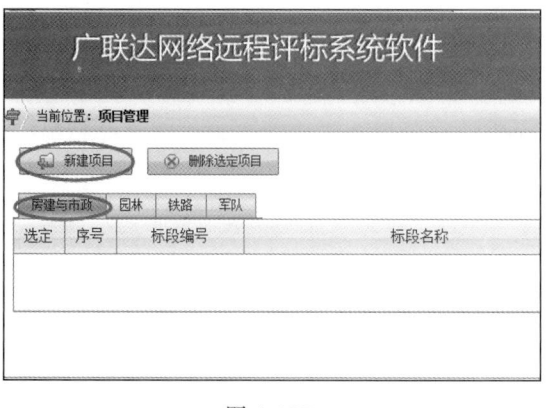

图 4-187

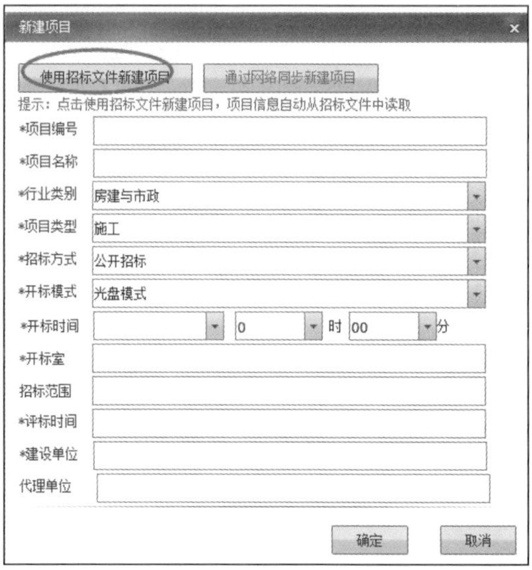

图 4-188

④ 弹出"上传招标文件"提示框，点击"浏览"，找到招标文件（BJZSZ 文件）进行上传，如图 4-189 所示。

⑤ 系统会根据招标文件自动识别项目编号、名称和类型等信息，将开标时间及评标时间按照要求录入后点击"确定"，新建项目完成。如图 4-190 所示。

图 4-189

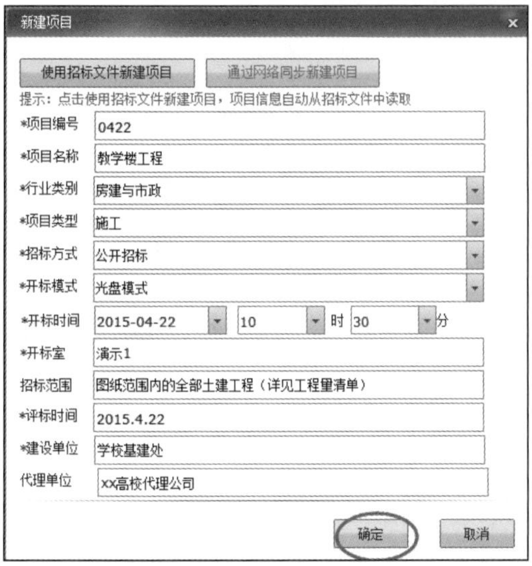

图 4-190

⑥ 选择刚刚新建完成的标段，点击"进入开标系统"。如图 4-191 所示。

图 4-191

⑦ 切换至"开标会签到"模块，首先进行投标人签到，点击"新增单位"。如图 4-192 所示。

⑧ 根据投标人资料新增投标单位，检查无误后点击"确定"。如图 4-193 所示。

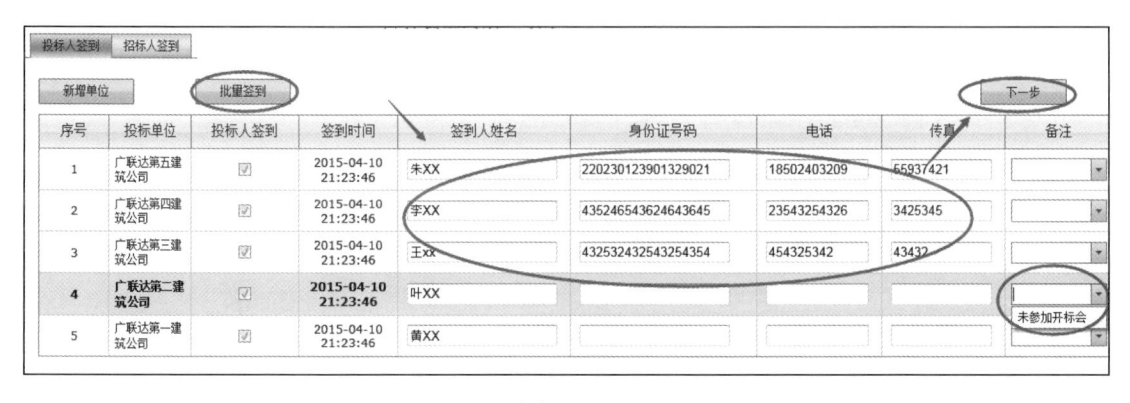

图 4-192   图 4-193

⑨ 按照签到顺序依次勾选"投标人签到"并完善相关签到人姓名等信息，亦可进行"批量签到"，如投标人未参加开标会可进行备注选择，签到完成之后进入下一步。如图 4-194 所示。

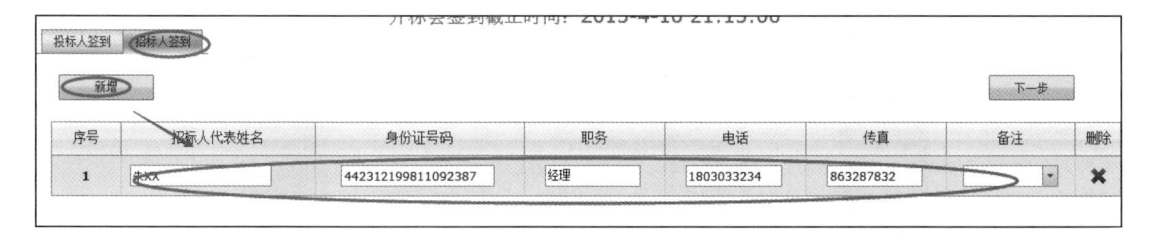

图 4-194

注：如有招标人到场亦可进行招标人签到，如图 4-195 所示。

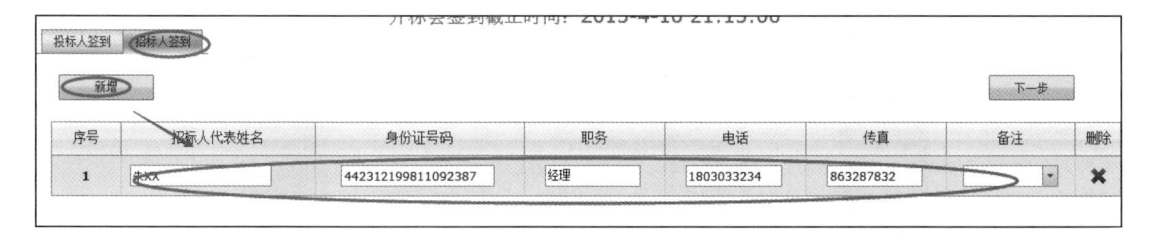

图 4-195

⑩ 根据投标人文件送达时间依次签收并检查相关文件数量、密封情况及是否有投标保证金，亦可进行"批量签收"，如投标人未递交投标文件可进行备注选择，签收完成之后进入下一步。如图 4-196 所示。

图 4-196

⑪ 进入开标倒计时模块，到达开标时间即可点击"下一步"进入开标。如图 4-197 所示。

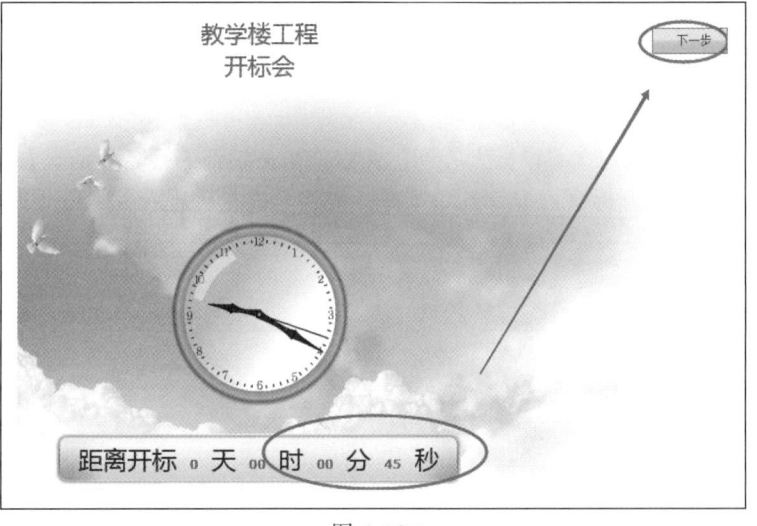

图 4-197

⑫ 进入开标会首先观看开标会纪律视频，观看完毕后点击"下一步"进入人员介绍模块。如图 4-198 所示。

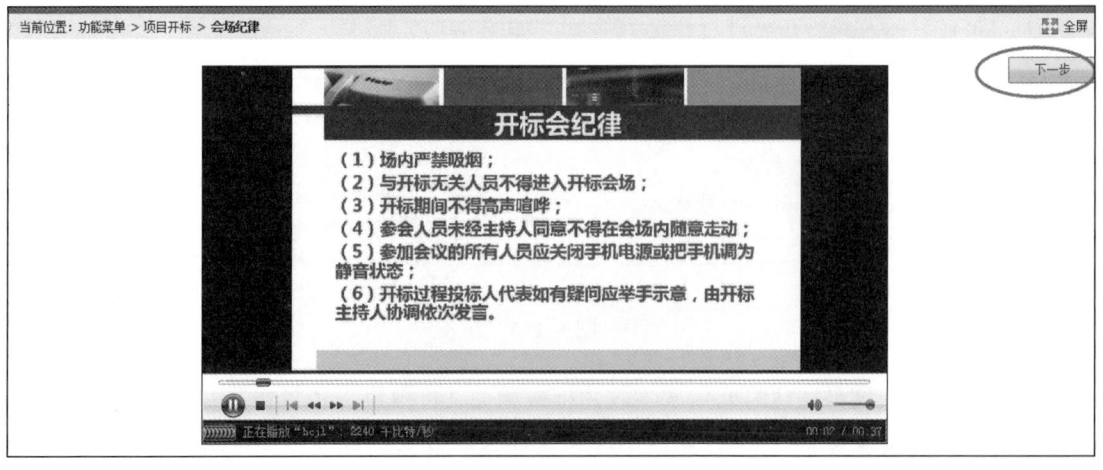

图 4-198

⑬ 进入人员介绍环节，主持人依次介绍唱标人、监督人、监标人等人员，介绍完成后点击"下一步"进入开标模块。如图 4-199 所示。

图 4-199

⑭ 进入开标模块，将投标人投标文件（后缀名为 *.BJZST2）上传。如图 4-200 所示。

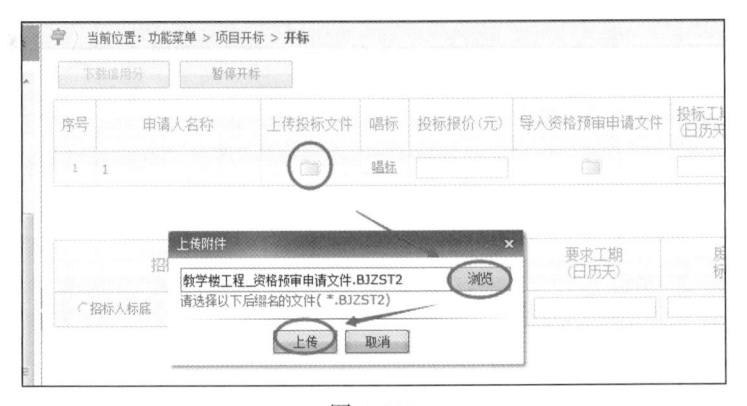

图 4-200

⑮ 切换到"评标准备"模块，选择"确定评委"，点击"添加评委"。如图 4-201 所示。

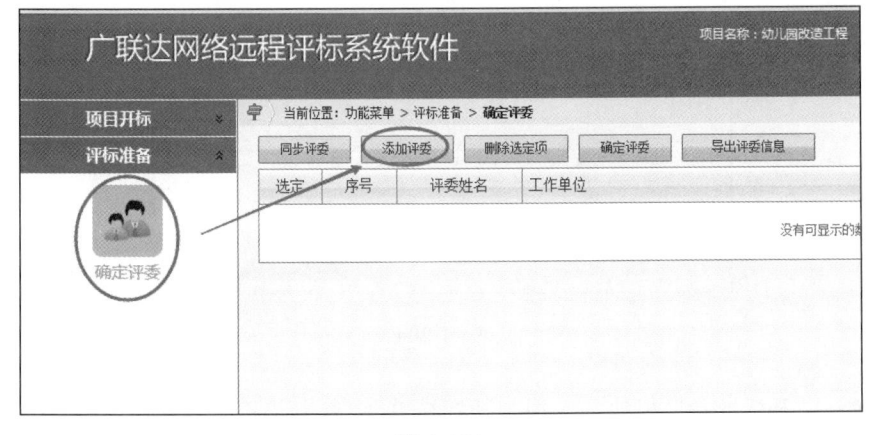

图 4-201

⑯ 按照要求完成评委信息之后点击"确定"，此处评委姓名及专家证编号为评审专家账号登录网络远程评标系统的评委姓名及专家证编号。如图 4-202 所示。

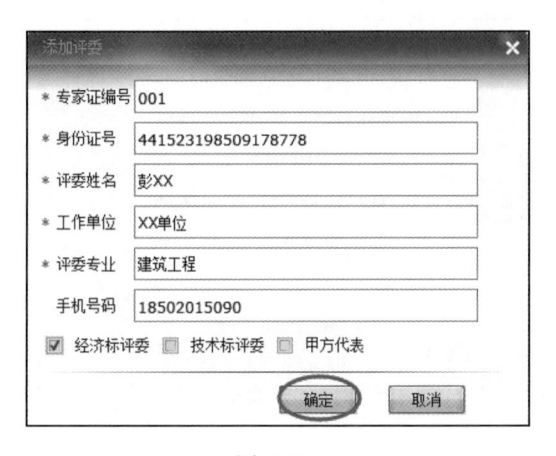

图 4-202

⑰ 评委添加完成，可对评委进行重新编辑或者导出评委信息，点击"确定评委"完成评委准备。如图 4-203 所示。

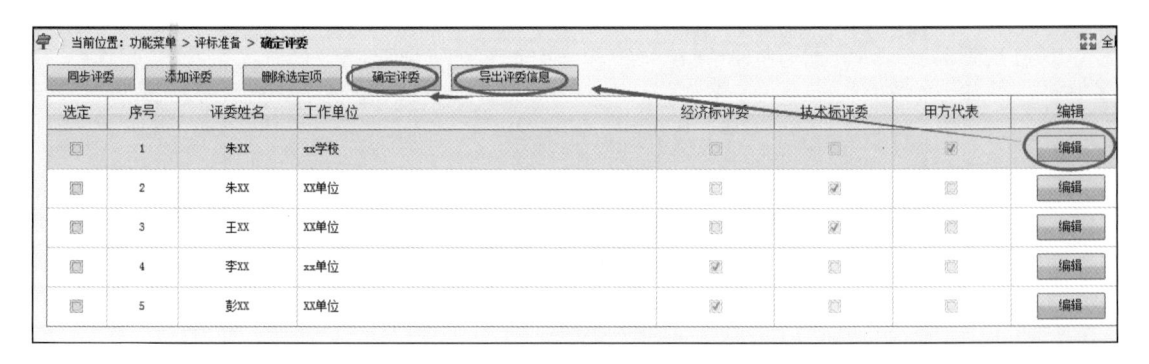

图 4-203

⑱ 系统提示确定评委后，不能再修改，点击"确定"完成评委准备工作。如图 4-204 所示。

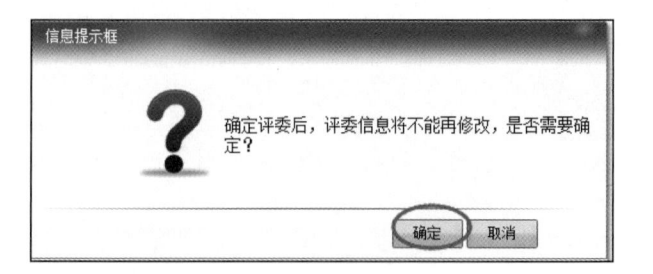

图 4-204

⑲ 切换到"开标准备"模块，选择"开标结束"，点击"开标结束"。如图 4-205 所示。

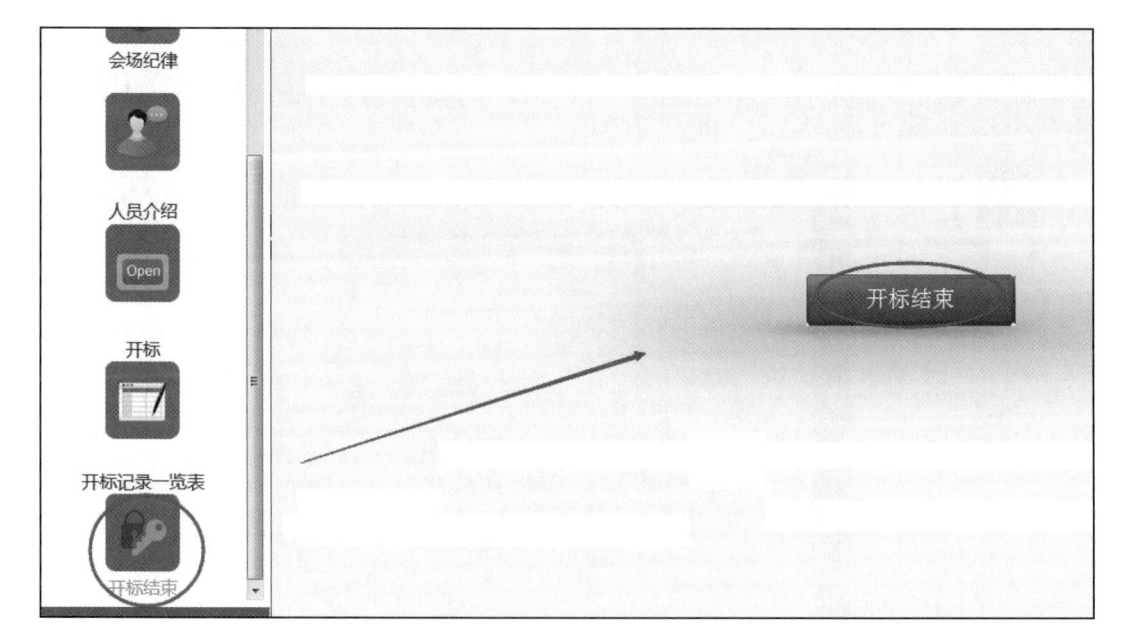

图 4-205

2）评审专家评审资格预审申请文件。

① 登录广联达网络远程评标系统软件，用评委账号进入网络远程评标系统。如图 4-206 所示。

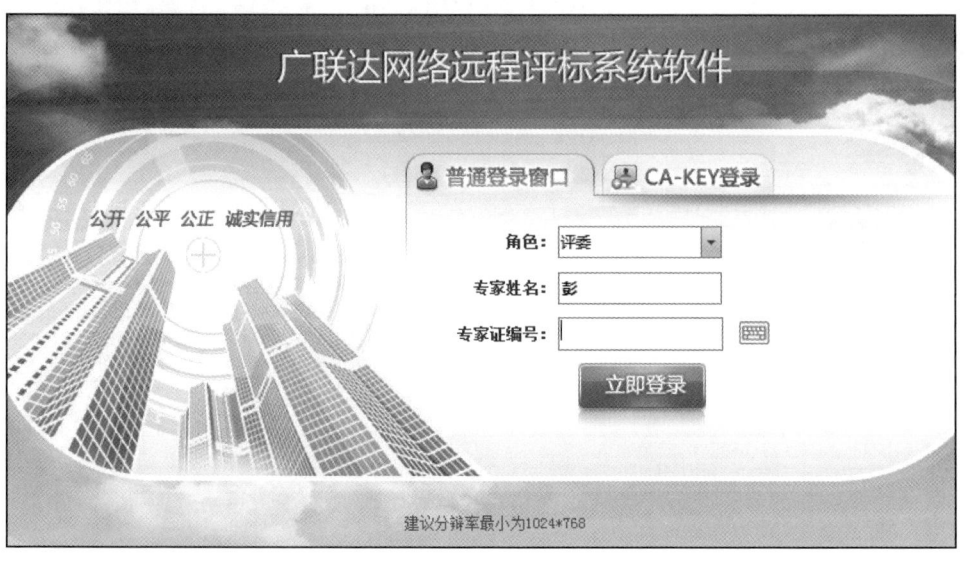

图 4-206

② 切换至准备阶段，选择"签署声明"界面进行声明签章，点击批量签章按钮，输入 PIN 码进行电子签章，签章完成之后可以"保存签章"。如图 4-207 所示。

③ 切换至"审查委员会分工"界面，进行评标组长确认，如果评委未同时在线，需要等全部评委全部登录在线后才能继续下面的评标工作。如图 4-208 所示。

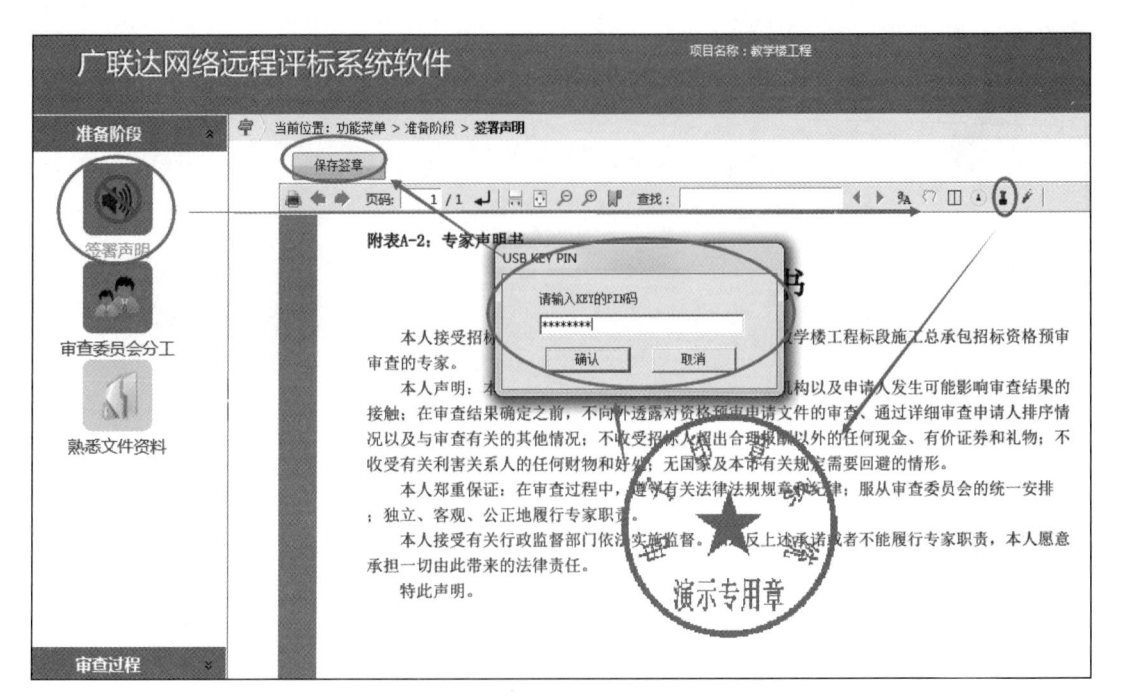

图 4-207

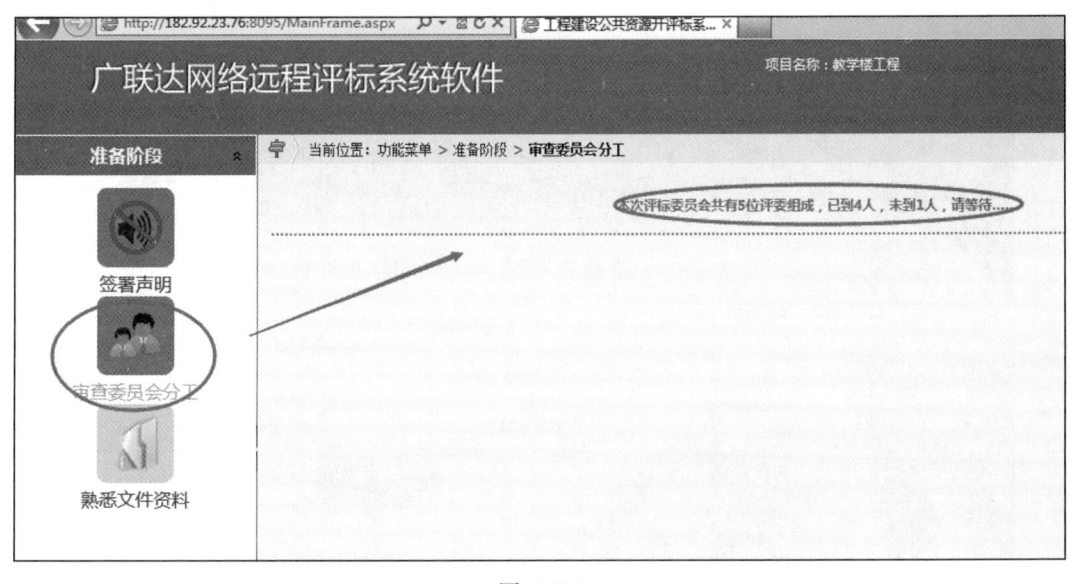

图 4-208

④ 每个评委只能推荐一次，完成此次评标组长的推荐工作。如图 4-209 所示。

⑤ 所有评委完成投票工作，系统软件自动统计推荐票数，判定评标组长。如图 4-210 所示。

⑥ 切换至"熟悉文件资料"界面，首先每位评委对招标人资格预审文件进行浏览和熟悉。如图 4-211 所示。

⑦ 文件熟悉完成后进入"审查过程"模块，进行资格审查。选择"初步审查"界面，可对资格预审文件及投标单位的资格预审申请文件进行浏览。如图 4-212 所示。

图 4-209

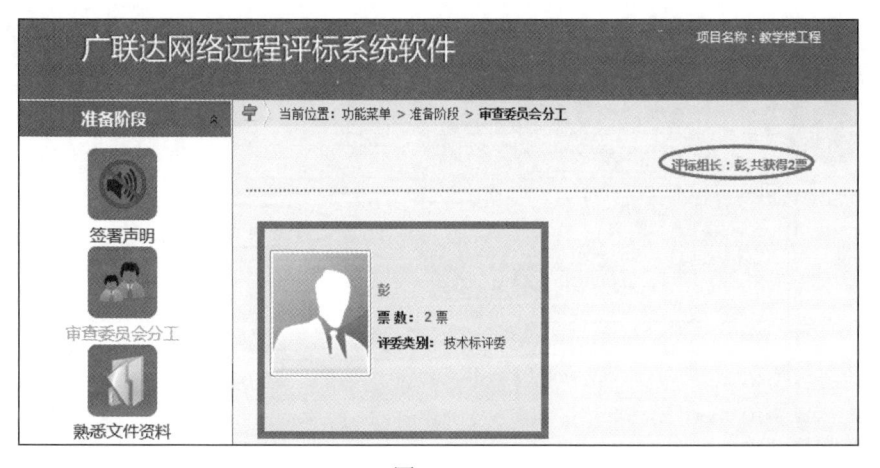

图 4-210

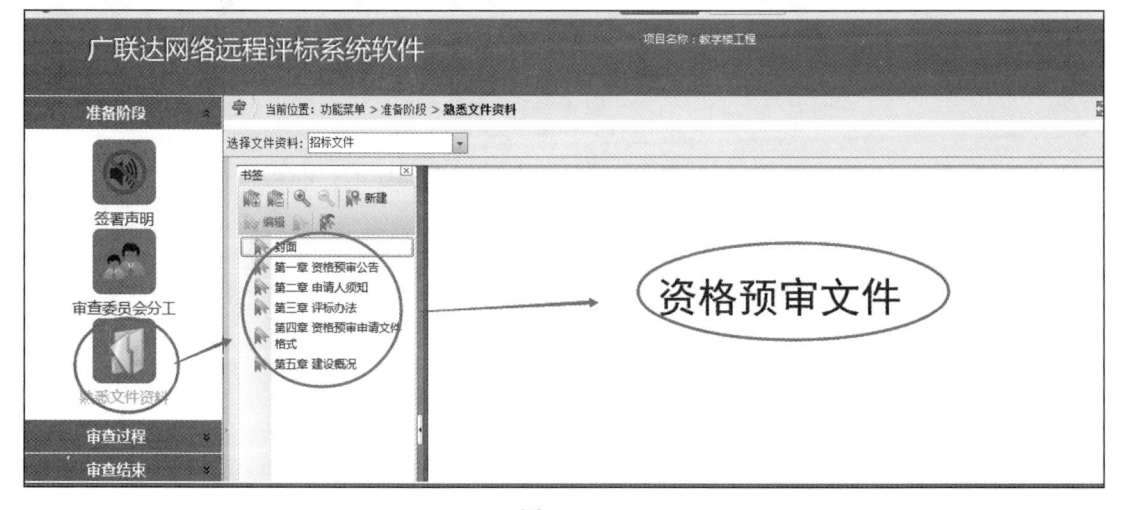

图 4-211

⑧ 在"初步审查"界面下选择投标单位，根据资格预审申请文件，检查相应评审项是否存在，点击结果确认按钮。如图 4-213 所示。

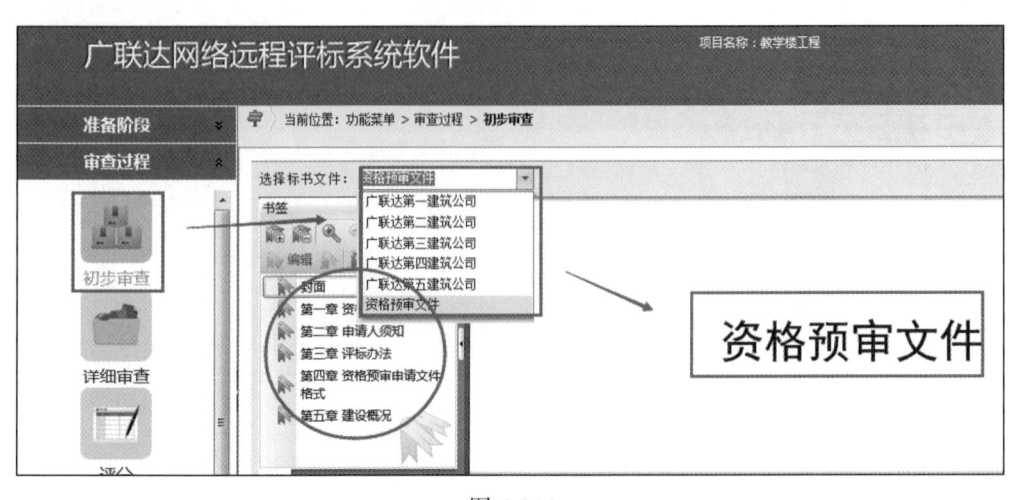

图 4-212

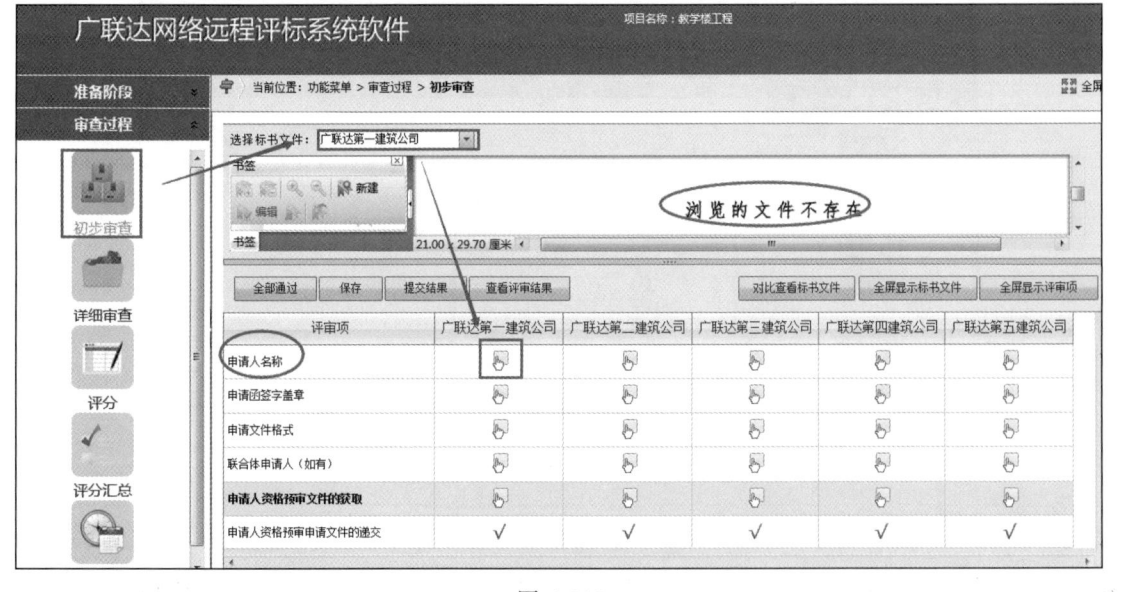

图 4-213

⑨ 选择投标人评审项是否通过，不通过需给出不通过的原因，亦可检查完所有评审项后点击"全部通过"按钮，批量通过所有评审项。如图 4-214 所示。

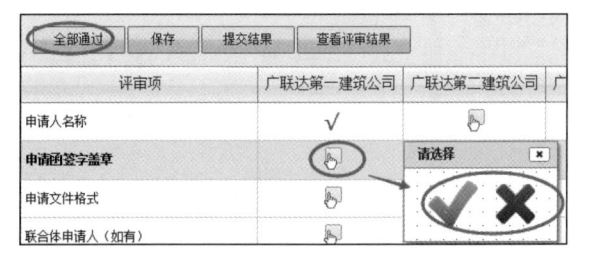

图 4-214

⑩ 审查完成提交结果之后可以查看评审结果进度，评审结果提交后不能再次修改。点击"提交结果"按钮。如图 4-215 所示。

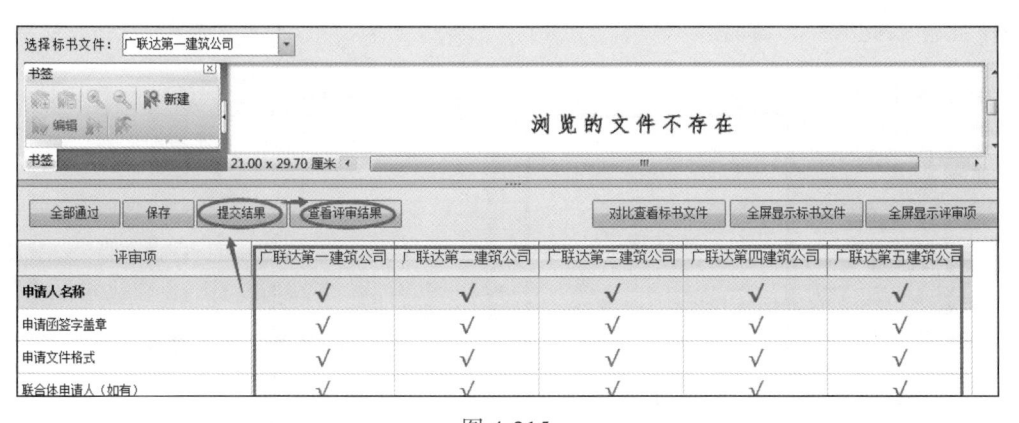

图 4-215

⑪ 初步评审完成后，需要进行评分汇总之后才能进行详细评审，点击"评分汇总"按钮，选择"详细审查"界面进行评审工作。如图 4-216 所示。

⑫ 详细审查与初步审查方式方法一样，点击"对比查看标书文件"及"全屏显示标书文件"方便浏览相关文件进行审查。如图 4-217 所示。

⑬ 如图所示可显示多个文件进行对比及全屏显示标书文件，点击"全屏显示评审项"或"默认显示"可全屏显示或者恢复默认显示。如图 4-218 所示。

⑭ 所有评委评审完成并提交结果后，评委组长可进行汇总评审结果，汇总后其他评委方能进行下一步操作。如图 4-219 所示。

⑮ 切换至"评分"界面，对投标文件进行打分，可以点击"全部最高分"进行快速评分，评分完成提交结果并进行评审结果的汇总。如图 4-220 所示。

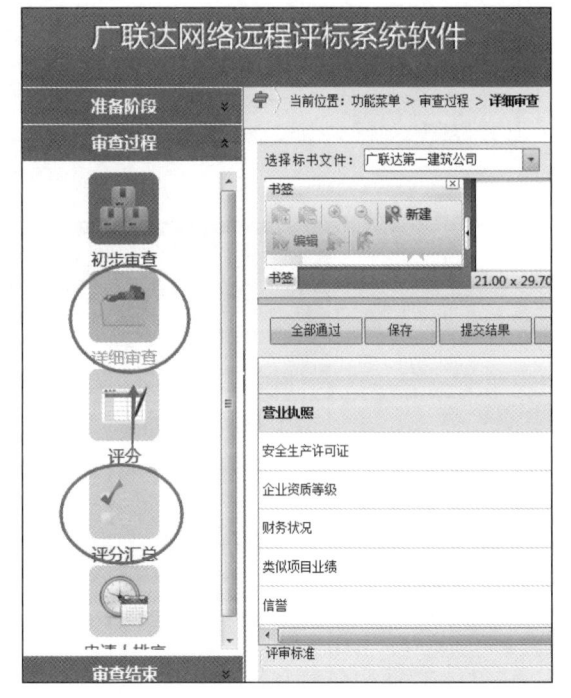

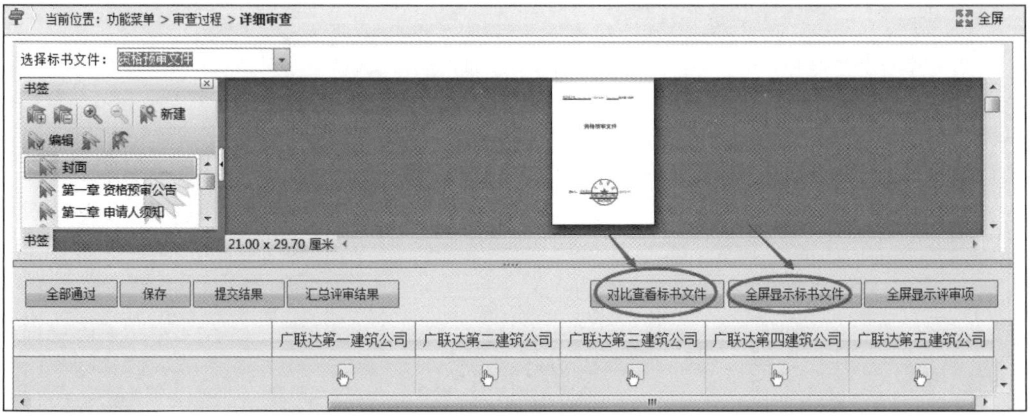

图 4-216

图 4-217

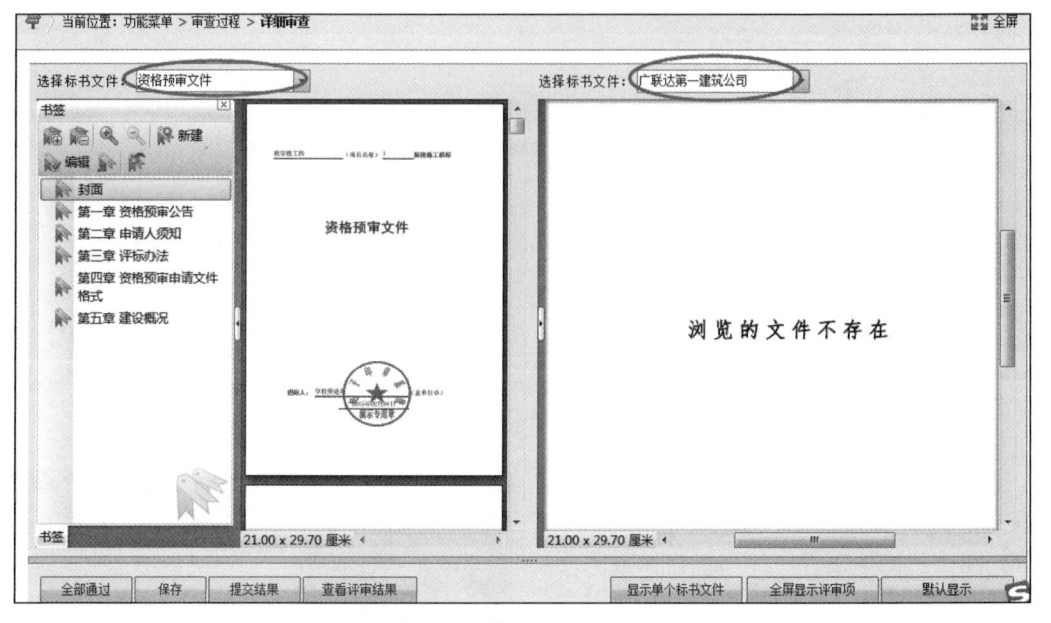

图 4-218

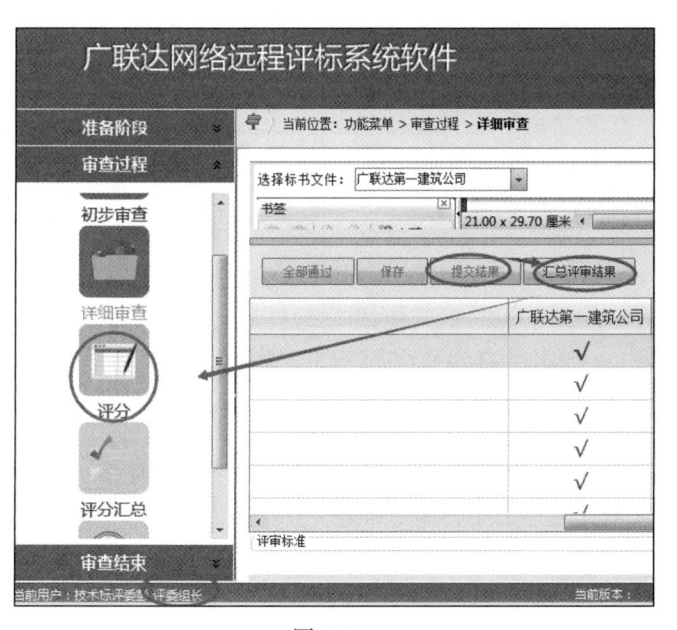

图 4-219

图 4-220

⑯ 切换至"评分"汇总界面，可以查看评分结果并导出结果。如图 4-221 所示。

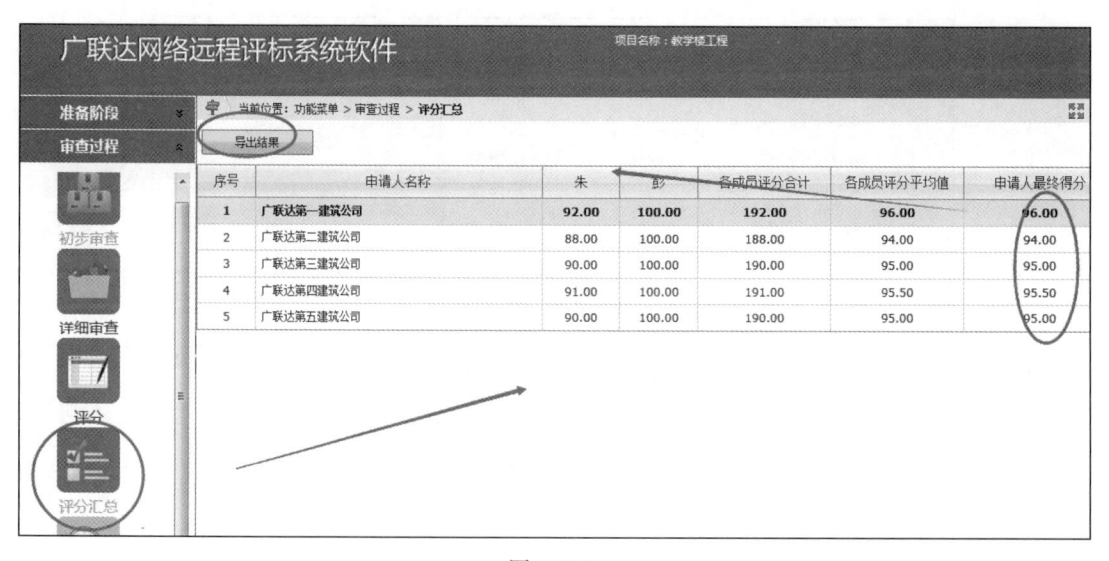

图 4-221

⑰ 切换至"申请人排序"界面，可以查看申请人排名，组长提交排序结果。如图 4-222 所示。

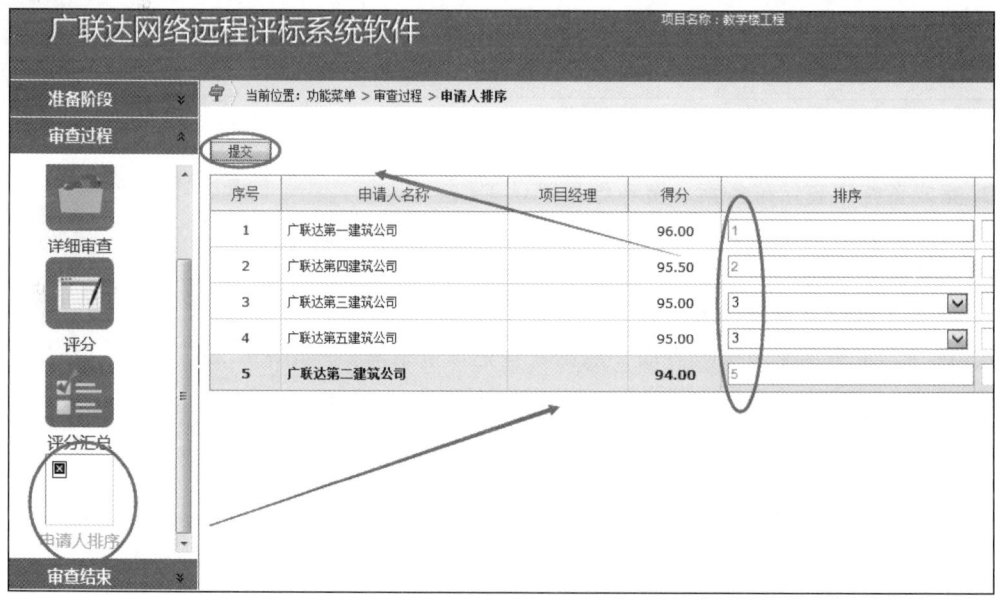

图 4-222

⑱ 如出现重复排名或排名不连续的情况，需要重新排名。如图 4-223 所示。

⑲ 按照有关规定进行排序后重新提交完成资格预审评审，提交后不能修改。如图 4-224 所示。

⑳ 右上角可以点击"查看资审文件"或者提出评委质疑，如果存在需要废标处理的情况，

图 4-223

点击"评审管理"选择废标单位，填写不合格原因。如图 4-225 所示。

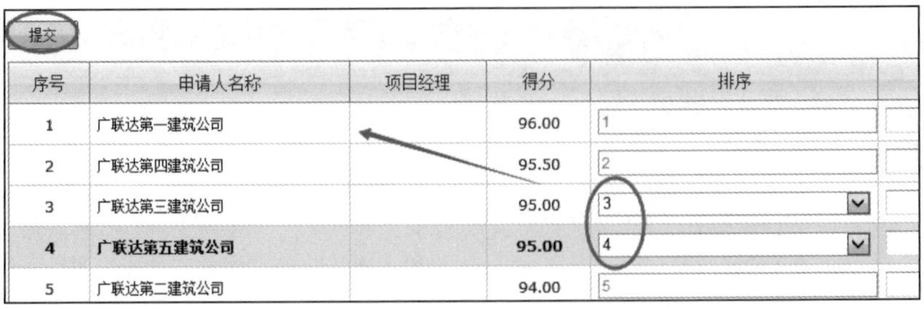

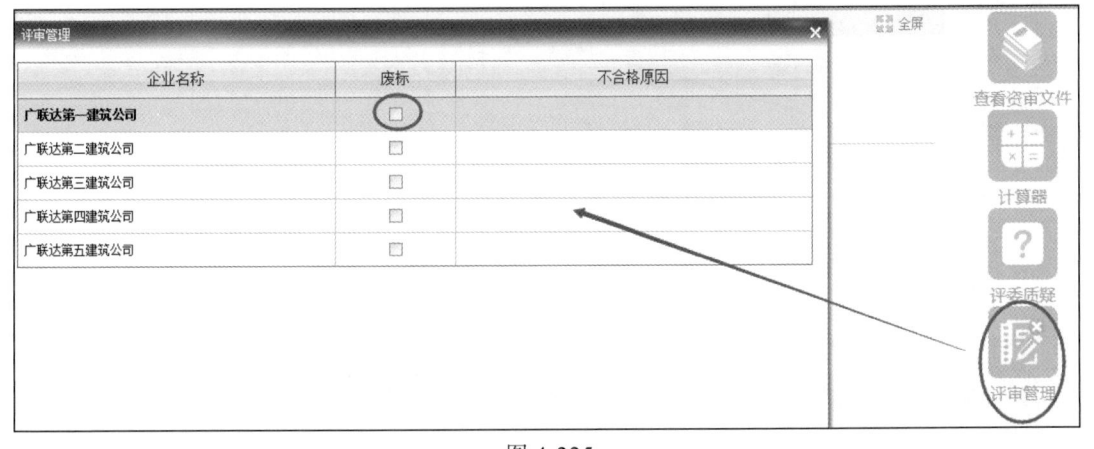

图 4-224

图 4-225

2. 完成资格审查结果备案、资审结果确认工作

（1）招标人对资格审查结果进行通知　招标人登录工程交易管理服务平台，完成招标人在线发布资格审查结果。

① 登录工程交易管理服务平台。

② 选择"资审结果备案"界面，点击"登记预审结果"。如图 4-226 所示。

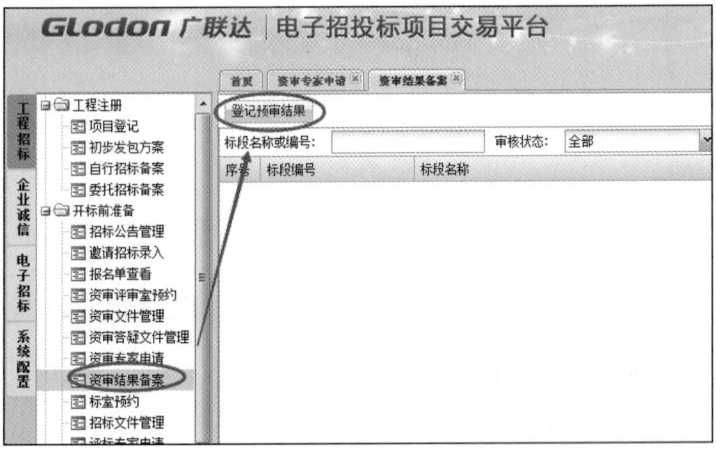

图 4-226

③ 选择相应的标段，点击"确定"。如图 4-227 所示。

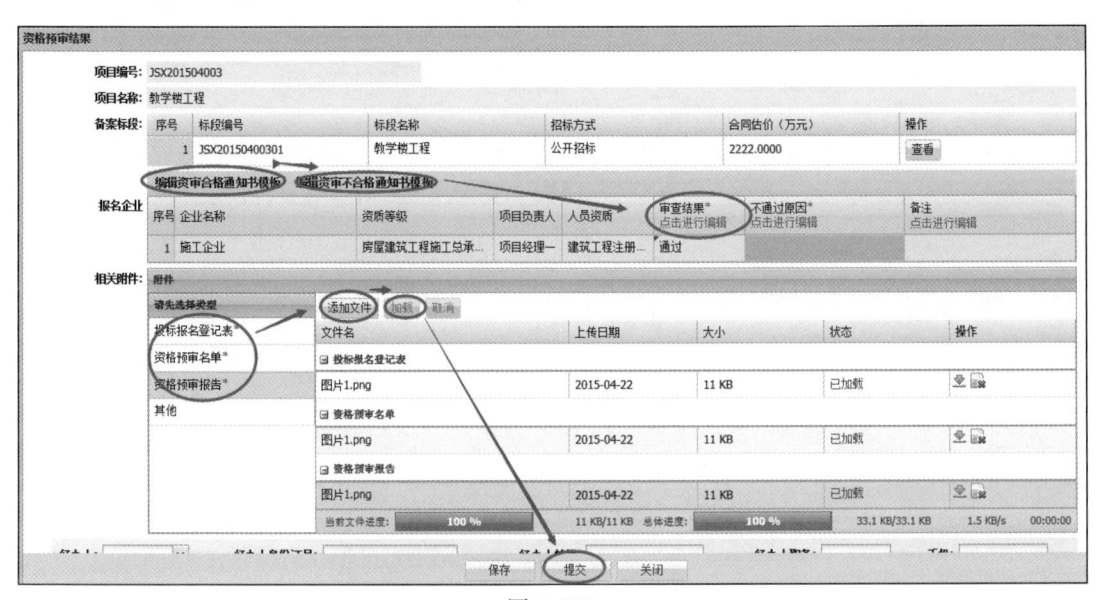

图 4-227

④ 弹出"资格预审结果"提示框，分别将资审合格通知书模板及资审不合格通知模板进行编辑并保存，确认审查结果并将投标报名登记表、资格预审名单和资格预审报告进行添加并加载，完成后点击"提交"。如图 4-228 所示。

图 4-228

⑤ 使用监管员账号登录工程交易管理服务平台进行资审结果审核。

⑥ 找到相应标段，点击"审核"。如图 4-229 所示。

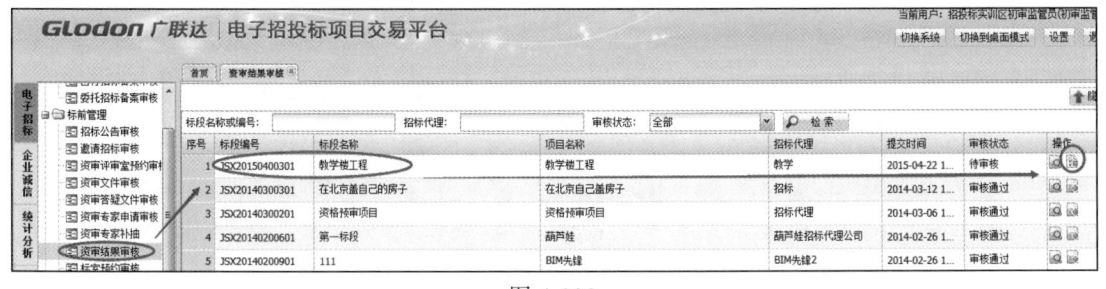

图 4-229

⑦ 检查资格预审结果，检查无误之后点击"审核"。如图 4-230 所示。

⑧ 选择审核结果，填写审核意见并提交。

（2）投标人对资审结果进行确认 投标人登录工程交易管理服务平台，完成投标人在线确认资格审查结果。

① 使用投标人账号登录工程交易管理服务平台进行在线确认资格审查结果。

② 切换到"已报名标段"，找到相应标段点击"查看"。如图 4-231 所示。

图 4-230

图 4-231

③ 弹出"查看"提示框，对资审结果进行确认，点击"确认"按钮。如图 4-232 所示。

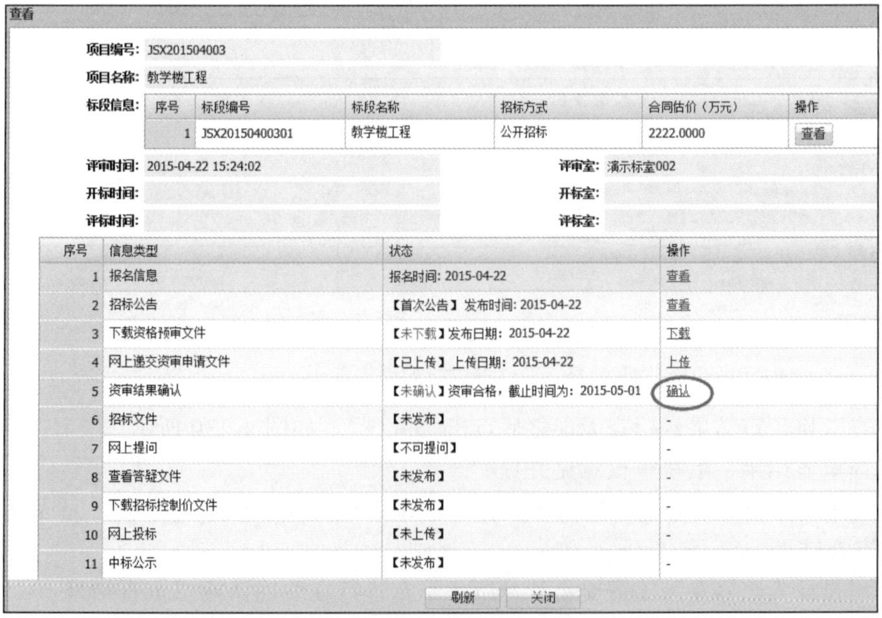

图 4-232

④ 在"资审结果确认"界面可以查看"资格预审合格通知书"，查看无误后点击"确认参加"按钮。如图 4-233 所示。

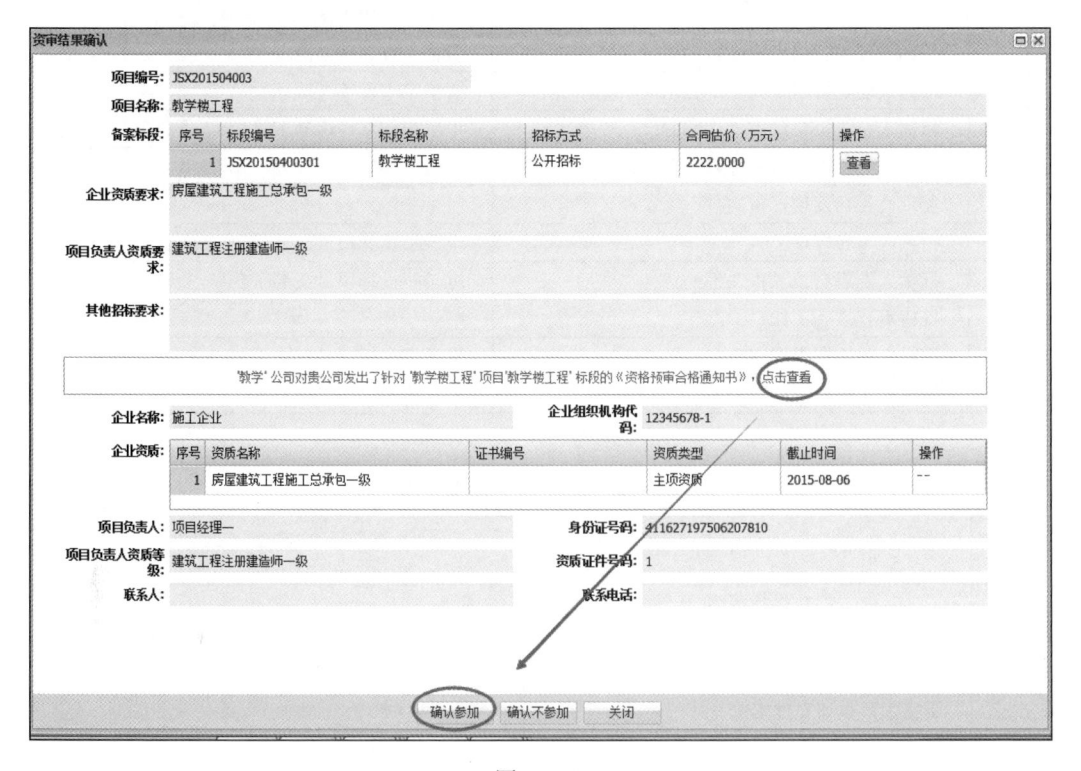

图 4-233

小贴士：本教材给出的是在线完成招标人资审结果通知、投标人对资审结果确认的操作指导，如果学校不具备在线通知和确认的条件，可参考学校所在地区招标投标企业相关的工作流程。

六、沙盘展示

1. 团队自检

项目经理带领团队成员，对照沙盘操作表（表 4-1、表 4-2），检查自己团队的各项工作任务是否完成。

表 4-1　招标人（招标代理）沙盘操作表

序号	任务清单	完成请打"√"	完成情况
		使用单据 / 表 / 工具	
（一）	资格预审文件编制		□
1	招标人确定潜在投标人企业资质门槛		□
2	招标人确定项目负责人投标资格门槛	项目负责人资格条件	□
3	招标人确定技术负责人投标资格门槛	项目部管理人员组织结构	□
4	招标人确定专职安全员投标资格门槛	项目部管理人员组织结构	□
5	招标人确定与本工程项目相类似的工程业绩	经营状况表	□

续表

序号	任务清单	完成请打"√"	完成情况
		使用单据 / 表 / 工具	
6	招标人确定资格审查委员会组成	资格审查评审办法	☐
7	招标人确定资格审查评审方法	资格审查评审办法	☐
8	招标人完成资格预审文件编制	电子招标文件编制工具	☐
9	招标人对资格预审文件自检合格	资格预审文件审查表	☐
（二）	资审公告、发售资审文件		☐
1	招标人发布资审公告	电子招投标项目交易平台	☐
2	招标人发售资格预审文件	电子招投标项目交易平台	☐
（三）	资格审查准备工作		
1	招标人预约资审评审室	电子招投标项目交易平台	☐
2	招标人预约资审评审专家	电子招投标项目交易平台	☐

表 4-2　投标人沙盘操作表

序号	任务清单	完成请打"√"	完成情况
		使用单据 / 表 / 工具	
（一）	投标报名		☐
1	投标人投标报名 / 获取资格预审文件	授权委托书 / 代金币 / 登记表 / 资金、用章审批表 / 携带资料清单表	☐
（二）	资格预审申请文件编制		
1	投标人对资审文件重点内容进行分析	资格预审文件分析表	☐
2	投标人准备企业证件、项目负责人、技术负责人的证件资料	企业证书系列 / 人员资格证书系列	☐
3	投标人完成财务状况表 / 准备财务审计报告、资信等级证书	财务状况表	☐
4	投标人准备企业类似工程业绩资料	工程业绩统计表	☐
5	投标人准备项目负责人类似工程业绩资料	工程业绩统计表	☐
6	投标人完成项目部组织机构	项目部管理人员组织结构 / 项目部组织机构图 / 各类人员证件资料	☐
7	投标人完成拟投入的机械设备		☐
8	投标人完成资格预审申请文件	投标工具	☐
9	投标人对资格预审申请文件自检合格	资格预审申请文件审查表	☐
（三）	资格预审申请文件封装、递交		
1	投标人封装资格预审申请文件	资金、用章审批表	☐
2	投标人递交资格预审申请文件	携带资料清单表 / 授权委托书 / 登记表	☐
（四）	资格审查		☐
1	招标人组织资格审查	广联达网络远程评标系统（GBES）	☐
2	招标人进行资审结果通知	电子招投标项目交易平台	☐
3	投标人对资审结果进行确认	电子招投标项目交易平台	☐

2. 沙盘盘面上内容展示与分享

（1）招标人（招标代理）沙盘展示（图 4-234）

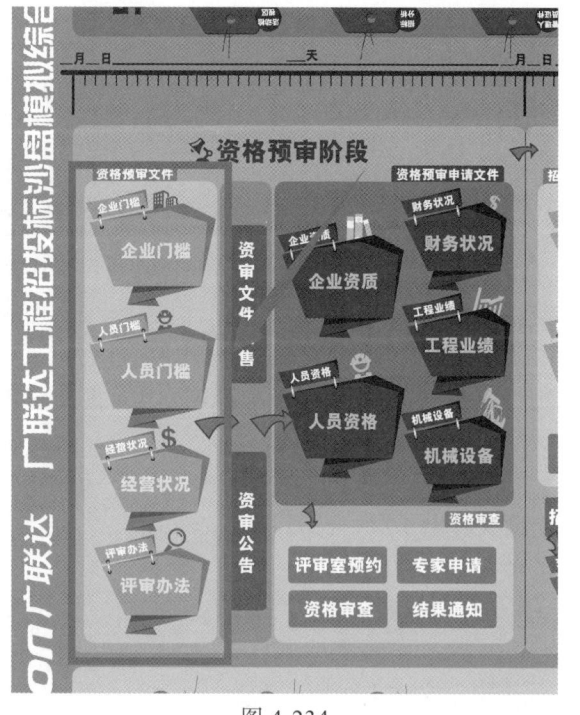

图 4-234

（2）投标人沙盘展示（图 4-235）

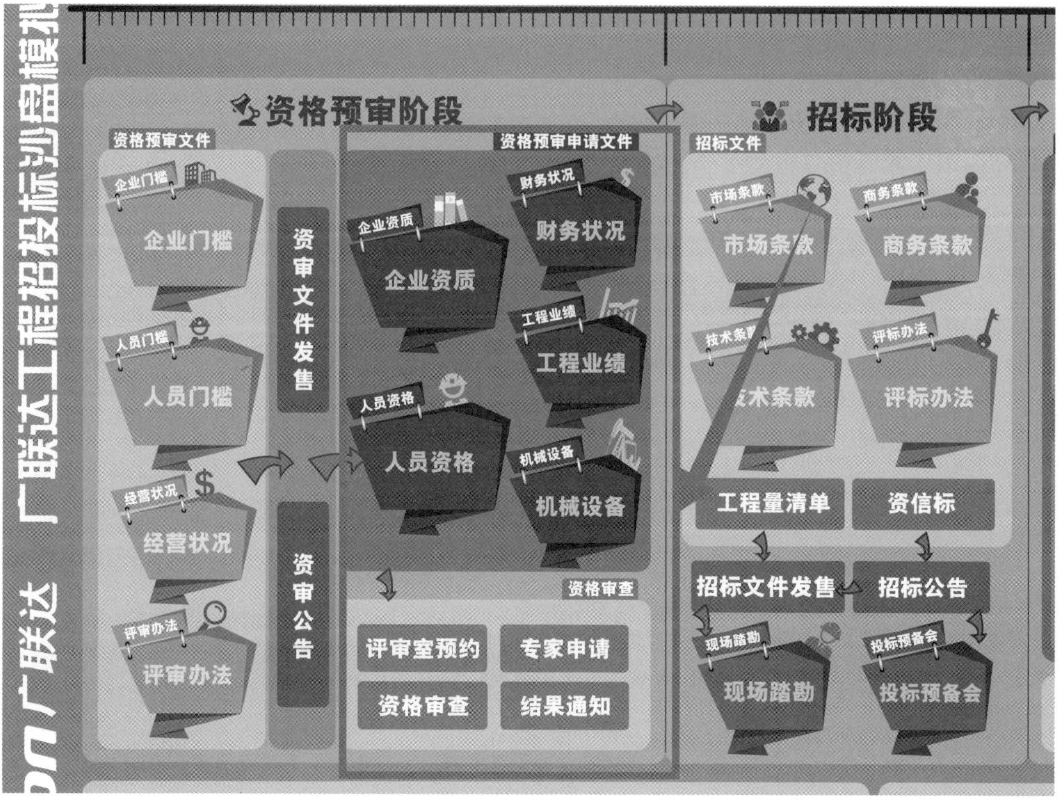

图 4-235

3. 作业提交

招标人（招标代理）作业如下。

（1）作业内容

① 招标人资格预审文件电子版一份。

② 招标人项目交易平台评分文件一份。

（2）操作指导

① 生成招标人资格预审文件电子版（具体操作详见附录2：生成评分文件）。

② 生成招标人项目交易平台评分文件（具体操作详见附录2：生成评分文件）。

③ 提交作业。将资格预审文件、项目交易平台评分文件拷贝到U盘中提交给老师，或者使用在线文件递交（文件在线提交系统或电子邮箱等方式）提交给老师。

投标人作业如下。

（1）作业内容

① 投标人资格预审申请文件电子版一份。

② 投标人项目交易平台评分文件一份。

③ GBES生成的资格审查结果文件一份。

（2）操作指导

1）生成投标人资格预审申请文件电子版。

使用工程投标工具生成资格预审申请文件，具体操作详见任务五：资格预审申请文件编制。

2）生成投标人项目交易平台评分文件。使用工程交易管理服务平台生成投标人项目交易平台评分文件一份，具体操作详见附录2：生成评分文件。

3）GBES生成的资格审查结果文件一份。

使用GBES生成一份资格审查结果文件。

① 使用评委组长身份登录广联达网络远程评标系统软件。如图4-236所示。

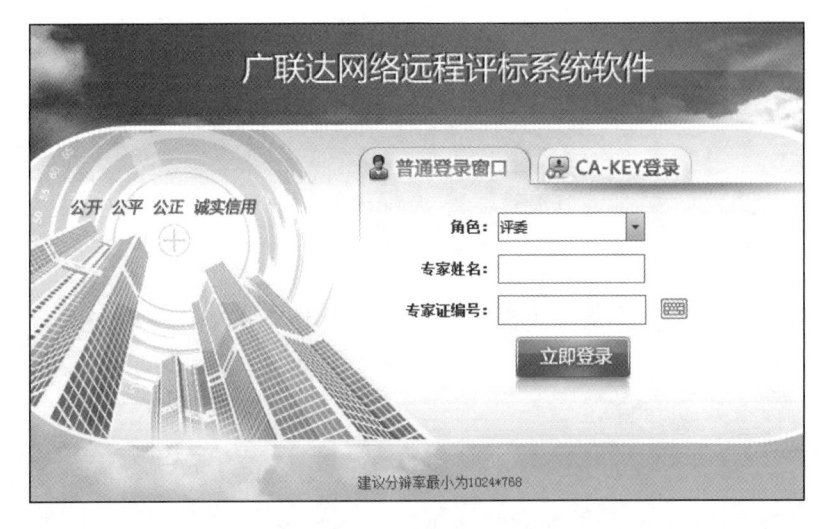

图 4-236

② 切换至"审查结束"模块，点击"导出结果"。如图4-237所示。

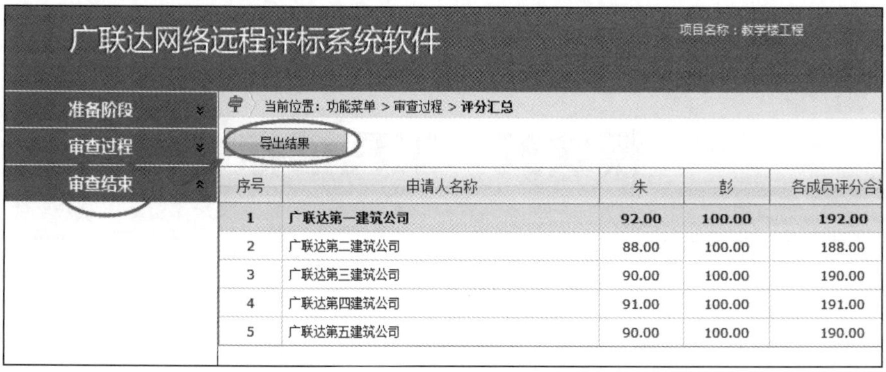

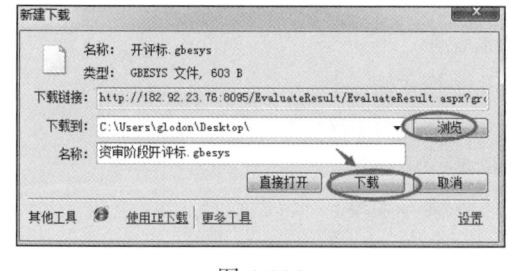

图 4-237

③ 将资格审查结果保存下载。如图 4-238 所示。

图 4-238

4）提交作业。

将资格预审申请文件、项目交易平台评分文件拷贝到 U 盘中提交给老师，或者使用在线文件递交（文件在线提交系统或电子邮箱等方式）提交给老师。

七、实训总结

1. 教师评测
（1）评测软件操作　具体操作详见附录 3：学生学习成果评测。
（2）学生成果展示　具体操作详见附录 3：学生学习成果评测。

2. 学生总结、分享
小组讨论 3 分钟，写下该环节你认为需要完善的内容及心得，并进行分享。

八、拓展练习

在本实训模块之外，需要学生了解的相关知识内容或课外思考题，具体如下。

① 经营状况门槛设置时，潜在投标人的财务状况（资产负债率、净资产）与投标人经营状况的影响关系。

② 企业业绩、项目经理业绩门槛设置时，如何确定最合理的企业业绩和项目经理业绩数量。

③ 资格审查办法分别为合格制和有限数量制时，资格预审申请文件编制时侧重点的区别。

④ 资格后审方式的审查办法。

模块五 工程招标

知识目标

1. 掌握招标文件的主要内容及编制方法。
2. 掌握评标方法的主要内容。
3. 了解工程量清单及招标控制价的编制方法。
4. 掌握招标文件中合同的主要内容。
5. 掌握招标文件的备案与发售流程。

能力目标

1. 能够熟练编制招标文件。
2. 能够正确合理运用评标方法。
3. 能够编制工程量清单与招标控制价。
4. 能够进行合同的拟定。
5. 能进行招标文件的备案与发售。

驱动问题

1. 招标文件主要内容有哪些？
2. 评标方法有几种？其适用范围？
3. 招标文件合同由几部分构成？合同文件的优先解释顺序？
4. 工程量清单内容及编制注意事项有哪些？
5. 招标控制价的编制依据与编制方法是什么？
6. 投标有效期与投标保证金概念及作用是什么？
7. 招标文件编制注意事项有哪些？
8. 招标文件如何备案？

建议学时： 8 ～ 10 学时。

项目一　理论知识

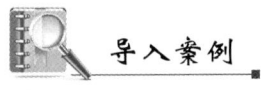 导入案例

某单位办公大楼工程施工，准备对外招标，由于建设方不会编制招标文件，便委托了有过招投标经历的李某来编写，而李某仅参加过工程投标，却从未编制过招标文件，于是便借鉴了一个已经完工的类似项目的招标文件，其中的各项内容均未做修改，仅将封面进行改动，请问：在此招标文件编制过程中出现了哪些问题呢？

分析答案见后面导入案例解析。

一、招标文件的组成

（一）招标文件概念

招标文件是招标人向潜在投标人发出并告知项目需求、招标投标活动规则和合同条件等信息的要约邀请文件，是项目招标投标活动的主要依据，对招标投标活动各方均具有法律约束力。从合同订立的程序分析，招标文件的法律性质属于要约邀请，作用在于吸引投标人的注意，希望投标人按照招标人的要求向招标人发出要约。招标文件通常由业主委托招标代理机构或由中介服务机构的专业人士负责编制，由建设招投标管理机构负责审定。未经建设招投标管理机构审定的，建设工程招标人或招标代理机构不得将招标文件分送给投标人。

招标文件是整个工程招投标和施工过程中最重要的法律文件之一，它不仅规定了完整的招标程序，而且还提出了各项具体的技术标准和交易条件，规定了拟订合同的主要内容，是投标人准备投标文件和参加投标的依据，是评审委员会评标的依据，也是拟订合同的基础，对参与招投标活动的各方均有法律效力。

（二）招标文件的组成和主要内容

《中华人民共和国标准施工招标文件》由国家发改委、原建设部等部委联合编制，于2007年11月1日国家发改委令第56号发布，并于2008年5月1日起在全国试行。2010年住建部又发布了配套的《中华人民共和国房屋建筑和市政工程标准施工招标文件》，简称"行业标准施工招标文件"，广泛适用于一定规模以上的房屋建筑和市政工程的施工招标。

"行业标准施工招标文件"共分为四卷八章，主要内容包括：招标公告（投标邀请书）、投标人须知、评标办法（最低投标价法、综合评估法）、合同条款及格式、工程量清单、图纸、技术标准和要求、投标文件格式。本部分详细内容在此不再赘述，详见附录2。

"行业标准施工招标文件"既是项目招标人编制施工招标文件的范本，也是有关行业主管部门编制行业标准施工招标文件的依据，其中的"投标须知、评标办法、通用合同条款"在行业标准施工招标文件和试点项目招标人编制的施工招标文件中必须不加修改地引用，其他内容仅供招标人参考。

其中招标公告与投标邀请书的编制内容在模块四中已经进行阐述，在此不再展开。

二、评标方法

《房屋建筑和市政基础设施工程施工招标投标管理办法》明确规定，施工招标评标方法一般分为：综合评估法、经评审的最低投标价法或者法律法规允许的其他评标方法。但是目前常用的是综合评估法、经评审的最低投标价法两大类。

《中华人民共和国招标投标法》中第41条所规定的中标的投标文件应该具备下列条件之一。

① 能够最大限度地满足招标文件中规定的各项综合评价标准。

② 能够满足招标文件的实质性要求，并且经评审的投标价格最低。

两类评标办法都必须遵守"但是投标价格低于成本的除外"的规定。

（一）综合评估法

综合评估法，俗称"打分法"，把涉及的投标人各种资格资质、技术、商务以及服务的条款，都折算成一定的分数值，总分为100分。评标时，对投标人的每一项指标进行符合性审查、核对并给出分数值，最后汇总比较，取分数值最高者为中标人。评标时的各个评委独立打分，互相不商讨，最后汇总分数。可以制定具体项目的评标办法和评标标准，评标时，评委容易对照标准"打分"。

1. 综合评估法的主要特征

综合评估法是以投标文件能否最大限度地满足招标文件规定的各项综合评价标准为前提，在全面评审商务标、技术标、综合标等内容的基础上，评判投标人关于具体招标项目的技术、施工、管理难点把握的准确程度、技术措施采用的恰当和适用程度、管理资源投入的合理及充分程度等。一般采用量化评分的办法，综合投标价格、施工方案、进度安排、生产资源投入、企业实力和业绩、项目经理等各项因素的评分，按最终得分的高低确定中标候选人排序，原则上综合得分最高的投标人为中标人。综合评估法是目前适用最广泛的评标方法之一。

2. 综合评估法的适用范围

综合评估法强调的是最大限度地满足招标文件的各项要求，将技术和经济因素综合在一起，决定投标文件的质量优劣，不仅强调价格因素，也强调技术因素和综合实力因素。综合评估法一般适用于招标人对招标项目的技术、性能有特殊要求的项目，同时也适用于工程建设规模较大，履约工期较长，技术复杂，工程施工技术管理方案选择性较大，且工程质量、工期、技术、成本受施工技术管理方案影响较大，工程管理要求较高的工程招标项目。

（二）经评审的最低投标价法

经评审的最低投标价法是指在满足招标文件实质性要求的条件下，评委对投标报价以外的价值因素进行量化并折算成相应的价格，再与报价合并计算得到折算投标价，从中确定折算投标价最低的投标人作为中标（候选）人的评审方法。

1. 经评审的最低投标价法的主要特征

经评审的最低投标价法评审的内容基本上与综合评估法一致，是以投标文件是否能完全满足招标文件的实质性要求和投标报价是否低于成本价为大前提，以经评审的、不低于成本的最低投标价为标准，由低向高排序而确定中标候选人。技术部分一般采用合格制评审的方法，采用经评审的最低投标价法的，中标人的投标应当符合招标文件规定的技术要求和标准，评标委员会无需对投标文件的技术部分进行价格折算，在技术部分满足招标文件要求的基础上，最终以投标价格作为决定中标人的唯一因素。

2. 经评审的最低投标价法的适用范围

经评审的最低投标价法强调的是优惠而合理的价格。适用于具有通用技术、性能标准或者招标人对其技术、性能没有特殊要求，工期较短，质量、工期、成本受不同施工方案影响较小，工程管理要求一般的施工招标的评标。

 案例

背景：某大型工程，由于技术难度大，对施工单位的施工设备和同类工程施工经验要求高，而且对工期的要求也比较紧迫。建设单位在对有关单位和在建工程考察的基础上，仅邀请了 3 家国有一级施工企业参加投标，并预先与咨询单位和该 3 家施工单位共同研究确定了施工方案。业主要求投标单位将技术标和商务标分别装订报送。经招标领导小组研究确定的评标规定如下。

① 技术标共 30 分，其中施工方案 10 分（因已确定施工方案，各投标单位均得 10 分）、施工总工期 10 分、工程质量 10 分。满足业主总工期要求（36 个月）者得 4 分，每提前 1 个月加 1 分，不满足者不得分；自报工程质量合格者得 4 分，自报工程质量优良者得 6 分（若

实际工程质量未达到优良将扣罚合同价的2%），近三年内获鲁班工程奖每项加2分，获省优工程奖每项加1分。

② 商务标共70分。报价不超过标底（35500万元）的±5%者为有效标，超过者为废标。报价为标底的98%者得满分（70分），在此基础上，报价比标底每下降1%，扣1分，每上升1%，扣2分（计分按四舍五入取整）。各投标单位的有关情况列于表5-1。

表5-1　各投标单位标书主要数据表

投标单位	报价/万元	总工期/月	自报工程质量	鲁班工程奖	省优工程奖
A	35642	33	优良	1	1
B	34364	31	优良	0	2
C	33867	32	合格	0	1

问题：

1. 该工程采用邀请招标方式且仅邀请3家施工单位投标，是否违反有关规定？为什么？

2. 请按综合得分最高者中标的原则确定中标单位。

3. 若改变该工程评标的有关规定，将技术标增加到40分，其中施工方案20分（各投标单位均得20分），商务标减少为60分，是否会影响评标结果？为什么？若影响，应由哪家施工单位中标？

【分析】

问题1：不违反（或符合）有关规定。因为根据有关规定，对于技术复杂的工程，允许采用邀请招标方式，邀请参加投标的单位不得少于3家。

问题2：（1）计算各投标单位的技术标得分，见表5-2。

表5-2　各投标单位技术标得分表

投标单位	施工方案	总工期	工程质量	合计
A	10	4+（36-33）×1=7	6+2+1=9	26
B	10	4+（36-31）×1=9	6+1×2=8	27
C	10	4+（36-32）×1=8	4+1=5	23

（2）计算各投标单位的商务标得分，见表5-3。

表5-3　各投标单位商务标得分表

投标单位	报价/万元	报价与标底的比例/%	扣分	得分
A	35642	35642/35500=100.4	（100.4-98）×2≈5	70-5=65
B	34364	34364/35500=96.8	（98-96.8）×1≈1	70-1=69
C	33867	33867/35500=95.4	（98-95.4）×1≈3	70-3=67

（3）计算各投标单位的综合得分，见表5-4。

表5-4　各投标单位综合得分表

投标单位	技术标得分	商务标得分	综合得分
A	26	65	91
B	27	69	96
C	23	67	90

问题 3：这样改变评标办法不会影响评标结果，因为各投标单位的技术标得分均增加 10 分（20-10），而商务标得分均减少 10 分（70-60），综合得分不变。

三、工程合同

（一）合同条款及格式

合同条款是工程施工招标文件中非常重要的内容。目前，我国在工程建设领域推行使用住房和城乡建设部、国家工商行政管理局制定的《建设工程施工合同（示范文本）》（GF-2017-0201），以下简称"示范文本"。主要依据《中华人民共和国合同法》《中华人民共和国建筑法》《中华人民共和国招标投标法》以及相关法律法规制定，2017 年版"示范文本"是在 1999 版与 2013 版的基础上，参照国际惯例，听取了各方专家和技术人员的意见，经过多次反复讨论，对部分内容做了修改和调整，更加突出了国际性、系统性、科学性等特点，更好地体现了"示范文本"应具有的完备性、平等性与合法性，因此"示范文本"广泛适用于房屋建筑工程、土木工程、线路管道、设备安装和装修工程等领域。同时，"示范文本"为非强制性使用文本。在建筑工程领域的实际情况中，情况复杂多样，招标人编制招标文件中的合同条款时可根据工程项目的具体特点和实际情况及实际需要，对"示范文本"中的合同条款进行补充、细化和修改，但不得违反法律、行政法规的强制性规定和平等、自愿、公平和诚实信用原则。

"示范文本"合同条款由合同协议书、通用条款和专用条款三部分组成。

合同协议书中集中约定了与工程实施相关的主要内容，包括：工程概况、合同工期、质量标准、签约合同价和合同价格形式、项目经理、合同文件构成、承诺以及合同生效条件等重要内容，集中约定了合同当事人基本的合同权利义务。协议书中列举合同主要内容，一目了然，便于合同当事人了解合同主要内容。合同当事人可以根据各项目的不同情况，在专用条款中进行补充细化。除合同当事人另有约定外，合同协议书在解释优先顺序上要优先于其他合同文件。因此，当事人应慎重填写，避免因填写不当而影响合同的理解和适用。

通用合同条款是合同当事人根据《中华人民共和国建筑法》《中华人民共和国合同法》等法律法规的规定，就工程建设的实施及相关事项，对合同当事人的权利义务做出的原则性约定。合同当事人原则上不应直接修改通用条款，而是在专用条款中进行相应补充。

通用合同条款共计 20 条，具体条款分别为：一般约定、发包人、承包人、监理人、工程质量、安全文明施工与环境保护、工期和进度、材料与设备、试验与检验、变更、价格调整、合同价格、计量与支付、验收和工程试车、竣工结算、缺陷责任与保修、违约、不可抗力、保险、索赔和争议解决。前述条款安排既考虑了现行法律法规对工程建设的有关要求，也考虑了建设工程施工管理的特殊需要。

专用合同条款是对通用合同条款原则性约定的细化、完善、补充、修改或另行约定的条款，根据工程具体情况做个性化约定。合同当事人可以根据不同建设工程的特点及具体情况，通过双方的谈判、协商对相应的专用合同条款进行修改补充。

在使用专用合同条款时，应注意以下事项。

① 专用合同条款的编号应与相应的通用合同条款的编号一致。

② 合同当事人可以通过对专用合同条款的修改，满足具体建设工程的特殊要求，避免直接修改通用合同条款。

③ 在专用合同条款中有横道线的地方，合同当事人可针对相应的通用合同条款进行细化、完善、补充、修改或另行约定；如无细化、完善、补充、修改或另行约定，则填写"无"或划"/"。

合同具体内容及格式请查阅 2017 年版"示范文本"。

（二）合同重点解析

1. 合同文件的优先顺序

组成合同的各项文件应互相解释，互为说明。除专用合同条款另有约定外，解释合同文件的优先顺序如下。

① 合同协议书；

② 中标通知书（如果有）；

③ 投标函及其附录（如果有）；

④ 专用合同条款及其附件；

⑤ 通用合同条款；

⑥ 技术标准和要求；

⑦ 图纸；

⑧ 已标价工程量清单或预算书；

⑨ 其他合同文件。

上述各项合同文件包括合同当事人就该项合同文件所做出的补充和修改，属于同一类内容的文件，应以最新签署的为准。在合同订立及履行过程中形成的与合同有关的文件均构成合同文件组成部分，并根据其性质确定优先解释顺序。

本条款列举了合同文件的组成以及合同解释的优先顺序。当合同文件种类较多，出现合同文件内容不一致时，需要确定文件的优先顺序来解决实际问题，保障合同的顺利履行。除合同当事人在专用条款中另有约定的以外，应以本条款为依据来确定合同解释的优先顺序。对合同内容进行补充或修改的文件，最新签署的解释的效力优先，但是应以同一类型的为限，例如对于技术标准和要求的补充文件，解释顺序优于原技术标准和要求，但是相对于其他类型的文件，排序仍然是第六位。合同类型众多，为避免冲突或遗漏，建议把有关合同内容的所有文件装订成册。

2. 履约担保与支付担保

由于建筑工程领域经常发生拖欠工程款纠纷，承包方需要发包方证明投资项目资金来源充足合法，保证能够按照合同约定支付工程款。根据《工程建设项目施工招标投标办法》（国家七部委 30 号令）第六十二条的规定，招标文件要求中标人提交履约保证金或者其他形式履约担保的，中标人应当提交；拒绝提交的，视为放弃中标项目。招标人要求中标人提供履约保证金或其他形式履约担保的，招标人应当同时向中标人提供工程款支付担保。

支付担保与履约担保的约定是由发包方和承包方根据建设工程的实际情况进行自由约定，无强制性约束力。担保方式和提供担保的期限，发包方和承包方可以在合同专用条款中自行约定。发包方在签约阶段，往往会利用自己的优势地位，而无视承包方的要求，拒绝或拖延提供支付担保，在实践中缺乏可操作性。因此，承包方应在决策前对发包方的资信情况进行调查了解，以便规避风险。

3. 分包的注意事项

承包人应按专用合同条款的约定进行分包，确定分包人。已标价工程量清单或预算书中给定暂估价的专业工程，按照暂估价确定分包人。按照合同约定进行分包的，承包人应确保分包人具有相应的资质和能力。工程分包不减轻或免除承包人的责任和义务，承包人和分包人就分包工程向发包人承担连带责任。承包人不得将其承包的全部工程转包给第三人，或将其承包的全部工程肢解后以分包的名义转包给第三人。承包人不得将工程主体结构、关键性工作及专用合同条款中禁止分包的专业工程分包给第三人，主体结构、关键性工作的范围由合同当事人按照法律规定在专用合同条款中予以明确。

4. 合同填写注意事项

① 发包人和承包人填写法人全称而非简称，应与营业执照一致。注意不要填写公司简称，不要填写作为公司法定代表人的自然人。

② 工程名称：填写×××工程。

③ 工程地点：填写详细地点，例如××市××区（县）××路××号。

④ 项目审批、核准或备案机关名称和批文名称及编号的注明主要是为潜在投标人在决策过程中辨别工程项目的真伪提供信息，以防被骗取保证金或中介费、不具备发包条件虚假发包人欺骗。

⑤ 资金来源应说明类型包括：国家投资、自筹资金、银行贷款、利用有价证券市场筹措、外商投资等；多种来源方式的，应列明方式及所占的比例。

⑥ 工程内容与工程承包范围应一致。工程内容主要是指建设规模、结构特征。以房屋建筑工程专业为例包括：建筑面积、层数、层高、结构类型、用途、占地面积等。工程承包范围主要工程的具体类别，例如：土石方、土建、水电安装、防水、保温、弱电、园区道路及地下管网、绿化等所有施工内容。

⑦ 明确实际开工日期、实际竣工日期，是对计划开工、竣工日期不一致的情况的规范化表述。

⑧ 日历天数包括周末和法定节假日，注意应准确计算总日历天数。

⑨ 质量标准要按照国家、行业颁布的建设工程施工质量验收标准填写。工程质量标准可以填写为"达到国家现行有关施工质量验收标准要求"或"达到国家现行验收规范'合格'标准"，也可以直接填写"合格"。

⑩ 签约合同价是指将整个承包范围内的所有价款相加求和；是否包含指定分包专业工程价款或暂估价项目价款应注明。

⑪ 合同价格形式包括：单价合同价格形式、总价同价格形式、可调价格合同价格形式；合同价格形式应与专用条款约定的一致。

⑫ 详细信息在专用条款中约定。

⑬ 中标通知书作为承诺的内容，在实践中，中标通知书送达中标人时生效；中标通知书的作用是告知中标人中标的消息，确定合同签的时间。

⑭ 投标文件为要约的内容。

⑮ 技术标准和要求、图纸、已标价工程量清单或预算书作为合同文件组成部分，是工程实施的重要依据。

⑯ 专用合同条款及其附件须经合同当事人签字或盖章生效，避免发生争议。

⑰ 明确至区县一级，以便确定争议管辖的法院，尤其是约定"向合同签订地人民法院起诉"。

⑱ 补充协议应经变更备案，才能作为合同组成部分；补充协议合法有效的，在合同文件的优先顺序中排名最优先。

四、工程量清单

建筑工程施工招投标的计价方式分为定额计价与工程量清单计价两种。全部使用国有资金投资或国有直接投资为主的建筑工程施工发承包，必须采用工程量清单计价方式。采用工程量清单计价方式进行施工招投标时，招标人应当按要求提供工程量清单。

工程量清单是编制招标控制价及投标报价的依据，也是支付工程进度款和竣工结算时调整工程量的依据，为投标人提供一个公开、公正、公平的竞争环境，也是评标的基础。

1. 工程量清单编制主体

《建设工程工程量清单计价规范》规定："工程量清单应由具有编制招标文件能力的招标人，或受其委托具有相应资质的中介机构进行编制"，同时明确"工程量清单应作为招标文件的组成部分。"从以上规定可以看出，工程量清单是由招标人来编制的。招标人在编制招标文件的同时，编制出拟建工程项目的工程量清单，随招标文件发送给投标人，投标人根据招标人提供的清单项目进行报价。

工程量清单是对招投标双方都具有约束力的重要文件，是招投标活动的重要依据。由于专业性较强、内容复杂，所以需要具有业务技术水平较高的专业技术人员进行编制。因此，一般来说，工程量清单应由具有编制能力的经过国家注册的造价工程师和具有工程造价咨询资质并按规定的业务范围承担工程造价咨询业务的中介机构编制。按工程量清单格式的要求来说，清单封面上必须要有注册造价工程师签字并盖执业专用章方为有效。

2. 工程量清单编制内容

一个拟建项目的全部工程量清单包括分部分项工程量清单、措施项目清单和其他项目清单三部分。

以分部分项工程量清单的编制为例，首先要实行"五要素四统一"的原则，五要素即项目编码、项目名称、项目特征、计量单位、工程量计算规则；四统一即统一项目编码、统一项目名称、统一计量单位、统一工程量计算规则。在四统一的前提下编制清单项目。

分部分项工程量清单编码以 12 位阿拉伯数字表示。其中 1、2 位是附录顺序码，3、4 位是专业工程顺序码，5、6 位是分部工程顺序码，7、8、9 位是分项工程顺序码，10、11、12 位是清单项目名称顺序码。其中前 9 位是按照《房屋建筑与装饰工程工程量计算规范》（GB 50854—2013）给定的全国统一编码，根据规定设置，后 3 位清单项目名称顺序码由编制人根据图纸的设计要求设置。

3. 工程量清单编制要求

① 分部分项工程量清单编制要求数量准确，避免错项、漏项。因为投标人要根据招标人提供的清单进行报价，如果工程量都不准确，报价也不可能准确。因此清单编制完成以后，除编制人要反复校核外，还必须要由其他人进行审核。

② 随着建设领域新材料、新技术、新工艺的出现，清单规范附录中缺项的项目，编制人可以补充。

③《房屋建筑与装饰工程工程量计算规范》附录中的 9 位编码项目，有的涵盖面广，编制人在编制清单时要根据设计要求仔细分项。其宗旨就是要使清单项目名称具体化、项目划分清晰，以便于投标人报价。

编制工程量清单是一项涉及面广、环节多、政策性强、对技术和知识都有很高要求的技术经济工作。造价人员必须精通《房屋建筑与装饰工程工程量计算规范》，认真分析拟建工程的项目构成和各项影响因素，多方面接触工程实际，才能编制出高水平的工程量清单。

4. 工程量清单相关说明

《中华人民共和国简明标准施工招标文件》2012 版中第五章，列明了工程量清单格式。

（1）工程量清单说明 工程量清单是根据招标文件中包括的、有合同约束力的图纸以及有关工程量清单的国家标准、行业标准、合同条款中约定的工程量计算规则编制。约定计量规则中没有的子目，其工程量按照有合同约束力的图纸所标示尺寸的理论净量计算。计量采用中华人民共和国法定计量单位。工程量清单应与招标文件中的投标人须知、通用合同条款、专用合同条款、技术标准和要求及图纸等一起阅读和理解。工程量清单仅是投标报价的共同基础，实际工程计量和工程价款的支付应遵循合同条款的约定和"技术标准和要求"的有关规定。如有需要，补充子目工程量计算规则及子目工作内容说明。

（2）投标报价说明 工程量清单中的每一子目须填入单价或价格，且只允许有一个报价。工程量清单中标价的单价或金额，应包括所需的人工费、材料和施工机具使用费和企业管理费、利润以及一定范围内的风险费用等。工程量清单中投标人没有填入单价或价格的子目，其费用视为已分摊在工程量清单中其他相关子目的单价或价格之中。如有需要，增加暂列金额的数量及拟用子目的说明。

5. 工程量清单的纠偏

在合同范本的通用条款及《建设工程工程量清单计价规范》（GB 50500—2013）中，专门针对工程量清单错误的修正、缺项及偏差问题做出了相关规定。

（1）工程量清单缺项 合同履行期间，由于招标工程量清单中缺项，新增分部分项工程清单项目的，应按照《建设工程工程量清单计价规范》（GB 50500—2013）（以下简称"本规范"）第 9.3.1 条的规定确定单价，并调整合同价款。新增分部分项工程清单项目后，引起措施项目发生变化的，应按照本规范第 9.3.2 条的规定，在承包人提交的实施方案被发包人批准后调整合同价款。由于招标工程量清单中措施项目缺项的，承包人应将新增措施项目实施方案提交发包人批准后，按照本规范第 9.3.1 条、第 9.3.2 条的规定调整合同价款。

（2）工程量偏差 合同履行期间，当应该计算的实际工程量与招标工程量清单出现偏差，且符合本规范规定时，发承包双方应调整合同价款。对于任何招标工程量清单项目，当因规定的工程量偏差和规定的工程变更等原因导致工程量偏差超过 15% 时，可进行调整。当工程量增加 15% 以上时，增加部分的工程量的综合单价应予调低；当工程量减少 15% 以上时，减少后剩余部分的工程量的综合单价应予调高。当工程量出现规范第 9.6.2 条的变化，且该变化引起相关措施项目相应发生变化时，按系数或单一总价方式计价的，工程量增加的措施项目费调增，工程量减少的措施项目费调减。

五、招标控制价

（一）招标控制价简介

1. 招标控制价与标底的概念

招标控制价是招标人根据国家或省级、行业建设主管部门颁发的有关计价依据和办法，以及拟定的招标文件和招标工程量清单，结合工程具体情况编制的招标工程的最高投标限价，也可称为拦标价或预算控制价。国有资金投资的工程建设项目应实行工程量清单招标，并应编制招标控制价。招标控制价是招标人在工程招标时能接受投标人报价的最高限价。

在建设工程招投标活动中，标底的编制是工程招标中重要的环节之一，是评标、定标的重要依据，且工作时间紧、保密性强，是一项比较繁重的工作。标底的编制一般由招标单位委托由建设行政主管部门批准具有与建设工程相应造价资质的中介机构代理编制，为准备招标的工程计算出的一个合理的基本价格，通俗讲就是发包方定的价格底线。它不等于工程的概（预）算，也不等于合同价格。标底应当在开标时公布，不得规定以接近标底为中标条件，也不得规定投标报价超出标底上下浮动范围作为否决投标的条件。标底应客观、公正地反映建设工程的预期价格，也是招标单位掌握工程造价的重要依据，使标底在招标过程中显示出其重要的作用。因此，标底编制的合理性、准确性直接影响工程造价。

2. 招标控制价与标底的选择性规定

国有资金投资的工程进行招标，根据《中华人民共和国招标投标法》的规定，招标人可以设标底。当招标人不设标底时，为有利于客观、合理地评审投标报价和避免哄抬标价，造成国有资产流失，招标人应编制招标控制价。《中华人民共和国招标投标法实施条例》第二十七条规定：招标人可以自行决定是否编制标底。一个招标项目只能有一个标底。标底必须保密。接受委托编制标底的中介机构不得参加受托编制标底项目的投标，也不得为该项目的投标人编制投标文件或者提供咨询。招标人设有最高投标限价的，应当在招标文件中明确最高投标限价或者最高投标限价的计算方法。招标人不得规定最低投标限价。

（二）招标控制价编制

1. 招标控制价的编制依据

招标控制价应根据下列依据进行编制。

①《建设工程工程量清单计价规范》；

② 国家或省级、行业建设主管部门颁发的计价定额和计价办法；

③ 建设工程设计文件及相关资料；

④ 招标文件中的工程量清单及有关要求；

⑤ 建设项目相关的标准、规范、技术资料；

⑥ 工程造价管理机构发布的工程造价信息；工程造价信息没有发布的参照市场价；

⑦ 其他相关资料。主要指施工现场情况、工程特点及常规施工方案等。

应该注意：使用的计价标准、计价政策应是国家或省级、行业建设主管部门颁布的计价定额和相关政策规定；采用的材料价格应是工程造价管理机构通过工程造价信息发布的材料单价，工程造价信息未发布材料单价的材料，其材料价格应通过市场调查确定；国家或省级、行业建设主管部门对工程造价计价中费用或费用标准有规定的，应按规定执行。

2. 招标控制价的编制方法

（1）分部分项工程费应根据招标文件中的分部分项工程量清单项目的特征描述及有关要求，按规定确定综合单价进行计算。综合单价中应包括招标文件中要求投标人承担的风险费用。招标文件提供了暂估单价的材料，按暂估的单价计入综合单价。

（2）措施项目费应按招标文件中提供的措施项目清单确定，措施项目采用分部分项工程综合单价形式进行计价的工程量，应按措施项目清单中的工程量，并按规定确定综合单价；以"项"为单位的方式计价的，按规定确定除规费、税金以外的全部费用。措施项目费中的安全文明施工费应当按照国家或省级、行业建设主管部门的规定标准计价。

（3）其他项目费应按下列规定计价。

1）暂列金额。暂列金额由招标人根据工程特点，按有关计价规定进行估算确定。为保证工程施工建设的顺利实施，在编制招标控制价时应对施工过程中可能出现的各种不确定因素对工程造价的影响进行估算，列出一笔暂列金额。暂列金额可根据工程的复杂程度、设计深度、工程环境条件（包括地质、水文、气候条件等）进行估算，一般可按分部分项工程费的 10%～15% 作为参考。

2）暂估价。暂估价包括材料暂估价和专业工程暂估价。暂估价中的材料单价应按照工程造价管理机构发布的工程造价信息或参考市场价格确定；暂估价中的专业工程暂估价应分不同专业，按有关计价规定估算。

3）计日工。计日工包括计日工人工、材料和施工机械。在编制招标控制价时，对计日工中的人工单价和施工机械台班单价应按省级、行业建设主管部门或其授权的工程造价管理机构公布的单价计算；材料应按工程造价管理机构发布的工程造价信息中的材料单价计算，工程造价信息未发布材料单价的材料，其价格应按市场调查确定的单价计算。

4）总承包服务费。招标人应根据招标文件中列出的内容和向总承包人提出的要求，参照下列标准计算。

① 招标人要求对分包的专业工程进行总承包管理和协调时，按分包的专业工程估算造价的 1.5% 计算；

② 招标人要求对分包的专业工程进行总承包管理和协调，并同时要求提供配合服务时，根据招标文件中列出的配合服务内容和提出的要求，按分包的专业工程估算造价的 3%～5% 计算；

③ 招标人自行供应材料的，按招标人供应材料价值的 1% 计算；

④ 招标控制价的规费和税金必须按国家或省级、行业建设主管部门的规定标准计算。

3. 招标控制价编制的注意事项

① 招标控制价的作用决定了招标控制价不同于标底，无须保密。为体现招标的公平、公正，防止招标人有意抬高或压低工程造价，招标人应在招标文件中如实公布招标控制价，不得对所编制的招标控制价进行上浮或下调。招标人在招标文件中公布招标控制价时，应公布招标控制价各组成部分的详细内容，不得只公布招标控制价总价。同时，招标人应将招标控制价报工程所在地的工程造价管理机构备查。

② 投标人经复核认为招标人公布的招标控制价未按照《建设工程工程量清单计价规范》（GB 50500—2013）的规定进行编制的，应在开标前 5 天向招投标监督机构或（和）工程造价管理机构投诉。招投标监督机构应会同工程造价管理机构对投诉进行处理，发现确有错误的，应责成招标人修改。

 **案例**

某建设项目招标，有 8 家投标人通过资格审查，且均为具有良好履约信誉和施工综合管理能力的大型国有施工企业。招标文件规定，项目评标采用合理低价法，将于开标前 7 日告知各投标人本项目的招标控制价。招标人在开标前 7 日以书面形式通知各投标人不设招标控制价。开标后，投标人投标价格出现较大差异，因价格因素中标的投标人，以 7 天时间仓促为由，提出质疑和申述。试分析该案例。

【分析】

招标文件中设置招标控制价或最高限价的目的，是为了防止投标人哄抬标价，防止出现合同履行资金不足的情况，根据项目的实际情况，应合理设置项目的招标控制价，并在招标文件中进行公布。

招标人在开标前 7 日宣布取消招标控制价的做法，属于招标文件重要条款的修改，不满足法律对招标文件澄清与修改发出的时间要求，《中华人民共和国招标投标法》第二十三条规定，招标人对已发出的招标文件进行必要的澄清或者修改的，应当在招标文件要求提交投标文件截止时间至少 15 日前，以书面形式通知所有招标文件收受人。

六、招标文件编制注意事项

招标文件是整个工程招投标和施工过程中最重要的法律文件之一，是投标人准备投标文件和参加投标的依据，是评审委员会评标的依据，也是拟订合同的基础，对参与招投标活动的各方均有法律效力。所以其编制应该正确、详细地反映项目实际，招标文件的编制要规范、统一、语言严谨、明确。

编制招标文件时需注意以下问题。

（1）招标文件必须明确招标工程的性质、范围和有关的技术规格标准，规定的实质性要求和条件应当在招标文件中用醒目的方式标明。招标文件对以下问题必须予以明确。

1）招标工程中需要另行单独分包的内容必须符合政府有关工程分包规定，且必须明确总包对分包工程需要配合的具体范围和内容，将配合费用的计算规则列入合同条款。

2）涉及甲方供应材料、工作等内容的，必须在招标文件中载明，并将明确的结算规则列入合同主要条款。

3）招标工程要求的施工工期。招标项目需要划分标段、确定工期的，招标人应当合理划分标段、确定工期，并在招标文件中载明。对工程技术上紧密相连、不可分割的单位工程不得分割标段。

4）招标文件应该明确说明招标工程的合同类型及相关内容，并将其列入主要合同条款。具体如下。

① 采用固定价合同的，必须明确合同价应包括的内容、数量等风险范围及超出风险范围的调整方法和标准。工期超过 12 个月的工程应慎用固定价合同。

② 采用可调价合同的，必须明确合同价的可调因素和调整控制幅度及其调整方法。

③ 采用成本加酬金合同（如费率招标）的工程，必须明确酬金（费用）计算标准（或比例）的描述及成本计算规则、价格取定标准等所有涉及合同价的确定因素。

5）合同主要条款必须与招标文件有关条款不存在实质性的矛盾。如：固定价合同在合同主要条款不应出现"按实调整"字样，而必须明确量、价变异时的调整控制幅度和价格确定规则。

（2）招标项目需要编制标底的，标底由有资格的招标人自行编制或委托中介机构编制。一个工程只能编制一个标底。

（3）招标文件必须明确工程评标办法。

1）招标文件应当明确规定评标时除价格以外的所有评标因素，以及如何将这些因素量化或者据以进行评价的方法。

2）招标文件应根据工程具体情况和业主需求设定评标的主体因素（造价、质量、工期），并按主体因素设定不同的技术标、商务标评分标准。

3）招标文件中规定的评标标准和评标方法应当合理，不得含有倾向或者排斥潜在投标人的内容，不得设定妨碍或者限制投标人之间竞争的条件，不应在招标文件中设定投标人降价（或优惠）幅度作为评标（或废标）的限制条件。

4）招标文件中必须载明合理确定的废标认定标准和方法。

5）招标文件中应该明确载明评标环节对于投标成本价的界定方法、内容及标准。成本价的界定应按照以下内容对投标报价的单价和费用组成的完整性、合理性、准确性及不平衡报价的严重性进行分析。

① 投标报价是否与招标文件的要求一致及其符合程度。

② 投标报价编制质量偏差的量化指标及其比较标准。

③ 投标报价与有效标价、参考标底、同类工程造价指标的差值比率。

④ 商务标与技术标的统一性及其可行性。

⑤ 凡工程实施中必须发生的直接构成工程或间接构成及有助于工程形成的资源投入，是否均作为成本考虑并列入报价。

⑥ 对做出降低成本、让利报价是否有具体的明确分析数据及其可靠程度。

以上评价分析内容及其界定指标等必须在招标文件中予以明确。

6）招标文件应该明确是否允许投标人投备选标，并明确备选标的评审和采纳规则。

7）招标文件应明确评标过程的询标事项，规定投标人对标函在询标过程的补正规则及不予补正时的偏差量化标准。

（4）采用工程量清单招标的工程，招标文件必须明确工程量清单编制偏差的核对、修正规则。在定标后发生的工程量清单核对调整工作，招标文件应规定给予中标人一定的经济补偿，但核对后误差引起的造价调整在一定范围以内的除外（比如2%以内不补偿），超出部分补偿，可以在招标文件中注明。

招标文件应考虑当工程量清单误差较大，经核对后，招标人与中标人不能达成一致调整意向的处理措施。如：应暂停施工合同的签订，如投标人有终止合同签订的意向时，招标人应允许其终止合同，则投标人不负缔约过失责任，有投标保证金的应全额退还投标人，但中标人不得以清单误差大而对中标价进行实质性的变化作为终止合同签订的条件。

（5）采取资格预审的，招标人应当在资格预审文件中载明资格预审的条件、标准和方法；采取资格后审的，招标人应当在招标文件中载明对投标人资格要求的条件、标准和方法。

（6）招标文件必须载明招投标各环节所需要的合理时间及招标文件修改必须遵循的规则；当对投标人提出的投标疑问需要答复或招标文件需要修改，不能符合有关法律法规要求的截标间隔时间规定时，必须修改截标时间并以书面通知每一个投标人。

（7）投标人资格要求。招标人应当载明是否接受联合体投标。招标人不得强制投标人组成联合体共同投标，不得限制投标人之间的竞争。投标人须知前附表规定接受联合体投标的，除应符合一般投标人具备的条件和投标人须知前附表的要求外，还应遵守以下规定：联合体各方均应当具备承担招标项目的相应能力；按照资质等级较低的单位确定资质等级。联合体各方应当签订共同投标协议，明确约定各方拟承担的工作和责任，并将共同投标协议连同投标文件一并提交给招标人。联合体各方签订共同投标协议后，不得再以自己名义单独投标，也不得组成新的联合体或参加其他联合体在同一项目中投标。联合体各方在同一招标项目中以自己名义单独投标或者参加其他联合体投标的，相关投标均无效。

投标人不得存在下列情形之一：为招标人不具有独立法人资格的附属机构（单位）；为招标项目前期工作提供咨询服务的；为本招标项目的监理人；为本招标项目的代建人；为本招标项目提供招标代理服务的；被责令停业的；被暂停或取消投标资格的；财产被接管或冻结的；在最近三年内有骗取中标或严重违约或重大工程质量问题的；与本招标项目的监理人或代建人或招标代理机构同为一个法定代表人的；与本招标项目的监理人或代建人或招标代理机构相互控

股或参股的；与本招标项目的监理人或代建人或招标代理机构相互任职或工作的。另外，单位负责人为同一人或者存在控股、管理关系的不同单位，不得同时参加同一招标项目投标。

（8）明确投标有效期。投标有效期是指为保证招标人有足够的时间在开标后完成评标、定标、合同签订等工作而要求投标人提交的投标文件在一定时间内保持有效的期限，该期限由招标人在招标文件中载明，从提交投标文件的截止之日起算，到下发中标通知书止，最长期限为90天，投标有效期的作用不仅是保证招标人有足够的时间在开标后完成评标、定标、合同签订等工作，而且要求投标人在此期间不得撤销或修改其投标文件。

出现特殊情况需要延长投标有效期的，招标人以书面形式通知所有投标人延长投标有效期。投标人同意延长的，应相应延长其投标保证金的有效期，但不得要求或被允许修改或撤销其投标文件；投标人拒绝延长的，其投标失效，但投标人有权收回其投标保证金。

（9）投标保证金提交要求。投标保证金是指在招标投标活动中，投标人随投标文件一同递交给招标人的一定形式、一定金额的投标责任担保。其主要保证投标人在递交投标文件后不得撤销投标文件，中标后不得无正当理由不与招标人订立合同，在签订合同时不得向招标人提出附加条件，或者不按照招标文件要求提交履约保证金，否则，招标人有权不予返还其递交的投标保证金。

投标人应当按照招标文件要求的方式和金额，将投标保证金随投标文件提交给招标人。投标人不按招标文件要求提交投标保证金的，该投标文件将被拒绝，作废标处理。

有下列情形之一的，投标保证金将不予退还：

① 投标人在规定的投标有效期内撤销或修改其投标文件；

② 中标人在收到中标通知书后，无正当理由拒签合同或未按招标文件规定提交履约担保。

根据《中华人民共和国招标投标法实施条例》第二十六条、第五十七条的规定，招标人在招标文件中要求投标人提交投标保证金的，投标保证金不得超过招标项目估算价的2%并最高不超出80万元。投标保证金有效期应当与投标有效期一致。

依法必须进行招标的项目的境内投标单位，以现金或者支票形式提交的投标保证金应当从其基本账户转出。招标人不得挪用投标保证金。

招标人最迟应当在书面合同签订后5日内向中标人和未中标的投标人退还投标保证金及银行同期存款利息。

（10）招标文件应明确投标文件中任何需要签字、盖章的具体要求。

（11）招标文件应该明确对非中标单位投标文件的处理规则，如非中标单位的投标文件不予归还投标人，则可视作招标人将全部或者部分使用非中标单位投标文件中的技术成果或技术方案，应征得非中标单位的书面同意，并给予一定的经济补偿。

 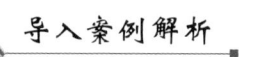 **导入案例解析**

根据所学知识，分析前面导入案例中，招标文件编制的不妥之处如下：

首先，招标文件通常由业主委托招标代理机构或由中介服务机构的专业人士负责编制，并由建设招投标管理机构负责审定，案例中由不会编制招标文件的李某进行编制显而易见是不妥的；其次，从上述招标文件的编制原则中可以发现，招标文件应该正确详细地反映项目实际，每一个招标项目都具有不同特征，因此，编制招标文件绝非是单纯借鉴类似项目，而内容未做修改这么简单的问题。

七、招标文件备案与发售

招标文件编制完成后，封面应加盖招标代理公司项目负责人执业资格印章，并到当地建设工程招投标管理办公室进行招标文件备案，确定开标时间，预约标室等相关工作。同时在开标之前 1 日到建设工程招投标管理办公室抽取评审专家，并办理相关手续。包括评审专家抽取申请表加盖公章、招标人拟派开标评审代表资格条件登记表加盖公章、拟派评审代表劳动合同、社保证明、建筑业相关专业高级职称证书、身份证（出示原件并提供复印件加盖公章）等。

根据《工程建设项目施工招标投标办法》（国家七部委第 30 号令）及 2013 年 23 号令最新的相关规定招标人应当按招标公告或者投标邀请书规定的时间、地点出售招标文件。自招标文件出售之日起至停止出售之日止，最短不得少于 5 日。

招标人可以通过信息网络或者其他媒介发布招标文件，通过信息网络或者其他媒介发布的招标文件与书面招标文件具有同等法律效力，出现不一致时以书面招标文件为准，国家另有规定的除外。

对招标文件的收费应当限于补偿印刷、邮寄的成本支出，不得以营利为目的。对于所附的设计文件，招标人可以向投标人酌收押金；对于开标后投标人退还设计文件的，招标人应当向投标人退还押金。

招标文件售出后，不予退还。除不可抗力原因外，招标人在发布招标公告、发出投标邀请书后或者售出招标文件后不得终止招标。

 案例

某事业单位（以下称招标单位）建设某工程项目，该项目受自然地域环境限制，拟采用公开招标的方式进行招标。该项目初步设计及概算应当履行的审批手续，已经批准；资金来源尚未落实；有招标所需的设计图纸及技术资料。

招标公告发布后，有 10 家施工企业做出响应。在资格预审阶段，招标单位对投标单位企业概况、近 2 年完成工程情况、目前正在履行的合同情况、资源方面的情况等进行了审查。其中一家本地公司提交的资质等材料齐全，有项目负责人签字、单位盖章。招标单位认定其具备投标资格。

某投标单位收到招标文件后，分别于第 5 天和第 10 天对招标文件中的几处疑问以书面形式向招标单位提出。招标单位以提出疑问不及时为由拒绝做出说明。

投标过程中，因了解到招标单位对本市和外省市的投标单位区别对待，8 家投标单位退出了投标。招标单位经研究决定，招标继续进行。

剩余的投标单位在招标文件要求提交投标文件的截止日前，对投标文件进行了补充、修改。招标单位拒绝接受补充、修改的部分。

问题：

1. 该工程项目施工招投标程序在哪些方面存在不妥之处？应如何处理？（请逐一说明）

2. 招标文件由哪些部分构成？

【分析】

问题 1：该工程项目施工招投标程序存在诸多不妥之处，具体如下。

（1）招标单位采用的招标方式不妥。受自然地域环境限制的工程项目，宜采用邀请招标的方式进行招标。

（2）该工程项目尚不具备招标条件。依法必须招标的工程建设项目，应当具备下列条件才能进行施工招标：

① 招标人已经依法成立；

② 初步设计及概算应当履行审批手续的，已经批准；

③ 招标范围、招标方式和招标组织形式等应当履行核准手续的，已经核准；

④ 有相应资金或资金来源已经落实；

⑤ 招标所需的设计图纸及技术资料。

（3）资格预审的内容存在不妥。招标单位应对投标单位近3年完成工程情况进行审查。

（4）招标单位对上述提及的本地公司具备投标资格的认定不妥。投标单位提交的资质等资料应由法人代表签章。

（5）招标单位以提出疑问不及时为由拒绝做出说明不妥。投标单位对招标文件中的疑问，应在收到招标文件后的7日内以书面形式向招标单位提出。对于投标单位第10天提出的书面疑问，招标单位有权拒绝说明。

（6）招标单位决定招标继续进行不妥。提交投标文件的投标单位少于3个的，招标人应当依法重新招标。重新招标后投标人仍少于3个的，属于必须审批的工程建设项目，报经原审批部门批准后可以不再进行招标；其他工程建设项目，招标人可自行决定不再进行招标。

（7）招标单位对投标单位补充、修改投标文件拒绝接受不妥。投标单位在招标文件要求提交投标文件的截止日前，可以对投标文件进行补充、修改。该补充、修改的内容，为投标文件的组成部分。

问题2：招标人根据施工招标项目的特点和需要编制招标文件。招标文件一般包括下列内容。

① 投标邀请书（资格预审）；

② 投标人须知；

③ 评标方法；

④ 合同条款及格式；

⑤ 工程量清单；

⑥ 图纸；

⑦ 技术标准和要求；

⑧ 投标文件格式。

项目二　实践任务

实训目的

1. 通过拆分招标文件知识点，结合单据背面的提示功能，让学生掌握招标文件的编制方法。

2. 通过对标准施工合同重要知识点的决策模拟，让学生掌握施工合同的关键内容。

3. 学习招标工具中招标文件的软件操作。

实训任务

任务一　编制招标文件（包括工程量清单与招标控制价）

任务二　完成招标文件的备案及发售

任务三　完成开标前的准备工作（预约开评标室、抽选评标专家）

招投标沙盘操作如下。

一、沙盘引入

如图 5-1 所示。

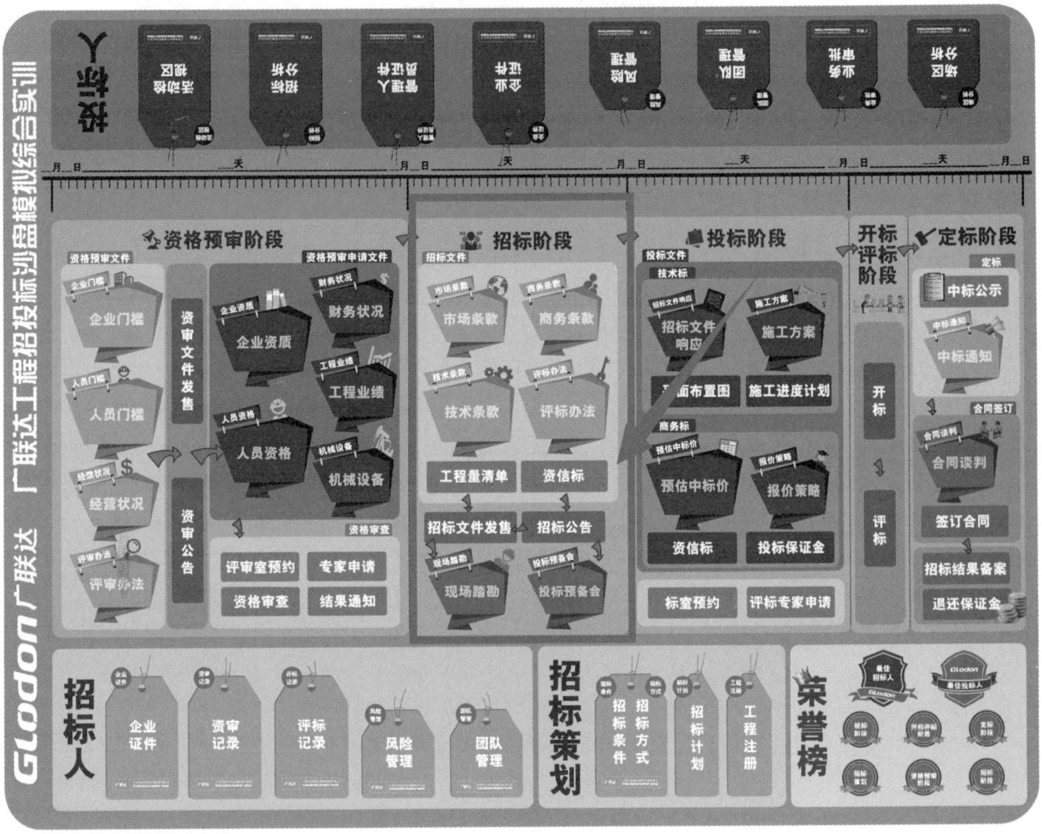

图 5-1

二、道具探究

单据如下。

（1）工作任务分配单（详见模块四资格审查中的图 4-7）

（2）合同文件组成及优先顺序分析表（图 5-2）

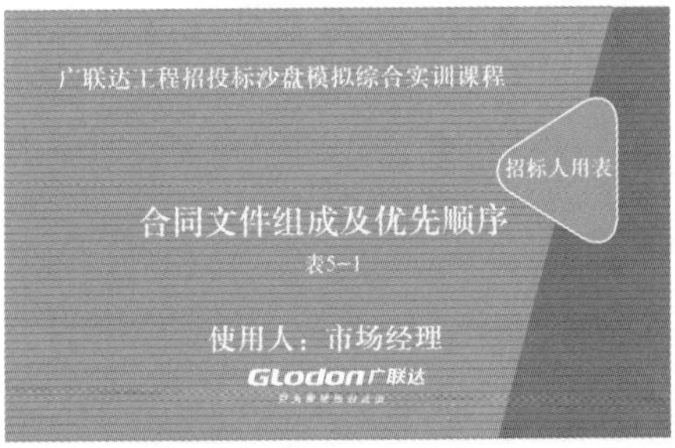

序号	合同文件组成	优先顺序	备注
1	技术标准和要求		
2	专用合同条款及其附件		
3	合同协议书		
4	图纸		
5	通用合同条款		
6	其他合同文件		
7	中标通知书		
8	已标价工程量清单或预算书		
9	投标函及其附录		

组别： 表5-1合同文件组成及优先顺序分析表   日期：

填表人：　　　　会签人：　　　　　　审批人：

图 5-2

（3）工程量清单错误修正（图 5-3）

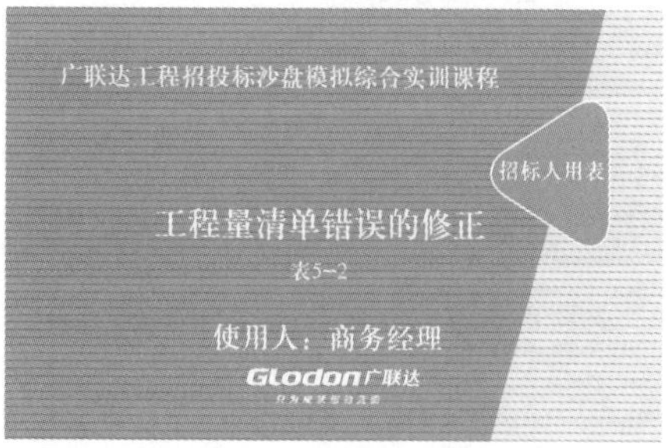

组别：　　表5-2 工程量清单错误修正　　日期：

序号	1		2
项目名称	出现工程量清单错误时，是否调整合同价格？		允许调整合同价格的工程量偏差范围：调整原则：当工程量增加___%以上时，其增加部分的工程量的综合单价应予调低；当工程量减少%以上时，减少后剩余部分的工程量的综合单价应予调高。
内容	□调 整		□增加10%；减少10%
			□增加15%；减少15%
	□不调整		□增加20%；减少20%
			□其他：增加_____%；减少_____%

填表人：　　会签人：　　审批人：

图 5-3

（4）支付担保与履约担保（图 5-4）

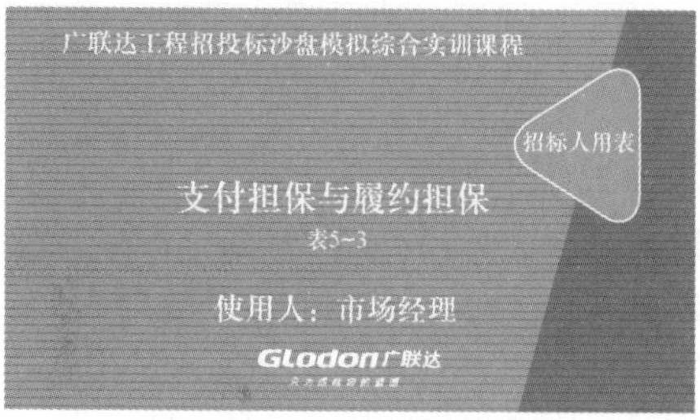

组别：　表5-3 支付担保与履约担保　日期：

担保类型	支付担保		履约担保	
担保形式	□提供	□银行保函	□提供	□银行保函
		□担保公司担保		□担保公司担保
		□其他。		□履约担保金
	□不提供		□不提供	

填表人：　　会签人：　　审批人：

图 5-4

（5）工程分包管理规定（图 5-5）

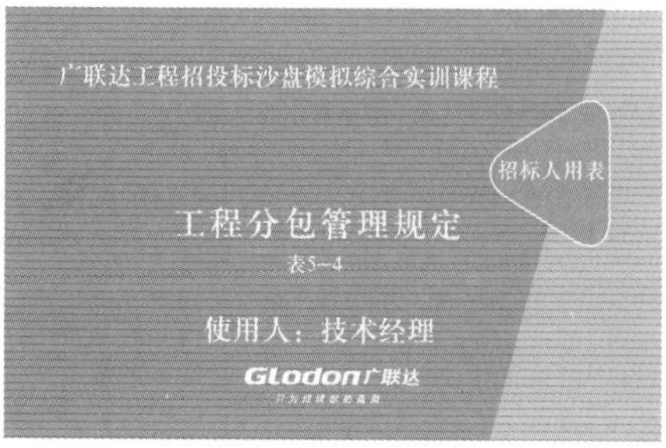

组别：　　表5-4 工程分包管理规定　　日期：

序号	1	2	3	4
项目名称	禁止分包的工程包括	主体结构、关键性工作的范围	允许分包的专业工程	关于分包合同价款支付的约定
具体内容	□地基与基础工程	□防水工程	□幕墙工程	□由承包人与分包人结算
	□主体结构	□钢结构	□钢工程	
	□装饰装修工程	□混凝土结构	□机电安装工程	
	□屋面工程	□砌体结构	□装饰装修工程	□由发包人与分包人结算
	□电气工程	□门窗结构	□消防工程	
	□劳务施工	□木结构	□劳务施工	
	□	□	□	

填表人：　　会签人：　　审批人：

图 5-5

（6）安全文明施工（图 5-6）

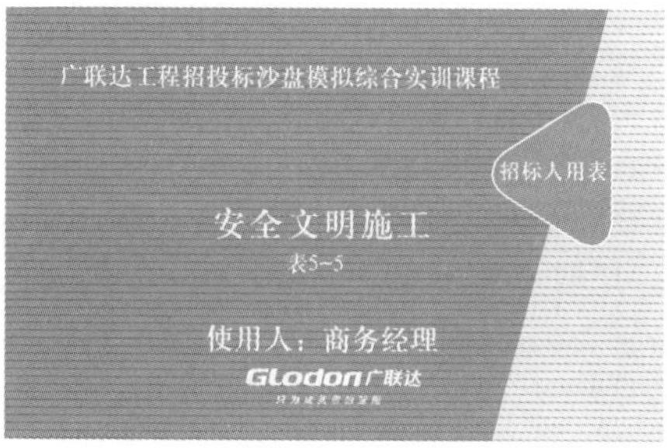

组别：　　表5-5 安全文明施工　　日期：

序号	1	2	3
项目名称	合同当事人对安全文明施工的要求	安全文明施工费支付比例	安全文明施工费支付最晚期限
具体内容		□不低于预付安全文明施工费总额的10%	□开工后28天内
		□不低于预付安全文明施工费总额的30%	
		□不低于预付安全文明施工费总额的50%	□开工后45天内
		□不低于当年施工进度计划的安全文明施工费总额的60%	
		□其余部分与进度款同期支付	□开工后60天内
		□其余部分竣工后一次性支付	

填表人：　　会签人：　　审批人：

图 5-6

（7）工期与进度（图 5-7）

组别：　　　　　　　　　表5-6　工期与进度　　　　　　日期：

序号	1	2	3
项目名称	施工组织设计包括的其他内容	承包人提交详细施工组织设计和施工进度计划的最晚期限	发包人和监理人对施工组织设计和施工进度计划确认或提出修改意见的最晚期限
具体内容	□施工场地治安保卫管理计划	□开工日期前3天	□收到后5天内
	□冬季和雨季施工方案		
	□项目组织管理机构	□开工日期前5天	□收到后7天内
	□施工预算书		
	□成品保护工作的管理措施	□开工日期前7天	□收到后10天内
	□工程保修工作的管理措施和承诺		
	□与工程建设各方的配合	□开工日期前14天	□收到后14天内
	□对总包管理的认识、对分包的管理措施		
	□紧急情况的处理措施、预案及抵抗风险	□开工日期前28天	□收到后28天内
	□	□	□
	□	□	□

填表人：　　　　　会签人：　　　　　审批人：

图 5-7

（8）价格调整（图 5-8）

组别：　　　　　　　表5-7　价格调整　　　　　　日期：

序号	内容	选项	
1	市场价格波动是否调整合同价格？	□调整	□不调整
2	因市场价格波动调整合同价格，采用以下第___种方式对合同价格进行调整（与2013版合同对应）	□第1种：采用价格指数进行价格调整	
		□第2种：采用造价信息进行价格调整	
3	涨幅超过_____%，其超过部分据实调整。	□5	□10
4	跌幅超过_____%，其超过部分据实调整。	□5	□10

填表人：　　　　　会签人：　　　　　审批人：

图 5-8

（9）合同预付款与进度款支付（图 5-9）

组别：　　　　　表5-8　合同预付款与进度款支付　　　　　日期：

序号	1	2	3	4
项目名称	预付款的比例或金额	预付款支付最晚期限	预付款扣回方式	工程进度款付款周期
具体内容	□合同价款的40%	□开工日期3天前	□按材料比重扣抵工程价款，竣工前全部扣清：T=P-M/N	□每月支付一次
	□合同价款的35%	□开工日期5天前		□每两个月支付一次
	□合同价款的30%	□开工日期7天前		□每半年支付一次
	□合同价款的20%	□开工日期14天前	□随进度款支付等额扣回	□不定期支付
	□没有预付款	□开工日期28天前		□工程竣工后一次性支付至工程款的_____%

填表人：　　　　　会签人：　　　　　审批人：

图 5-9

（10）缺陷责任期（图 5-10）

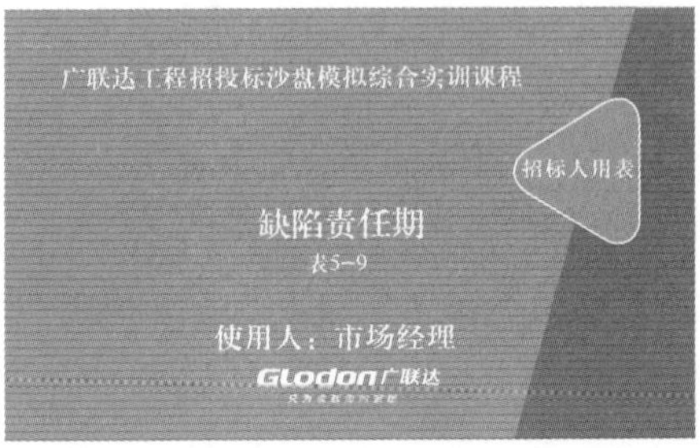

组别：　　　　　　　表5-9　缺陷责任期　　　　　　日期：

序号	1	2	3	4
项目名称	缺陷责任期最长期限	是否扣留质量保证金的约定	承包人提供质量保证金的方式	质量保证金的扣留方式
具体内容	□6个月	□扣留	□质量保证保函，保函金额为50万	□在支付工程进度款时逐次扣留，在此情况下，质量保证金的计算基数不包括预付款的支付、扣回以及价格调整的金额
	□12个月		□质量保证保函，保函金额为100万	
	□24个月		□5%的工程款	
	□36个月	□不扣留	□10%的工程款	□工程竣工结算时一次性扣留质量保证金
	□48个月		□其他方式：	□其他方式：

填表人：　　　　　会签人：　　　　　审批人：

图 5-10

（11）工程保修（图 5-11）

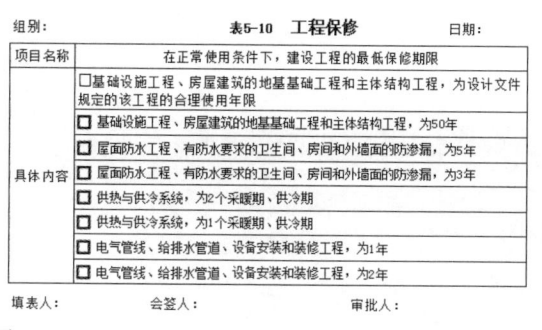

<table>
<tr><td colspan="2">组别：</td><td>表5-10 工程保修</td><td>日期：</td></tr>
</table>

项目名称	在正常使用条件下，建设工程的最低保修期限
具体内容	□基础设施工程、房屋建筑的地基基础工程和主体结构工程，为设计文件规定的该工程的合理使用年限
	□ 基础设施工程、房屋建筑的地基基础工程和主体结构工程，为50年
	□ 屋面防水工程、有防水要求的卫生间、房间和外墙面的防渗漏，为5年
	□ 屋面防水工程、有防水要求的卫生间、房间和外墙面的防渗漏，为3年
	□ 供热与供冷系统，为2个采暖期、供冷期
	□ 供热与供冷系统，为1个采暖期、供冷期
	□ 电气管线、给排水管道、设备安装和装修工程，为1年
	□ 电气管线、给排水管道、设备安装和装修工程，为2年

填表人： 会签人： 审批人：

图 5-11

（12）文件管理（图 5-12）

组别： 表5-11 文件管理 日期：

序号	1		2	3	
项目名称	图纸		承包人提供给招标人的文件	承包人提供的竣工资料	
	招标人提供施工图纸的最晚期限	数量（含竣工图）		套数	费用承担
具体内容	□ 开工日期前5天	□ 3套	□ 施工组织设计	□ 1套	□ 建设单位
	□ 开工日期前7天	□ 5套	□ 开工报告	□ 2套	
	☑ 开工日期前14天	□ 8套	□ 预算书	□ 3套	
	□ 开工日期前20天	□ 10套	□ 专项施工方案	□ 4套	□ 施工单位
	□ 开工日期前28天	□ 套	□ 开工许可证	□ 套	

填表人： 会签人： 审批人：

图 5-12

（13）工程质量（图 5-13）

组别： 表5-12 工程质量 日期：

序号	1	2		
项目名称	工程质量标准	隐蔽工程检查		
		承包人提前通知期限	监理人提交书面延期要求	延期最长时间
内容		□ 共同检查前24小时	□ 检查前12小时	□ 24小时
		□ 共同检查前48小时	□ 检查前24小时	□ 48小时
		□ 共同检查前72小时	□ 检查前36小时	□ 72小时

填表人： 会签人： 审批人：

图 5-13

（14）评标办法（图 5-14）

组别： 表5-13 评标办法 日期：

序号	项目	具体内容						
1	投标书评分分值构成	施工组织设计：＿＿＿分		招标控制价				
		项目管理机构：＿＿＿分						
		投标报价：＿＿＿分		标底				
		其他评分因素：＿＿＿分						
2	评标委员会组成	总人数（人）	招标人代表（人）	评标专家（人）				评标专家所占比例（%）
				评标专家总数量	其中：技术专家	其中：经济专家		

填表人： 会签人： 审批人：

图 5-14

（15）技术标评审办法（图 5-15）

组别：			表5-14 技术标评审办法		日期：	
序号	**1**		**2**			
项目名称	**技术标评审方式**		**施工组织设计评分标准**			
			评分内容	□合格制	□评分制	
具体内容	□明标		施工总进度计划及保证措施	□合格	□	分
			质量保证措施和创优计划	□合格	□	分
			安全防护及文明施工措施	□合格	□	分
	□暗标		施工方案及技术措施	□合格	□	分
			对分包管理的认识及对专业分包工程的配合管理方案	□合格	□	分
			成品保护和工程保修的管理措施	□合格	□	分
	□不要求		紧急情况的处理措施、预案以及抵抗风险的措施	□合格	□	分
			施工现场总平面布置	□合格	□	分

填表人：　　　　　会签人：　　　　　　　审批人：

图 5-15

（16）经济标评审办法（图 5-16）

目别：		表5-15 经济标评审办法	日期：
序号	**项目名称**	**具体内容**	
1	经济标评标办法	□经评审的最低投标价法	□综合评估法 □内插法 □区间法
2	评标基准价计算方法	□满足招标文件要求且投标价格最低的投标报价为评标基准价	
		□当参加评标的投标人多于___人（含___人）时，评标基准价=各投标人的有效报价中去掉___个最高报价和___个最低报价的各投标人的有效投标报价的算术平均值（B）；当参加评标的投标人少于___人时，评标基准价=各投标人的有效投标报价的算术平均值（B）。	
		□有效报价是投标人的报价低于招标人设定的最高限价（如果有最高限价--招标控制价A），且不低于投标人的企业成本价	
3	投标报价偏差率	偏差率=100%×（投标人报价－评标基准价）/评标基准价	
4	投标报价得分	□满分报价值（C）：投标人的投标报价与评标基准价相等的得100分；□满分报价值（C）：C=（aA+bB）×（1-N%）。其中：a、b为小于1的数，且a+b=1；本工程选取的a=_____，b=_____；N为从五个下浮系数中抽取的其中一个（通常取0.5、0.75、1.0、1.25、1.5），其确定方法：由招标人在监督部门的监督下，在开标会上当众当场随机抽取。本工程评标办法选取的五个下浮系数为：计算结果保留小数点后两位。□各投标人的有效投标报价Xi与满分报价值C的差异值β=（Xi-C）/C×100%，β每上浮___%扣___分（扣分幅度为___-___分），β每下浮___%扣___分（扣分幅度为___-___分）。不足___%的，采用_____（内插法/区间法）法，得分保留小数点后两位。	
5	其他因素评分标准：		

填表人：　　　　　会签人：　　　　　　　审批人：

图 5-16

（17）项目管理机构评分标准（图 5-17）

组别：	表5-16 项目管理机构评分标准		日期：	
	项目名称			
	评分内容	□合格制	□评分制	
具体内容	项目经理资格与业绩	□合 格	□	分
	技术负责人资格与业绩	□合 格	□	分
	其他主要人员	□合 格	□	分
	施工设备	□合 格	□	分
	试验、检测仪器设备	□合 格	□	分
		□合 格	□	分

填表人：　　　　　会签人：　　　　　　　审批人：

图 5-17

（18）投标保证金及投标有效期（图 5-18）

<table>
<tr><td rowspan="4">广联达工程招投标沙盘模拟综合实训课程

投标保证金及投标有效期
表5-17

使用人：市场经理

GLodon广联达</td></tr>
</table>

组别：		表5-17　投标保证金及投标有效期			日期：	
序号			1			2
项目		投标保证金				投标有效期
具体内容	工程投资（万元）	投标保证金（万元）	投标保证金形式	投标保证金有效期		
			□现金	□30天		□30天
			□银行保函	□60天		□60天
			□保兑支票	□90天		□90天
			□银行汇票	□120天		□120天
			□转账支票或现金支票	□150天		□150天

填表人：　　　　　会签人：　　　　　　　　　　　　审批人：

图 5-18

（19）招标文件审查表（图 5-19）

广联达工程招投标沙盘模拟综合实训课程

招标文件审查表
表5-18

使用人：项目经理

GLodon广联达

组别	表5-18　招标文件审查表	日期：	
序号	审查内容	完成情况	需完善内容
1	招标公告（未进行资格预审）	□	
2	投标邀请书	□	
3	投标人须知	□	
4	评标办法（经评审的最低投标价法）	□	
5	评标办法（综合评估法）	□	
6	合同条款及格式	□	
7	工程量清单	□	
8	图纸、技术标准和要求	□	
9	投标文件格式	□	
10	其他要求	□	

填表人：　　　　　会签人：　　　　　　　　　　　　审批人：

图 5-19

三、角色扮演

（1）招标人
① 招标人即建设单位，由老师临时客串；
② 对招标代理提出的疑难问题进行解答。
（2）招标代理
① 每个学生团队都是一个招标代理公司；
② 完成招标文件的编制；
③ 完成招标文件在线发售；
④ 完成开评标标室预约工作，完成评审专家申请、抽选工作。
（3）行政监管人员
① 每个学生团队中由项目经理指定一名成员，担任本团队的行政监管人员；
② 负责工程交易管理服务平台的业务审批。

 **小贴士**：如项目招标由招标人自行完成，则不设招标代理角色，其相关工作由招标人完成，并由学生团队担当。

四、时间控制

建议学时 4～5 学时。

五、实训步骤

【任务一　编制招标文件】

(一)任务说明

(1)确定招标文件中各类条款内容
① 确定招标文件中技术条款内容;
② 确定招标文件中商务条款内容;
③ 确定招标文件中市场条款内容;
④ 确定本招标工程的评标办法。
(2)完成一份电子版招标文件。

(二)任务分配

项目经理将工作任务进行分配,填写工作任务分配单(图5-20),下发给团队成员,由任务接收人进行签字确认。

任务分配原则如下。

市场经理——确定市场条款内容。

技术经理——确定技术条款内容。

商务经理——确定商务条款内容。

(三)操作过程

1.确定招标文件中各类条款内容

(1)确定招标文件中技术条款内容

1)确定工程分包的相关规定,完成"工程分包管理规定",见图5-20、图5-21。

组别:第一组	表0-5 工作任务分配单	日期:XX年XX月XX日
工程名称	教学楼工程	
工作任务	确定招标文件商务条款内容	
具体内容	1　完成"安全文明施工"(表5-5) 2　完成"工程量清单错误修正"(表5-2) 3　完成"价格调整"(表5-7) 4　完成"合同预付款与进度款支付"(表5-8) 5　完成工程量清单的编制	
责任人	周XX	完成日期	XX年XX月XX日

项目经理:王XX　　　任务接收人:周XX

图 5-20

组别:	第一组	表5-4 工程分包管理规定		日期:XX年XX月XX日
序号	1	2	3	4
项目名称	禁止分包的工程包括	主体结构、关键性工作的范围	允许分包的专业工程	关于分包合同价款支付的约定
具体内容	☑地基与基础工程	☑防水工程	☐幕墙工程	☑由承包人与分包人结算
	☑主体结构	☐钢结构	☐钢工程	
	☐装饰装修工程	☑混凝土结构	☐机电安装工程	
	☐屋面工程	☑砌体结构	☑装饰装修工程	
	☐电气工程	☐门窗结构	☐消防工程	☐由发包人与分包人结算
	☐劳务施工	☐木结构	☑劳务施工	
	☐		☐	

填表人:周XX　　会签人:张XX　　审批人:王XX

图 5-21

① 禁止分包的工程:根据招标工程的招标范围、《中华人民共和国建筑法》(第28条、第29条)、《中华人民共和国合同法》(第272条)和《中华人民共和国招标投标法》(第48条、第58条)的相关规定,确定本招标工程中禁止分包的工程范围。

② 主体结构、关键性工作的范围:根据招标工程的招标范围,结合工程施工相关规范规定,确定本招标工程中主体结构、关键性工作的范围。

③ 允许分包的专业工程:根据招标工程的招标范围、与招标人的沟通情况(委托招标时),结合工程招投标相关法律规定,确定本招标工程允许分包的工程范围。

④ 关于分包合同价款支付的约定:如果本招标工程允许分包,根据与招标人的沟通情况,

确定分包合同价款的支付方式。

⑤ 完成单据"工程分包管理规定"。

2）确定工程工期、施工进度、施工组织设计等规定，完成"工期与进度"。

① 施工组织设计的内容：根据招标工程的招标范围、工程规模、结构类型等，结合《建设工程施工合同（示范文本）》（GF-2017-0201）、《中华人民共和国房屋建筑和市政工程标准施工招标文件》（2010年版）的规定，确定本招标工程的施工组织设计包含的模块内容。

② 根据《建设工程施工合同（示范文本）》（GF-2017-0201）中通用合同条款的规定，结合本招标工程的工程规模、工期要求、结构类型等，确定详细施工组织设计和施工进度计划的提交和审批最晚期限。

③ 完成单据"工期与进度"（图5-22）。

图 5-22

3）确定工程保修的相关规定，完成"工程保修"。

① 根据招标工程的招标范围，结合《建设工程质量管理条例》（第六章建设工程质量保修）的相关规定，确定本招标工程的工程保修条款规定。

② 完成单据"工程保修"（图5-23）。

图 5-23

4）确定提供的施工图纸及施工文件的相关约定，完成"文件管理"。

① 根据招标工程案例背景资料介绍，结合《建设工程施工合同（示范文本）》（GF-2017-0201）第二部分通用合同条款相关规定，确定招标人需要提交施工图纸的数量和最晚期限、承包人开工前需要提交的文件内容和竣工资料内容及数量。

② 完成单据"文件管理"（图5-24）。

5）确定工程质量标准、工程验收的相关规定，完成"工程质量"。

① 根据招标工程案例背景资料介绍，结合《建设工程施工合同（示范文本）》（GF-2017-0201）第二部分通用合同条款相关规定，确定招标人需要提交给中标人的施工图纸数量和最晚期限、承包人开工前需要提交的文件内容和竣工资料内容及数量。

② 完成单据"工程质量"（图5-25）。

6）签字确认。

技术经理负责将确定的招标文件中技术条款资料，连同项目经理下发的工作任务分配单，一同提交项目经理进行审查，经团队其他成员和项目经理签字确认后，置于招投标沙盘盘面招标阶段区域的"技术条款"位置，其中工作任务分配单放置于招标人区域"团队管理"处。如图5-26、图5-27所示。

（2）确定招标文件中商务条款内容

1）确定施工现场安全文明施工的相关规定，完成"安全文明施工"。

组别：第一组　　　　**表5-11　文件管理**　　　　日期：XX年XX月XX日

序号	1		2	3	
项目名称	图纸		承包人提供给招标人的文件	承包人提供的竣工资料	
	招标人提供施工图纸的最晚期限	数量（含竣工图）		套数	费用承担
具体内容	☐ 开工日期前5天	☑ 3套	☑ 施工组织设计	☑ 1套	☐ 建设单位
	☐ 开工日期前7天	☐ 5套	☐ 开工报告	☐ 2套	
	☑ 开工日期前14天	☐ 8套	☐ 预算书	☐ 3套	
	☐ 开工日期前20天	☐ 10套	☑ 专项施工方案	☑ 4套	☑ 施工单位
	☐ 开工日期前28天	☐ ＿套	☐ 开工许可证	☐ ＿套	

填表人：周XX　　　　会签人：张XX　王XX　　　　审批人：赵XX

图 5-24

组别：第一组　　　　**表5-12　工程质量**　　　　日期：XX年XX月XX日

序号	1	2		
项目名称	工程质量标准	隐蔽工程检查		
		承包人提前通知期限	监理人提交书面延期要求	延期最长时间
内容	合格	☐ 共同检查前24小时	☐ 检查前12小时	☐ 24小时
		☑ 共同检查前48小时	☑ 检查前24小时	☑ 48小时
		☐ 共同检查前72小时	☐ 检查前36小时	☐ 72小时

填表人：周XX　　　　会签人：张XX、王XX　　　　审批人：赵XX

图 5-25

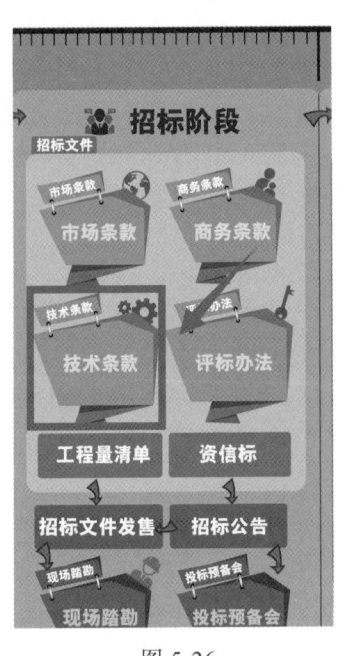

图 5-26

图 5-27

① 根据招标工程案例背景资料介绍，结合与招标人的沟通情况，确定本招标工程对于安全文明施工的要求。

② 根据招标工程案例背景资料介绍，结合《建设工程施工合同（示范文本）》（GF-2017-0201）（第二部分通用合同条款）、《建设工程工程量清单计价规范》（GB 50500—2013）（6. 安全文明施工与环境保护）相关规定，确定安全文明施工费的支付比例、支付最晚期限。

③ 完成单据"安全文明施工"（图 5-28）。

2）确定工程量清单的修正规则，完成"工程量清单错误修正"。

① 根据招标工程案例背景资料介绍，结合《建设工程工程量清单计价规范》（GB 50500—2013）（4. 招标工程量清单；9. 合同价款调整）相关规定，确定当工程量清单发生错误时，是否调整工程量清单及选取的调整方式。

② 完成单据"工程量清单错误修正"（图 5-29）。

3）确定市场价格调整的相关规定，完成"价格调整"。

① 根据招标工程案例背景资料介绍，结合

组别：第一组　　　　**表5-5　安全文明施工**　　　　日期：XX年XX月XX日

序号	1	2	3
项目名称	合同当事人对安全文明施工的要求	安全文明施工费支付比例	安全文明施工费支付最晚期限
具体内容	无	☐ 不低于预付安全文明施工费总额的10%	☑ 开工后28天内
		☐ 不低于预付安全文明施工费总额的30%	
		☑ 不低于预付安全文明施工费总额的50%	☐ 开工后45天内
		☐ 不低于当年施工进度计划的安全文明施工费总额的60%	
		☑ 其余部分与进度款同期支付	☐ 开工后60天内
		☐ 其余部分竣工后一次性支付	

填表人：周XX　　　　会签人：张XX、王XX　　　　审批人：赵XX

图 5-28

《建设工程施工合同（示范文本）》（GF-2017-0201）（第二部分通用合同条款）、《建设工程工程量清单计价规范》（GB 50500—2013）（9.合同价款调整）、《工程建设项目施工招标投标办法》（第二章招标）、《关于废止和修改部分招标投标规章和规范性文件的决定》（2013年第23号令）的相关规定，确定当市场价格发生波动时，是否调整合同价格及选取的调整方式。

② 完成单据"价格调整"（图5-30）。

组别：第一组　　**表5-2 工程量清单错误修正**　　日期：XX年XX月XX日

序号	1	2
项目名称	出现工程量清单错误时，是否调整合同价格？	允许调整合同价格的工程量偏差范围：调整原则：当工程量增加___%以上时，其增加部分的工程量的综合单价应予调低；当工程量减少___%以上时，减少后剩余部分的工程量的综合单价应予调高。
内容	☑调整 ☐不调整	☑增加10%，减少10% ☑增加15%，减少15% ☐增加20%，减少20% ☐其他：增加___%，减少___%

填表人：周XX　　会签人：张XX、王XX　　审批人：赵XX

图 5-29

组别：第一组　　**表5-7 价格调整**　　日期：XX年XX月XX日

序号	内容	选项		
1	市场价格波动是否调整合同价格？	☑调整	☐不调整	
2	因市场价格波动调整合同价格，采用以下第___种方式对合同价格进行调整（与2013版合同对应）	☐第1种：采用价格指数进行价格调整 ☐第2种：采用造价信息进行价格调整		
3	涨幅超过___%，其超过部分据实调整	☑5	☐10	
4	跌幅超过___%，其超过部分据实调整	☑5	☐10	

填表人：张XX　　会签人：周XX、王XX　　审批人：赵XX

图 5-30

4）确定工程预付款及工程进度款的支付约定，完成"合同预付款与进度款支付"。

① 根据招标工程案例背景资料介绍，结合《建设工程施工合同（示范文本）》（GF-2017-0201）（第二部分通用合同条款12.合同价格、计量与支付）、《建设工程工程量清单计价规范》（GB 50500—2013）（10.合同价款中期支付）的相关规定，确定合同预付款的比例或金额、扣回方式，以及预付款支付的最晚期限。

✎ **小贴士**：工程预付款的扣回，扣款的方法有以下两种。

（1）可以从未施工工程尚需的主要材料及构件的价值相当于工程预付款数额时起扣，从每次结算工程价款中，按材料比重扣抵工程价款，竣工前全部扣清。基本公式：

$$T = P - M/N$$

式中　T——起扣点，工程预付款开始扣回时的累计完成工作量金额；

　　　M——工程预付款限额；

　　　N——主要材料的占比重；

　　　P——工程的价款总额。

（2）在承包完成金额累计达到合同总价的10%后，由承包人开始向发包人还款；发包人从每次应付给承包人的金额中扣回工程预付款，发包人至少在合同规定的完工期前三个月将工程预付款的总计金额按逐次分摊的办法扣回。

② 根据招标工程案例背景资料介绍、与招标人的沟通情况，结合《建设工程施工合同（示范文本）》（GF-2017-0201）（第二部分通用合同条款12.合同价格、计量与支付）、《建设工程工程量清单计价规范》（GB 50500—2013）（10.合同价款中期支付）的相关规定，确定工程进度款的支付周期。

③ 完成单据"合同预付款与进度款支付"（图5-31）。

5）根据施工图纸，计算工程量，

组别：　第一组　　**表5-8 合同预付款与进度款支付**　　日期：XX年XX月XX日

序号	1	2	3	4
项目名称	预付款的比例或金额	预付款支付最晚期限	预付款扣回方式	工程进度款付款周期
具体内容	☐合同价款的40% ☐合同价款的35% ☑合同价款的30% ☐合同价款的20% ☐没有预付款	☐开工日期3天前 ☐开工日期7天前 ☑开工日期14天前 ☐开工日期28天前	☐按材料比重扣抵工程价款，竣工前全部扣清：$T=P-M/N$ ☐随进度款支付等额扣回	☑每月支付一次 ☐每两个月支付一次 ☐每半年支付一次 ☐不定期支付 ☐工程竣工后一次性支付至工程款的___%

填表人：周XX　　会签人：张XX、王XX　　审批人：赵XX

图 5-31

完成工程量清单的编制（可选做）。

① 老师可以根据学生的专业和实训目的，进行选做；

② 工程量计算：手工算量或者借助算量软件均可；

③ 生成电子版工程量清单文件。

计价软件 GBQ4.0 生成电子版工程量清单文件操作讲解如下。

a. 在 GBQ4.0 中根据案例工程编制完相应工程量清单后（GBQ4.0 基础操作详见《工程量清单计价实训教程》），点击"返回项目管理"回到项目管理界面。如图 5-32 所示。

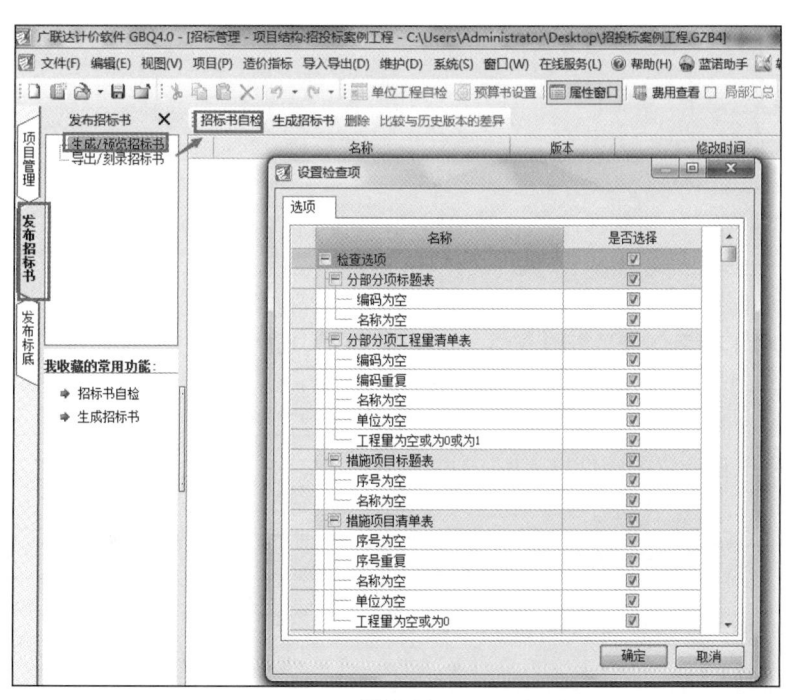

图 5-32

b. 在"发布招标书"页签，"生成 / 预览招标书"选项，先点击"招标书自检"，再点击"生成招标书"，生成一份案例工程对应的招标书。如图 5-33、图 5-34 所示。

图 5-33

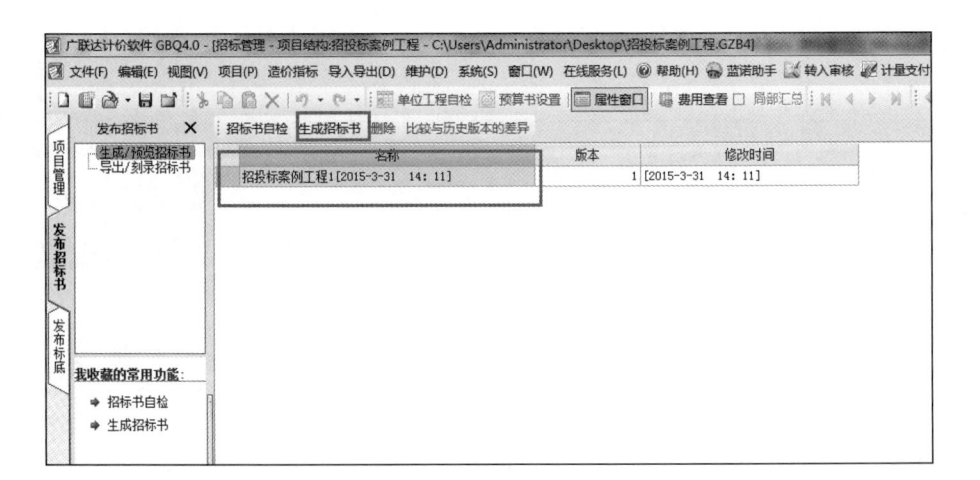

图 5-34

c. 然后切换至"导出/刻录招标书"页签，点击"导出招标书"，选择标书保存位置，最后生成一个"×× 招标书"的文件夹，文件中"电子招标书"文件夹的 xml 文件即是需要的电子版工程量清单文件。如图 5-35、图 5-36 所示。

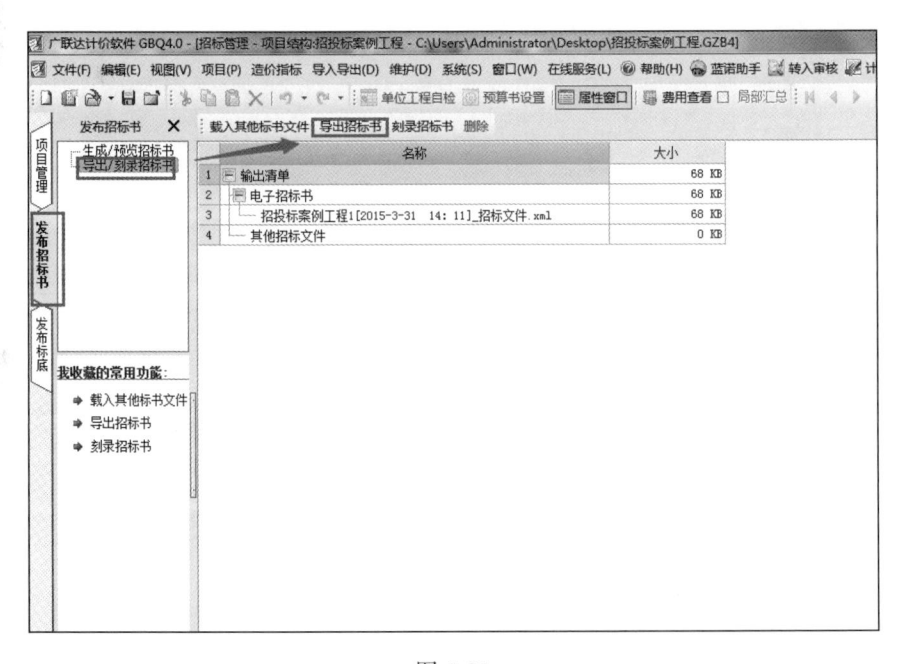

图 5-35

6）签字确认。

商务经理负责将确定的招标文件中商务条款资料，连同项目经理下发的工作任务分配单，一同提交项目经理进行审查，经团队其他成员和项目经理签字确认后，置于招投标沙盘盘面招标阶段区域的"商务条款"位置处，其中工作任务分配单放于招标人区域"团队管理"处。如图 5-37、图 5-38 所示。

（3）确定招标文件中市场条款内容

1）确定支付担保、履约担保的规则，完成"支付担保与履约担保"。

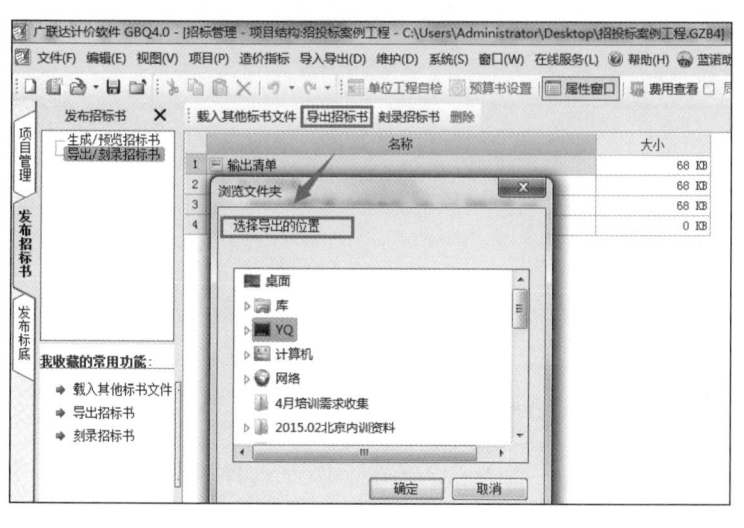

图 5-36

图 5-37

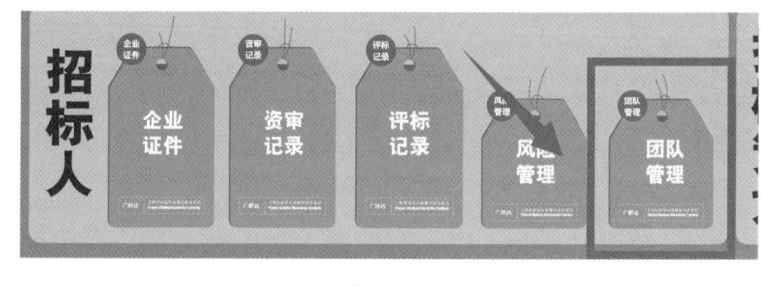

图 5-38

① 根据招标工程背景资料介绍，结合与招标人的沟通情况、《工程建设项目施工招标投标办法》（第 62 条），确定中标人是否需要提交履约保证金及其形式、招标人是否需要提供工程款支付担保及担保形式。

② 完成单据"支付担保与履约担保"（图 5-39）。

2）确定工程缺陷责任期的相关规定，完成"缺陷责任期"。

① 根据招标工程背景资料介绍，结合与招标人的沟通情况、《建设工程施工合同（示范文本）》（GF-2017-0201）（第二部分通用合同条款 15. 缺陷责任与保修）的相关规定，确定本招标工程缺陷责任期的期限、是否扣留质量保证金。

② 根据招标工程背景资料介绍，《建设工程施工合同（示范文本）》（GF-2017-0201）（第二部分通用合同条款 15. 缺陷责任与保修）、《建设工程工程量清单计价规范》（GB 50500—2013）（11. 竣工结算与支付）的相关规定，确定承包人提交质量保证金的方式及扣留方式。

组别：第一组　　表5-3　支付担保与履约担保　　　　日期：XX年XX月XX日

担保类型	支付担保		履约担保	
担保形式	☑提供	☑银行保函	☑提供	☑银行保函
		☐担保公司担保		☐担保公司担保
		☐其他＿＿＿。		☐履约保证金
	☐不提供		☐不提供	

填表人：周XX　　　会签人：张XX、王XX　　　审批人：赵XX

图 5-39

③ 完成单据"缺陷责任期"（图 5-40）。

组别：第一组		表5-9　缺陷责任期		日期：XX年XX月XX日
序号	1	2	3	4
项目名称	缺陷责任期最长期限	是否扣留质量保证金的约定	承包人提供质量保证金的方式	质量保证金的扣留方式
具体内容	☐ 6个月 ☐ 12个月 ☑ 24个月 ☐ 36个月 ☐ 48个月	☑ 扣留 ☐ 不扣留	☐ 质量保证金保函，保函金额为50万 ☐ 质量保证金保函，保函金额为100万 ☑ 5%的工程款 ☐ 10%的工程款 ☐ 其他方式：	☐ 在支付工程进度款时逐次扣留，在此情形下，质量保证金的计算基数不包括预付款的支付、扣回以及价格调整的金额 ☑ 工程竣工结算时一次性扣留质量保证金 ☐ 其他方式：

填表人：周XX　　会签人：张XX、王XX　　　　　　　　　　　　审批人：赵XX

图 5-40

3）确定投标保证金、投标有效期的相关规定，完成"投标保证金及投标有效期"。

① 根据招标工程背景资料介绍，结合与招标人的沟通情况，确定本招标工程计划投资金额。

② 根据招标工程背景资料介绍，结合《中华人民共和国招标投标法实施条例》（第二章招标）、《工程建设项目施工招标投标办法》（第二章招标、第三章投标）、《关于废止和修改部分招标投标规章和规范性文件的决定》（2013 年第 23 号令）的相关规定，确定投标人是否提交投标保证金及投标保证金的金额和形式、投标保证金有效期、投标有效期。

③ 完成单据"投标保证金及投标有效期"（图 5-41）。

4）确定合同文件的组成及优先顺序，完成"合同文件组成及优先顺序分析表"。

① 根据招标工程背景资料介绍，结合《建设工程施工合同（示范文本）》（GF-2013-0201）（第二部分通用合同条款 1. 一般约定）的相关规定，确定本招标工程的合同文件的组成及优先顺序。

② 完成单据"合同文件组成及优先顺序分析表"（图 5-42）。

组别：第一组		表5-17　投标保证金及投标有效期		日期：XX年XX月XX日
序号		1		2
项目		投标保证金		
具体内容	工程投资（万元） 950	投标保证金（万元） 60	投标保证金形式 ☐ 现金 ☐ 银行保函 ☐ 保兑支票 ☑ 银行汇票 ☑ 转账支票或现金支票	投标保证金有效期 ☐ 30天 ☑ 60天 ☐ 90天 ☐ 120天 ☐ 150天

（此表第2列为"投标有效期"：☐ 30天　☑ 60天　☐ 90天　☐ 120天　☐ 150天）

填表人：周XX　会签人：张XX、王XX　审批人：赵XX

图 5-41

组别：第一组	表5-1 合同文件组成及优先顺序分析表		日期：XX年XX月XX日
序号	合同文件组成	优先顺序	备注
1	技术标准和要求	6	
2	专用合同条款及其附件	4	
3	合同协议书	1	
4	图纸	7	
5	通用合同条款	5	
6	其他合同文件	9	
7	中标通知书	2	
8	已标价工程量清单或预算书	8	
9	投标函及其附录	3	

填表人：周XX　会签人：张XX、王XX　审批人：赵XX

图 5-42

5）签字确认。

市场经理负责将确定的招标文件中市场条款资料，连同项目经理下发的工作任务分配单，一同提交项目经理进行审查，经团队其他成员和项目经理签字确认后，置于招投标沙盘盘面招标阶段区域的"市场条款"位置，其中工作任务分配单放置于招标人区域"团队管理"处。如图 5-43、图 5-44 所示。

（4）确定本招标工程的评标办法

1）确定评标委员会的组成、标书评审的分值构成。

图 5-43

图 5-44

① 项目经理带领团队成员讨论，参照"评标办法"，确定本招标工程的评标委员会的组成、标书评审的分值构成。

② 可参考《中华人民共和国招标投标法》（第四章开标、评标和中标）、《评标委员会和评标方法暂行规定》（第二章评标委员会、第四章详细评审）。

③ 完成单据"评标办法"（图 5-45）。

 **小贴士：** 投标书评分分值满分一般为 100 分。

2）确定技术标的评审办法。

① 技术经理根据讨论确定的评标办法，完成技术标详细的评分细则。

② 完成单据"技术标评审办法"（图 5-46）。

组别：第一组　　　　表5-13　评标办法　　　　日期：X年X月X日

序号	项目	具体内容				
1	投标书评分分值构成	施工组织设计：___25___分		招标控制价		950万
		项目管理机构：___10___分				
		投标报价：___60___分		标底		
		其他评分因素：___5___分				
2	评标委员会组成	评标专家（人）				
		总人数（人）	招标人代表（人）	评标专家总数量	其中：技术专家	其中：经济专家	评标专家所占比例（%）
		7	1	6		4	86%

填表人：刘XX　　会签人：张XX、王XX　　审批人：李XX

图 5-45

组别：第一组　　　　表5-14　技术标评审办法　　　　日期：X年X月X日

序号	1	2			
项目名称	技术标评审方式	施工组织设计评分标准			
		评分内容	□合格制	☑评分制	
具体内容	□明标	施工总进度计划及保证措施	□合格	☑5	分
		质量保证措施和创优计划	□合格	☑3	分
		安全防护及文明施工措施	□合格	☑3	分
	☑暗标	施工方案及技术措施	□合格	☑5	分
		对总包管理的认识及对专业分包工程的配合管理方案	□合格	☑2	分
		成品保护和工程保修的管理措施	□合格	☑2	分
	□不要求	紧急情况的处理措施、预案以及抵抗风险的措施	□合格	☑2	分
		施工现场总平面布置	□合格	☑3	分
			□合格	□	分

填表人：周XX　　会签人：李XX、王XX　　审批人：刘XX

图 5-46

 小贴士： 技术标的评分标准，务必跟"评标办法"中"施工组织设计"分值保持一致。

3）确定经济标的评审办法。

① 商务经理根据讨论确定的评标办法，完成经济标详细的评分细则。

② 完成单据"经济标评审办法"（图 5-47）。

组别：第一组　　　　　表5-15 **经济标评审办法**　　　　　日期：2017.11

序号	项目名称	具体内容		
1	经济标评标办法	□经评审的最低投标价法	□综合评估法	
			☑内插法	□区间法
2	评标基准价计算方法	□满足招标文件要求且投标价格最低的投标报价为评标基准价		
		☑当参加评标的投标人多于__5__人(含__5__人)时，评标基准价=各投标人的有效报价中去掉__1__个最高报价和__1__个最低报价的各投标人的有效投标报价的算术平均值(*B*)；当参加评标的投标人少于__5__人时，评标基准价=各投标人的有效投标报价的算术平均值(*B*)		
		□有效报价是投标人的报价低于招标人设定的最高限价(如果有最高限价——招标控制价*A*)，且不低于投标人的企业成本价		
3	投标报价偏差率	偏差率=100%×(投标人报价－评标基准价)/评标基准价		
4	投标报价得分	☑满分报价值(*C*)：投标人的投标报价与评标基准价相等的得100分		
		□满分报价值(*C*)：$C=(aA+bB)×(1-N\%)$ 其中：*a*、*b*为小于1的数，且$a+b=1$；本工程选取的$a=$____，$b=$____；*N*从五个下浮系数中抽取的其中一个(通常取0.5、0.75、1.0、1.25、1.5)；其确定方法：由招标人在监督部门的监督下，在开标会上当众当场随机抽取。本工程评标办法选取的五个下浮系数为：____计算结果保留小数点后两位		
		□各投标人的有效投标报价X_i与满分报价值*C*的差异值$β=(X_i-C)/C×100\%$，β每上浮____%扣____分(扣分幅度为____~____分)，β每下浮____%扣____分(扣分幅度为____~____分)。不足____%的，采用____(内插法/区间法)法，得分保留小数点后两位		
5	其他因素评分标准：无			

填表人：李XX　　会签人：周XX、王XX　　　　　　　　　审批人：刘XX

图 5-47

✏️ **小贴士：**

（1）内插法计算方法　采用直线内插法，计算公式如下：

$$F=F_2-\frac{F_2-F_1}{D_2-D_1}×(D-D_1)$$

式中　F——价格得分；

F_1——设定的最低价格得分；

F_2——设定的最高价格得分；

D_1——设定的最低评标价格；

D_2——设定的最高评标价格；

D——投标价格。

如图 5-48 所示。

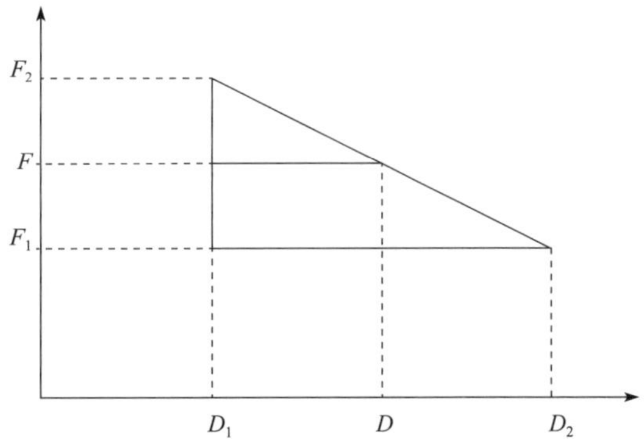

图 5-48　线性插值法价格得分曲线图

例如：β 每上浮 1% 扣 2 分，每下浮 1% 扣 1 分；则投标人 1 上浮 1.3%，其得分 =98-(98-96)×(1.3-1)=97.4(分)；投标人 2 下浮 1.4%，其得分 =99-(99-98)×(1.4-1)= 98.6(分)。

（2）区间法计算方法　区间法是将评标价格与确定的评标基准价的偏差率及其设定的得分按照一定的对应关系制作成对照表，在一定区间范围的偏差率对应一个确定的得分。

例如：β 值在 1% ～ 2% 之间时，得分为 96 分，则投标人 1 上浮 1.3%，其得分为 96 分。

4）确定资信标的评分标准。

① 市场经理根据讨论确定的评标办法，完成项目管理机构详细的评分细则。

② 完成单据"项目管理机构评分标准"（图 5-49）。

组别：第一组　　　表5-16 **项目管理机构评分标准**　　日期：2017.11

项目名称			
	评分内容	□合格制	☑评分制
具体内容	项目经理资格与业绩	□合格	☑ 2分
	技术负责人资格与业绩	□合格	☑ 2分
	其他主要人员	□合格	☑ 2分
	施工设备	□合格	☑ 2分
	试验、检测仪器设备	□合格	☑ 2分
		□合格	□ 分

填表人：周XX　　会签人：李XX、王XX　　　　　审批人：刘XX

图 5-49

✏️ **小贴士：**项目管理机构的评分标准，务必跟"评标办法"中"项目管理机构"分值保持一致。

5）签字确认。

项目经理组织团队成员对评标办法的工作成果进行讨论、审批，经团队成员和项目经理签字确认后，置于招投标沙盘盘面招标阶段区域的"评标办法"位置。如图 5-50 所示。

2. 完成一份电子版招标文件

（1）项目经理组织团队成员，共同完成一份招标文件电子版。

（2）操作说明

① 打开"广联达电子招标文件编制工具 V6.0"，如图 5-51 所示。

② 点击"新建项目"，选择"房屋建筑和市政工程标准施工招标文件 2013 年版"。如图 5-52 所示。

图 5-51

图 5-50

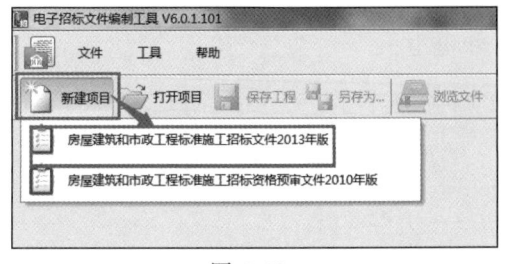

图 5-52

③ 选择招标文件的保存位置，保存后即可进入招标文件的编制界面。如图 5-53 所示。

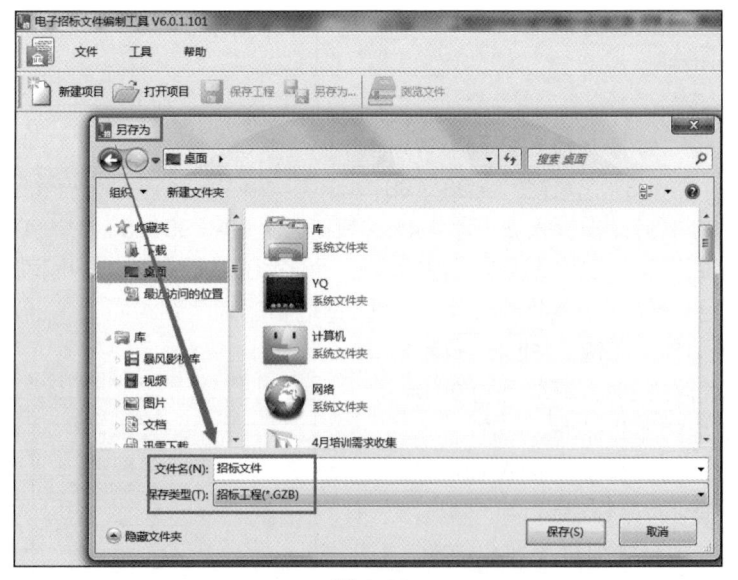

图 5-53

④ 首先进入"填写基本信息"页签，根据案例工程背景资料及小组信息填写，其中"检

查"列打叉的为必填项，其他可选择性填写。如图 5-54 所示。

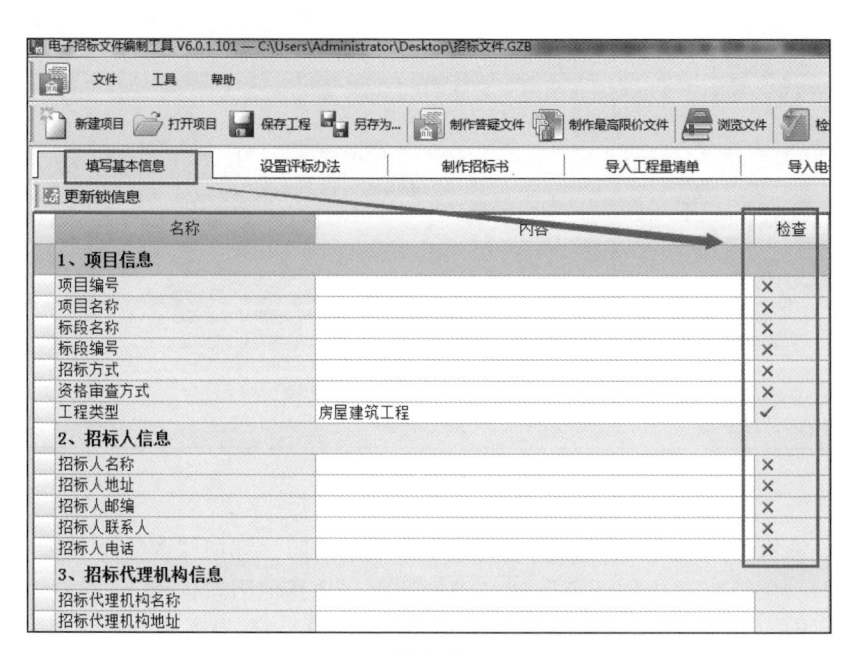

图 5-54

⑤ 完成"填写基本信息"页签后，进入"设置评标办法"页签，首先对"参数设置"的内容进行填写，填写时根据前面项目经理填写的内容（图 5-45）进行填写。如图 5-55 所示。

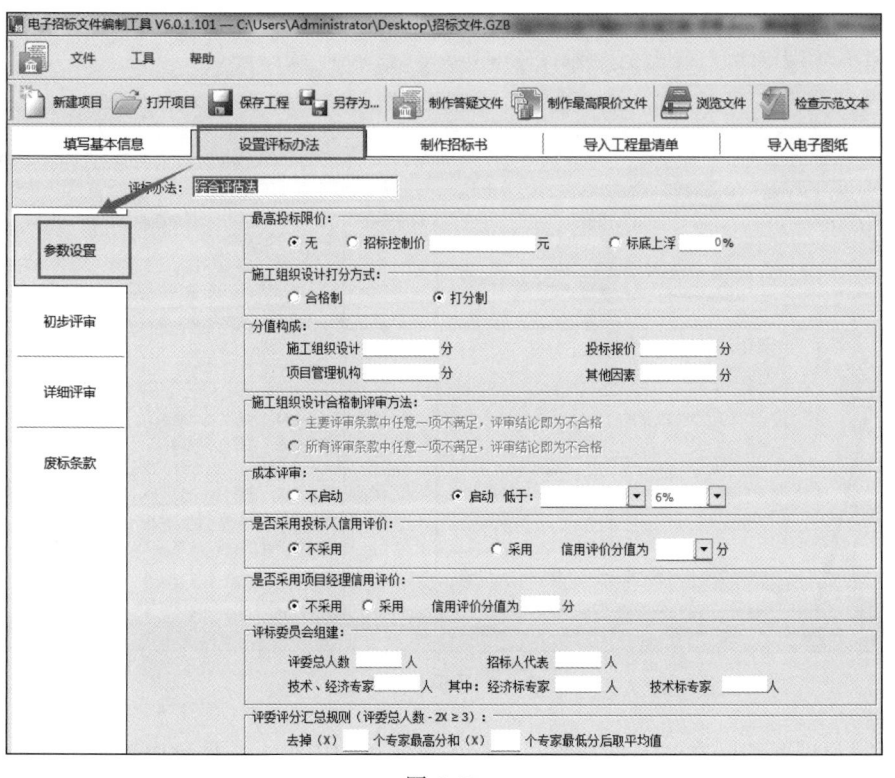

图 5-55

⑥ 填写"设置评标办法"页签的"初步评审"项的内容，软件已内置基本的初步评审因素，可根据案例工程具体情况进行"添加项"与"删除项"操作。如图 5-56 所示。

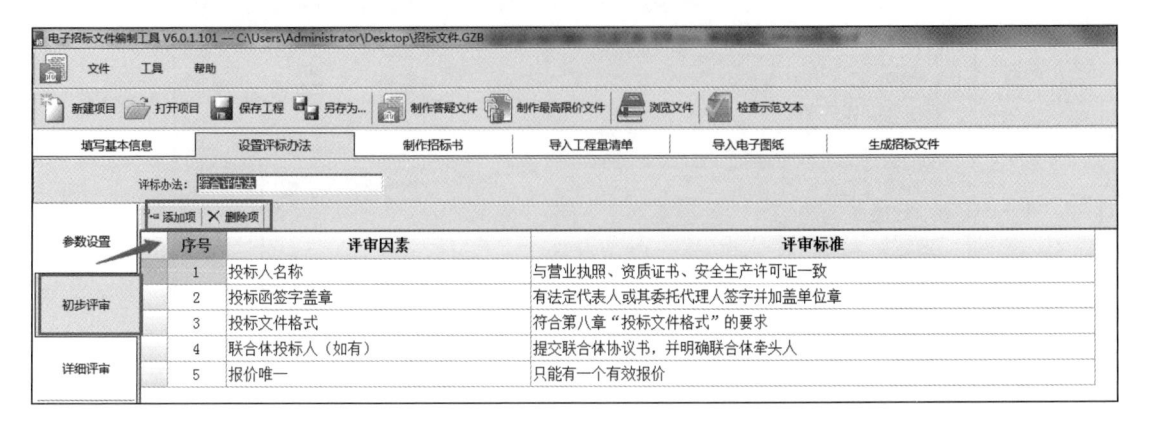

图 5-56

⑦ 填写"设置评标办法"页签的"详细评审"项的内容，详细评审分四大项，分别是"施工组织设计"、"项目管理机构评审"、"经济标评审"、"其他因素评审"，软件对每项已内置基本的详细评审因素，首先可根据案例工程具体情况进行"添加项"、"删除项"及"添加子项"等操作，接着对每项评审因素进行"标准分值"的设置，标准分值的设置参见前面填写的单据（图 5-46、图 5-47、图 5-49），接着依据情况对每个评审因素的"评分标准"进行设置。如图 5-57 所示。

图 5-57

⑧ 填写"设置评标办法"页签的"废标条款"项的内容，软件已内置基本的废标条款内容，可根据案例工程情况对条款内容进行"添加项"与"删除项"操作。如图 5-58 所示。

图 5-58

⑨ 接着进入"制作招标书"页签，对招标文件的文本内容进行编辑填写，主要依据在招投标沙盘操作中决策的各项条款内容进行填写。如图 5-59 所示。

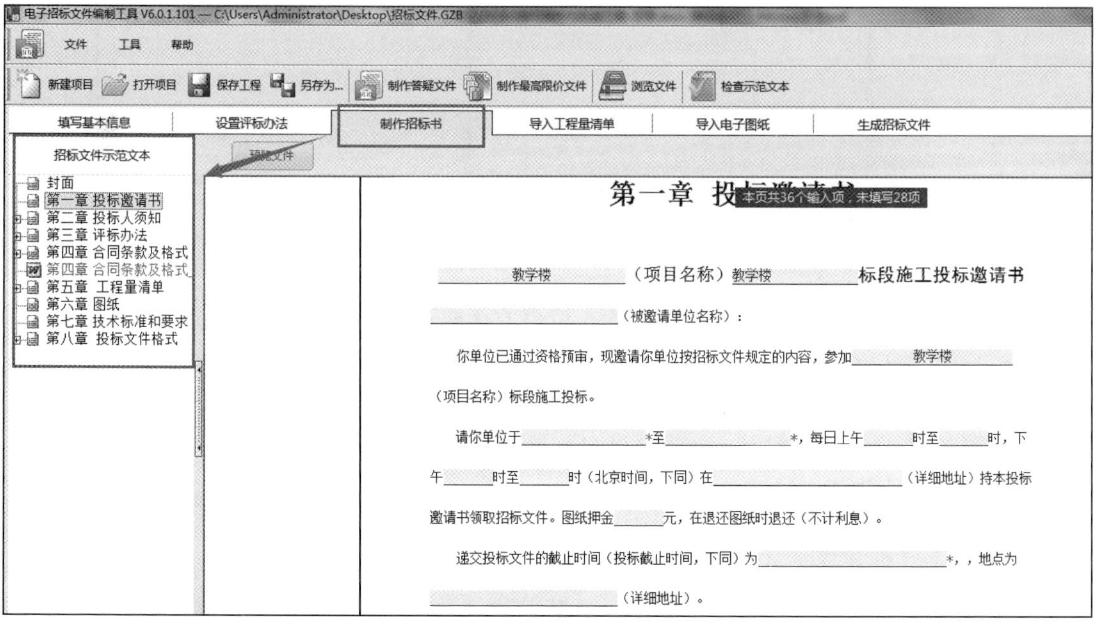

图 5-59

⑩ 然后进入"导入工程量清单"页签，对"工程量清单"进行导入操作，此工程量清单是由前期 GBQ4.0 生成的电子版招标工程量清单文件。如图 5-60 所示。

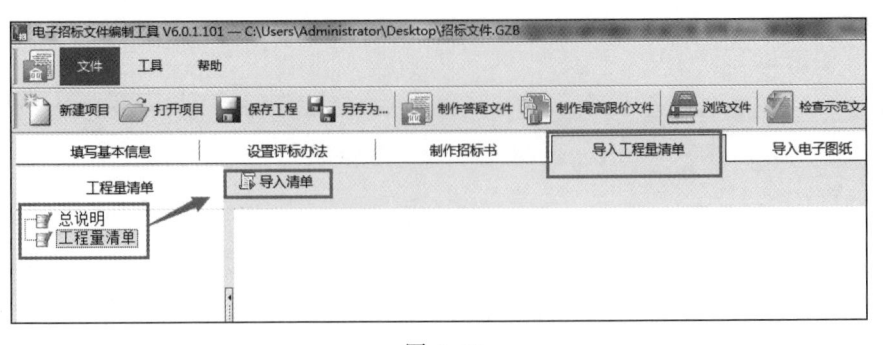

图 5-60

⑪ 接着进入"导入电子图纸"页签,通过"添加"功能将本工程的电子图纸进行导入,同时对导入的图纸可进行"编辑"、"删除"、"浏览图纸"等系列操作。如图 5-61 所示。

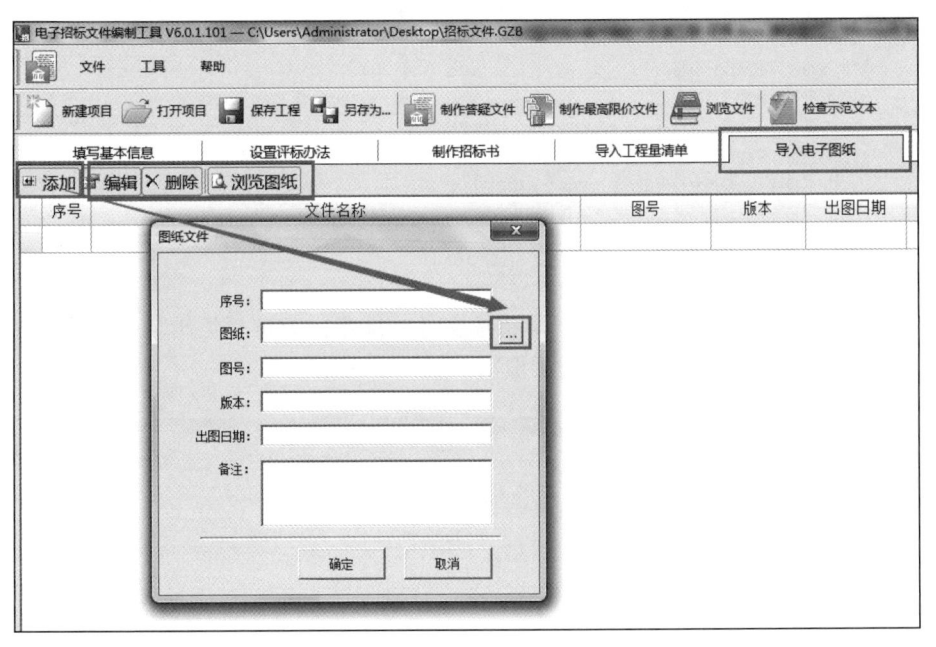

图 5-61

⑫ 先通过"检查示范文本"功能,检查标书有无错误,有错则根据提示修改,直至无误则可"生成招标文件",生成招标文件时先进行"转换"或"批量转换"操作,转换成功后,点击"签章"功能,对文件进行电子签章,签章成功后,最后通过"生成招标文件"功能生成一份后缀名为".BJZ"的电子版招标文件。如图 5-62 ~图 5-65 所示。

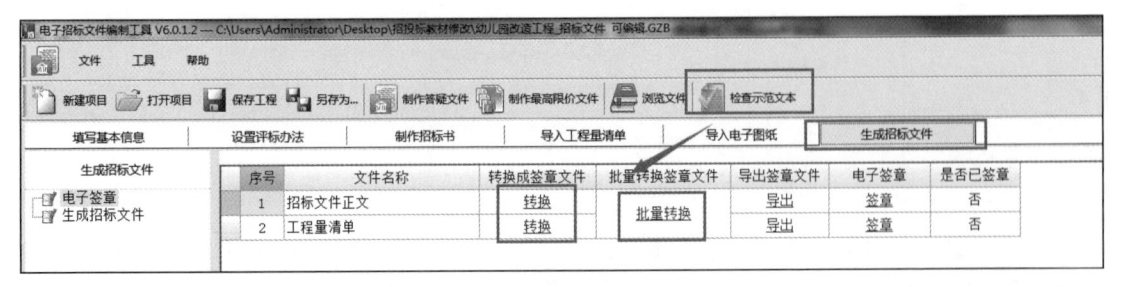

图 5-62

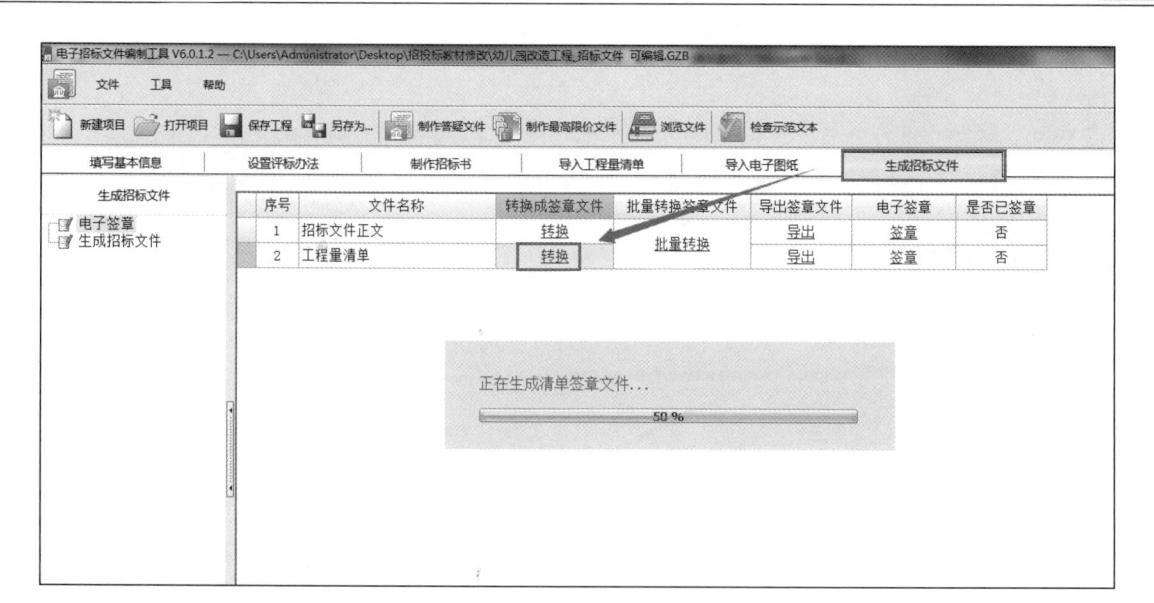

图 5-63

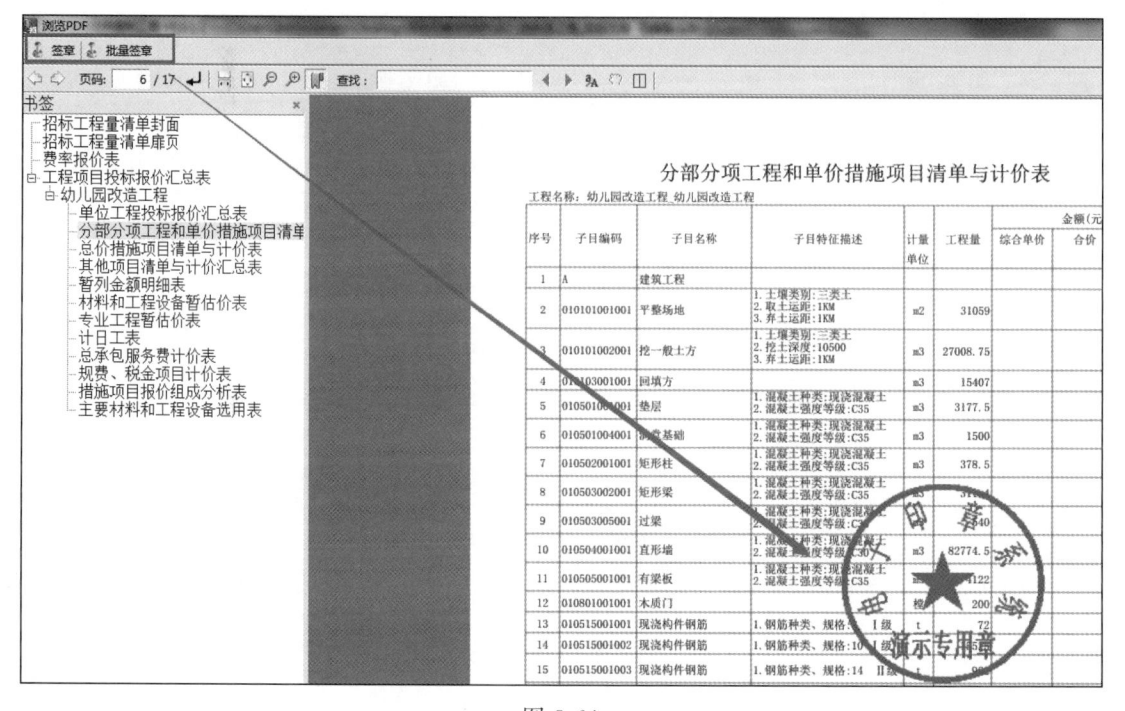

图 5-64

⑬ 在"广联达电子招标文件编制工具 V6.0"中，除制作招标文件外，也可根据案例工程情况进行最高限价文件及答疑文件的制作，软件操作同上。如图 5-66 所示。

⑭ 招标文件正文部分可导出 word 格式，便于使用者灵活进行自由编辑或与其他文档内容进行整合、排版，更能满足使用者的需求，具体操作为：点击"制作招标书"切换至该模块，可看到"导出文件"的按钮，选择要导出的章节，点击"导出文件"，会有一个正在生成文件的过程，后续会将相应选择章节生成 word 文档，可对该文档进行编辑、保存等操作。如图 5-67 所示。

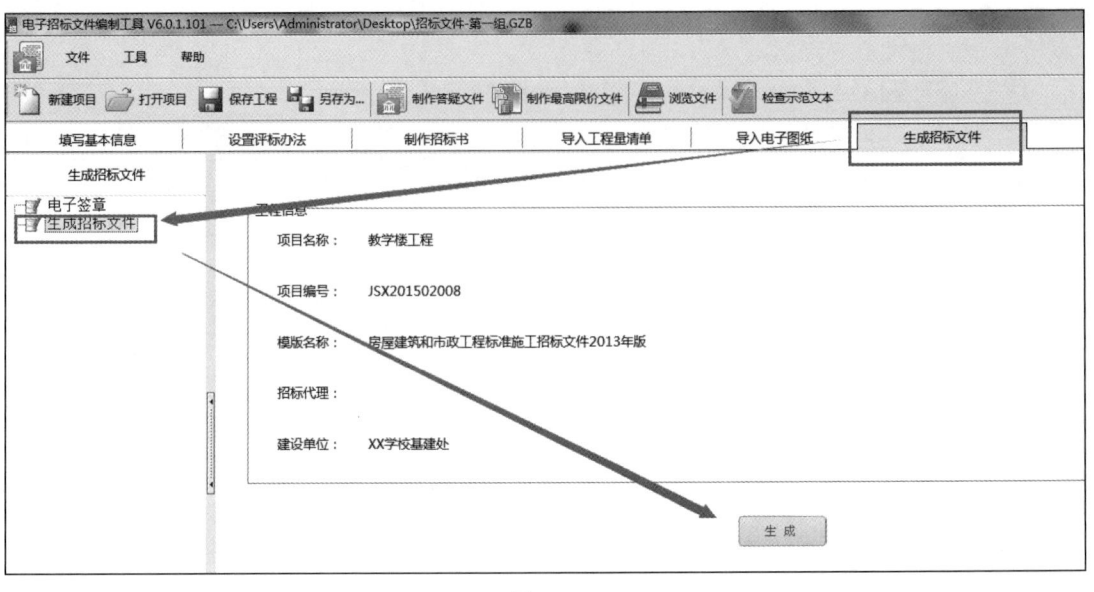

图 5-65

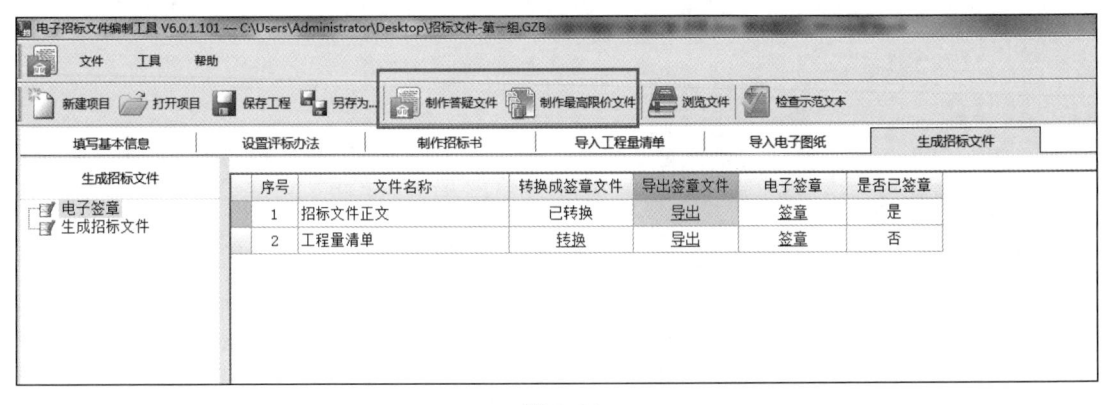

图 5-66

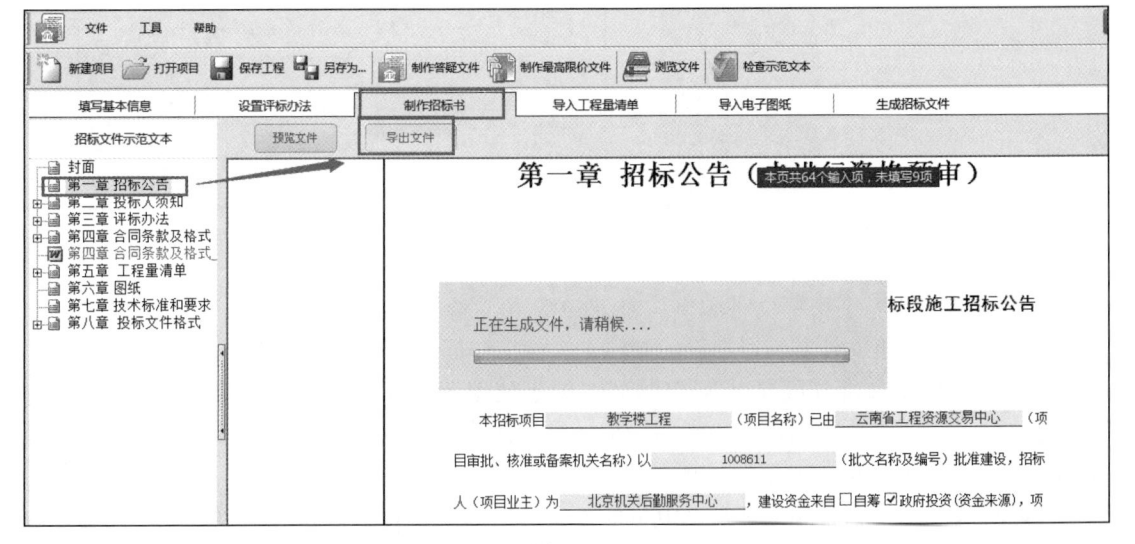

图 5-67

（3）团队自检 招标文件电子版完成后，项目经理组织团队成员，利用"招标文件审查表"（图5-68）进行自检。

（4）签字确认 市场经理负责将结论记录到"招标文件审查表"（图5-68），经团队其他成员和项目经理签字确认后，置于招投标沙盘盘面招标人区域的"团队管理"位置处。如图5-69所示。

组别：　　　　　表5-18 招标文件审查表　　　　日期：X年X月X日

序号	审查内容	完成情况	需完善内容
1	招标公告（未进行资格预审）	☐	
2	投标邀请书	☑	
3	投标人须知	☑	
4	评标办法（经评审的最低投标价法）	☑	
5	评标办法（综合评估法）	☑	
6	合同条款及格式	☑	
7	工程量清单	☑	
8	图纸、技术标准和要求	☑	
9	投标文件格式	☑	
10	其他要求	无	

填表人：　周XX　　会签人：张XX、王XX　　审批人：李XX

图 5-68

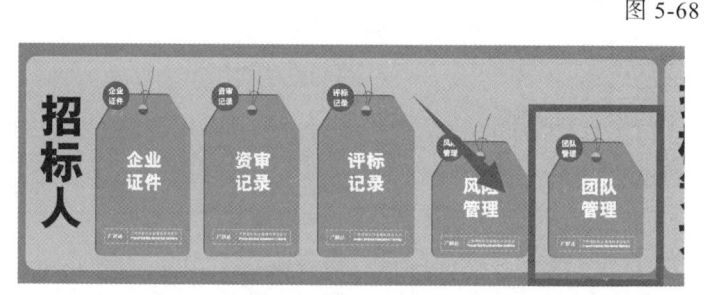

图 5-69

【任务二 完成招标文件的备案及发售】

（一）任务说明

完成招标文件的备案与发售工作。

（二）操作过程

完成招标文件的备案、发售工作，具体如下。

（1）招标文件备案 招标人（或招标代理）登录工程交易管理服务平台，用招标人（或招标代理）账号进入电子招投标项目交易管理平台，完成招标工程的招标文件备案并提交审批。

① 登录工程交易管理服务平台，用招标人（或招标代理）账号进入电子招投标项目交易管理平台。

② 切换至"招标文件管理"页签，点击"新增招标文件"。如图5-70所示。

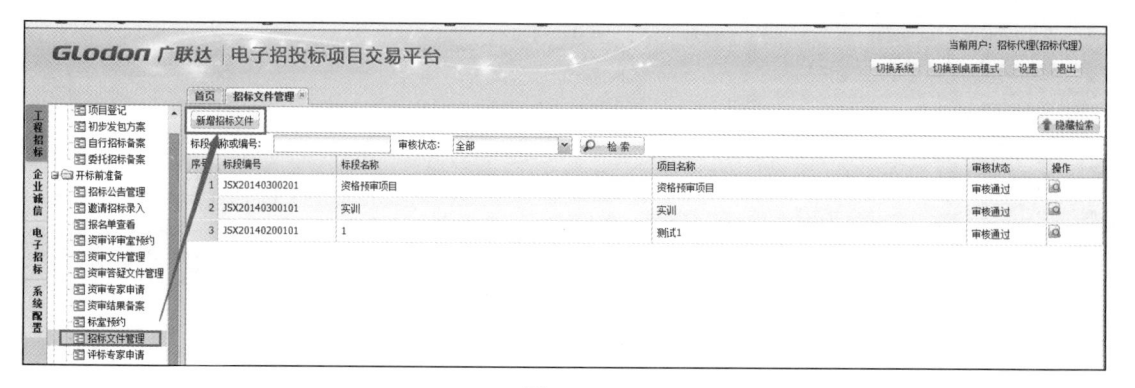

图 5-70

③ 选择标段，点击"确定"，弹出"招标文件管理"界面，完成带"＊"的内容的填写，并上传由广联达电子招标文件编制工具 V6.0 编制的后缀名为".BJZ"的电子招标文件，无误后点击"提交"按钮即可。如图 5-71、图 5-72 所示。

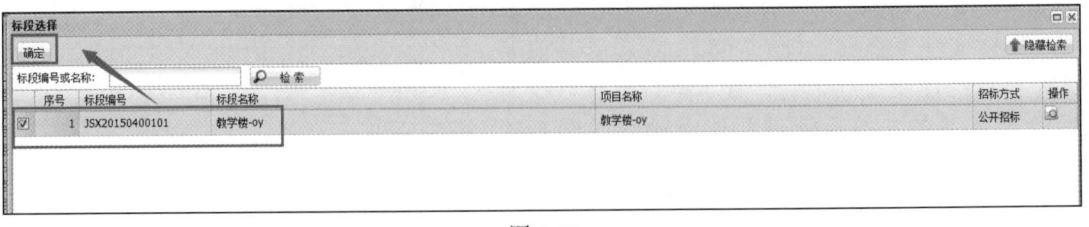

图 5-71

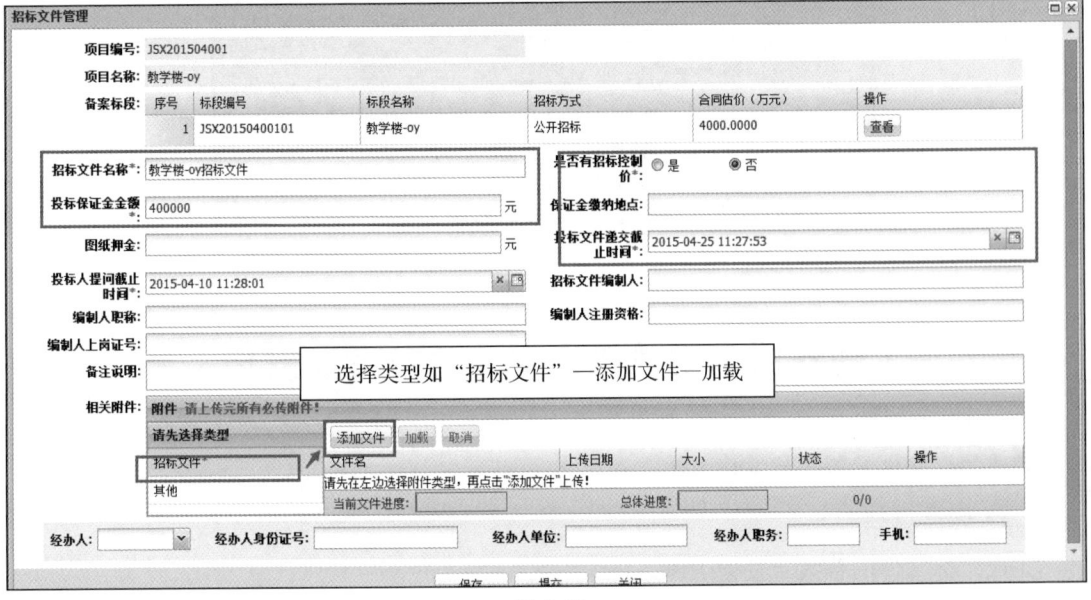

图 5-72

④ 若有设置最高投标限价，需在"最高投标限价"页签进行最高投标限价的备案。如图 5-73 所示。

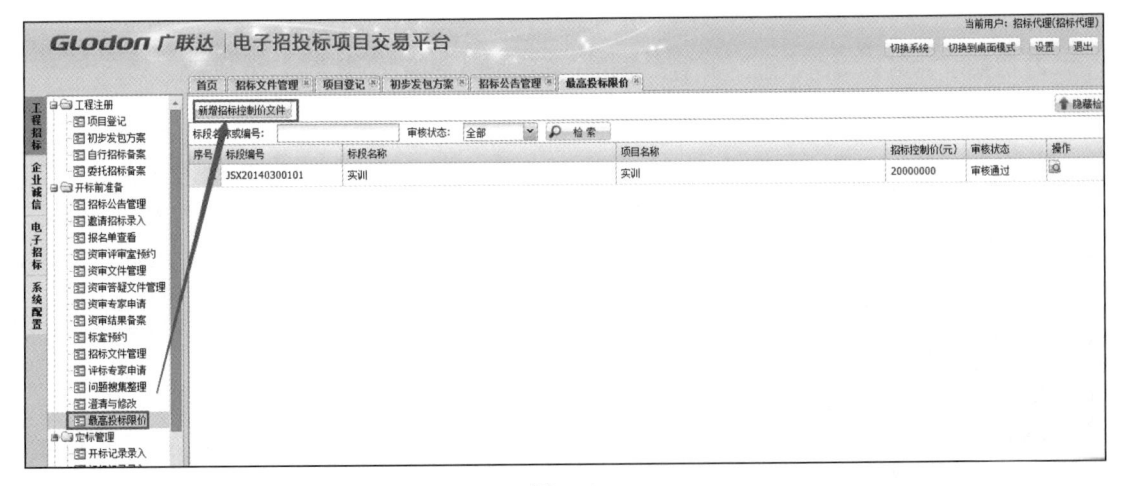

图 5-73

（2）行政监管人员在线审批

行政监管人员登录工程交易管理服务平台，用初审监管员账号进入电子招投标项目交易管理平台，完成招标工程的招标文件审批工作。

① 登录工程交易管理服务平台，用初审监管员账号进入电子招投标项目交易管理平台。

② 切换至"招标文件审核"页签，可通过"检索"功能，找到待审核的招标文件，点击"审核"。如图 5-74 所示。

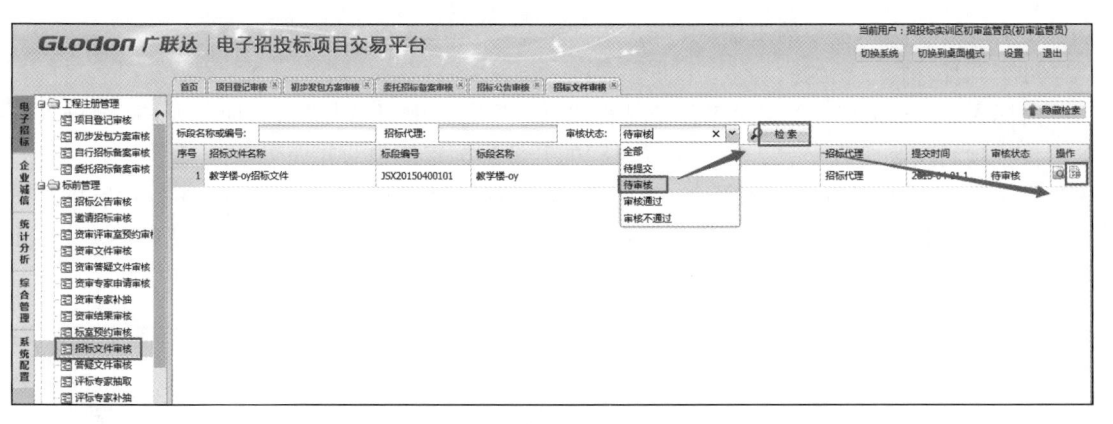

图 5-74

③ 核对项目相应信息，核对后点击"审核"。如图 5-75 所示。

图 5-75

④ 根据核对结果，给出审核意见并提交。

 **小贴士**：本教材给出的是在线完成招标文件的备案审批操作指导，如果学校不具备在线备案审批的条件，可参考学校所在地区住建委现场备案审批的工作流程。

【任务三　完成开标前的准备工作】

(一) 任务说明

① 完成开评标标室预约工作；

② 完成评审专家申请、抽选工作。

(二) 操作过程

1. 完成开评标标室预约工作

（1）开评标标室预约

招标人（或招标代理）登录工程交易管理服务平台，用招标人（或招标代理）账号进入电子招投标项目交易管理平台，完成招标工程的开评标标室的预约并提交审批。

① 登录工程交易管理服务平台，用招标人（或招标代理）账号进入电子招投标项目交易管理平台，切换至"标室预约"模块，点击"标室预约"，选择正确标段，点击"确定"。如图 5-76、图 5-77 所示。

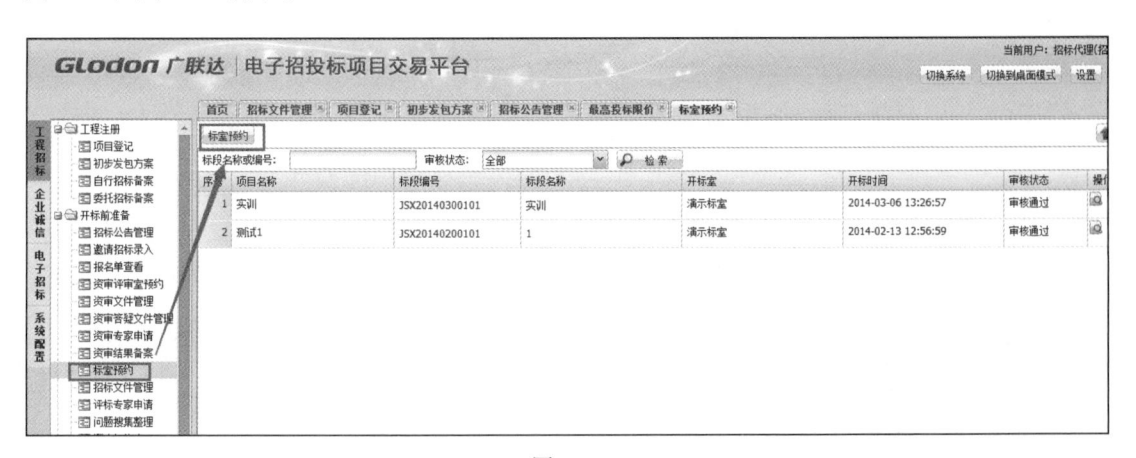

图 5-76

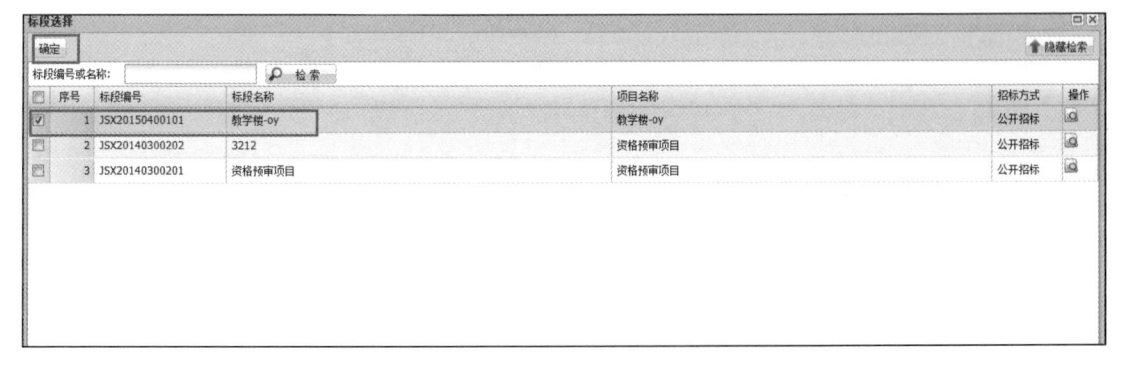

图 5-77

② 弹出"新增标室预约"界面，确定开标、评标时间及标室，点击"保存"、"提交"即可。如图 5-78 所示。

（2）行政监管人员在线审批

行政监管人员登录工程交易管理服务平台，用初审监管员账号进入电子招投标项目交易管理平台，完成招标工程的开评标标室预约的审批工作。

图 5-78

① 登录工程交易管理服务平台，用初审监管员账号进入电子招投标项目交易管理平台，切换至"标室预约审核"模块，找到工程项目待审核的标段，点击"审核"。如图 5-79 所示。

图 5-79

② 弹出"标室预约审核"界面，核对相应信息，信息确认后，点击"审核"，最后填写审核意见并提交。如图 5-80 所示。

2. 完成评标专家申请、抽取工作

（1）评标专家申请

招标人（或招标代理）登录工程交易管理服务平台，用招标人（或招标代理）账号进入电子招投标项目交易管理平台，完成招标工程的评标专家的预约并提交审批。

① 登录工程交易管理服务平台，用招标人（或招标代理）账号进入电子招投标项目交易管理平台，切换至"评标专家申请"模块，点击"新增评委备案"，选择标段，点击"确定"按钮，进入"专家抽选"界面。如图 5-81、图 5-82 所示。

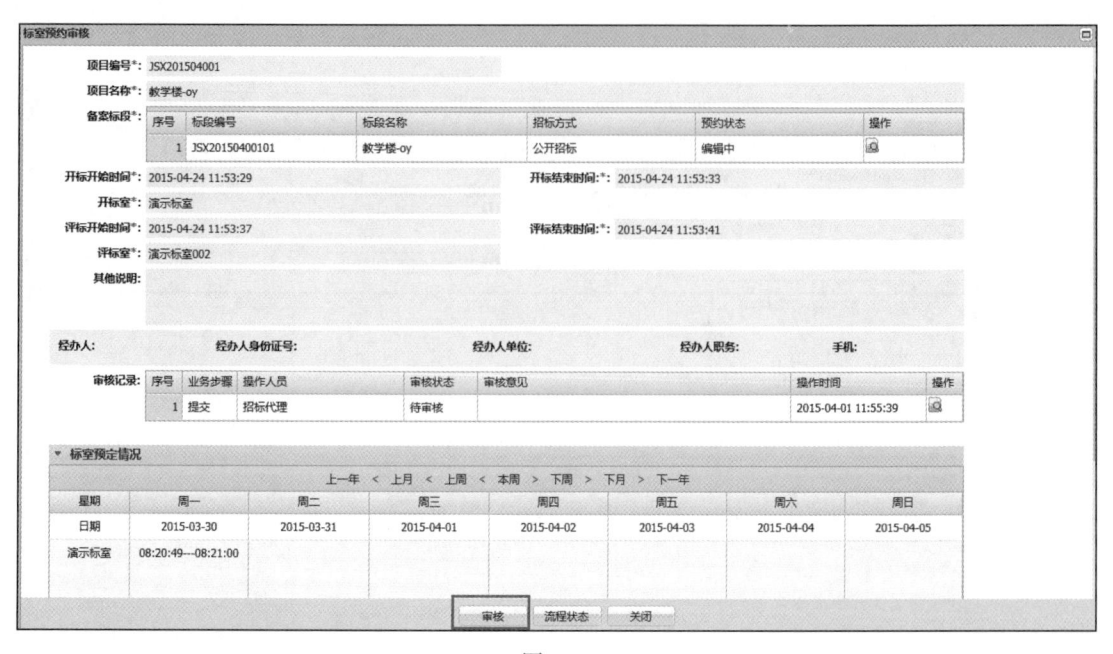

图 5-80

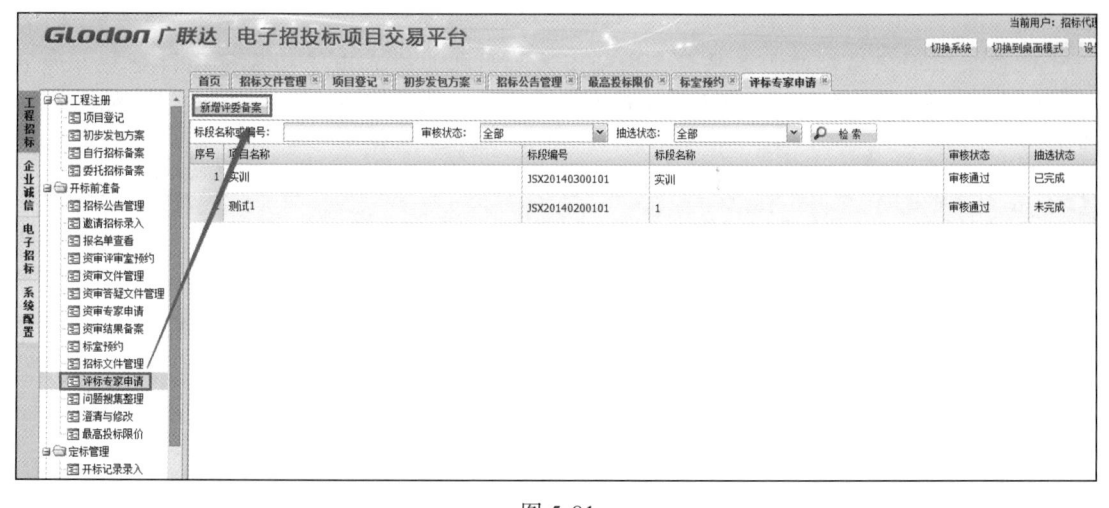

图 5-81

图 5-82

② 在"专家抽选"界面，按照单据（图 5-45）已填写的内容，通过"新增规则"抽取相应数量的经济专家与技术专家，通过"新增评委"抽取招标人代表。如图 5-83 ～图 5-86 所示。

图 5-83

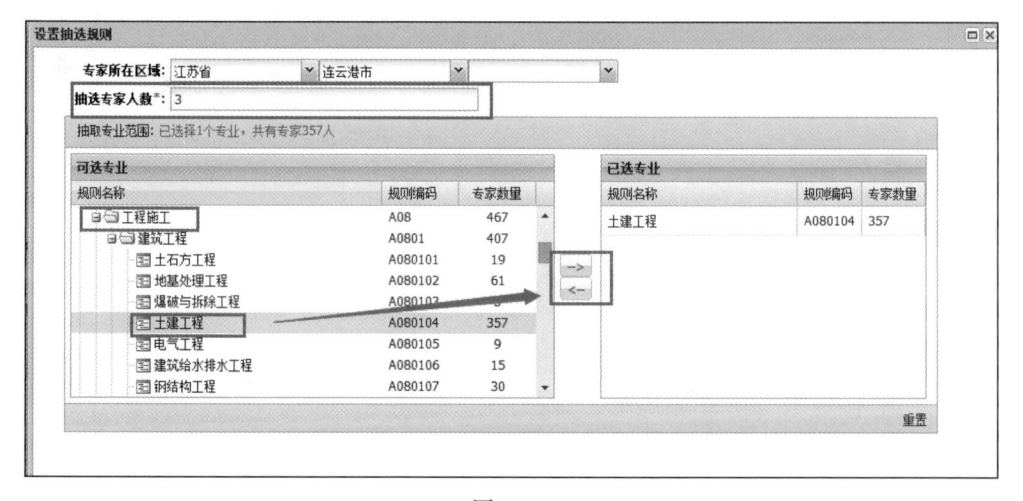

图 5-84

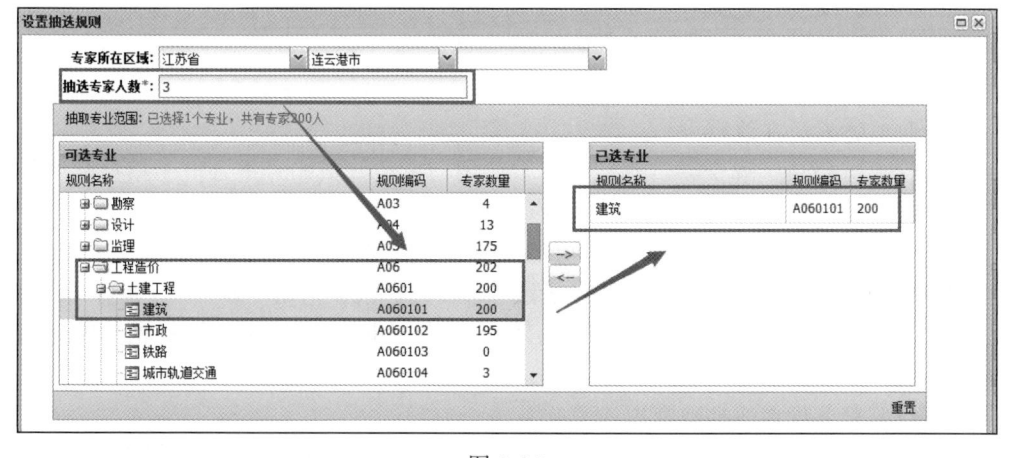

图 5-85

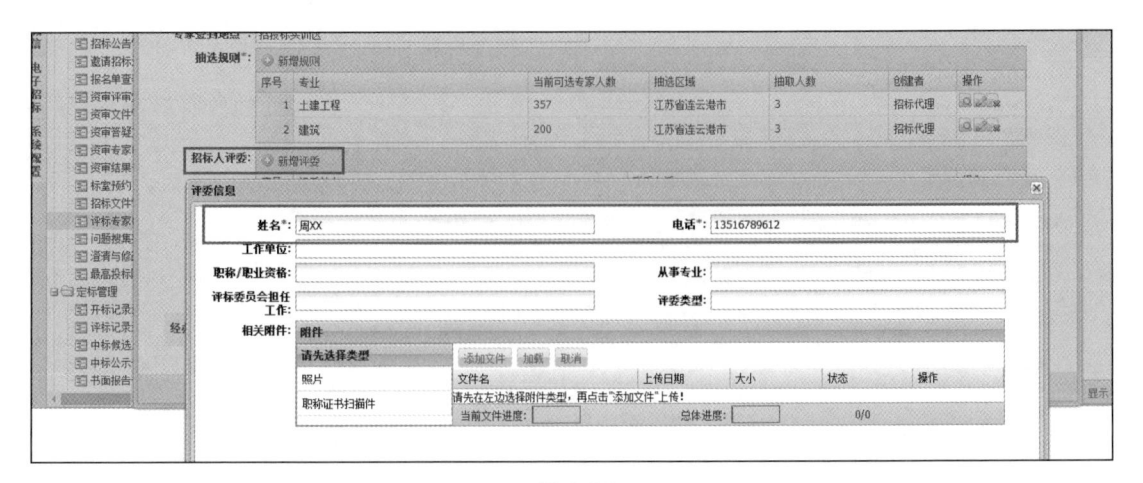

图 5-86

③ 抽选完成后，点击"保存"、"提交"即可。如图 5-87 所示。

图 5-87

（2）行政监管人员在线审批

行政监管人员登录工程交易管理服务平台，用初审监管员账号进入电子招投标项目交易管理平台，完成招标工程的评标专家申请的审批工作。

① 登录工程交易管理服务平台，用初审监管员账号进入电子招投标项目交易管理平台，切换至"评标专家抽取"模块，找到工程项目待审核的标段，点击"审核"。如图 5-88 所示。

② 弹出"专家抽选审核"界面，核对信息，点击"审核"，给出审核意见并提交。如图5-89 所示。

（3）行政监管人员在线抽取资审专家

行政监管人员审批招标工程的评标专家申请结束后，完成评标专家的抽取工作。

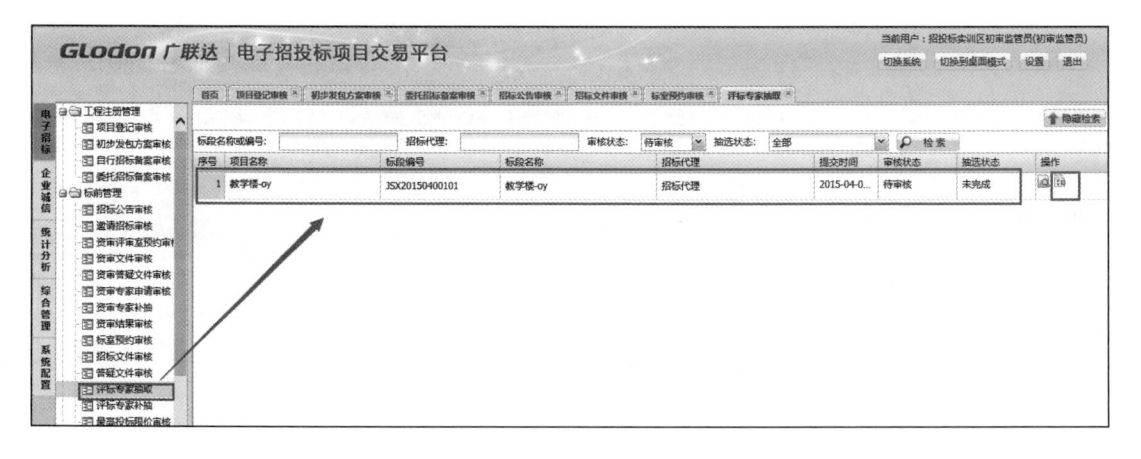

图 5-88

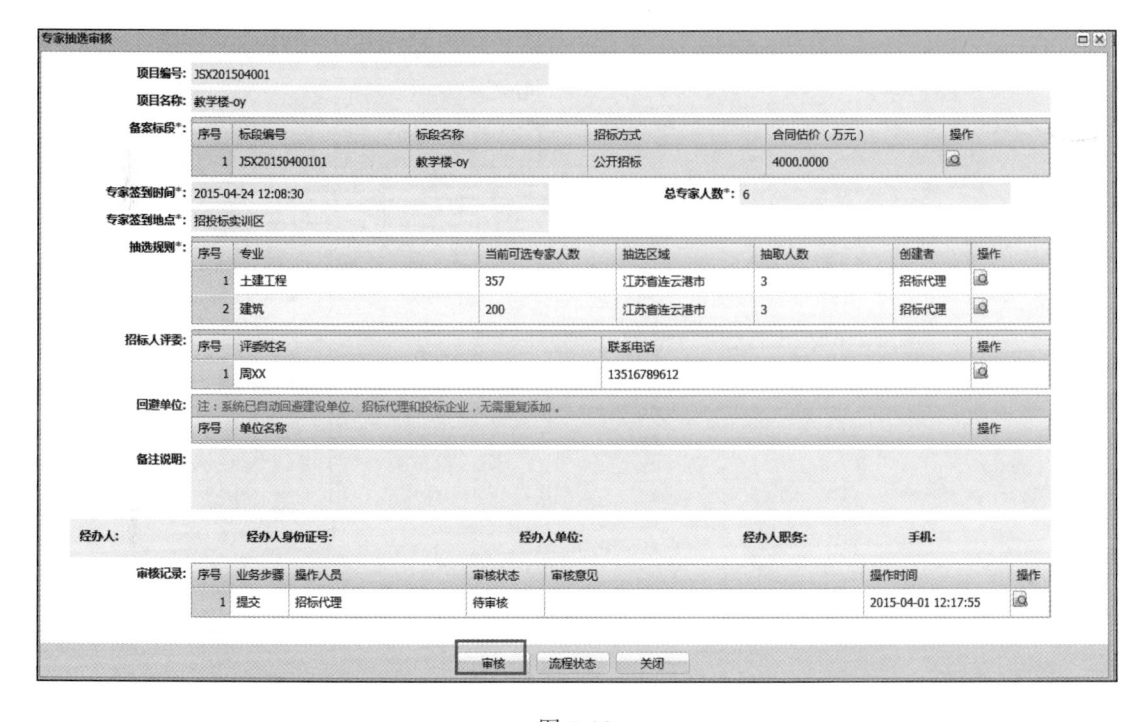

图 5-89

① 登录工程交易管理服务平台，用初审监管员账号进入电子招投标项目交易管理平台，完成以上的专家审核抽选评审后，再次回到"评审专家抽取"界面，点击"抽选"。如图 5-90 所示。

② 进入"专家抽选"界面，查看应抽选人数，通过选择"参加"，完成专家抽选工作。如图 5-91 所示。

小贴士：本教材给出的是在线完成开评标标室预约、评标专家申请的审批操作指导，如果学校不具备在线备案审批的条件，可参考学校所在地区住建委和专家库现场备案审批的工作流程。

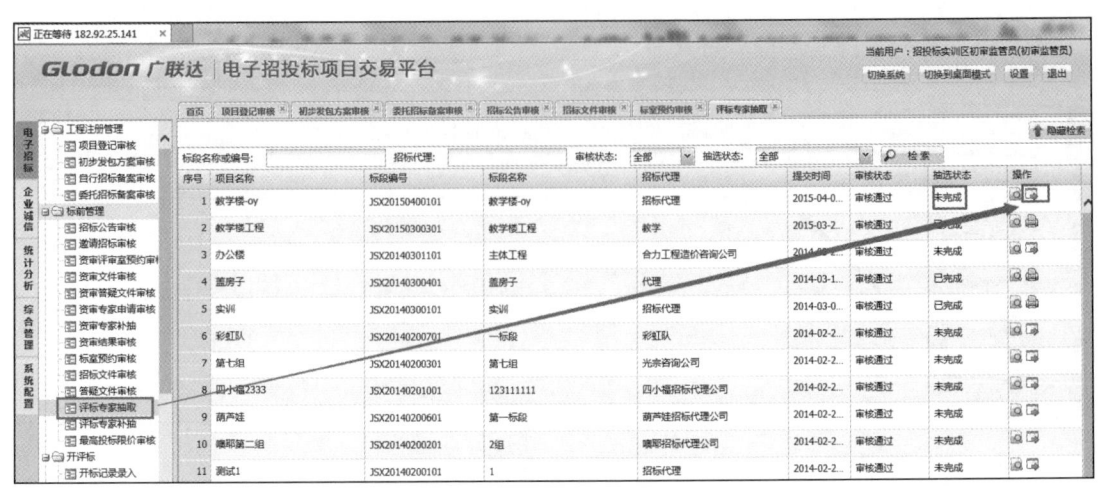

图 5-90

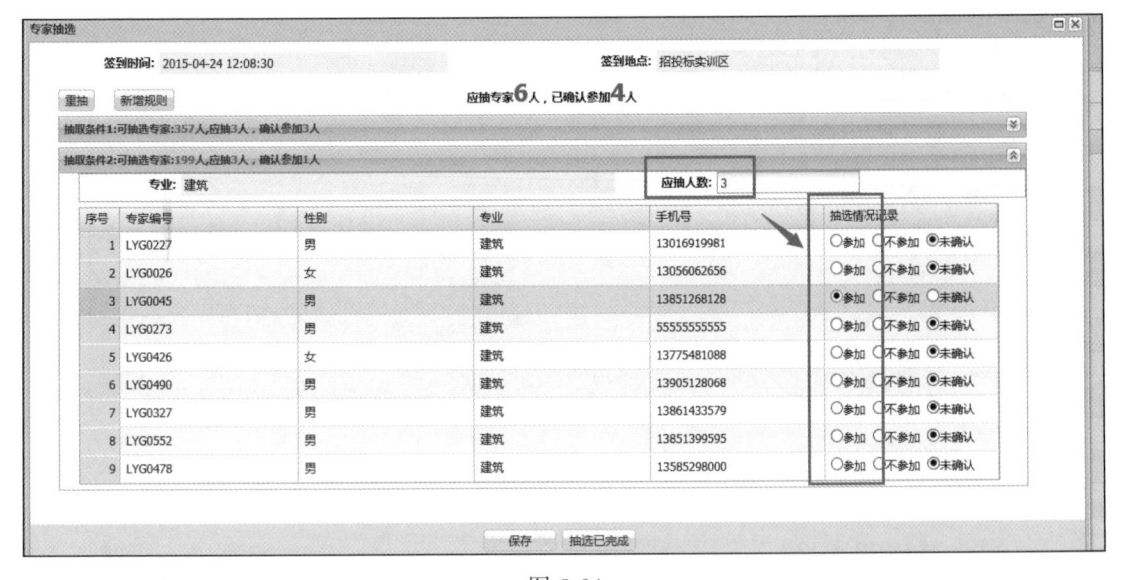

图 5-91

六、沙盘展示

1. 团队自检

项目经理带领团队成员，对照沙盘操作表（表 5-5），检查自己团队的各项工作任务是否完成。

表 5-5 沙盘操作表

序号	任务清单	使用单据/表/工具	完成情况（完成请打"√"）
（一）	招标文件编制		□
1	招标人确定合同文件的组成及优先顺序	合同文件组成及优先顺序分析表	□
2	招标人确定工程量清单的修正规则	工程量清单错误修正	□
3	招标人确定支付担保与履约担保的规则	支付担保与履约担保	□
4	招标人确定有关工程分包的相关规定	工程分包管理规定	□
5	招标人确定安全文明施工的相关规定	安全文明施工	□
6	招标人确定工期/进度的相关规定	工期与进度	□

续表

序号	任务清单	使用单据/表/工具	完成情况 （完成请打"√"）
7	招标人确定有关价格调整的相关规定	价格调整	☐
8	招标人确定工程款项支付的相关规定	合同预付款与进度款支付	☐
9	招标人确定工程缺陷责任期的相关规定	缺陷责任期	☐
10	招标人确定工程保修的相关规定	工程保修	☐
11	招标人确定图纸及施工文件的相关规定	文件管理	☐
12	招标人确定工程质量标准/工程验收的相关规定	工程质量	☐
13	招标人确定投标保证金的相关规定	投标保证金及投标有效期	☐
14	招标人确定评标委员会组成	评标办法	☐
15	招标人确定标书评审分值构成	评标办法	☐
16	招标人确定技术标的评审办法	技术标评审办法	☐
17	招标人确定经济标的评审办法	经济标评审办法	☐
18	招标人确定资信标的评分标准	项目管理机构评分标准	☐
19	招标人完成招标文件编制	招标工具	☐
20	招标人对招标文件自检合格	招标文件审查表	☐
（二）	招标文件的备案与发售		
	招标文件备案与发售	电子招投标项目交易平台	☐
（三）	开标前的准备工作		
1	招标人预约标室	电子招投标项目交易平台	☐
2	招标人预约评标专家	电子招投标项目交易平台	☐

2. 沙盘盘面上内容展示与分享

如图 5-92 所示。

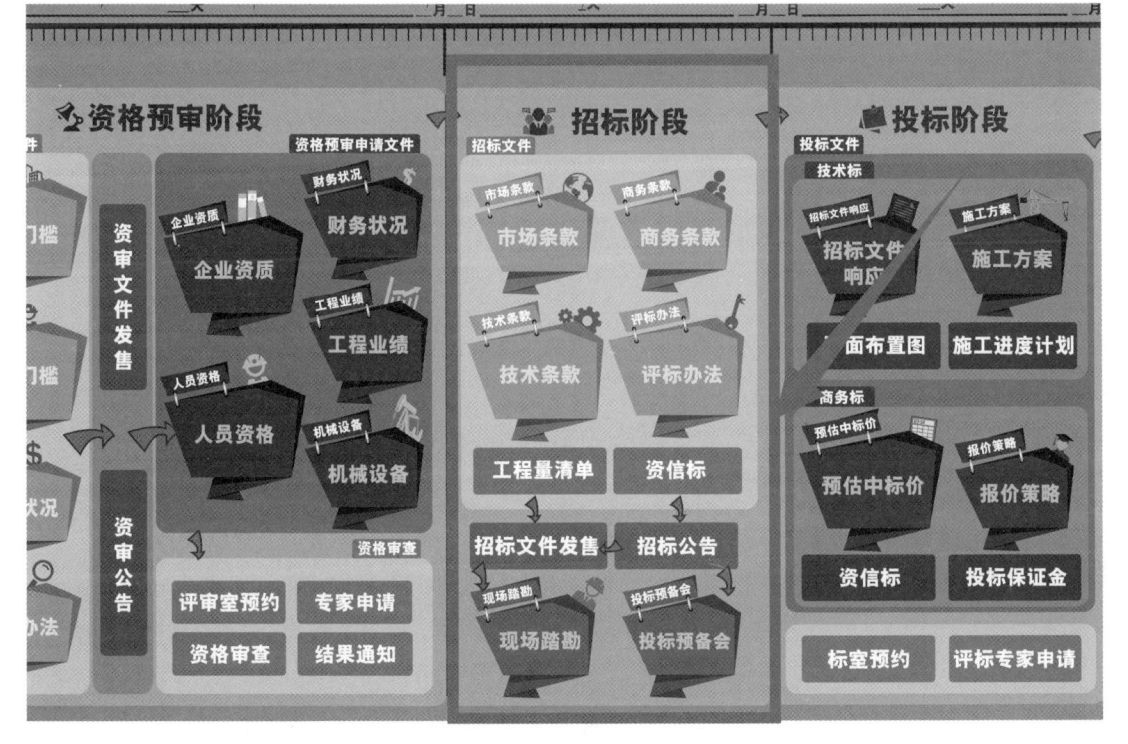

图 5-92

3. 作业提交

（1）作业内容

① 招标人招标文件电子版一份；

② 招标人项目交易平台评分文件一份。

（2）操作指导　具体操作详见附录 2：生成评分文件。

（3）提交作业　将招标文件、项目交易平台评分文件拷贝到 U 盘中提交给老师，或者使用在线文件递交（文件在线提交系统或电子邮箱等方式）提交给老师。

七、实训总结

1. 教师评测

（1）评测软件操作　具体操作详见附录 3：学生学习成果评测。

（2）学生成果展示　具体操作详见附录 3：学生学习成果评测。

2. 学生总结、分享

小组组内讨论 3 分钟，写下该环节你认为需要完善的内容及心得，并进行分享。

八、拓展练习

在本实训模块之外需要学生了解的相关知识内容或需要课外思考的问题，具体如下。

① 招标控制价与标底的应用区别；

② 技术明标、技术暗标的应用区别；

③ 合格制和评分制的应用区别。

模块六 工程投标

知识目标

　　1. 掌握投标程序相关主要内容。

　　2. 了解招标文件分析的主要内容。

　　3. 掌握投标文件的编制及组成内容。

　　4. 掌握投标报价策略的适用范围及投标报价技巧的选用。

能力目标

　　1. 能够进行招标文件购买、工程量的校核、现场踏勘、参加投标预备会。

　　2. 能够熟练进行投标文件的编制。

　　3. 熟练运用投标策略并合理选用投标报价技巧。

　　4. 能够进行投标文件的整理（包括汇总、密封与提交）。

驱动问题

　　1. 投标程序有哪些？

　　2. 现场踏勘主要内容是什么？

　　3. 投标文件构成及各部分主要内容是什么？

　　4. 招标控制价与投标报价的区别及编制要点。

　　5. 常用的投标报价技巧有哪些？

　　6. 投标文件编制注意事项有哪些？

建议学时：10～12学时。

项目一　理论知识

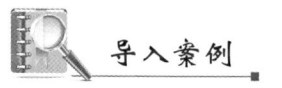

导入案例

　　某施工单位准备参加某项目施工投标，委托招标代理公司来编写投标文件，该代理公司由于业务繁忙，随便将之前做的工程投标文件稍加修改应付了事，造成的结果就是投标文件中出现很多未响应招标文件要求的问题，导致投标无效，那么一份正确有效的投标文件应该如何编制呢？

　　分析答案详见后面导入案例解析。

一、投标组织与程序

（一）投标组织

　　工程投标过程竞争十分激烈，需要有专门的机构和人员对投标全过程加以组织和管理，以提高工作效率和中标的可能性，建立一支强有力的、内行的投标班子是投标获得成功的根本保证。不同的工程项目，由于其规模、性质等不同，建设单位在择优时可能各有侧重，但一般来说，建设单位主要考虑如下方面：较低的价格、优良的质量和较短的工期，因而在确定投标班子人选及制订投标方案时，必须考虑这几个因素。投标组织可由以下几种类型的人员组成。

1. 经营管理类人员

经营管理类人员是指专门从事工程承包经营管理，制定和贯彻经营方针与规划，负责投标工作的全面筹划和具体决策的人员。经营管理类人员应具备一定的法律知识，掌握大量的调查和统计资料，具备分析和预测等科学手段，有较强的社会活动和公共关系能力。这类人员在投标班子中起核心作用，制定和贯彻经营方针与规划，负责工作的全面筹划和安排。

2. 专业技术类人员

专业技术类人员主要是指工程及施工中的各类技术人员，诸如建筑师、土木工程师、电气工程师、机械工程师等各类专业技术人员。他们应具有较高的学历和技术职称，掌握本学科最新的专业知识，具备较强的实际操作能力，在投标时能从本公司的实际技术水平出发，制定各项专业实施方案。

3. 商务金融类人员

商务金融类人员主要是指具有预算、金融、贸易、税法、保险、采购、保函、索赔等专业知识的人员。他们应具有概预算、材料设备采购、财务会计、金融、保险和税务等方面的专业知识。投标报价主要由这类人员进行具体编制。

一个投标班子仅仅做到个体素质良好是不够的，还需要各方人员的共同协作，充分发挥群众的力量，并要保持投标班子成员的相对稳定，不断提高其整体素质和水平。同时，还应逐步学会采用投标报价的软件，使投标报价工作更加快速、准确。

（二）投标程序

工程项目投标一般要经过如下几个步骤。投标人了解招标信息，申请投标。建筑企业根据招标公告或投标邀请书，分析招标工程的条件，依据自身的实力，选择投标工程。向招标人提出投标申请，并提交有关资料；接受招标人的资质审查；购买招标文件及有关技术资料；参加现场踏勘，并对有关疑问提出质询；编制投标书及报价。投标书是投标人的投标文件，是对招标文件提出的要求和条件做出的实质性响应；参加开标会议；接受中标通知书，与招标人签订合同。

本教材将从以下几个环节的内容展开阐述，包括购买招标文件、研读招标文件、校核工程量、现场踏勘、投标预备会、编制施工规划等内容。

1. 购买招标文件

投标人在进入正式的投标阶段之后，进行招标文件的购买，随着电子招投标模式的推行，招标文件的购买可以通过两种方式展开，网上购买电子版与现场购买纸质版。无论哪种方式都要根据招标公告或投标邀请书的要求，在规定的时间之内进行招标文件的购买。网上购买可通过电子汇款方式，按照要求将购买招标文件所需费用支付，同时提交营业执照、组织机构代码等相关证件资料。现场购买要根据招标公告或投标邀请书的要求，在规定时间之内到达规定地点进行购买，同时也要提交上述资料。

2. 研读招标文件

招标文件是投标和报价的重要依据，对其理解的深度将直接影响到投标结果，因此投标人应组织有力的各专业技术人员对招标文件进行仔细分析与研究。研究招标文件，重点应放在投标须知、合同条件、设计图纸、工程范围及工程量表上。应有专业小组研究技术规范和设计图纸，弄清其特殊要求。

（1）首先检查招标文件内容是否齐全及字迹模糊不清等问题，在检查后，组织投标班子的全体人员认真阅读。负责技术部分的专业人员重点阅读技术卷与图纸，商务、预算人员精读投标须知和报价部分。

（2）认真研读完招标文件后，全体人员相互讨论解答招标文件存在的问题，做好备忘录，等待现场踏勘了解，或在答疑会上以书面形式提出质疑，要求招标人澄清。

① 属于招标文件本身的问题，如图纸尺寸与说明不符，技术要求不明，文字含糊不清，合同条款数据缺漏，可以在招标文件中规定的时间之内，向招标人提出质疑，要求给予澄清。

② 与项目施工现场有关的问题，拟出调查提纲，确定重点要解决的问题，可通过现场踏勘进行了解，如果仍有疑问，也可提出质疑，要求澄清。

③ 如果发现的问题对投标人有利，可以在投标时加以利用或在以后提出索赔要求，这类问题投标人一般在投标时不会提出，待中标后情势有利时提出获取索赔。

（3）研究招标文件的要求，掌握招标范围，熟悉图纸、技术规范、工程量清单，熟悉投标书的格式、签署方式、密封方法和标志，掌握投标截止日期，以免错失投标机会。

（4）研究评标方法和评标标准，同时研究合同协议书、通用条款和专用条款。合同形式是总价合同还是单价合同，价格是否可以调整。分析拖延工期的罚款、保修期的长短和保证金的额度。研究付款方式、违约责任等。根据权利义务关系分析风险，将风险考虑到报价中。

3. 校核工程量

对于招标文件中的工程量清单，投标者一定要进行校核，因为它直接影响投标报价及中标机会。

对于工程量清单招标方式，招标文件里包含有工程量清单，一般不允许就招标文件做实质性变动，招标文件中已给定的工程量不允许做增减改动，否则有可能因为未实质性响应招标文件而成为废标。但是对于投标人来说仍然要按照图纸复核工程量，做到心中有数。同时因为工程量清单中的各分部（分项）工程的工程量并不十分准确，若设计深度不够则可能有较大误差，而工程量的多少是选择施工方法、安排人力和机械、准备材料必须考虑的因素，自然也影响分项工程的单价。对于单价合同，若发现所列工程量与调查及核实结果不同，可在编制标价时采取调整单价的策略，即提高工程量可能增加的项目单价，降低工程量可能减少的项目单价。对于总价合同，特别是固定总价合同，若发现工程量有重大出入的，特别是漏项的，必要时可以找招标单位核对，要求招标单位认可，并给予书面证明。如果业主在投标前不给予更正，而且是对投标人不利的情况，投标人应在投标时附上说明。

复核工程量清单的目的不是修改清单，而是为报价做好充分准备。根据复核后的招标文件中清单工程量的差距，考虑相应的投标策略，决定报价尺度。另外，要把施工方案及施工工艺引起的工程量增量考虑到综合单价中。根据工程量的大小采取合适的施工方法，选择适用、经济的施工机具设备、投入使用的劳动力数量等。同时为施工过程中的索赔寻找依据，为将来材料设备采购做到心中有数。

工程量偏差一般有以下三种情况，针对不同的情况，投标人应采取不同的处理策略。

① 工程量计算错误或有漏项。可以在招标文件规定的期限内向招标单位提出异议，若业主不同意修改工程量或对量差不负责时，施工单位应用综合单价进行修改，以实际工程量

（施工工程量）计算工程造价，以招标文件的清单数量进行报价。工程量清单没有考虑施工过程的施工损耗，在编制综合单价时，要在材料消费量中考虑施工损耗。

② 图纸中有错误，如梁板结构错误；图纸不符合强制性标准，导致开工后工程量的变动等，这些是工程索赔的依据，所以在工程量清单报价时，要注意报价技巧，可以先报低价，再通过变更、索赔等方式增加结算收入。

③ 将来施工时可能发生的设计变更所引起的工程量的增减。设计人员在进行施工图设计时对施工中可能出现的一些问题考虑不周全，而投标人根据自己的施工经验及实际情况就可以确定哪些内容在将来可能发生变更，变更以后工程量是增加还是减少，在投标报价时就能确定出针对性的不平衡报价策略。

4. 现场踏勘

现场踏勘是投标中极其重要的准备工作，主要指的是去工地现场进行考察，招标单位一般在招标文件中要注明现场考察的时间和地点，在文件发出后就应安排投标者进行现场考察的准备工作。现场踏勘既是投标者的权利又是投标者的职责。因此，投标者在报价以前必须认真地进行施工现场考察，全面、仔细地调查了解工地及其周围的政治、经济、地理等情况。

现场踏勘是投标者必须经过的投标程序。按照国际惯例，投标者提出的报价单一般被认为是在现场考察的基础上编制的。一旦报价单提出之后，投标者就无权因为现场勘察不周、情况了解不细或因素考虑不全面而提出修改投标、调整报价或提出补偿等要求。踏勘现场之前，通过仔细研究招标文件，对招标文件中的工作范围、专用条款及设计图纸和说明，拟定调研提纲，确定重点要解决的问题。

进行现场踏勘主要从下面几个方面调查了解。

① 施工现场是否达到招标文件规定的条件，如"三通一平"等；

② 施工的地理位置和地形、地貌、施工现场的地址、土质、地下水位、水文等情况；

③ 施工现场的气候条件，如气温、湿度、风力等；

④ 现场的环境，如交通、供水、供电、污水排放等；

⑤ 临时用地、临时设施搭建等，即工程施工过程中临时使用的工棚、堆放材料的库房，施工现场附近有无住宿条件、料场开采条件、其他加工条件、设备维修条件等；

⑥ 项目建设现场及周边的人文建筑和人文环境情况等；

⑦ 工地附近治安情况。

现场踏勘除了调查施工现场的情况外，还应了解工程所在地的政治形势、经济形势、法律法规、风俗习惯、自然条件、生产和生活条件，调查发包人和竞争对手。通过调查，投标人可以采取相应对策，提高中标的可能性。

5. 投标预备会

招标文件规定召开投标预备会的，投标人应按照招标文件规定的时间和地点参加会议，并将研究招标文件后存在的问题，以及在现场踏勘后仍有疑问之处，在招标文件规定的时间前以书面形式将提出的问题送达招标人，由招标人在会议中澄清，并形成书面意见。

招标文件规定不召开投标预备会的，投标人应在招标文件规定的时间前，以书面形式将提出的问题送达招标人，由招标人以书面答疑的方式澄清。书面答复与招标文件同样具有法律效力。

6. 编制施工规划

施工项目投标的竞争主要是价格的竞争，而价格的高低与所采用的施工方案及施工组织计划密切相关，所以在确定标价前必须编制好施工规划。

在投标过程中编制的施工规划，其深度和广度都比不上施工组织设计。如果中标再编制施工组织设计。施工规划一般由投标人的技术负责人主持制定，内容一般包括各分部分项工程施工方法、施工进度计划、施工机械计划、材料设备计划和劳动力安排计划，以及临时生产、生活设施计划。施工规划的制定应在技术和工期两方面吸引招标人，对投标人来说又能降低成本，增加利润。制定的主要依据是设计图纸、执行的规范、经复核的工程量、招标文件要求的开竣工日期以及对市场材料、设备、劳动力价格的调查等。

（1）选择和确定施工方法　根据工程类型，研究可以采用的施工方法，对于一般的土方工程、混凝土工程、主体工程等比较简单的工程，可结合已有施工机械及工人技术水平来选择实施方法，努力做到节约开支，加快进度。对于大型复杂工程则要考虑几种不同的施工方案，进行综合比较。

（2）选择施工机械和施工设施　一般与研究施工方法同时进行。在工程预算过程中，要不断进行施工机械和施工设施的比较，利用旧设备还是采购新设备，租赁还是购买，在国内采购还是在国外采购等。

（3）编制施工进度计划　编制施工进度计划要紧密结合施工方法和施工设备考虑。施工进度计划中应提出各时段应完成的工程量及限定日期。施工进度计划是采用网络进度还是横道图线性计划，应根据招标文件要求而定。

二、投标文件的编制

投标文件的组成必须与招标文件的规定一致，不能带有任何附加条件，否则可能导致被否定或废标。具体内容及编写要求如下。

（一）投标文件的组成

投标文件的组成，也就是投标文件的内容。根据招标项目的不同、地域的不同，投标文件的组成上也会存在一定的区别，但重要的一点是投标文件的组成一定要符合招标文件的要求。一般来说投标文件由投标函、商务标、技术标构成。2010 年由国家发改委、住建部等部委联合编制的《中华人民共和国房屋建筑和市政工程标准施工招标文件》第八章"投标文件格式"明确规定了投标文件的组成和格式。

（二）投标函编制

投标函是指投标人按照招标文件的条件和要求，向招标人提交的有关报价、质量目标等承诺和说明的函件。它是投标人为响应招标文件相关要求所做的概括性说明和承诺的函件，一般位于投标文件的首要部分，其内容必须符合招标文件的规定。

投标函部分主要包括下列内容。
① 投标函；
② 法定代表人身份证明书；
③ 投标文件签署授权委托书；
④ 投标保证金缴纳成功回执单；
⑤ 项目管理机构配备情况表；
⑥ 项目负责人简历表；
⑦ 项目技术负责人简历表；
⑧ 项目管理机构配备情况辅助说明资料；
⑨ 招标文件要求投标人提交的其他投标资料。

（三）技术标编制

技术标包括全部施工组织设计内容，用以评价投标人的技术实力和建设经验。技术复杂的项目对技术文件的编写内容及格式均有详细要求，应当认真按照规定填写标书文件中的技术部分，包括技术方案、产品技术资料、实施计划等。对于大中型工程和结构复杂、技术要求较高的工程来说，投标文件技术部分往往是能否中标的关键性因素。投标文件技术部分通常就是一份完整的施工组织设计。

1. 技术标编制内容

① 确保基础工程的技术、质量、安全及工期的技术组织措施；

② 各分部分项工程的主要施工方法及施工工艺；

③ 拟投入本工程的主要施工机械设备情况及进场计划；

④ 劳动力安排计划；

⑤ 主要材料投入计划安排；

⑥ 确保工程工期、质量及安全施工的技术组织措施；

⑦ 确保文明施工及环境保护的技术组织措施；

⑧ 质量通病的防治措施；

⑨ 季节性施工措施；

⑩ 计划开、竣工日期和施工平面图、施工进度计划横道图及网络图。

2. 技术标编制依据

单位工程施工组织设计的编制依据如下。

① 建设单位的意图和要求；

② 工程的施工图纸及标准图；

③ 施工组织总设计对本单位工程的工期、质量和成本控制要求；

④ 资源配置情况；

⑤ 建筑环境、场地条件及地质、气象资料，如工程地质勘查报告、地形图和测量控制等；

⑥ 有关的标准、规范和法律；

⑦ 有关技术新成果和类似建设工程项目的资料和经验。

（四）商务标编制

1. 商务标编制

《中华人民共和国房屋建筑和市政工程标准施工招标文件》第八章"投标文件格式"明确规定了投标文件的组成和格式。其中商务标主要包括下列内容。

① 已标价工程量清单；

② 项目管理机构；

③ 拟分包项目情况表；

④ 资格审查资料；

⑤ 投标人须知前附表规定的其他资料。

其中①项为经济标，即工程项目的投标报价文件。②～⑤项称为资信标。

2. 资信标编制

资信标是对投标企业的资格及信用程度审查的资料内容，主要包括企业的项目管理机构、机械设备情况、人员及财务情况、资格审查资料、业绩及获奖情况等。资信标编制在投标文件编制过程中起到很重要的作用，在进行综合评估法评标时占据一定的分值，同时一定程度上能够体现投标人的经济实力及公司运营状况，所以此部分作为评标专家的主要评判内容，需要投标人认真准备相关资料，进行编制，将结果体现在投标文件中。

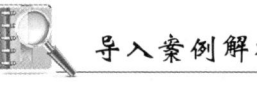 **导入案例解析**

根据上述所学，一份有效合理的投标文件应该对招标文件进行实质性响应，应该针对具体的工程项目编制能够彰显企业优势同时对招标文件进行最大限度响应的投标文件，而导入案例中只是对个别项目投标文件进行了部分修改，所以导致未充分响应招标文件而废标的现象。

（五）招标控制价与投标报价的区别

招标控制价是对招标工程限定的最高工程造价。投标报价主要是投标人对承建工程所要发生的各种费用的计算。同时规范规定："投标价是投标人投标时报出的工程造价"。由此可以看出招标控制价是对投标报价的限制价，所以招标控制价又称最高限价，是投标报价的最高上限，如果超过这个控制价，投标报价将被视为废标。

招标控制价是建设单位为实施招标委托编制的，其内容的准确性、严密性由建设方负责；投标报价则是投标方为进行投标而编制的报价，其内容由投标方负责。

相对而言，招标控制价主要依据国家、省级、行业的计价标准和计价办法，而投标报价由投标人自主确定，但必须执行《建设工程工程量清单计价规范》的强制性规定；投标人的投标报价不得低于成本；投标报价要以招标文件中设定的承发包双方责任划分，作为考虑投标报价费用项目和费用计算的基础，承发包双方的责任划分不同，会导致合同风险不同的分摊，从而导致投标人选择不同的报价。招标控制价的编制完全要求按规范和计价依据的要求，其中的各项费用依据规定不可调整。

1. 招标控制价的编制

根据招标控制价的编制依据进行编制，具体编制方法已在模块五工程招标中进行讲解，在此不再详细展开。

2. 投标报价的编制

在进行投标报价部分的编制时，必须要先做好以下准备工作。① 研究招标文件，招标文件是实行工程招标的法律性文件，是确定施工单位的主要依据，是编制投标文件的重要依据；② 确定招标范围；③ 确定材料采购方式，工程项目招标中材料采购方式大多采用：甲供材料及设备、甲定乙购材料、乙购材料；④ 分析和掌握项目的工程特点，了解工程的重点、难点，抓住问题主要方面，提出针对性解决问题的方法，采取相对措施，提高中标率。然后进行有针对性的投标报价编制。具体如下。

（1）分部分项工程费的编制　分部分项工程中工程量依据招标文件清单中所列内容确定；材料暂估价按招标文件提供的暂估价计入综合单价；综合单价中应包含招标文件所要求的投标人承担的风险费。投标报价以工程量清单项目特征描述为准确定综合单价的组价；材料暂估价完全依照招标文件编制。根据工程承发包模式考虑投标报价的费用内容和计算深度；以施工方案、技术措施等作为投标报价计算的基本条件；以反映企业技术和管理水平的企业定额作为计算人工、材料和机械台班消耗量的基本依据；充分利用现场考察、调研成果、市场价格信息和行情资料，编制基础标价，报价计算方法要科学严谨，简明适用。

分部分项工程单价确定的步骤和方法如下。

① 确定计算基础。主要包括消耗量的指标和生产要素的单价。

② 分析每一清单项目的工程内容。确定依据：项目特征描述、施工现场情况、拟定的施工方案、《建设工程工程量清单计价规范》中提供的工程内容、也可能发生规范列表之外的特殊工程的内容。

③ 计算工程内容的工程数量与清单单位的含量。每一项工程内容都应根据所选定额的工程量计算规则计算其工程数量。当定额的工程量计算规则与清单的工程量计算规则相一致时，可直接以工程量清单中的工程量作为工程内容的工程数量。

④ 当采用清单单位含量计算人工费、材料费、机械使用费时，还需要计算每一计量单位的清单项目所分摊的工程内容的工程数量，即清单单位含量。将五项费用汇总之后，即可得到分部分项工程量清单综合单价。

确定分部分项工程综合单价时的注意事项如下。

① 以项目特征描述为依据。当招标文件中分部分项工程量清单特征描述与设计图纸不符时，投标人应以分部分项工程量清单的项目特征描述为准。当施工中施工图纸或设计变更与工程量清单项目特征描述不一致时，发、承包双方应按实际施工的项目特征，依据合同约定重新确定综合单价。

② 材料暂估价的处理。其他项目清单中的暂估单价材料，应按其暂估的单价计入分部分项工程量清单项目的综合单价中。

③ 应包括承包人承担的合理风险。

（2）措施费、其他费编制　措施费中安全文明施工费按规定标准计取，其他措施项目按措施项目中的工程量列项计价。投标报价时投标人可以根据工程实际情况结合施工组织设计对招标人所列的措施项目进行增补；安全文明施工费按国家或省级、行业建设行政主管部门规定计价，不得作为竞争费用。暂列金额是指招标人在工程量清单中暂定并包括在合同价款中的一笔款项，由于施工合同签订时尚未确定或者不可预见的所需材料、设备、服务的采购，施工中可能发生的工程变更、合同约定调整因素出现时的工程价款调整及发生的索赔、现场签证确认等的费用。暂列金额应根据拟建工程的复杂程度、市场情况由招标人估算列出，并随工程量清单发至投标人。招标控制价中暂列金额规范规定为 10%～15% 作为参考，而投标报价则完全按照招标人列项的金额填写，不允许改动。专业工程暂估价同样按规定数据填报，不可调整。

专业工程暂估价按不同专业进行设定。投标报价时暂估价完全按照招标人设定的价格计入，不能进行调整。

总承包服务费。总承包人为配合协调发包人进行的工程分包自行采购的设备、材料等进行管理、服务以及施工现场管理、竣工资料汇总整理等服务所需的费用。招标人应预计该项费用并按投标人的投标报价向投标人支付该项费用。

一般对于总承包服务费的规定为：总承包服务费应由投标人视招标范围、招标人供应的材料、设备情况、招标人暂估材料、设备价格情况参照下列标准计算：拟建工程如有另行发包的专业工程时，按另行发包的专业工程估算价的 3% 以内计取；招标人供应材料、设备时，按其供应的材料、设备总价的 0.6% 以内计取；招标人暂估材料、设备价格时，按暂估材料、设备总价的 0.6% 以内计取。这项内容无论在招标控制价还是在投标报价中均属于不可竞争的费用，必须按照有关规定计取。

（3）企业管理费和利润　企业管理费和利润应根据企业年度管理费收支和利润标准以及企业的发展要求，同时考虑本项项目的投标策略综合确定。随着合理低价中标的逐步推行，市场竞争日趋激烈，企业管理费和利润率可在一定范围内进行调整。

（4）基础数据准确性及可竞争性　投标编制人员不但要熟悉业务知识，而且要富有管理经验，还要全面理解招标文件内容。基础数据的可竞争性是指报价中所列材料费、人工费、机械费的单价有可竞争性。

（5）投标报价的确定　最终报价的确定是中标与否的关键，是企业中标后获利的关键。中标前期的一切经营成果等于"零"，中标后报价低利润小可能出现亏损，给企业增加经济负担。所以投标报价的确定不但是投标报价过程，而且是企业决策过程。

（6）报价技巧运用　运用投标报价技巧，根据招标项目的不同特点采取不同的投标报价技巧。对于施工难度高，但可操控的项目，可适当抬高报价。施工技术含量低的项目，可以适当降低报价。

总之，招标控制价和投标报价无论从编制方还是编制内容上都是不一样的，招标控制价更注重政策及法规要求，而投标报价除了按照现行计价要求，还需从企业的实际情况和施工组织方案出发，但不能突破招标控制价。

三、投标报价策略与技巧

建设工程投标报价策略与技巧，是建设工程投标活动中另一重要内容，合理采用一定的策略和技巧，可以增加投标中标机会，又可以获得较大的期望利润。

（一）投标报价策略

当投标人确定要对某一具体工程投标后，就需采取一定的投标报价策略，以达到提高中标机会，中标后又能更多盈利的目的。常见的投标报价策略有以下几种。

（1）靠提高经营管理水平取胜　这主要靠做好施工组织设计，采用合理的施工技术和施工机械，精心采购材料、设备，选择可靠的分包单位，安排紧凑的施工进度，力求节省管理费用等，从而有效地降低工程成本而获得较大的利润。

（2）靠改进设计和缩短工期取胜　这主要靠仔细研究原设计图纸，发现有不够合理之处，提出能降低造价的修改设计建议，以提高对发包人的吸引力。另外，靠缩短工期取胜，即比规定的工期有所缩短，帮助发包人达到早投产、早收益，有时甚至标价稍高，对发包人也是很有吸引力的。

（3）低利政策　这主要适用于承包任务不足时，与其坐吃山空，不如以低利承包到一些工程，还能维持企业运转。此外，承包人初到一个新的地区，为了打入这个地区的承包市场、建立信誉，也往往采用这种策略。

（4）加强索赔管理　有时虽然报价低，却着眼于施工索赔，还能赚到高额利润。

（5）着眼于发展　为争取将来的优势，而宁愿目前少盈利。例如，承包人为了掌握某种有发展前途的工程施工技术（如建造核电站的反应堆或海洋工程等），就可能采用这种策略。这是一种较有远见的策略。

以上这些策略不是互相排斥的，可根据具体情况，综合灵活运用。

（二）投标报价技巧

在具体的投标报价策略的指导下，还要研究在投标的最后阶段即实际报价阶段通过哪些技巧提高中标概率，即报价技巧。其可以保证投标人在中标后获得一定的期望效益，而选用的编制投标文件及标价的方针、策略和措施。通常投标方熟悉并经常使用的报价技巧有以下几种（但不限于此）。

1. 根据不同的项目特点采用不同的报价

对施工条件差的工程，造价低的小型工程，自己施工上有专长的工程以及由于某些原因自己不想做的工程，报价可以高些；结构比较简单而工程量又较大的工程（如成批住宅区和大量土方工程等），短期能突击完成的工程，企业急需拿到任务及投标竞争对手较多时，报价可以低些。

2. 不平衡报价法

不平衡报价的基本原则是保持正常报价水平条件下的总报价不变，它是指在工程项目总报价基本确定后，通过调整内部各个项目的报价，以期既不提高总报价、不影响中标，又能在结算时得到更理想的经济效益。

具体做法如下。

① 能够早收到钱款的项目，如开办费、土方、基础等，其单价可定得高些，以有利于资金周转。后期的工程项目单价，如粉刷、油漆、电气等，可适当降低。

② 估计今后会增加工程量的项目，单价可提高些；反之，估计工程量将会减少的项目，单价可降低些。

③ 图纸不明确或有错误，估计今后会有修改的；或工程内容说明不清楚的，价格可降低，待今后索赔时提高价格。

④ 计日工资和零星施工机械台班小时单价作价，可稍高于工程单价中的相应单价。因为这些单价不包括在投标价格中，发生时按实计算，可多得利。

⑤ 无工程量而只报单价的项目，如土木工程中挖湿土或岩石等备用单价，单价宜高些。这样，既不影响投标总价，以后发生此种施工项目时也可多得利。

⑥ 暂定工程或暂定数额的估价，如果估计今后会发生的工程，价格可定得高一些，反之价格可低一些。

3. 扩大标价法

扩大标价法是一种常用的报价方法，它除了按已知的正常条件编制标价外，对工程中变化大或没有把握的分部分项工程，采用扩大单价或增加风险费的方法来减少中标的风险，保证企业盈利，但这种报价方法往往报价高而不易中标。

4. 逐步升级法

逐步升级法是将投标看成协商的开始，首先对技术规范和图纸说明进行分析，把工程中的一些难题抛弃，将标价降至无法与之竞争的数额。利用这种最低标价来吸引招标人，从而取得与招标人商谈的机会，再逐步进行费用最多部分的报价。

5. 突然袭击法

由于投标竞争激烈，为迷惑对方，有意泄露一些假情报，如不打算参加投标，或准备投高标，表现出无利可图不想投标等假象，到投标截止之前几个小时，突然前往投标，并压低投标价，从而使对手措手不及而败北。

6. 先亏后盈法

先亏后盈法是指投标人为了开辟某一市场而不惜代价的低价中标方案。先亏是为了占领市场，当打开局面后，就会带来更多的工程利润。

7. 多方案报价法

多方案报价法，是招标文件中没有要求，若业主拟定的合同要求过于苛刻，为使业主修改合同要求，可提出两个报价，并阐明，按原合同要求规定，投标报价为某一数值；倘若合同要求做某些修改，可降低报价一定百分比，以此来吸引对方。

另外一种情况，是自己的技术和设备满足不了原设计的要求，但在修改设计以适应自己的施工能力的前提下仍希望中标，于是可以报一个按原设计施工的投标报价（投高标）；另一个按修改设计施工的比原设计的标价低得多的投标报价，以诱导业主。

8. 增加建议方案法

增加建议方案，是招标文件中有明确的规定，投标人可以另行提出一个建议方案，即可以修改原设计方案，最后根据自己的方案对原设计方案和建议的方案，都进行报价。

 **案例 1**

某小区商住楼土建项目，某投标单位投递的投标书报价为 1080 万元，投递投标书的时间距投标截止日期尚有 3 天，然后经过各种渠道了解，发现该报价与竞争对手相比没有优势，于是在开标前，又递上一封折扣信，在投标书报价的基础上，工程量清单单价与总报价各下降 5%，并最终凭借价格的优势拿到了合同。该案例运用了哪种报价策略？

【分析】

这样的投标策略，在国际招标中经常出现，国内招标中这种方法也逐渐多了起来。这种做法是完全合法的。《中华人民共和国招标投标法》中规定："投标人在提交投标文件截止日期前，可以补充、修改或撤回已提交的投标文件，并书面通知招标人，补充、修改的内容为投标文件的组成部分。"

但是需要注意的是这种做法不是由于自身的原因做出的，而是根据其他投标人的投标情况而做出的，会带来恶性竞争的负面作用。而且也不能一味地不顾企业的成本，盲目地为了中标而降低报价，导致合同签订后难以履行。

 **案例 2**

某施工企业投标人在投标阶段，根据招标文件要求进行了投标文件的编制，在投标截止日期前一天，将投标文件报送招标人，次日，在规定的投标截止时间前一个小时，该投标人又递交了一份补充材料，将原报价在保证合理情况下降低了 3%，该做法是否合理？

【分析】

根据上述所学知识，可以分析该施工企业做法合理有效，因其是在投标截止时间之前提交补充文件，同时运用了合适的投标报价技巧，即突然袭击法，该方法是针对其他竞争对手所采用的突然性，且须保证降价幅度在合理范围之内。

 **案例 3**

某大型公建项目进行招标，标底为 8050 万元。同时在施工招标文件中规定：本工程预付款，数额为合同价款的 10%，在合同签署并生效后 7 日内支付，当进度款支付达合同总价

的 60% 时一次性全额扣回，工程进度款按季度支付。

　　某投标单位的投标报价为 7990 万元，为了能提早收回资金，以便投入新的项目，该投标单位采用的报价方法是，将基础工程和柱、墙等项目的单价提高了 15%，装饰工程的单价适当下调，做到了总报价仍然为 7990 万元，并且在评标时对调整项目单价做了有力的说明，最后中标。在施工过程中，基础工程等施工完后，回收了大量的资金投入到新项目中。该案例运用了哪种报价技巧？

　　【分析】

　　该方法是一个工程项目总报价基本确定后，通过调整内部各个项目的报价，以期既不提高总报价、不影响中标，又能在结算时得到更理想的经济效益。总的来讲，要保证两个原则："早收钱"和"多收钱"，即不平衡报价法。

　　需要注意的是采用不平衡报价一定要建立在对工程量清单中工程量仔细核对分析的基础上，特别是对报单价的项目。单价的不平衡要注意尺度，不应该成倍或几倍的偏离正常的价格，否则业主可能会判为废标，甚至列入以后禁止投标的黑名单中，就得不偿失了。一般情况下，比正常价格多出 15% ~ 30% 的幅度，业主都是可以接受的，投标人可以解释为临时设施的搭建、材料和设备订货等预先支出的费用。

　　不平衡报价最终的结果应该是：报价时高低互相抵消，总价上却看不出来；履约时所形成的数量少，完成的也就少，单价调低，损失也就降到最低；数量多，完成的也多，单价调高，承包商便能获取较大的利润。所以总体利润多、损失小，合起来还是盈利。

　　当然，不平衡报价也有相应的风险，要看投标人的判断和决策是否正确。这就要求投标人具备相当丰富的经验，要对项目进行充分的调研、掌握丰富的资料、把握准确的信息等，这样所做出的判断和决策才是客观的、科学的，才能把风险降至最低。即使投标人的判断和决策是正确的，招标人也可以在履行合同的时候通过一系列的手段来控制住。如要求在投标报价文件中增加工程量清单综合单价分析表来分析每条清单项目的单价构成，发变更令减少施工的工程量，甚至强行地取消原有设计等，只要在招标文件中注明相关的条款或在合同中约定，投标人就很难利用不平衡报价法来获得利益。

　　不平衡报价法运用合理，是企业的投标技巧的一种表现。关键在于把握一个合理的幅度，幅度大了，影响中标的概率，幅度小了，效果又不明显，要在不平衡中寻求幅度的平衡，这样才能够充分利用不平衡报价法的优势。

四、投标文件编制注意事项

　　① 投标人编制投标文件必须使用招标文件提供的表格格式，不能随意更改。重要的项目或数字（如工期、质量等级、价格等）未填写的，将被作为废标。

　　② 编制的投标文件正本只有一份，副本则按招标文件中要求的份数提供，同时要标明"投标文件正本"和"投标文件副本"字样，当正本与副本不一致时，以正本为准。

　　③ 全套投标文件书写应清晰、应无随意地修改和行间插字，修改处应由投标文件签字人签字证明并加盖印鉴。

　　④ 所有投标文件的签名及印鉴要齐全，并加盖法人单位公章。

　　⑤ 填报的投标文件应反复校核，保证分项和汇总计算均无错误。同时按招标文件要求整理、装订、密封，做好保密工作。

⑥ 如招标文件规定投标保证金为合同总价的某百分比时，开具投标保函不要太早，以防泄露报价。但有的投标人提前开出并故意加大保函金额，以麻痹竞争对手的情况也是存在的。注意依法必须进行施工招标的项目的境内投标单位，以现金或者支票形式提交的投标保证金应当从其基本账户转出。

⑦ 采用电子评标方式的，报送的电子书必须能够导入评标系统，否则将被视为废标。

⑧ 认真对待招标文件中关于废标的条件，以免被判为无效标而前功尽弃。

五、投标文件递交

投标文件编制完成，投标人应在招标文件规定的投标截止日前将投标文件送到招标人指定地点，招标人收到投标文件后，应当向投标人出具标明签收人和签收时间的凭证，在开标前任何单位和个人不得开启投标文件。未通过资格预审的申请人提交的投标文件，以及逾期送达或者不按照招标文件要求密封的投标文件，招标人应当拒收。招标人应当如实记载投标文件的送达时间和密封情况，并存档备查。

投标人在递送投标文件之后，在规定的投标截止日期之前，可以采用书面形式向招标人递交补充、修改或撤回其投标文件的通知。在投标截止日期以后不能再更改投标文件。投标人的补充、修改内容将作为其投标文件的组成部分。在投标截止时间与招标文件规定的投标有效期终止日之间的这段时间内，投标人不能撤回投标文件，否则其投标保证金不予退还。

项目二　实践任务

实训目的

1. 通过模拟现场踏勘、召开投标预备会，熟悉现场踏勘和预备会的目的和作用。

2. 通过模拟网络和现场投标报名、获取招标文件及施工图纸，熟悉投标业务。

3. 通过案例，拆分投标文件中的施工组织设计、投标报价策略及技巧等知识点，结合单据背面的提示功能，让学生掌握投标文件的编制方法。

4. 熟悉开标前的各项准备工作内容。

5. 学习投标工具中投标文件的软件操作。

6. 学习利用计价软件、结合投标策略及报价技巧编制投标报价文件。

实训任务

任务一　获取招标文件，参加现场踏勘、投标预备会

任务二　投标文件编制

任务三　投标文件封装、递交

任务四　完成开标前的准备工作

招投标沙盘操作如下。

一、沙盘引入

如图 6-1 所示。

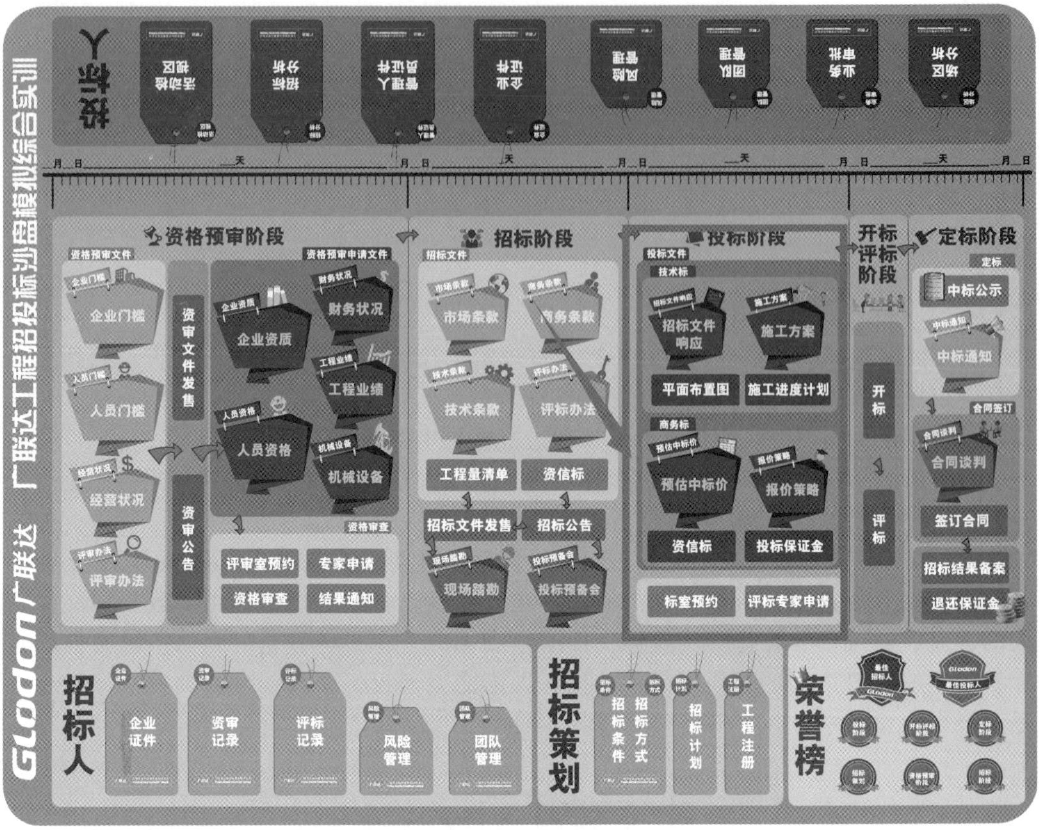

图 6-1

二、道具探究

1. 单据

（1）工作任务分配单（图 4-7）

（2）授权委托书（表 0-8、图 4-9）

（3）登记表（表 0-3、图 4-10）

（4）资金、用章审批表（表 0-6、图 4-11）

（5）携带资料清单表（表 0-7、图 4-12）

（6）工程量清单复核表（图 6-2）

组别：	表7-1 工程量清单复核表		日期：	
项目名称	工程量		清单项	
	招标文件提供的工程量	复核的工程量	招标文件提供的清单项	复核的清单项
具体内容				

填表人：　　　　　　会签人：　　　　　　审批人：

图 6-2

（7）施工场区环境分析表（图 6-3）

组别：	表7-2 施工场区环境分析表	日期：
项目	周围环境	现场条件
具体内容	☐ 高压线	☐ 场区内道路交通情况
	☐ 加油站	☐ 现场水源及排污情况
	☐ 特殊机构（医院、学校、消防等	☐ 现场电源情况
	☐ 重点文物保护	☐ 场区平整情况
	☐ 周边道路交通情况	☐ 现场通信情况
	☐ 地下障碍物及特殊保护	☐ 建筑物结构及现状（改造工程）
	☐ 周边建筑物情况	☐
	☐	☐

填表人：　　　会签人：　　　审批人：

图 6-3

（8）招标文件分析表（图 6-4）

组别	表7-3 招标文件分析表	日期：
序号	项目内容	具体要求
1	资信要求	
2	技术标要求	
3	招标控制价	
4	投标保证金	
5	投标文件递交方式及份数	
6	签字盖章要求	
7	质疑截止日期	
8	投标文件递交截止日期	
9	评标办法	
10	其他要求	

填表人：　　　会签人：　　　审批人：

图 6-4

（9）招标文件响应表（图 6-5）

组别：	表7-4 招标文件响应表	日期：	
序号	招标文件内容	是否响应	
1	投标内容	☐ 响应	☐ 不响应
2	工期	☐ 响应	☐ 不响应
3	工程质量	☐ 响应	☐ 不响应
4	技术标准及要求	☐ 响应	☐ 不响应
5	权利义务	☐ 响应	☐ 不响应
6	投标有效期	☐ 响应	☐ 不响应
7	投标价格	☐ 响应	☐ 不响应
8	分包计划	☐ 响应	☐ 不响应
9	已标价工程量清单	☐ 响应	☐ 不响应
10		☐ 响应	☐ 不响应
11		☐ 响应	☐ 不响应

填表人：　　　会签人：　　　审批人：

图 6-5

（10）投标文件审查表（图 6-6）
（11）中标价预估表（图 6-7）

图 6-6

图 6-7

2. 卡片

（1）施工方案类卡片

① 人工挖土（图 6-8）。

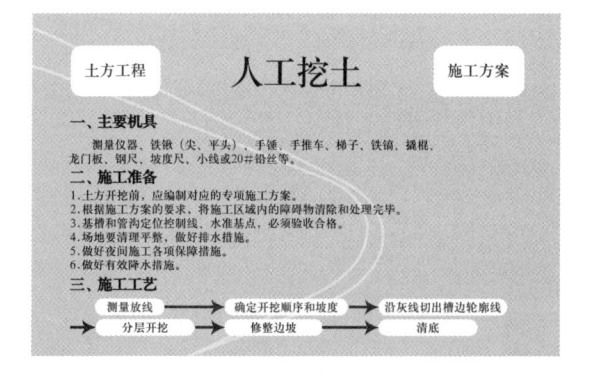

图 6-8

② 机械挖土（图 6-9）。

③ 人工回填土（图 6-10）。

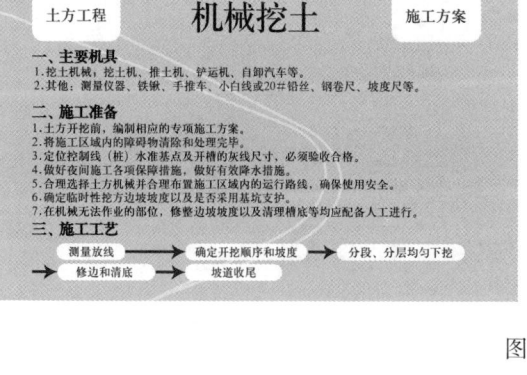
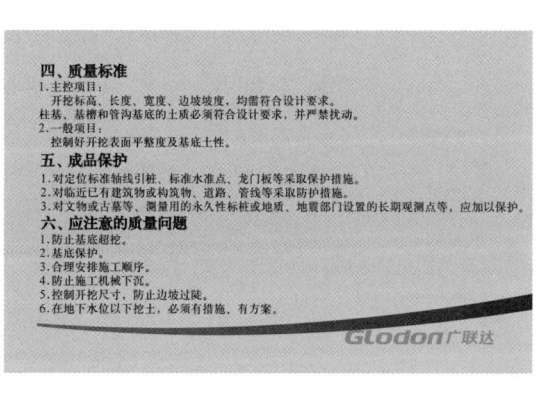

图 6-9

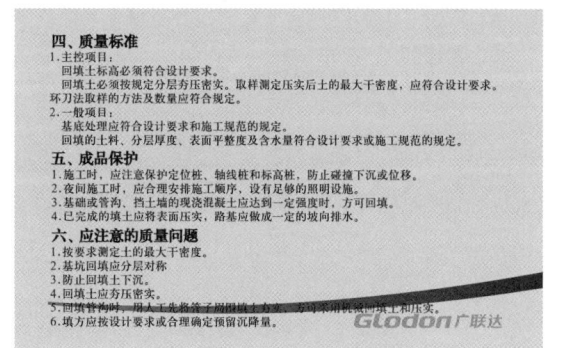

图 6-10

④ 机械回填土（图 6-11）。

图 6-11

⑤ 灰土地基（图 6-12）。
⑥ 砂和砂石地基（图 6-13）。
⑦ 防水混凝土（图 6-14）。
⑧ 高聚物改性沥青卷材防水层（图 6-15）。

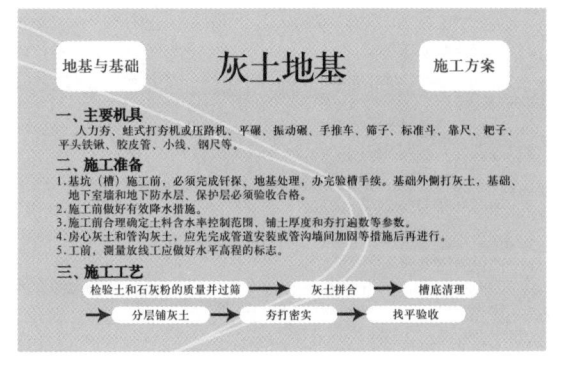

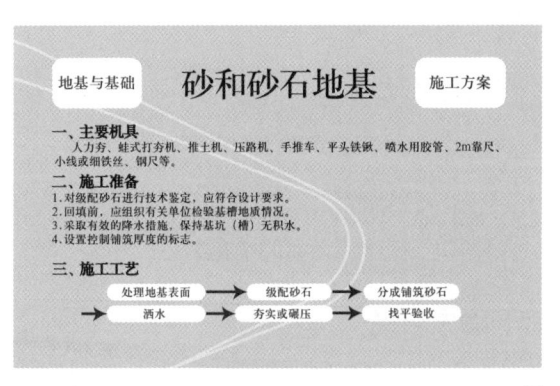

图 6-12

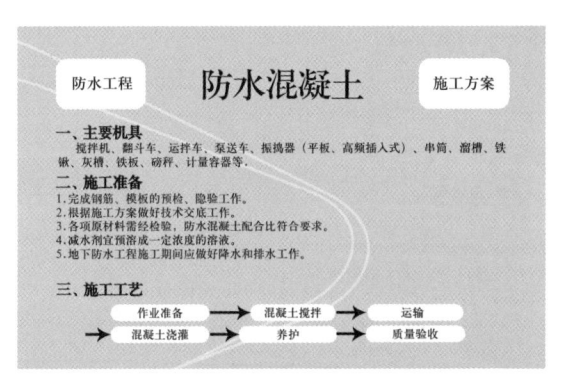

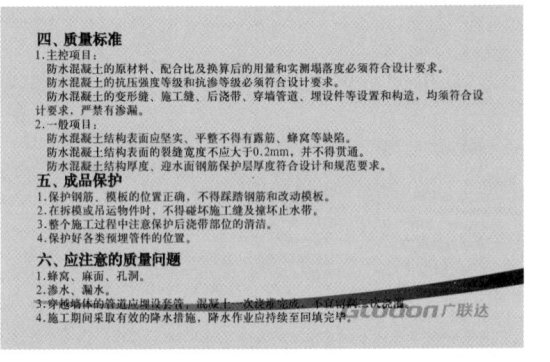

图 6-13

图 6-14

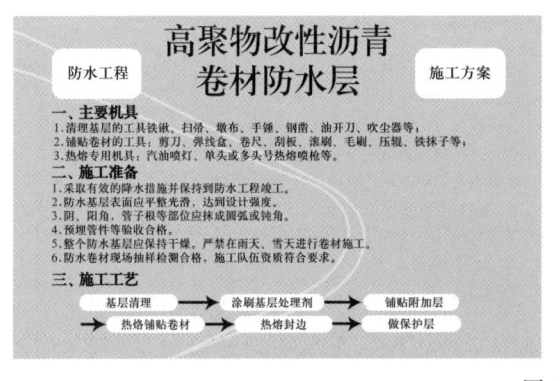

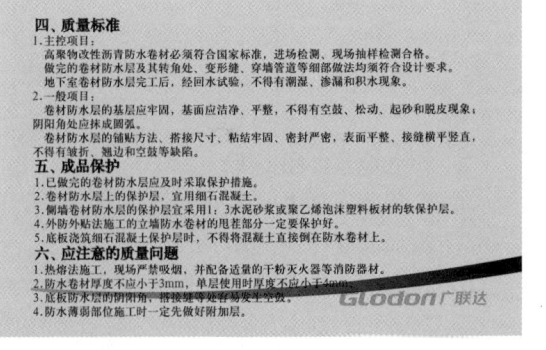

图 6-15

⑨ 钢筋绑扎（图 6-16）。

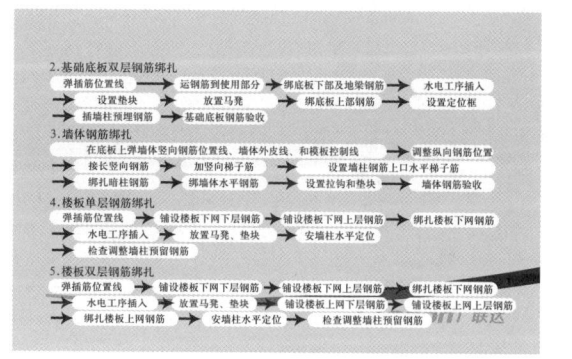

图 6-16

⑩ 钢筋锥螺纹连接（图 6-17）。

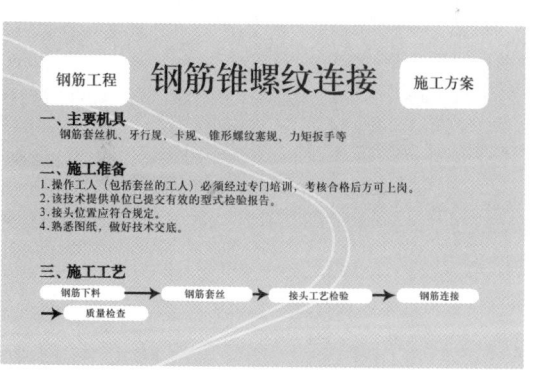

图 6-17

⑪ 钢筋电渣压力焊（图 6-18）。

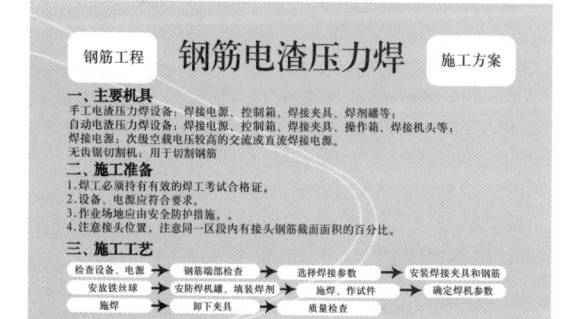
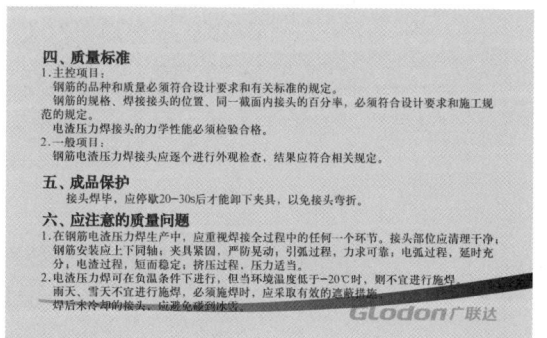

图 6-18

⑫ 钢筋滚扎直螺纹连接（图 6-19）。

⑬ 定型组合小钢模（图 6-20）。

⑭ 竹胶板（木质多层板）模板（图 6-21）。

⑮ 组合大钢模板（图 6-22）。

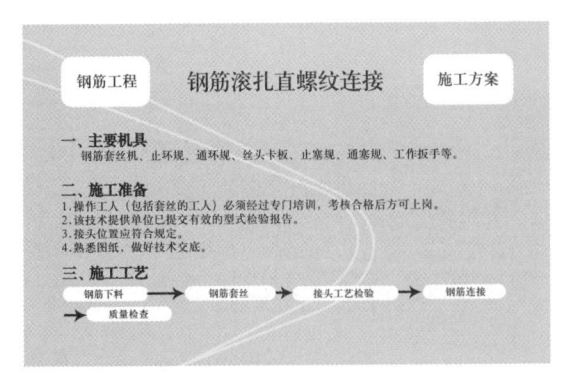

图 6-19

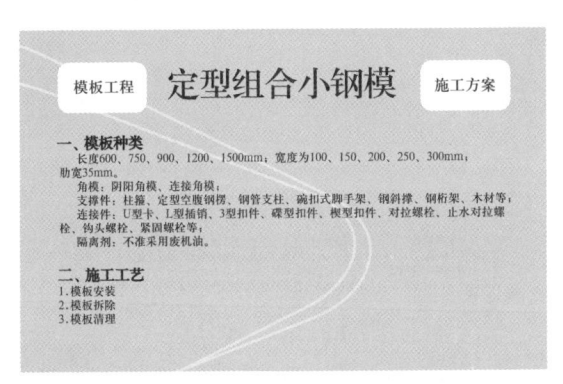

图 6-20

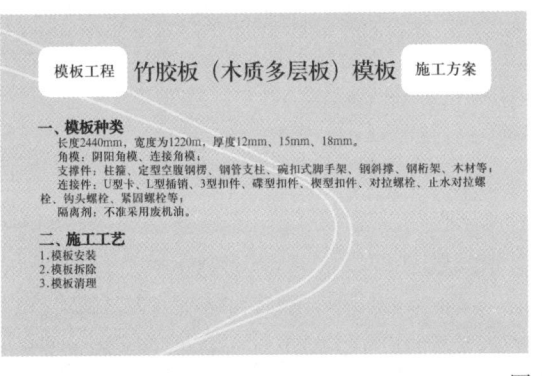

图 6-21

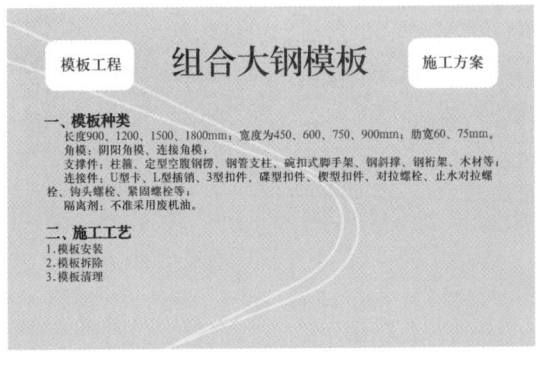
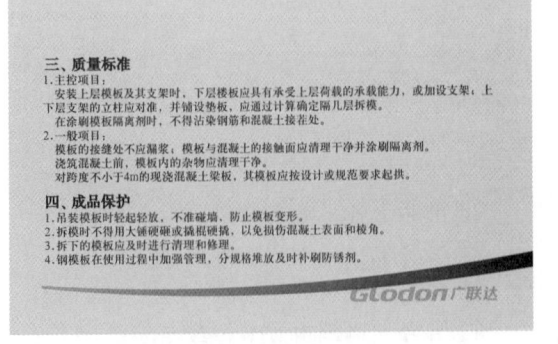

图 6-22

⑯ 现浇剪力墙结构大模板（图 6-23 ）。

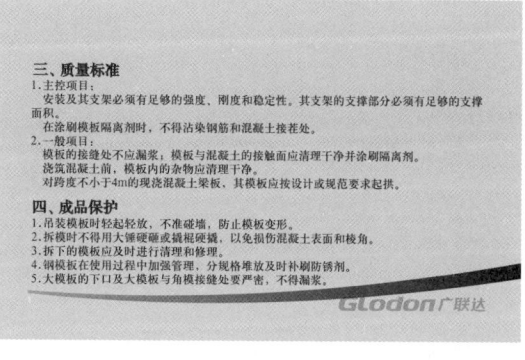

图 6-23

⑰ 框架剪力墙混凝土施工（图 6-24 ）。

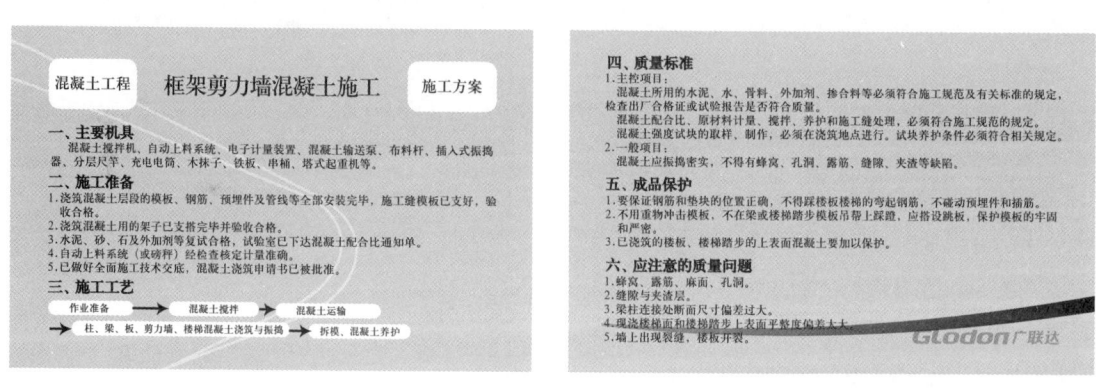

图 6-24

⑱ 预拌混凝土施工（图 6-25 ）。

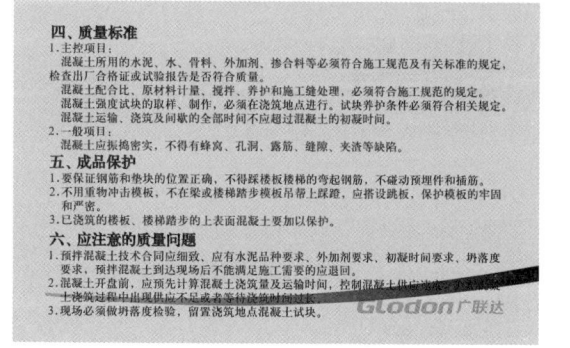

图 6-25

⑲ 混凝土泵送施工（图 6-26 ）。
⑳ 钢筋混凝土工程冬期施工（图 6-27 ）。
㉑ 钢筋混凝土工程雨期施工（图 6-28 ）。
㉒ 安全文明施工方案（图 6-29 ）。

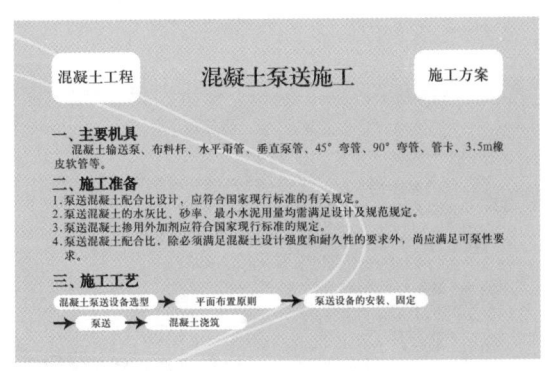

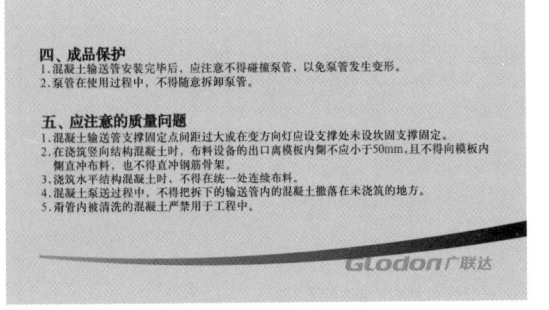

图 6-26

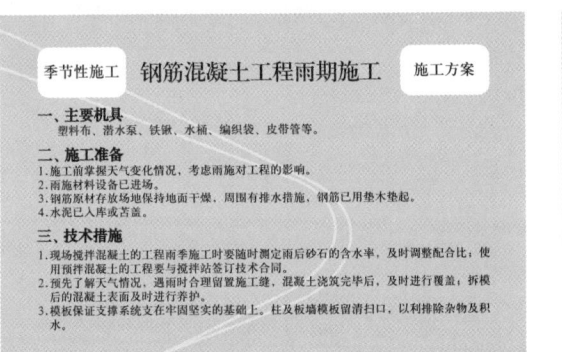

图 6-27

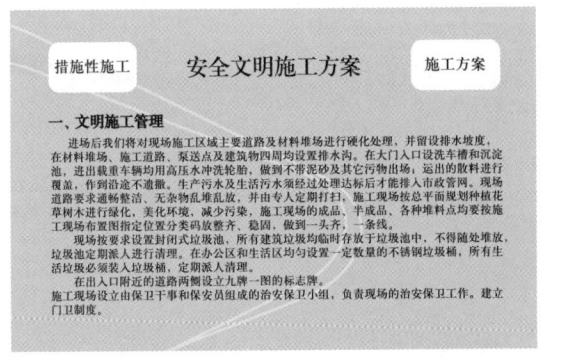

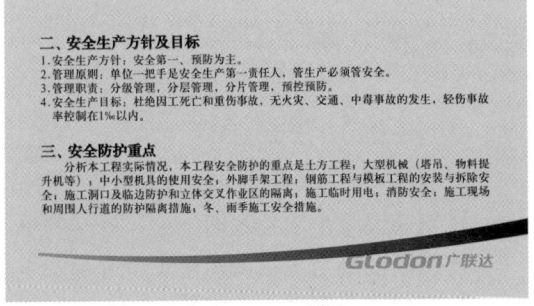

图 6-28

图 6-29

㉓ 施工防护措施（图 6-30）。

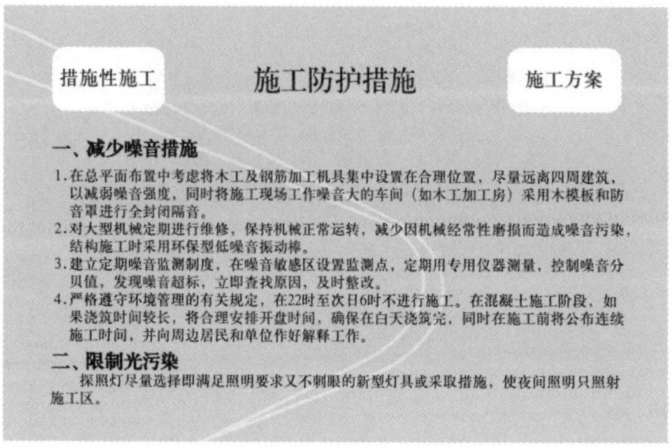

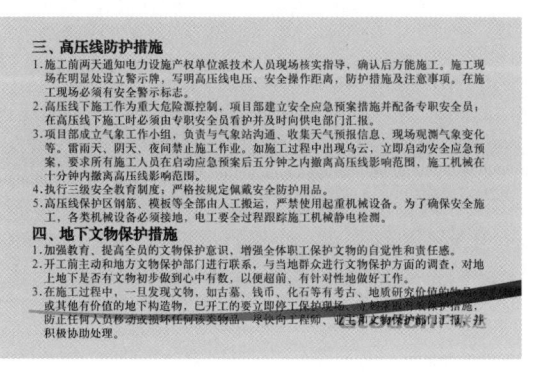

图 6-30

（2）工程投标策略类卡片

① 靠优化设计取胜（图 6-31）。

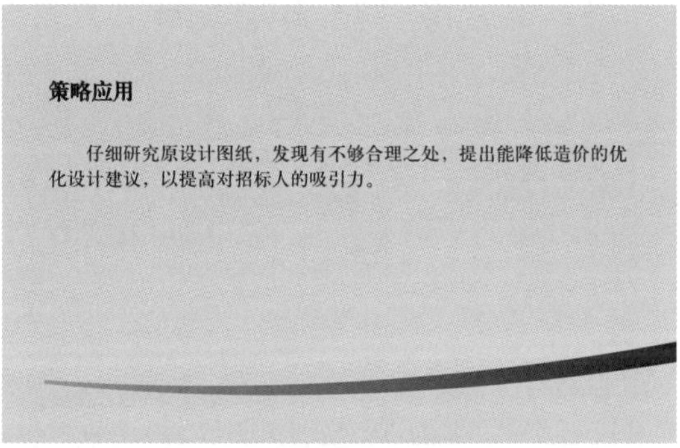

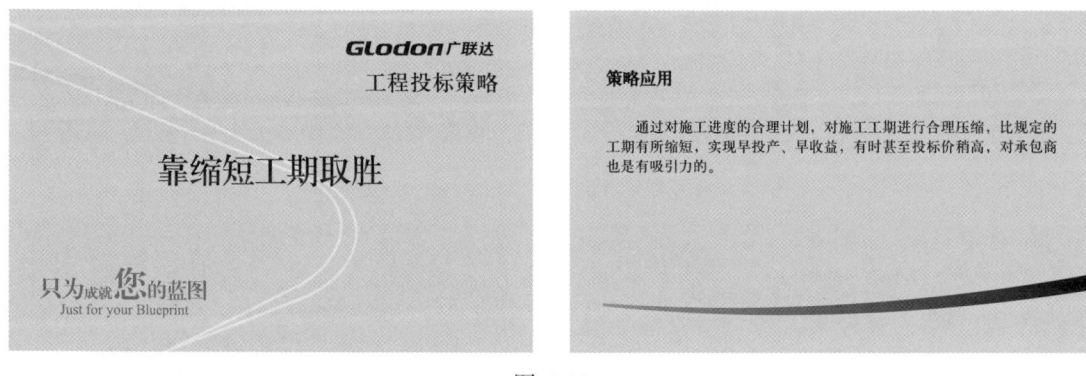

图 6-31

② 靠缩短工期取胜（图 6-32）。

图 6-32

③ 低利润策略（图 6-33）。

④ 低标价、高索赔策略（图 6-34）。

⑤ 着眼于未来发展策略（图 6-35）。

（3）工程投标报价技巧类卡片

① 不平衡报价法（图 6-36）。

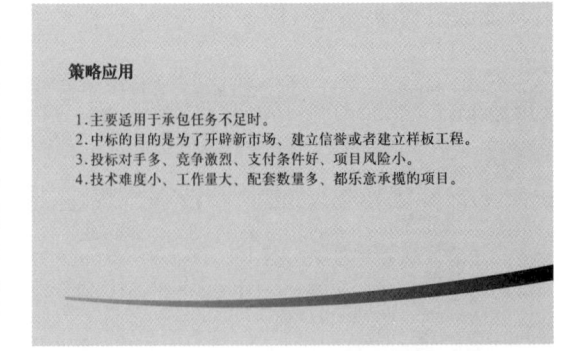

图 6-33

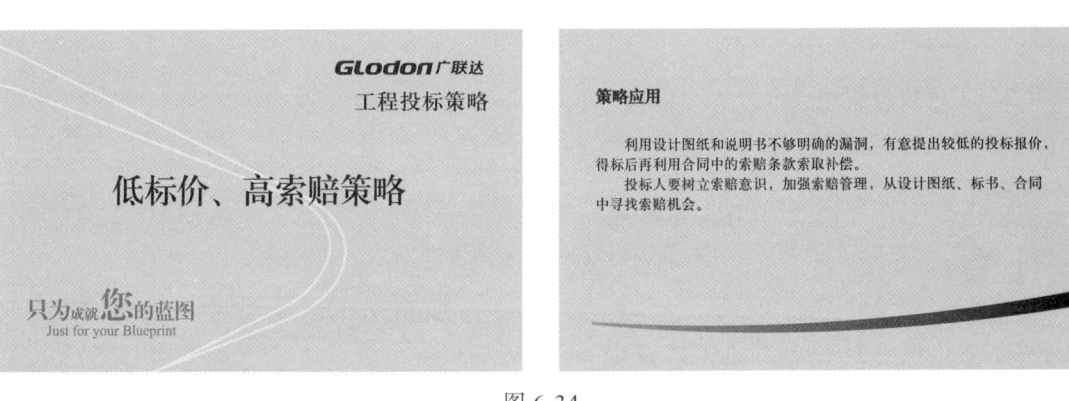

图 6-34

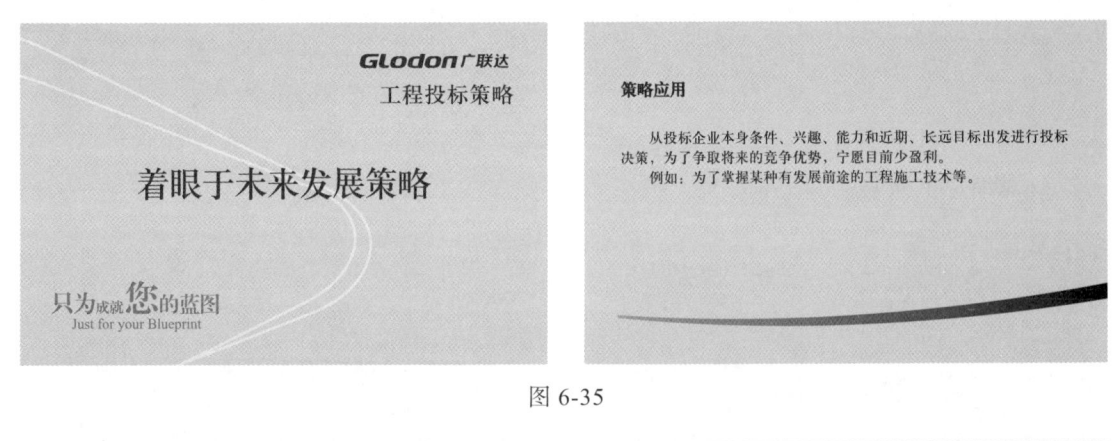

图 6-35

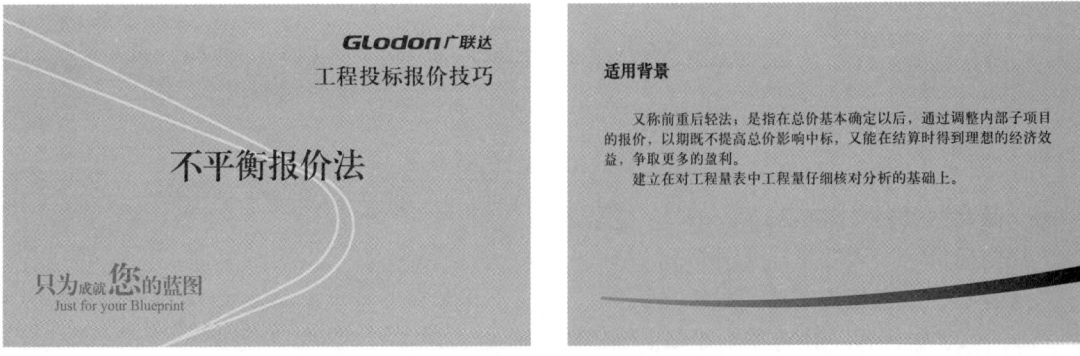

图 6-36

② 先亏后赢法（图 6-37）。

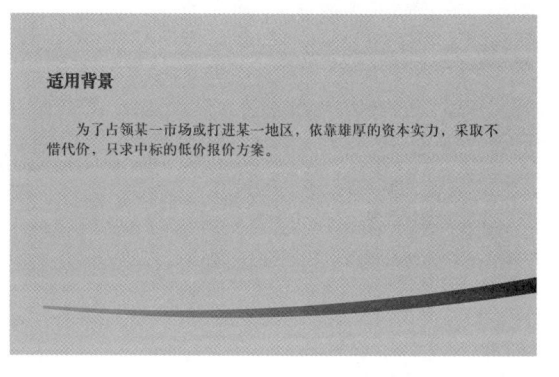

图 6-37

③ 多方案报价法（图 6-38）。

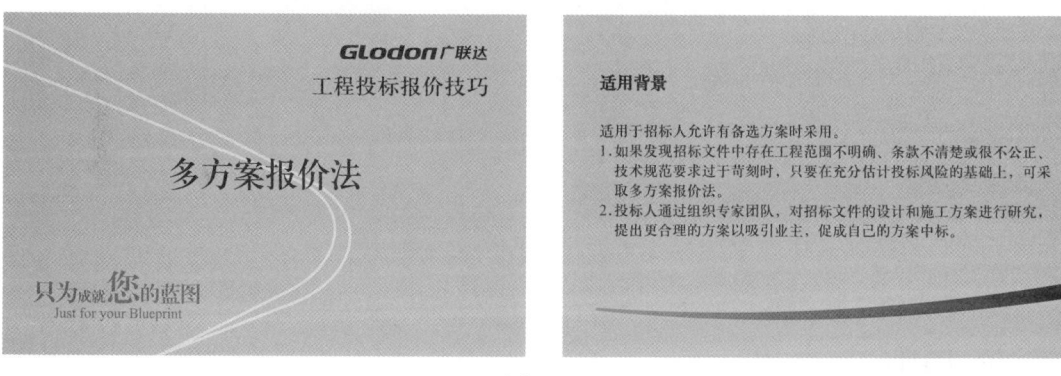

图 6-38

④ 突然降价法（图 6-39）。

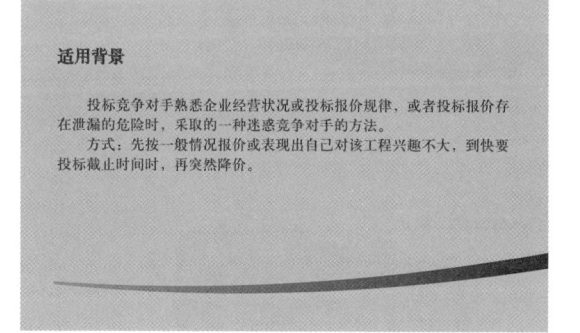

图 6-39

⑤ 高利润报价法（图 6-40）。

（4）施工机械类卡片

① 塔吊（图 6-41）。

② 钢筋调直切断机（图 6-42）。

③ 钢筋直螺纹套丝机（图 6-43）。

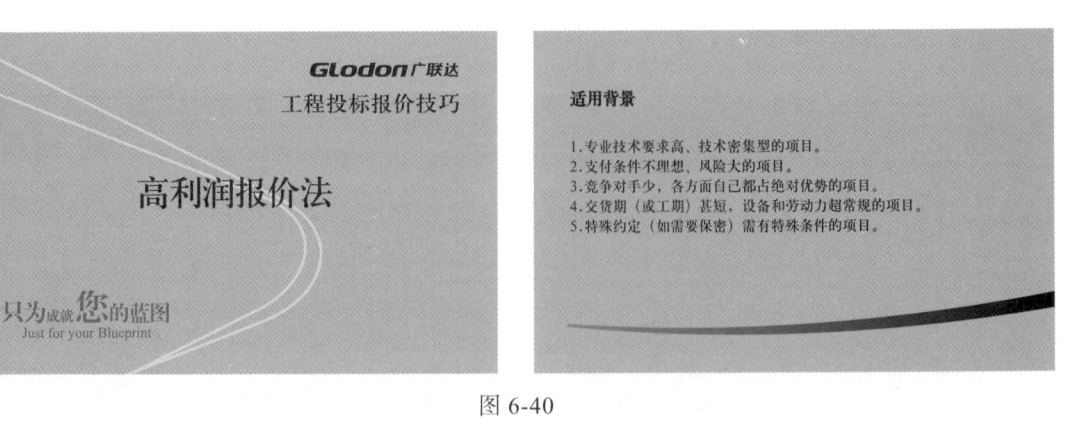

图 6-40

图 6-41

图 6-42

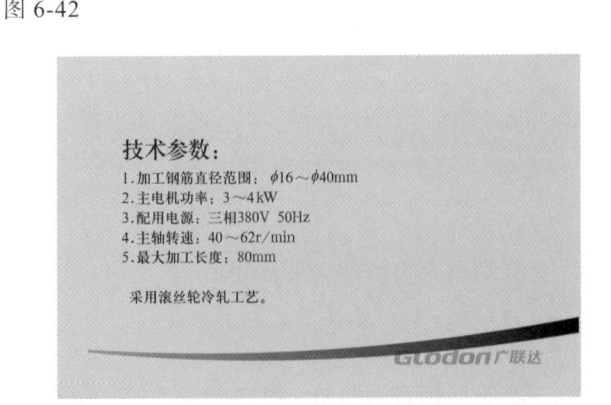

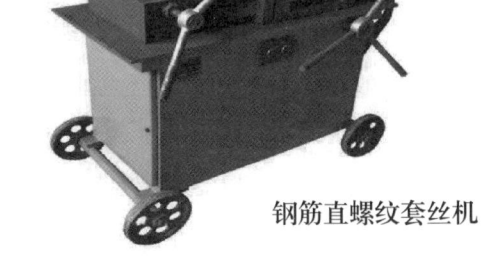

图 6-43

④ 混凝土泵车（图 6-44）。

图 6-44

⑤ 数控钢筋调直弯箍机（图 6-45）。

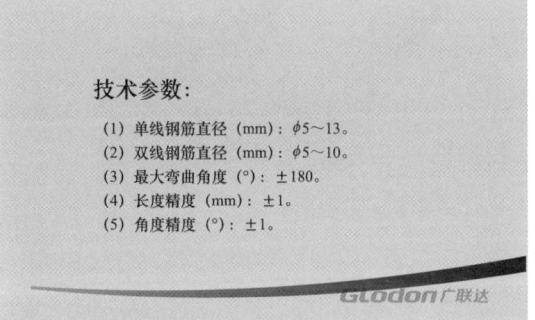

图 6-45

⑥ 钢筋弯箍机（图 6-46）。

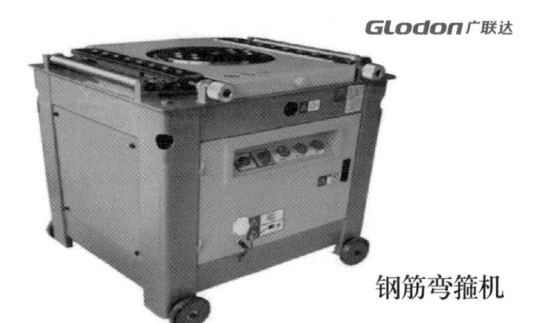

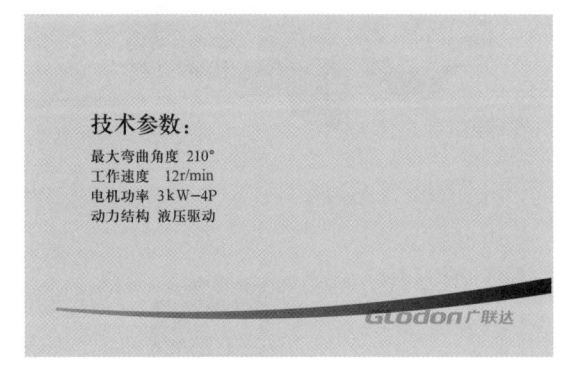

图 6-46

⑦ 施工电梯（图 6-47）。

⑧ 挖掘机（图 6-48）。

⑨ 自卸汽车（图 6-49）。

⑩ 推土机（图 6-50）。

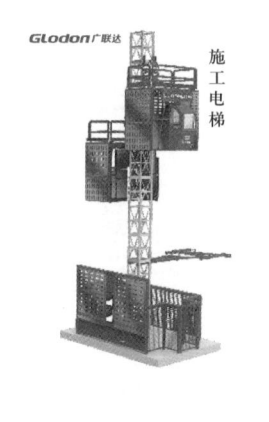

施工电梯

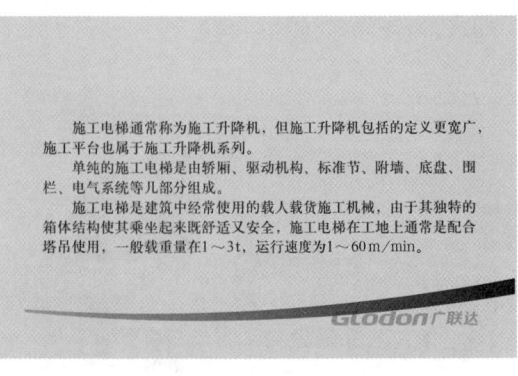

施工电梯通常称为施工升降机，但施工升降机包括的定义更宽广，施工平台也属于施工升降机系列。

单纯的施工电梯是由轿厢、驱动机构、标准节、附墙、底盘、围栏、电气系统等几部分组成。

施工电梯是建筑中经常使用的载人载货施工机械，由于其独特的箱体结构使其乘坐起来既舒适又安全，施工电梯在工地上通常是配合塔吊使用，一般载重量在1～3t，运行速度为1～60m/min。

图 6-47

挖掘机

挖掘机，又称挖掘机械，是用铲斗挖掘高于或低于承机面的物料，并装入运输车辆或卸至堆料场的土方机械。

挖掘机挖掘的物料主要是土壤、煤、泥沙以及经过预松后的土壤和岩石。

挖掘机最重要的三个参数：操作重量（质量），发动机功率和铲斗斗容。

图 6-48

自卸汽车

自卸汽车：车厢配有自动倾卸装置的汽车。又称为翻斗车、工程车，由汽车底盘、液压举升机构、取力装置和货厢组成。

在土木工程中，常同挖掘机、装载机、带式输送机等联合作业，构成装、运、卸生产线，进行土方、砂石、松散物料的装卸运输。

图 6-49

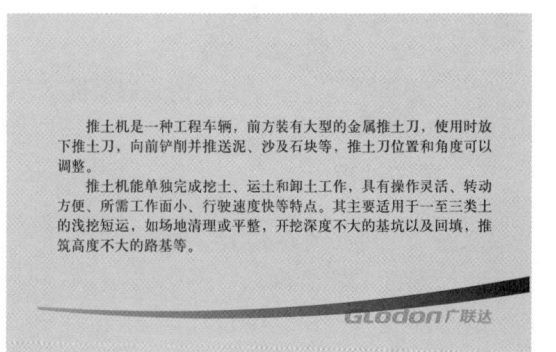

推土机

推土机是一种工程车辆，前方装有大型的金属推土刀，使用时放下推土刀，向前铲削并推送泥、沙及石块等，推土刀位置和角度可以调整。

推土机能单独完成挖土、运土和卸土工作，具有操作灵活、转动方便、所需工作面小、行驶速度快等特点。其主要适用于一至三类土的浅挖短运，如场地清理或平整，开挖深度不大的基坑以及回填，推筑高度不大的路基等。

图 6-50

3. 人员资格证书资料

详见模块四 资格审查（图 4-40 ～图 4-45）。

三、角色扮演

（1）招标人

① 招标人即建设单位，由老师临时客串；

② 对招标代理提出的疑难问题进行解答。

（2）招标代理

① 由老师指定 2~4 名学生担任招标代理公司；

② 辅助招标人完成招标文件发售等工作；

③ 辅助招标人完成现场踏勘、投标预备会工作。

（3）投标人

① 每个学生团队都是一个投标人公司；

② 完成招标文件、施工图纸获取工作；

③ 完成现场踏勘、参加投标预备会；

④ 完成招标文件的编制。

（4）行政监管人员

① 每个学生团队中由项目经理指定一名成员，担任本团队的行政监管人员；

② 负责工程交易管理服务平台的业务审批。

小贴士：如项目招标由招标人自行完成，则不设招标代理角色，其相关工作由招标人完成，并由学生团队担当。

四、时间控制

建议学时 4~6 学时。

五、实训步骤

【任务一 获取招标文件，参加现场踏勘、投标预备会】

（一）任务说明

① 投标报名；

② 获取招标文件；

③ 参加现场踏勘；

④ 招标文件分析；

⑤ 参加投标预备会。

（二）操作过程

1. 投标报名

可参考模块四资格审查中任务四：完成投标报名、获取资格预审文件的相关内容。

2. 获取招标文件

（1）方案一：在线获取

① 投标人登录工程交易管理服务平台，进入"已报名标段"界面，找到报名标段，进入

标段购买招标文件,点击"购买",此时弹出选择银行付款界面,请选择虚拟的"广联达银行",点击"登录网上银行支付",继续点击"支付成功"完成付款。如图 6-51～图 6-53 所示。

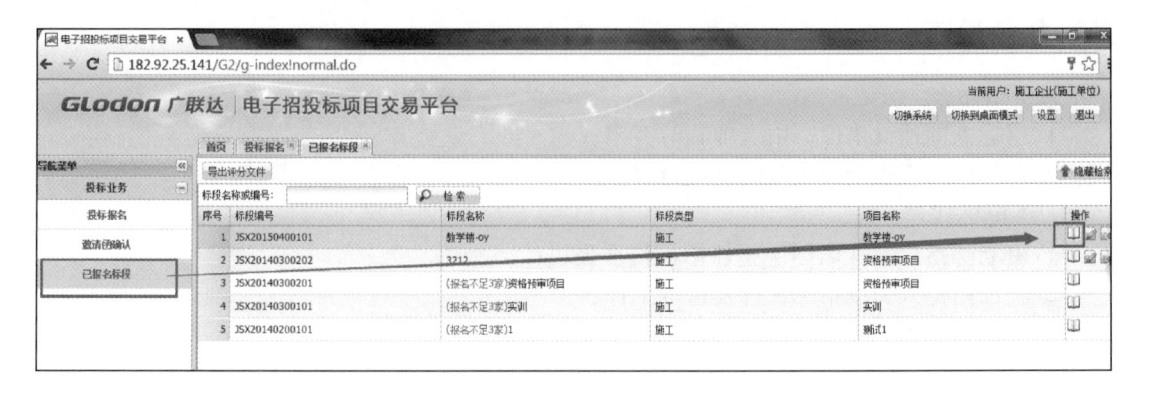

图 6-51

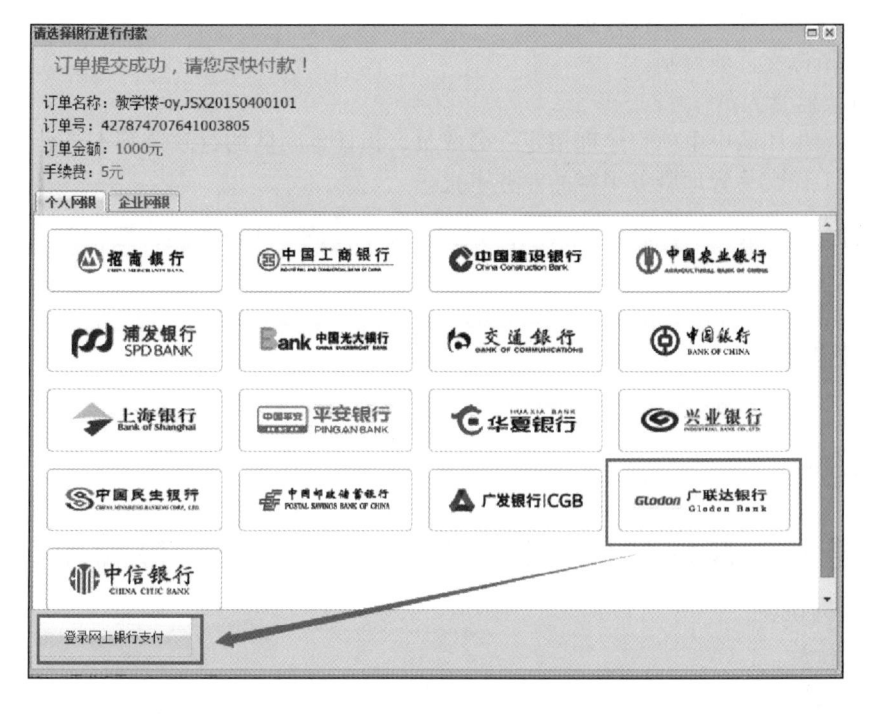

图 6-52

② 完成付款后,此时界面显示为未下载状态,点击"下载"即可下载并查看招标文件。如图 6-54、图 6-55 所示。

(2)方案二:现场获取

1)本方案适用于没有电子招投标项目管理平台的情况。

2)投标人按照资审结果通知或招标公告的要求,准备相关证件资料。

① 企业、人员证件资料(如果招标公告或资审结果通知有要求)。

② 填写"授权委托书"(图 6-56)。

市场经理填写"授权委托书"(图 6-56),注意:填写完成后,必须盖章才能生效。

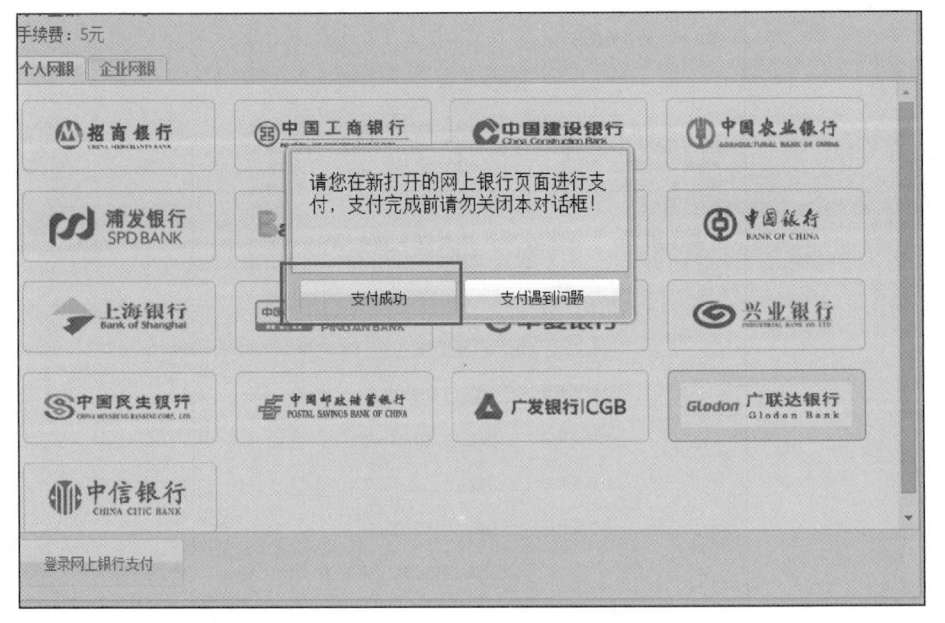

图 6-53

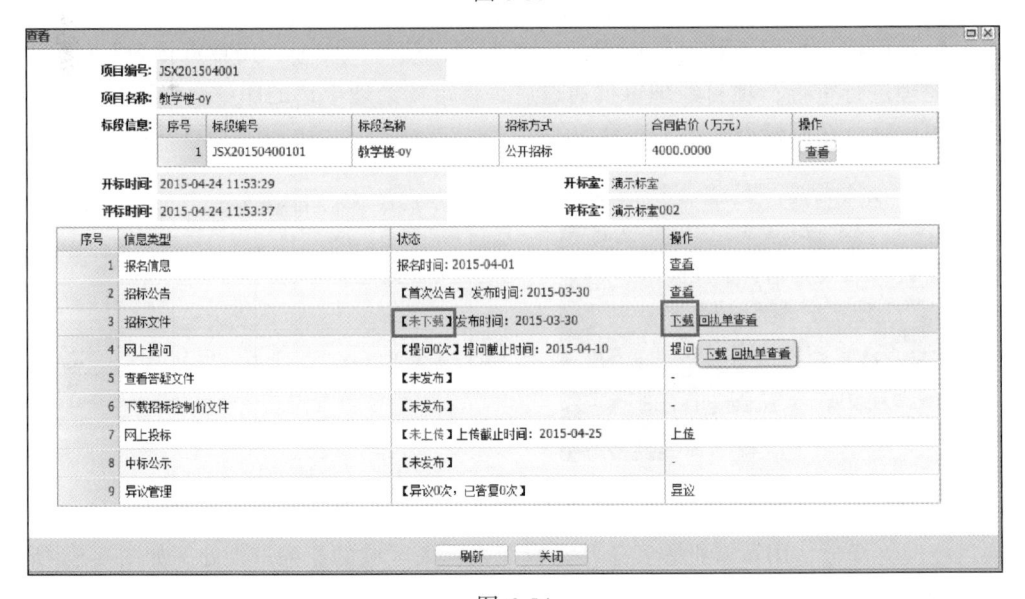

图 6-54

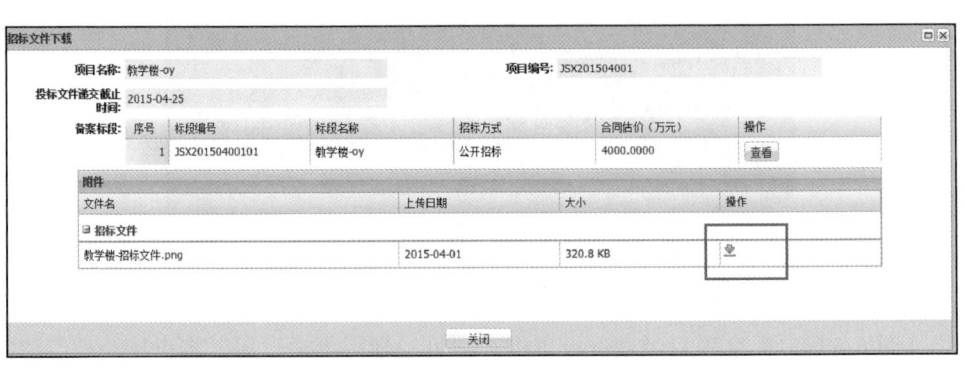

图 6-55

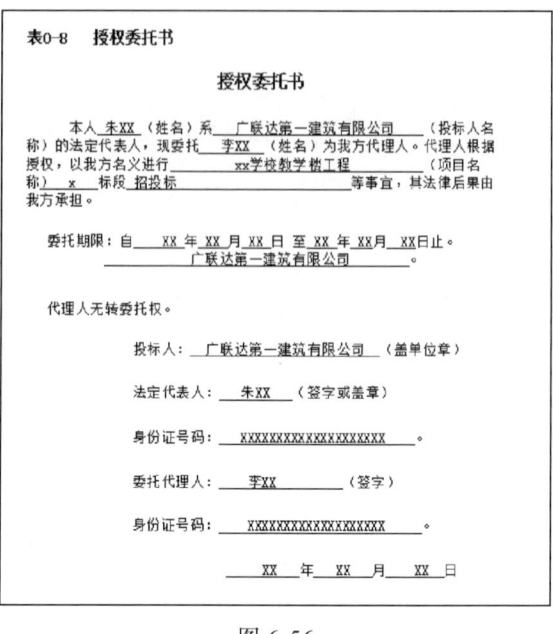

图 6-56

市场经理根据"授权委托书"所需的印章类型，填写"资金、用章审批表"（图6-57），提交项目经理进行审批；项目经理审批通过后，将市场经理申请的印章交给市场经理；市场经理拿到印章后，在授权委托书上盖章、签字。

图 6-57

项目经理将资金、用章审批表置于沙盘盘面投标人区域的业务审批处。如图6-58所示。
③ 准备资金。

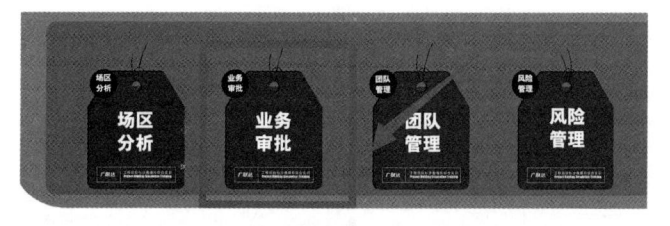

图 6-58

市场经理根据招标公告或资审结果通知上购买招标文件的资金要求，填写"资金、用章审批表"（图6-59），提交项目经理进行审批；项目经理审批通过后，将市场经理申请的资金数量交给市场经理。

组别：	表0-6 资金、用章审批表		日期：XXXX-XX	
项目名称	资金审批		用章审批	
	金额	用途	公章类型	用途
具体内容	50万	投标保证金		

填表人：　李XX　　　　　　　　　审批人：　张XX

图 6-59

项目经理将资金、用章审批表置于沙盘盘面投标人区域的业务审批处。如图 6-60 所示。

④ 投标人自检。

市场经理将招标公告中有关携带资料的要求，填写到"携带资料清单表"（图 6-61），并将所准备的相关资料内容

图 6-60

（如授权委托书、资金等），一同提交项目经理进行审批；项目经理审批通过后，将市场经理准备的相关资料归还给他，留下携带资料清单表并置于沙盘盘面投标人区域的活动检视区，如图 6-62 所示。

组别：	表0-7　携带资料清单表		日期：X年X月X日
活动名称：　投标报名及购买资格预审文件			
序号	需携带资料内容	完成情况	需要补充
1	授权委托书	☑	
2	现金	☑	
3	被授权人身份证	☑	
4	授权人身份证（身份证复印件）	☑	
5		☐	
6		☐	

填表人：周XX　　会签人：张XX、王XX　　审批人：李XX

图 6-61

图 6-62

小贴士： 投标人在进行投标报名、购买招标文件（资格预审文件）时，需要仔细阅读招标公告或资审结果通知的要求，严格按照招标公告或资审结果通知的内容准备相关证件资料；实际投标人企业在投标报名和购买文件时，因为没有仔细阅读招标公告（或资审结果通知）和检查携带资料是否齐全，经常会丢三落四，导致往返企业和购买场所多次。

工程招投标实训教材在此增加投标人自检环节，意在培养学生养成一种良好的工作习惯：在参加招标人组织的各类活动时，提前检查一下自己需要携带的资料是否齐全。

3）获取招标文件。

① 招标人（或招标代理）现场发售招标文件；此过程招标人（或招标代理）由老师指定学生担任。

② 投标人（被授权人）携带相关资料，在招标公告或资审结果通知规定的时间和地点，购买招标文件。

③ 招标人审核投标人提交的各类资料内容，审核通过后，收取资金，将招标文件发放给投标人；投标人在现场的登记表（图6-63）中填写单位信息。

3. 参加现场踏勘

（1）投标人项目经理派人参加招标人组织的现场踏勘。

（2）活动安排

① 招标人采用现场向投标人代表提供施工场区现场照片的形式，模拟现场踏勘活动（招标人由老师指定的学生担任）。

表0-3　　XX学校教学楼 工程　　招标文件领取　登记(签到)表

序号	单　位	递交（退还、签到）时间	联系人	联系方式	传真
1	广联达第一建设有限公司	xxxx年xx月 xx 日 xx 时xx 分	李XX		
2	广联达第二建设有限公司	xxxx年xx月 xx 日 xx 时xx 分	张XX		
3	广联达第三建设有限公司	xxxx年xx月 xx 日 xx 时xx 分	王XX		
4	广联达第四建设有限公司	xxxx年xx月 xx 日 xx 时xx 分	李XX		
5	广联达第五建设有限公司	xxxx年xx月 xx 日 xx 时xx 分	王XX		
6	广联达第六建设有限公司	xxxx年xx月 xx 日 xx 时xx 分	张XX		
7	广联达第七建设有限公司	xxxx年xx月 xx 日 xx 时xx 分	李XX		
8	广联达第八建设有限公司	xxxx年xx月 xx 日 xx 时xx 分	李XX		
9	广联达第九建设有限公司	xxxx年xx月 xx 日 xx 时xx 分	李XX		

招标人或招标代理经办人：（签字）李XX　　　　　　　　第 XX 页共 XX 页

图 6-63

② 投标人根据招标人提供的施工场区现场照片，借助单据"施工场区环境分析表"（图6-64），分析施工场区周边环境和现场环境。

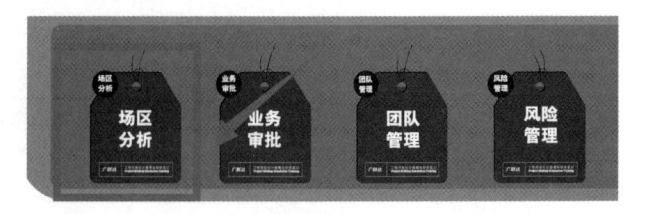

组别：　　　　表7-2　施工场区环境分析表　　　　日期：

项目	周围环境	现场条件
具体内容	☑高压线	☑场区内道路交通情况
	☐加油站	☐现场水源及排污情况
	☐特殊机构（医院、学校、消防等）	☐现场电源情况
	☑重点文物保护	☑场区平整情况
	☑周边道路交通情况	☑现场通信情况
	☐地下障碍物及特殊保护	☑建筑物结构及现状（改造工程）
	☐周边建筑物情况	☐
	☐	☐

填表人 李XX　　　　会签人：张XX　　　　审批人：杨XX

图 6-64

③ 签字确认。市场经理将分析的结论填写至施工场区环境分析表，经过项目团队签字确认后，由市场经理将单据置于沙盘盘面投标人区域的场区分析处。如图6-65所示。

 小贴士：① 现场踏勘是对投标

工程项目现场客观条件的客观认识和把握。通过踏勘现场，实地了解工程所处的地理位置、周边环境、施工临时设施的布置以及水文、气象、地质、交通、施工用水、用电条件等，可以进一步对工程施工中可能存在的潜在问题做到心中有数。现场踏勘是对工程的感性认识，

图 6-65

对合理确定施工交通、水流控制、风水电系统等临时工程量有着极为重要的意义。

②一般投标人会安排技术经理和商务经理参加现场踏勘，了解现场环境，以便做出有针对性的施工方案和投标报价。

4. 招标文件分析

（1）阅读招标文件

1）将招标文件导入到投标工具中，阅读招标文件。

①启动"广联达电子投标文件编制工具 V6.0"，进入软件点击"新建项目"，弹出"导入文件"对话框，接着点击"导入文件"找到招标文件的保存路径，将招标文件导入，然后填写投标单位名称，最后点击"新建"，建立投标文件。如图 6-66 所示。

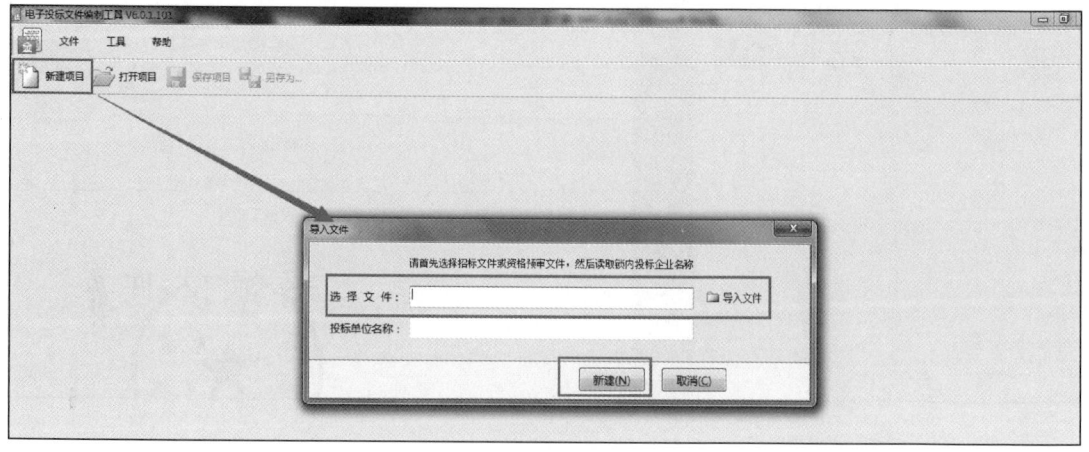

图 6-66

②投标文件新建好之后，此时弹出保存路径对话框，选择投标文件的保存路径，点击"保存"，确定投标文件的保存路径。如图 6-67 所示。

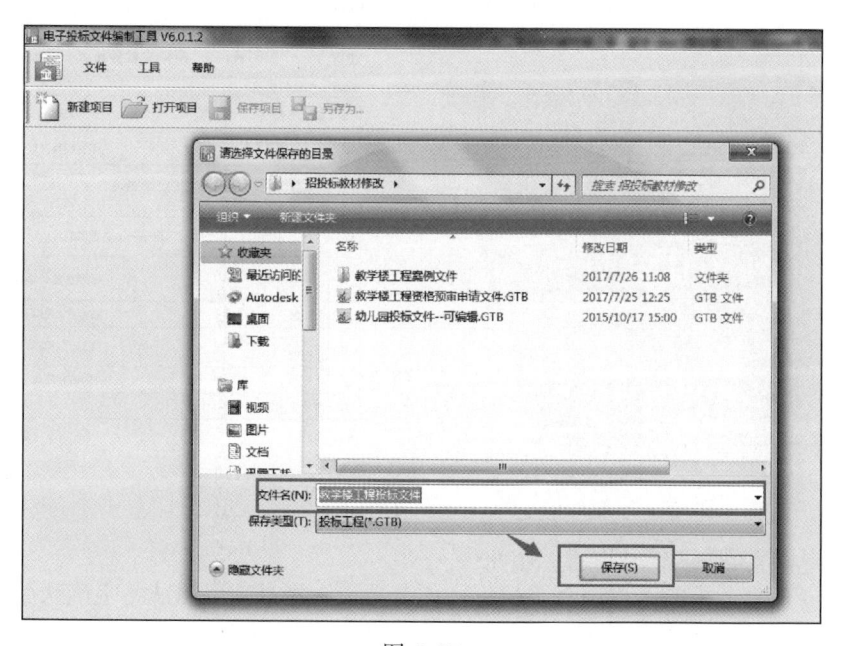

图 6-67

③ 进入软件主界面，此时软件默认进入“浏览招标文件”界面，浏览招标文件。如图 6-68 所示。

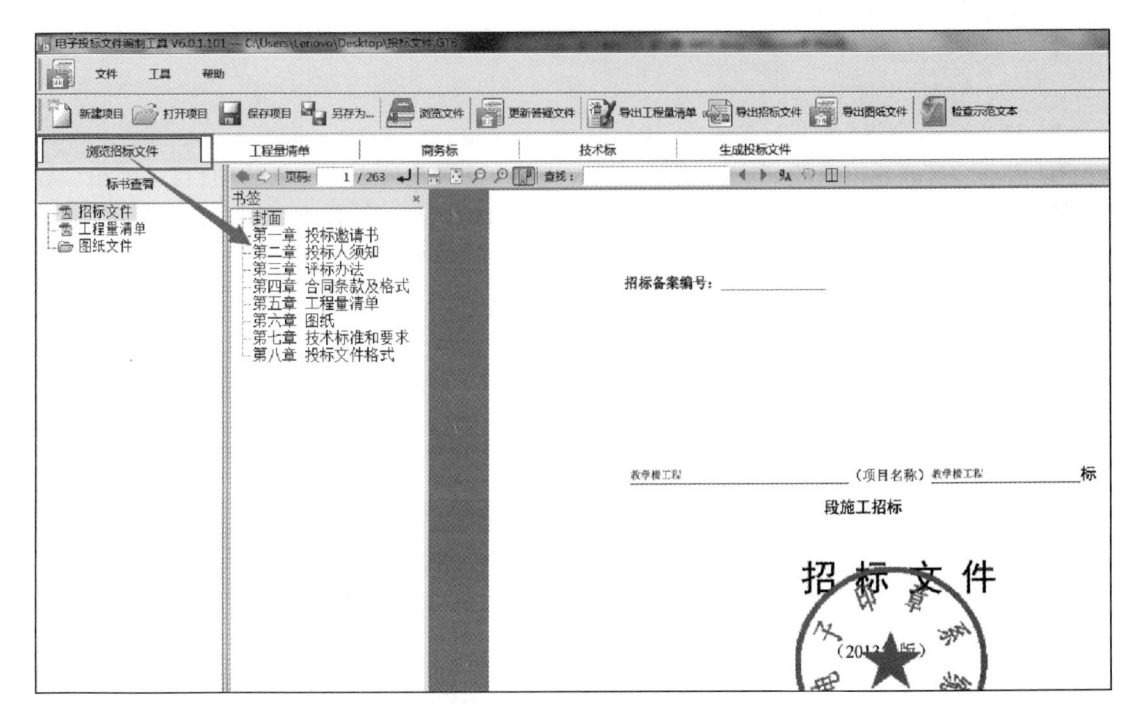

图 6-68

2）对招标文件重点内容进行分析、记录。

项目经理带领团队成员，借助单据“招标文件分析表”（图 6-69），对领取的招标文件内容进行详细阅读，并对需要重点关注的内容分析、记录。

组别　　表7–3　招标文件分析表　　日期：

序号	项目内容	具体要求
1	资信要求	AAA
2	技术标要求	详见招标文件
3	招标控制价	XXXX万
4	投标保证金	XX万
5	投标文件递交方式及份数	电子一份，正本文件一份，副本三份
6	签字盖章要求	必须加盖公章
7	质疑截止日期	XXXX年XX月XX日
8	投标文件递交截止日期	XXXX年XX月XX日
9	评标办法	综合评估法
10	其他要求	

填表：李XX　　会签人：张XX　　审批人：杨XX

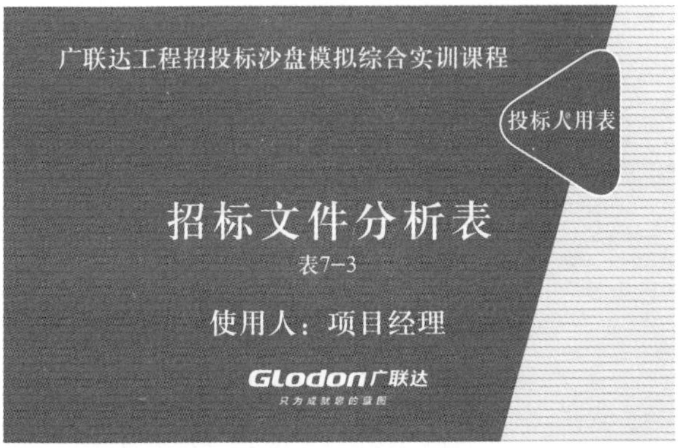

图 6-69

3）完成单据“招标文件分析表”(图 6-69)。

4）市场经理将分析的结论填写至招标文件分析表，经过项目团队签字确认后，由市场经理将单据置于沙盘盘面投标人区域的招标分析处。如图 6-70 所示。

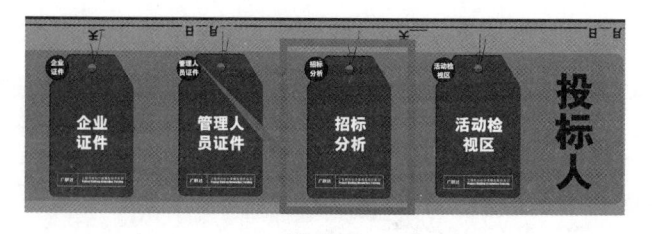

图 6-70

✎ **小贴士**：俗话讲"磨刀不误砍柴工"，投标人在正式编制投标文件前，必须要对招标文件进行仔细阅读，了解招标人对投标书都有哪些规定、需要投标人提交的资料内容、各项工作安排计划及评标办法的详细评审方法等，这样才能做到在编制投标文件时"有的放矢"，避免产生遗漏。

（2）复核工程量清单

1）获取招标工程量清单、施工图纸。

① 进入软件"工程量清单"界面，点击"导出工程量清单"功能，可以把招标文件里内置的工程量清单导出来。如图 6-71 所示。

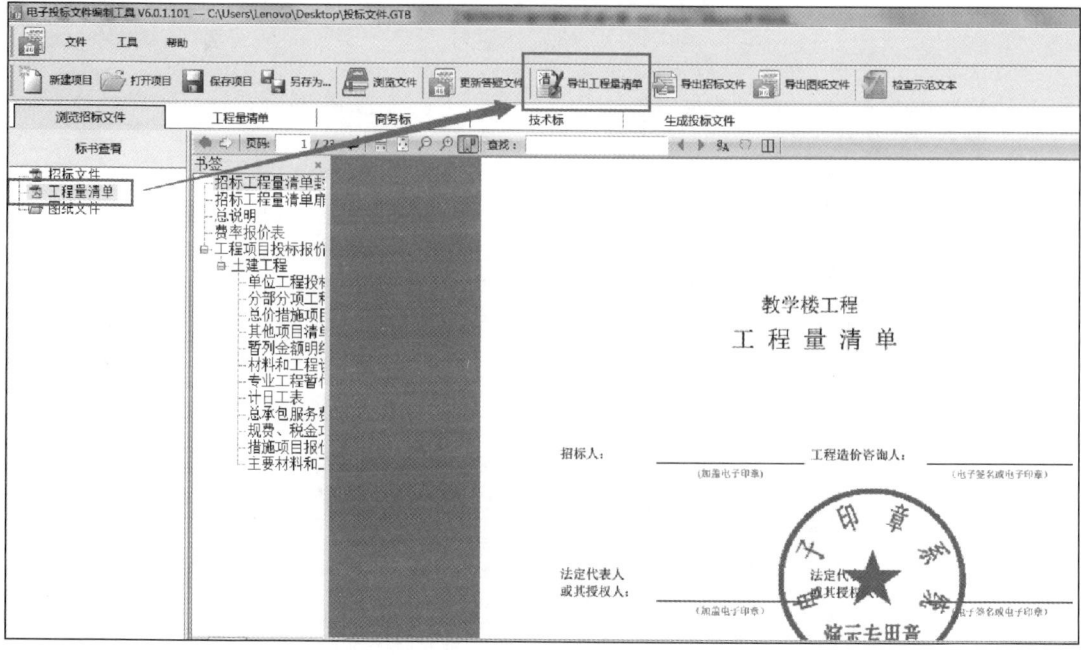

图 6-71

② 进入软件"图纸文件"界面，点击"导出图纸文件"功能，可以把招标文件里内置的图纸导出来。如图 6-72 所示。

2）投标人商务经理依据施工图纸计算工程量，与招标人下发的招标工程量清单进行对比，如果发现招标人提供的工程量清单发生错误，记录到单据"工程量清单复核表"。

3）商务经理完成后，将单据"工程量清单复核表"（图 6-73）提交项目经理审查，经团队其他成员和项目经理签字确认后，置于招投标沙盘盘面投标人区域的招标分析处。如

图 6-74 所示。

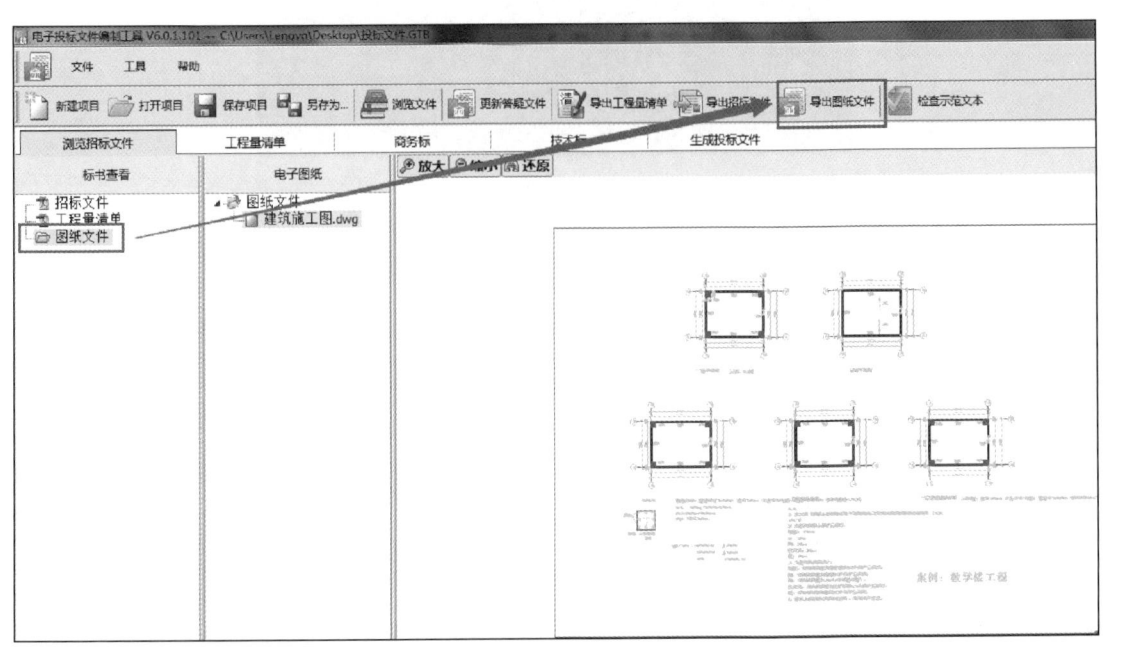

图 6-72

图 6-73

组别：	表7-1 工程量清单复核表			日期：
项目名称	工程量		清单项	
	招标文件提供的清单项	复核的清单项	招标文件提供的工程量	复核的工程量
具体内容	10101001001 平整场地		300㎡	350㎡

填表人 李XX   会签人：张XX   审批人：杨XX

图 6-74

✏️ **小贴士：** 招标工程量清单发生错误时的处理方式如下。

一是工程量计算错误或有漏项。可以在招标文件规定的期限内向招标单位提出异议，若业主不同意修改工程量或对量差不负责时，施工单位应用综合单价进行修改，以实际工程量（施工工程量）计算工程造价，以招标文件的清单数量进行报价。工程量清单没有考虑施工过程的施工损耗，在编制综合单价时，要在材料消费量中考虑施工损耗。

二是图纸中有错误，如梁板结构错误；图纸不符合强制性标准，导致开工后工程量的变动等，这些是工程索赔的依据，所以在工程量清单报价时，要注意报价技巧，可先报低价，再通过变更、索赔等方式增加结算收入。

三是将来施工时可能发生的设计变更所引起的工程量的增减。设计人员在进行施工图设计时对施工中可能出现的一些问题考虑不周全，而投标人根据自己的施工经验及实际情况就可以确定哪些内容在将来可能发生变更，变更以后工程量是增加还是减少，在投标报价时就能确定出针对性的不平衡报价策略。

5. 参加投标预备会

① 投标人项目经理派人参加招标人组织的投标预备会，按照招标文件规定的时间和地点，携带相关资料参加投标预备会。

② 会议期间，招标人集中解答投标人提出的各种疑问（招标人由老师指定的学生代表担任）。

③ 会后，招标人统一整理成书面文件、发放答疑书。

小贴士：投标预备会的作用如下。

一是投标预备会的目的在于澄清招标文件中的疑问，解答投标单位对招标文件和勘查现场中所提出的疑问问题。

二是投标预备会在招标管理机构监督下，由招标单位组织并主持召开，在预备会上对招标文件和现场情况做介绍或解释，并解答投标单位提出的疑问问题，包括书面提出的和口头提出的询问。

三是在投标预备会上还应对图纸进行交底和解释。

【任务二 投标文件编制】

（一）任务说明

（1）任务分配。

（2）投标文件编制：

① 技术标编制；

② 商务标编制；

③ 投标保证金准备；

④ 对招标文件做出响应；

（3）完成电子版投标文件编制。

（二）任务分配

项目经理将工作任务进行分配，填写工作任务分配单（图4-7），下发给团队成员，由任务接收人进行签字确认。

任务分配原则如下：

技术经理——技术标编制；

商务经理——商务标编制；

市场经理——准备投标保证金、对招标文件做出响应。

（三）操作过程

1. 技术标编制

编制技术标，老师可以根据学生的专业和实训目的，既可以直接使用施工组织设计实训课程的实训成果，也可以借助工程招投标实训教材提供的辅助道具，完成技术标的编制。

（1）确定施工方案

① 施工方案类卡片共分为 8 类施工方案：土方工程、地基与基础、防水工程、钢筋工程、模板工程、混凝土工程、季节性施工、措施性施工。

② 技术经理从施工方案类卡片中，结合投标工程的工程概况、招标范围等，选取适用本投标工程的施工方案。施工方案类卡片详见图 6-8 ~图 6-30。

（2）编制施工进度计划　施工进度计划的编制，可以直接使用广联达梦龙软件进行编制，编制完成后将施工进度计划文件转成图片或者 PDF 格式，导入到广联达电子投标文件编制工具 V6.0。

此过程老师可以根据教学安排及实训目的，选做。

本教材不对施工进度计划编制做详细讲解。

（3）挑选施工机械，并完成施工现场平面布置　施工现场平面布置图的绘制，可以直接使用广联达三维平面布置图软件进行绘制，绘制完成后将平面布置图转成图片或者 PDF 格式，导入到广联达电子投标文件编制工具 V6.0；如果不具备该条件，也可以借助工程招投标实训教材提供的道具模拟绘制施工平面布置图。

① 确定拟投入的施工机械设备。

技术经理根据投标工程的工程概况、招标范围等，借助提供的机械设备资料卡片，确定本投标项目拟投入的施工机械。施工机械类卡片详见图 6-41 ~图 6-50。

② 使用 CAD 绘图软件，将选出的施工机械卡片绘制到本投标工程的施工图纸上。

此过程老师可以根据教学安排及实训目的，选做。

（4）签字确认　技术经理负责将确定的施工方案、施工机械设备资料卡，连同项目经理下发的工作任务分配单，一同提交项目经理进行审查，经团队其他成员和项目经理签字确认后，置于招投标沙盘盘面投标阶段区域的对应位置处。如图 6-75 所示。

2. 商务标编制

（1）套定额、组价

① 打开"广联达计价软件 GBQ4.0"，进入软件后，弹出新建对话框，选择"清单计价"，接着点击"新建项目"，进

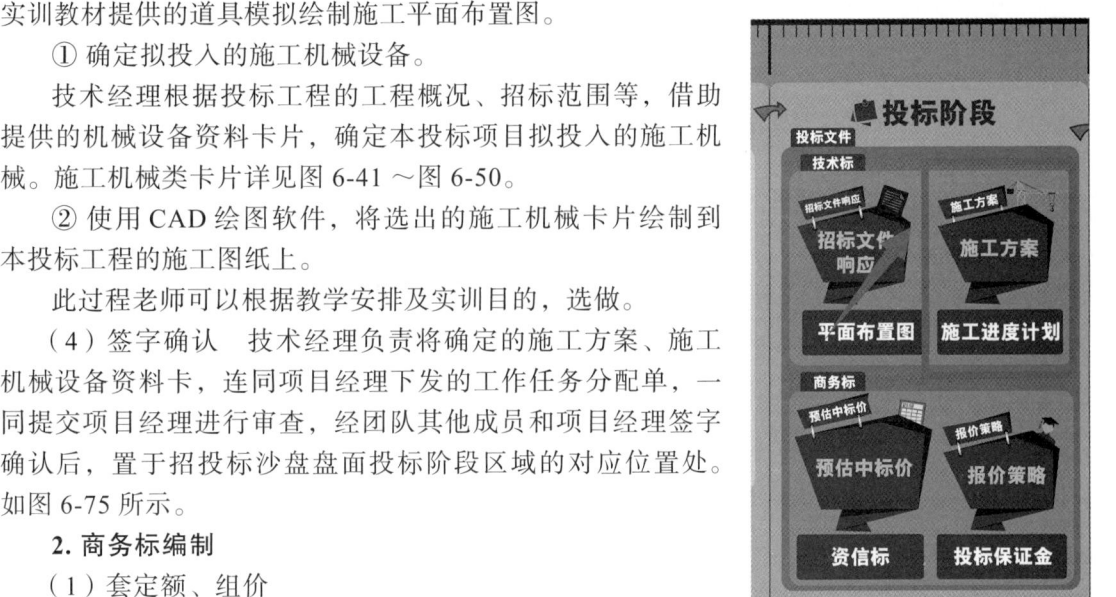

图 6-75

入"新建标段工程"界面，此时选择"投标"阶段，导入"电子招标书"，点击"确定"，进入投标项目管理界面，双击"教学楼工程"，进入单位工程界面。如图 6-76 ~图 6-78 所示。

电子招标书是使用广联达电子投标工具 V6.0 导出的工程量清单文件。

② 进入单位工程界面之后，此时所有清单项为锁定状态，首先"解除清单锁定"，此时开始进行定额套取，选择一个清单项点击"添加子目"，添加定额项，即可得到"综合单价"，依次操作，完成所有清单项的组价工作。如图 6-79、图 6-80 所示。

③ 组价完成后，点击"返回项目管理"回到项目管理界面，点击"发布投标书"，接着点击"生成 / 预览投标书"，首先进行"投标书自检"，检查通过了之后"生成投标书"，生成投标书后点击"确定"，接下来切换到"导出 / 刻录投标书"界面，点击"导出投标书"，软件自动跳转到"浏览义件夹"界面，点击"确定"，确定电子投标书的保存路径。如图 6-81 ~图 6-86 所示。

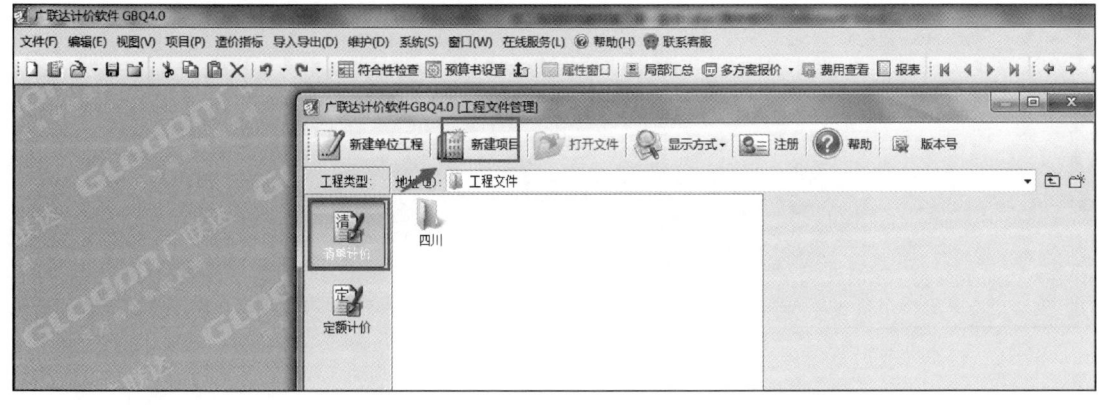

图 6-76

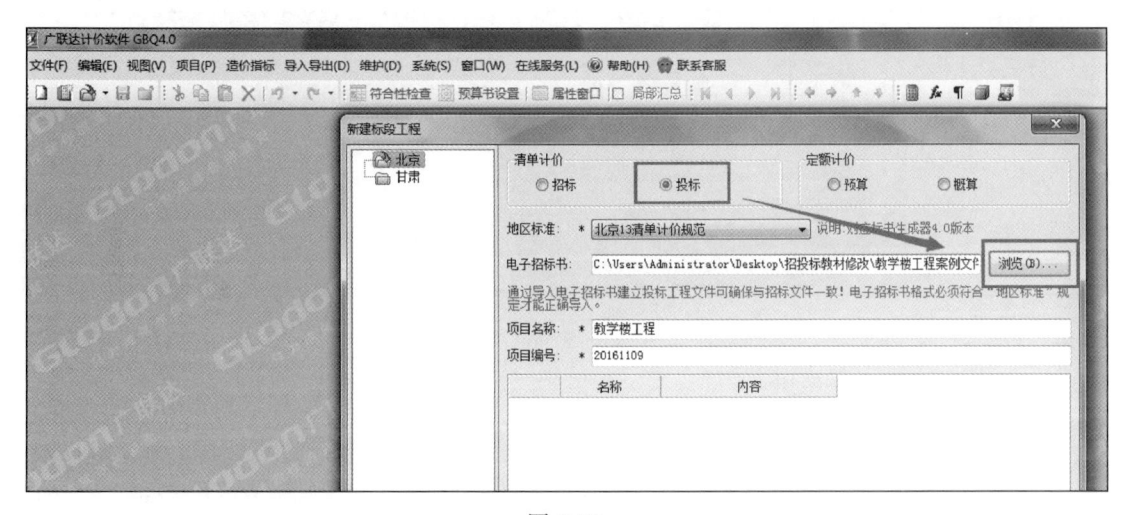

图 6-77

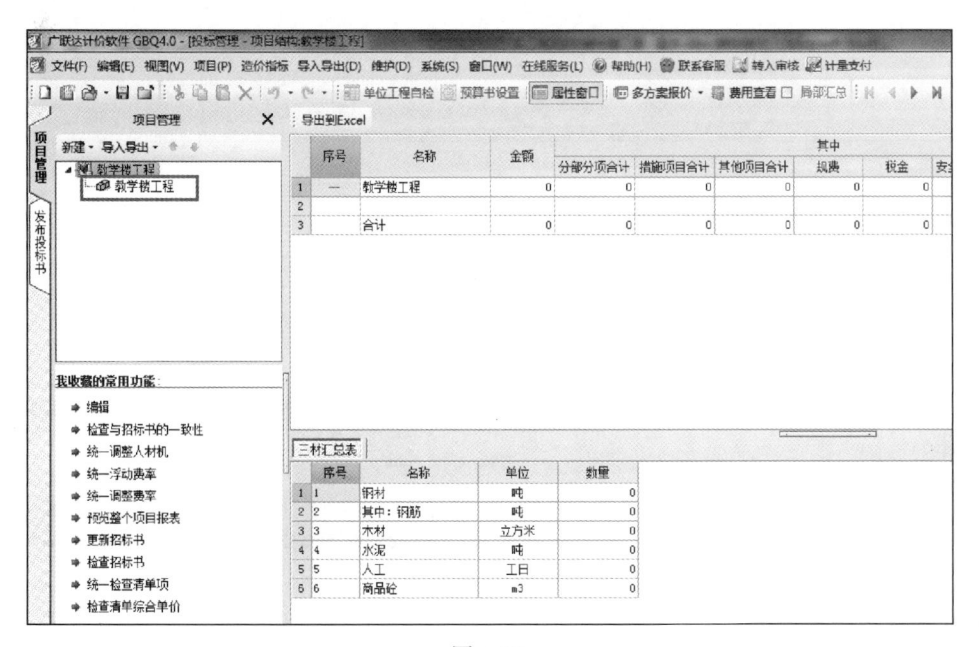

图 6-78

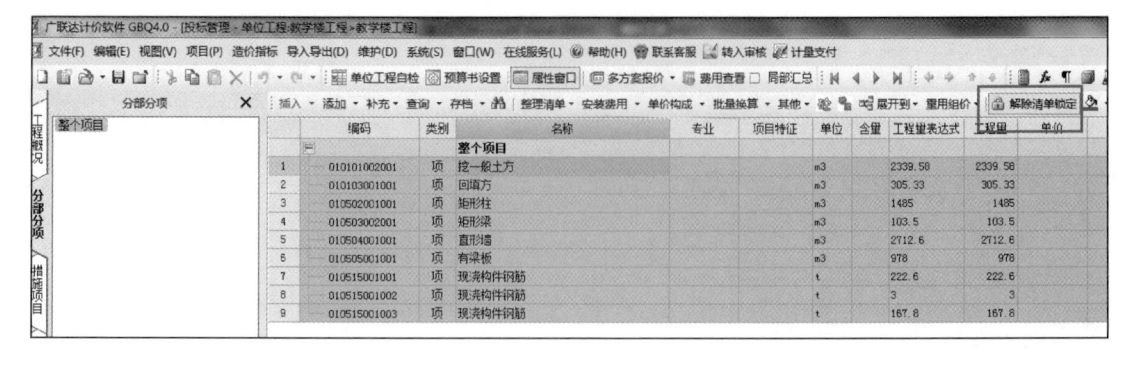

图 6-79

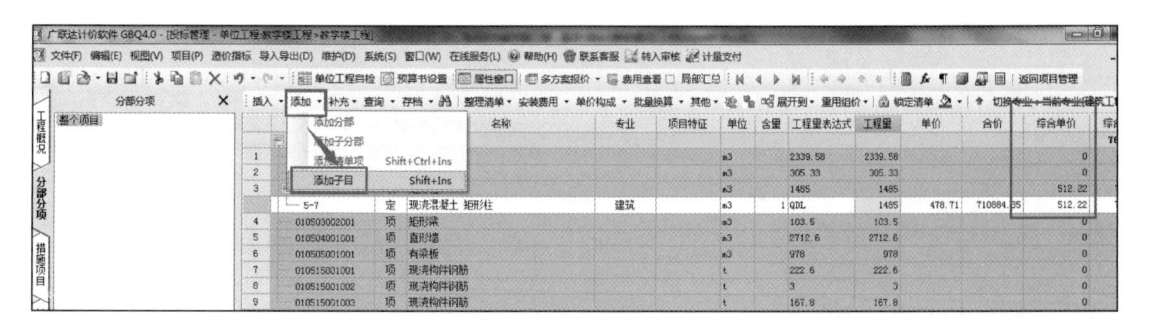

图 6-80

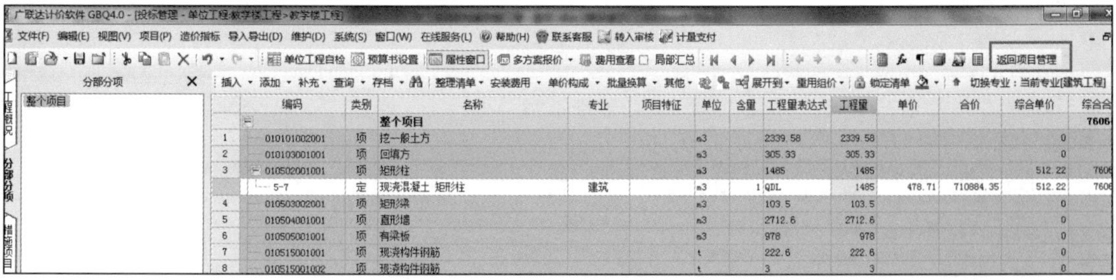

图 6-81

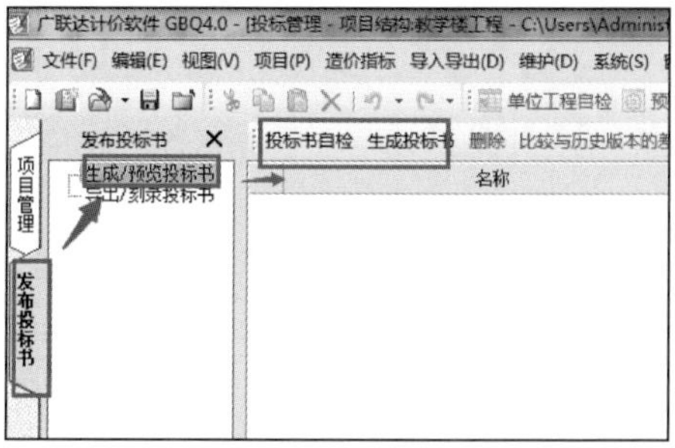

图 6-82   图 6-83

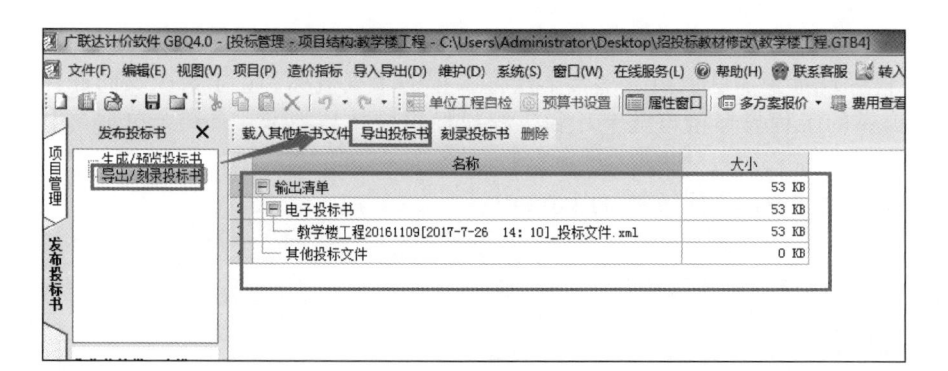

图 6-84

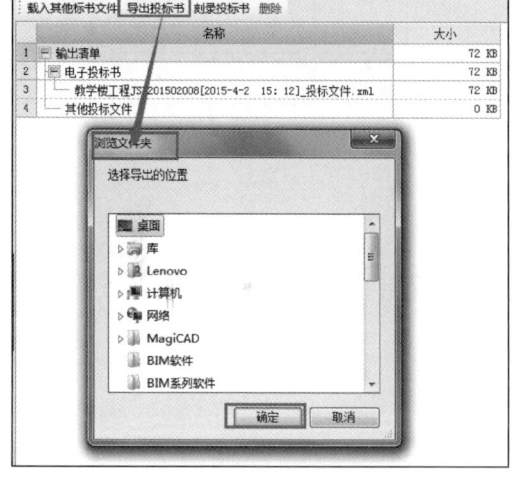

图 6-85

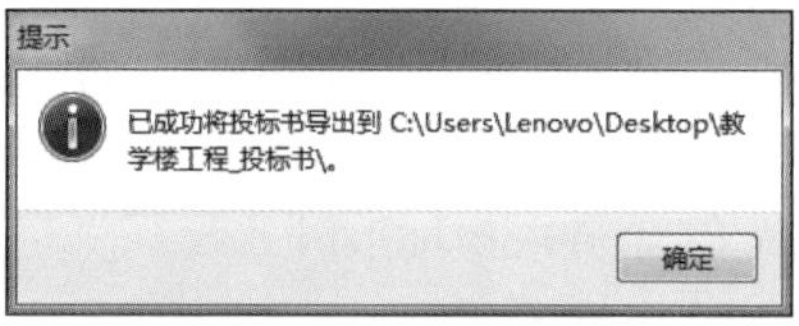

图 6-86

小贴士：电子商务投标书编制完成后，回到文件的保存路径，可以查看到软件生成了两个文件，其中第一个文件为"教学楼工程.GTB4"，此文件为可编辑文件（可进行再次编辑），第二个文件为电子版的商务标书文件，可以将此文件直接导入"广联达电子投标文件编制工具 V6.0"软件中。如图 6-87、图 6-88 所示。

图 6-87

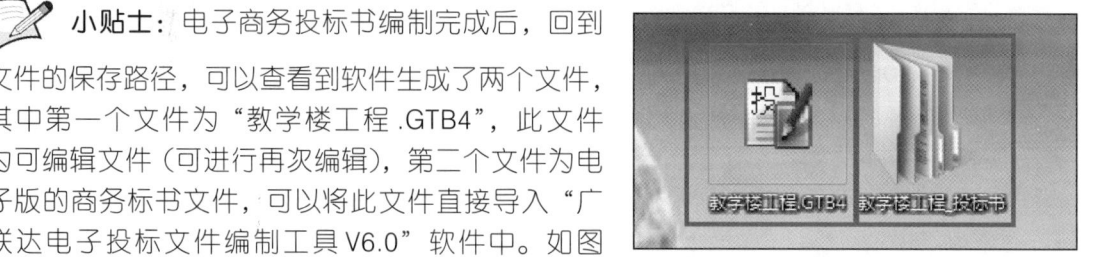

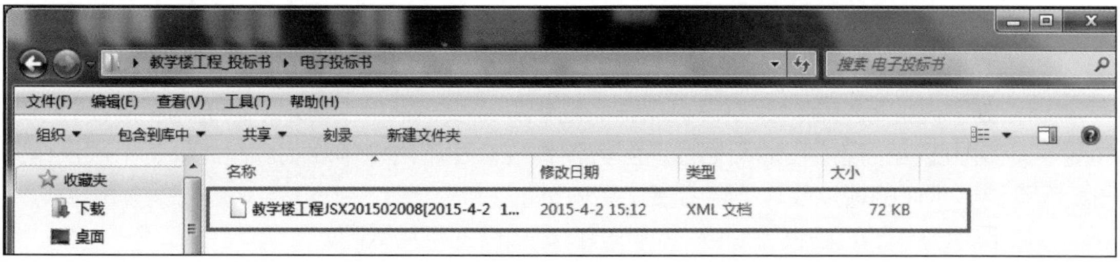

图 6-88

（2）确定投标报价

1）项目经理带领团队成员，结合本投标工程的工程概况、竞争情况及商务标的评标办法，借助提供的工程投标策略类卡片和工程投标报价技巧类卡片，结合单据"中标价预估表"，确定本投标工程的投标报价。

2）完成单据"中标价预估表"（图 6-89）。

组别:	表0-2　中标价预估表			日期:
序号	组别/投标人	预估/实际报价	预估/实际得分	预估/实际排名
1	第一组	4200万	95分	二
2	第二组	4150万	98分	一
3	第三组	4000万	90分	三
4	第四组	4400万	87分	四
	评标基准价		4130万	
	预估/实际中标价		4150万	

填表人 李XX　　会签人：张XX　　审批人：杨XX

图 6-89

小贴士：具体操作过程可参考"确定投标报价五步曲"，具体如下。

第一步：确定投标报价趋势

1. 确定投标报价趋势的上下限（确定出最大区间）

（1）确定投标报价上限

① 招标控制价。

② 政府预算限额。

（2）确定投标报价下限

① 企业成本价。

② 招标文件的规定。

《中华人民共和国房屋建筑和市政工程标准施工招标文件》（2010 年版），在"附录：投标人成本评审办法"中，规定如下。

启动成本评审工作的前提条件：在满足下列两项条件的前提下，评标委员会应当启动并进行本办法所规定的评审，以判别投标人的投标报价是否低于其成本：

① 投标人的投标文件已经通过本章"评标办法"规定的"初步评审"，不存在应当废标的情形；

② 投标人的投标报价低于（不含）以下限度的：

a. 设有标底或者招标控制价时以标底或者招标控制价为基准设立下浮限度。

b. 既不设招标控制价又不设标底的，可以有效投标报价的算术平均值为基准设立下浮限度。具体限度视工程所在地和招标项目具体情况，在本附件中规定。但此处的下限仅作为启动成本评审工作的警戒线，不得直接认定废标。

2. 评标办法确定的报价趋势（判断出投标报价的走势区间）

1）经评审的低价中标法：直接趋于投标报价下限。

2）综合评估法：根据以下三要素，进行投标报价下限的判断。

① 评标基准价。

② 满分报价标准。

③ 得分的扣分标准。

3. 得出报价趋势图

根据评标办法确定的报价趋势、结合投标报价上限和下限，确定出本投标工程投标报价趋势的最小区间，得出报价趋势图。

第二步：分析竞争对手

1. 竞争对手的历史报价数据分析

① 基于同种评标办法的竞争对手历史报价数据：根据历史数据预估该竞争对手本次投标报价趋势图（由于学生进行工程招投标实训，缺少竞争对手的历史数据，该过程可以省略）。

② 竞争对手报价决策人的性格特征：分析竞争对手决策人的性格特征，预估该竞争对手本次投标报价趋势图。

2. 确定竞争对手的报价区间

根据本投标工程的评标办法、竞争对手的报价趋势、竞争对手决策人的报价趋势，预估每个竞争对手的报价区间范围。

第三步：预估本投标工程的评标基准价

① 确定本投标工程的评标基准价：查阅招标文件，熟悉评标办法中的评标基准价计算规则。

② 根据分析的竞争对手报价区间，结合评标基准价的计算规则，预估本投标工程评标基准价的投标报价区间。

第四步：结合浮动系数，预估投标报价

判断此次投标的下浮系数。

（1）随机系数

① 根据以往本地区开标时随机抽取各个系数出现的概率（由于学生进行工程招投标实训，缺少当地的历史数据，该过程可以省略）。

② 根据随机系数出现的概率，结合评标基准价的计算规则，预估满分报价值的区间范围。

（2）固定系数

根据招标文件给出的系数，结合评标基准价的计算规则，预估满分报价值的区间范围。

第五步：确定投标报价

根据预估的满分报价值的区间范围，结合小组确定的本次投标报价的策略和技巧，确定本小组的投标报价。

（3）签字确认

商务经理负责将完成的"中标价预估表"（图6-89），连同项目经理下发的工作任务分配单，一同提交项目经理进行审查，经团队其他成员和项目经理签字确认后，置于招投标沙盘盘面投标阶段区域的对应位置处。如图6-90所示。

3. 准备投标保证金

（1）市场经理根据招标文件规定的投标保证金的递交方式、时间和地点，填写"资金、用章审批表"（图6-91），并

图 6-90

将单据一同提交项目经理审批。

组别：　　**表0-6 资金、用章审批表**　　日期：

项目名称	资金审批		用章审批	
	金额	用途	公章类型	用途
具体内容	50万	投标保证金		

填表人 李XX　　　　　审批人：　张XX

图 6-91

（2）项目经理审批通过后，将市场经理申请的资金数量交给市场经理。4种规格代金币如图 6-92 所示。

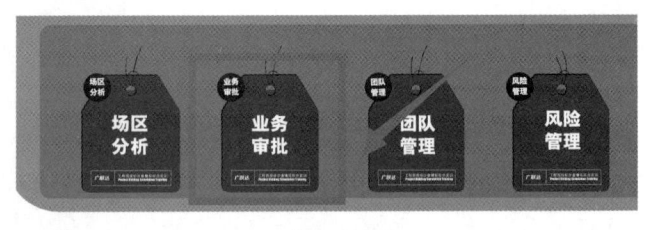

图 6-92

（3）市场经理按照招标文件的要求，将投标保证金准备好（可使用密封袋将投标保证金进行密封）。

（4）项目经理将资金、用章审批表置于沙盘盘面投标人区域的业务审批处。如图 6-93所示。

图 6-93

4. 对招标文件做出响应

（1）项目经理组织团队成员共同讨论，根据招标文件的规定，借助单据"招标文件响应表"（图 6-94），确定是否对招标文件做出响应。

（2）市场经理将分析的结论填写至招标文件响应表，经过项目团队签字确认后，由市场经理将单据置于沙盘盘面投标阶段区域的相应位置处。如图 6-95 所示。

图 6-94　　　　　　　　　　　　　　　图 6-95

5. 资信标编制

参考模块四资格审查的相关内容进行资信标的编制。

6. 完成电子版投标文件的编制

（1）项目经理组织团队成员，共同完成一份电子版投标文件。

（2）操作说明。

1）标书制作。

① 工程量清单导入。

利用投标工具将技术标、商务标、资信标进行整合，完成一份电子投标文件。

打开"广联达电子投标文件编制工具 V6.0"，招标文件浏览完之后，开始编辑投标文件，首先进入"工程量清单"界面，点击"导入清单"，将之前在"广联达计价软件 GBQ4.0"中生成的电子投标文件导入进来。如图 6-96 所示。

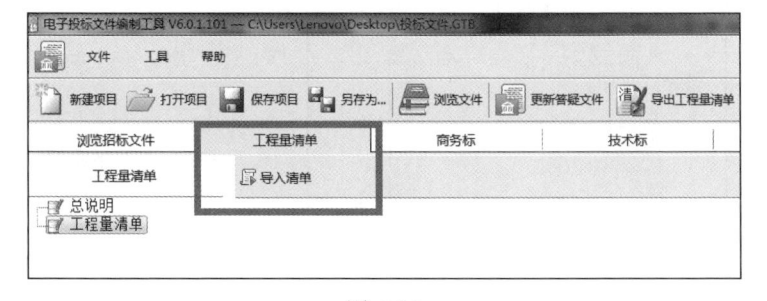

图 6-96

② 商务标制作。

工程量导入进来之后，切换到"商务标"界面，根据软件左侧标书目录的提示，依次录入商务标的必填项信息，遇到空格处填写信息，如果遇到"编辑"字样，点击"编辑"即可切换到编辑界面，全部信息编辑完成后，软件自带检查功能，点击"检查示范文本"，即可检查漏填项，但应注意检查文本通过并不意味着该投标文件符合招标文件要求。

资格审查资料部分根据招标文件的规定进行填写，如果需要上传附件图片，在需要上传的目录处，点击鼠标右键，选择添加附件或者子附件。

如图 6-97～图 6-99 所示。

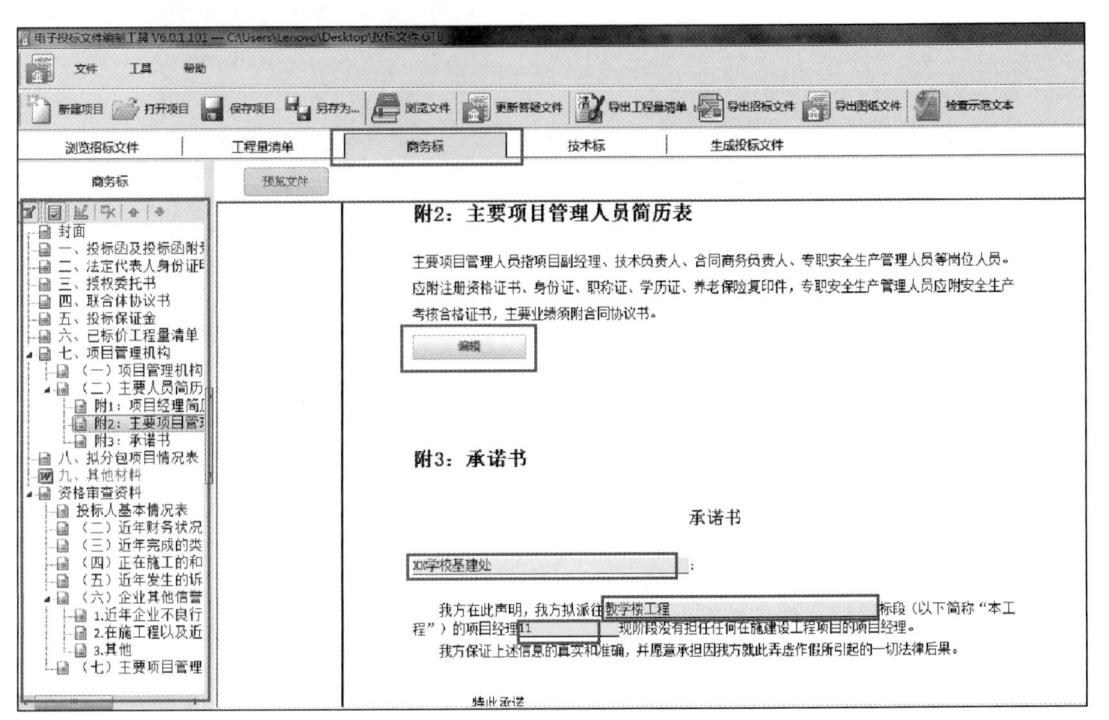

图 6-97

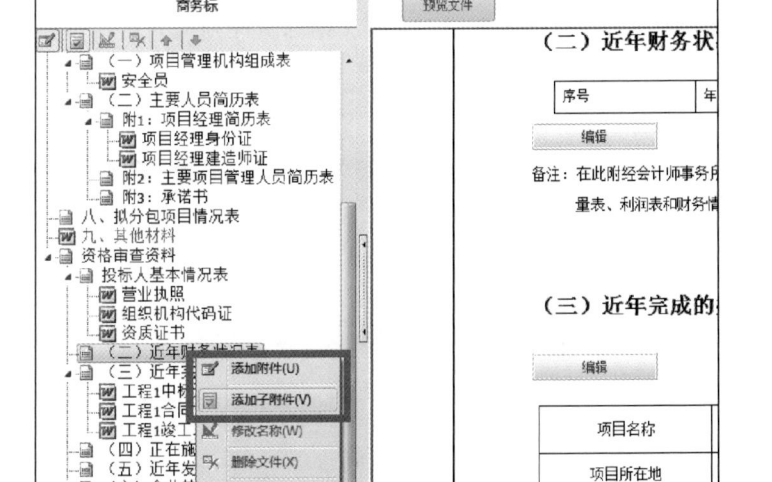

图 6-98

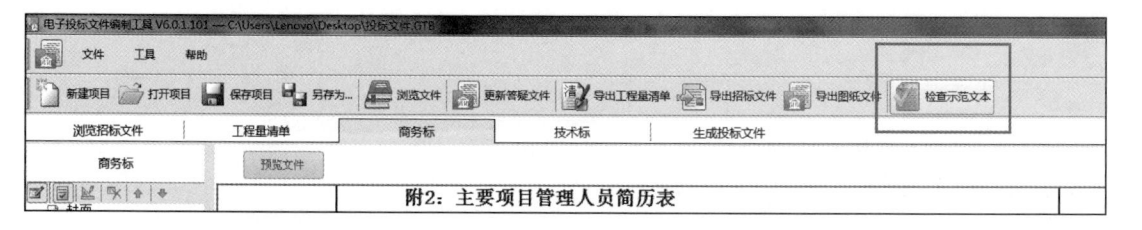

图 6-99

 小贴士： 此处编辑信息可查阅相关的素材，素材内置在"广联达 BIM 招投标沙盘执行评测系统"软件里面的"企业资料库"。如图 6-100 所示。

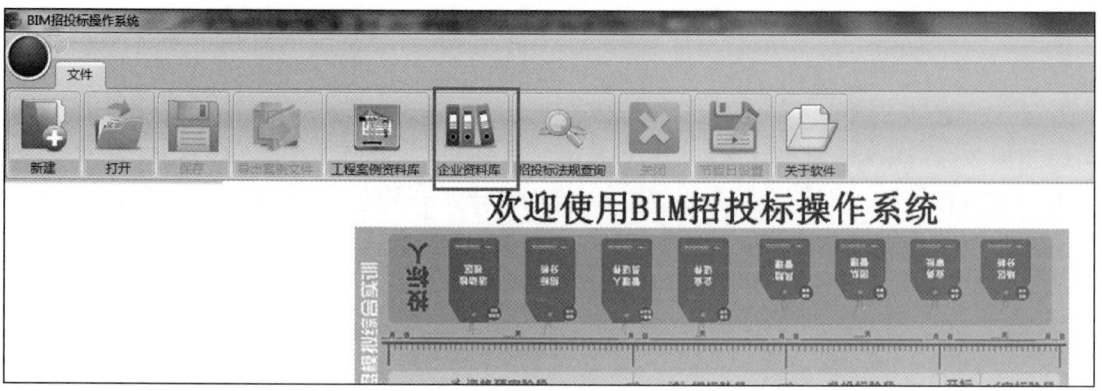

图 6-100

③ 技术标制作。

商务标制作完成之后，切换到"技术标"界面，点击软件左侧"添加附件"图标，可以添加施工方案文档；在某个模块（如施工总进度计划及保证措施）点击鼠标右键，通过"添加子附件"功能，可以对该模块添加多个方案文件；添加好了之后，点击"导入文件"，可以把在广联达施工组织设计软件、广联达梦龙网络进度计划编制系统等软件里制作好的技术标添加到投标文件里。如图 6-101、图 6-102 所示。

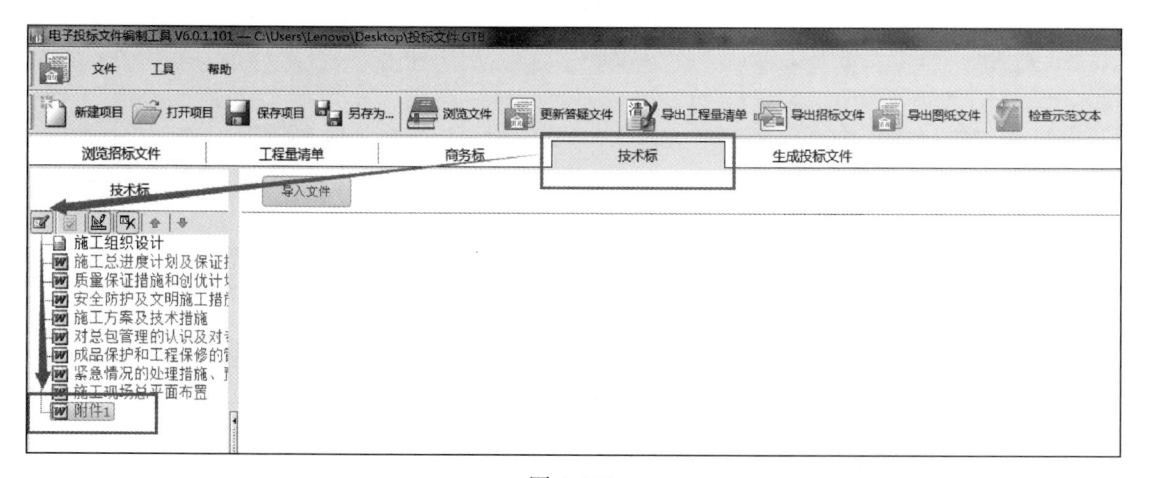

图 6-101

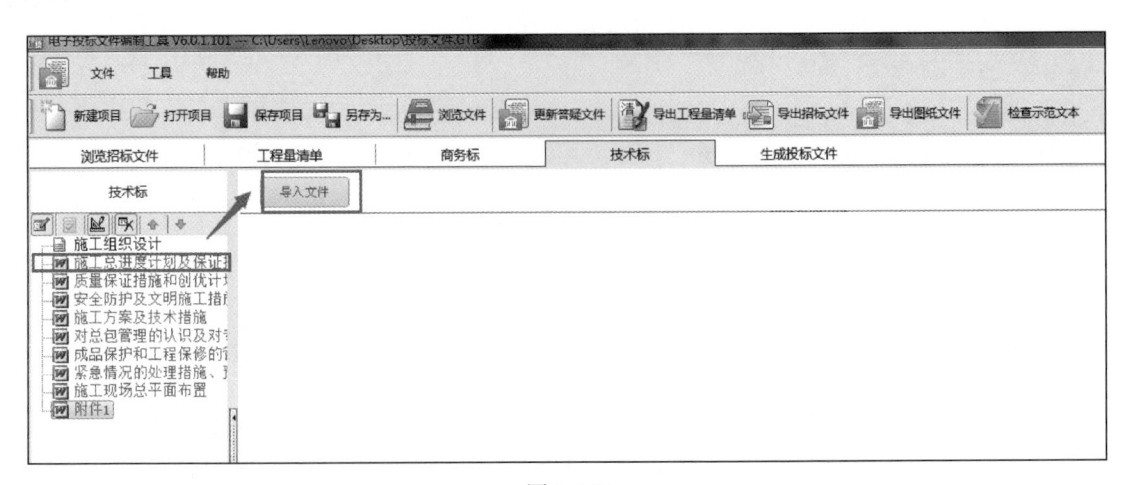

图 6-102

④ 标书检查。

当商务标、技术标都做完之后，检查标书的错漏信息，此时，点击"检查示范文本"，检查标书的制作情况，如有错误信息，软件会自动跳转到错误信息提示界面，了解错误信息之后，可以继续返回相应的界面进行再次编辑和完善，直到检查示范文本显示"示范文本检查通过"，此时点击"确定"。如图 6-103 ～图 6-105 所示。

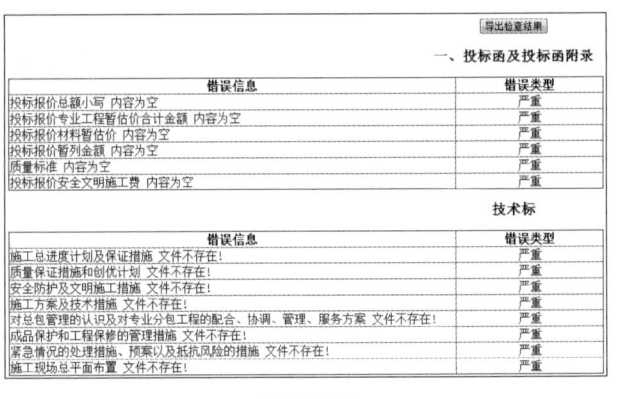

图 6-103

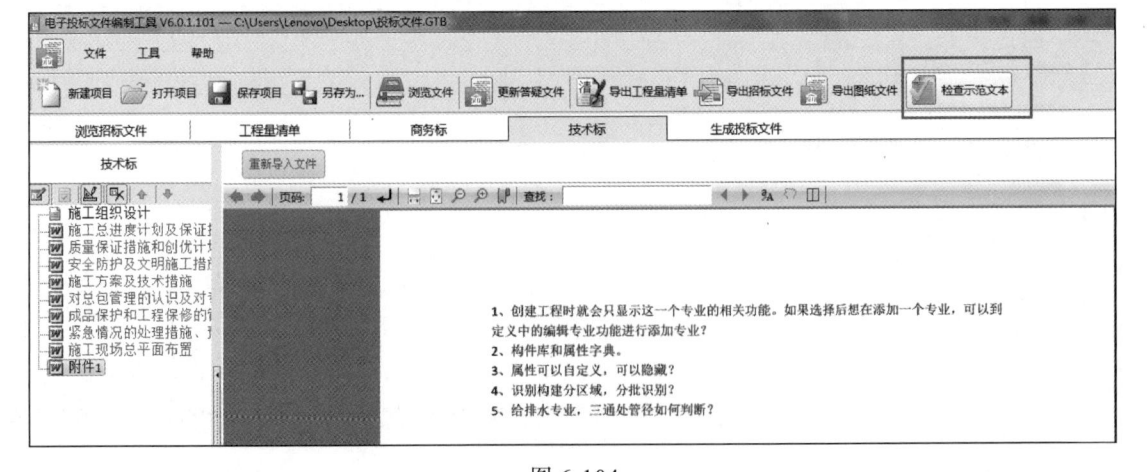

图 6-104

图 6-105

2）生成投标文件。

① 转化成签章文件。

投标书检查通过后，此时切换至"生成投标文件"界面，在此界面要完成"电子签章"才能"生成投标文件"，首先进行电子签章，点击鼠标进入"电子签章"界面，将电子文件转化为签章文件，点击"转换"或"批量转换"将所有的标书转换完成。如图 6-106、图 6-107 所示。

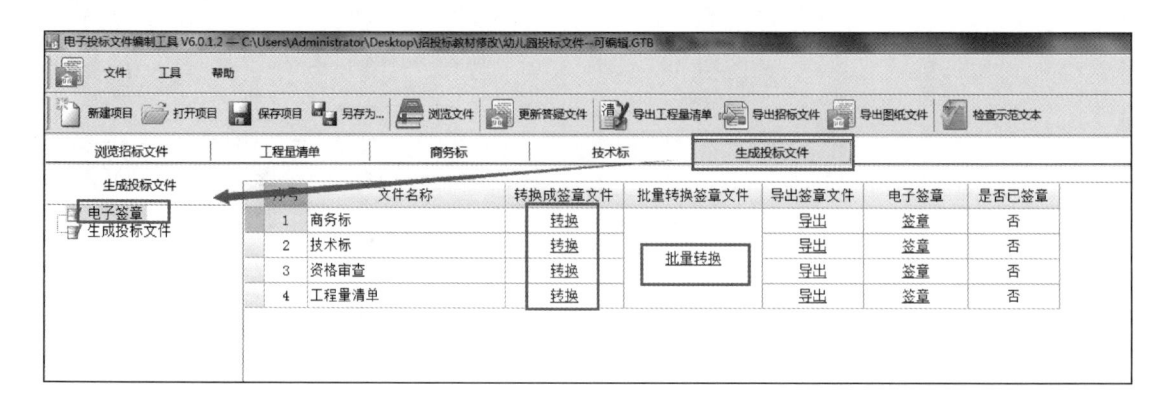

图 6-106

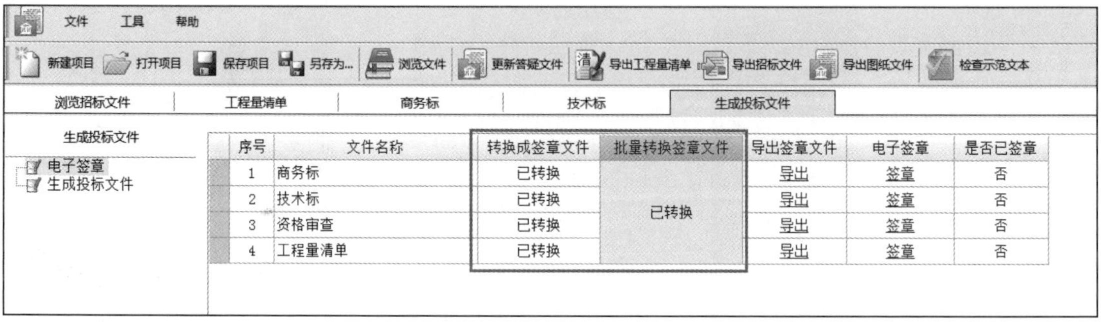

图 6-107

② 电子签章。

转化完成后进行电子签章，点击"签章"，此时弹出"浏览 PDF"界面，点击"批量签章"（注：技术标、资格审查、工程量清单等的签章方法参考商务标签章操作），在页面相应位置进行签章，签章完成后，在已签章界面全部显示已签章。如图 6-108 ～ 图 6-110 所示。

③ 导出签章文件。

签章完成后，此时可以把标书导出，点击"导出"，弹出"另存为"对话框，保存格式为 pdf，点击"保存"，可以把商务标导出，便于之后浏览，打印，制作纸质版的投标书。（注：技术标、资格审查、工程量清单的导出方法参考商务标导出的操作）。如图 6-111 所示。

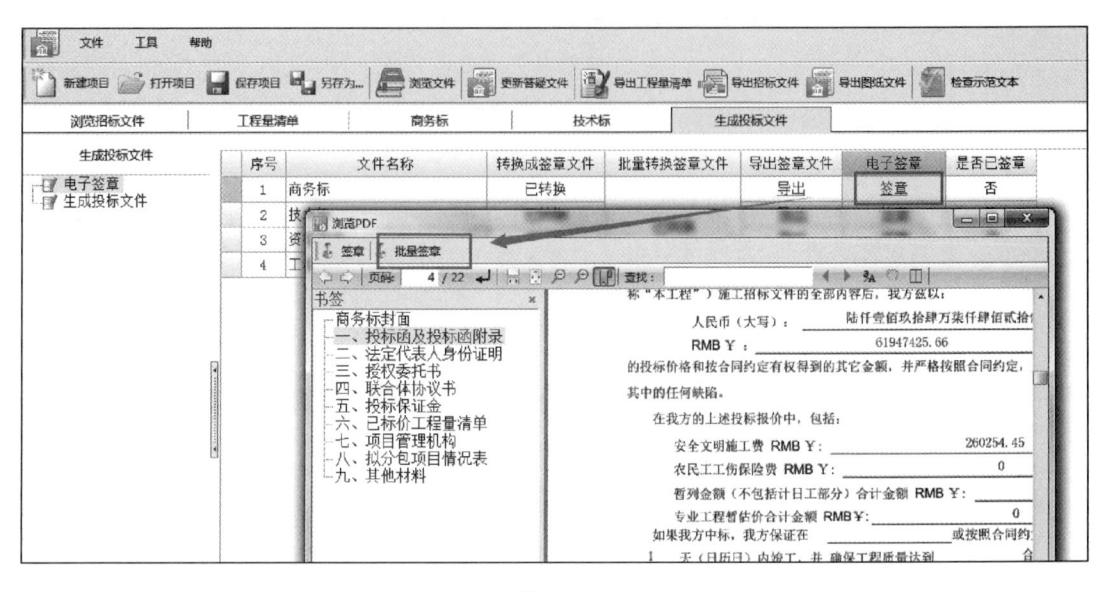

图 6-108

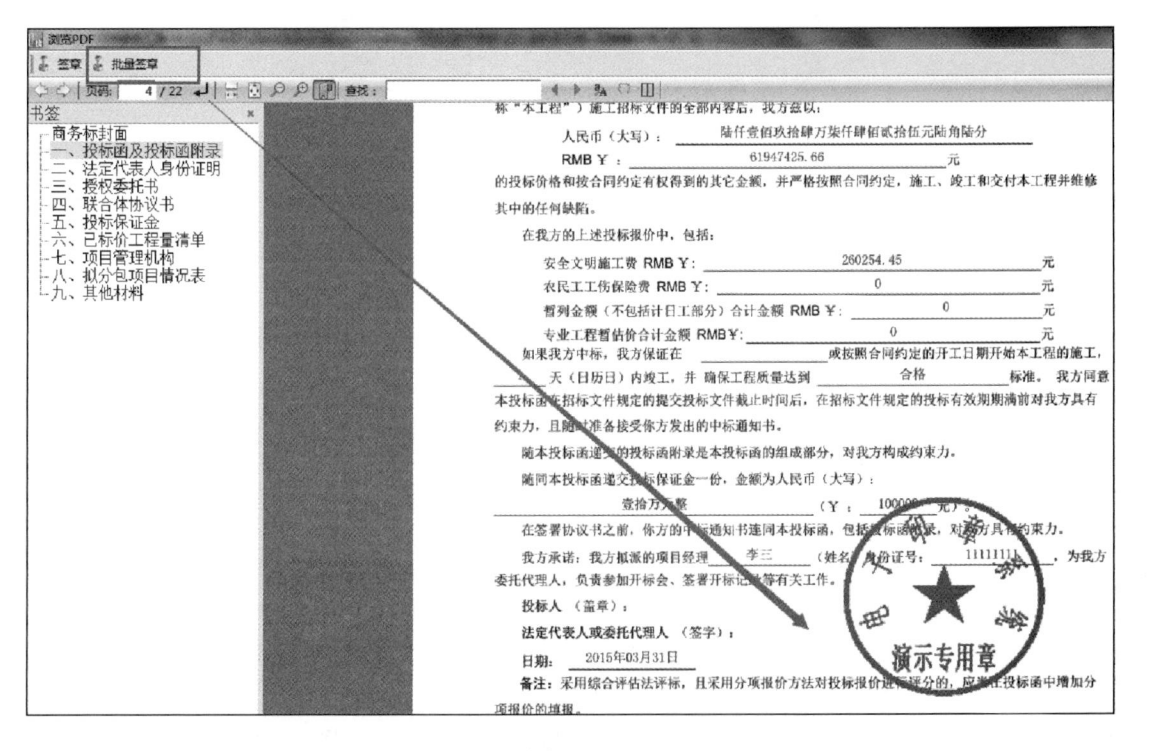

图 6-109

④ 生成投标文件。

签章完成后，切换到"生成投标文件"界面，此时点击"生成"，软件弹出"另存为"对话框，点击"保存"，此时显示标书生成成功，点击"确定"，完成标书的生成。如图 6-112 ～

图 6-114 所示。

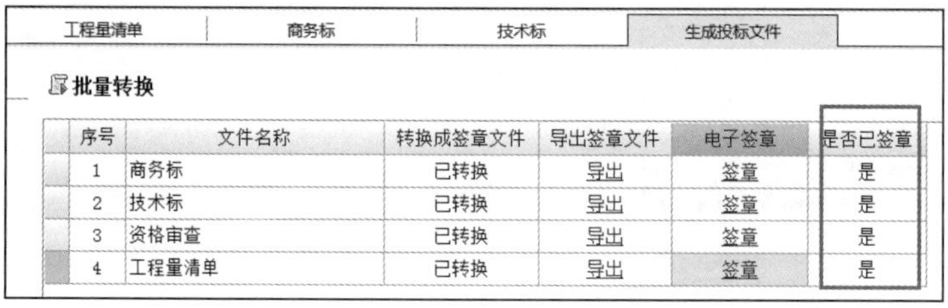

序号	文件名称	转换成签章文件	导出签章文件	电子签章	是否已签章
1	商务标	已转换	导出	签章	是
2	技术标	已转换	导出	签章	是
3	资格审查	已转换	导出	签章	是
4	工程量清单	已转换	导出	签章	是

📝批量转换

图 6-110

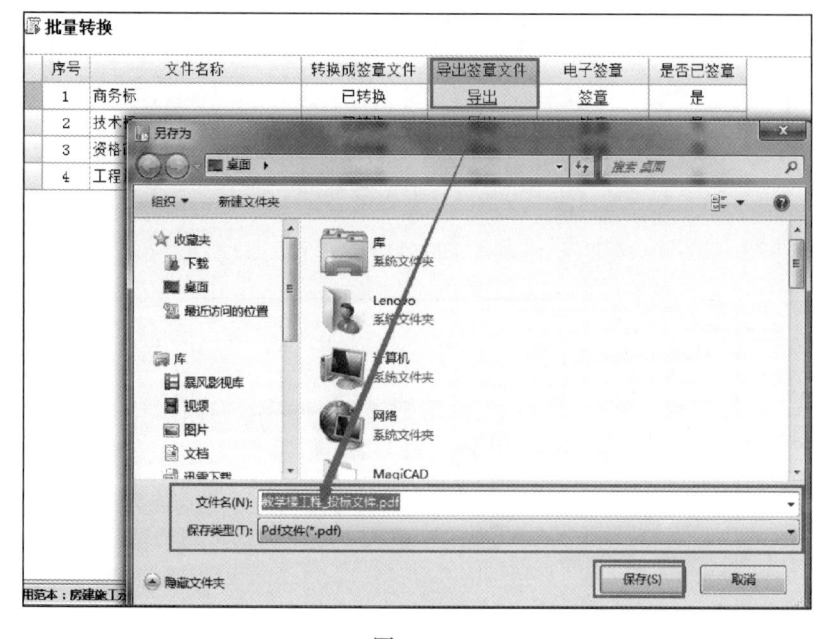

图 6-111

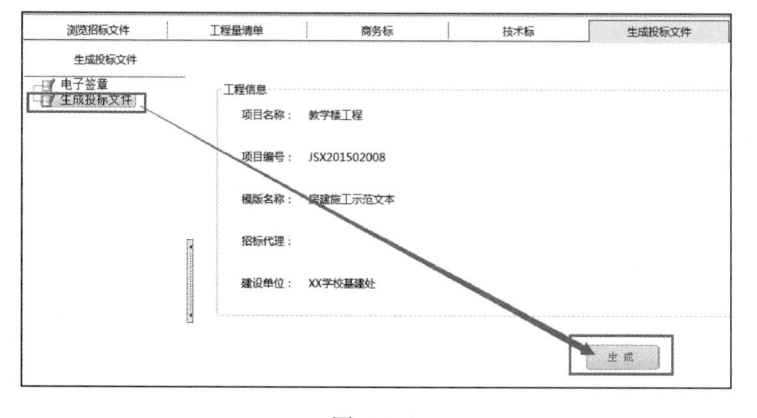

图 6-112

投标文件中的"商务标"与"技术标"也可导出 word 文档格式，软件操作同招标文件 word 文档格式导出。

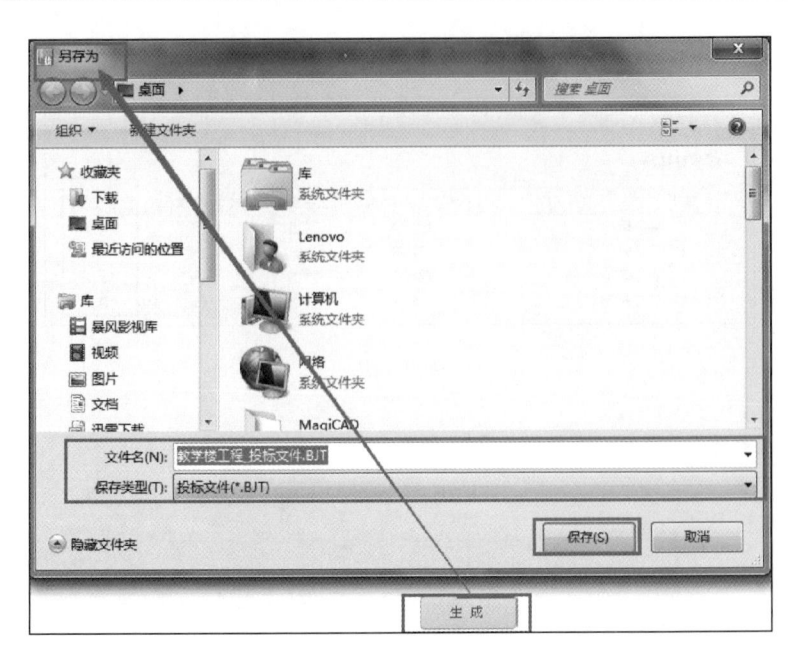

图 6-113

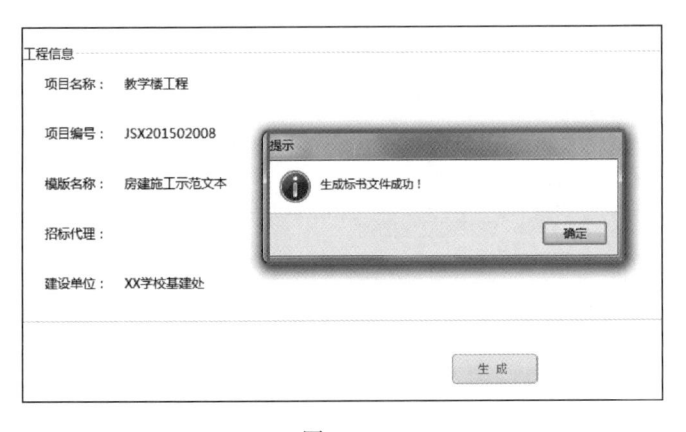

图 6-114

![小贴士] **小贴士：** 回到投标文件的保存路径，可以看到投标文件生成之后，同时生成两个文件，

其中第一个文件"投标文件.GTB"，此文件为可
编辑、可修改文件，可以反复打开进行编辑；第
二个文件"教学楼工程-投标文件.BJT2"，此文
件为非加密文件，用于教学过程中可以导入开评
标系统，进行开评标工作。如图 6-115 所示。

（3）团队自检　投标文件电子版完成后，项
目经理组织团队成员，利用投标文件审查表（图
6-116）进行自检。

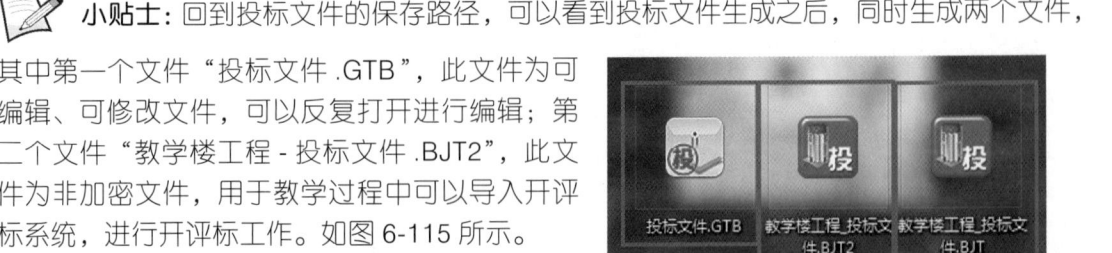

图 6-115

（4）签字确认　市场经理负责将结论记录到投标文件审查表（图 6-116），经团队其他
成员和项目经理签字确认后，置于招投标沙盘盘面投标阶段团队管理的对应位置处。如
图 6-117 所示。

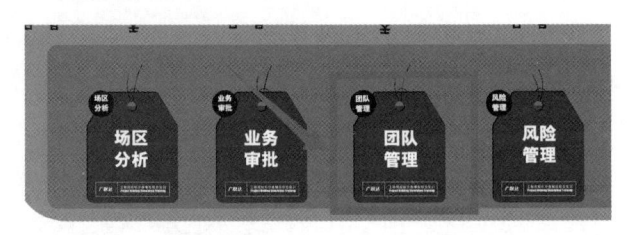

图 6-116

表7-6　投标文件审查表

组别：　　　　　　　　　　　　　日期：

序号	审查内容	完成情况	需调整内容	责任人
1	形式审查	☑		
2	资格审查	☑		
3	响应性审查	☑		
4	资信标审查	☑		
5	技术标审查	☑		
6	经济标审查	☑		
7	详细评审	☑		
8		☐		

填表人：　　　　　会签人：　　　　　审批人：

图 6-117

【任务三　投标文件封装、递交】

(一) 任务说明

① 完成投标文件的封装工作；

② 完成投标文件的递交工作。

(二) 操作过程

1. 完成投标文件的封装工作

（1）方案一：网络递交（网络递交不需要密封装袋）

在投标工具中进行电子签章，生成电子投标文件，图标如图 6-118 所示。

（2）方案二：现场递交　可参考模块四资格审查任务六中关于投标文件现场递交的标书封装方法，此处略。

2. 完成投标文件的递交工作

（1）方案一：网络递交　登录电子招投标项目交易平台，完成投标文件在线递交工作。

图 6-118

投标文件准备好之后，投标人登录"广联达电子招投标项目交易平台"，进入"已报名标段"界面，选择报名的标段，进行网上投标，点击"上传"，进入上传投标文件的界面，点击"添加文件"添加完成后，点击"加载"。如图 6-119 ～图 6-121 所示。

（2）方案二：现场递交

① 投标人（被授权人）携带密封完成的投标文件、投标保证金、授权委托书等，根据招标文件规定的时间和地点，现场递交。

② 投标人递交投标文件后，在现场的登记表（图 6-122）中填写单位信息。

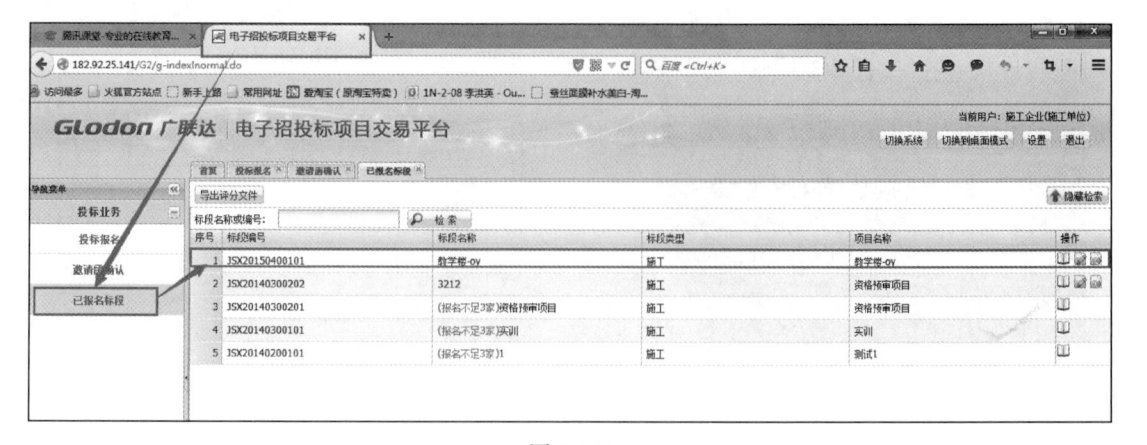

图 6-119

图 6-120

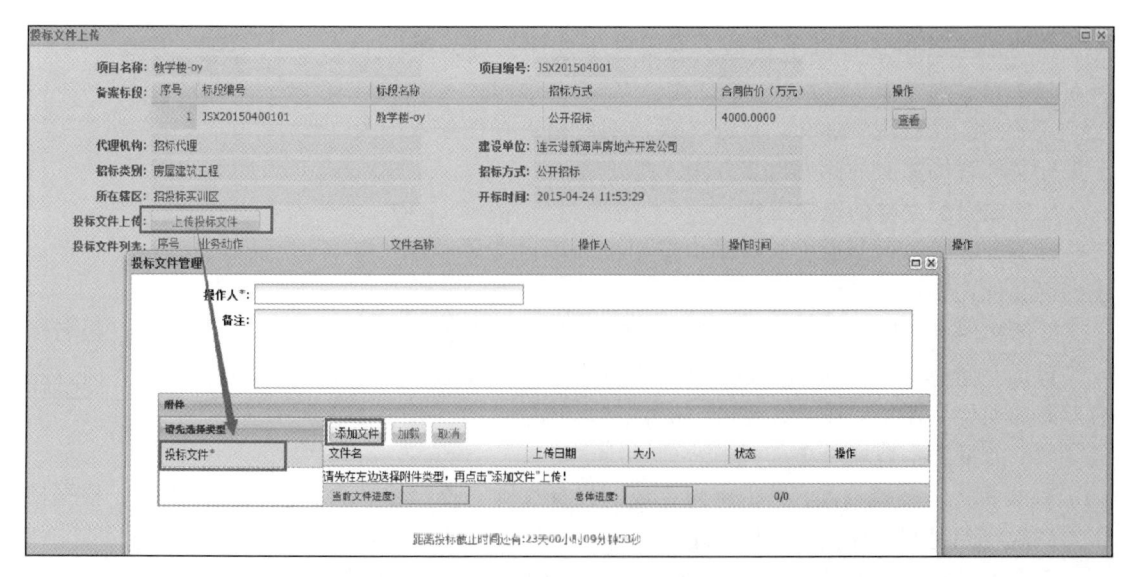

图 6-121

表0-3 ××教学楼 工程 递交投标文件 登记(签到)表

序号	单　位	递交(退还、签到)时间	联系人	联系方式	传真
1	广联达第一建设有限公司	××××年××月××日××时××分	李××	××××××××××	0105637876
2	广联达第二建设有限公司	××××年××月××日××时××分	杨××	××××××××××	0105637877
3	广联达第三建设有限公司	××××年××月××日××时××分	孙×	××××××××××	0105637878
4	广联达第四建设有限公司	××××年××月××日××时××分	张×	××××××××××	0105637879
5	广联达第五建设有限公司	××××年××月××日××时××分	李××	××××××××××	0105637880
6	广联达第六建设有限公司	××××年××月××日××时××分	郝××	××××××××××	0105637881
7	广联达第七建设有限公司	××××年××月××日××时××分	陈××	××××××××××	0105637882
8	广联达第八建设有限公司	××××年××月××日××时××分	张××	××××××××××	0105637883
9	广联达第九建设有限公司	××××年××月××日××时××分	杨××	××××××××××	0105637884

招标人或招标代理经办人:(签字)李××　　　　　　　　第 1 页共 1 页

图 6-122

③ 招标人由老师指定的学生担任。

【任务四　完成开标前的准备工作】

(一)任务说明

完成开标时需要携带的证件及相关资料。

(二)操作过程

准备开标时需要携带的证件及相关资料。

投标人市场经理根据招标文件中有关携带资料的要求,填写到携带资料清单表(图6-123),并将所准备的相关资料内容(如投标文件、授权委托书、投标保证金等),一同提交项目经理进行审批;项目经理审批通过后,将市场经理准备的相关资料归还给他,留下携带资料清单表并置于沙盘盘面投标人区域的活动检视区。如图6-124所示。

组别:	表0-7 携带资料清单表		日期:

活动名称:

序号	需携带资料内容	完成情况	需要补充
1	投标文件纸质版	☑	
2	授权委托书	☑	
3	投标保证金	☑	
4	本人身份证	☑	
5	授权人身份证原件(复印件)	☑	
		☐	

填表人:李××　　会签人:张××　　审批人:杨××

图 6-123

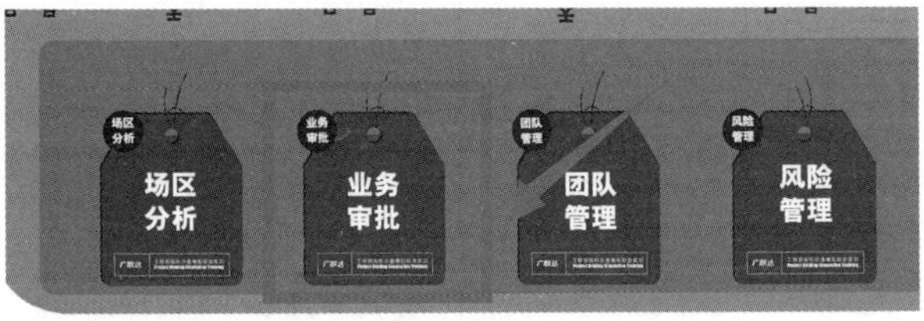

图 6-124

小贴士:投标人在参加开标会时,需要仔细阅读招标文件中开标的相关要求,严格按照招标文件的内容准备相关证件资料;实际投标人企业在参加开标会时,因为没有仔细阅读招标文件和检查携带资料是否齐全，可能导致未能准时参加开标会。

工程招投标实训教材在此增加投标人自检环节，意在培养学生养成一种良好的工作习惯：在参加招标人组织的各类活动尤其是开标会时，提前检查一下自己需要携带的资料是否齐全。

六、沙盘展示

1. 团队自检

项目经理带领团队成员，对照沙盘操作表，检查自己团队的各项工作任务是否完成。见表 6-1。

表 6-1　沙盘操作表

序号	任务清单	完成请打"√"	
		使用单据 / 表 / 工具	完成情况
（一）	投标报名、现场踏勘、投标预备会		□
1	投标人投标报名 / 购买招标文件 / 获取施工图纸	携带资料清单表 / 授权委托书 / 代金币 / 登记表	□
2	投标人参加现场踏勘、对施工场区进行分析	施工场区环境分析表	□
3	投标人对工程量清单进行复核	工程量清单复核表	□
4	投标人对招标文件重点内容进行分析	招标文件分析表	□
5	投标预备会	质疑书 / 招标文件澄清、答疑书	□
（二）	投标文件编制		□
1	投标人确定施工方案		□
2	投标人对招标文件进行响应	招标文件响应表	□
3	投标人制定施工进度计划		□
4	投标人完成施工平面布置图		□
5	投标人对中标价进行预估	中标价预估表	□
6	投标人确定投标报价策略		□
7	投标人编制投标报价	计价软件	□
8	投标人完成资信标的编制	投标工具	□
9	投标人准备投标保证金	资金、用章审批表	□
10	投标人完成投标文件的编制	投标工具	□
11	投标人对投标文件自检合格	投标文件审查表	□
（三）	投标文件封装、递交		□
1	投标人对投标文件进行密封、盖章	资金、用章审批表	□
2	投标人在线递交投标文件	电子招投标项目交易平台	□
（四）	开标前的准备工作		□
	投标人准备参加开标会携带资料	授权委托书 / 携带资料清单表 / 资金、用章审批表	□

2. 沙盘盘面上内容展示与分享

如图 6-125 所示。

3. 作业提交

（1）作业内容

① 投标文件；

② 生成投标人项目交易平台评分文件。

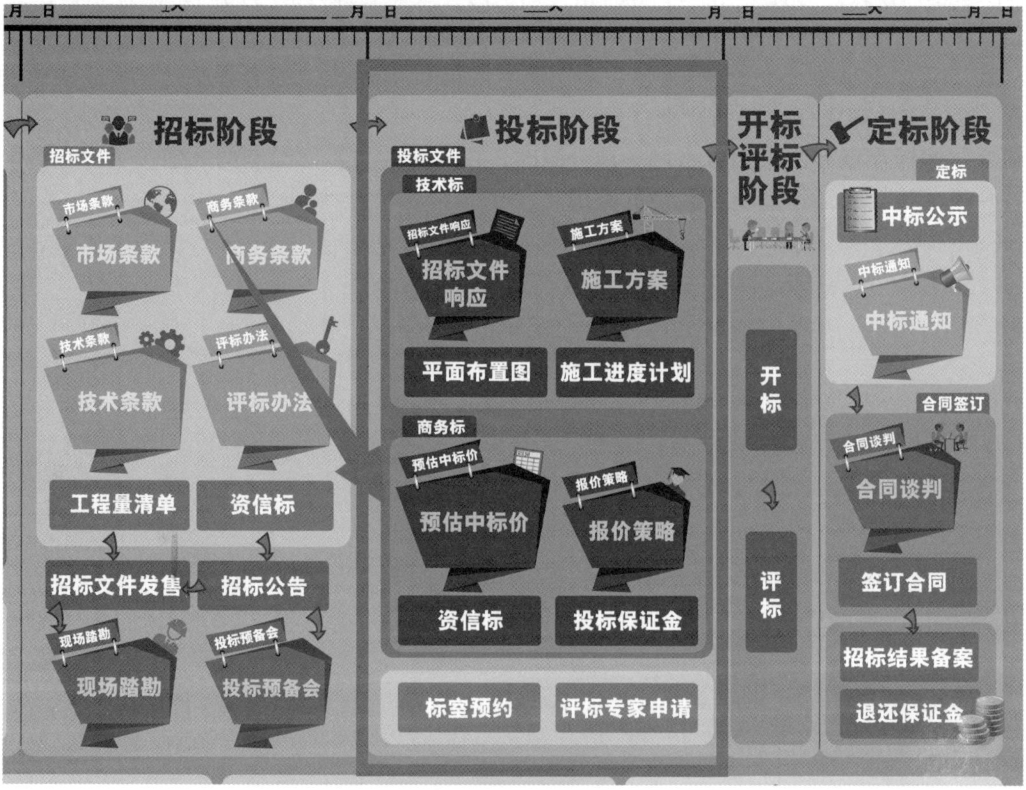

图 6-125

（2）操作指导

1）生成投标人投标文件电子版。

学生从使用广联达电子投标文件编制工具 V6.0 生成的投标文件中找到 " .BJT2" 格式的投标文件（图 6-126），提交给老师。具体操作过程详见本模块任务三　投标文件封装、递交。

2）生成投标人项目交易平台评分文件。

使用工程交易管理服务平台生成项目交易平台评分文件一份。

具体操作详见附录 2：生成评分文件。

3）提交作业。

将投标文件、项目交易平台评分文件拷贝到 U 盘中提交给老师，或者使用在线文件递交（文件在线提交系统或电子邮箱等方式）提交给老师。

图 6-126

七、实训总结

1. 教师评测

（1）评测软件操作　具体操作详见附录 3：学生学习成果评测。

（2）学生成果展示　具体操作详见附录 3：学生学习成果评测。

2. 学生总结、分享

小组组内讨论 3 分钟，写下该环节你认为需要完善的内容及心得，并进行分享。

八、拓展练习

在本实训模块之外需要学生了解的相关知识内容或需要课外思考的问题，具体如下。

① 工程招标采取资格后审方式时，投标文件编制的与资格预审投标文件编制的区别；

② 工程招标采取不同的评标办法 [经评审的低价中标法、综合评估法（内插法、区间法）]，投标文件商务标编制的区别；

③ 技术标评审办法采用合格制和评分制时，投标文件技术标编制的区别；

④ 投标策划的工作点及实践中的应用。

模块七　开标评标定标

项目一　理论知识

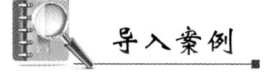

导入案例

某院校计划建设新校区，内有一封闭式操场，为此由后勤部门调动一名部长及四名管理人员，新组建了基建处，负责此项目的筹建工作。本工程通过公开招标，通过资格预审，共有6家承包商参与了投标。各承包商均按规定的投标截止日期前递交了投标文件，在投标文件未标明的情况下，在开标时发生了下列事件。

（1）根据工程设计文件，基建处自行编制了招标文件和工程量清单。在开标时，由某地招标办公室的工作人员主持开标会议，按投标书到达的时间编了唱标顺序，以最后送达的投标文件为第一开标单位，最早送达的单位为最后唱标单位。

（2）招标文件中明确了有效的条件，即投标单位的报价在招标单位编制的标底价±30%以内为有效标书，但是6家投标单位的报价均超过了上述要求。

（3）在此情况下，招标单位通过专家对各家投标单位的经济标和技术标的综合评审打分，以低价标为原则，选择了价格最低的投标单位为中标单位。

本工程的开标、评标过程是否有不妥之处，请分别说明。

分析答案见后面导入案例解析。

一、开标

（一）开标概述

开标应在招标文件规定的提交投标文件截止的同一时间，在有形建筑市场公开进行，并邀请所有投标人代表参加开标会议。开标会议由招标人组织并主持。投标人法定代表人或法定代表人的委托代理人未按时参加开标会议，视为弃权处理。参加会议的投标人的法定代表人或其委托代理人应携带本人身份证明，委托代理人还应携带参加开标会议的授权委托书（原件），以证明其身份。

开标时，由投标人或者其推选的代表检查投标文件的密封情况，也可以由招标人委托的公证机构检查并公证；经确认无误后，由工作人员当众拆封，宣读投标人名称、投标价格和投标文件的主要内容。招标人在招标文件要求提交投标文件的截止时间前收到的所有投标文件，开标时都应当众予以宣读。

唱标应按送达投标文件时间的先后顺序进行，唱标内容应做好记录，并请投标人的法定代表人或授权代理人签字确认。招标人应对开标过程进行记录，存档备查。

（二）开标会议流程

① 主持人宣布开标会议开始；

② 介绍参加开标会议的单位和人员名单；

③ 宣布监标、唱标、记录人员名单；

④ 重申评标原则、评标办法；

⑤ 检查投标人提交的投标文件的密封情况，并宣读核查结果；

⑥ 宣读投标人的投标报价、工期、质量、主要材料用量、投标保证金或者投标保函、优惠条件等；

⑦ 宣布评标期间的有关事项；

⑧ 监标人宣布工程标底价格（设有标底的）；

⑨ 宣布开标会结束，转入评标阶段。

（三）无效投标文件

投标文件是否无效，评判标准是招标文件里的相关规定。通常当投标文件出现下列情形之一的，应作为无效投标文件处理。

① 投标文件未按规定标识进行密封、盖章的；

② 投标文件未按招标文件的规定加盖投标人印章或未经法定代表人或其委托代理人签字或盖章，委托代表人签字或盖章但未提供有效的"授权委托书"原件的；

③ 投标文件未按招标文件规定的格式、内容和要求填报，投标文件的关键内容字迹模糊、无法辨认的；

④ 投标人在投标文件中对同一招标项目报有两个或多个报价，且未书面声明以哪个报价为准的；

⑤ 投标人未按照招标文件的要求提供投标保证金或者投标保函的；

⑥ 组织联合体投标的，投标文件未附联合体各方共同投标协议的；

⑦ 投标人与通过资格审查的投标申请人在名称上和法人地位上发生实质性改变的。

开标现场出现招标文件里规定的无效投标文件情形的，由开标记录员如实记录在开标记录中，开标现场不做评判。

二、评标

（一）评标

工程投标文件评审与中标人的确定，是招投标工作的关键，也是招投标程序的重要步骤。

依照《中华人民共和国招标投标法》及相关法规，依法必须招标的项目，其评标活动遵循公平、公正、科学、择优的原则。评标活动依法进行，任何单位和个人不得非法干预或者影响评标的过程和结果。招标人应当采取必要措施，保证评标活动在严格保密的情况下进行。评标活动及其当事人应当接受依法实施的监督。

（二）评标组织

1. 评标机构

评标委员会依法组建，负责评标活动，向招标人推荐中标候选人或者根据招标人的授权直接确定中标人。

评标委员会由招标人负责组建。评标委员会成员名单一般应于开标前确定。评标委员会成员名单在中标结果确定前应当保密。

评标委员会由招标人或其委托的招标代理机构中熟悉相关业务的代表，以及有关技术、经济等方面的专家组成，成员人数为五人以上单数，其中技术、经济等方面的专家不得少于成员总数的三分之二。

技术、经济等专家应当从事专业领域工作满 8 年且具有高级职称或具有同等专业水平，评标委员会的专家成员应当从依法组建的专家库内的相关专家名单中确定。

一般项目，可以采取随机抽取的方式；技术特别复杂、专业性要求特别高或者国家有特殊要求的招标项目，若采取随机抽取方式确定专家，但专家又难以胜任的，可以由招标人直接确定。

评标委员会设负责人的，评标委员会负责人由评标委员会成员推举产生或者由招标人确定。评标委员会负责人与评标委员会的其他成员有同等的表决权。

评标委员会成员应当客观、公正地履行职责，遵守职业道德，对所提出的评审意见承担个人责任。

评标委员会成员不得与任何投标人或者招标结果有利害关系的人进行私下接触，不得收受投标人、中介人、其他利害关系人的财物或者其他好处。

评标委员会成员和与评标活动有关的工作人员不得透露对投标文件的评审和比较、中标候选人的推荐情况以及评标有关的其他情况。

2. 评标的原则

（1）公平竞争、机会均等的原则　制定评标定标办法时，对各投标人应一视同仁，不得存在对某一方有利或不利的条款。在定标结果正式出来之前，中标的机会是均等的，不允许针对某一特定的投标人在某一方面的优势或弱势而在评标定标具体条款中带有倾向性。

（2）客观公正、科学合理的原则　对投标文件的评价、比较和分析要客观公正，不以主观好恶为标准。对评审指标的设置和评分标准的具体划分，都要在充分考虑招标项目的具体特点和招标人合理意愿的基础上，尽量避免和减少人为因素，做到科学合理。

（3）实事求是、择优定标的原则　对投标文件的评审，要从实际出发，实事求是。评标定标活动既要全面，也要有重点，不能泛泛进行。

 案例

在施工公开招标中，有 A、B、C、D、E、F、G、H 等 8 家施工单位报名投标，经资格预审均符合要求，但建设单位以 A 施工单位是外地企业为由不同意其参加投标。评标委员会由 5 人组成，其中当地建设行政管理部门的招标投标管理办公室主任 1 人、建设单位代表 1 人、政府提供的专家库中抽取的技术经济专家 3 人。

评标时发现，B 施工单位投标报价明显低于其他投标单位报价且未能合理说明理由；D 施工单位投标报价大写金额小于小写金额；F 施工单位投标文件提供的检验标准和方法不符合招标文件的要求；H 施工单位投标文件中某分项工程的报价有个别漏项；其他施工单位的投标文件均符合招标文件要求。

问题：

1. 在施工招标资格预审中，建设单位认为 A 施工单位没有资格参加投标是否正确？说明理由。

2. 指出施工招标评标委员会组成的不妥之处，说明理由，并写出正确做法。

3. 判别 B、D、F、H 4 家施工单位的投标是否为有效标？说明理由。

【分析】

1. A 施工单位没有资格参加投标是不正确的。

理由：《中华人民共和国招标投标法》规定，招标人不得以不合理的条件限制和排斥潜在投标人，不得对潜在投标人实行歧视待遇，所以招标人以投标人是外地企业的理由排斥潜在投标人是不合理的。

2. 施工招标评标委员会组成的不妥之处如下：

(1) 建设行政管理部门的招标投标管理办公室主任参加不妥。理由：评标委员会由招标人的代表和有关技术、经济方面的专家组成。正确做法：招标投标管理办公室主任不能成为评标委员会成员。

(2) 政府提供的专家库中抽取的技术经济专家 3 人。理由：评标委员会中的技术经济等方面的专家不得少于成员总数的 2/3。正确做法：至少有 4 人是技术经济专家。

3. B 施工单位的投标书不是有效标。理由：评标委员会发现投标人的报价明显低于其他报价时，应当要求该投标人作出书面说明并提供相关证明材料，投标人不能合理说明的应作废标处理。D 施工单位的投标书是有效标。理由：投标报价大写与小写不符属细微偏差，细微偏差修正后仍属有效投标书。F 施工单位的投标书不是有效标。理由：检验标准与方法不符合招标文件的要求，属未作实质性响应的重大偏差。H 施工单位的投标书是有效标。理由：某分项工程的报价有个别漏项属细微偏差，应为有效标书。

（1）不符合法律规定。根据《中华人民共和国招标投标法》及住房和城乡建设部有关房屋建筑工程施工招标投标管理办法规定：招标人自行办理施工招标事宜的，应当具有编制招标文件和组织评标的能力，即要有专门的施工招标组织机构；有与工程规模、复杂程度相适应并具有同类工程施工招标经验；熟悉有关工程施工招标法律法规的工程技术、概预算及工程管理的专业人员。本工程的发包人不具备自行招标条件，所以发包人自己编织招标文件不符合法律规定，应该委托具有相应资格的招标代理机构代理施工招标。

（2）本工程的开标过程存在下列不妥之处。

① 开标会议由招标办公室的工作人员主持不妥，应由招标人主持。

② 把投标单位的报价是否在标底价 ±30% 以内作为判定投标文件是否为有效不妥，因为《中华人民共和国招标投标法实施条例》规定："标底只能作为评标的参考，不得以投标报价是否接近标底作为中标条件，也不得以投标报价超过标底上下浮动范围作为否决投标的条件"。

③ 选择了价格最低的投标单位为中标单位不妥，因为 6 家投标单位的报价均超过了有效标的要求，招标人应当依照招标投标法重新招标，而不应该由专家从 6 家投标单位中选择一家作为中标单位。

（三）评标程序

1. 召开评标会

开标会结束后，工作组整理开标资料，将开标资料转移至评标会地点并分发到评标专家组工作室，安排评标委员会成员报到。评标专家报到后，由评标组织负责人召开第一次全体会议，宣布评标会开始。

首次会议一般由招标人或其主持人主持，评标会监督人员开启并宣布评标委员会名单和评标纪律，评标委员会主任委员宣布专家分组情况、评标原则和评标办法、日程安排和注意事项。招标人代表届时介绍项目基本情况，招标机构介绍项目招标和开标情况。如设有入围条件，招标机构应按评标办法当众确定入围投标人名单；如设有标底，则需要介绍标底设置情况，也可由工作组在评标会监督人员的监督下当众计算评标标底。同时，工作组可按评审项目及评标表格整理投标人的对比资料，分发到专家组，由专家组进行确认。

2. 资格复审或后审

为确认投标人资格条件与投标预审相符，应对采用资格预审的招标项目投标人资格条件进行复审；对于采用资格后审的项目，可以在此阶段进行资格审查，淘汰不符合资格条件的投标人。

3. 投标文件的澄清、说明或补正

对于投标文件中含义不明确、同类问题表述不一致或者有明显文字和计算错误的内容，评标委员会可以书面方式要求投标人以书面方式做必要的澄清、说明或者补正，但不得超出投标文件的范围或者改变投标文件的实质性内容。开标后，投标人对价格、工期、质量等级等实质性内容提出的任何修正声明或者附加优惠条件，一律不得作为评标组织评标的依据。所澄清和确认的问题，应当采取书面形式，经招标人和投标人双方签字后，作为投标文件的组成部分，列入评标依据范围。

（1）细微偏差的认定　细微偏差是指投标文件在实质上响应招标文件要求，但在个别地方存在漏项或者提供了不完整的技术信息和数据等情况，并且补正这些遗漏或者不完整不会对其他投标人造成不公平的影响。细微偏差不影响投标文件的有效性。

评标委员应书面要求存在细微偏差的投标人在评标结束前予以补正。拒不补正的，在详细评审时可以对细微偏差做不利于该投标人的量化，量化标准应当在招标文件中规定。

（2）算术错误的处理　在详细评标前，招标人或评标委员一般按以下原则纠正其算术错误。

① 当以数字表示的金额与文字表示的金额有差异时，以文字表示的金额为准。

② 当单价与数量相乘不等于总价时，以单价计算为准。

③ 如果单价有明显的小数点差错，应以标出的总价为准，同时对单价予以修正。

④ 当各细目的合价累计不等于总价时，应以各细目合价累计数为准，修正总价。

按上述方法修正算术错误后，投标金额要相应调整。经投标人同意，修正和调整后的金额对投标人有约束作用。如果投标人不接受修正后的金额，其投标书将被拒绝，其投标保证金也要被没收。

4. 投标文件的初步评审

（1）熟悉招标文件和评标方法

① 招标的目标。

② 招标项目的范围和性质。

③ 招标文件中规定的主要技术要求、标准和商务条款。

④ 招标文件规定的评标标准、评标方法和评标过程中考虑的相关因素。

（2）鉴定投标文件的响应性

① 评标专家审阅各个投标文件，主要检查确认投标文件是否从实质上响应了招标文件的要求。

② 投标文件正、副本之间的内容是否一致。

③ 投标文件是否按招标文件的要求提交了完整的资料，是否有重大漏项、缺项。

④ 投标文件是否提出了招标人不能接受的保留条件等，并分别列出各投标文件中的偏差。

（3）淘汰废标

① 违规标。如投标人以他人的名义投标、串通投标、以行贿手段谋取中标或者以其他弄虚作假方式投标的，该投标人的投标应做废标处理。

② 报价明显低于标底。如投标人报价明显低于其他投标报价或者在设有标底时明显低于标底，使得其投标报价可能低于其个别成本的，投标人又不能以书面形式合理说明或者不能提供相关证明材料的，评标委员可认定该投标人以低于成本报价竞标，其投标应做废标处理。

③ 投标人不具备资格。投标人资格条件不符合国家有关规定和招标文件要求的，或者拒不按照要求对投标文件进行澄清、说明或者补正的，评标委员会可以否决其投标。

④ 出现重大偏差。根据评标定标办法的规定，投标文件出现重大偏差，评标组织成员可将其淘汰。

评标机构在对各投标人递交的标书进行初步审查后，根据专家的评审意见，将确定详细评审的名单。接下来即将进入详细审查阶段。

5. 投标文件的详细评审

在这一阶段，评标委员根据招标文件确定的评标标准和方法，对各投标文件的技术部分和商务部分做进一步的评审和比较，并向评标委员会提交书面详细评审意见。

（1）技术评审的内容　技术评审的目的是确认和比较投标人完成投标工程的技术能力，以及他们的施工方案的可靠性。技术评审的主要内容如下。

① 施工方案的可行性。主要从各类分部分项工程的施工方法，施工人员和施工机械设备的配备，施工现场的布置和临时设施的安排，施工顺序及其相互衔接等方面进行评审。应特别注意对该项目的关键工序的技术难点、施工方法进行可行性和先进性论证。

② 施工进度计划的可靠性。主要审查施工进度计划及措施（如施工机具、劳务的安排）是否满足竣工时间要求，是否科学合理，是否切实可行。

③ 施工质量保证。审查投标文件中提出的质量控制和管理措施，如对质量管理人员的配备、检验仪器的配备和质量管理制度进行审查。

④ 工程材料和机器设备的技术性能符合设计技术要求。审查投标文件中关于主要材料和设备的样本、型号、规格和制造厂家的名称、地址等，判断其技术性能是否达到设计标准。

⑤ 分包商的技术能力和施工经验。如果投标人拟在中标后将中标项目的部分工作分包给他人完成，应当在投标文件中载明。主要应审查确定拟分包的工作是否为非主体、非关键性工作；分包人是否具备招标文件规定的资格条件和完成相应工作的能力和经验。

⑥ 建议方案的技术评审。如果招标文件中规定可以提交建议方案，则应对投标文件中的建议方案的技术可靠性与优缺点进行评审，并与原投标方案进行对比分析。

（2）商务评审　商务评审是指就投标报价的准确性、合理性、经济效益和风险性，从工程成本、财务和经济分析等方面进行评审，比较授标给不同投标人产生的不同后果。商务评审在整个评标工作中通常占有重要地位。商务评审的主要内容如下。

① 审查全部报价数据计算的正确性。主要审核投标文件是否有计算上或累计上的算术错误，如果有，则按"投标人须知"中的规定进行改正和处理。

② 分析报价构成的合理性。判断报价是否合理，应主要分析报价中直接费、间接费、利润和其他费用的比例关系、主体工程各专业工程价格的比例关系等。同时还应审查工程量清单中的单价有无脱离实际的"不平衡报价"，计日工劳务和机械台班（时）报价是否合理等。

③ 建议方案的商务评审（如果有的话）。

（3）资信标评审　资信标主要是对投标企业信誉、业绩、项目经理和项目班子配备情况进行评审。评审内容一般包括以下几方面。

① 投标人情况简介。

② 投标人企业资质资历情况。企业营业执照、建筑资质、安全生产许可证、投标手册等。

③ 投标人类似工程业绩。证明材料为"工程竣工验收证明书"（或完工证明书），"施工合同"提供与规模、造价、签字盖章有关的页面。

④ 不良行为记录。此项无需投标人递交资料。以诚信评价系统中的不良诚信记录为准。

⑤ 其他人员的相关资格证明。包括项目经理、副经理、技术负责人、安全员、质检人员、工长、资料员、实验员、预算员、财务人员等。

（4）对投标文件进行综合评价与比较　通过技术和商务评审，再按照招标文件确定的评标标准和方法，对投标人的报价、工期、质量、主要材料用量、施工方案或组织设计、以往业绩和合同履行情况、社会信誉、优惠条件等方面进行综合评价和比较，并与标底进行对比分析，最终择优选定中标候选人，以评标报告的形式向项目法人排序推荐不超过3名候选中标人。

6. 形成评标报告

《中华人民共和国招标投标法》规定，评标委员会完成评标后，应当向招标人提出书面评标报告，并推荐合格的中标候选人。在评标报告中，应当如实记载以下内容。

① 基本情况和数据表。

② 评标委员会成员名单。

③ 开标记录。

④ 符合要求的投标一览表。

⑤ 废标情况说明。

⑥ 评标标准、评标方案或者评标因素一览表。

⑦ 经评审的价格或者评分比较一览表。

⑧ 经评审的投标人排序。

⑨ 推荐的中标候选人名单与签订合同前要处理的事宜。

⑩ 澄清、说明、补正事项纪要。

另外，评标报告还应包括专家对各投标人的技术方案评价，技术、经济分析、比较和详细的比较意见以及中标候选人的方案优势和推荐意见。评标报告由评标委员会全体成员签字。对评标结论持有异议的评标委员会成员可以书面方式阐释其不同意见和理由。评标委员会成员拒绝在评标报告上签字且不陈述其不同意见和理由的，视为同意评标结论。评标委员会应当对此做出书面说明并记录在案。向招标人提交书面评标报告后，评标委员会即告解散。评标过程中使用的文件、表格及其他资料应当及时归还招标人。

三、定标

评标委员会推荐的中标候选人应当限定在 1～3 人，并标明排列顺序。招标人根据评标委员会提出的书面评标报告和推荐的中标候选人来确定最后的中标人，也可以授权评标委员会直接定标。

定标程序与所选用的评标定标方法有直接关系。一般来说，直接定标法（即以评标委员会的评审意见直接确定中标人），没有独立的定标程序；采用间接定标法（或称复议定标法，指以评标委员会的评标意见为基础，再由定标组织进行评议，从中选择确定中标人）的，才有相对独立的定标程序，但通常也比较简略。大体来说，定标程序主要有以下几个环节。

① 由定标组织对评标报告进行审议，审议的方式可以是直接进行书面审查，也可以采用类似评标会的方式召开定标会进行审查。

② 定标组织形成定标意见。

③ 将定标意见报建设工程招投标管理机构核准。

④ 按经核准的定标意见发出中标通知书。

至此，定标程序结束。

中标人的投标应符合下列条件之一。

① 能够最大限度满足招标文件中规定的各项综合评价标准。

② 能够满足招标文件的实质性要求，并且经评审的投标价格最低，但是投标价格低于成本价的除外。该中标条件适用于具有通用技术、性能标准或者招标人对其技术、性能没有特殊要求的招标项目。

在确定中标人之前，招标人不得与投标人就投标价格、投标方案等实质性内容进行谈判。

招标人根据评标委员会提出的书面评标报告和推荐的中标候选人确定中标人。招标人也可以授权评标委员会直接确定中标人，或者在招标文件中规定排名第一的中标候选人为中标人，并明确排名第一的中标候选人不能作为中标人的情形和相关处理规则。依法必须进行招标的项目，招标人根据评标委员会提出的书面评标报告和推荐的中标候选人自行确定中标人的，应当在向有关行政监督部门提交的招标投标情况书面报告中，说明其确定中标人的理由（《中华人民共和国招标投标法实施条例》征求意见稿）。

经评标委员会论证，认定某投标人的报价低于其企业成本的，不能推荐其为中标候选人或者中标人。

招标人应当自订立书面合同之日起 15 日内，向有关行政监督部门提交招标投标和合同订立情况的书面报告及合同副本。

 **案例**

某土建工程项目确定采用公开招标的方式招标，造价工程师测算确定该工程标底价位4000 万元，定额工期 540 天。在本工程招标的资格预审中规定投标单位应满足以下条件：① 取得营业执照；② 二级资质以上的施工企业；③ 有两项以上同类工程的施工经验；④ 本专业系统隶属企业；⑤ 近三年内没有违约被起诉历史；⑥ 技术、管理人员满足工程施工要求；⑦ 技术装备满足工程施工要求；⑧ 具有不少于合同价 20% 的可为业主垫资的资金。

经招标小组研究后确定采用综合评分法评标，评分办法计算如下。

（1）投标报价满分为 100 分，按照表 7-1 标准评分。

表 7-1 投标报价的评分标准

报价与标底偏差程度	−5% ~ −2.5%	−2.4% ~ 0%	0.1% ~ 2.4%	2.5% ~ 5%
得分 / 分	50	70	60	40

（2）报价费用组成的合理性为 30 分。

（3）施工组织与管理能力满分为 100 分，其中工期为 40 分，按以下方法评定：投标人所报工期比定额工期提前 30 天及 30 天以上者为满分，以比定额工期提前 30 天为准，工期每增加 1 天，扣减 1 分。

（4）业绩与信誉满分为 100 分。评标方法中还规定，以上三方面的得分值均不得低于 60分，否则淘汰。进行综合评分时，投标报价的权重为 0.5，施工组织为 0.3，业绩信誉为 0.2。表 7-2 为投标单位的报价与工期的情况。

表 7-2 投标单位报价与工期的情况

项目 / 单位	A	B	C	D	E
报价 / 万元	4120	4080	3980	3900	4200
工期 / 天	510	530	520	540	510

各单位的得分如表 7-3 所列。

表 7-3 投标单位得分记录

各项得分 / 单位		A	B	C	D	E
投标报价 （100 分）	报价（70 分）					
	合理性（30 分）	20	28	25	20	25

各项得分 / 单位		A	B	C	D	E
施工组织与管理能力（100分）	工期（40分）					
	施工组织方案（30分）	25	28	26	20	25
	质量保证体系（20分）	18	18	16	15	15
	安全管理（10分）	8	7	7	8	8
业绩与信誉（100分）	企业信誉（40分）	35	35	36	38	34
	施工业绩（40分）	35	32	37	35	37
	质量回访（20分）	17	18	19	15	18

问题：

1. 资格预审中规定条件哪几项是不正确的？

2. 计算各投标单位报价偏差得分值。

3. 计算各投标单位工期得分值。

4. 用综合评分法确定中标单位。

【案例评析】

1. 不正确的条件是：②、④、⑧。

2. 各投标单位报价偏差得分值

A 单位：（4120-4000）/4000×100%=3% 得 40 分；

B 单位：（4080-4000）/4000×100%=2% 得 60 分；

C 单位：（3980-4000）/4000×100%=-0.5% 得 70 分；

D 单位：（3900-4000）/4000×100%=-2.5% 得 50 分；

E 单位：（4200-4000）/4000×100%=5% 得 40 分。

3. 各投标单位工期得分值

A 单位：（540-30-510）天 =0 天，得 40 分；

B 单位：（540-30-530）天 =-20 天，得 20 分；

C 单位：（540-30-520）天 =-10 天，得 30 分；

D 单位：（540-30-540）天 =-30 天，得 10 分；

E 单位：（540-30-510）天 =0 天，得 40 分。

4. 确定中标单位

1）投标报价得分

A 单位：40 分 +20 分 =60 分；

B 单位：60 分 +28 分 =88 分；

C 单位：70 分 +25 分 =95 分；

D 单位：50 分 +20 分 =70 分；

E 单位：40 分 +25 分 =65 分。

2）施工组织与管理能力分值

A 单位：40 分 +25 分 +18 分 +8 分 =91 分；

B 单位：20 分 +28 分 +18 分 +7 分 =73 分；

C 单位：30 分 +26 分 +16 分 +7 分 =79 分；

D 单位：10 分 +20 分 +15 分 +8 分 =53 分；

E 单位：40 分 +25 分 +15 分 +8 分 =88 分。

3）业绩与信誉分值

A 单位：35 分 +35 分 +17 分 =87 分；

B 单位：35 分 +32 分 +18 分 =85 分；

C 单位：36 分 +37 分 +19 分 =92 分；

D 单位：38 分 +35 分 +15 分 =88 分；

E 单位：34 分 +37 分 +18 分 =89 分。

4）四家单位的综合得分

A 单位：60 分 ×0.5+91 分 ×0.3+87 分 ×0.2=74.7 分；

B 单位：88 分 ×0.5+73 分 ×0.3+85 分 ×0.2=82.9 分；

C 单位：95 分 ×0.5+79 分 ×0.3+92 分 ×0.2=89.6 分；

D 单位：65 分 ×0.5+88 分 ×0.3+89 分 ×0.2=76.7 分。

因 C 单位得分最高，故 C 单位应中标。

项目二　实践任务

实训目的

　　1. 学习利用开评标系统进行工程开标、评标实际业务操作

　　2. 熟悉技术标、经济标评审重点

　　3. 学习开评标阶段电子招投标的交易操作

　　4. 学习中标通知书、中标结果通知书的填写

实训任务

　　任务一　完成开标前的准备工作

　　任务二　开标

　　任务三　评标

　　任务四　完成开标、评标记录备案工作

　　任务五　完成中标候选人、中标公示的备案工作

招投标沙盘操作如下。

一、沙盘引入

主要指明在沙盘面上要完成的具体任务，如图 7-1 所示。

二、道具探究

本实训任务中需要准备的相关道具（卡片、图表、票据等）。

1. 单据

（1）授权委托书（图 4-9）

（2）登记（签到）表（图 4-10）

（3）资金、用章审批表（图 4-11）

（4）中标价预估表（图 6-7）

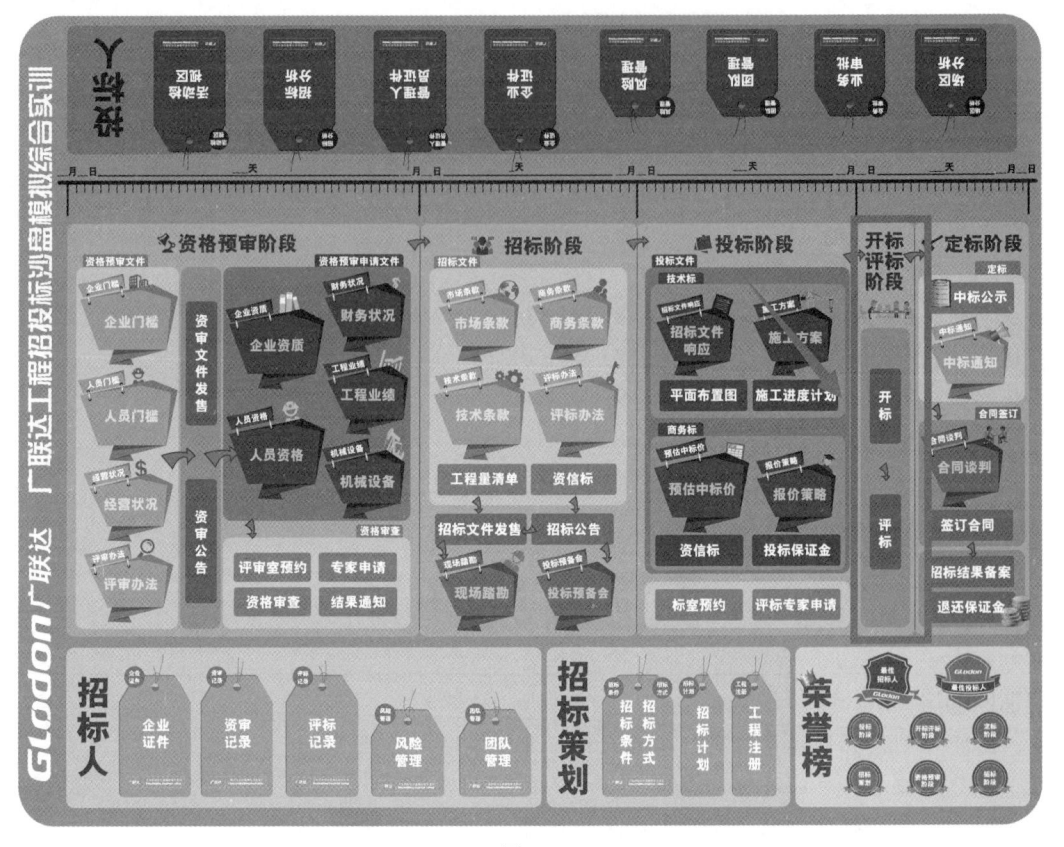

图 7-1

（5）中标结果通知书

（6）中标通知书

2. 人员资格证书资料

（1）建造师执业资格证书（图 4-43）

（2）建造师注册证书（图 4-44）

（3）安全生产考核合格证（图 4-42）

3. 企业证书资料

（1）企业营业执照（图 2-2）

（2）开户许可证（图 2-3）

（3）安全生产许可证（图 2-5）

（4）企业资质证书（图 2-4）

4. 桌签

如图 7-2 所示。

三、角色扮演

（1）招标人

① 招标人即建设单位，由老师临时客串；

② 对招标代理提出的疑难问题进行解答；

③ 作为招标人代表，参加开标会。

图 7-2

（2）招标代理

① 由老师指定 2~4 名学生担任招标代理公司；

② 组织开标会、评标专家评审等工作。

（3）投标人

① 每个学生团队都是一个投标人公司；

② 作为投标人参加开标会。

（4）行政监管人员

① 每个学生团队中由项目经理指定一名成员，担任本团队的行政监管人员；

② 负责工程交易管理服务平台的业务审批。

（5）开标会人员

① 由老师指定相关学生担任或者某个小组担任；

② 担任开标会现场的各个岗位工作；

③ 具体岗位：主持人、唱标人、记录员、监督人、监标人、招标人。

（6）评标专家

1）方案一：学生担任评标专家。

① 每个学生团队都是一名评标专家；

② 老师指定一个小组或者由老师担任评标委员会主任一职；

③ 对投标人的投标书（技术标、商务标、资信标）进行评审。

2）方案二：老师担任评标专家。

① 对投标人的投标书（技术标、商务标、资信标）进行评审。

② 将评审过程给学生进行演示、讲解。

 小贴士： 如项目招标由招标人自行完成，则不设招标代理角色，其相关工作由招标人完成，并由学生团队担当。

四、时间控制

建议学时 2~4 学时。

五、实训步骤

【任务一　完成开标前的准备工作】

（一）任务说明

① 完成开标场区、人员准备工作；

② 完成投标文件、投标保证金的现场递交工作；

③ 完成开标签到工作。

（二）操作过程

1. 完成开标场区、人员准备工作

（1）开标会会场布置

1）桌签准备。

开标会需要用到的桌签有：主持人、唱标人、记录员、监督人、监标人、招标人、投标人（图7-2）。

2）会场准备。

招标人（或招标代理）将开标会现场的桌椅，按照以下方式进行摆放，并将桌签摆放到对应的位置上。如图7-3、图7-4所示。

（2）开标人员准备工作

1）主持人。

开标现场中最重要的角色就是主持人。评价主持工作的好坏，主要看主持人对开标现场的把握，有效掌控现场节奏和状况，是能够胜任这个角色的重要尺度，而处理现场问题的能力，又是这个角色的关键条件。

图 7-3

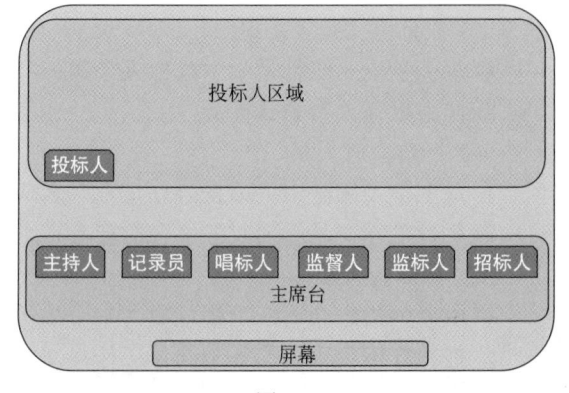

图 7-4

能够担任主持人的首要条件就是对法律法规熟悉，对法律法规熟悉程度直接关系到开标主持是否成功；其次是对招标文件的熟悉程度，对招标文件的熟悉是应对现场问题的必要条件。

在开标过程中会出现很多问题，需要主持人有应对方法，具体如下。

① 事先了解投标人到场和递交投标文件的状况。比如，特别是标段多、投标人多时，要事先就知道怎样回避一个标段不够三家的情况。

② 应提前与招标人、监督人包括公证人（如果有）沟通，把握整体的开标节奏。

③ 切不可拖延开标时间。如确因招标人或监督人迟到等原因不能准时开标的，到投标截止时一定要向已经到达开标现场的投标人代表解释清楚，一般大家都会谅解，同意时间顺延。其中应该注意的是：即使开标仪式不能按时开始，投标截止后也不能再接受投标文件。

④ 介绍招标人、监督人等时，不要出现错误。最易发生将领导的名字说错、职务介绍错等情况。

⑤ 检查密封时，参与检查的人是谁，要看招标文件是如何规定的，是在监督人监督下投标人自检，还是监督人或公证人自己查看即可，还是投标人互验，要讲清楚。

⑥ 出现密封不好、名称不对、印鉴不对等原因，投标人提出异议的，要果断处理，处理方式要看实际情况和招标文件的要求，不能拖泥带水。招标文件中规定不能接受的，就要坚决退回。在处理的尺度上要依据法律法规以及招标文件规定合理把握，尽量在开标前处理好类似问题，减少废标。

⑦ 对监标人发现的报价问题一定要在唱标前澄清，切忌唱着别家的报价后又发现哪家大小写不对或其他需澄清的问题，又要求投标人来做澄清。有时这个澄清会引起歧义，还有可能直接影响到评标结果。

⑧ 唱标结束后的遗漏澄清，要特别注意，根据投标人要求澄清的问题，做答复时一定谨慎，看法律法规中是否有规定，招标文件中是否有约定。尤其对于价格的澄清是最敏感的，要知道招标文件中的要求，没有特殊要求的一般以唱标单为准。依据开标唱标的遗漏澄清，唱标单如何写，开标时就如实记录，其余问题由评标委员会来负责。投标人唱标单上的内容，开标现场在记录时一定不要轻易改动。

⑨ 开标现场有时会发生投标人对招标过程以及具体问题提出歧义，主持人应确切知道哪些问题需要现场就地解答，哪些问题是由评标委员会负责，一定要分清，不能有越权行为。

主持是一个与法律法规紧密相关的工作，又是在所有参与招标投标的参与人监督下工作，在开标现场所说的每一句话都是要负法律责任的。首先要保证程序的合法性，其次要符合本项目要求，再次要符合当地监督机构的管理要求。

2）监标人、监督人。

在开标整个过程中，工作繁忙又无声无息的应该是监标人，这是其工作性质决定的。

 **小贴士**："监督人"与"监标人"工作范畴不一样，有本质区别，具体如下

监督人，是由项目所属行业、所属地区的政府行政主管部门的监督机构派员，对整个开标、评标过程进行监督的"人员"。所监督的是开标、评标过程是否符合法律法规要求，监察有无违法违规行为，以及发现违法违规行为及时阻止和妥善处理。工作性质是执法，工作内容是监督。一般地，建设行政主管部门的"招标投标管理办公室"（简称招标办），负责监督项目招投标全过程（含开标现场派员监督），项目招标开标具体程序里的事情，以及监标人的工作内容，监督人不参与、不干预。

监督人和监标人这两个在开标现场都出现的人，虽只有一字之差却是不同的两份工作。当然，监督人个人自愿担任监标人工作，减轻点代理机构的工作压力，减少点代理机构人员配备，又另当别论。

监标人，一般由招标代理机构工作人员担任，他负责对开标、唱标的文件进行初步审核，对开标、唱标准确度进行检查等，其具体工作包括以下几点。

① 协助监督人对投标人资格进行审查登记。

现场验证是一个细致的工作，往往出现拖拉和拥挤等现象。这就对监标人有一个业务能力要求，要求监标人平时一定要对所述证件和怎样检验等十分熟悉，包括证书发证机关、证书印制模样、有效期限等，对个人职称、执业、职业、上岗证书等，对照事先做好的"检查表"要做到心中有数，该看的地方一定不能落下并做好登记，避免监督人看出问题，自己还不清楚而陷入被动。

② 对密封合格的投标文件进行拆封和整理：注意不得撕坏投标书。

③ 对投标函进行检查：在拆封和整理过程中，实际还要检查投标函上投标人名称、印鉴等是否符合招标文件要求，对投标函是否符合要求，以及完整性、合法性进行了检查。

④ 负责审核唱标员所唱内容的准确性，随时帮助唱标员确定唱标内容；及时对唱标员的唱标错误进行纠正，如数字、付款响应、交货期、交货地点等。

⑤ 有问题随时与监督人、主持人协商。

在开标过程中发生的任何事情，一定要与监督人和主持人协商，依据法律法规规定及时做出处理意见。监标人可以给监督人提出自己的建议，但一定要有依据。

⑥ 现场如需资质检查，应考虑资质检查中会出现的情况以及出现情况后如何应对。

在开标时，监标人一般由招标代理机构负责该项目的项目经理担任。

监标人是一个很关键的角色，必须有认真负责的工作作风和迅速反应能力，要将项目情况吃透，提前做好准备，要与主持人、监督人、唱标员、记录人有好的沟通和联系。监标工作切忌毫无头绪、没有章法。监标人一般既要为公司项目负责，又要给记录人、唱标人直至主持人、监督人提供服务和方便。

3）唱标人（员）。

唱标人（员）需要对所有投标人一视同仁，用同样语速、同样语调进行唱标，所有词句中的间隔都应该一样。

唱标人（员）口齿清楚、普通话标准，是必需的基本功或条件；还需要具备现场处理问题的能力，唱标前应检查一下有无问题，如大小写不一致，而监标人没有提前看出等问题，最好在唱标前澄清。

开标前一定要将唱标内容整理一遍，按照唱标单顺序，一家一家、各个标段都唱出。唱标语速应该一致，报价部分阿拉伯数字应该吐字清楚，一个一个唱。唱标人要反复练习，做到大方得体。

4）记录员。

负责将开标过程进行记录。

2. 递交投标书、投标保证金

（1）投标人按照招标文件规定的时间、地点，准时参加开标会；

（2）投标人（被授权人）在开标会现场将投标文件、投标保证金、授权委托书（图7-5）等提交招标人；招标人检查无误后，收取投标文件、投标保证金，投标人在登记（签到）表（图7-6）上登记企业信息。

表0-8 授权委托书

授权委托书

本人，朱XX（姓名）系 广联达第一建筑有限公司 （投标人名称）的法定代表人，现委托 李XX （姓名）为我方代理人。代理人根据授权，以我方名义进行 XX学校教学楼工程 （项目名称） X 标段 招投标 等事宜，其法律后果由我方承担。

委托期限：自 XX 年 XX 月 XX 日 至 XX 年 XX月 XX日止。

广联达第一建筑有限公司 。

代理人无转委托权。

投标人： 广联达第一建筑有限公司 （盖单位章）

法定代表人： 朱XX （签字或盖章）

身份证号码： XXXXXXXXXXXXXXXXX 。

委托代理人： 李XX （签字）

身份证号码： XXXXXXXXXXXXXXXXX 。

XX 年 XX 月 XX 日

图 7-5

表0-3 _____XX学校教学楼_工程_投标 登记(签到)表

序号	单　位	递交（退还、签到）时间	联系人	联系方式	传真
	广联达第一建筑有限公司	XX 月 XX 日 XX 时XX分	李XX	XXXXXXXX	XXXXXX
		年 月 日 时 分			
		年 月 日 时 分			
		年 月 日 时 分			
		年 月 日 时 分			
		年 月 日 时 分			
		年 月 日 时 分			
		年 月 日 时 分			
		年 月 日 时 分			

招标人或招标代理经办人：（签字）　　　　　　第　页共　页

图 7-6

【任务二　开标】

（一）任务说明

① 利用广联达开评标系统教育版进行开标工作。

② 投标人代表现场记录所有投标人的投标报价。

（二）操作过程

1. 利用广联达开评标系统教育版进行开标工作

（1）新建工程　双击打开广联达开评标系统教育版软件后，弹出快捷方式页面，点击"新建工程"，点击"选择招标文件"，将该工程公开发售的招标文件导入，同时选择工程保存路径，并且给该工程进行命名，完成后点击"确定"按钮，新建成功。如图7-7所示。

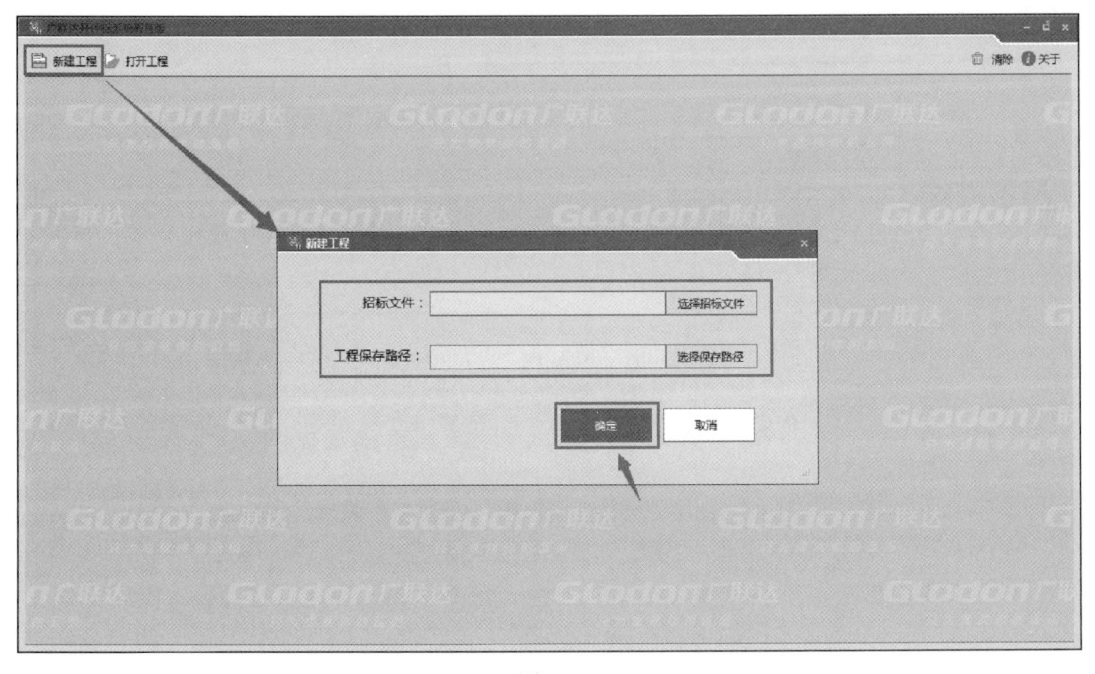

图 7-7

（2）设置评分原则

① 新建工程后，弹出"项目信息"对话框，显示招标文件工程信息。如图 7-8 所示。

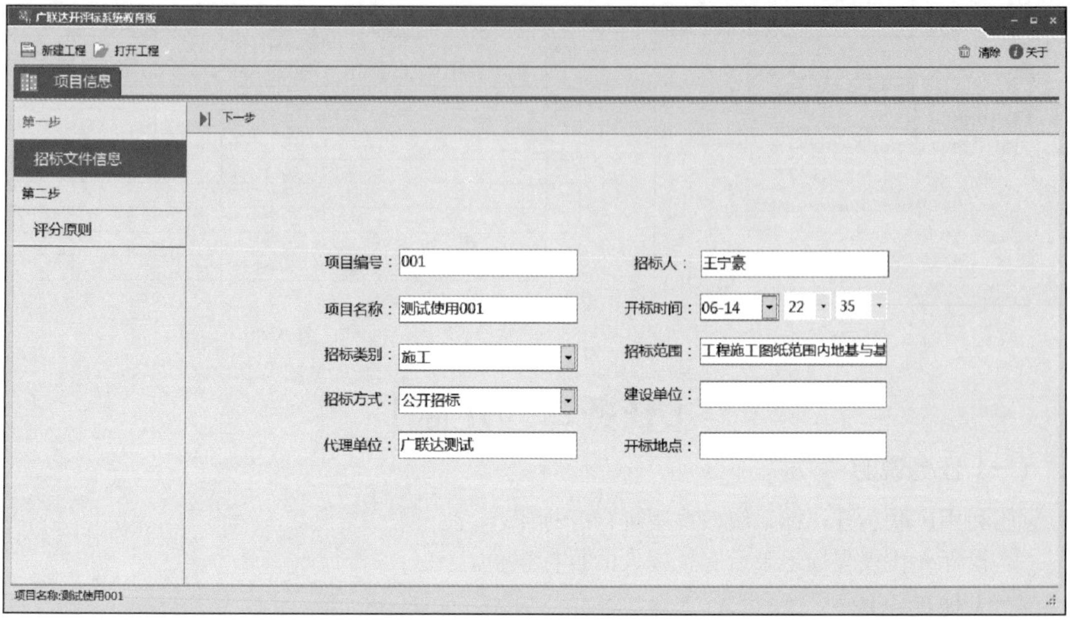

图 7-8

② 点击"下一步"或"评分原则"按钮，打开设置评分原则界面，根据招标工程项目的评分规则及教学目标，设置该工程的评分原则（该原则不与招标文件评标办法冲突，只是作为评标办法在教学中的补充）。如图 7-9 所示。

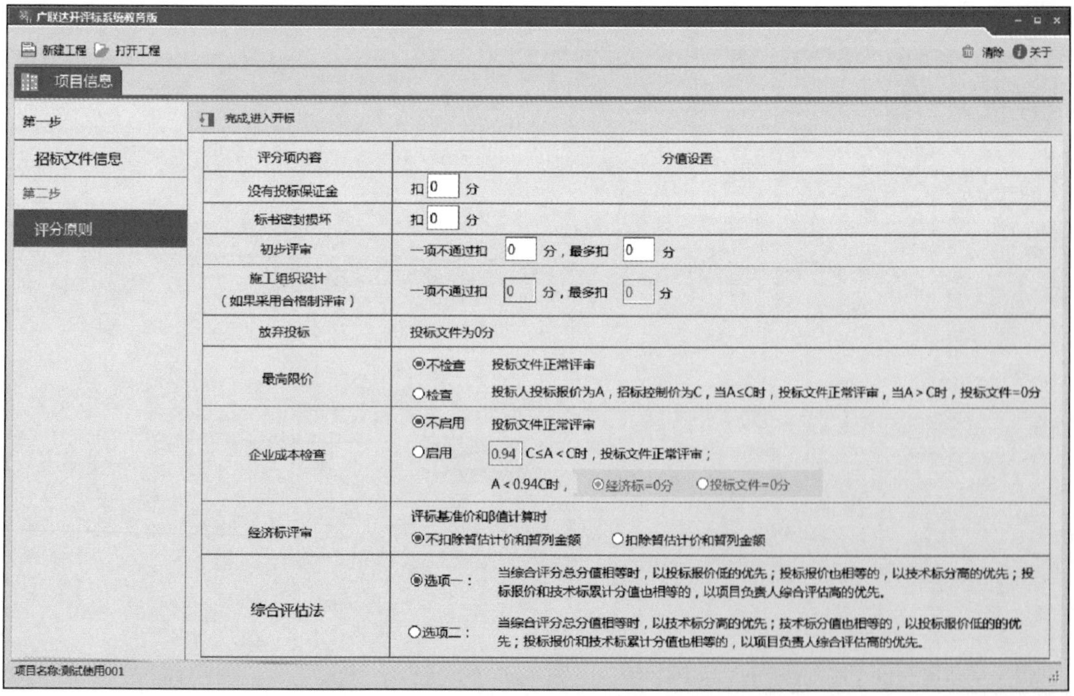

图 7-9

③ 点击"完成，进入开标"按钮，进入开标阶段。如图 7-10 所示。

（3）开标

① 现场将所有投标文件进行拆封，取出 U 盘，将投标文件拷贝到开标所用的电脑上。

② 点击"导入投标文件"，选择投标人递交的投标文件，导入，该导入可单个投标文件导入，也可以批量导入所有的投标文件；点击"导入最高限价"，将该招标工程的最高限价文件导入（如果有）。如图 7-11所示。

图 7-10

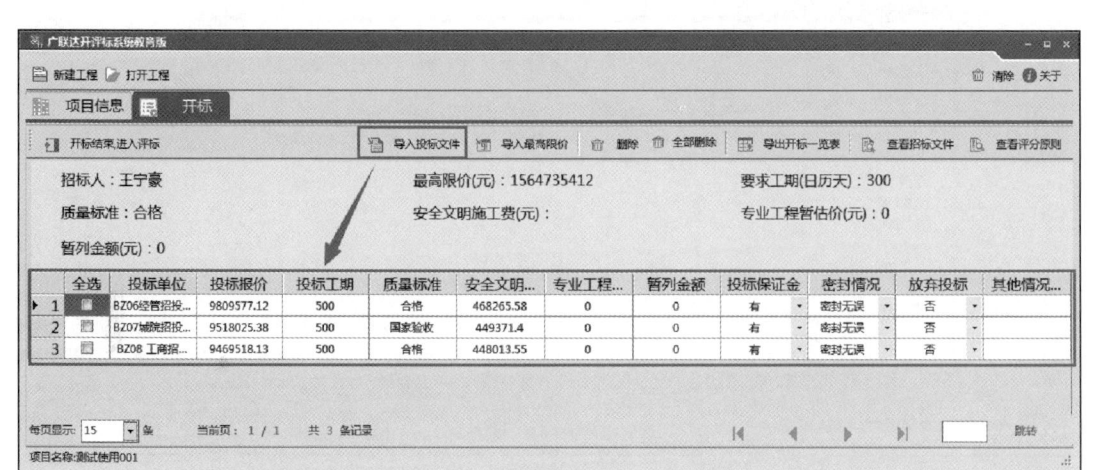

图 7-11

③ 如果遇到错误导入或者更换某些投标文件，可点击"删除"按钮，选中投标文件，进行删除操作；点击"全部删除"按钮，对列表内所有的投标文件，进行全部删除操作。如图 7-12 所示。

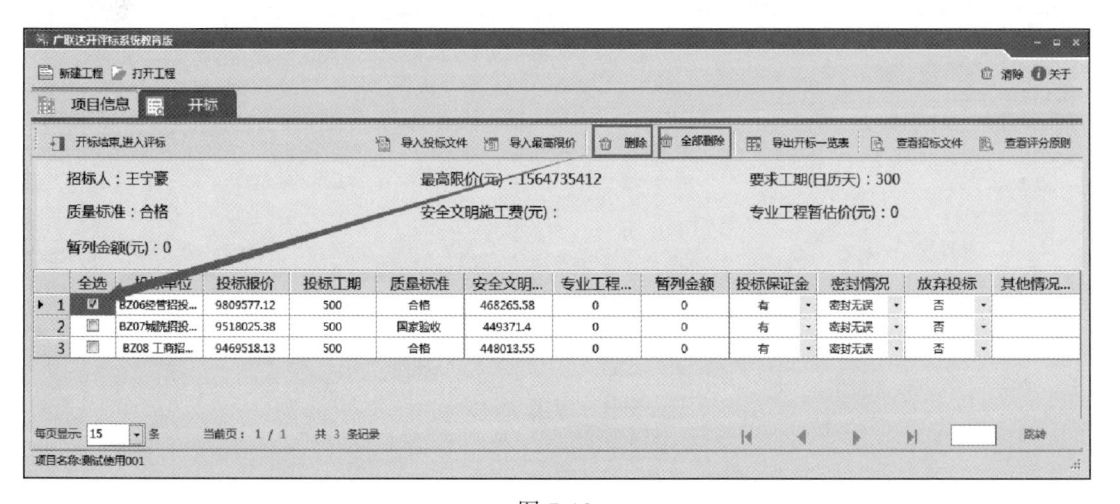

图 7-12

④ 所有投标文件导入完成后，由唱标人依次唱出投标单位的投标报价、投标工期、质量标准等，并现场与投标单位代表确认投标文件信息是否有误，记录人如实记录唱标情况。

⑤ 开标结束后，可点击"导出开标一览表"，选择保存路径，点击"保存"进行导出操作，将开标记录导出后，可现场打印后由招标人、监标人和投标单位代表等签字，可留存电子开标记录。如图 7-13 所示。

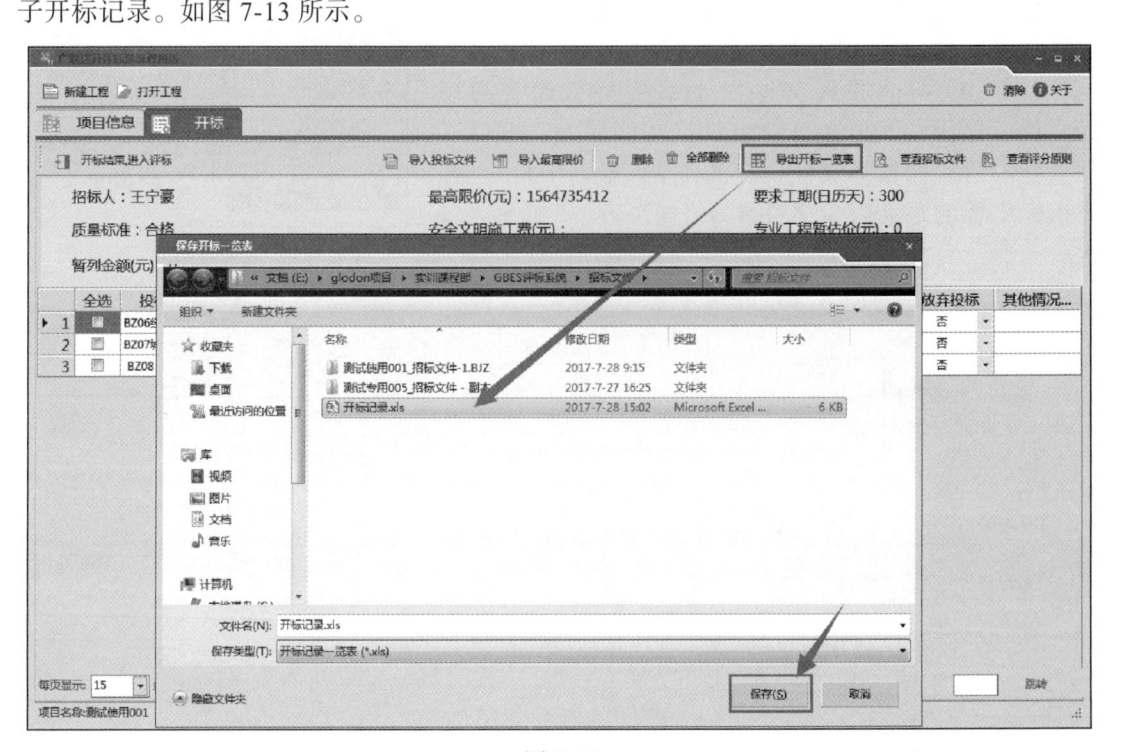

图 7-13

⑥ 开标结束后，点击"开标结束，进入评标"按钮，提示开标结束后将无法进行修改。确定开标无误后，可点击"确定"，进入评标阶段。同时开标会结束，所有投标单位代表退场。如图 7-14 所示。

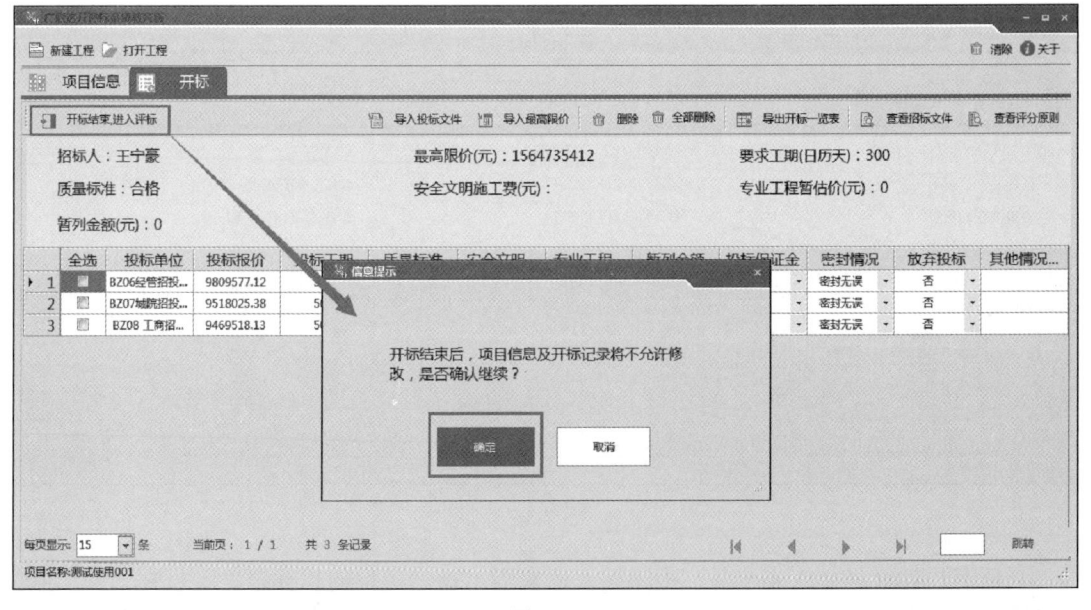

图 7-14

2. 投标人代表现场记录所有投标人的投标报价

① 投标人代表参加开标会时，携带一张单据"中标价预估表"（图 7-15）；

② 唱标人对投标人的标书进行唱标时，投标人代表负责将所有投标单位的投标报价记录到单据"中标价预估表"（图 7-15）上；

③ 开标会结束后，投标人商务经理依据单据"中标价预估表"（图 7-15）的记录，根据评标办法计算各投标人商务标的得分分值。

组别：第一组	表0-2 中标价预估表			日期：xx
序号	组别/投标人	预估/实际报价	预估/实际得分	预估/实际排名
1	第一组	438000	97	3
2	第二组	458000	96	5
3	第三组	445000	98	2
4	第四组	465000	92	6
5	第五组	470000	90	7
6	第六组	437500	96	4
7	第七组	450000	99	1
评标基准价		451200		
预估/实际中标价		450000		

填表人：李xx　　会签人：朱xx、王xx　　审批人：宋xx

图 7-15

【任务三　评标】

(一) 任务说明

① 完成技术标评审工作；

② 完成资信标评审工作；

③ 完成商务标评审工作。

(二) 操作过程

评标阶段包括初步评审、详细评审、评审结果三个步骤，其中详细评审包含施工组织设计评审、项目管理机构评审、经济标评审。评审时可以查看招标文件、评分原则和雷同项信息；每个评审项根据设置的评分原则进行评分，最后得出评审结果。如图 7-16 所示。

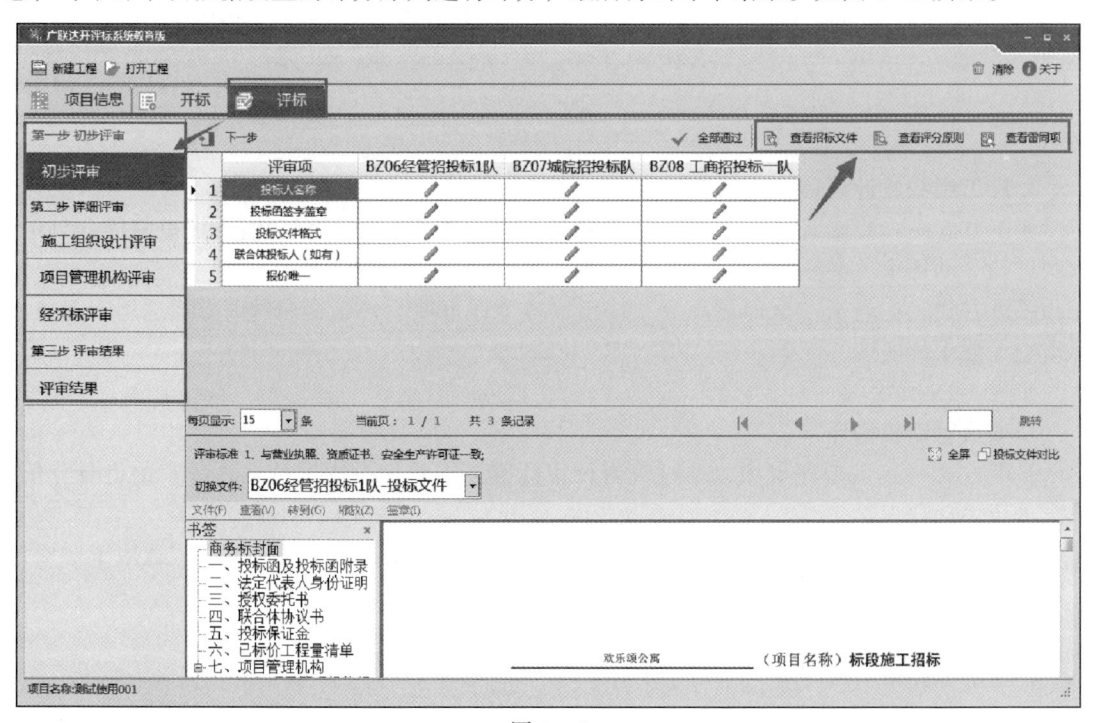

图 7-16

1. 初步评审

评审方式一：点击评审项，通过查看评审标准，查看标书内容后选择"通过"或"不通过"，依次进行手动评审。

评审方式二：点击"全部通过"按钮，每个评审项全部评审通过（该方式适用于对初步审查无要求的实训）。

如图 7-17 所示。

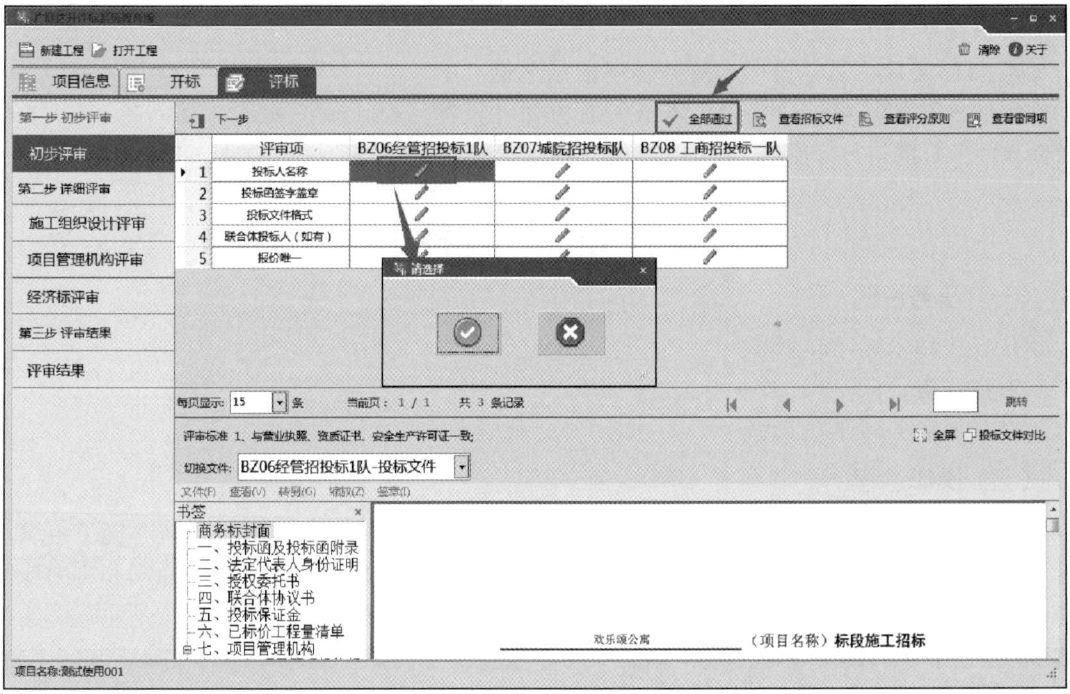

图 7-17

2. 施工组织设计评审

评审方式一：点击评审项，通过查看评审标准，查看标书内容后输入评审的得分分值，依次进行手动评审。

评审方式二：点击"全部最高分"按钮，每个评审项全部最高分（该方式适用于对技术标审查无要求的实训）。

如图 7-18 所示。

3. 项目管理机构评审

评审方式一：点击评审项，通过查看评审标准，查看标书内容后输入评审的得分分值，依次进行手动评审。

评审方式二：点击"全部最高分"按钮，每个评审项全部最高分（该方式适用于对资信标审查无要求的实训）。

如图 7-19 所示。

4. 经济标评审

评审方式一：每个投标工程，通过查看评审标准，查看标书内容后输入专家得分分值，进行手动评审。

评审方式二：点击"接受计算机得分"按钮，专家得分等于计算机得分。点击"β值"、

"计算机得分"分值，弹出分值计算过程。如图 7-20 ～图 7-22 所示。

图 7-18

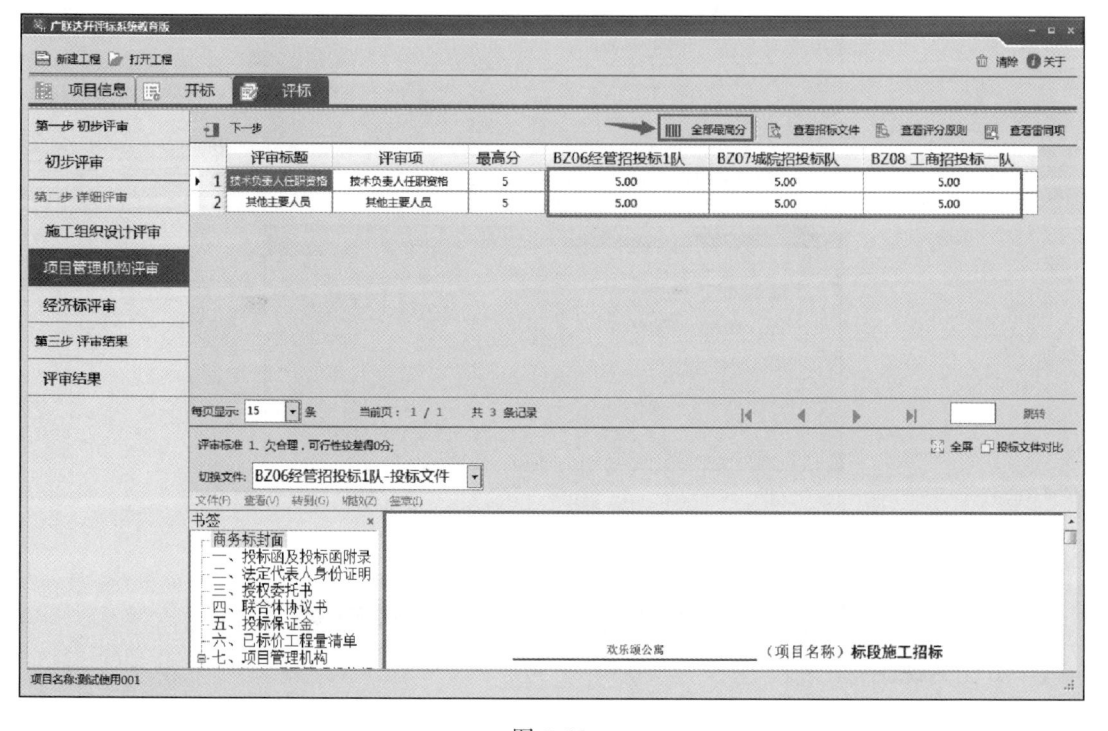

图 7-19

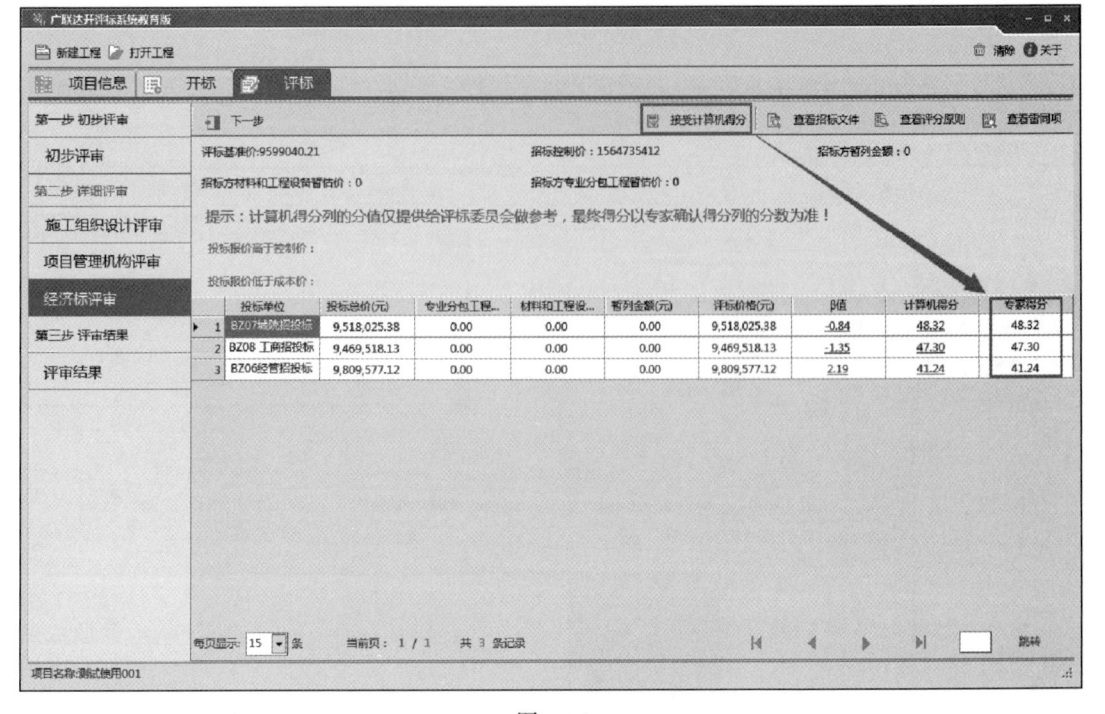

图 7-20

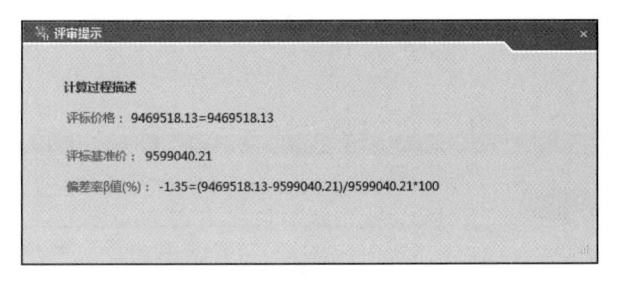

图 7-21

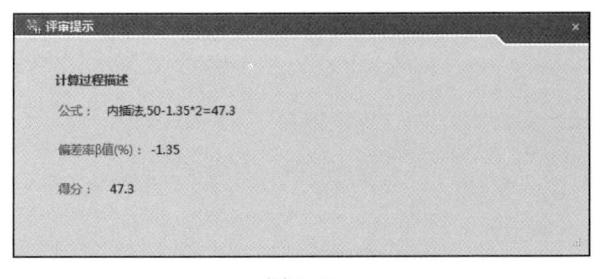

图 7-22

【任务四 完成开标、评标记录备案工作】

(一)任务说明

① 完成开标记录备案工作；

② 完成评标记录备案工作。

（二）操作过程

1. 完成开标记录备案工作

（1）完成开标记录导出　开标结束后，可点击"导出开标一览表"，选择保存路径，点击"保存"进行导出操作，将开标记录导出后，可现场打印后由招标人、监标人和投标单位代表等签字，可留存电子开标记录。

（2）完成开标记录备案工作　登录电子招投标项目交易平台，完成开标记录录入、备案工作。

① 登录工程交易管理服务平台，用招标人（或招标代理）账号进入电子招投标项目交易管理平台。

② 切换到"定标管理"模块，选择"开标记录录入"界面，点击"进入标段"按钮。如图 7-23 所示。

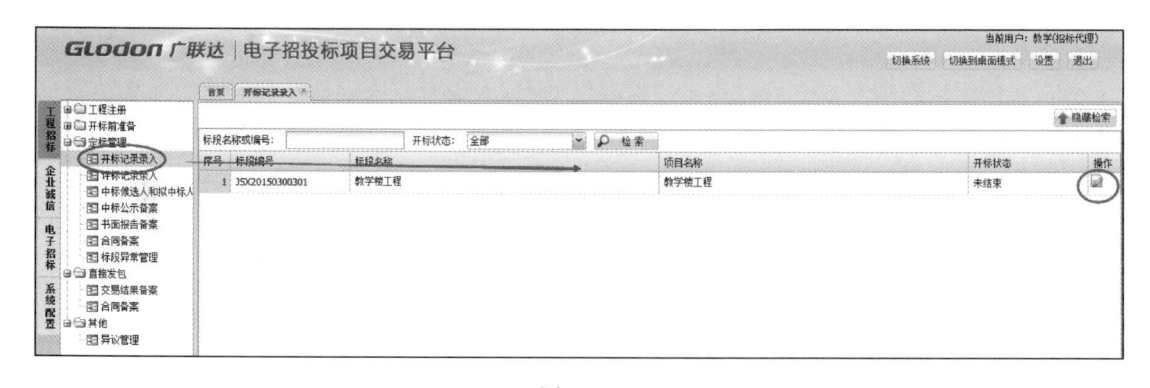

图 7-23

③ 弹出"开标记录"窗口，选择"新增开标记录"，如图 7-24 所示。

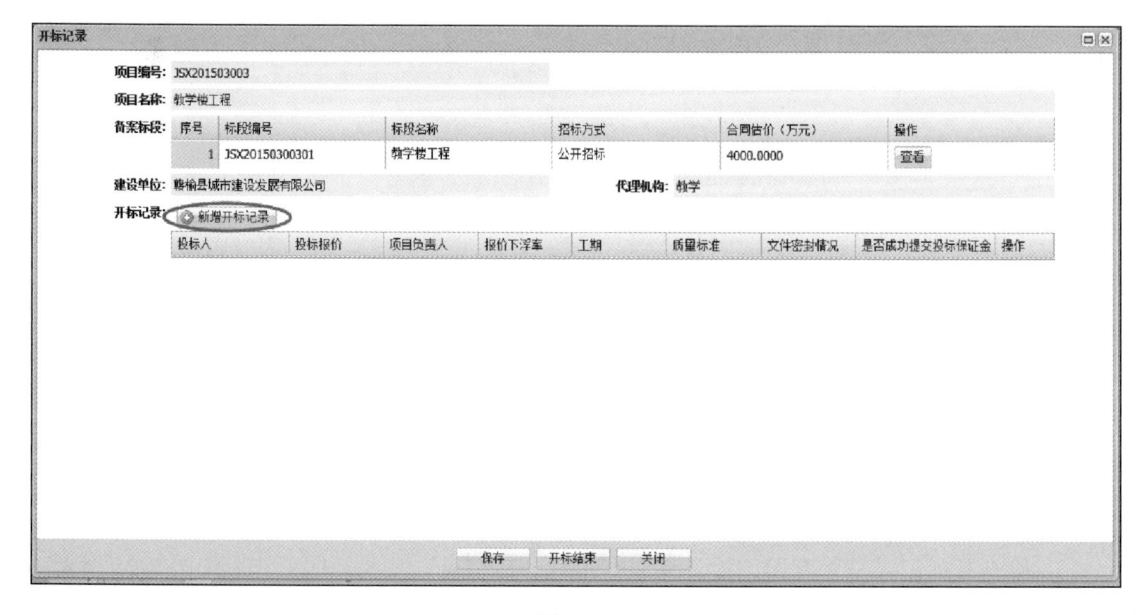

图 7-24

④ 弹出"开标记录信息"窗口，选择投标人完成之后点击"保存"。如图 7-25 所示。

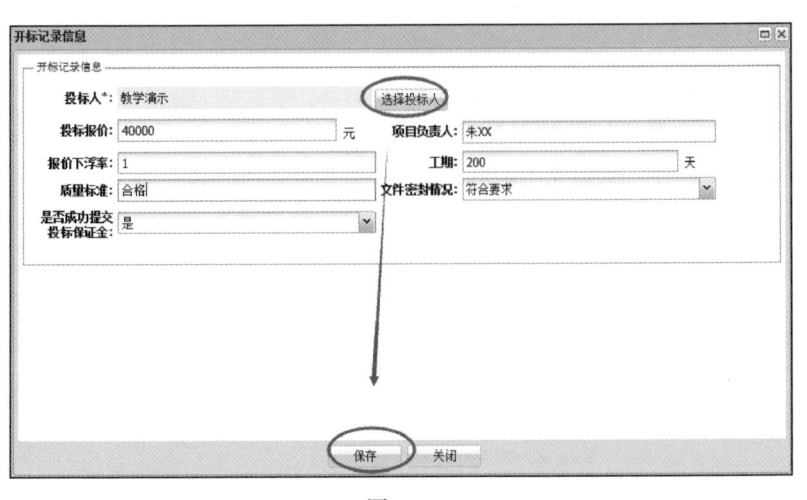

图 7-25

⑤ 开标记录新增完成之后，点击"保存"，招标人没有权限确认开标结束，需要监管部门确认。如图 7-26 所示。

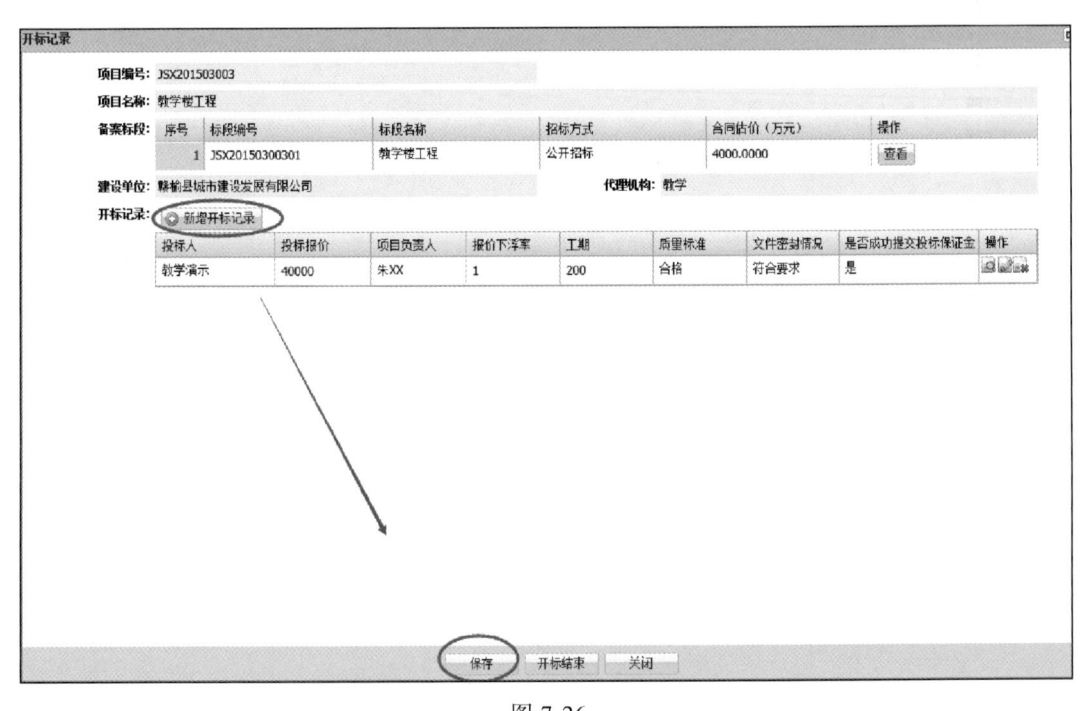

图 7-26

⑥ 登录工程交易管理服务平台，用初审监管员账号进入电子招投标项目交易管理平台。

⑦ 切换至"开评标"模块，选择"开标记录录入"界面，找到相应的标段点击"进入"按钮。如图 7-27 所示。

⑧ 检查开标记录是否有误，检查无误点击"开标结束"完成开标工作。如图 7-28 所示。

2. 完成评标记录备案工作

（1）评标结果导出

① 评审结束后，根据评审结果选择投标单位，点击"确定中标候选人"。如图 7-29 所示。

图 7-27

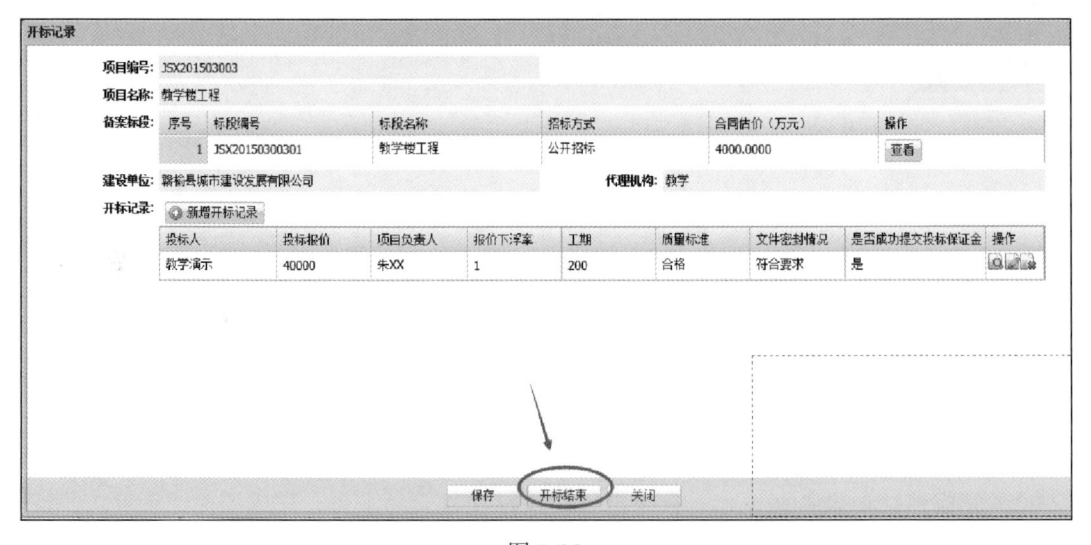

图 7-28

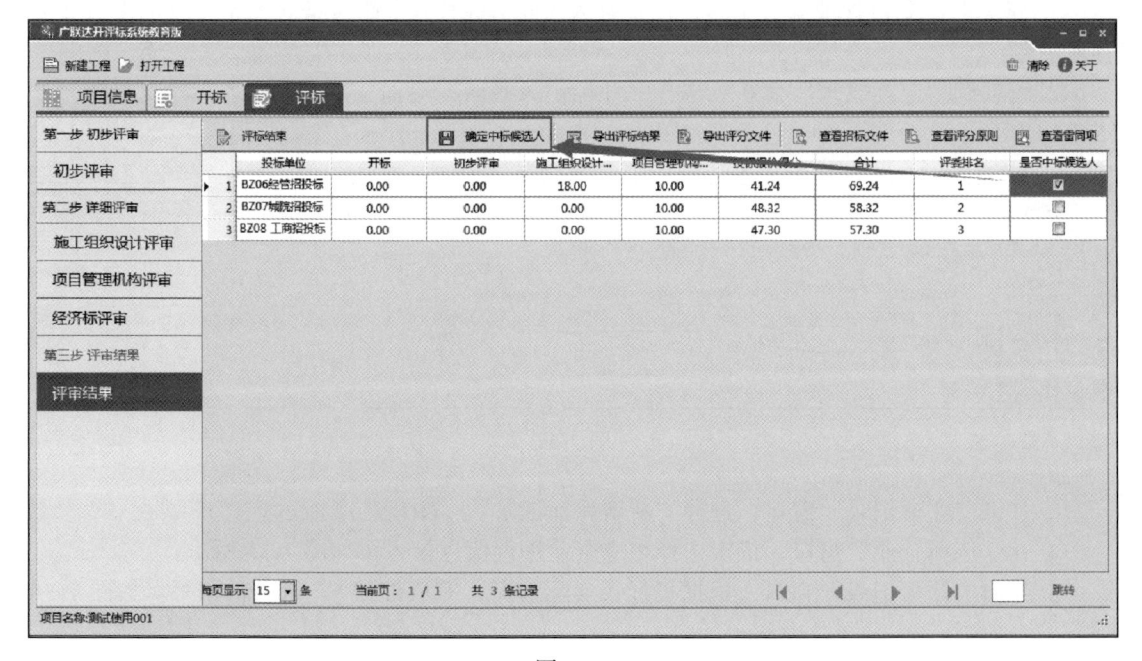

图 7-29

② 点击"导出评标结果"，选择保存路径，点击"保存"，导出评审结果文件。如图 7-30 所示。

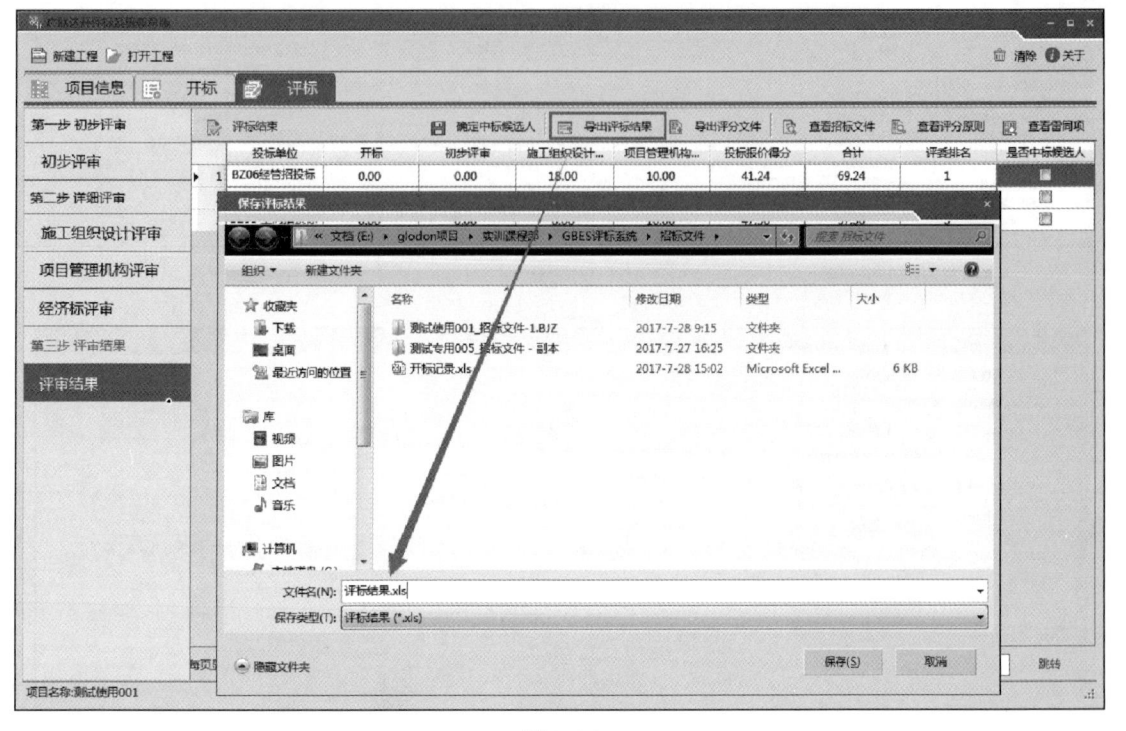

图 7-30

（2）完成评标记录备案工作　登录电子招投标项目交易平台，完成评标记录录入、备案工作。

① 登录工程交易管理服务平台，用招标人（或招标代理）账号进入电子招投标项目交易管理平台。

② 切换到"定标管理"模块，选择"评标记录录入"界面，点击"进入标段"按钮。如图 7-31 所示。

图 7-31

③ 弹出"评标记录"窗口，选择"新增评标记录"。如图 7-32 所示。

④ 在"选择企业"窗口，依次选择相应企业进行信息录入。如图 7-33 所示。

⑤ 弹出"评标记录"窗口，根据投标人实际情况，完成带"＊"部分的填写。如图 7-34 所示。

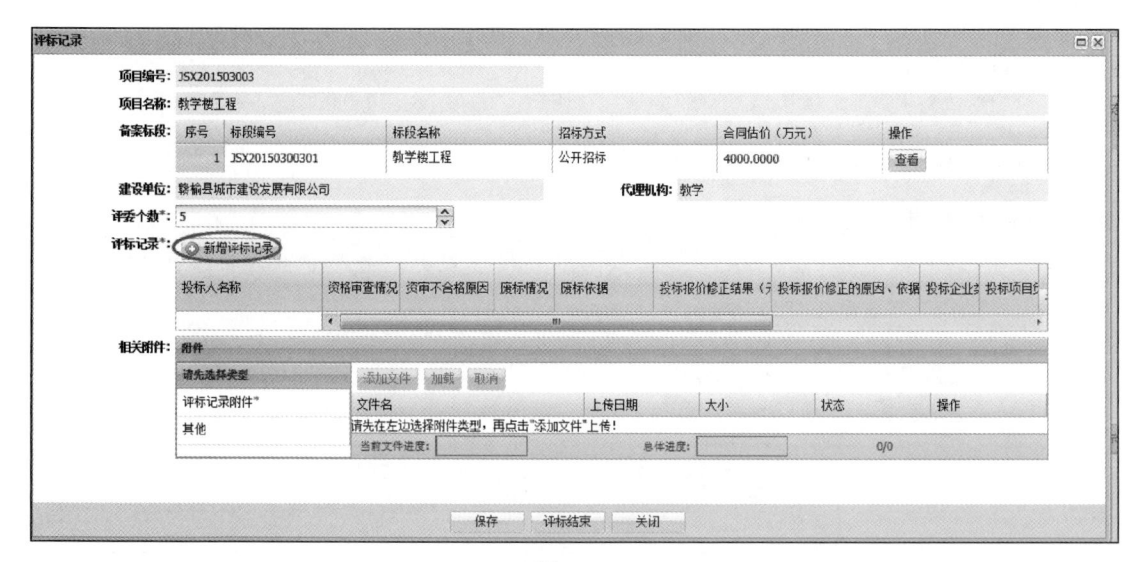

图 7-32

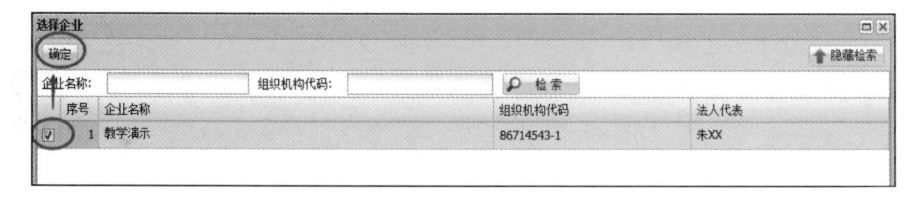

图 7-33

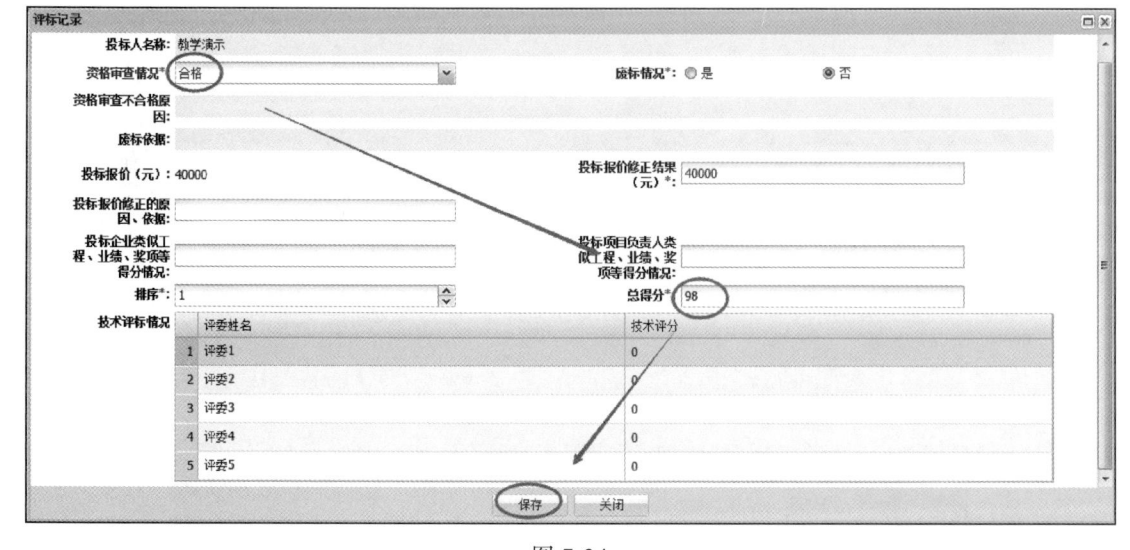

图 7-34

⑥ 新增评标记录录入及附件添加完成后将评标记录保存，招标人没有权限确认评标结束，需要监管部门确认。如图 7-35 所示。

⑦ 登录工程交易管理服务平台，用初审监管员账号进入电子招投标项目交易管理平台。

⑧ 切换至"开评标"模块，选择"评标记录录入"界面，找到相应的标段点击"进入"按钮。如图 7-36 所示。

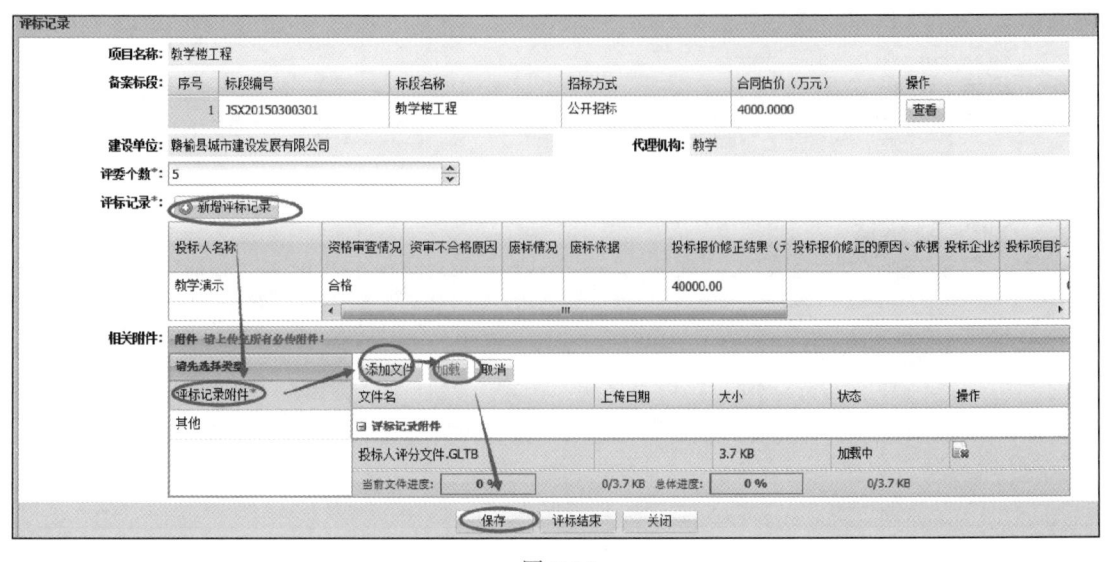

图 7-35

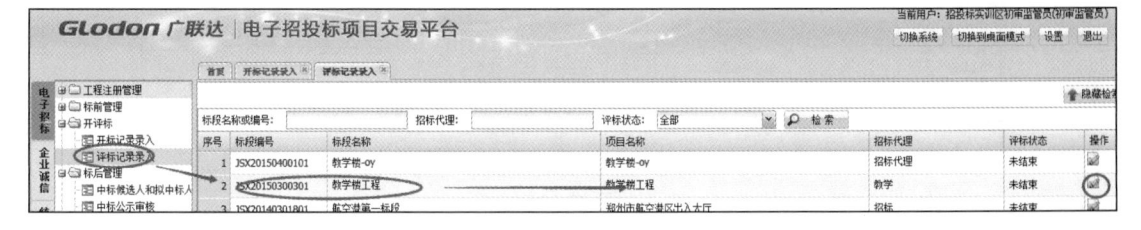

图 7-36

⑨ 检查评标记录是否有误，检查无误点击"评标结束"完成评标工作。如图 7-37 所示。

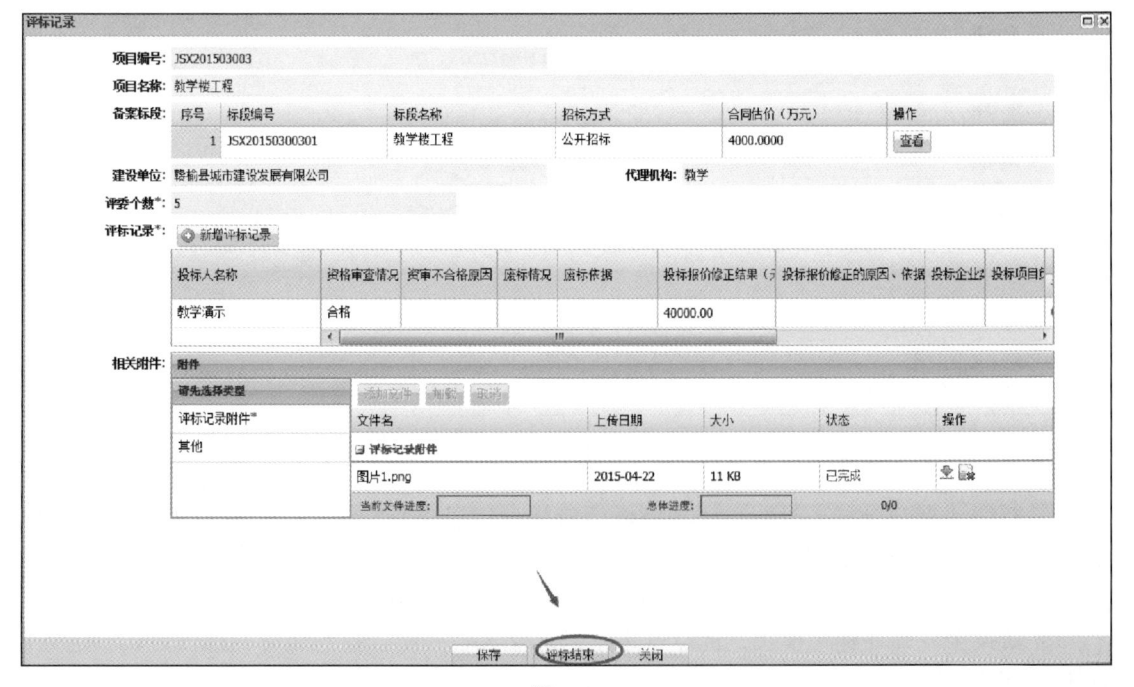

图 7-37

【任务五 完成中标候选人、中标公示的备案工作】

（一）任务说明

① 完成中标候选人备案工作；

② 完成中标公示备案工作。

（二）操作过程

1. 完成中标候选人备案工作

（1）招标人根据评标专家提交的评标报告，确定中标人。

小贴士：招标人确定中标人方法，具体如下。

（1）《中华人民共和国招标投标法》第四十条

评标委员会应当按照招标文件确定的评标标准和方法，对投标文件进行评审和比较；设有标底的，应当参考标底。评标委员会完成评标后，应当向招标人提出书面评标报告，并推荐合格的中标候选人。

招标人根据评标委员会提出的书面评标报告和推荐的中标候选人确定中标人。招标人也可以授权评标委员会直接确定中标人。

国务院对特定招标项目的评标有特别规定的，从其规定。

（2）关于修改《招标投标法实施条例》的决定（征求意见稿）及《中华人民共和国招标投标法实施条例》第五十五条

招标人根据评标委员会提出的书面评标报告和推荐的中标候选人确定中标人。招标人也可以授权评标委员会直接确定中标人，或者在招标文件中规定排名第一的中标候选人为中标人，并明确排名第一的中标候选人不能作为中标人的情形和相关处理规则。

依法必须进行招标的项目，招标人根据评标委员会提出的书面评标报告和推荐的中标候选人自行确定中标人的，应当在向有关行政监督部门提交的招标投标情况书面报告中，说明其确定中标人的理由。

（2）登录电子招投标管理平台，完成中标候选人备案。

① 登录工程交易管理服务平台，用招标人（或招标代理）账号进入电子招投标项目交易管理平台。

② 切换至"中标候选人和拟中标人公示备案"模块，点击"公示登记"，选择正确标段，点击"确定"，在"公示登记"页面选择"第一中标候选人名称"，最后点击"提交"即可。如图 7-38 ～图 7-40 所示。

（3）行政监管人员在线审批

① 登录工程交易管理服务平台，用初审监管员账号进入电子招投标项目交易管理平台，切换至"中标候选人和拟中标人公示审核"，选择正确的待审核标段，点击"审核"。如图 7-41 所示。

② 核对中标公示信息，点击"审核"，最后给出审核意见，点击"提交"完成审核。如图 7-42 所示。

2. 完成中标公告备案工作

（1）在线发布中标公示 登录电子招投标管理平台，完成中标公示发布工作（招标人发布中标公示，投标人查看中标结果）。

① 登录工程交易管理服务平台，用招标人（或招标代理）账号进入电子招投标项目交易

管理平台，切换至"中标公示备案"，点击"公示登记"，选择标段，点击"确定"。如图 7-43、图 7-44 所示。

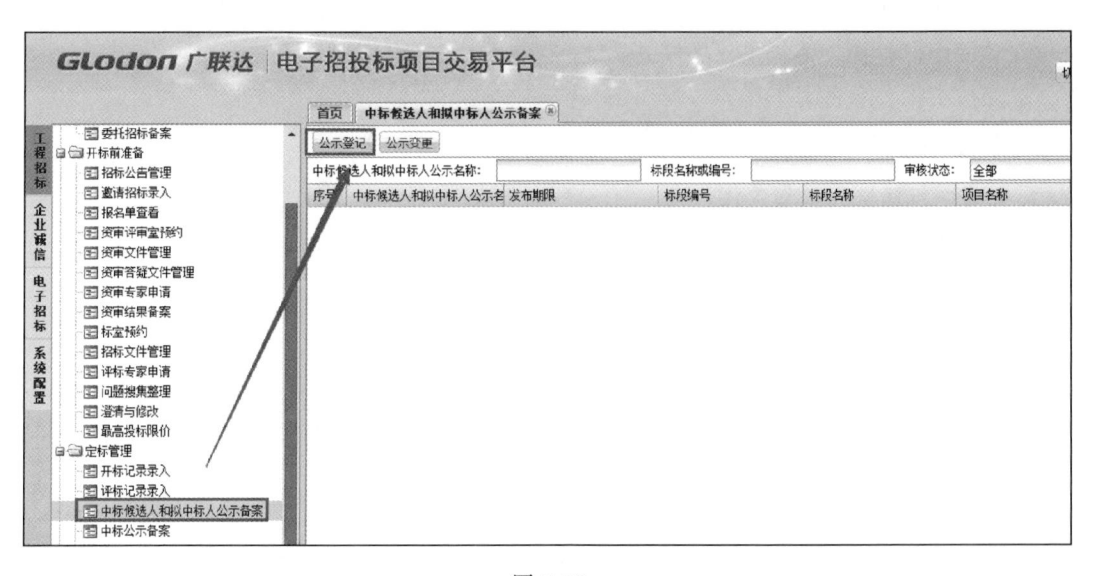

图 7-38

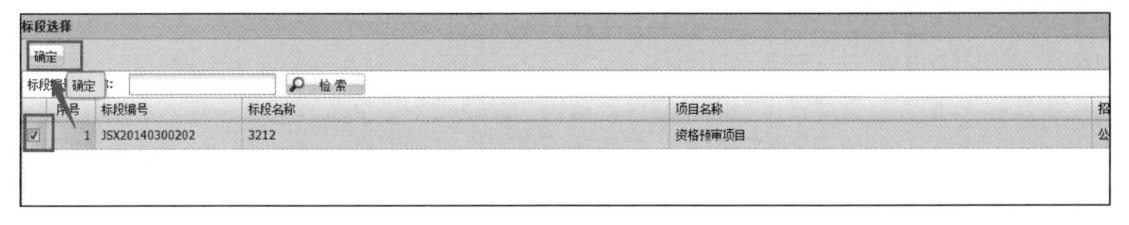

图 7-39

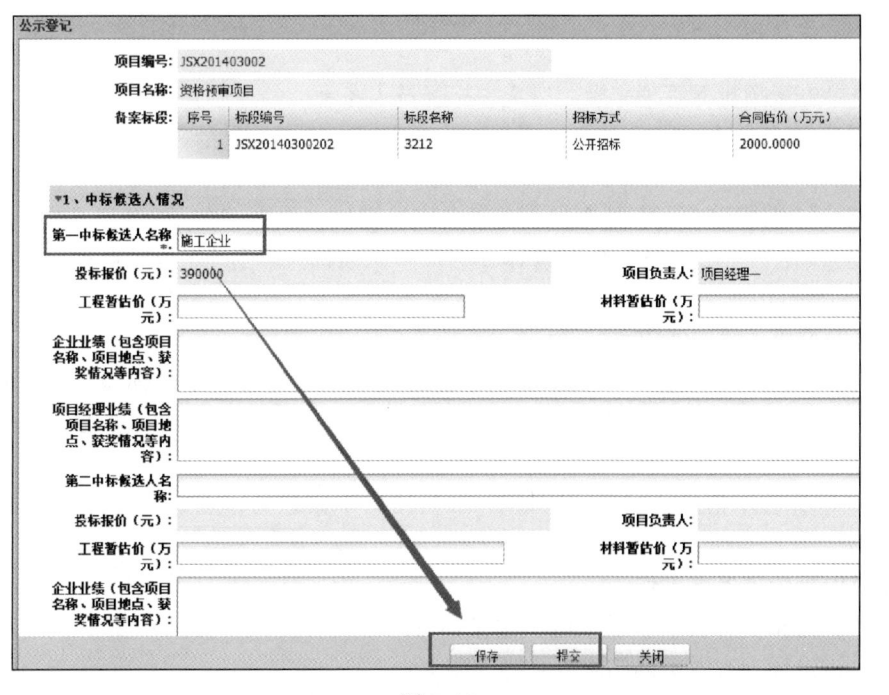

图 7-40

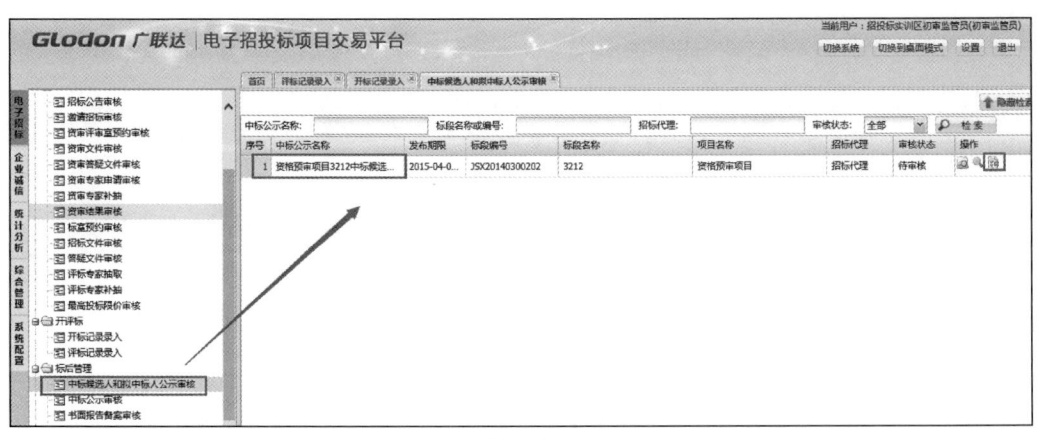

图 7-41

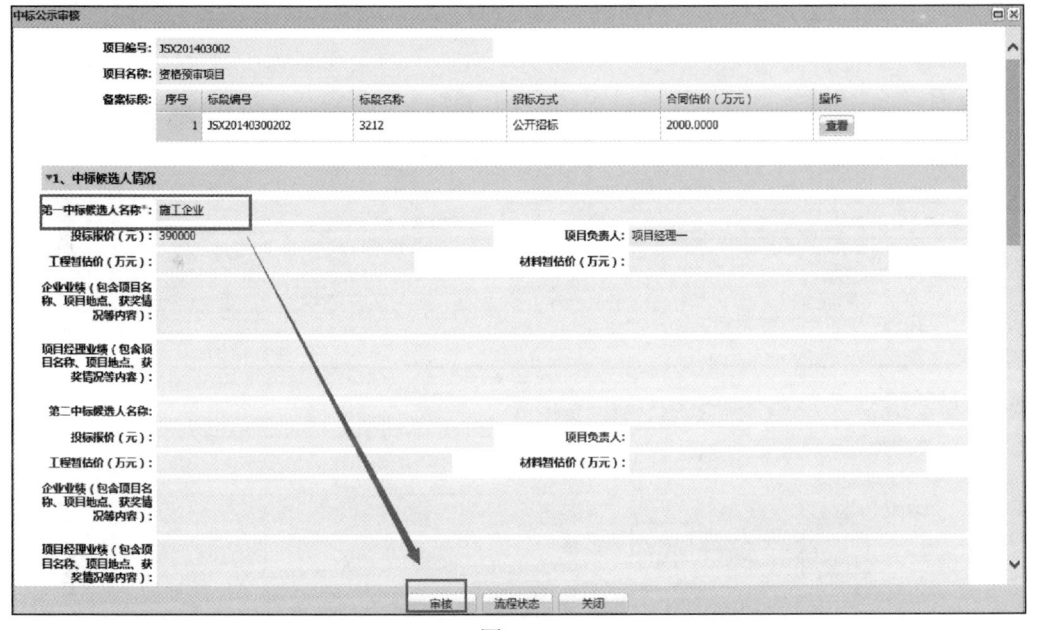

图 7-42

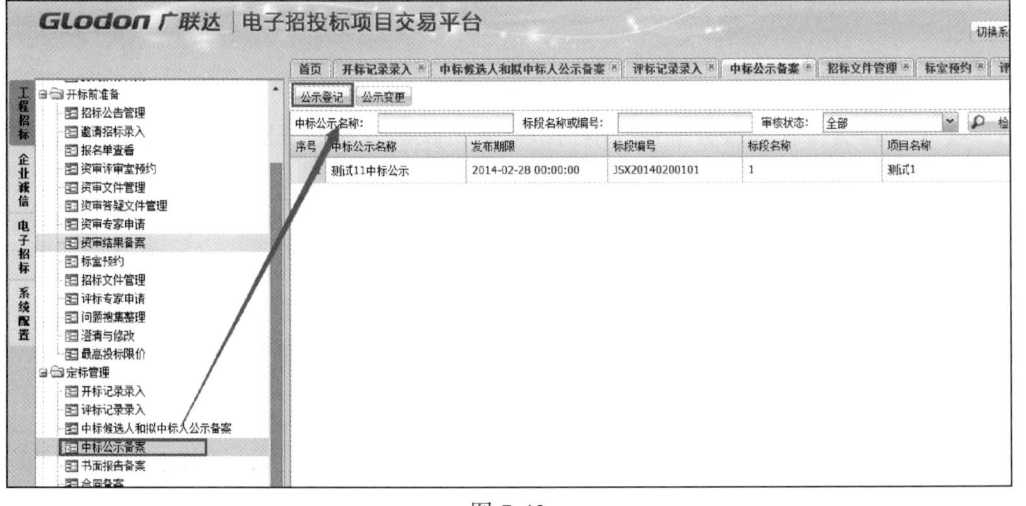

图 7-43

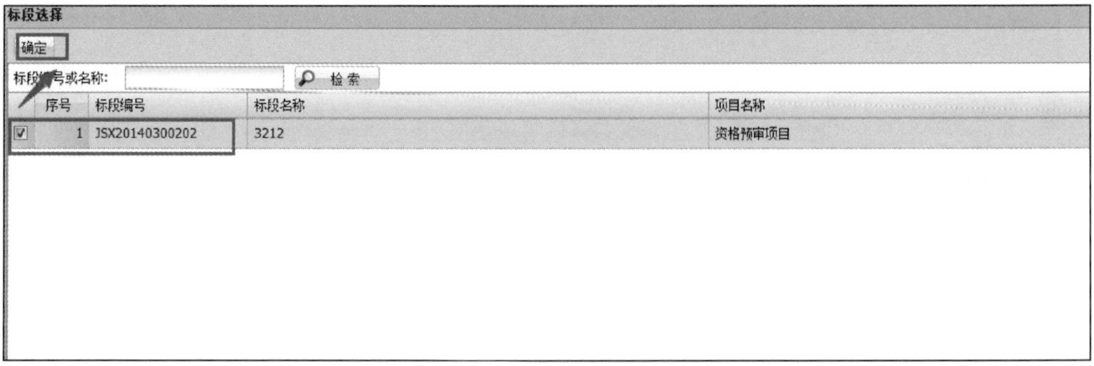

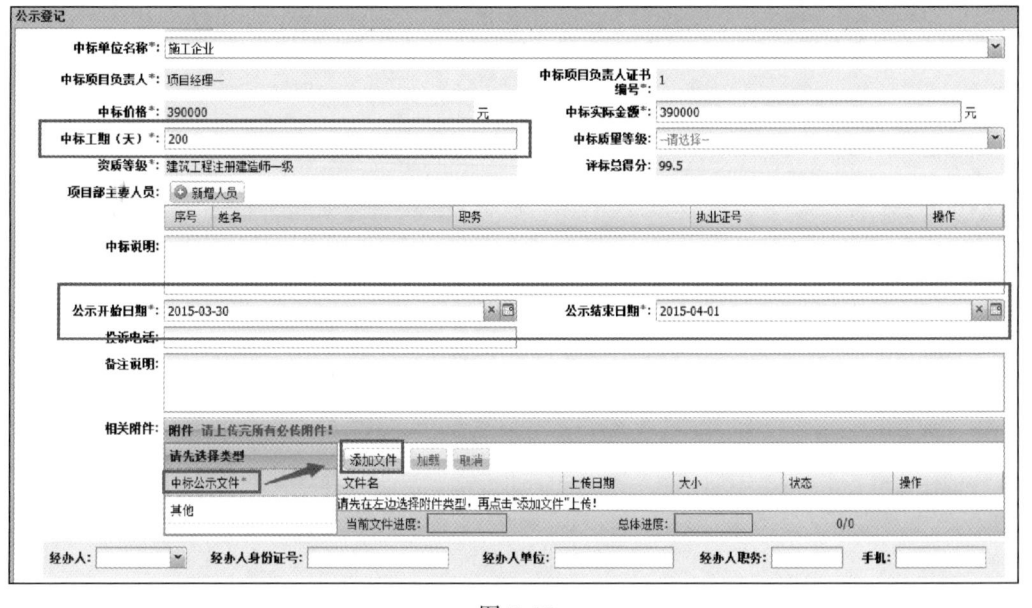

图 7-44

② 弹出"公示登记"页面，填写带"＊"内容，并上传中标公示文件，点击"提交"即可。如图 7-45 所示。

图 7-45

（2）行政监管人员在线审批

① 登录工程交易管理服务平台，用初审监管员账号进入电子招投标项目交易管理平台，切换至"中标公示审核"，选择正确的待审核标段，点击"审核"。如图 7-46 所示。

② 核对中标公示信息，点击"审核"，最后填写审核意见，点击"提交"即可。如图 7-47 所示。

（3）填写中标通知书

① 招标人根据评标报告，确定中标人后，填写《中标结果通知书》（图 7-48）、《中标通知书》（图 7-49）。

② 招标人根据"中标通知书"、"中标结果通知书"所需的印章类型，填写"资金、用章审批表"（图 7-50），提交项目经理进行审批；项目经理审批通过后，将招标人申请的印章交给招标人；招标人拿到印章后，在中标通知书、中标结果通知书上盖章、签字。

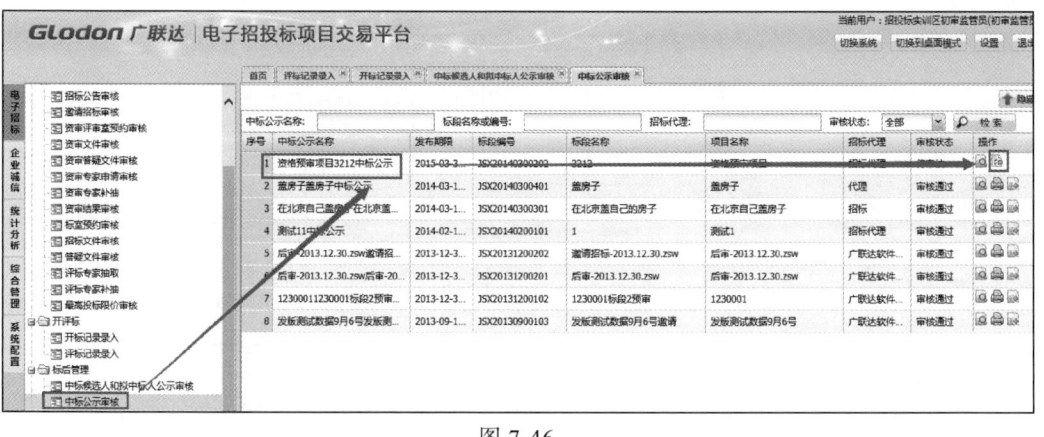

图 7-46

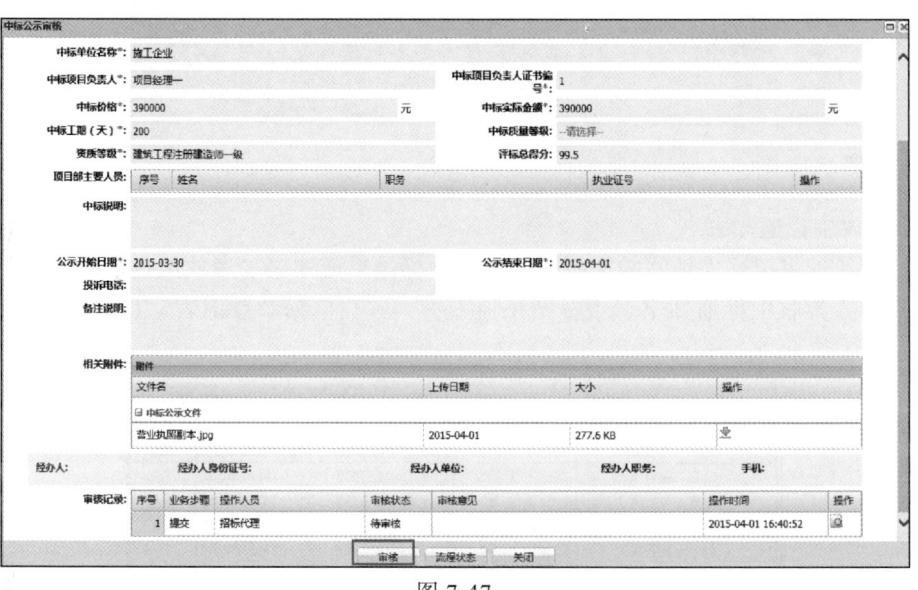

图 7-47

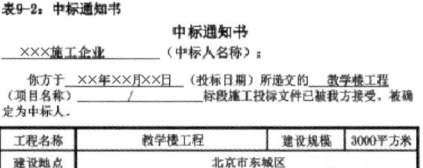

表9-2：中标通知书

中标通知书

___×××施工企业___（中标人名称）：

你方于___××年××月××日___（投标日期）所递交的___教学楼工程___
（项目名称）_____/_____标段施工投标文件已被我方接受。被确
定为中标人。

工程名称	教学楼工程		建设规模	3000平方米
建设地点	北京市东城区			
中标范围	图纸所示范围内的全部土建工程			
中标价格	小写：___20000000.00___元		大写：贰仟万元整	
中标工期	200日历天	计划开工日期	××年××月××日	
		计划竣工日期	××年××月××日	
工程质量	合格			
项目经理	×××	注册建造师执业资格	一级建造师	
备注				

请你方在接到本通知书后___3___天内到___北京市东城区××大厦___（指
定地点）与我方签订施工承包合同，在此之前按招标文件第二章"投标人须
知"第7.3款规定向我方提交履约担保。

随附的澄清、说明、补正事项纪要（如果有），是本中标通知书的组成
部分。

特此通知。

附：澄清、说明、补正事项纪要

招标人：___×××××公司___（盖单位章）

法定代表人：___××___（签字）

___××___年___××___月___××___日

表9-1：中标结果通知书

中标结果通知书

___××施工单位___（未中标人）

我方已接受___中天建设集团___（中标人名称）于
___2015.03.15___（投标日期）所递交的___教学楼___
（项目名称）_____标段施工投标文件，确定___中天建设集团___
（中标人名称）为中标人。

感谢你单位对我们工作的大力支持！

招标人：___广联达软件股份有限公司___（盖单
位章）

代表人：___刘××___（签字或盖章）

___2015___年___04___月___1___日

图 7-48   图 7-49

组别：第一组　　表0-6 资金、用章审批表　　日期：XX年XX月XX日

项目名称	资金审批		用章审批	
	金额	用途	公章类型	用途
具体内容			企业公章、法人印章	用于中标通知书与中标结果通知书盖章

填表人：周XX　　审批人：赵XX

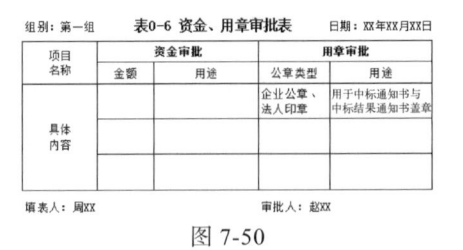

图 7-50

项目经理将资金、用章审批表置于沙盘盘面招标人区域的团队管理处。如图 7-51 所示。

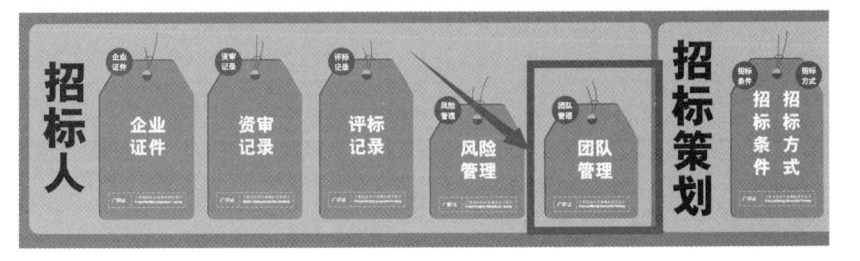

图 7-51

（4）发放中标通知书

① 招标代理将招标人填写的中标通知书、中标结果通知书，发放给投标人。

② 投标人签收中标通知书、中标结果通知书，并在单据“登记表”（图 7-52）上登记企业信息。

表0-3　教学楼　工程　中标结果通知　登记(签到)表

序号	单位	递交（退还、签到）时间	联系人	联系方式	传真
1	第一建设集团	2014年 3 月30 日 15 时 分	刘XX	15123998788	
2	第二建设集团	2014年 3 月31 日 16 时 分	张XX	15123998789	
3	第三建设集团	2014年 3 月31 日 17 时 分	王XX	15123998790	
4	第四建设集团	2014年 4 月 01 日 9 时 分	李XX	15123998791	
5	中天建设集团	2014年 4 月01 日 10 时 分	赵XX	15123998792	
		年 月 日 时 分			
		年 月 日 时 分			
		年 月 日 时 分			
		年 月 日 时 分			

招标人或招标代理经办人：（签字）陈XX　　第 1 页共 1 页

图 7-52

六、沙盘展示

1. 团队自检

项目经理带领团队成员，对照沙盘操作表，检查自己团队的各项工作任务是否完成。见表 7-4。

表 7-4　沙盘操作表

序号	任务清单	使用单据 / 表 / 工具	完成情况（完成请打“√”）
1	投标人递交投标保证金 / 递交投标文件	登记表	□
2	开标记录、备案	中标价预估表 / 广联达开评标系统教育版 / 广联达网络远程评标系统（GBES）/ 电子招投标项目交易管理平台	□

续表

序号	任务清单	使用单据 / 表 / 工具	完成情况（完成请打"√"）
3	评标记录、备案	广联达开评标系统教育版 / 广联达网络远程评标系统（GBES）/ 电子招投标项目交易管理平台	□
4	招标人确定中标人 / 中标公示		□
5	招标人发放中标通知书	中标通知书 / 中标结果通知书	□

2. 作业提交

（1）作业内容

① 招标人项目交易平台评分文件一份。

② 广联达开评标系统生成的投标文件评审结果一份。

（2）操作指导

1）生成招标人项目交易平台评分文件。

使用工程交易管理服务平台生成项目交易平台评分文件一份。

具体操作详见附录 2：生成评分文件。

2）生成投标文件审查结果一份。

点击"导出评分文件"，选择保存路径，点击"保存"，导出评分文件。如图 7-53 所示。

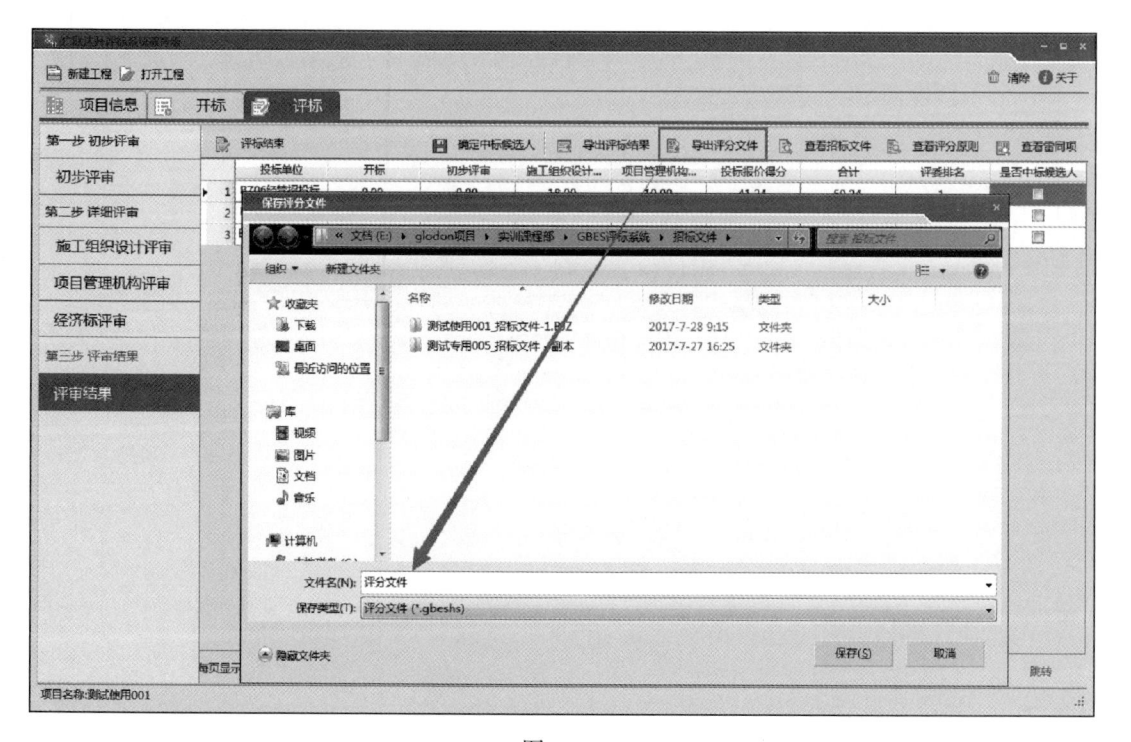

图 7-53

3）提交作业。

将投标文件评审结果、项目交易平台评分文件拷贝到 U 盘中提交给老师，或者使用在线文件递交（文件在线提交系统或电子邮箱等方式）提交给老师。

七、实训总结

1.教师评测

（1）评测软件操作　具体操作详见附录3：学生学习成果评测。

（2）学生成果展示　具体操作详见附录3：学生学习成果评测。

2.学生总结、分享

小组组内讨论3分钟，写下该环节你认为需要完善的内容及心得，并进行分享。

八、拓展练习

在本实训模块之外需要学生了解的相关知识内容或需要课外思考的问题，具体如下。

① 采用资格后审形式时，评标工作内容的变化；

② 评标时，如何界定投标人的围标、串标行为？

③ 电子化评标的规范及注意事项。

④ 中标公示期间，如果其他投标人对中标公示有异议，投标人应如何处理？招标人如何处理？

模块八　合同管理与索赔

知识目标

1. 了解建设工程合同的概念。
2. 掌握建设工程施工合同订立的条件和原则。
3. 掌握施工合同文件的组成及解释顺序。
4. 掌握建设工程施工合同的签订、合同谈判技巧。
5. 了解建设工程施工合同管理的基本概念。
6. 掌握建设工程施工合同管理的特点及目标和作用及地位。
7. 了解工程索赔的概念、成因和作用。
8. 了解工程索赔程序。
9. 掌握工程索赔的计算方法。

能力目标

1. 能够结合具体工程项目运用合同订立的条件和原则拟定施工合同。
2. 能够运用施工合同文件的解释顺序分析实际工程问题。
3. 初步具备合同谈判能力。
4. 能够结合实际工程索赔案例进行工程索赔计算。

驱动问题

1. 什么是建设工程施工合同？
2. 施工合同订立应具备的条件和订立原则是什么？
3. 合同谈判有什么技巧？
4. 什么是合同管理？
5. 简述工程索赔的分类。
6. 简述工程索赔的成因。
7. 索赔报告包括哪些内容？
8. 简述工程反索赔的意义。

建议学时： 8～10学时。

 **导入案例**

　　甲工厂与乙勘察设计单位签订一份《厂房建设设计合同》，甲委托乙完成厂房建设初步设计，约定设计期限为支付定金后30天，设计费按国家有关标准计算。另约定，如甲要求乙增加工作内容，其费用增加10％，合同中没有对基础资料的提供进行约定。开始履行合同后，乙向甲索要设计任务书以及选厂报告和燃料、水、电协议文件，甲答复除设计任务书之外，其余都没有。乙自行收集了相关资料，于第37天交付设计文件。乙认为收集基础资料增加了工作内容，要求甲按增加后的数额支付设计费。甲认为合同中没有约定自己提

供资料，不同意乙的要求，并要求乙承担逾期交付设计书的违约责任。乙遂诉至法院。法院认为，合同中未对基础资料的提供和期限予以约定，乙方逾期交付设计书属乙方过错，构成违约；另按国家规定，勘察、设计单位不能任意提高勘察设计费，有关增加设计费的条款认定无效，判定：甲按国家规定标准计算给付乙设计费；乙按合同约定向甲支付逾期违约金。

一、建设工程施工合同的签订

（一）合同概述

1. 建设工程合同

按照《中华人民共和国合同法》定义，合同为平等主体的自然人、法人、其他组织之间设立、变更、终止民事权利、义务关系的协议。对建设工程的概念描述为通过新建、改建或者扩建能达到国家相关规定标准而成为固定资产投资的建设项目。对建设工程合同的概念描述为工程承包方实施相应的工程建设，工程发包方向承包方进行相应工程价款支付的合同。

2. 建设工程施工合同

建设工程施工合同是指工程发包方（项目建设单位、业主）与承包方（项目施工单位）之间为了使建设工程项目顺利完成，而对双方权利以及义务进行约定的协议。建设工程合同包括了建设工程勘察合同、建设工程设计合同以及建设工程施工合同等一系列合同。发包人可以与项目总承包人进行建设工程合同的签订，也可以分别与项目勘察人、设计人以及项目施工人进行勘察、设计以及施工承包合同的订立。也就是说当发包人与勘察人之间签订的合同为建设工程勘察合同；当发包人与设计人之间签订的合同为建设工程设计合同；同理，当发包人与施工人之间签订的合同为建设工程施工合同。

（二）建设工程施工合同的订立

1. 订立施工合同应具备的条件

① 初步设计已经批准；

② 项目已列入年度建设计划；

③ 有能够满足施工需要的设计文件、技术资料；

④ 建设资金与主要设备来源已基本落实；

⑤ 招投标的工程中标通知书已下达。

2. 订立施工合同应当遵守的原则

（1）遵守国家法律、行政法规和国家计划原则　订立施工合同，首先必须遵守国家法律、行政法规，除此外还应遵守国家的建设计划和其他计划。建设工程施工对经济发展、社会生活有多方面的影响，施工合同当事人都必须遵守国家相关的强制性管理规定。

（2）平等、自愿、公平的原则　签订施工合同的双方当事人，有着平等的法律地位，任何一方都不得强迫对方接受不平等的合同条件。合同双方当事人有权决定是否订立施工合同，是否同意施工合同的内容，合同内容应当是双方当事人真实意思的体现。合同的内容应当是公平的，不能违反法律，也不能损害一方的利益，对于显失公平的施工合同，当事人一方有权申请人民法院或者仲裁机构变更或者撤销合同。

（3）诚实信用原则　诚实信用原则是对当事人道德方面的约束，要求在订立施工合同时要诚实，不得有欺诈行为，合同当事人应当实事求是地将自身和工程的情况介绍给对方。在履行合同时，施工合同当事人要守信用，严格按照合同规定履行合同。

3. 合同谈判

建筑工程施工合同具有标的物特殊、履行周期长、条款内容多、涉及面广的特点，往往一个大型工程施工合同的签订关系到一家企业的生死存亡。所以，应给予施工合同谈判足够的重视，才能从合同条款上全力维护己方的合法权益。进行合同谈判，是签订合同、明确合同当事人的权利与义务不可或缺的阶段。合同谈判是工程施工合同双方对是否签订合同以及合同具体内容达成一致的协商过程。通过谈判，能够充分了解对方及项目的情况，为企业决策提供信息和依据。

合同谈判时要有必要的准备工作。谈判活动的成功与否，通常取决于谈判准备工作的充分程度和在谈判过程中策略与技巧的运用。常用的谈判技巧和策略如下。

（1）掌握谈判议程，合理分配各议题的时间　工程建设这样的大型谈判一定会涉及诸多需要讨论的事项，而各谈判事项的重要性并不相同，谈判各方对同一事项的关注程度也不相同。成功的谈判者善于掌握谈判的进程，在充满合作的气氛阶段，展开自己所关注的议题的商讨，从而抓住时机，达成有利于己方的协议。而在气氛紧张时，则引导谈判进入双方具有共识的议题，一方面缓和气氛；另一方面缩小双方距离，推进谈判议程。同时，谈判者应懂得合理分配谈判时间。对于各议题的商讨时间应得当，不要过多拘泥于细节性问题。这样可以缩短谈判时间，降低交易成本。

（2）高起点战略　谈判的过程是各方妥协的过程，通过谈判，各方都或多或少会放弃部分利益以求得项目的进展。而有经验的谈判者在谈判之初会有意识地向对方提出苛求的谈判条件，当然这种苛求的条件是对方能够接受的。这样对方会过高估计本方的谈判底线，从而在谈判中做出更多让步。

（3）注意谈判氛围　谈判各方既有利益一致的部分，又有利益冲突的部分。各方通过谈判主要是维护各方的利益，求同存异，达到谈判各方利益的一种相对平衡。谈判过程中难免出现各种不同程度的争执，使谈判气氛处于比较紧张的状态，这种情况下，一个有经验的谈判者会在各方分歧严重、谈判气氛激烈的时候采取润滑措施，舒缓压力。在我国最常见的方式是饭桌式谈判。通过餐宴，联络谈判各方的感情，进而在和谐氛围中重新回到议题，使得谈判议题得以继续进行。

（4）适当的拖延与休会　当谈判遇到障碍、陷入僵局的时候，拖延与休会可以使明智的谈判方有时间冷静思考，在客观分析形势后，提出替代性方案。在一段时间的冷处理后，各方都可以进一步考虑整个项目的意义，进而弥合分歧，将谈判从低谷引向高潮。

（5）避实就虚　谈判各方都有自己的优势和劣势。谈判者应在充分分析形势的情况下，做出正确的判断，利用对方的弱点，猛烈攻击，迫其就范，做出妥协，而对于自己的弱点，则要尽量注意回避。当然，也要考虑到自身存在的弱点，在对方发现或者利用自己的弱势进行攻击时，自己要考虑到是否让步及让步的程度，还要考虑到这种让步能失去多少利益。

（6）分配谈判角色　注意发挥专家的作用任何一方的谈判团都由众多人士组成，谈判中应利用个人不同的性格特征，各自扮演不同的角色，有积极进攻的角色，也有和颜悦色的角色，这样有软有硬，软硬兼施，可以事半功倍。同时注意谈判中要充分利用专家的作用，现代科技发展使个人不可能成为各方面的专家。而工程项目谈判又涉及广泛的学科领域。充分发挥各领域专家作用，既可以在专业问题上获得技术支持，又可以利用专家的权威性给对方以心理压力，从而取得谈判的成功。

总之，在合同、预算谈判中，好的口才、巧的策略、丰富的知识、优秀的谈话风格，是取得谈判胜利的关键和保证。

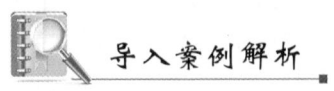 导入案例解析

本案的设计合同缺乏一个主要条款，即基础资料的提供。《中华人民共和国合同法》第二百七十四条规定："勘察、设计合同的内容包括提交有关基础资料和文件（包括概预算）的期限、质量要求、费用以及其他协作条件等条款。合同的主要条款是合同成立的前提，如果合同缺乏主要条款，则当事人无据可依，合同自身也就无效力可言，勘察、设计合同不仅要条款齐备，还要明确双方各自责任，以避免合同履行中的互相推诿，保障合同的顺利执行"。建设工程勘察、设计合同条例有关规定，设计合同中应明确约定由委托方提供基础资料，并对提供时间、进度和可靠性负责。本案因缺乏该约定，虽工作量增加，设计时间延长，乙方却无向甲方追偿由此造成的损失的依据。其责任应自行承担，增加设计费的要求违背国家有关规定不能成立，故法院判决乙按规定收取费用并承担违约责任。

二、施工合同管理

（一）施工合同管理的内容

1. 施工项目合同管理的概念

施工项目合同管理是对工程项目施工过程中所发生的或所涉及的一切经济、技术合同的签订、履行、变更、索赔、解除、解决争议、终止与评价的全过程进行的管理工作。

施工项目合同管理的任务是根据法律、政策的要求，运用指导、组织、检查、考核、监督等手段，促使当事人依法签订合同，全面实际地履行合同，及时妥善地处理合同争议和纠纷，不失时机地进行合理索赔，预防发生违约行为，避免造成经济损失，保证合同目标顺利实现，从而提高企业的信誉和竞争能力。

2. 施工项目合同管理的内容

① 建立健全施工项目合同管理制度，包括合同归口管理制度；考核制度；合同用章管理制度；合同台账、统计及归档制度等。

② 经常对合同管理人员、项目经理及有关人员进行合同法律知识教育，提高合同业务人员法律意识和专业素质。

③ 在谈判签约阶段，重点是了解对方的信誉，核实其法人资格及其他有关情况和资料；监督双方依照法律程序签订合同，避免出现无效合同、不完善合同，预防合同纠纷发生；组织配合有关部门做好施工项目合同的鉴证、公证工作，并在规定时间内送交合同管理机关等有关部门备案。

④ 合同履约阶段，主要的日常工作是经常检查合同以及有关法规的执行情况，并进行统计分析，如统计合同份数、合同金额、纠纷次数，分析违约原因、变更和索赔情况、合同履约率等，以便及时发现问题、解决问题；做好有关合同履行中的调解、诉讼、仲裁等工作，协调好企业与各方面、各有关单位的经济协作关系。

⑤ 专人整理保管合同、附件、工程洽商资料、补充协议、变更记录及与业主及其委托的监理工程师之间的来往函件等文件，随时备查；合同期满，工程竣工结算后，将全部合同文件整理归档。

（二）施工合同管理的特点

施工合同管理的特点如下。

1. 长期性

建设工程施工合同具有长期性的特点。由于工程项目本身就是长期性的生产建设活动，从而决定了建设工程施工合同管理的长期性。比如，我国的长江三峡水利工程，始建于 1993 年，计划完工时间为 2009 年，计划工期为 16 年，虽然该工程提前完工，但它的工期仍然历经了十多年。建设工程项目一般都体积庞大，所涉及的施工工序和建筑材料繁多、工作量大、施工工期长。建设工程施工合同管理是和建设工程施工合同同步进行的，决定了建设施工合同的履行时间长度要比工程施工的工期长，从而也进一步要求施工工程合同管理的期限也必须长于工程项目施工的工期。最终决定了施工合同管理具有长期性的特点。

2. 动态性

在建设项目实施过程中由于不可预知的因素较多，导致施工合同的变更频繁。对于合同的管理必须不断地根据实际的情况做相应的调整。为了确保工程项目总体目标的圆满完成，就要求务必对合同实施动态的管理方法，提升对合同变更管理和控制等相关工作的能力。签订的合同所涉及的一系列条款，都是根据前人以及自己的经验对拟建项目将要发生的情况进行的假设。建设项目是独特的，也是一次性的，不可能被复制，就算是两个建筑物的设计一样，所采用的材料也一样，但是，也可能因为施工者的不同、施工地点的不同、施工时间的不同、天气的影响等诸多因素使得这两个建筑是不一样的。这些都造就了建设项目的动态性，也就造就了建设工程施工合同管理的动态性。比如，在施工的过程中，由于业主的要求产生变更，可能是装修方案的变化，也可能是因为所需功能的变化引起的结构的变化，这些都是施工合同管理动态性的原因。

3. 多样性和复杂性

建设工程施工合同具有多样性和复杂性的特点。由于工程项目施工周期长，所涉及的相关事务多而繁杂，所以相对应的施工合同也具有合同履行期长、涉及项目的事务主体多的特点。因为合同管理对建设工程项目目标的有效实现有很大的影响，若管理不善，会导致项目目标不能顺利实现，所以它要求管理过程是高度准确的，并且是相当严密的工作。建设工程项目目标本身就是涉及多方面，它不单单是要求施工方建造出一个合格的产品，而且还是在限定了时间、成本和资源的情况下建造出一个符合质量要求的产品，这就决定了施工合同管理是多样的、复杂的。在建设工期中，要在限定的条件下顺利施工，其中会牵扯到人的管理，比如人力资源这一方面的知识；会牵扯到质量的管理，比如，如何在过程中控制质量；会牵扯到法律方面的管理，比如发生索赔时，应该如何规范、合法、有效地进行索赔。这些都是施工合同管理多样性和复杂性的原因。

4. 严格性

建设工程施工合同具有严格性的特点。施工建设合同的顺利履行不仅关系到建设工程项目的效益，而且从宏观上来说还影响着国家经济的发展，所以对施工合同管理过程的要求是严格的。需要严格地对合同主体进行管理。例如，众所周知法律法规的约束对象通常都是签订合同的双方当事人，如果在合同履行过程中，一方出现了违反合同约定条款的情况，那么就应该由合同中违约的一方按照事先约定承担相应的责任。需要严格地对合同订立进行管理。在现实生活中，合同订立阶段可能会出现合同订立的内容违背当事人真实意愿的情况，这种情况通常发生在阴阳合同中的阳合同和黑白合同中的白合同中。对于这些违法的情况，都需要严格地对订立过程进行管理。需要严格地对合同履行进行管理。合同管理的目的需要通过合同的履行来实现，履行中会发生很多突发情况，比如，施工中甲方的预付款没有及时支付，或者材料的采购延期了，这些都会导致工期乃至成本目标没办法实现。只有严格地对合同进行履行，才有可能顺利地实现建设项目的各个目标。

（三）施工合同管理的作用

建设工程施工合同管理是指针对施工合同的订立、履行、索赔、违约及解除等各项内容进行管理。由于建设工程项目本身具有复杂性、技术要求高、对社会的影响大、投资数额巨大、生产周期长等一系列特性，除此之外施工合同当事人各项的权利义务也较复杂，因此建设工程施工合同的管理工作就变得尤为重要。好的施工合同管理不仅能保证合同双方当事人的各项权利及义务，更能减少合同违约与纠纷发生的概率，进而保证建设工程的质量、投资与工期的合理进行与完成。

在整个项目施工的管理体系中，要想做好施工管理工作前提是施工合同的内容要合法、全面。为了能保证施工合同全面正确地履行，顺利圆满地完成工程项目的建设任务，施工合同管理起到了不可代替的作用，具体如下。

（1）保证了合同的合法性、规范性　建设工程施工合同如其他建设工程合同一样，都是合同的一种，因此建设工程施工合同在合同签订的时候，必须遵守合同的相关法律法规以及合同的基本原则。而施工合同管理工作正是为了确保施工合同的合法性，从而受到法律的保护与约束，减少了无效合同等情况的发生。

（2）减少了合同违约与合同纠纷的发生　建设工程施工合同管理工作对于合同的文本、内容、措辞、主要条款以及双方当事人的权利、责任、风险分配等起到了积极约束与保护的作用，明确了合同双方当事人的各项权利责任与合同利益。对于施工合同管理工作而言，应当尽量地避免由于合同内容含糊不清、措辞有歧义、风险分配不合理、合同规定的某些内容无法或难以实现等，引起的合同违约事件及合同纠纷。好的施工合同管理能够尽量地避免此类问题的发生。

（3）保证了工程建设项目的顺利实施　工程建设的重点是合同管理，而在工程建设项目中，其核心内容就是施工合同管理。施工合同管理是整个建设项目实施以及管理工作的指引与方向，起着宏观调控与总体保证工程各项指标的作用。施工合同管理对于项目的投资管理、进度管理、质量管理都有着极为重要的作用与意义，施工合同管理确定了整个建设工程项目的实施目标与管理目标，从根本上保证了工程建设项目的顺利实施。

 案例 1

总包与分包有连带责任

某市服务公司因建办公楼与建设工程总公司签订了建筑工程承包合同。其后，经服务公司同意，建设工程总公司分别与市建筑设计院和市 ×× 建筑工程公司签订了建设工程勘察设计合同和建筑安装合同。建筑工程勘察设计合同约定由市建筑设计院对服务公司的办公楼、水房、化粪池、给水排水及采暖外管线工程提供勘察、设计服务，做出工程设计书及相应施工图纸和资料。建筑安装合同约定由 ×× 建筑工程公司根据市建筑设计院提供的设计图纸进行施工，工程竣工时依据国家有关验收规定及设计图纸进行质量验收。合同签订后，建筑设计院按时做出设计书并将相关图纸资料交付 ×× 建筑工程公司，建筑公司依据设计图纸进行施工。工程竣工后，发包人会同有关质量监督部门对工程进行验收，发现工程存在严重质量问题，是由于设计不符合规范所致。原来市建筑设计院未对现场进行仔细勘察即自行进行设计导致设计不合理，给发包人带来了重大损失。由于设计人拒绝承担责任，建设工程总公司又以自己不是设计人为由推卸责任，发包人遂以市建筑设计院为被告向法院起诉。法院受理后，追加建设工程总公司为共同被告，让其与市建筑设计院一起对工程建设质量问题承担连带责任。

【案例分析】

本案中，某市服务公司是发包人，市建设工程总公司是总承包人，市建筑设计院和××建筑工程公司是分包人。对工程质量问题，建设工程总公司作为总承包人应承担责任，而市建筑设计院和××建筑工程公司也应该依法分别向发包人承担责任。总承包人以不是自己勘察设计和建筑安装的理由企图不对发包人承担责任，以及分包人以与发包人没有合同关系为由不向发包人承担责任，都是没有法律依据的。

根据《中华人民共和国合同法》第二百七十二条中"总承包人或者勘察、设计、施工承包人经发包人同意，可以将自己承包的部分工作交由第三人完成。第三人就其完成的工作成果与总承包人或者勘察、设计、施工承包人向发包人承担连带责任。承包人不得将其承包的全部建设工程转包给第三人或者将其承包的全部建设工程肢解以后以分包的名义分别转包给第三人"的规定，本案判决市建设工程总公司和市建筑设计院共同承担连带责任是正确的。值得说明的是：依《中华人民共和国合同法》这一条及《中华人民共和国建筑法》第二十八条、第二十九条的规定：禁止承包单位将其承包的全部工程转包给他人，施工总承包的建筑工程主体结构的施工必须由总承包单位自行完成。本案中建设工程总公司作为总承包人不自行施工，而将工程全部转包他人，虽经发包人同意，但违反禁止性规定，亦为违法行为。

 **案例 2**

某监理单位承担了一工业项目的施工监理工作。经过招标，建设单位选择了甲、乙施工单位分别承担A、B标段工程的施工，并按照《建设工程施工合同（示范文本）》分别和甲、乙施工单位签订了施工合同。建设单位与乙施工单位在合同中约定，B标段所需的部分设备由建设单位负责采购。乙施工单位按照正常的程序将B标段的安装工程分包给丙施工单位。在施工过程中，发生了如下事件。

事件1：建设单位在采购B标段的锅炉设备时，设备生产厂商提出由自己的施工队伍进行安装更能保证质量，建设单位便与设备生产厂商签订了供货和安装合同并通知了监理单位和乙施工单位。

事件2：总监理工程师根据现场反馈信息及质量记录分析，对A标段某部位隐蔽工程的质量有怀疑，随即指令甲施工单位暂停施工，并要求剥离检验。甲施工单位称：该部位隐蔽工程已经由专业监理工程师验收，若剥离检验，监理单位需赔偿由此造成的损失并相应延长工期。

事件3：专业监理工程师对B标段进场的配电设备进行检验时，发现由建设单位采购的某设备不合格，建设单位对该设备进行了更换，从而导致丙施工单位停工。因此，丙施工单位致函监理单位，要求补偿其被迫停工所遭受的损失并延长工期。

问题：

1. 在事件1中，建设单位将设备交由厂商安装的做法是否正确？为什么？
2. 在事件1中，若乙施工单位同意由该设备生产厂商的施工队伍安装该设备，监理单位应该如何处理？

3. 在事件 2 中，总监理工程师的做法是否正确？为什么？试分析剥离检验的可能结果及总监理工程师相应的处理方法。

4. 在事件 3 中，丙施工单位的索赔要求是否应该向监理单位提出？为什么？对该索赔事件应如何应处理？

【分析】

1. 建设单位将设备交由厂商安装的做法不正确，因为违反了合同约定。

2. 监理单位应该对厂商的资质进行审查。若符合要求，可以由该厂安装。如乙单位接受该厂作为其分包单位，监理单位应协助建设单位变更与设备厂的合同，如乙单位接受厂商直接从建设单位承包，监理单位应该协助建设单位变更与乙单位的合同；如不符合要求，监理单位应该拒绝由该厂商施工。

3. 总监理工程师的做法是正确的。无论工程师是否参加了验收，当工程师对某部分的工程质量有怀疑，均可要求承包人对已经隐蔽的工程进行重新检验。

重新检验质量合格，发包人承担由此发生的全部，并追加合同价款，赔偿施工单位的损失，并相应顺延工期；检验不合格，施工单位承担发生的全部费用，工期不予顺延。

4. 丙施工单位的索赔要求不应该向监理单位提出，因为监理单位和丙施工单位没有合同关系。

正确处理方式：

（1）丙向乙提出索赔，乙向监理单位提出索赔意向书。

（2）监理单位收集与索赔有关的资料。

（3）监理单位受理乙单位提交的索赔意向书。

（4）总监理工程师对索赔申请进行审查，初步确定费用额度和延期时间，与乙施工单位和建设单位协商。

（5）总监理工程师对索赔费用和工程延期做出决定。

三、工程索赔

（一）工程索赔概述

工程索赔是建设工程施工合同管理的核心内容，工程索赔的管理水平在一定程度上也体现出了合同管理的水平，索赔管理不但能够给企业自身带来经济效益，还能够促使合同双方为了防止对方向自己提出索赔而不断加强对合同管理水平的提高，并且索赔管理工作的开展更有益于建设工程施工合同的动态管理模式，使得合同管理工作贯穿于整个工程建设过程中，对于我国建筑业的合同管理水平有着积极的现实意义。

1. 工程索赔的概念及内涵

工程索赔指在工程承包合同履行的过程中，合同一方当事人由于合同另一方当事人因未履行或不能正确完全地履行合同所规定的义务，或者不能够实现承诺的合同条件而使自身的权益受损，向对方提出补偿的要求。从工程索赔的概念可以看到，索赔的提出是向合同对方当事人提出补偿的要求，而并非是一种惩罚的手段。索赔从本质上讲是合同双方当事人保护自己的合法权益、降低自身因风险发生而遭受损失的一种合法合理的权利主张，是在正确完全履行合同所规定义务的基础上为自身争取合理补偿的一种方式方法。并且，从索赔的概念中还可以看出，索赔是双向的，即发包人可以向承包人索赔，承包人也可以向发包人进行索赔。

2. 工程索赔的分类

索赔从不同的角度划分，有不同的分类方式。

（1）按照干扰事件的性质划分

① 工期拖延索赔。发包人未能按照合同约定为承包人提供相应的施工条件，如拖延交付施工图纸、施工道路与场地不具备施工条件等。

② 工程变更索赔。工程变更包括施工合同规定的工程数量的增减、工程量的变化超过一定幅度，承包人受到发包人或监理工程师的指令而更改施工图纸、施工方案等，造成发包人费用增加或工期延长。

③ 不可预见的干扰因素索赔。在工程项目施工过程中遇到了无法预见的干扰因素造成了发包人的损失而造成的索赔。如地下未勘探到的岩石、断层、地下水等。

④ 施工合同终止索赔。由于不确定因素，如战争、不可抗力等导致发包人无法继续履行合同，致使工程无法继续实施对承包人造成经济损失，承包人提出索赔。

⑤ 其他索赔。由于通货膨胀、国家的法令政策改变等原因引起的索赔。

（2）按照索赔的目的划分

① 工期索赔。由于并非发包人自身的原因导致工期滞后而向承包人提出工期延长的索赔。

② 费用索赔。即发包人要求承包人补偿自身的经济利益损失。

（3）按照索赔依据的理由划分

① 合同内索赔。索赔的依据在合同文本中能够找到相应的条款。

② 合同外索赔。索赔的依据在合同中没有明确的规定，必须按照与合同相关的法律法规来解决索赔争议。

③ 道义索赔。索赔的要求没有合同依据，也无相关的法律法规支持，而是由于承包人自身的失误导致巨大的经济损失，其后果可能直接影响到承包人对合同的履行能力，发包人从道义上给予承包人一定的经济补偿。

（4）按照索赔的处理方式划分

① 单项索赔，顾名思义就是对发生的索赔事件进行一项一项的索赔，针对某一项索赔事件在有效期限内，合同管理人员向监理工程师递送索赔通知意向书。其优点是处理容易，实施过程简便。

② 总索赔，又称综合索赔，是指在工程竣工验收之前将工程建设过程中所有发生的未解决的索赔事件作为一个整体向发包人提出总索赔，由发包人和承包人在指定的时间内一起解决所有的索赔争议，总索赔在国际工程中经常被使用。

（5）按照索赔的起因划分

按照索赔的起因可以把索赔分为发包人违约索赔、合同错误索赔、合同变更索赔、工程环境变化索赔、不可抗力因素索赔。

3. 工程索赔的作用

工程索赔是合同赋予合同双方当事人维护自身权益的一种手段和方式，并且工程索赔也具有促进建设工程施工合同管理水平提高的作用，它不仅能创造利润、节省投资，更是施工合同管理的核心内容与施工合同法律效力的体现，具体有以下作用。

① 索赔能够减少合同违约行为的发生，对合同双方当事人有法律约束的作用，当事人在违约前必须首先考虑违约后所要承担的后果，这对合同双方当事人都有一定的警告作用，促

使合同当事人规范自身的行为，及时履行自身的合同义务。

②索赔是合同双方当事人自身权益保障的手段与方法，也是合同风险的合理再分配，当自身的权益因对方不履约而遭受损失时，可以通过索赔来弥补。

③索赔能够保证合同的顺利实施，建设工程施工合同签订以后，明确了合同双方的权利、责任、义务，如果一方违约或不完全履约而不用承担任何后果的话，签订的合同也就毫无意义，那么建设工程项目也无法进行管理，因此，索赔是工程合同管理中不可缺少的一部分。

（二）工程施工索赔程序

1. 工程施工索赔程序和时限规定

《建设工程施工合同（示范文本）》对索赔的程序和时间要求有明确而严格的限定。发（承）包人未能按合同约定履行自己的各项义务或发生错误以及应由发（承）包人承担责任的其他情况，造成工期延误和（或）延期支付合同价款及造成承（发）包人的其他经济损失。

索赔事件发生后 28 天内，向工程师发出索赔意向通知。

发出索赔意向通知后的 28 天内，向工程师提出补偿经济损失和（或）延长工期的索赔报告及有关资料。

工程师在收到承包人送交的索赔报告和有关资料后，于 28 天内给予答复，或要求承包人进一步补充索赔理由和证据。

工程师在收到承包人送交的索赔报告和有关资料后，28 天内未给予答复或未对承包人作进一步要求，视为该项索赔已经认可。

当该索赔事件持续进行时，承包人应当阶段性向工程师发出索赔意向，在索赔事件终了后 28 天内，向工程师提供索赔的有关资料和最终索赔报告。

2. 工程索赔的成因

由于建设工程项目自身的特点，在整个建设项目的实施过程中，索赔的起因有很多，主要有以下几个方面。

（1）施工合同变更

施工合同变更的实质是在工程实施过程中更改了施工合同的内容，其中包括设计变更、施工方案变更、工期变更以及工程量的增减，这些都给承包人带来工程建设实施的困难，甚至是经济损失，承包人可以向发包人进行索赔。

（2）施工合同缺陷或矛盾以及有歧义

在建设工程施工合同的具体实施过程中，由于合同内容及条款不全面、不严谨或是合同条款表述意思有歧义，都可能会造成承包商费用的增加以及施工工期的延长，从而引起索赔事件的发生。

（3）施工延期

施工延期的发生是比较常见的，具体是指由于气候、地质或其他的因素造成施工无法按照原计划进行，这些都是非承包商的原因造成的。施工延期一般都是无法预见的因素所造成的，一旦发生必然会给承包商带来经济和工期上的损失。但由于造成施工延期的原因有时是多方因素共同造成的，所以在责任划分时合同双方容易出现分歧。

（4）现场施工条件变化

施工现场的施工条件变化是指在现场施工时，发现了无法预料的状况，如地下水、地下断层、地下隐藏障碍物、地下文物遗址等，以及未勘察到的地下管道、已有地下废弃混凝土建筑物等，都会使承包商花费更多的时间、人力、物力以及财力去解决相应的状况，容易引起索赔事件的发生。

（5）风险分配不均

由于建筑市场中形成了"买方市场"的大环境，发包商处于买方主导地位，这一客观规律导致了合同双方当事人承担的风险并不对等，承包商所承担的风险相对来说总会比较多。当风险实际发生时，承包商只能通过向发包商索赔来进行风险的合理再分配，以达到减少自身利益损失的目的。

（6）发包商违约

发包商违约的事件是较常见的，比如发包商未按合同规定的时间为承包商提供"三通一平"的施工条件，未能及时地支付建设工程项目的工程款，发包商指定的分包商出现违约现象等，这不仅损害到了承包商的权益，还会影响到整个建设工程项目预定目标的实现。

（7）监理工程师的不当指令

监理工程师受发包商的委托对工程建设进行管理监督，以确保合同的顺利履行。因此监理工程师有权对承包商发布书面或口头的指令，但是如果监理工程师要求承包商进行合同内容以外的工作，会对承包商造成额外的费用负担，在承包商按其指令完成工作后，有权向发包商进行索赔以弥补自身的损失。

（8）国家相关法律政策的变化

国家相关的法律法规是建筑工程施工合同签订的依据和准则，如果相关的法律法规发生了变化，如征收的税率变化、建筑材料的变更等，都会影响到建设工程项目的经济效益和总体造价，容易引起索赔。

3. 工程索赔的依据

（1）招标文件　它是工程项目合同文件的基础，包括通用条件、专用条件、施工技术规程、工程量表、工程范围说明、现场水文地质资料等文本，都是工程成本的基础资料。它们不仅是承包商投标报价的依据，也是索赔时计算附加成本的依据。

（2）投标报价文件　在投标报价文件中，承包商对各主要工种的施工单价进行了分析计算，对各主要工程量的施工效率和进度进行了分析，对施工所需的设备和材料列出了数量和价值，对施工过程中各阶段所需的资金数额提出了要求等。所有这些文件，在中标及签订施工协议书以后，都成为正式合同文件的组成部分，也成为施工索赔的基本依据。

（3）施工协议书及其附属文件　在签订施工协议书以前合同双方对于中标价格、施工计划合同条件等问题的讨论纪要文件中，如果对招标文件中的某个合同条款做了修改或解释，则这个纪要就是将来索赔计价的依据。

（4）来往信件　如工程师（或业主）的工程变更指令、口头变更确认函、加速施工指令、施工单价变更通知、对承包商问题的书面回答等，这些信函（包括电传、传真资料）都具有与合同文件同等的效力，是结算和索赔的依据资料。

（5）会议记录　如标前会议纪要、施工协调会议纪要、施工进度变更会议纪要、施工技术讨论会议纪要、索赔会议纪要等。对于重要的会议纪要，要建立审阅制度，即由做纪要的一方写好纪要稿后，送交对方传阅核签，如有不同意见，可在纪要稿上修改，也可规定一个核签期限（如7天），如纪要稿送出后7天内不返回核签意见，即认为同意。这对会议纪要稿的合法性是很必要的。

（6）施工现场记录　主要包括施工日志、施工检查记录、工时记录、质量检查记录、设备或材料使用记录、施工进度记录或者工程照片、录像等。对于重要记录，如质量检查、验收记录，还应有工程师派遣的监理员签名。

（7）工程财务记录 如工程进度款每月支付申请表，工人劳动计时卡和工资单，设备、材料和零配件采购单、付款收据，工程开支月报等。在索赔计价工作中，财务单据、证明十分重要。

（8）现场气象记录 许多的工期拖延索赔与气象条件有关。施工现场应注意记录和收集气象资料，如每月降水量、风力、气温、河水位、河水流量、洪水位、基坑地下水状况等。

（9）市场信息资料 对于大中型土建工程，一般工期长达数年，对物价变动等报道资料，应系统地收集整理，这对于工程款的调价计算是必不可少的，对索赔亦同等重要。如工程所在国官方出版的物价报道、外汇兑换率行情、工人工资调整等。

（10）工程所在国家的政策法令文件 如货币汇兑限制指令、调整工资的决定、税收变更指令、工程仲裁规则等。对于重大的索赔事项，如遇到复杂的法律问题时，承包商还需要聘请律师，专门处理这方面的问题。

（三）工程施工索赔计算

1. 索赔费用的组成

索赔费用的主要组成部分，同工程款的计价内容相似。按我国现行规定（参见建标〔2013〕44号文《建筑安装工程费用项目组成》），按照费用构成要素，建筑安装工程费包括人工费、材料费、施工机具使用费、企业管理费、利润、规费和税金。

从原则上说，承包商有索赔权利的工程成本增加，都是可以索赔的费用。但是，对于不同原因引起的索赔，承包商可索赔的具体费用内容是不完全一样的。哪些内容可索赔，要按照各项费用的特点、条件进行分析论证。

2. 工程索赔的计价方法

在工程索赔中，能够影响索赔成功的因素有很多，比如提交索赔意向书的时间限制、索赔相关工程资料的详细程度、索赔理由的充分程度等，但是在很大程度上索赔的金额和计算方法是索赔成功的关键。所以对于索赔管理人员来说应该熟练掌握索赔的计算方法，在不同的施工环境下利用不同的计算方法计算出合理的索赔值，才能够加大索赔的成功率。

（1）工期索赔 工期索赔一般采用分析法进行计算，其主要依据合同规定的总工期计划、进度计划，以及双方共同认可的对工期修改的文件，调整计划和受干扰后实际工程进度记录，如施工日记、工程进度表等。分析的基本思路为假设工程施工一直按原网络计划确定的施工顺序和工期进行，现发生了一个或一些干扰事件，使网络中的某个或某些活动受到干扰，如延长持续时间，或活动之间逻辑关系变化，或增加新的活动，将这些活动受干扰后的持续时间代入网络中，重新进行网络分析，得到一新工期。则新工期与原工期之差即为干扰事件对总工期的影响，即为工期索赔值。通常，如果受干扰的活动在关键线路上，则该活动的持续时间的延长即为总工期的延长值。如果该活动在非关键线路上，受干扰后仍在非关键线路上，则这个干扰事件对工期无影响，故不能提出工期索赔。

（2）费用索赔 索赔费用在确定赔偿金额时，应遵循下述两个原则：所有赔偿金额，都应该是施工单位为履行合同所必须支出的费用；按此金额赔偿后，应使施工单位恢复到未发生事件前的财务状况。即施工单位不致因索赔事件而遭受任何损失，但也不得因索赔事件而获得额外收益。根据上述原则可以看出，索赔金额是用于赔偿施工单位因索赔事件而受到的实际损失（包括支出的额外成本和失掉的可得利润），而不考虑利润。所以索赔金额计算的基础是成本，用索赔事件影响所发生的成本减去事件影响时所应有的成本，其差值即为赔偿金额。索赔金额的计算方法很多，各个工程项目都可能因具体情况不同而采用不同的方法，主要有以下三种。

1）总费用法。

总费用法就是当发生多次索赔事件以后，重新计算该工程的实际总费用，实际总费用减去投标报价时的估算总费用，即为索赔金额，即：

$$索赔金额 = 实际总费用 - 投标报价估算总费用$$

这种计算方法简单但不尽合理，因为实际完成工程的总费用中，可能包括由于施工单位的原因（如管理不善、材料浪费、效率低等）所增加的费用，而这些费用是属于不该索赔的；另外，原合同价也可能因工程变更或单价合同中的工程量变化等原因而不能代表真正的工程成本。凡此种种原因，使得采用此法往往会引起争议，故一般不常用。但是在某些特定条件下，当需要具体计算索赔金额很困难，甚至不可能时，则也有采用此法的这种情况下应具体核实已开支的实际费用，取消其不合理部分，以求接近实际情况。

2）修正的总费用法。

原则上与总费用法相同，计算对某些方面做出相应的修正，修正的内容主要有：一是计算索赔金额的时期仅限于受事件影响的时段，而不是整个工期；二是只计算在该时期内受影响项目的费用，而不是全部工作项目的费用；三是不采用原合同报价，而是采用在该时期内如未受事件影响而完成该项目的合理费用。根据上述修正，可比较合理地计算出索赔事件影响，而实际增加的费用。

按修正后的总费用计算索赔金额的公式如下：

$$索赔金额 = 某项工作调整后的实际总费用 - 该项工作的报价费用$$

修正的总费用法与总费用法相比，有了实质性的改进，它的准确程度已接近于实际费用法。

3）实际费用法。

实际费用法即根据索赔事件所造成的损失或成本增加，按费用项目逐项进行分析、计算索赔金额的方法。这种方法比较复杂，但能客观地反映施工单位的实际损失，比较合理，易于被当事人接受，在国际工程中广泛被采用。实际费用法是按每个索赔事件所引起损失的费用项目分别分析计算索赔值的一种方法，通常分三步：第一步分析每个或每类索赔事件所影响的费用项目，不得有遗漏，这些费用项目通常应与合同报价中的费用项目一致；第二步计算每个费用项目受索赔事件影响的数值，通过与合同价中的费用价值进行比较即可得到该项费用的索赔值；第三步将各费用项目的索赔值汇总，得到总费用索赔值。

（四）工程反索赔

1. 工程反索赔的概念

索赔应该是双向的，即当合同一方当事人向另一方当事人提出索赔时，另一方当事人尽可能地按照相关的法律法规以及合同条款去反驳对方的索赔要求，使对方的索赔不成功。即反索赔就是合同一方当事人在合理合法的前提下对于另一方当事人的索赔要求进行驳回的一种法律行为。在建设工程项目的实施过程中，不仅仅只在建设工程施工合同中有发包商与承包商的索赔与反索赔，还有其他建设工程合同当事人之间的索赔与反索赔，比如总承包方向分包方提出索赔，则分包商必须反索赔；同时分包商向总承包方提出索赔，则总承包方必须反索赔。而在建设工程施工合同中，监理工程师不但要尽量防止索赔事件出现，还要处理好合同双方关于索赔与反索赔的各种问题。现在通常情况下，习惯性地把承包商向发包商的索赔称为索赔，而把发包商向承包商提出的反补偿要求索赔称之为反索赔。

索赔与反索赔是一种相互博弈的行为。在具体的项目实施过程中，施工合同的管理工作发包商和承包商在同时进行，都在试图寻找向对方索赔的机会，同时也在提防对方向自己索赔的可能，所以不懂得有效的反索赔同样会使自身的利益受到损失。由此可见，反索赔与索赔具有相同的重要性，二者相互依附又相互矛盾，缺一不可。

2. 工程反索赔的意义

工程反索赔与工程索赔具有相同的重要性，前面的章节讲述了工程索赔具有很重要的实际意义，那么对于反索赔，同样具有十分重要的实际意义，具体有以下几点。

（1）反索赔同样能够减少自身的利益损失

反索赔作为合理合法驳回对方向自己索赔的一种方式，则反索赔的成功与否就决定着自己是否要向对方补偿其提出的相应利益损失，如果反索赔成功，则自身就不用负担额外的利益付出。如果反索赔失败，则自身就要承担相应的法律责任，并且向对方补偿经济损失或其他利益，这样就会使自身蒙受损失。综上所述，有效的反索赔管理工作，同样关系到自身工程经济效益的高低，也同样反映着合同管理水平的高低。

（2）反索赔可促进合同管理工作的良性发展

从索赔的定义可以看出索赔是双向的，索赔的同时必然有反索赔的存在。所以对于索赔管理人员来说，如果索赔管理水平低下，就抓不住索赔的机会，不能够有效地进行索赔，那么同样对于合同对方当事人提出的索赔也就不能够进行有效的反索赔了，这样在索赔管理的工作中总会处于被动不利的位置，长此以往就无法提高合同管理的水平。因此懂得如何反索赔对于合同管理来说十分重要。

（3）反索赔与索赔具有相互促进的效果

索赔与反索赔是一种相互博弈的关系，所以当一方成功，另一方必然失败。反索赔的成功则必然促使索赔管理工作的提高。如果索赔工作管理者能够有效地进行成功的反索赔，其专业水平肯定很高，能够全面地了解合同条款，能抓住索赔的机会，掌握索赔全面的资料与丰富的工程经验，从对方提出的索赔要求中能够找到有利于自身反索赔的要点，成功地驳回对方的索赔要求，避免了自身的经济利益损失。而这样的管理者同样能够抓住索赔的机会，向对方提出索赔时，往往能一针见血地突出重点，使对方反索赔失败。而由于在施工的过程中，工程建设受到许多外在因素的干扰，合同双方往往都有责任与损失，这时候索赔管理人员能否进行成功的索赔与反索赔则决定了自身经济效益的好坏。

3. 工程反索赔的步骤

索赔的工作是双向的，所以在接到合同对方当事人的索赔要求后，应该立即开始反索赔工作，反索赔的步骤如下。

（1）合同总体分析　当实际发生索赔要求时，建设工程施工合同是双方当事人首要依据的准则，并且索赔的处理过程和索赔的结果也是依照合同进行的，所以当发生索赔争端时，对合同文本的总体分析有助于帮助自身找到反索赔的相关合同条款、内容或者理由，从而向对方开展反索赔的工作。而合同分析的主要目的是对于对方所提出的索赔事件及相关的法律依据或者合同条款进行逐个的分析，从中找到有利于反索赔工作的线索。

重点分析的内容有：与建设施工合同相关的法律法规；合同的主要内容、条款及合同变更的内容；合同中所规定的双方当事人的相应责任、义务；工程变更以后相应的补偿措施；工期的调整办法；合同双方承担的风险；违约处理及争议的解决等。

（2）事态调查　索赔要求的提出是基于相应的事实基础的，因此，反索赔也要尊重事实，在事实的基础上进行事态的调查。首先确定对方提出索赔事件的真实性，其次找出造成索赔事件的起因、经过、影响范围等，再从当时发生事件时在场的人员中了解情况，尽量还原当时的真实状况。在此基础上，对搜集到的信息进行研究分析，对于无索赔依据或依据不完整、没有足够充分的理由支撑以及不能确定事实的索赔予以驳回。当然，在整个事态调查过程中，反索赔管理者对合同的实施管理、跟踪监督工作必须同时与对方进行，对于工程实施过程中的相关反索赔资料必须搜集整理完全，这样才能更好地开展反索赔。

（3）进行索赔报告的全面分析　一份索赔报告总会有漏洞，所以要对索赔报告进行全面的分析，找出对方提出索赔的事件、理由、要求，逐个进行分析，看看有没有以下几点漏洞。

① 索赔意向书的提交是否超过期限，如果超出期限则索赔无效。

② 对于合同条款的理解是否存在误解，提出索赔的一方是为了维护自身的利益，这就有可能导致对合同条款认识的主观性，产生错误的理解。

③ 索赔事件是否夸大事实，如果有，则可以找出反索赔的理由和依据。

④ 索赔的依据是否充分，相应的证明资料是否完整、详细。

⑤ 索赔的计算值是否合理。

（4）起草并向对方递交反索赔报告

四、工程索赔案例分析

案例 1

背景资料：

某建筑公司（乙方）于某年 4 月 20 日与某厂（甲方）签订了修建建筑面积为 3000m² 工业厂房（带地下室）的施工合同。乙方编制的施工方案和进度计划已获监理工程师批准。该工程的基坑施工方案规定：土方工程采用租赁一台斗容量为 1m³ 的反铲挖掘机施工。甲、乙双方合同约定 5 月 11 日开工，5 月 20 日完工。在实际施工中发生如下几项事件。

（1）因租赁的挖掘机大修，晚开工 2 天，造成人员窝工 10 个工日；

（2）基坑开挖后，因遇软土层，接到监理工程师 5 月 15 日停工的指令，进行地质复查，配合用工 15 个工日；

（3）5 月 19 日接到监理工程师于 5 月 20 日复工令，5 月 20 日～5 月 22 日，因罕见的大雨迫使基坑开挖暂停，造成人员窝工 10 个工日；

（4）5 月 23 日用 30 个工日修复冲坏的永久道路，5 月 24 日恢复正常挖掘工作，最终基坑于 5 月 30 日挖坑完毕。

问题：

1. 简述工程施工索赔的程序。

2. 建筑公司对上述哪些事件可以向厂方要求索赔？哪些事件不可以要求索赔？并说明原因。

3. 每项事件工期索赔各是多少天？总计工期索赔是多少天？

【分析】

问题 1：

我国《建设工程施工合同（示范文本）》规定的施工索赔程序如下。

① 索赔事件发生后 28 天内，向工程师发出索赔意向通知；

② 发出索赔意向通知后的 28 天内，向工程师提出补偿经济损失和（或）延长工期的索赔报告及有关资料；

③ 工程师在收到承包人送交的索赔报告和有关资料后，于 28 天内给予答复，或要求承包人进一步补充索赔理由和证据；

④ 工程师在收到承包人送交的索赔报告和有关资料后，28 天内未给予答复或未对承包人做进一步要求，视为该项索赔已经认可；

⑤ 当该索赔事件持续进行时，承包人应当阶段性向工程师发出索赔意向，在索赔事件终了后 28 天内，向工程师提供索赔的有关资料和最终索赔报告。

问题 2：

事件 1：索赔不成立。因此事件发生原因属承包商自身责任。

事件 2：索赔成立。因该施工地质条件的变化是一个有经验的承包商所无法合理预见的。

事件 3：索赔成立。这是因特殊反常的恶劣天气造成工程延误。

事件 4：索赔成立。因恶劣的自然条件或不可抗力引起的工程损坏及修复应由业主承担责任。

问题 3：

事件 2：索赔工期 5 天（5 月 15 日～5 月 19 日）

事件 3：索赔工期 3 天（5 月 20 日～5 月 22 日）

事件 4：索赔工期 1 天（5 月 23 日）

共计索赔工期为：5+3+1= 9（天）

 案例 2

背景资料：

某工程项目施工采用了包工包全部材料的固定价格合同。工程招标文件参考资料中提供的用砂地点距工地 4 公里。但是开工后，检查该砂质量不符合要求，承包商只得从另一距工地 20 公里的供砂地点采购。而在一个关键工作上发生了几种原因造成的临时停工：

（1）5 月 20 日至 5 月 26 日承包商的施工设备出现了从未出现过的故障；

（2）应于 5 月 24 日交给承包商的后续图纸直到 6 月 10 日才交给承包商；

（3）6 月 7 日到 6 月 12 日施工现场下了罕见的特大暴雨，造成了 6 月 13 日到 6 月 14 日的该地区的供电全面中断。

问题：

1. 承包商的索赔要求成立的条件是什么？

2. 由于供砂距离的增大，必然引起费用的增加，承包商经过仔细认真计算后，在业主指令下达的第 3 天，向业主提交了将原用砂单价每吨提高 5 元人民币的索赔要求。是否批准该索赔要求？为什么？

3. 若承包商对因业主原因造成的窝工损失进行索赔时，要求设备窝工损失按台班计算，人工的窝工损失按日工资标准计算是否合理？如不合理应怎样计算？

4. 由于几种情况的暂时停工，承包商在 6 月 25 日向业主提出延长工期 26 天，成本损失费人民币 2 万元 / 天 (此费率已经造价工程师核准) 和利润损失费人民币 2 千元 / 天的索赔要求，共计索赔款 57.2 万元。应批准延长工期多少天？索赔款额多少万元？

5. 你认为应该在业主支付给承包商的工程进度款中扣除因设备故障引起的竣工拖期违约

损失赔偿金吗？为什么？

【分析】

问题1：

承包商的索赔要求成立必须同时具备如下四个条件。

① 与合同相比较，已造成了实际的额外费用或工期损失；

② 造成费用增加或工期损失的原因不是由于承包商的过失；

③ 造成的费用增加或工期损失不是应由承包商承担的风险；

④ 承包商在事件发生后的规定时间内提出了索赔的书面意向通知和索赔报告。

问题2：

因砂场地点的变化提出的索赔不能被批准，原因是：

① 承包商应对自己就招标文件的解释负责；

② 承包商应对自己报价的正确性与完备性负责；

③ 作为一个有经验的承包商可以通过现场踏勘确认招标文件参考资料中提供的用砂质量是否合格，若承包商没有通过现场踏勘发现用砂质量问题，其相关风险应由承包商承担。

问题3：

不合理。因窝工闲置的设备按折旧费或停滞台班费或租赁费计算，不包括运转费部分；人工费损失应考虑这部分工作的工人调做其他工作时工效降低的损失费用；一般用工日单价乘以一个测算的降效系数计算这一部分损失，而且只按成本费用计算，不包括利润。

问题4：

可以批准的延长工期为19天，费用索赔额为32万元人民币。原因是：

① 5月20日至5月26日出现的设备故障，属于承包商应承担的风险，不应考虑承包商的延长工期和费用索赔要求。

② 5月27日至6月9日是由于业主迟交图纸引起的，为业主应承担的风险，应延长工期为14天。成本损失索赔额为14天×2万/天＝28万元，但不应考虑承包商的利润要求。

③ 6月10日至6月12日的特大暴雨属于双方共同的风险，应延长工期为3天。但不应考虑承包商的费用索赔要求。

④ 6月13日至6月14日的停电属于有经验的承包商无法预见的自然条件变化，为业主应承担的风险，应延长工期为2天，索赔额为2天×2万/天＝4万元。但不应考虑承包商的利润要求。

问题5：

业主不应在支付给承包商的工程进度款中扣除竣工拖期违约损失赔偿金。因为设备故障引起的工程进度拖延不等于竣工工期的延误。如果承包商能够通过施工方案的调整将延误的工期补回，不会造成工期延误。如果承包商不能通过施工方案的调整将延误的工期补回，将会造成工期延误。所以，工期提前奖励或拖期罚款应在竣工时处理。

附　　录

附录 1　工程招投标案例新建

利用广联达 BIM 招投标沙盘执行评测系统（BIM 招投标评测系统），老师可以进行工程招投标案例新建。

软件操作指导如下。

（1）案例基本信息　案例基本信息在新建沙盘案例时进行确定，一旦确定，不能进行编辑和修改。

招标方式分为：公开招标和邀请招标两种模板；

资审类型分为：资格预审和资格后审两种模板；

资审方法分为：合格制和有限数量制两种模板；

工程模式分为：练习模式和比赛模式两种模板。

案例新建时可以根据以上四种分类八个模板，进行自由组合，确定工程沙盘案例的基本信息内容。如附图 1-1 所示。

（2）导入工程资料　进入"导入工程资料"模块，点击"导入工程资料"，选取需要导入的工程案例资料文件，可以单个文件导入，也可以多个文件同时导入；软件支持多种格式的文件导入，如图片格式、word、excel、CAD 文件等；点击"打开"按钮，文件即可导入。如附图 1-2 ～附图 1-4 所示。

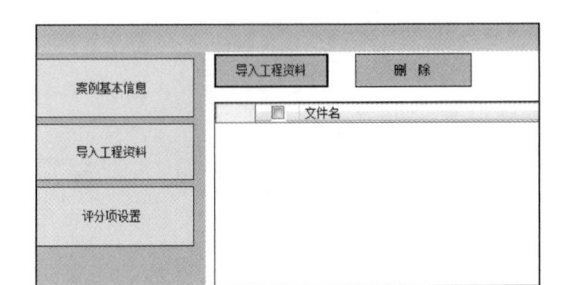

附图 1-1　　　　　　　　　　　　　　　附图 1-2

附图 1-3

附图 1-4

（3）评分项设置　进入"评分项设置"模块，界面如附图 1-5 所示。

附图 1-5

案例新建时，可以点击"答案编辑"按钮，对软件内置的答案进行更改，点击"保存"即可完成标准答案的设置。如附图 1-6 所示。

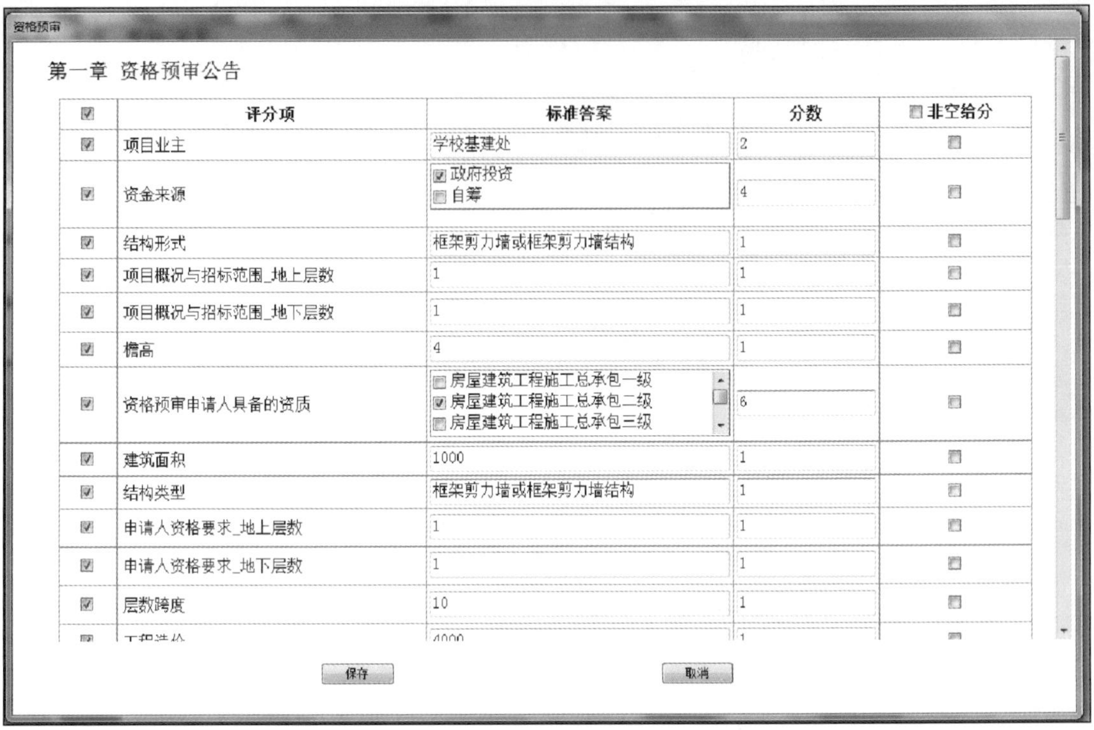

附图 1-6

附录2　生成评分文件

1. 生成招标策划文件

使用广联达 BIM 招投标沙盘执行评测系统（BIM 招投标操作系统）生成招标策划文件。

在 BIM 招投标操作系统中通过保存功能，将前期编制的招标计划文件保存为一个后缀名为".san"的文件用于评分。如附图 2-1 所示。

2. 生成招标人资格预审文件电子版

① 在广联达电子招标文件编制工具 V6.0 中，打开进行过电子签章的原资格预审文件工程文件，选择"生成资格预审文件"模块，在"生成资格预审文件"界面下点击"生成"。如附图 2-2 所示。

② 弹出保存路径提示框，点击"保存"。如附图 2-3 所示。

③ 点击保存后，提示生成招标书文件成功。如附图 2-4 所示。

④ 生成电子版资格预审文件图标，如附图 2-5 所示。

3. 生成招标人招标文件电子版

在广联达电子招标文件编制工具 V6.0 中，编制完招标文件后，先通过"检查示范文本"功能，检查标书有无错误，有错则据提示修改，直至无误则可"生成招标文件"，生成招标文件时先进行"转换"操作，转换成功后可进行"签章"功能，签章成功后，最后通过"生成招标文件"功能生成一份后缀名为".BJZ"的文件，用于评分。如附图 2-6～附图 2-8所示。

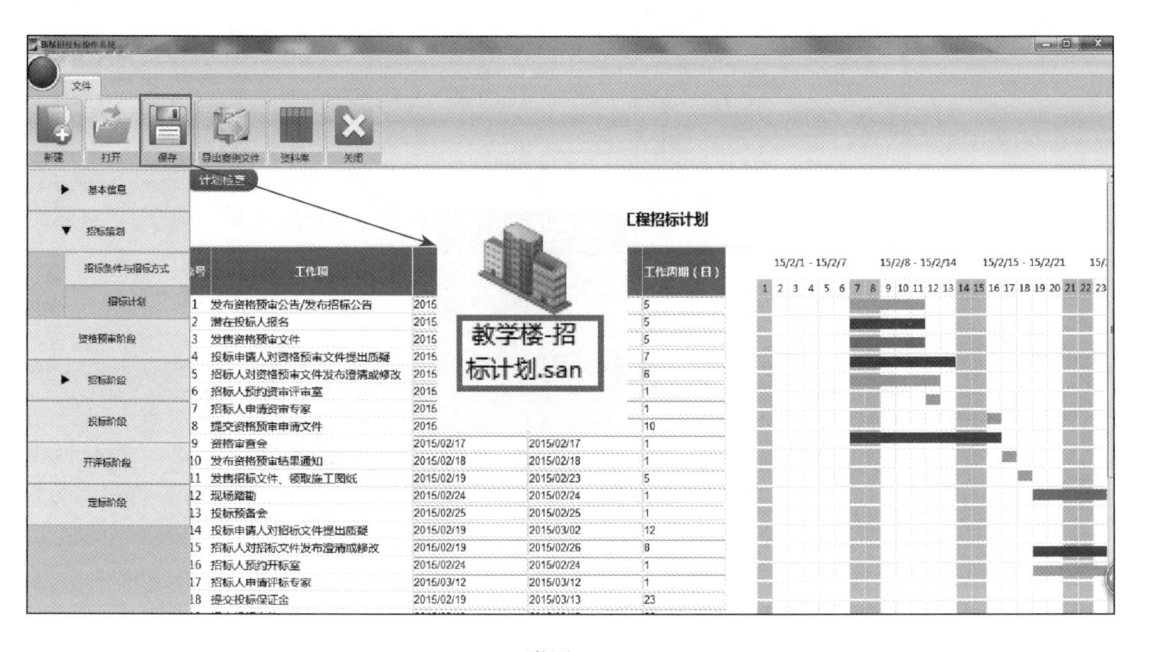

附图 2-1

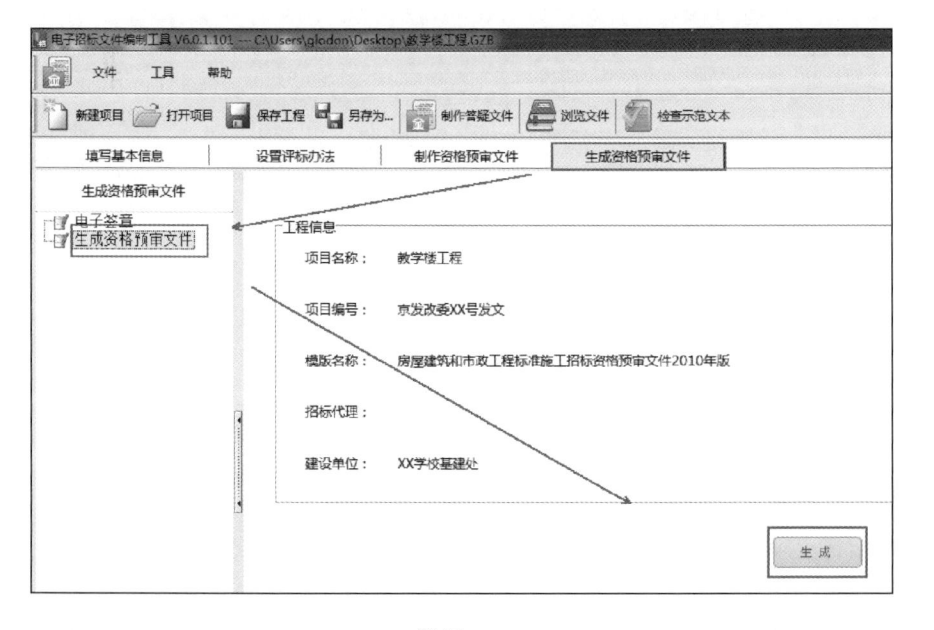

附图 2-2

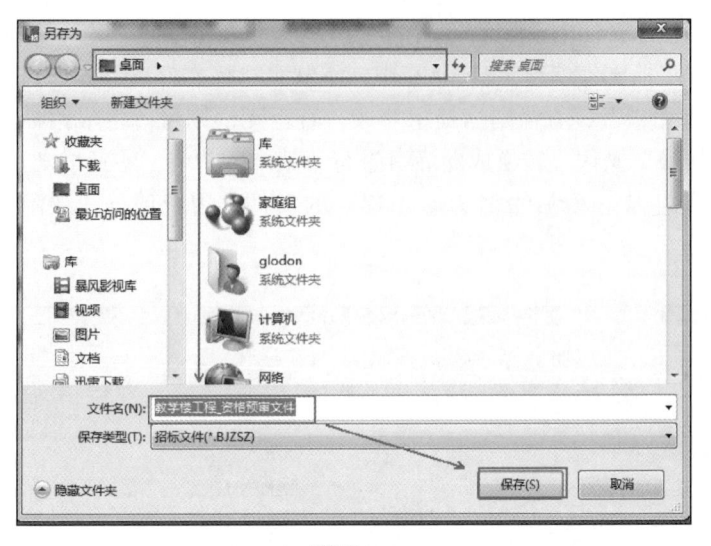

附图 2-3

附图 2-4   附图 2-5

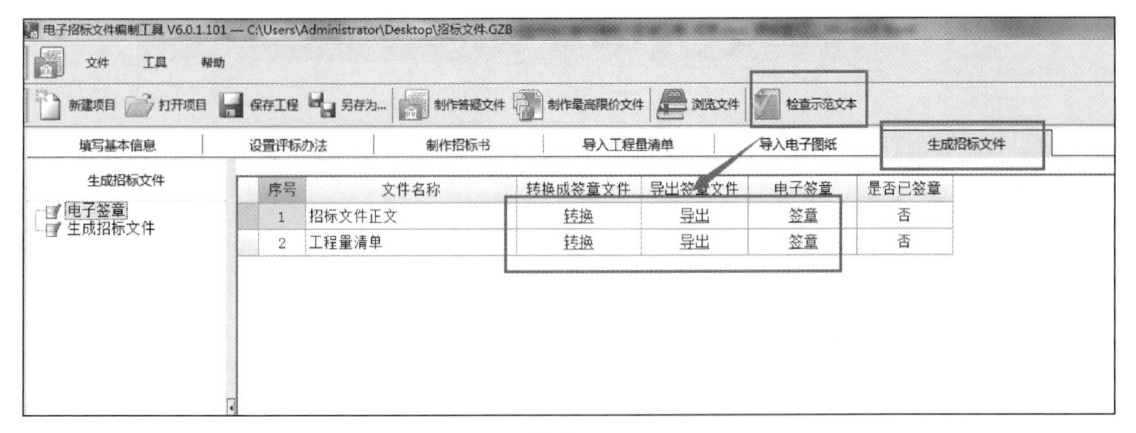

附图 2-6

生成的招标文件图标如附图 2-9 所示。

4. 生成招标人项目交易平台评分文件

使用工程交易管理服务平台生成项目交易平台评分文件一份。

① 以招标代理或招标人的身份登录工程交易管理服务平台，在"项目登记"模块，选择"导出评分文件"功能。如附图 2-10 所示。

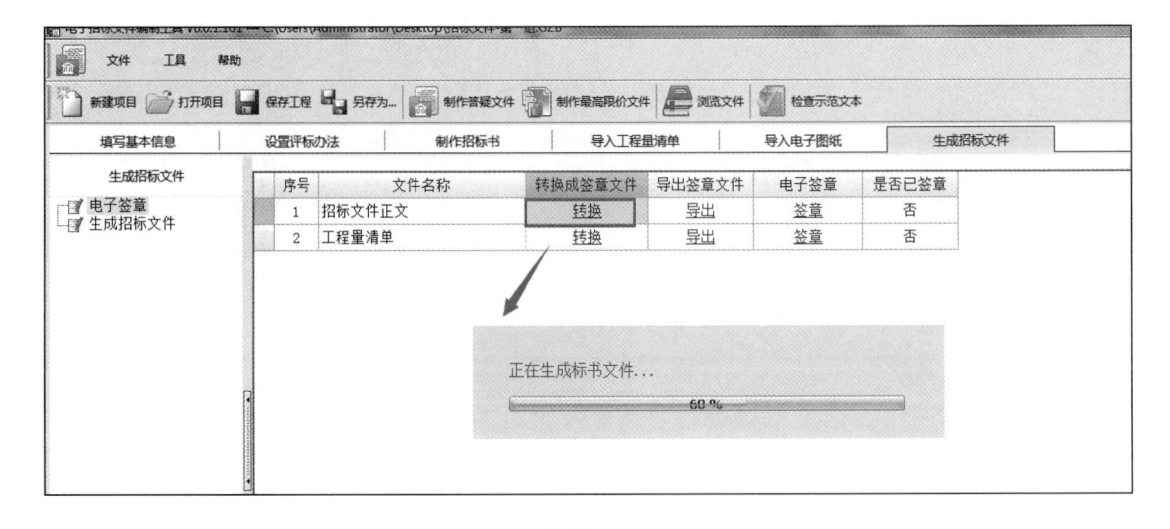

附图 2-7

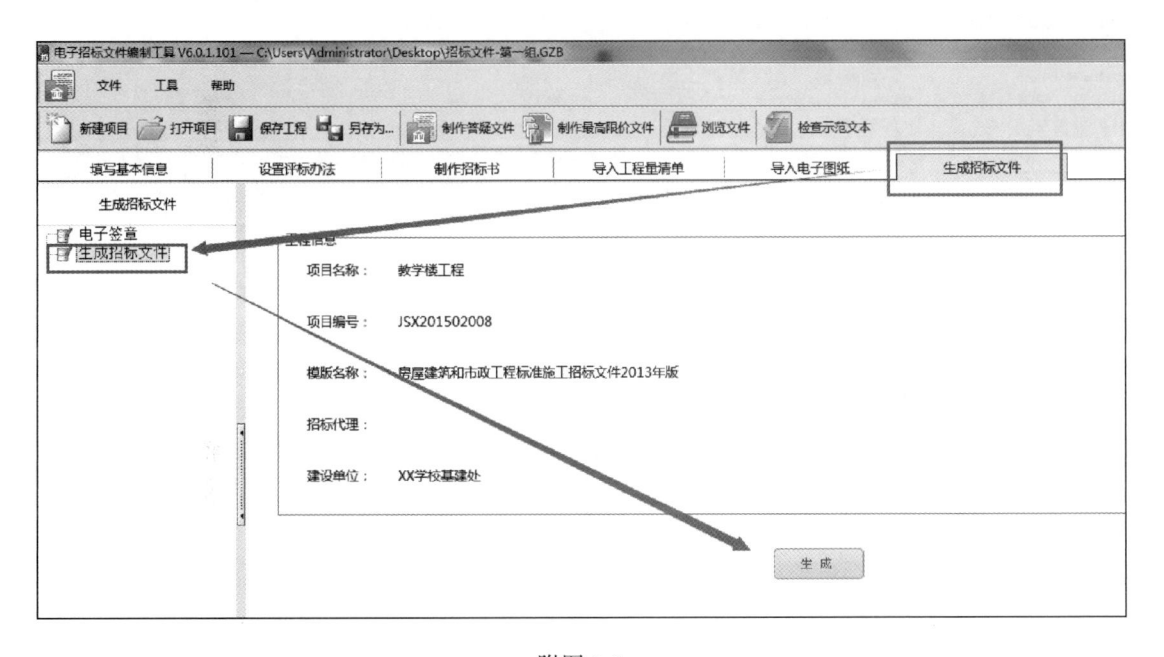

附图 2-8

附图 2-9

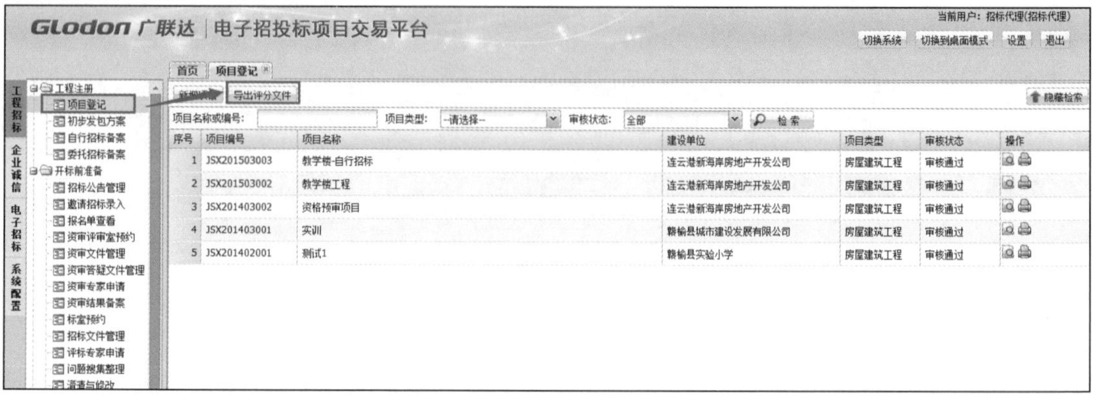

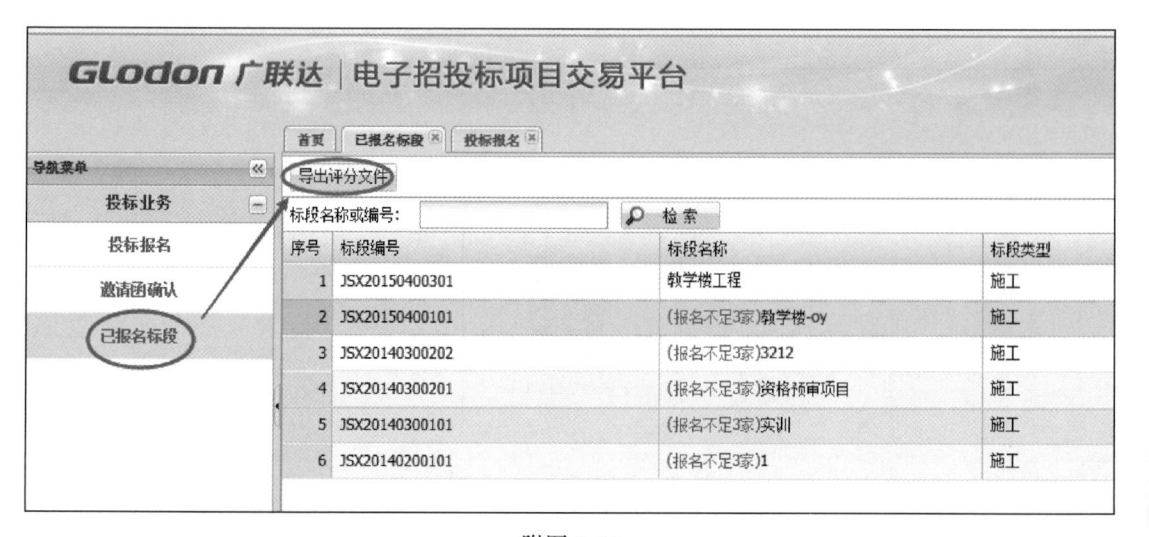

附图 2-10

② 弹出"项目选择"窗口,选择前期登记的项目,点击"确定",则导出后缀名为".GLZB"的文件,用于评分。如附图 2-11 所示。

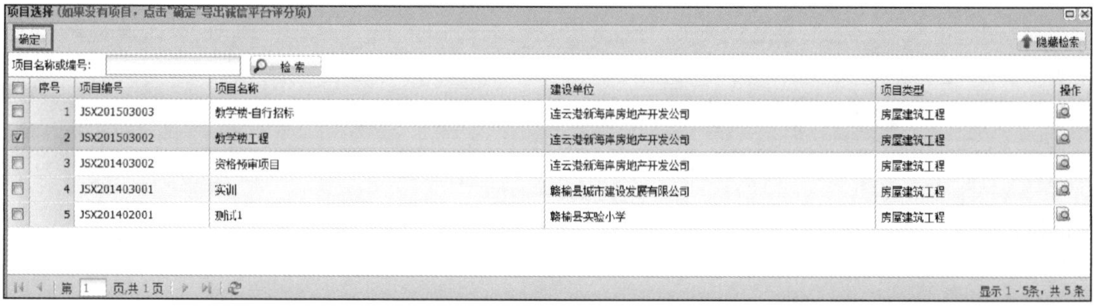

附图 2-11

5. 生成投标人项目交易平台评分文件

使用工程交易管理服务平台生成项目交易平台评分文件一份。

① 以投标人的身份登录工程交易管理服务平台,在"已报名标段"模块,选择"导出评分文件"功能。如附图 2-12 所示。

附图 2-12

② 弹出"标段选择"窗口，选择前期登记的项目，点击"确定"，则导出后缀名为".GLTB"的文件，用于评分。如附图 2-13、附图 2-14 所示。

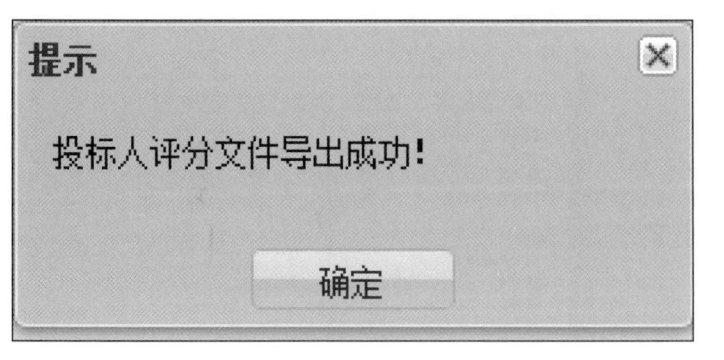

附图 2-13

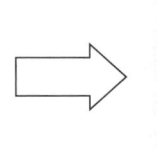

附图 2-14

附录3　学生学习成果评测

老师可以使用广联达 BIM 招投标沙盘执行评测系统软件中的"BIM 招投标评测系统"，对学生提交的沙盘执行操作文件、招标文件、资格预审文件、电子招投标管理平台操作文件、经 GBES 评审的资格预审申请文件和投标文件的评审结果文件进行评测。

具体操作指导（以"管理平台招标人文件"为例进行讲解）如下。

（1）打开"广联达 BIM 招投标沙盘执行评测系统"（附图 3-1）

① 打开广联达 BIM 招投标沙盘执行评测系统，进入 BIM 招投标评测系统。如附图 3-2 所示。

② 新建评分项目，点击"新建"按钮，新建"评分项目"，接着弹出"工程信息输入"对话框，此时导入工程资料，点击"导入案例"，确定保存路径，点击"保存"，工程资料导入格式为"cas"，确定工程的保存路径。如附图 3-3、附图 3-4 所示。

附图 3-1

③ 切换至导入文件评分界面，接着选择待评分文件，选择学生提交的诚信系统注册备份文件，文件格式后缀名为"GLZB"导入进来，接着点击"招标人"—"诚信管理系统"—"评分"按钮，进行成绩评定，接着切换至"结果展示"界面，查看具体成绩，点击"结果导出"，

可以把成绩导出成电子表格形式。如附图 3-5 ～附图 3-8 所示。

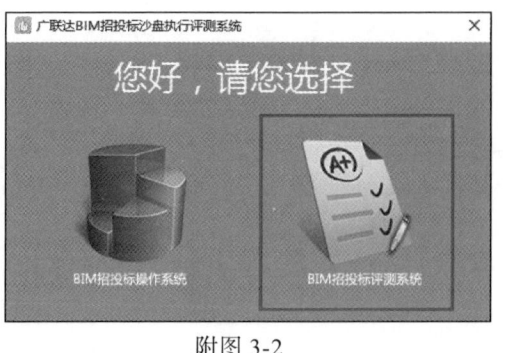

附图 3-2

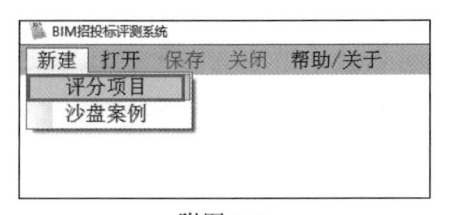

附图 3-3

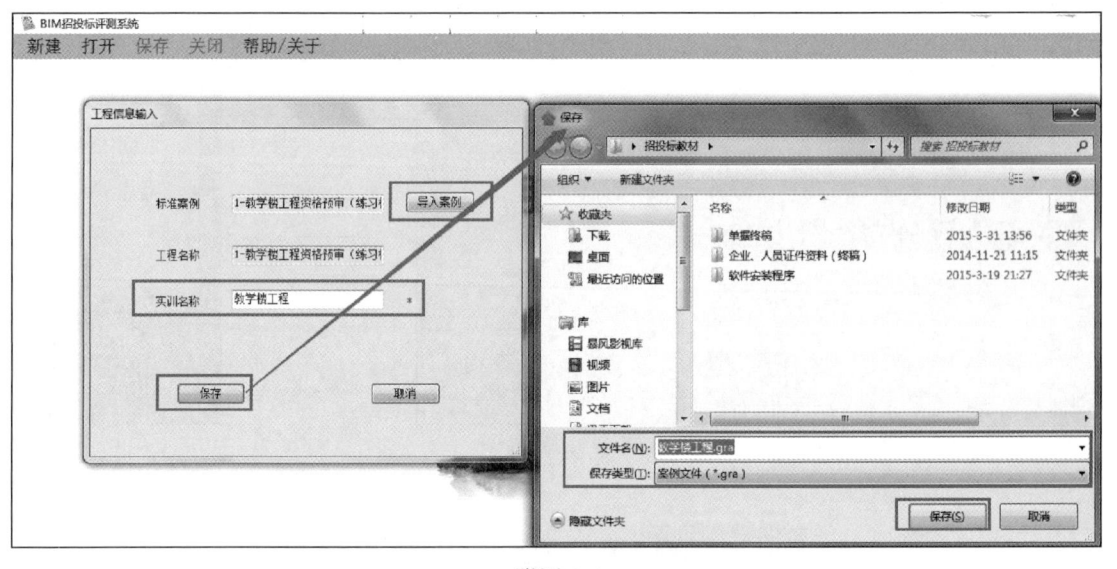

附图 3-4

附图 3-5

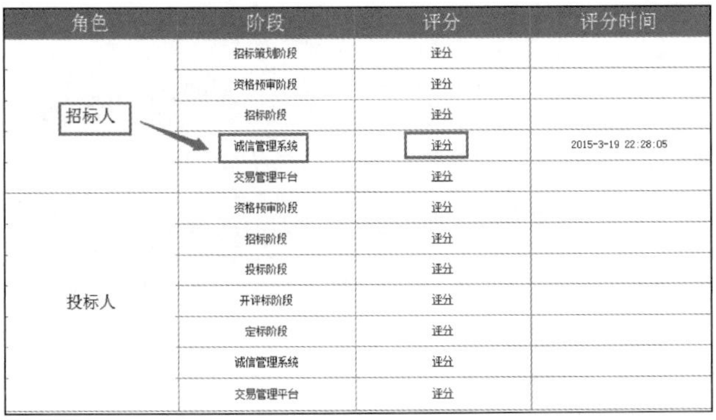

角色	阶段	评分	评分时间
招标人	招标策划阶段	评分	
	资格预审阶段	评分	
	招标阶段	评分	
	诚信管理系统	评分	2015-3-19 22:28:05
	交易管理平台	评分	
投标人	资格预审阶段	评分	
	招标阶段	评分	
	投标阶段	评分	
	开评标阶段	评分	
	定标阶段	评分	
	诚信管理系统	评分	
	交易管理平台	评分	

附图 3-6

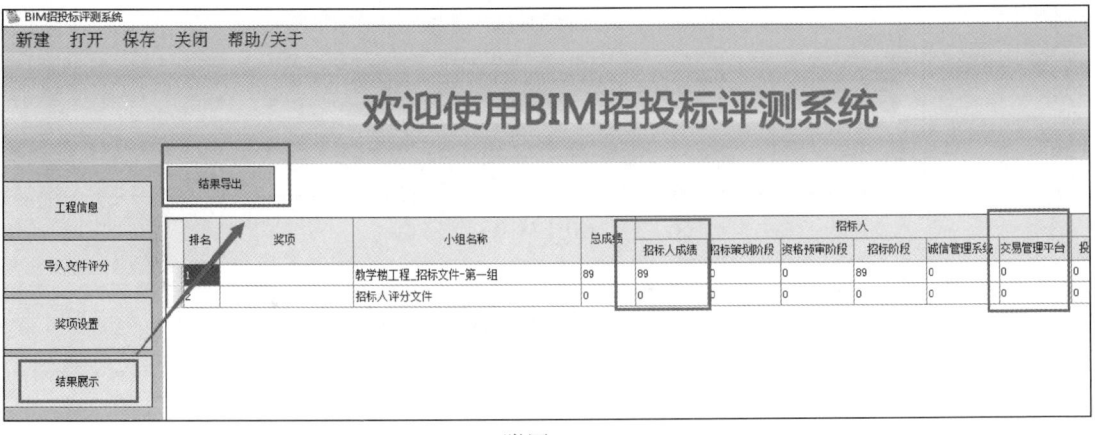

附图 3-7

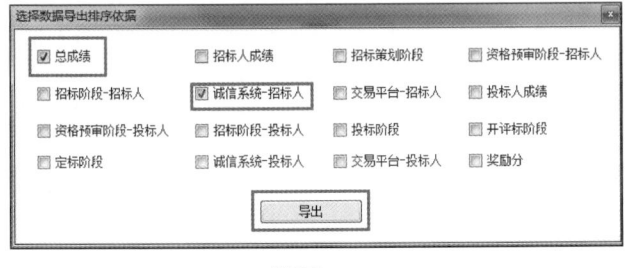

附图 3-8

（2）学生成果展示　点击小组名称中任意一个小组的名称，可以详细展示该组的评分详细内容。如附图 3-9、附图 3-10 所示。

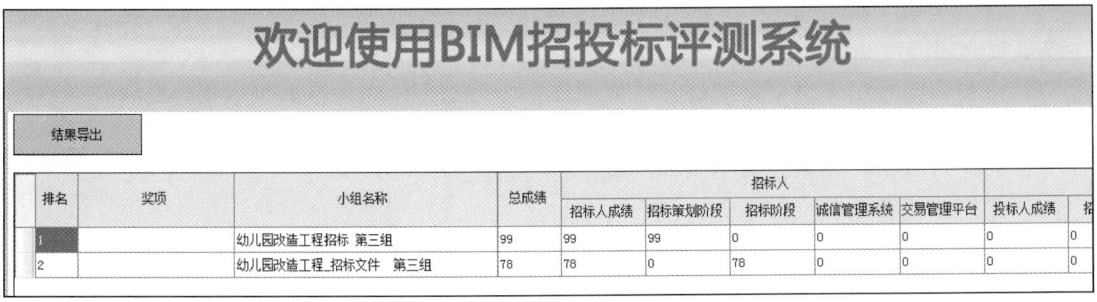

欢迎使用BIM招投标评测系统

结果导出

排名	奖项	小组名称	总成绩	招标人					投标人	
				招标人成绩	招标策划阶段	招标阶段	诚信管理系统	交易管理平台	投标人成绩	
1		幼儿园改造工程招标 第三组	99	99	99	0	0	0	0	0
2		幼儿园改造工程_招标文件　第三组	78	78		78	0	0	0	0

附图 3-9

附图 3-10

附录4 团队建设活动

1. 拼图游戏

（1）活动准备

① 活动形式：每个小组为一个团队。

② 时间：15 ～ 20 分钟。

③ 道具：白纸若干；按附图 4-1 所示制作 15 张图片，将其打乱分拆成 4 ～ 5 份装入信封（信封数量根据小组人数确定，最多不超过 5 份）。

（2）活动规则

① 全过程不允许交流；

② 每人手里拿到的卡片只许给别人，不能从别人的手里拿卡片（不能帮助别人拼图）。

（3）活动内容

① 每个小组单独进行游戏；每个小组内每人得到一个信封，小组的任务就是将信封内的卡片拼装成相同形状的正方形；

② 小组内的每个人将散乱的图片拼成同样大小的正方形，最快的小组获得胜利。

（4）活动总结

① 活动过程中，你所在的小组都出现了哪些状况？

② 如何才能获得胜利？

2. 红蓝之争

（1）活动准备

① 活动形式：每个小组为一个团队。

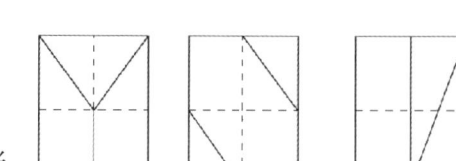

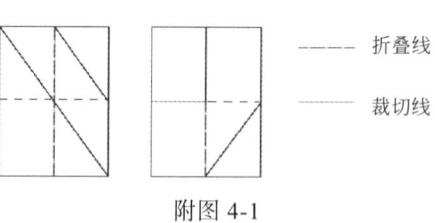

——— 折叠线

——— 裁切线

附图 4-1

② 时间：10 ～ 15 分钟。

③ 道具：计分标准的 PPT、计分表每组一份。

（2）活动规则

① 每两个小组进行游戏，如第一组与第二组、第三组与第四组……

② 有两种颜色可以进行选择：红、蓝；每个小组可以自由进行选择一种颜色。

③ 计分表（附表 4-1）。

附表 4-1

选择		计分	
A 组	B 组	A 组	B 组
红	红	+3	+3
红	蓝	−6	+6
蓝	红	+6	−6
蓝	蓝	−3	−3

（3）活动内容

① 每两组分别进行；每个小组成员在充分考虑计分标准后，经过讨论决定本组选择红或蓝，并写在计分表上，把计分表交给老师；由老师宣布双方的选择结果，并根据计分标准为每一组计分。如 A 组选择红，B 组选择蓝，则 A 组得 -6 分，B 组得 +6 分；如 A 组选择红，B 组也选择红，各得 +3 分。

② 游戏共分为 10 轮，在第 4 轮和第 8 轮结束时，双方可进行短暂沟通，但只有双方都提出这种要求才可以，其他时间双方不能进行任何接触，位置保持一段距离。

③ 第 9 轮、第 10 轮计分加倍。

④ 总分为正值的小组为赢家，负分为输家；两者均是正值为双赢，两组均为负分，没有赢家。

（4）活动总结

① 计分标准有什么特点？在确定选择之前，你们是否充分考虑过这种特点可能带来的结局？

② 如果每个小组都想自己赢，这种结局可能实现吗？

③ 当计分表上的计分不太理想时，你们是否考虑过其中的原因？是否想到要与另一组进行沟通？

附录 5　网络远程开标评标

（一）任务说明

① 利用广联达网络远程评标系统（GBES）进行开标工作；

② 利用广联达网络远程评标系统（GBES）进行评标工作；

③ 导出开标评标记录；

④ 使用 GBES 生成一份投标文件审查结果。

（二）操作过程

1. 利用广联达网络远程评标系统（GBES）进行开标工作

监标人使用开标人员账号登录广联达网络远程评标系统（GBES），进行开标工作。

① 登录广联达网络远程评标系统软件，用开标人员身份进入网络远程评标系统。如附图 5-1 所示。

附图 5-1

② 进入项目管理模块，选择"房建与市政"，点击"新建项目"。如附图 5-2 所示。

③ 使用招标文件新建招标项目，点击"使用招标文件新建项目"。如附图 5-3 所示。

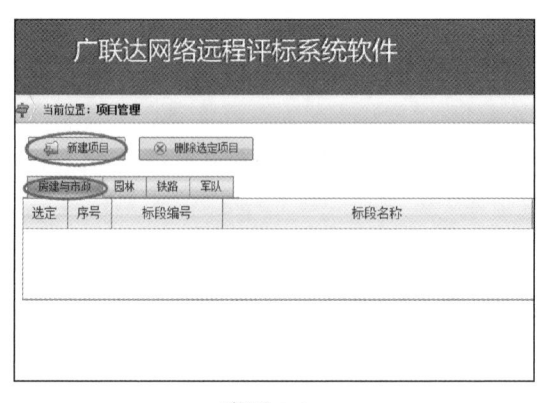

附图 5-2

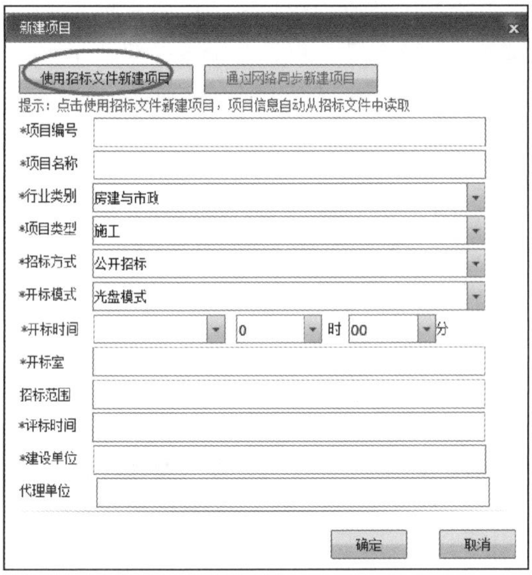

附图 5-3

④ 弹出"上传招标文件"提示框，点击"浏览"找到招标文件 (*.BJZSD;*.BJZ;*.BJD;*. BJZSZ) 进行上传，如附图 5-4 所示。

⑤ 系统会根据招标文件自动识别项目编号、名称和类型等信息，将开标时间及评标时间按照要求录入后点击"确定"，新建项目完成。如附图 5-5 所示。

⑥ 选择刚刚新建完成的标段，点击"进入开标系统"。如附图 5-6 所示。

⑦ 切换至"开标会签到"模块，首先进行投标人签到，点击"新增单位"。如附图 5-7 所示。

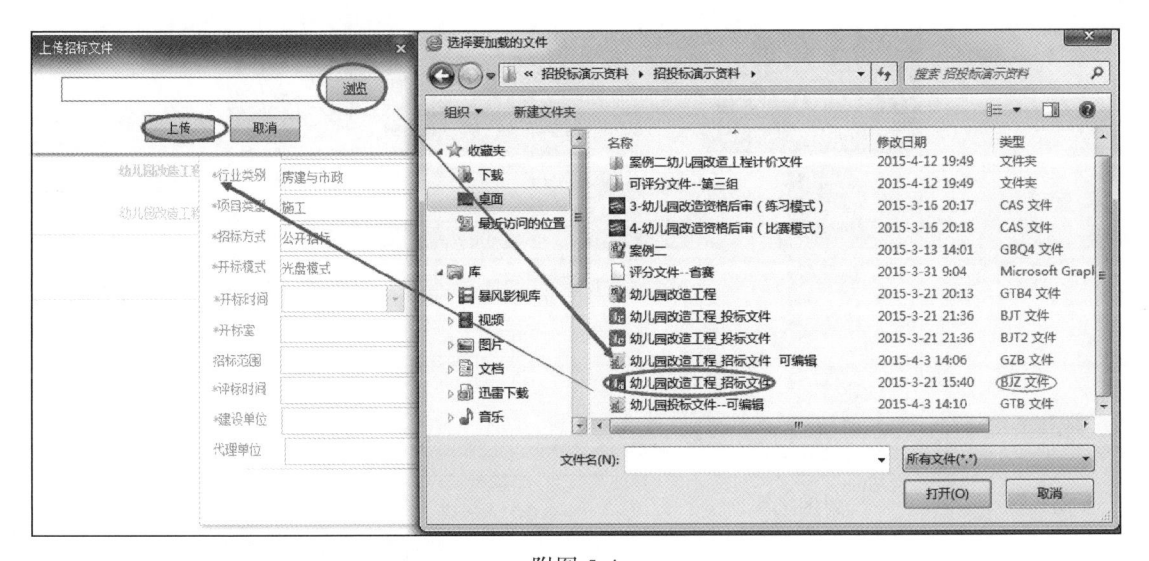

附图 5-4

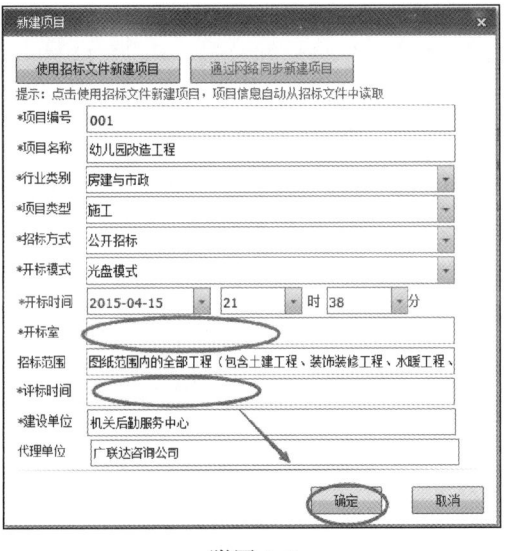

附图 5-5

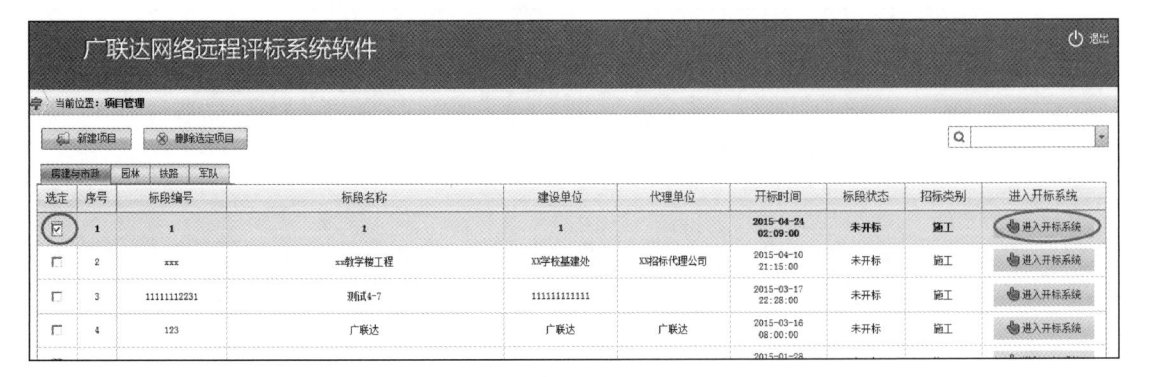

附图 5-6

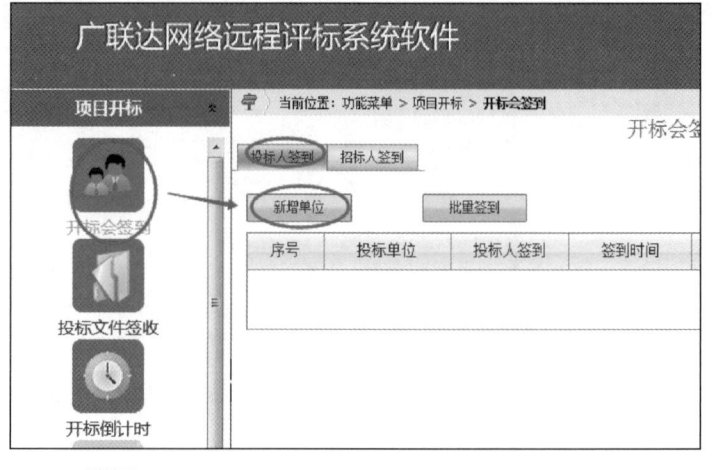

附图 5-7

⑧ 根据投标人资料新增投标单位，检查无误后点击"确定"。如附图 5-8 所示。

⑨ 按照签到顺序依次勾选"投标人签到"并完善相关签到人姓名等信息，亦可进行"批量签到"，如投标人未参加开标会可进行备注选择，签到完成之后进入下一步。如附图 5-9 所示。

注：如有招标人到场亦可进行招标人签到，如附图 5-10 所示。

附图 5-8

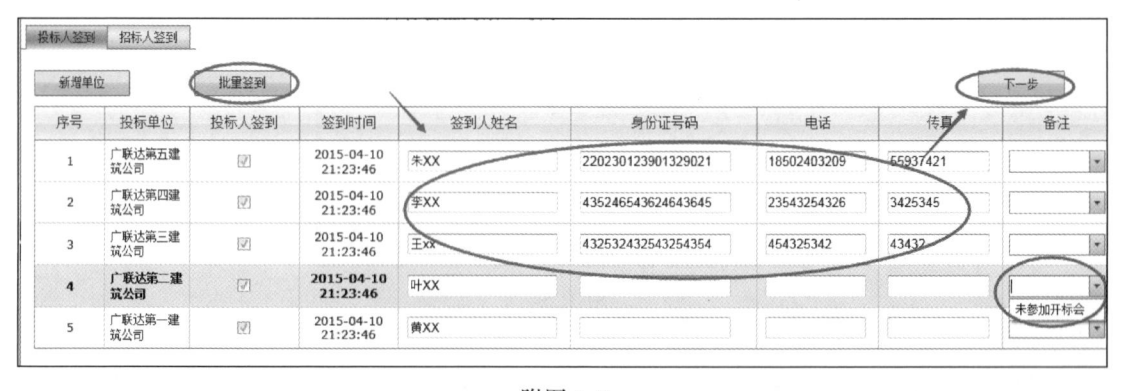

附图 5-9

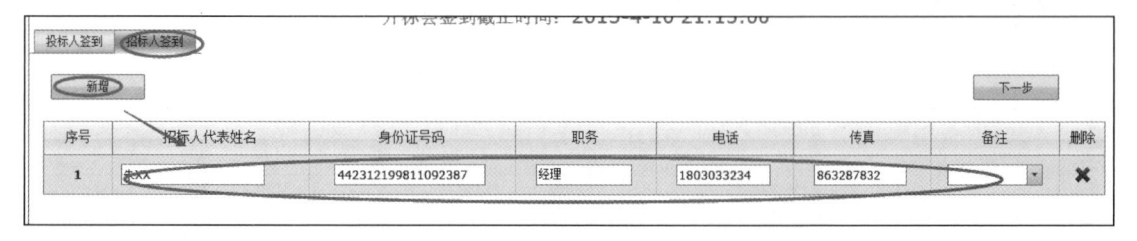

附图 5-10

⑩ 根据投标人文件送达时间依次签收并检查相关文件数量、密封情况及是否有投标保证

金，亦可进行"批量签收"，如投标人未递交投标文件可进行备注选择，签收完成之后进入下一步。如附图 5-11 所示。

附图 5-11

⑪ 进入开标倒计时模块，开标时间到达即可点击"下一步"进入开标。如附图 5-12 所示。

附图 5-12

⑫ 进入开标会首先观看开标会纪律视频，观看完毕后点击"下一步"进入人员介绍模块。如附图 5-13 所示。

⑬ 进入人员介绍环节，主持人依次介绍唱标人、监督人、监标人等人员，介绍完成后点击"下一步"进入开标模块。如附图 5-14 所示。

⑭ 进入开标模块，在"上传投标文件"处，分别将投标人投标文件（后缀名为".BJT2"）导入；作为实训教学不使用"导入加密文件"功能。如附图 5-15 所示。

⑮ 投标人文件导入完成，将招标人标底或者招标控制价（后缀名为" BJK"）文件上传。如附图 5-16 所示。

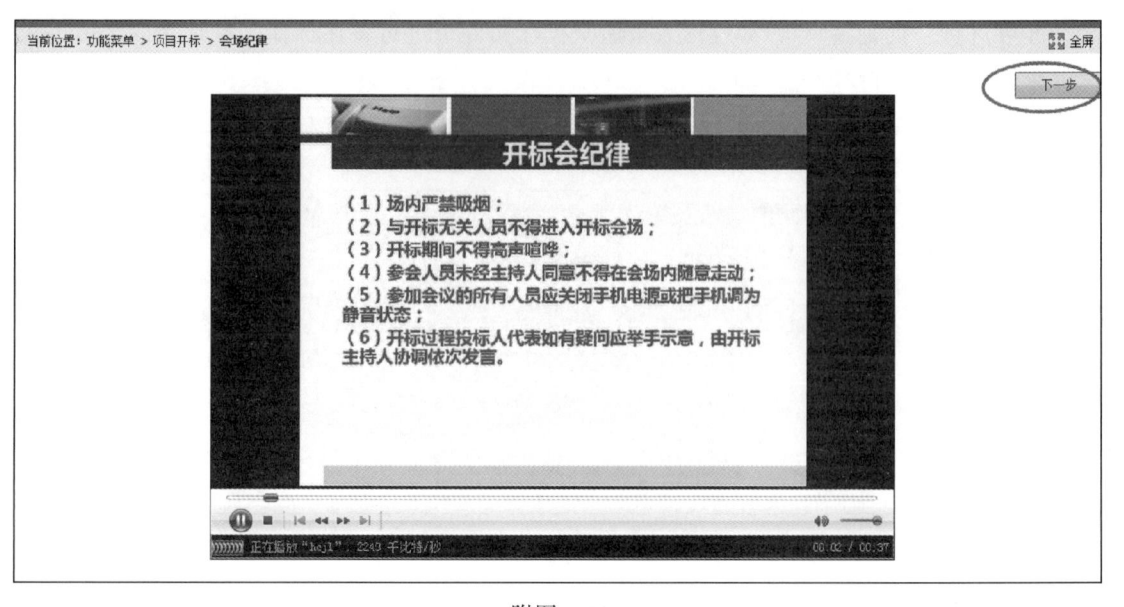

附图 5-13

附图 5-14

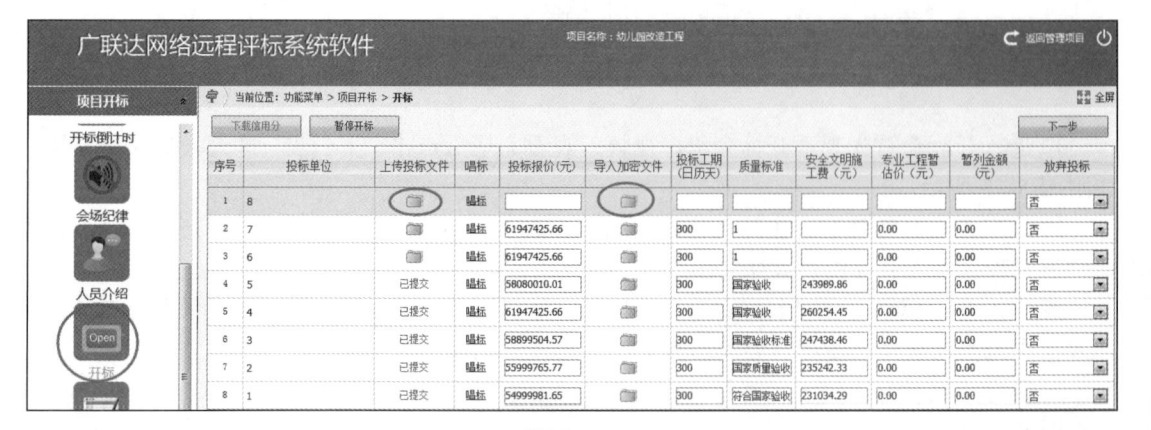

附图 5-15

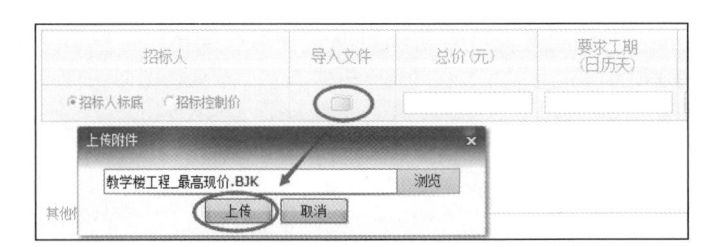

附图 5-16

⑯ 软件自动联动相关价格，将相应信息补充完成。如附图 5-17 所示。

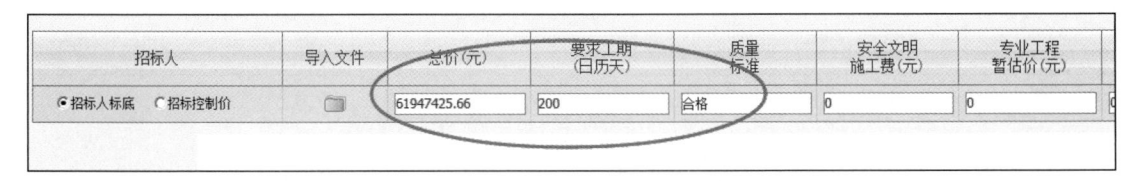

附图 5-17

2. 利用广联达网络远程评标系统（GBES）进行评标工作

（1）评标专家准备　监标人使用开标人员账号登录广联达网络远程评标系统（GBES），在"评标准备"模块，确定评标专家。

① 登录广联达网络远程评标系统软件，用开标人员身份进入网络远程评标系统。

② 切换到"评标准备"模块，选择"确定评委"，点击"添加评委"。如附图 5-18 所示。

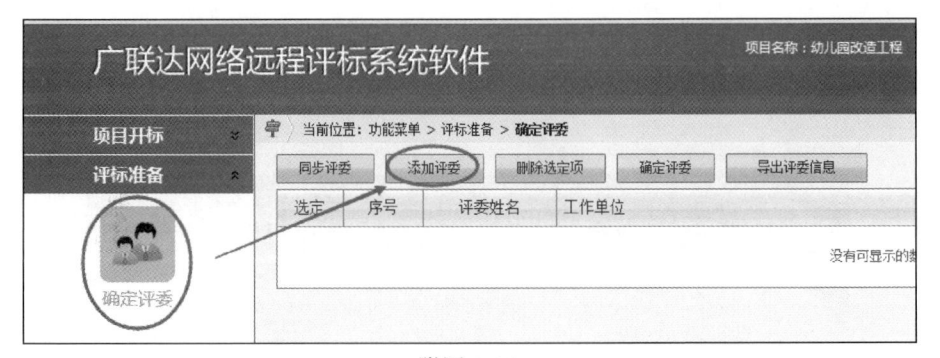

附图 5-18

③ 按照要求完成评委信息之后，点击"确定"。如附图 5-19 所示。

附图 5-19

④ 评委添加完成，可对评委进行重新编辑或者导出评委信息，点击"确定评委"完成评委准备。如附图 5-20 所示。

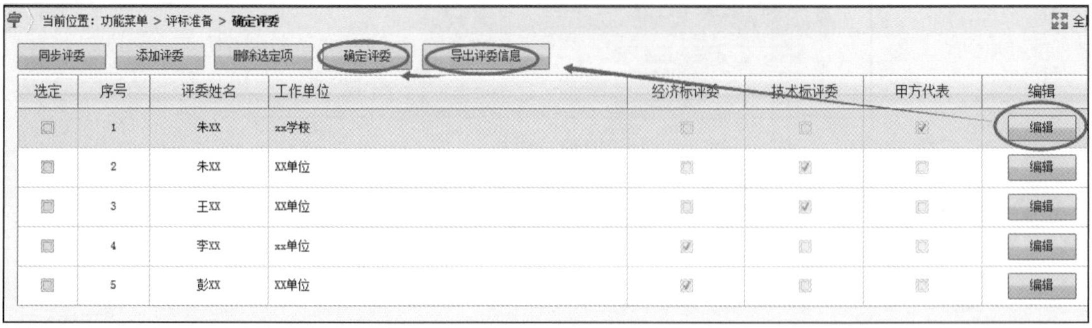

附图 5-20

⑤ 系统提示确定评委后，不能再修改，点击"确定"完成评委准备工作。如附图 5-21 所示。

（2）标书评审

① 完成技术标评审工作。

② 完成资信标评审工作。

③ 完成商务标评审工作。

每个学生团队使用一个评标专家账号登录广联达网络远程评标系统（GBES），进行标书评审工作。

附图 5-21

① 登录广联达网络远程评标系统软件，用评委身份进入网络远程评标系统。如附图 5-22 所示。

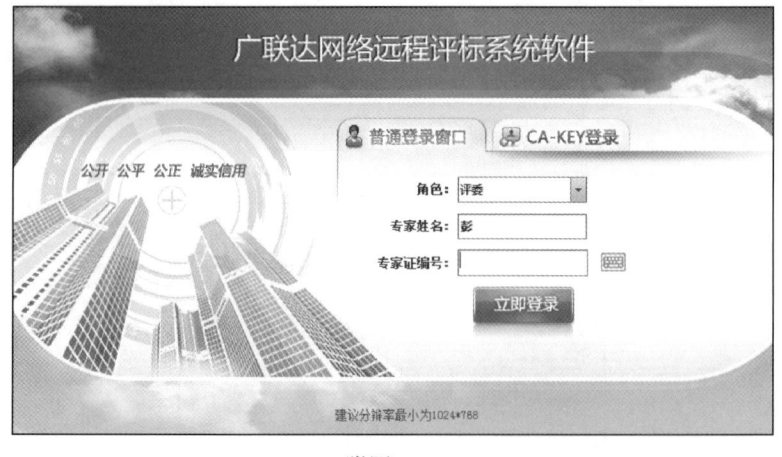

附图 5-22

② 切换至准备阶段，选择"签署声明"界面进行声明签章，点击批量"签章"按钮，输入 PIN 码进行电子签章，签章完成之后可以点击"保存签章"。如附图 5-23、附图 5-24 所示。

③ 切换至"审查委员会分工"界面，进行评标组长确认，如果评委未同时在线，需要等全部评委全部登录在线后才能继续下面的评标工作。如附图 5-25 所示。

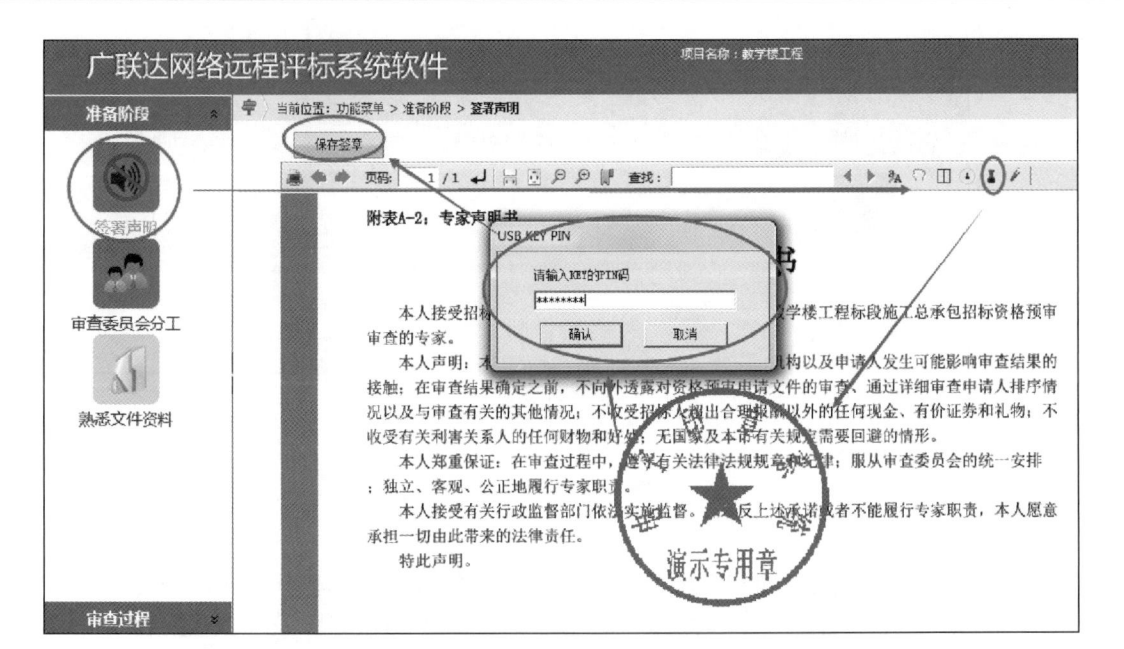

附图 5-23

附图 5-24

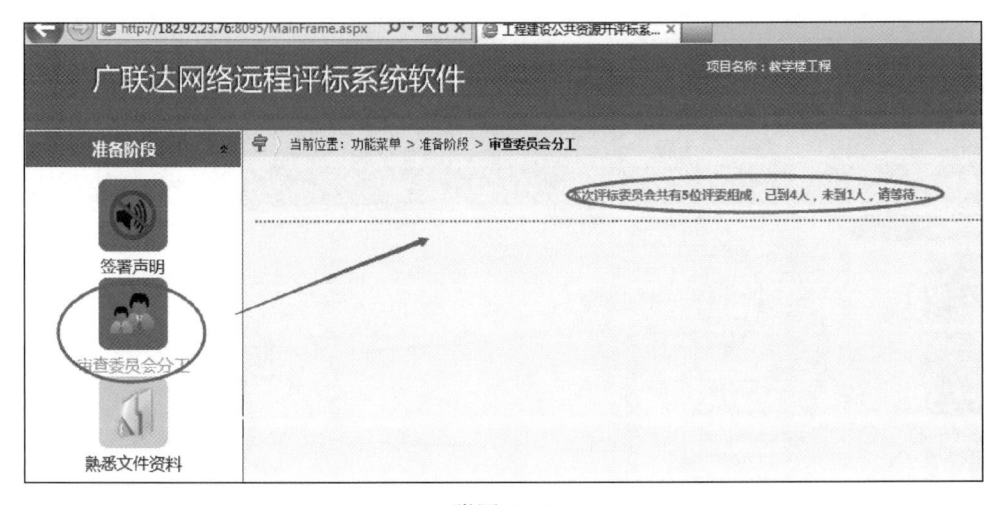

附图 5-25

④ 每个评委只能推荐一次，完成此次评标组长的推荐工作。如附图 5-26 所示。

⑤ 所有评委完成投票工作，系统软件自动统计推荐票数，判定评标组长。如附图 5-27 所示。

⑥ 切换至"熟悉文件资料"界面，首先每位评委对招标人招标文件、经济标文件及图纸文件进行浏览和熟悉。如附图 5-28 所示。

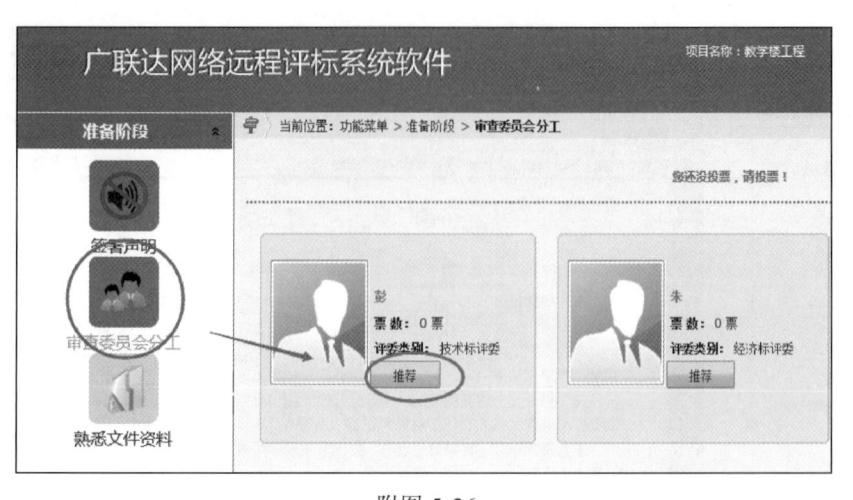

附图 5-26

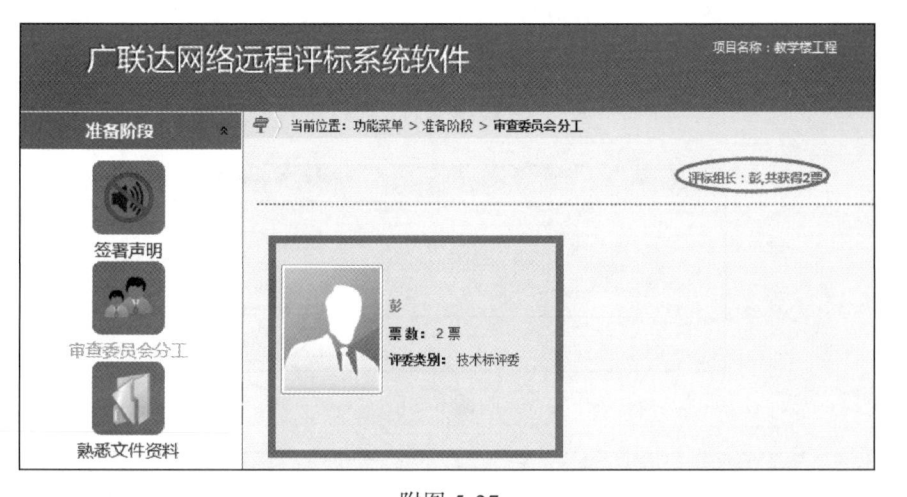

附图 5-27

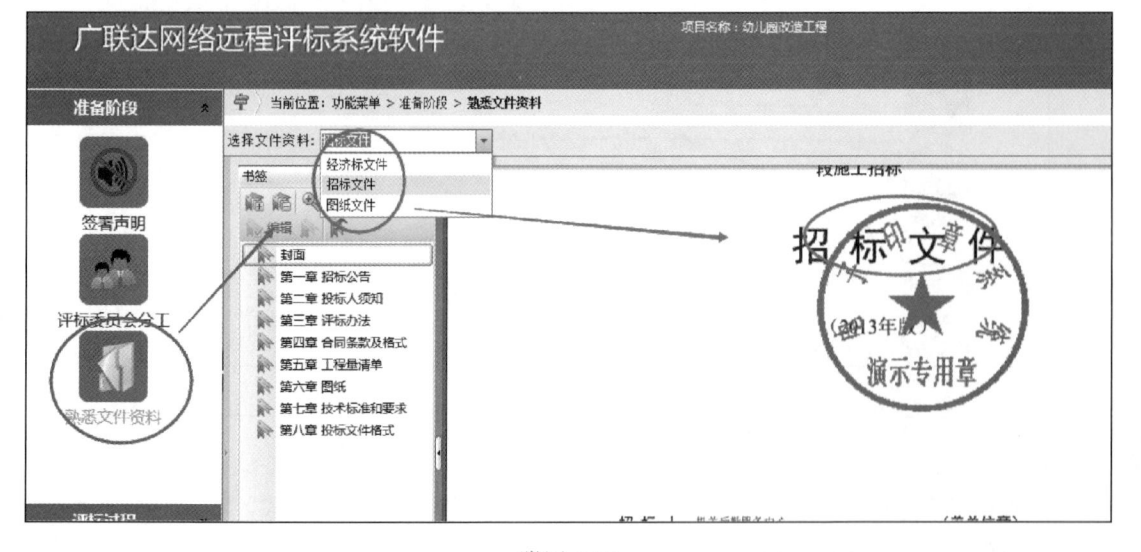

附图 5-28

⑦ 文件熟悉完成进入"评标过程"模块，进行施工组织设计评审。选择"施工组织设计评审"，可对招标文件及投标单位的投标文件进行浏览。如附图 5-29 所示。

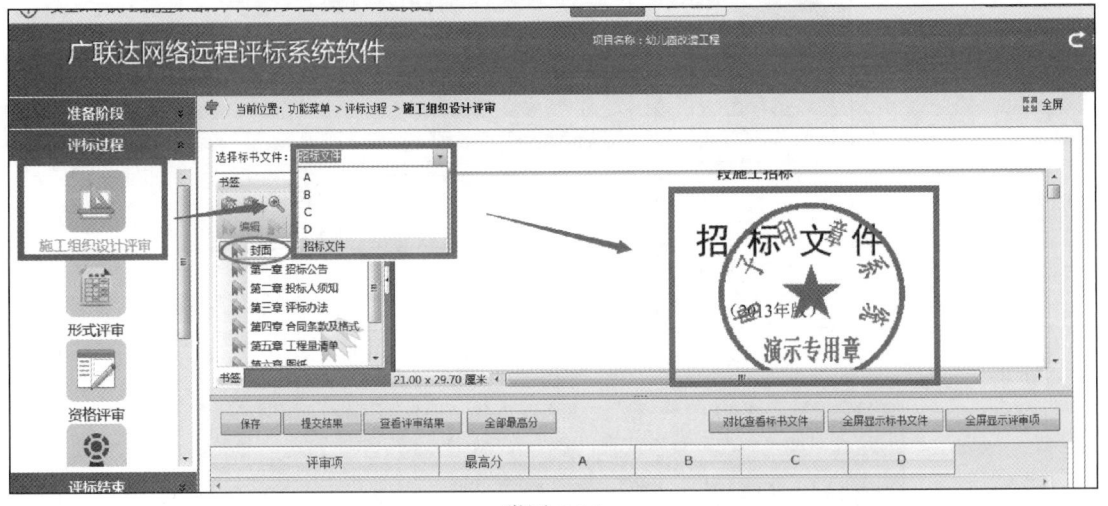

附图 5-29

⑧ 在施工组织设计评审界面下选择投标单位，根据投标文件，按照评分办法中的评审标准对相关评审项进行打分，直接点击"全部最高分"按钮可对所有投标单位进行施工组织设计批量打分。如附图 5-30 所示。

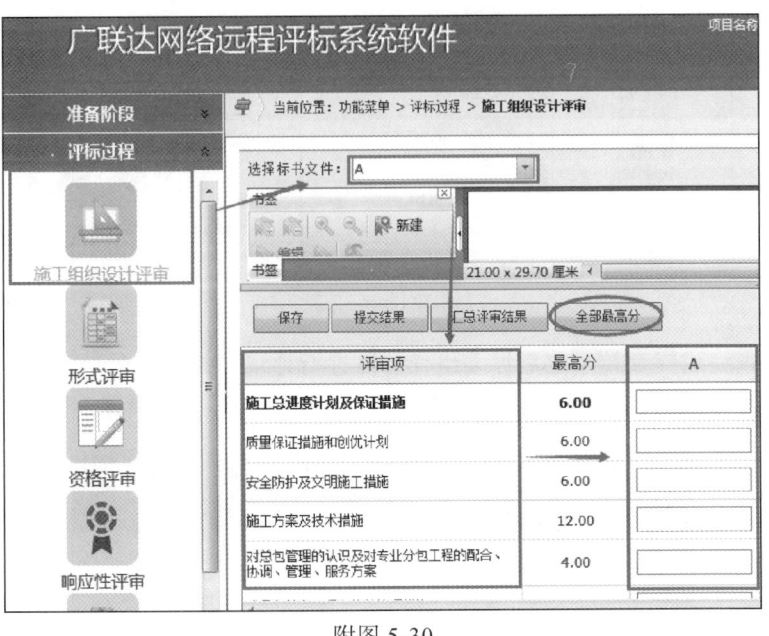

附图 5-30

⑨ 施工组织设计评审完成，将结果进行提交，评委组长可以汇总所有评委的评审结果，汇总完评审结果之后所有评委才能进行下一步操作。如附图 5-31 所示。

⑩ 切换到"形式评审"界面，选择投标文件，检查相应的评审项是否通过，不通过需给出不通过的原因，亦可检查完所有评审项后点击"全部通过"按钮，批量通过所有评审项。如附图 5-32 所示。

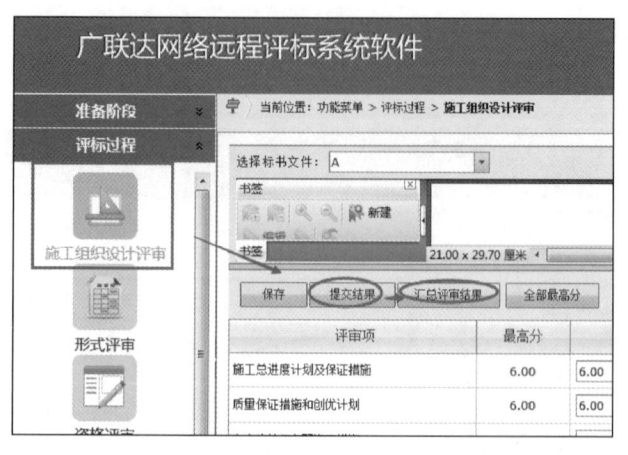

附图 5-31

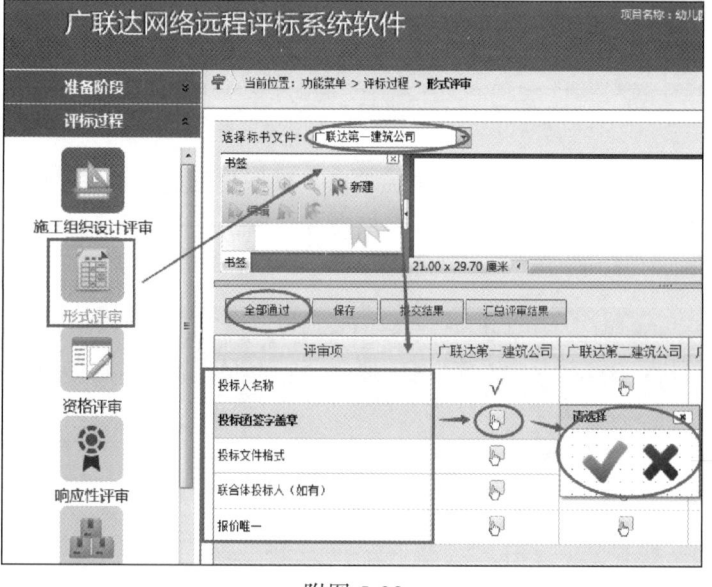

附图 5-32

⑪ 形式审查完成提交结果之后评委组长可以进行评审结果的汇总，评审结果提交后不能再次修改。点击"提交结果"按钮后，点击"汇总评审结果"。如附图 5-33 所示。

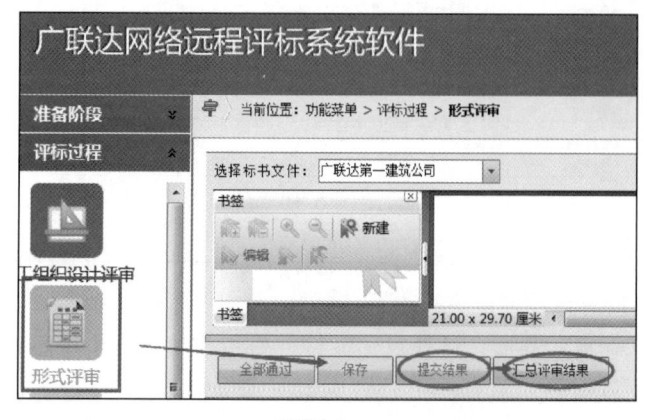

附图 5-33

⑫ 同理完成资格评审、响应性评审及项目管理机构评审界面下的评审工作。如附图 5-34 所示。

附图 5-34

⑬评标审查方式方法同资格审查一样，点击"对比查看标书文件"及"全屏显示标书文件"方便浏览相关文件进行审查。如附图 5-35 所示。

附图 5-35

⑭ 如附图 5-36 所示可显示多个文件进行对比及全屏显示标书文件，点击"全屏显示评审项"或"默认显示"可全屏显示或者恢复默认显示。

⑮ 所有评委评审完成并提交结果后，评委组长切换至"投标报价评分"界面，可对投标人投标报价进行评分，计算机会根据评标办法自动计算出计算机得分，评委专家可以接受计算机得分或者输入专家确认得分，如果专家确认得分与计算机得分不一致需要给出原因。点

击"接受计算得分"后点击"提交"按钮进行投标报价评分提交。如附图 5-37 所示。

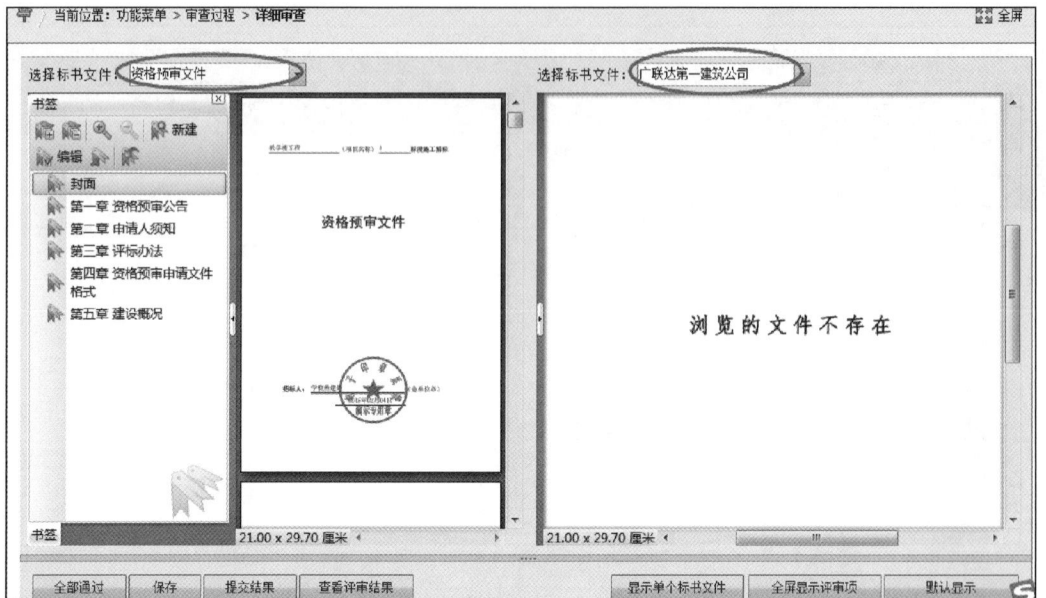

附图 5-36

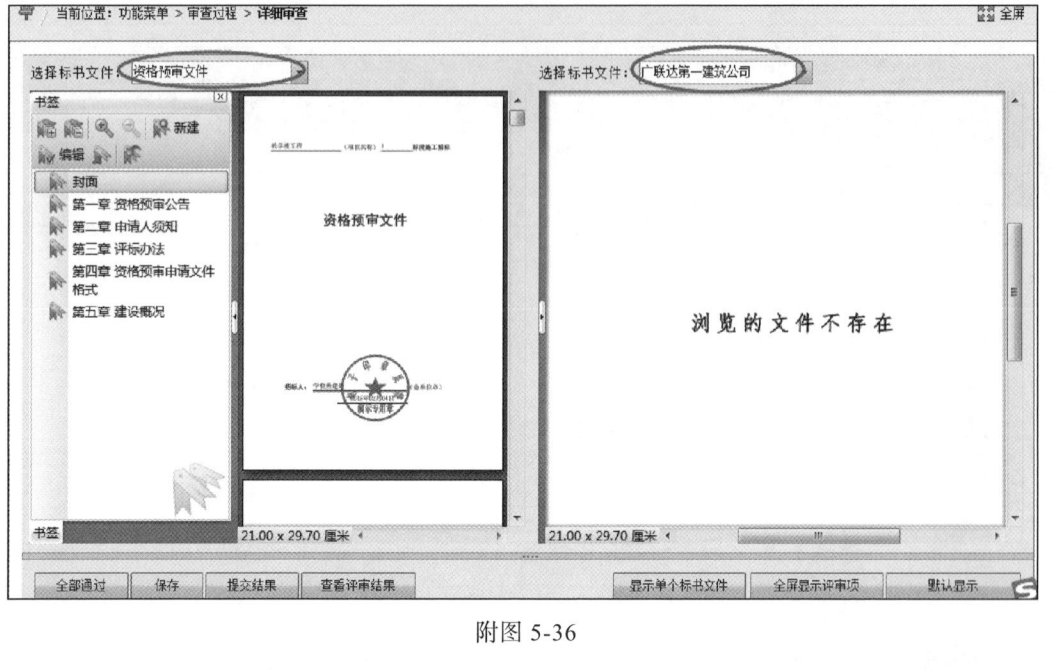

附图 5-37

⑯ 评委组长切换至"评标结束"模块下的"汇总评分结果"界面,对投标文件的评审结果进行汇总,提交复核意见书,点击"复核意见书"。如附图 5-38 所示。

⑰ 弹出"复核意见书"提示框,评审委员会对相应内容进行复核检查正确性。如果没有错误点击"全选"后进行提交。如附图 5-39 所示。

⑱ 提交完复核意见书之后可以对投标单位进行排名确认,并推荐中标候选人,给出评审意见之后点击"确定中标候选人"完成标书评审工作。如附图 5-40 所示。

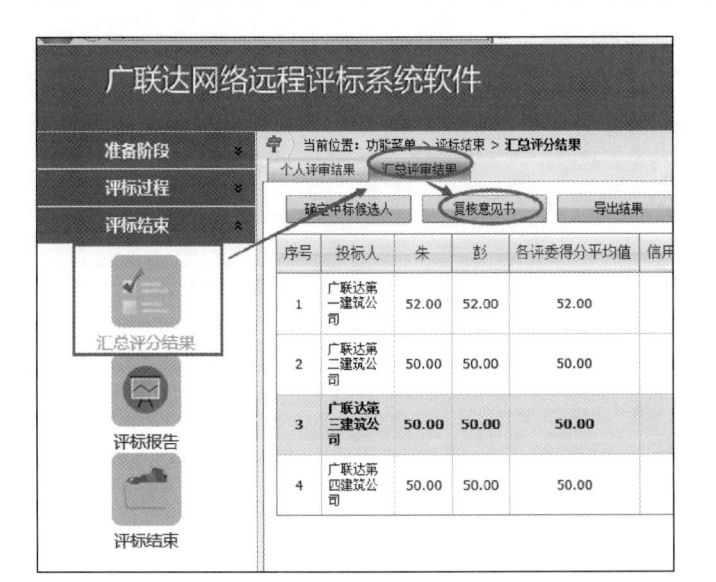

附图 5-38

附图 5-39

注：右上角可以点击查看招标文件或者提出评委质疑，如果存在需要废标处理的情况，点击"评审管理"，选择废标单位，填写不合格原因。如附图 5-41 所示。

3. 导出开标评标记录

（1）使用开标人员账号登录广联达网络远程评标系统（GBES），导出开标记录文件

① 切换至"开标记录一览表"模块，选择"开标会签到表"界面，点击电子章标识进行签章，签章完成可保存签章或者将开标会签到表打印。如附图 5-42 所示。

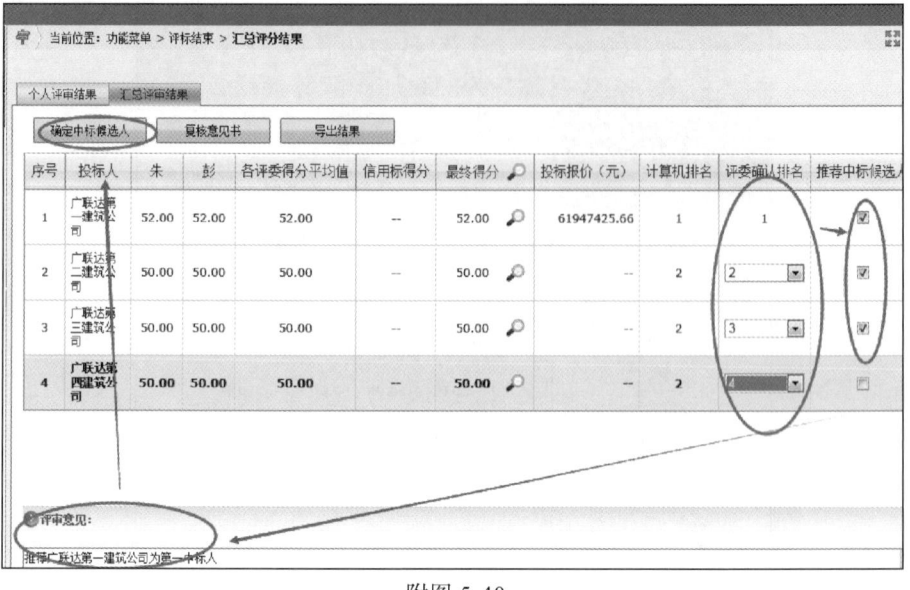

附图 5-40

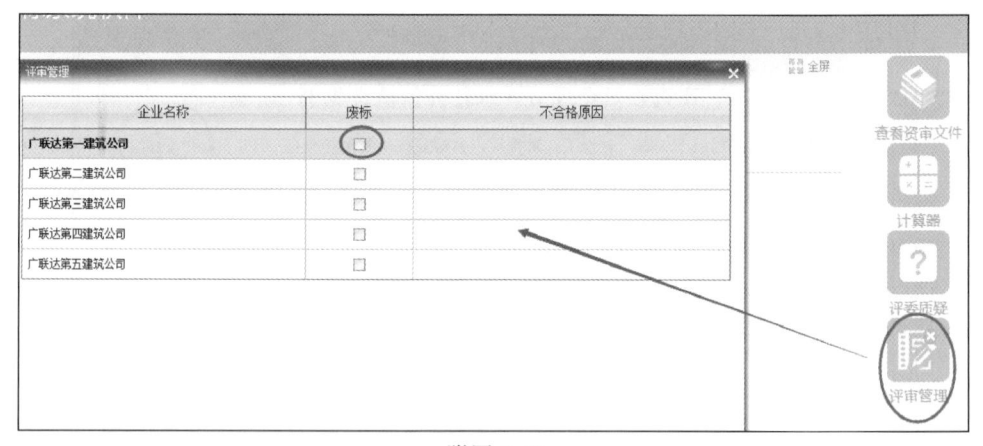

附图 5-41

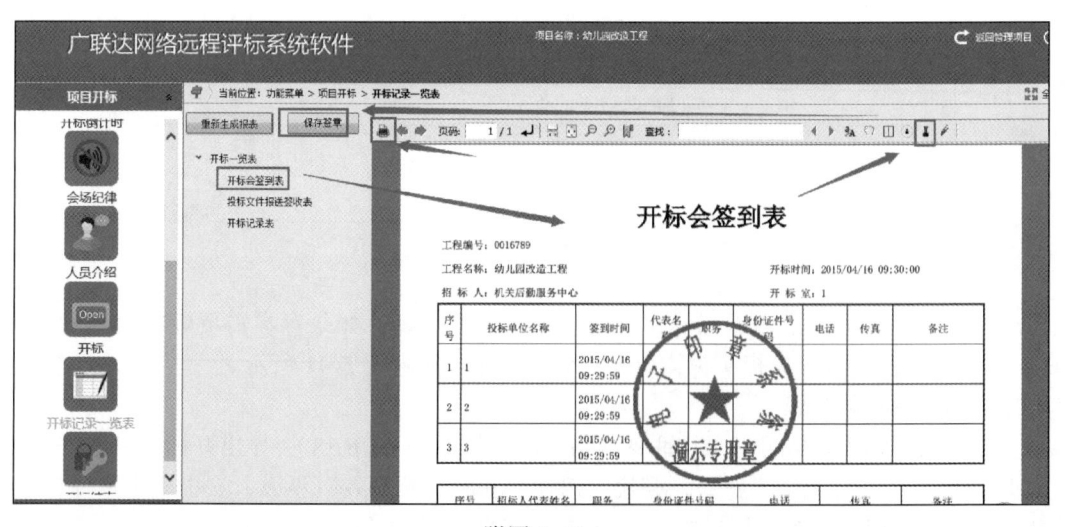

附图 5-42

② 同理将投标文件报送签收表及开标记录表保存并打印。如附图 5-43、附图 5-44 所示。

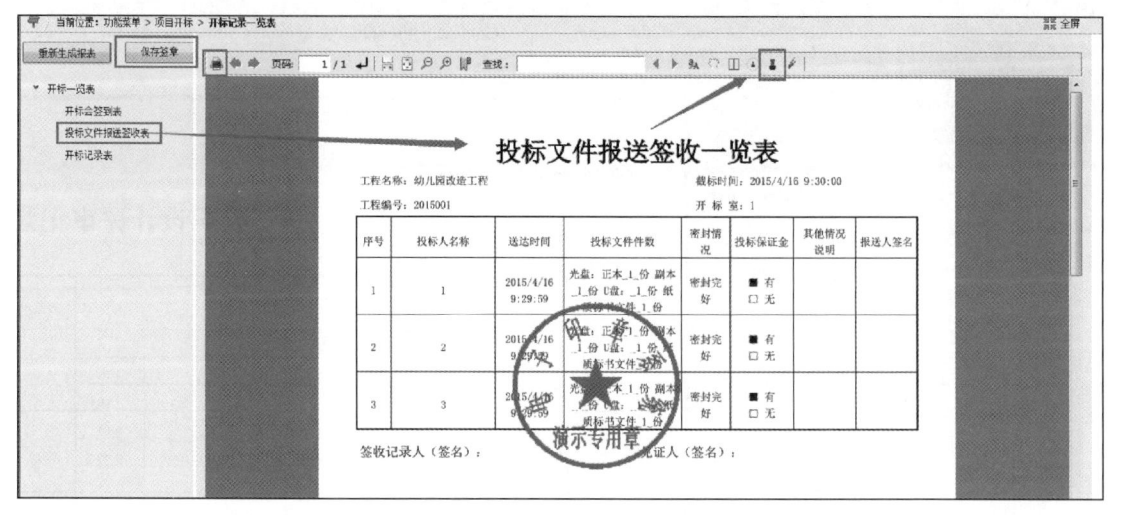

附图 5-43

附图 5-44

（2）使用评标专家账号登录广联达网络远程评标系统（GBES），导出评标记录文件

① 登录广联达网络远程评标系统软件，用评委身份进入网络远程评标系统。

② 切换至"评标结束"模块，选择"评标报告"界面进行电子签章，点击"电子签章"按钮进行电子签章，签章完成之后点击"签章完成"进行保存签章。如附图 5-45 所示。

③ 电子签章完成，可以将 PDF 版评标记录文件导出。如附图 5-46 所示。

4. 使用 GBES 生成一份投标文件审查结果

① 登录广联达网络远程评标系统软件，用评委身份进入网络远程评标系统。

② 切换至"评标结束"模块，选择"评标报告"界面进行电子签章，点击"电子签章"按钮进行电子签章，签章完成之后点击"签章完成"进行保存签章。如附图 5-47 所示。

③ 电子签章完成，点击"导出结果"，将评审结果文件导出。如附图 5-48 所示。

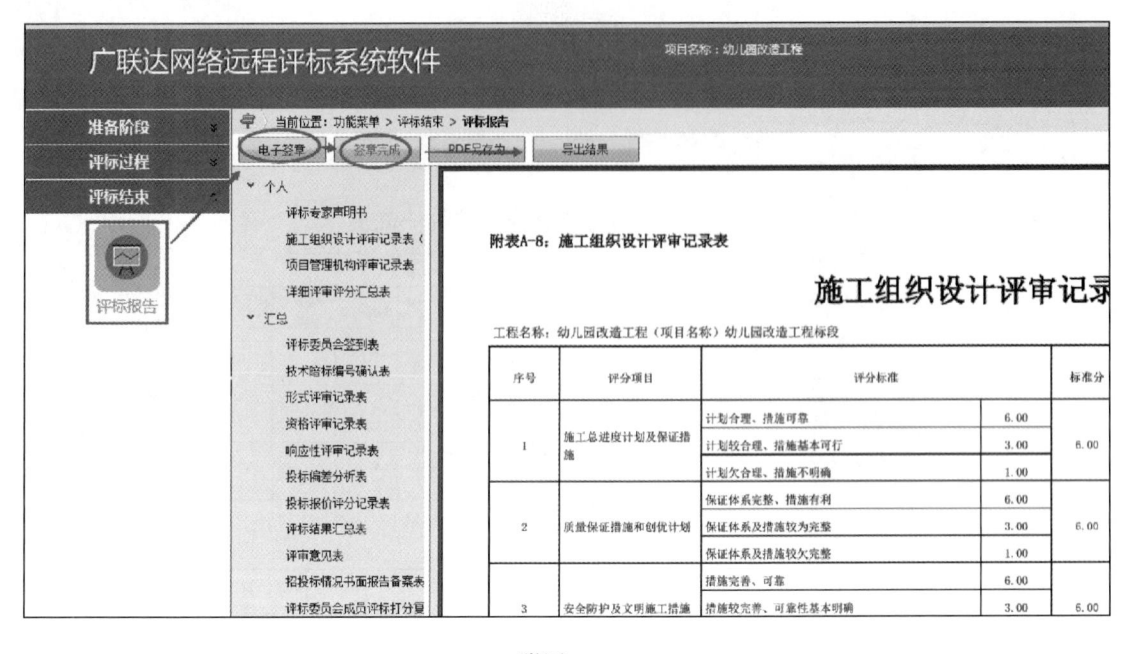

附图 5-45

附图 5-46

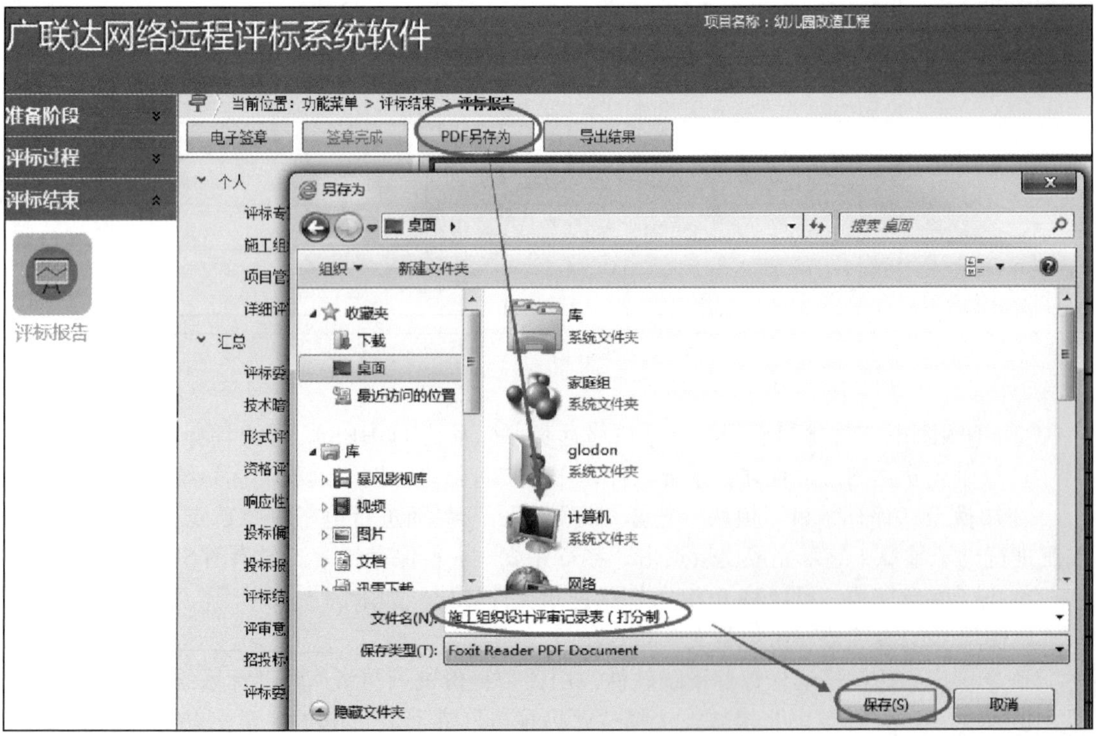

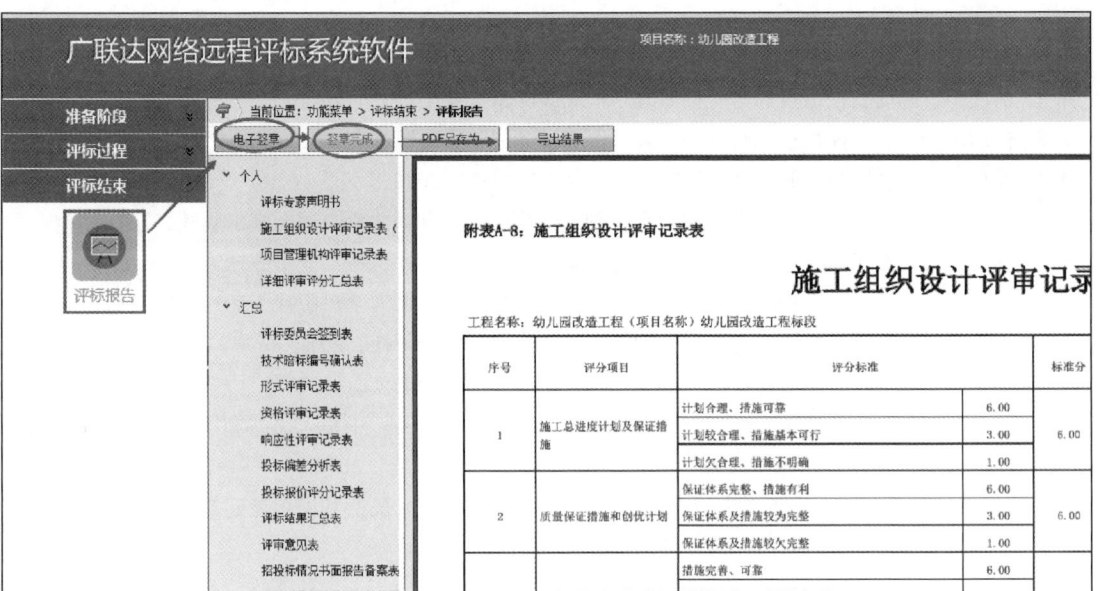

附图 5-47

附图 5-48

参考文献

［1］ 杨庆丰.建筑工程招投标与合同管理.北京：机械工业出版社，2016.

［2］ 杨志中.建设工程招投标与合同管理.北京：机械工业出版社，2013.

［3］ 杨树峰.招投标与合同管理.重庆：重庆大学出版社，2013.

［4］ 闫晶，李云，李国文.建设工程招投标理论与实务.北京：北京交通大学出版社，2016.

［5］ 李志生，付冬云.建筑工程招投标实务与案例分析.北京：机械工业出版社，2010.

［6］ 李红军，杨志刚.工程项目招投标与合同管理.北京：北京大学出版社，2014.

［7］ 周艳冬.工程项目招投标与合同管理.北京：北京大学出版社，2017.

［8］ 陈龙海，韩庭卫.团队建设游戏.深圳：海天出版社，2007.

［9］ 《房屋建筑和市政工程标准施工招标资格预审文件》编制组.中华人民共和国房屋建筑和市政工程标准施工招标资格预审文件.北京：中国建筑工业出版社，2010.

［10］ 《房屋建筑和市政工程标准施工招标文件》编制组.中华人民共和国房屋建筑和市政工程标准施工招标文件.北京：中国建筑工业出版社，2013.